中国依法
保护生物多样性案例

杜乐山　刘海燕　张风春　刘海鸥　刘文慧　等/编著

中国环境出版集团·北京

图书在版编目（CIP）数据

中国依法保护生物多样性案例/杜乐山等编著.—北京：中国环境出版集团，2021.12
ISBN 978-7-5111-4867-4

Ⅰ.①中… Ⅱ.①杜… Ⅲ.①生物多样性—生物资源保护—案例—中国 Ⅳ.①X176

中国版本图书馆CIP数据核字（2021）第184594号

出 版 人 武德凯
策划编辑 王素娟
责任编辑 范云萍
责任校对 任 丽
封面设计 岳 帅

出版发行 中国环境出版集团（100062 北京市东城区广渠门内大街16号）
网 址：http://www.cesp.com.cn
电子邮箱：bjgl@cesp.com.cn
联系电话：010-67112765 编辑管理部
010-67162011 第四分社
发行热线：010-67125803 010-67113405（传真）
印 刷 北京建宏印刷有限公司
经 销 各地新华书店
版 次 2021年12月第1版
印 次 2021年12月第1次印刷
开 本 787×960 1/16
印 张 8.75
字 数 180千字
定 价 62.00元

编 委 会

主　编　杜乐山　刘海燕　张风春　刘海鸥　刘文慧

编　委（按姓氏汉语拼音排序）

蔡　譞　杜乐山　戴　霞　冯　瑾　高　磊

黄盼盼　景文杰　李俊生　刘冬梅　刘海鸥

刘海燕　刘　蕾　刘文慧　吕凤春　马　超

齐　月　任文春　肖能文　王爱华　王天宇

晏　薇　张风春　张妹婷　朱彦鹏

前　言

生物多样性是人类社会赖以生存和发展的基础。联合国将2010年“国际生物多样性年”的主题确定为“生物多样性就是生命，生物多样性就是我们的生命”，深刻诠释了生物多样性的价值和意义。

自《生物多样性公约》签署以来，中国的生物多样性保护与可持续利用工作取得了显著的成就，得到了国际社会的广泛认可和赞誉。在中国采取的各种生物多样性保护与可持续利用措施中，将其纳入法律法规是最强有力的措施之一。本书对中国在过去近30年来依托法律法规加强生物多样性保护与可持续利用的成功案例进行了挖掘和梳理，借此机会向国际社会介绍中国依法保护生物多样性的案例，讲好中国故事，为其他国家提供借鉴，为推动全球《生物多样性公约》履约提供支持。

“科学立法、严格执法、公正司法、全民守法”被写入了中国共产党的十九大报告，为生物多样性依法保护和可持续利用提供了依据，对加快推进中国生物多样性保护和可持续利用进程具有重要意义。本书从立法、执法、司法三个方面，选取了50个中国依法保护生物多样性的典型案例，简要介绍了案例情况、执法结果或判决结果，并总结案例启示以供其他国家和地区参考借鉴。书中有少数与执法密切相关但在严格意义上不属于执法的案例，将“执法结果”改为了“行动结果”。在立法方面，本书整理了将生物多样性相关内容纳入宪法及其他法律法规的有关案例；在执法方面，收集了一些依法打击生物多样性违法犯罪行为的典型案例，并从国家执法、地方执法和社会支持执法行动三个层面进行了介绍；在司法方面，针对涉及珍稀濒危野生动物、国家重点保护野生动植物及其他生物多样性的犯罪行为，从中国裁判文书网选取部分具有代表性的案例进行了介绍。“不知者并非无罪”，本书旨在向国际社会推介中国在生物多样性保护与可持续利用领域的成功经验，同时增强公众生物多样性保护和知法、懂法、守法的意识，提高生物多样性保护的法律知识水平，推进“全民守法”在生物多样性领域的落实。

本书由全球环境基金改善中国自然保护区可持续性项目资助，可作为《生物多样性公约》缔约方相关管理人员、政府工作人员、环境法专业人员以及生物多样性保护与可持续利用从业者的参考用书，同时也可作为公众了解学习生物多样性相关法律知识的参考用书。本书中的法律名称在对法律做详细介绍时采用全称，其他地方均用简称。书中涉及法律的有关内容，由嘉兴学院王镥权老师审阅并提出了宝贵的修改意见，在此表示感谢。

因时间仓促加之编者水平有限，难免会有不当乃至纰漏之处，敬请广大读者指正。

编者

2020 年 5 月于北京

目 录

第 4 章　社会支持执法行动 /57

第 5 章　涉珍稀濒危野生动物犯罪 /77

第 6 章　涉国家重点保护植物犯罪 /97

第 7 章　其他涉生物多样性犯罪 /111

第1章

生物多样性立法

法律是由国家制定或认可，由国家强制力保证实施的，以规定当事人权利和义务为内容的具有普遍约束力的社会规范。将生物多样性内容纳入中国现行的法律法规，或者制定专门的生物多样性相关法律法规，是依法保护生物多样性和实现生物资源可持续利用最根本的形式，可为生物多样性保护与可持续利用提供法律依据和制度支撑。中国现在拥有50余部涉及生物多样性保护与可持续利用的法律法规，如《野生动物保护法》《森林法》《草原法》《种子法》等，涵盖生态系统、物种、基因多样性三个层次。本章收录了涉及《宪法》《刑法》等国家层面和部分地方性生物多样性的法规条例，还收录了中国遵循国际法保护生物多样性的案例，以及野生动植物保护的有关禁令等。

【案例 1-1】

将生物多样性纳入《宪法》和《刑法》

《宪法》是一个国家的根本法，是治国安邦的总章程，《刑法》则是我国法律体系中重要的部门法，是其他法律的保障法。将生物多样性纳入《宪法》和《刑法》将加快推动将生物多样性纳入各层次法律法规的进程，从根本上实现生物多样性保护在法律领域的主流化，从而使生物多样性保护与可持续利用有了根本保障。

案例描述

《中华人民共和国宪法》是中国的根本大法，具有最高的法律地位、法律权威和法律效力。1982 年《中华人民共和国宪法》第九条规定“国家保障自然资源的合理利用，保护珍贵的动物和植物。禁止任何组织或者个人用任何手段侵占或者破坏自然资源。”中国很早就意识到了生物多样性的重要性，虽然当时还没有“生物多样性”的概念，但将“保护珍贵的动物和植物”作为一项内容纳入根本大法，无疑体现了中国在生物多样性保护方面的前瞻性和重视程度。同时，《宪法》是其他所有法律制定的基础，将生物多样性内容纳入《宪法》具有重要的指导意义。

《中华人民共和国刑法》是我国法律体系中规定犯罪、刑事责任和刑罚的法律，它是以《宪法》为依据，在《宪法》指导下规定哪些行为是犯罪并给予何种刑事处罚的法律规范。《刑法》用较大的篇幅对生物多样性违法犯罪行为进行了规定，并分别在第一百五十一条、第三百四十条、第三百四十一条、第三百四十四条、第三百四十五条中专门规定了危害生物多样性的违法犯罪行为及罪名和量刑，如走私国家禁止进出口的珍贵动物、珍稀植物及其制品、在禁渔区或禁渔期使用禁用的工具和方法捕捞水产品、非法猎捕杀害国家重点保护的珍稀濒危野生动物、非法采伐或毁坏珍贵树木或者国家重点保护的其他植物、盗伐森林或者其他林木等，并对以上各个犯罪行为根据情节严重程度，分别处以三年以下有期徒刑，三年以上七年以下有期徒刑，七年以上有期徒刑，五年以下有期徒刑，五年以上十年以下有期徒刑，十年以上有期徒刑或者无期徒刑，罚金或没收财产等刑罚，对相关犯罪行为进行严厉打击。《刑法》第三百四十五条【盗伐林木罪；滥伐林木罪；非法收购、运输盗伐、滥伐的林木罪】中规定“非法收购、运输明知是盗伐、滥伐的林木……情节特别严重的，处三年以上七年以下有期徒刑”，对明知故犯的违法犯罪行为加大惩处力度，充分体现了中国打击有关生物多样性违法犯罪的决心。

案例启示

《宪法》是国家的根本大法，是制定其他法律的依据，将生物多样性相关内容纳入《中华人民共和国宪法》，表明中国在制定其他相关法律法规的过程中，都不能违背“保护珍贵的动物和植物”的要求，从根本上保障了生物多样性保护与可持续利用的法律地位。《中华人民共和国宪法》的相关规定，直接推动了出台专门的生物多样性法律法规和将生物多样性纳入其他法律法规的主流化进程。《刑法》专门设定了多个生物多样性有关的罪名，并制定了最高为无期徒刑的严厉刑罚，有效地震慑和打击了涉生物多样性的违法犯罪行为，体现了中国保护生物多样性的决心和力度，为保护生物多样性提供了法律依据。

（杜乐山）

【案例 1-2】

多部重要法律包含生物多样性内容

生物多样性涉及农业、林业、草原、渔业、海岛等多个领域和相关主管部门。实践证明，仅靠行政命令和公众的自觉意识很难有效地做到生物多样性保护与可持续利用，必须依靠法律法规。中国政府及相关主管部门都已意识到，在解决生物多样性保护和可持续利用的问题上，将生物多样性有关内容纳入法律体系是最有效的方式之一。

案例描述

中国政府及相关主管部门意识到生物多样性的重要性，把生物多样性有关内容纳入相关法律文件，引导各级政府及相关部门加强生物多样性保护与可持续利用。相关法律及部分条款如下：

《中华人民共和国环境保护法》规定“各级人民政府对具有代表性的各种类型的自然生态系统区域，珍稀、濒危的野生动植物自然分布区域，重要的水源涵养区域……应当采取措施予以保护，严禁破坏。”“开发利用自然资源，应当合理开发，保护生物多样性……引进外来物种以及研究、开发和利用生物技术，应当采取措施，防止对生物多样性的破坏。”

《中华人民共和国森林法》规定“国家加强森林资源保护，发挥森林蓄水保土、调节气候、改善环境、维护生物多样性和提供林产品等多种功能。”“国家在不同自然地带的典型森林生态地区、珍贵动物和植物生长繁殖的林区、天然热带雨林区和具有特殊保护价值的其他天然林区，建立以国家公园为主体的自然保护地体系，加强保护管理。”

《中华人民共和国草原法》规定，编制草原保护、建设、利用规划，应遵循的原则包括维护生物多样性，促进草原的可持续利用等，并要求国务院草原行政主管部门或者省、自治区、直辖市人民政府按照自然保护区管理的有关规定，在具有代表性的草原类型、珍稀濒危野生动植物分布区以及具有重要生态功能和经济科研价值的草原建立草原自然保护区。“县级以上人民政府应当依法加强对草原珍稀濒危野生植物和种质资源的保护、管理。”

《中华人民共和国农业法》规定“国家建立与农业生产有关的生物物种资源保护制度，保护生物多样性，对稀有、濒危、珍贵生物资源及其原生地实行重点保护。”

《中华人民共和国渔业法》规定“国家对白鳍豚等珍贵、濒危水生野生动物实行重点保护，防止其灭绝。禁止捕杀、伤害国家重点保护的水生野生动物。”

《中华人民共和国畜牧法》规定“国务院畜牧兽医行政主管部门根据畜禽遗传资源分布状况，制定全国畜禽遗传资源保护和利用规划，制定并公布国家级畜禽遗传资源保护名录，对原产我国的珍贵、稀有、濒危的畜禽遗传资源实行重点保护。”

《中华人民共和国海洋环境保护法》规定“国务院和沿海地方各级人民政府应当采取有效措施，保护红树林、珊瑚礁、滨海湿地、海岛、海湾、入海河口、重要渔业水域等具有典型性、代表性的海洋生态系统，珍稀、濒危海洋生物的天然集中分布区，具有重要经济价值的海洋生物生存区域及有重大科学文化价值的海洋自然历史遗迹和自然景观。”并要求建立海洋自然保护区和海洋特别保护区，采取有效的保护措施和科学的开发方式进行管理。

《中华人民共和国海岛保护法》规定“有居民海岛及其周边海域应当划定禁止开发、限制开发区域，并采取措施保护海岛生物栖息地，防止海岛植被退化和生物多样性降低。”

《中华人民共和国深海海底区域资源勘探开发法》规定“承包者从事勘探、开发活动应当采取必要措施，保护和保全稀有或者脆弱的生态系统，以及衰竭、受威胁或者有灭绝危险的物种和其他海洋生物的生存环境，保护海洋生物多样性，维护海洋资源的可持续利用。”

《中华人民共和国种子法》规定“国家对部分非主要农作物实行品种登记制度。列入非主要农作物登记目录的品种在推广前应当登记。实行品种登记的农作物范围应当严格控制，并根据保护生物多样性、保证消费安全和用种安全的原则确定。”

案例启示

中国将生物多样性全面纳入环境、农业、林业、草原、渔业、海岛等多个领域的法律中，为中国全面实现生物多样性保护和可持续利用提供了法律保障。将生物多样性纳入一系列法律法规，充分体现了中国政府及相关主管部门从根本上保护生物多样性的意志和决心。生物多样性在这些法律中的主流化确保了生物多样性保护与可持续利用真正步入规范化和法制化轨道。这些主流化做法很有借鉴意义，其他涉生物多样性的领域在制定或修订法律法规的过程中，也可考虑将生物多样性纳入其中。

（杜乐山）

【案例 1-3】

中国出台多部野生动植物保护专门法律法规

野生动植物是生物多样性的重要组成部分，也是维持自然生态系统功能的必要条件，其保护效果将直接影响生物多样性的保护与可持续利用成效。制定专门的法律法规，有针对性地对野生动物和野生植物进行保护，有助于从根本上提升生物多样性的保护成效。

案例描述

为了加强生物多样性保护与可持续利用，中国政府很早就出台了《野生动物保护法》《野生植物保护条例》《水生野生动物保护实施条例》《陆生野生动物保护条例》等多部法律，从根本上改变了中国以往生物多样性保护与可持续利用缺少法律制度保障、对影响生物多样性的行为奖罚无法律依据的状况。

《中华人民共和国野生动物保护法》是中国第一部关于野生动物的法律。该法共有五章五十八条规定，涵盖了野生动物及栖息地保护、野生动物管理、法律责任等重要内容，并对猎捕、杀害、出售、购买、利用野生动物等各个环节的违法犯罪行为进行了明确规定，对保护野生动物，拯救珍贵、濒危野生动物，维护生物多样性与生态平衡具有重要意义。

《中华人民共和国野生植物保护条例》是中国第一部关于野生植物的行政法规。该条例共有五章三十二条规定，涵盖了野生植物保护、野生植物管理及法律责任等重要内容，并对采挖、出售、收购野生植物等各个环节的违法犯罪行为进行了明确规定，对保护、发展和合理利用野生植物资源、保护生物多样性、维持生态平衡具有重要意义。

《中华人民共和国水生野生动物保护实施条例》是以《野生动物保护法》为依据，由农业部专门制定的保护水生野生动物的行政法规，该条例共有五章三十五条规定，涵盖了水生野生动物保护、水生野生动物管理、奖励和惩罚等方面的内容，为保护我国的珍贵、濒危的水生野生动物提供了法律依据。

《中华人民共和国陆生野生动物保护实施条例》是以《野生动物保护法》为依据，由林业部专门制定的保护陆生野生动物的条例，该条例共有七章四十五条规定，涵盖了野生动物保护、野生动物猎捕管理、野生动物驯养繁殖管理、野生动物经营利用管理、奖励和惩罚等内容，对依法受保护的珍贵，濒危，有益的和有重要经济、科学研究价值的陆生野生动物起到了重要的保护作用。

案例启示

中国政府出台了专门的野生动植物法律法规，从猎捕、杀害、出售、购买、利用等各个环节都做出了全面、系统的规定，并明确了奖惩措施，有效遏制了中国境内破坏生物多样性的违法犯罪行为，并推动了野生动植物资源的可持续利用。中国公民和其他国家的公民在中国境内的行为涉及生物多样性相关事务时，必须遵守中国的法律法规，这为保护中国乃至具有全球重要意义的生物多样性提供了法治保障。

（杜乐山）

【案例 1-4】

中国发布国家重点保护野生动植物名录

《中华人民共和国刑法》明文规定了非法猎捕、杀害珍贵、濒危野生动物罪和非法采伐、毁坏国家重点保护植物罪，《野生动物保护法》和《野生植物保护条例》又分别对“保护的野生动物”和“保护的野生植物”的保护和管理作出了明确规定。为实施上述法律法规，需要确定并发布受保护的野生动植物名录，协助政府管理部门明确保护与管理的对象，让公众知道哪些野生动植物受国家法律的保护，进而增加公众对生物多样性的了解。

案例描述

《野生动物保护法》规定，保护的野生动物是指珍贵、濒危的陆生、水生野生动物和有重要生态、科学、社会价值的陆生野生动物。《野生植物保护条例》规定，保护的野生植物是指原生地天然生长的珍贵植物和原生地天然生长并具有重要经济、科学研究、文化价值的濒危、稀有植物。为深入落实并有效实施上述法律法规，使依法保护生物多样性工作切实落地，国家相继制定并发布了多个国家重点保护野生动植物名录，包括《国家重点保护野生动物名录》《国家重点保护野生植物名录》《国家保护的有益的或者有重要经济科学研究价值的陆生野生动物名录》。

《国家重点保护野生动物名录》于 1988 年经国务院批准，次年由林业部和农业部首次发布。名录列出了 96 种国家一级重点保护野生动物，如大熊猫（*Ailuropoda melanoleuca*）、金丝猴（*Rhinopithecus* spp.）、长臂猿（*Hylobates* spp.）、白暨豚（*Lipotes vexillifer*）、中华鲟（*Acipenser sinensis*）等，列出了 160 种国家二级重点保护野生动物，如猕猴（*Macaca mulatta*）、黑熊（*Selenarctos thibetanus*）、金猫（*Felis temmincki*）、马鹿（*Cervus elaphus*）、黄羊（*Procapra gutturosa*）、天鹅（*Cygnus* spp.）、玳瑁（*Eretmochelys imbricata*）、

文昌鱼（*Branchiostoma belcheri*）等，名录还对水生、陆生野生动物作了具体划分，涵盖了兽纲、鸟纲、爬行纲、两栖纲、鱼纲、文昌鱼纲、珊瑚纲、腹足纲、瓣鳃纲、头足纲、昆虫纲、肠鳃纲等 12 纲 54 目 99 科的动物，并由渔业、林业行政主管部门主管。

《国家重点保护野生植物名录》于 1999 年由国务院批准，国家林业局和农业部共同发布实施，名录列出了 94 科 419 种和 13 大类（种以上的分类单元，如某科或某属全部列入保护名录）1 300 余种植物。其中一级保护的有 67 种和 4 大类，二级保护的有 352 种和 9 大类。具体来看，名录包括蓝藻 1 种，真菌 3 种，蕨类植物 14 种和 4 大类（桫椤科、蚌壳蕨科、水韭属、水蕨属所有种），裸子植物 40 种和 4 大类（苏铁属、黄杉属、红豆杉属、榧属所有种），被子植物 361 种和 4 大类（隐棒花属、兰科、黄连属、牡丹组等所有种）[1]。

《国家保护的有益的或者有重要经济、科学研究价值的陆生野生动物名录》（简称“三有名录”）于 2000 年由国务院野生动物行政主管部门制定，国家林业局发布实施。名录列出 5 纲 46 目 177 科 1 591 种以及昆虫纲中 120 属的所有种和另外 110 种。具体来看，名录包括兽纲 6 目 14 科 88 种、鸟纲 18 目 61 科 707 种、两栖纲 3 目 10 科 291 种、爬行纲 2 目 20 科 395 种、昆虫纲 120 属的所有种和另外 110 种。

案例启示

上述名录是《刑法》有关生物多样性相关条款和《野生动物保护法》《野生植物保护条例》等法律法规的配套文件，明确了具体的保护对象和保护级别，为规范和引导公民日常行为、处理涉及生物多样性事务以及保护生物多样性提供了依据。各省（自治区、直辖市、特别行政区）可根据国家发布的野生动植物保护名录，结合本地实际情况在合理范围内进一步细化，从而实现本地野生动植物的精细化管理，提高管理和保护水平。

（杜乐山）

[1] 于永福 . 中国野生植物保护工作的里程碑——《国家重点保护野生植物名录（第一批）》出台 [J]. 植物杂志，1999（5）：4.

【案例 1–5】

云南省出台全国首部生物多样性保护地方性法规

中国政府在过去的 20 多年中，密集出台了大量生物多样性相关的法律法规，从根本上推动了中国的生物多样性保护与可持续利用工作。但中国幅员辽阔、地形复杂、气候多样，一些生物多样性特别丰富和独具特色的地区，为了突出生物多样性保护的地方特色，在不与宪法、法律和行政法规相抵触的前提下，制定和颁布在本行政区域范围内实施的地方性法规，能有效提升这些地区的生物多样性保护成效。

案例描述

云南省是我国生物多样性最为丰富的地区，在仅仅 39.41 万 km^2 的国土面积上，囊括了地球上除海洋和沙漠以外的所有生态系统类型，物种数、国家重点保护的物种数均接近或超过全国的 50%，居全国之首，云南也因此成为全世界生物多样性的热点和重点地区。

2018 年，云南省出台了《云南省生物多样性保护条例》（以下简称《条例》），这是我国第一部省级层面的生物多样性专项法规。《条例》突出了云南省的地方特色，共有七章四十条，七章分别为总则、监督管理、物种和基因多样性保护、生态系统多样性保护、公众参与和惠益分享、法律责任、附则。从保护对象上看，《条例》将生物多样性中的生态系统多样性、物种多样性和基因多样性三个层次分别作为保护对象；从保护方式上看，《条例》规定要求采取就地保护、迁地保护、离体保存相结合的方式，建立生物多样性保护体系和网络；从保护措施上看，《条例》涵盖了生物多样性保护的规划编制、调查与监测、行政执法、公众参与等方面。

其中比较重要的条文内容有：

第四条　各级人民政府应当对本行政区域内的生物多样性保护负责。企业事业单位和其他生产经营者应当采取资源利用效率高、对生物多样性影响小的绿色生产方式，防止、减少对生物多样性的破坏，对生物多样性所造成的损害依法承担责任。

公民应当增强生物多样性保护意识，采取低碳、循环、节俭的绿色生活方式，自觉抵制损害生物多样性的行为。

第六条　县级以上人民政府应当支持生物多样性保护科学技术研究、合理开发和可持续利用，建立完善生物产业科学、有序发展的激励机制，促进生物多样性保护信息化建设，提高生物多样性的保护、利用和管理水平。

第七条　各级人民政府应当开展生物多样性保护宣传教育工作，鼓励和支持基层群众性自治组织、社会组织、企业事业单位、志愿者及当地群众开展生物多样性保护法律法规、保护知识、利用技能的宣传、普及和教育工作，提高公民的生物多样性保护意识，营造保护生物多样性的良好氛围。

新闻媒体应当开展生物多样性保护法律法规和有关保护知识的宣传，对违法行为进行舆论监督。

第十八条　县级以上人民政府应当加强对本行政区域内野生物种及其遗传资源的保护，完善就地保护、迁地保护、离体保存相结合的生物多样性保护体系和保护网络，对珍稀濒危物种、极小种群物种实施抢救性保护，对云南特有物种和在中国仅分布于云南的物种实施重点保护。

第十九条　县级以上人民政府应当加强野生物种资源及其原生境、栽培植物野生近缘种、家畜家禽近缘种的就地保护；珍稀、濒危等生物物种的天然集中分布区域，应当按照权限依法建立相关自然保护地。

不具备划定相关自然保护地条件的，县级以上人民政府可以采取建立种质资源保护区（地）、原生境保护小区（点），划定禁猎（渔、采、伐、牧）区，规定禁猎（渔、采、伐、牧）期等形式进行保护。

第二十条　县级以上人民政府有关部门应当按照生物多样性保护规划或者计划建设完善植物园、树木园、繁育中心、野生动物驯养基地等迁地保护网络和种质资源库、动物细胞库、畜禽基因库等离体保存设施。

鼓励和支持企业，院校、科研机构等事业单位和社会组织开展生物多样性保护研究，参与有关保护设施建设。

第二十七条　县级以上人民政府应当采取有效措施，保护本行政区域内具有代表性的自然生态系统，依法建立相关自然保护地，建立完善生态廊道，提高生态系统完整性和连通性。

第三十二条　县级以上人民政府应当引导单位、个人使用再生产品、替代产品和其他有利于生物多样性保护的产品，减少对野生生物资源的依赖。

云南省出台的生物多样性专项法规，不仅对独具特色的云南生物多样性保护具有重要的意义，对健全中国生物多样性保护法规体系、推动各层面开展相关立法具有积极示范作用，对加强全国各地区生物多样性保护也具有重要的现实意义。

案例启示

这是我国第一部生物多样性保护的地方性法规，开创了我国生物多样性保护地方立法的先河。这部法规内容丰富，涵盖范围较广，尤其是其中明确了对企业、公众和媒体的要求，非常具有特色。《条例》的颁布，不但为云南省做好生物多样性保护工作提供了法律保障，而且对保护我国乃至全球生物多样性宝库具有重要的意义。我国其他省（区、市）也可参考该条例，结合本地实际情况，颁布符合地方社会、经济、文化特点和生物多样性特色的保护条例。

（杜乐山、任文春）

【案例 1-6】

中国严格遵守国际法保护生物多样性

近年来，随着经济全球化的迅速发展，生态系统退化、物种灭绝和遗传资源丧失与流失等问题日渐突出。生物多样性问题再也不是某个国家和地区的问题，而是全球性的问题，仅靠某一个或某几个国家或地区的努力很难彻底解决，必须依靠国际社会的共同努力。生物多样性相关的国际法成了全球生物多样性保护的共同法律依据，是指导世界各国积极参与生物多样性保护的“基本规则”和“规范体系”。中国倡导“推动构建人类命运共同体”，积极响应和加入生物多样性相关的国际公约，并推动公约各项目标的落实，为世界生物多样性保护与可持续利用做出了重要贡献。

案例描述

《生物多样性公约》（以下简称《公约》）于 1992 年 6 月 1 日在肯尼亚首都内罗毕通过，1992 年 6 月 5 日在联合国环境与发展大会上签署，1993 年 12 月 29 日正式生效。《公约》确立了三个主要目标：促进生物多样性保护、生物多样性组成成分的可持续利用、公平公正地分享因利用遗传资源及相关传统知识产生的惠益。中国政府高度重视，于 1992 年 6 月 11 日签署《公约》，1992 年 11 月 7 日批准，1993 年 1 月 5 日交存加入书。签约以来，中国履行《公约》取得一系列进展，包括：（1）成立中国生物多样性保护国家委员会，统筹协调生物多样性保护工作。（2）发布了《中国生物多样性保护战略与行动计划（2011—2030 年）》，并要求各省根据实际编制省级保护战略与行动计划。（3）生物多样性就地与迁地保护成就显著，截至 2019 年 9 月，建立了 2 750 个自然保护区，总面积达 147 万 km^2。各类陆域保护地共 11 029 处，面积达 170 多万 km^2，约占陆地国土面积的 18%，提前达到爱知目标 [1] 要求的到

1　2010 年，《生物多样性公约》第十次缔约方大会（COP10）在日本爱知县举办，会上通过了 2011—2020 年《生物多样性战略计划》，明确了 5 个战略目标及相关的 20 个纲要目标，统称为“爱知生物多样性目标”（简称爱知目标）。

2020 年达到 17% 的目标。（4）生态系统保护与修复取得良好成效，野生动植物栖息地得到有效改善。（5）生物多样性宣传和公众参与力度不断提高，深入开展“联合国生物多样性十年中国行动”系列活动。（6）积极参与《公约》的国际事务，中国于 2016 年 12 月获得《公约》第 15 次缔约方大会主办权。

图 1-6-1 《生物多样性公约》第十五次缔约方大会会徽

《濒危野生动植物种国际贸易公约》（简称《华盛顿公约》，又称 CITES）于 1973 年 6 月 21 日在美国华盛顿签署，于 1975 年 7 月 1 日正式生效，《华盛顿公约》旨在通过许可证制度，对国际间野生动植物及其产品、制成品的进出口实行全面控制和管理，以促进各国保护和合理开发野生动植物资源。《华盛顿公约》共有三个附录，附录Ⅰ包括所有受到和可能受到贸易影响而有灭绝危险的物种；附录Ⅱ包括所有虽未濒临灭绝，但如对其贸易不严加管理，就可能变成有灭绝危险的物种；附录Ⅲ包括成员国认为属其管辖范围内，应该进行管理以禁止或限制开发利用，而需要其他成员国合作控制的物种。中国于 1980 年 12 月 25 日加入《华盛顿公约》，1981 年 4 月 8 日《华盛顿公约》对中国正式生效。中国严格落实《华盛顿公约》的各项要求，规定《华盛顿公约》附录Ⅰ、附录Ⅱ中所列的原产地在中国的物种，按《国家重点保护野生动物名录》所规定的保护级别执行，非原产于中国的，根据其在附录中隶属的情况，分别按照国家一级或二级重点保护野生动物进行管理；《国家重点保护野生动物名录》中所规定保护的野生动物，除了《华盛顿公约》附录Ⅰ、附录Ⅱ中已经列入的，其他均隶属于附录Ⅲ。被列入 CITES 的物种已经成为中国国内野生动物保护执法的重要依据。

《关于特别是作为水禽栖息地的国际重要湿地公约》（简称《湿地公约》，又称《拉姆萨尔公约》），于 1971 年 2 月 2 日签署。《湿地公约》主张以“湿地保护”和“明智利用”为原则，在不损坏湿地生态系统的范围内可持续利用湿地。中国自 1992 年加入《湿地公约》以来，在应对湿地面积减少、生态系统服务退化等全球性挑战方面采取积极行动，通过制定《湿地保护管理规定》，发布《国家重要湿地名录》，实施湿地保护修复工程，开展湿地调查监测，拓展国际交流与合作，提高全社会湿地保护意识等措施，全面强化《湿地公约》的国内履约工作，国家层面正在积极推进《中华人民共和国湿地保护法》。截至 2019 年，中国已建立 57 处国际重要湿地、600 多处湿地自然保护区和 1 000 多处湿地公园。在 2018 年召开的《湿地公约》第 13 届缔约方大会上，全球 7 个国家的 18 个城市首批获得“国际湿地城市”称号，其中有 6 个来自中国。中国是全球唯一两次完成全国湿地资源调查并正在进行泥炭地调查的国家。

案例启示

仅仅加入生物多样性相关的国际公约，对于提高生物多样性保护和可持续利用成效还远远不够，缔约方必须通过制定、出台法规政策和采取实际行动直接支持履行公约的责任和义务，这样才能真正地在国家层面推动生物多样性相关国际公约的履约进程。各公约履约的关键在于加入者的自我管理和自我约束，其他国家和地区组织也可仿照中国的做法在本地区内开展生物多样性保护与可持续利用的相关活动，更高质量地履行有关国际公约。

（杜乐山）

【案例 1–7】

中国发布象牙贸易禁令

近年来，全球每年约有 20 000 头大象因人类对象牙的需求而被杀害，对象牙制品的过度需求所带来的盗猎激增和持续不断的非法贸易，是严重威胁大象种群生存的重要原因之一。为加强对野生象的保护、打击象牙非法贸易，必须在国家或地区层面上出台有关禁令，从根源上阻断象牙非法贸易。

案例描述

2016 年 12 月 29 日，中国国务院办公厅发布《关于有序停止商业性加工销售象牙及制品活动的通知》（国办发〔2016〕103 号），要求：（1）分期分批停止商业性加工销售象牙及制品活动。2017 年 3 月 31 日前先行停止一批象牙定点加工单位和定点销售场所的加工销售象牙及制品活动，2017 年 12 月 31 日前全面停止。（2）积极引导象牙雕刻技艺传承人和相关从业者转型。（3）严格管理合法收藏的象牙及制品，禁止在市场摆卖或通过网络等渠道交易象牙及制品。（4）加强执法监管和宣传教育。公安、海关、工商、林业等部门要按照职责分工，加强执法监管，继续加大对违法加工销售、运输、走私象牙及制品等行为的打击力度，重点查缉、摧毁非法加工窝点，阻断市场、网络等非法交易渠道。要广泛开展保护宣传和公众教育，大力倡导生态文明理念，引导公众自觉抵制象牙及制品非法交易行为，营造有利于保护野生动植物的良好社会环境。

应国务院办公厅要求，2017 年 3 月 20 日国家林业局（现国家林业和草原局）公布了《分期分批停止商业性加工销售象牙及制品活动的定点加工单位和定点销售场所名录》，172 个企业被要求分两批在规定期限内停止加工销售象牙及制品活动，截至 2017 年年底，全面停止象牙及制品的加工和销售。为全面实施“象牙禁令”，国家林业和草原局联合外交、文化、海关、市场等部门多次在国内各地开展检查和宣传工作。2018 年年初，国际环保组织野生救援（WildAid）与国家林业和草原局合作推出了由著名篮球运动员姚明主演的《以法律之名，让象牙不再是商品》的公益广告；2019 年，在海关总署、国家林业和草原局的支持下，野生救援和世界自然基金会（WWF）发布由影视演员黄轩主演的《纪念品有可能成为罪证》的公益广告，该公益广告和海报在广东、广西、云南等地的出入境口岸，北京、上海、广州、深圳等 10 多个城市的机场、火车站以及通往中国香港、缅甸、越南和老挝的口岸城市交通枢纽和商业中心投放。同时，中国还赴坦桑尼亚、马拉维、莫桑比克、赞比亚、乌干达、埃塞俄比亚等 13 个非洲国家开展濒危物种保护宣讲会，呼吁公众远离象牙等野生动物制品非法贸易。

自禁令实施以来，中国境内注册的 172 个象牙及制品定点加工与销售企业，于 2017 年 12 月 31 日全部关停。中国海关和公安部门在茂名、莆田等地成功打掉 2 个特大跨国走私象牙团伙，抓获嫌疑人 22 名，现场查获涉嫌走私象牙数吨，价值达上亿元人民币；长沙海关查获象牙及其制品 41 批 316 件，重 8.02 kg；2019 年，海关总署指挥黄埔海关缉私局，在多地海关缉私局和地方公安机关的支持配合下，抓获犯罪嫌疑人 20 名，查获象牙 2 748 根，现场缴获象牙 7.48 t，全链条摧毁了一个长期专门走私象牙的国际犯罪集团。根据世界自然基金会和国际野生物贸易研究组织（TRAFFIC）2018 年 9 月发布的《禁贸下的需求——禁令后的中国象牙消费研究（2018）》和《禁令后的中国象牙市场（2018）》报告，中国象牙禁贸令实施 8 个月已产生显著成效，九成的受访者表示支持象牙禁贸，公众对象牙制品的消费量大幅减少，非法进入中国的象牙数量下降了 80% 以上。

案例启示

中国积极履行打击象牙非法交易的国际义务，出台法规和政策全面禁止象牙贸易，从源头上杜绝对野生大象的屠杀，成为全球打击象牙非法贸易措施最严厉的国家之一，展现了中国负责任的大国担当，在国际野生动物保护领域起到了引领示范作用。

生物多样性保护涉及多个领域，发布象牙贸易禁令及开展有关行动必须由主管部门与其他相关部门联合协作，在加大执法力度的同时，注重宣传，利用“明星效应”，通过拍摄公益广告、宣传片或宣传海报的方式，扩大影响力。

尚未实施象牙贸易禁令的国家可效仿中国，结合本国国情，采取类似的严格措施共同抵制象牙制品贸易，针对其他涉野生动植物的非法开发利用和贸易行为，也可参照本案例，制定单独的法规或禁令，提升保护成效。

（杜乐山）

【案例 1-8】

中国出台全面禁食野生动物禁令

长期以来，“野味”这条黑色产业链对生物多样性和人类健康造成了严重威胁。因与野生动物接触而造成传染病的散播已非孤例，如艾滋病的最初来源为非洲绿猴；位列我国甲级传染病的鼠疫主要源自野鼠和旱獭；2003 年中国暴发的 SARS 疫情传染路径为蝙蝠→果子狸→人；2012 年中东地区暴发的中东呼吸综合征（MERS）的传染路径为蝙蝠→骆驼→人。食用野生动物在给人类健康带来威胁的同时，很多野生动物也因被食用趋于濒危甚至灭绝。因此，全面禁止野生动物贸易和食用、保护生物多样性及人类健康已刻不容缓。

案例描述

2020 年 2 月 24 日，全国人民代表大会常务委员会（以下简称全国人大常委会）出台了《关于全面禁止非法野生动物交易、革除滥食野生动物陋习、切实保障人民群众生命健康安全的决定》（以下简称《决定》）。《决定》首次将野生动物食用行为加入了禁令之列，第二条明确规定“全面禁止食用国家保护的‘有重要生态、科学、社会价值的陆生野生动物’以及其他陆生野生动物，包括人工繁育、人工饲养的陆生野生动物。全面禁止以食用为目的猎捕、交易、运输在野外环境自然生长繁殖的陆生野生动物。”《决定》第五条规定“各级人民政府和人民团体、社会组织、学校、新闻媒体等社会各方面，都应当积极开展生态环境保护和公共卫生安全的宣传教育和引导，全社会成员要自觉增强生态保护和公共卫生安全意识，移风易俗，革除滥食野生动物陋习，养成科学健康文明的生活方式。”《决定》第六条规定“各级人民政府及其有关部门应当健全执法管理体制，明确执法责任主体，落实执法管理责任，加强协调配合，加大监督检查和责任追究力度，严格查处违反本决定和有关法律法规的行为；对违法经营场所和违法经营者，依法予以取缔或者查封、关闭。”

《决定》出台后，中国各部门及各级人民政府迅速行动，发布食用野生动物禁令、出台配套措施、明确处罚标准、加大执法力度，多措并举打击野生动物违法犯罪行为。全国各地林草系统自2020年年初至2020年2月26日清理整治市场、餐馆、饭店等经营场所35万多处，检查人工繁育场所15.3万多处，办理野生动物违法案件690起，收缴非法工具2 919个，收缴野生动物39 000多只，收缴野生动物制品达1 080 kg。公安系统也紧急部署各地公安机关联合相关部门开展专项打击整治行动，立案侦办涉野生动物刑事案件776起，查处行政案件1 804起，打击处理2 556人，收缴野生动物8.8万头（只），联合有关部门清理检查集贸市场、餐饮等场所29.3万处。市场监管部门也加大了网络监管力度，截至2020年2月底，全国市场监管部门共督促电商平台下架、删除或者屏蔽野生动物交易信息14万条；同时，通过“12315”平台为公众提供统一的投诉举报服务，截至2月26日，核查涉及野生动物交易的举报341件，立案27件，采取行政强制措施4件。

地方政府也积极行动，天津市于2020年2月14日通过了《天津市人民代表大会常务委员会关于禁止食用野生动物的决定》，深圳市于2020年2月25日发布了《深圳经济特区全面禁止食用野生动物条例（草案征求意见稿）》等。

案例启示

全面修订一部法律需要较长的时间和过程，针对一些新出现的或亟待解决的生物多样性问题，可以考虑先出台准备时间短但具有法律效力的决定。全国人大常委会率先出台的这个具有法律效力的决定，及时明确了全面禁止食用野生动物，严厉打击非法野生动物交易，在不修订法律的前提下，为生物多样性保护及人类健康提供了有力的执法依据，标志着我国依法保护生物多样性工作迈上了一个新的台阶。各级政府及相关部门积极响应《决定》，多措并举严禁野生动物非法贸易及食用行为，确保《决定》起到了正规法律的作用。作为公众，要依法守法，改变“野味滋补”等不健康的饮食观念，摒弃食用野生动物的陋习。

野生动物所在的生态系统，为人类生存提供了必不可少的物质基础、调节服务和文化服务，保护生物多样性就是保护我们自己。敬畏自然，尊重生命！

（杜乐山）

第2章

国家执法行动

执法是指国家行政机关依照法定职权和法定程序，行使行政管理职权、履行职责、贯彻和实施法律的活动。在国家层面开展执法行动是涉生物多样性执法最重要的环节之一，它能够充分调用国家资源，有效打击涉生物多样性跨国、跨地区、跨部门、跨领域的违法犯罪活动，为生物多样性保护与可持续利用提供有力保障。开展国家层面的执法行动还能有效带动地方开展系列执法行动。本章收录了部分中国国家层面的涉生物多样性执法案例，从中国引导国际行动、中国与周边国家联合打击非法贸易行动，到国家层面建立联席会议保护生物多样性，再到国家有关部委开展生物多样性保护专项行动，涉及国内行动和国际合作等多方面。中国的生物多样性相关执法行动在保护中国乃至全球的生物多样性中发挥了重要作用。

【案例 2-1】

中国主导国际“眼镜蛇行动”成果斐然

野生动物是仅次于毒品和军火的第三大走私对象，据不完全统计，每年非法贸易额高达100亿美元，尤其是在科技高度发达的今天，犯罪分子非法猎捕、通过互联网进行贸易、非法走私和非法运输野生动物等行为频发，并形成了一个完整的产业链条。打击和遏制涉野生动植物跨境犯罪问题十分复杂，仅靠一国力量难以实现，需要资源国、过境国、消费国以及国际或区域性执法机构的共同努力，全链条打击才能达到预期效果。

案例描述

中国政府历来高度重视野生动物非法贩运问题，2013 年 1 月 6 日至 2 月 5 日，中国会同有关国家和国际组织，发起和主导了代号为“眼镜蛇行动”的濒危物种联合缉私活动。这次行动由中国、南非、美国 3 个区域性大国以及东盟野生动植物执法网络（ASEAN-WEN）、南亚野生动植物执法网络（SA-WEN）、卢萨卡议定书执法特遣队（LATF）3 个区域性野生动植物执法机构联合组织，CITES 秘书处、世界海关组织（WCO）、国际刑警组织（Interpol）3 个国际机构共同支持，博茨瓦纳、柬埔寨、喀麦隆、中国、刚果（布）、民主刚果、加蓬、印度、印度尼西亚、肯尼亚、老挝、马来西亚、莫桑比克、尼泊尔、新加坡、南非、坦桑尼亚、泰国、乌干达、美国、越南、赞比亚等 22 个国家的海关、公安和野生动植物保护机构同时参与。行动期间，来自中国国家林业局、海关总署、ASEAN-WEN、SA-WEN、LATF、WCO 亚太地区情报联络处、Interpol 曼谷地区局以及美国、南非、印度、印度尼西亚、尼泊尔、越南、泰国等国的警方代表齐聚泰国皇家警察局，组成“眼镜蛇行动”国际协调组，组织开展该项行动。

为更好开展“眼镜蛇行动”，中国成立了由国家林业局、海关总署、公安部和外交部组成的领导机构，承担了对外提供走私案件线索并核实境外反馈情报的任务，适时采集、分析和共享情报，及时协调各国检查可疑货物，督促各国联合调查走私大案要案。同时，中国还组织各级海关、边防和濒危物种进出口管理机构出动执法上万人次，在所有进出口口岸和沿海、沿边地区，重点查验出入境货物和行邮物品。

执法结果

该行动破获了200多起走私濒危物种案件，逮捕了100多名走私犯罪嫌疑人，缴获42 t紫檀、6.5 t象牙及其制品、1.55 t藏羚羊绒、0.8 t穿山甲片、324件盔犀鸟喙、22根犀牛角和4件犀牛角制品、10张老虎皮、7张金钱豹皮以及其他大量野生动植物及其制品。仅中国就查获走私濒危物种案件近80起，处理违法人员90多人，缴获象牙及其制品多达200 kg、犀牛角10根、犀牛角制品4件、穿山甲片近50 kg、石斛60 kg、盔犀鸟喙76件、蟒蛇25条，以及其他野生动植物及其制品，所查获的案件数和逮捕的犯罪嫌疑人数，均占行动期间全球查获案件数和逮捕嫌疑人数的1/3以上。中国部门间CITES执法工作协调小组、海关总署缉私局、公安部边防局和国家林业局的卓越表现，受到了6家组织方的联合表彰。这次由中国主导的跨洲专项打击行动，也被誉为“国际性创新行动和国际社会合作打击跨国犯罪的典范”。

案例启示

在全球化的大背景下，涉濒危物种和其他野生动植物的违法犯罪活动也呈现了快速的全球化发展趋势，传统的局限于一国或一地的执法行动已难以有效遏制这类犯罪活动。“眼镜蛇行动”改变了以往各国家或地区、各部门单打独斗的局面，采用了资源国、中转国和消费国相关部门联合行动的方式，一举斩断了濒危物种及其产品的产、供、销利益链条，有效遏制了走私濒危物种的势头，达到了惩处和震慑犯罪的目的，形成了“1+1 ＞ 2”的打击效果。该行动是中国首次主导的打击走私濒危物种跨部门、跨国、跨洲联合行动，充分展示了中国在生物多样性保护方面负责任的大国形象和在国际上的影响力。其他资源国、中转国和消费国也可参照本案例，联合开展全球或地区范围内的生物多样性专项保护行动。

（杜乐山）

【案例 2-2】

中国联合越南打击非法走私野生动物行为

跨境野生动物走私犯罪不但加剧了珍稀野生物种趋向灭绝，危及生物多样性，而且与国家的边境管理、海关监管、金融监管等制度相悖离，危及国家安全和社会稳定。中国与东南亚地区多个国家接壤，这些地区非法走私野生动物现象频发，特别是越南，已经成为“非洲—越南—中国”濒危动植物及其制品走私路线的重要中转地和非法进入中国的主要通道。近年来，中国高度重视与越南在打击非法野生生物贸易方面的合作，通过会议、培训等形式，共同提高执法能力，有效地打击了野生动物走私行为。

案例描述

据统计，我国非法贸易的穿山甲（*Manis Pentadactyla*）、巨蜥（*Varanus. Salvator*）、龟等多来自东南亚与南亚地区，象牙、犀牛角等多来自非洲地区。这些外来的野生动物及其制品，有些是从分布国，如越南、缅甸、老挝的边境地区直接非法入境到我国，还有大量非法走私是取道过境国进入我国，如来自印度尼西亚的穿山甲从越南中转后，再从陆路进入我国广西等地。越南既是原产地，也是中转国，鉴于这种情况，我国高度重视与越南的合作，积极推动两国联合打击非法走私野生动物行动。

2017 年 10 月 31 日，国家濒危物种进出口管理办公室广州办事处、广西壮族自治区打击走私综合治理领导小组办公室及国际野生生物保护学会（WCS）在广西凭祥市举办中越双边打击野生生物非法贸易执法合作研讨会，共同探讨了中越双边官方和非官方的有效沟通渠道，以便进一步加强两国边境反走私执法合作、有效打击走私犯罪。2018 年 9 月 11 日至 14 日，由海关总署缉私局主办、广东分署缉私局和国际爱护动物基金会（IFAW）协办的中越海关“智慧缉私”暨打击濒危物种走私培训交流会在海关总署广东分署举办，会议有效加强了中越双方的执法合作和情报交流，完善了联合打击各种形式的濒危物种走私犯罪的合作机制。2019 年 5 月 10 日至 12 日，由中越两国三方海关和 IFAW 联合主办，深圳海关缉私局承办的“中越打击濒危物种及其制品走私交流培训”在深圳举行，中越两国三方海关达成意向制定更加深入的情报交流和联合执法行动方案，联合对濒危物种走私犯罪采取更加严厉的打击措施。

中国在省级层面也同越南开展了广泛的合作。广西南宁海关与越南广宁省、谅山省、高平省海关在“两国四方”会谈机制下，定期互通辖区濒危动植物走私特点及打击工作开展情况，强化缉私跨境执法协作互助，斩断濒危动植物走私入境链条。中国近年来积极主办相关会议，通过互通执法信息、研讨打击重点、促进执法合作，共同提高中越双方打击野生生物走私犯罪的执法能力。

执法结果

中越两国联合打击非法走私野生动物行动取得了显著成效。据不完全统计，2018 年仅广西海关就破获多起濒危动物及其制品走私大案要案，查办濒危动植物走私案件 83 起，查获涉案象牙 707.78 kg、穿山甲 2 578 只、犀牛角 51.79 kg、砗磲 20.08 t、玳瑁 172 只及龟板、食蟹猕猴（*Macaca fascicularis*)、黄花梨（*Dalbergia odorifera*) 等各类濒危动植物一大批。

案例启示

一些国际性或跨界的非法走私野生生物犯罪活动，必须由两个或多个国家共同建立国际合作，才能进行有效打击，单一国家的单一行动很难取得预期效果。这种跨国合作可以是多层次、多领域、多方式的。同时，要想斩断濒危动植物走私入境链条，必须准确掌握走私的线路和中转站点，并同有关国家建立密切合作，做到信息共享，精准打击违法犯罪。

（杜乐山）

【案例 2-3】

中国建立部际联席会议制度打击野生动植物非法贸易

中国政府多年来高度重视野生动植物保护工作，并携手全球努力解决野生动植物非法贸易问题。由于野生动植物涉及多个领域、多个部门，为有效打击野生动植物非法贸易，必须增强部门联动，各部门、多领域、全范围地进行严防、严查、严治，对野生动植物非法贸易形成打击合力，才能达到生物多样性保护的预期效果。

案例描述

2016 年，国务院批准建立“打击野生动植物非法贸易部际联席会议制度”，由国家林业局牵头，中央宣传部、网信办、外交部、发展改革委、工信部、公安部、财政部、交通部、农业部、卫生计生委、海关总署、工商总局、质检总局、广电总局、旅游局、公务员局、海警局、铁路局、民航局、邮政局、铁路总公司等 22 个部门组成。2019 年，联席会议成员单位从 22 个增加至 25 个，生态环境部、国家国际发展合作署、中国科学院、国家文物局、国家中医药管理局等作为新成员单位加入（部分单位因机构改革，合并或变更）。这年的联席会议确定开展 4 个方面的 24 项重点工作，其中包括调整发布《国家重点保护野生动物名录》《国家重点保护野生植物名录》，组织力量进行清网、清套、清夹专项行动，在全国范围内开展一次打击非法猎杀和经营利用野生动植物及其制品违法犯罪活动的专项行动，开展“蓝天 2019”打击象牙等野生动植物走私专项攻坚战役，以及配套的多项执法检查活动。2020 年，最高人民法院、最高人民检察院加入，联席会议成员单位增加至 27 个。

部际联席会议制度建立以来，各成员单位围绕职责分工，建立健全部门间联动长效机制，在多环节强化野生动植物保护执法监管，健全了防控体系，完善了协调机制，扩大了国际合作。各成员单位在野生动植物保护、加工、流通、贸易、消费等领域制定出台细化的法律、规章，强化濒危野生动植物及其制品的监督管理；开展多次专项行动，加大对违法加工、销售、运输、走私等行为的打击力度；开展全面普法宣传，建立违法犯罪预防机制，提高野生动植物保护执法综合能力；积极推进与国际组织的合作与交流，参加重大双边、多边谈判，参与国际规则制定，加强国际执法合作，实施全链条治理。各部门联合开展“打源头、斩流通、堵出口”全链条打击行动，减少和杜绝野生动植物非法贸易行为。

执法结果

自部际联席会议制度执行以来，大熊猫、东北虎（*Panthera tigris altaica*）、亚洲象（*Elephas maximus*）、朱鹮（*Nipponia nippon*）、扬子鳄（*Alligator sinensis*）等一大批珍稀濒危野生动植物基本扭转了数量持续下降的态势，呈现出稳中有升的良好势头，其栖息环境也在不断优化。中国海关和公安部门在茂名、莆田等地成功打掉 2 个特大跨国走私象牙团伙，涉嫌走私象牙数吨，价值高达上亿元人民币，共处理刑事案件 396 起，打击处理犯罪人员 770 人，打掉犯罪团伙 13 个，并查获犀牛角、虎制品等数百件，涉案价值数千万元。同时，收缴未经批准或不符合要求的 219 件被拍卖象牙制品，价值在 630 万～ 700 万元人民币，并先后两次组织查没象牙公开销毁活动，有效地打击了象牙贸易的违法犯罪行为。

案例启示

野生动植物非法贸易涉及多个部门和多个领域，建立部际联席会议制度有利于实现部门间的高效合作，对涉野生动植物违法犯罪活动进行全领域、多环节的有效打击。其他涉生物多样性的违法犯罪打击行动，可参照本案例建立并完善可供各部门交流、沟通、协调的体制机制，合力出台并完善各环节政策、标准、细则，从加工、运输、交易等多环节进行严防严查，实现贸易流程全覆盖。

（刘海燕）

【案例 2-4】

三部联合开展水生生物多样性保护执法行动

中国水生生物多样性极为丰富，在世界生物多样性中占据重要地位。近年来，由于栖息地丧失和破碎化、资源过度利用、水环境污染、外来物种入侵等，大部分流域水环境质量不断恶化，珍稀水生野生动植物濒危程度加剧。水生物种资源衰退已成为影响中国湿地生态系统服务能力的突出问题，因此，亟待开展有效行动，破解中国重点流域水生生物多样性下降的难题。流域保护和管理涉及多个部门，开展部际联合行动，能有效地促进水生生物多样性保护。

案例描述

2018 年 3 月 22 日，生态环境部、农业农村部、水利部三部联合制定《重点流域水生生物多样性保护方案》，并在长江流域、黄河流域、珠江流域、松花江流域、淮河流域、海河流域、辽河流域七大流域，推进六大重点任务：开展调查观测、强化就地保护、加强迁地保护、开展生态修复、规范水域开发、推进科学养殖，提出要联合开展专项执法行动，严厉查处破坏水生生物多样性的违法违规行为。国务院各部门按照职责分工，加强对地方工作的指导和支持，定期开展督导督查，保障工作有序开展。有关省（区、市）人民政府对本行政区域水生生物多样性保护负总责，加强组织领导，落实主体责任，强化工作措施，统筹流域和行政区边界，加强协调与联动。

各级人民政府和行业主管部门积极响应，加大对捕捞、养殖、废污水排放、涉水工程建设、挖砂采石、航道疏浚等涉水行为的监管力度，并组织开展专项执法行动，严厉查处破坏水生生物多样性的违法违规行为。同时，推进联合执法、区域执法、交叉执法等执法机制创新，强化执法监督和责任追究，构建和完善行政执法与刑事司法衔接机制；建立流域定期会商制度和协作应急处置机制，加强信息共享；强化执法机构和人员能力建设，提升执法水平。

执法结果

各省（区、市）高度重视并纷纷下发通知，结合本地实际情况出台有关实施方案，如湖北省水产局编制了《湖北省水生生物多样性保护实施方案》，浙江省生态环境厅发布了《浙江省水生生物多样性保护实施方案》，四川省印发了《四川省长江流域水生生物保护工作任务分工方案》等，组织开展“清江”“清河”“清湖”等专项执法行动。据报道，2019 年，仅湖北省的渔政部门和公安机关就组织统一执法行动 2 357 次，在全省各大重点水域查处电鱼案件 668 件，没收并销毁电捕鱼器具 1 154 台（套），没收违法船只 98 艘，罚款 123.39 万元，146 人被追究刑事责任，专项执法取得了显著成效。

案例启示

我国的湿地或水体管理涉及很多部门，如生态环境部负责水体质量，水利部负责水资源，林草部门负责野生动植物，农业农村部门负责水产等。这种多头管理方式给湿地或水生生物多样性保护与利用带来了困难。该行动由生态环境部、农业农村部、水利部三部联合发起，采取联合执法、区域执法、交叉执法等执法机制，有效地破解了以往水域分属不同部门而导致职能交叉或监督空白的难题，为流域生态系统及水生生物多样性保护提供了有力保障，也为我国其他流域以及其他具有类似情况的国家开展水生生物多样性保护提供了很好的范例。

（杜乐山）

【案例 2-5】

国家林业和草原局组织开展“春雷 2018”专项行动

中国森林资源总量位居世界前列，但人均占有量低、森林质量不高、林龄结构不合理，盗伐滥伐、非法开垦、非法贸易等行为又加剧了中国森林资源的匮乏。开展专项执法行动，遏制和惩处破坏森林和野生动植物资源的违法犯罪行为显得极为重要，但仅靠国家部委层面的行动远远不够，需要与地方主管部门结合，采取国家统筹、上下贯通、地区联动的执法方式，才能有效地震慑危害林业资源的涉林违法犯罪行为。

案例描述

2018 年 4 月 1 日至 5 月 31 日，国家林业和草原局在全国范围内组织开展了为期两个月的“春雷 2018”专项打击行动，重点打击四类行为：(1) 盗伐和滥伐林木、毁林开垦、非法移植树木、非法占用林地等违法犯罪行为；(2) 非法猎捕、杀害、收购、运输、出售珍贵濒危野生动物及其制品、非法狩猎等违法犯罪行为；(3) 利用电商平台非法贩卖珍贵濒危野生动物及其制品的行为，对快手、抖音等网络直播平台上滥捕、杀害、滥食野生动物视频、图片等情况依法核查，确有违法犯罪行为的依法严厉打击；(4) 非法伪造、买卖林木采伐许可证、野生动物驯养繁殖利用审批手续、野生动物专用标识及公章等的违法犯罪行为。行动要求各级森林公安利用微博、微信等多种渠道开展普法宣传工作，引导群众共护共享林业建设成果，发动群众积极提供线索，发现重要的违法犯罪行为信息，集中查处一批大案要案，坚决打击涉林违法犯罪活动。

为确保专项行动各项措施落实到位，国家林业和草原局于 2018 年 4 月 8

日至18日，先后前往广东、河南、黑龙江等省份，对“广东省韶关市4·10买卖国家机关证件案”“扎龙自然保护区毒杀丹顶鹤案”及专项行动部署开展情况进行督导检查。5月2日至20日，再次组织5个督查组对江苏、安徽等10个省（区、市）专项行动进行督查。行动结束后，国家林业和草原局从各地在侦的案件中选了100起案情复杂、侦办困难或影响较大的重特大案件，作为2018年第一批挂牌督办案件。通过挂牌督办这些案件，加强侦办指导，强化侦办责任，着力提升刑事打击效能。另外，全国各级森林公安机关不断加强宣传，中央电视台《新闻联播》先后两次以“‘春雷2018’专项打击行动启动”和“我国查获特大非法贩卖象牙制品案”为题，对专项行动进行报道，《朝闻天下》《新闻直播间》《中国新闻》等栏目相继报道了湖南、河北、青海、云南等地的执法打击情况，得到了社会的广泛关注。

执法结果

行动期间，各级森林公安机关共办理各类案件3.6万余起，收缴林木木材约3.5万m^3、各类野生动物7.7万余头（只），依法打击处理各类违法犯罪人员3.7万余人（次），涉案金额近3亿元。专项行动排查出一批重要的案件线索，打掉一批涉林犯罪团伙，有效地遏制了各类破坏森林和野生动植物资源的违法犯罪势头，为建立健全预防打击长效机制奠定了基础。

案例启示

野生动植物的“捕猎、运输、销售”通常会涉及多个省份或多个地区，为有效打击涉生物多样性的违法犯罪行为，必须采取全方位、立体化的联动执法，形成“一级抓一级，层层抓落实，区域有合作”的工作格局，全方位打击涉生物多样性违法犯罪行为。督导检查和挂牌督办是本案例的一大亮点，通过层层传导压力，给其他违法犯罪活动以警示。另外，这次行动通过微博、微信、电视等多种媒体开展广泛的普法宣传，极大地震慑了涉林违法犯罪行为，显著提高了公众的生物多样性保护意识。

（杜乐山）

【案例 2-6】

“国门利剑”斩断濒危物种走私路

走私珍稀濒危野生动植物及其制品行为，是导致世界上很多物种丧失甚至灭绝的重要因素。国门是非法走私的必经之路，必须在国家层面开展专项行动，对走私野生动植物的违法犯罪行为进行防范和打击。海关是打击跨国走私案件的主导部门，也是打击涉生物多样性走私的关键部门。因此，海关有必要开展专项行动，并联合有关部门共同执法，阻断涉生物多样性走私的利益链条。

案例描述

2016 年以来，中国政府每年开展一次“国门利剑”专项行动，由全国海关会同地方政府与相关部门共同打击非法走私行为，取得了丰硕战果。“打击濒危物种走私”一直是专项行动的一项内容，特别是 2018 年以来，“打击濒危物种走私”已升级为“国门利剑”的重点行动。行动明确将“严厉打击象牙等濒危物种走私，着力打掉幕后跨国走私犯罪集团，密切配合林业、公安、工商等部门，加强联合执法检查，切断走私利益链条，确保象牙贸易禁令有效落地，切实保护野生动植物资源，维护生态平衡”及“严厉打击象牙、虎骨、犀牛角等濒危物种和疫区冻品等走私犯罪活动”作为重点领域，实施专项打击和集中整治。同时，中国海关与公安、林草等部门密切配合，深入开展打击象牙、犀牛角、石首鱼等濒危物种走私专项行动，组织全国重点海关缉私部门两次发起打击濒危物种走私百日专项行动，推动全面关停整治非法加工销售场所及网络交易平台，最大限度地遏制濒危物种及其制品的非法销售行为，削减走私动因。

“国门利剑”专项行动期间，全国各地海关纷纷行动，成立领导小组、制定实施方案、严密监管渠道、实施精准打击，在涉及生物多样性走私方面取得了显著成效。广西是走私的重点区域，行动期间，南宁海关加强现场查验设备配备，提升了对象牙、犀牛角等及其制品的鉴定能力，创新性地建立了分子生物学鉴定方法，对象牙等及其制品的鉴定技术达到国内先进水平。同时，各口岸现场配备了手持式海关监管物项识别仪，采用激光拉曼光谱分析技术，在不损害被测样品完整性的情况下，对物品进行快速检测和准确识别，沉重地打击了濒危物种及其制品走私犯罪行为。

执法结果

截至2019年年底，“国门利剑”联合专项行动期间，全国海关共侦办珍稀动植物及其制品走私犯罪案件847件，查获各类濒危物种近2 000 t。其中侦办象牙走私案件近300件，查获象牙制品2 166 t。此外，与相关国家、地区及组织加强协作配合，协助中国香港、马来西亚、越南、新加坡海关共查获走私象牙11.04 t、穿山甲鳞片59.4 t、犀牛角106.5 kg、小叶紫檀14.6 t。

案例启示

选择以海关为行动中心，是打击涉野生动植物走私犯罪的关键，极大地提升了野生动植物保护的力度和效果。行动整合了海关、林业、公安、工商等部门的执法力量，有力打击了濒危物种走私及后续贸易链条；行动创新性地采用了分子生物学、激光拉曼光谱分析等高新技术，确保了物品的快速检测与准确识别。各国家或地区海关可参照本案例开展各项行动，一方面从纵向形成完善的层级领导体系，从横向建立各部门协调机制，形成联动合力；另一方面要注重鉴别技术的更新迭代，运用高新技术提高识别速度和精确性，助力打击濒危物种走私违法犯罪行为。

（刘海燕）

第3章

地方执法行动

地方执法是指地方行政主体直接实施法律、法规以及行政规章的规定，对特定的人和特定的事件所做的具体行政行为。在地方层面开展执法行动是生物多样性相关执法的重要组成部分。地方政府能够直接接触生物多样性违法违规案件，对推动生物多样性保护与可持续利用具有重要的作用。本章收录了中国部分省（市、区）政府及生物多样性有关部门采取的生物多样性保护与可持续利用执法案例。本章的案例可为国内外生物多样性保护与可持续利用地方执法提供经验和借鉴。

【案例 3-1】

河北省打击涉野生动物违法犯罪

野生动物由于繁殖、觅食的需要，会进行周期性和非周期性的迁徙。维持野生动物正常迁徙，对于保护珍稀濒危物种、保护农林生产和维护生态平衡等具有重要意义，能够给人类带来巨大的社会、经济及环境效益。河北是野生动物重要的栖息地与迁徙地，开展持续性、系统性的涉野生动物违法犯罪打击行动，对生物多样性保护起着重要作用。

案例描述

河北省“金网行动”自 2016 年开展以来，已持续至今，负责野生动物管理的各级林业部门积极响应，全省“金网行动”全面铺开。河北省根据每年违法犯罪活动的特点会设置不同的重点打击对象。“2016 · 1 号金网行动”重点打击在禁猎期、禁猎区或使用禁用的工具、方法非法狩猎的行为；非法猎捕、收购、收售、加工、经营、利用国家或地方重点保护野生动物及其制品的行为；利用汽车、飞机、火车、邮寄快递等流通渠道，非法运输国家保护野生动物及其制品的行为；帮助非法狩猎违法人员掩饰非法所得和其他破坏野生动物资源等违法行为。

2017 年，河北省林业厅组织开展了“金网行动 2017 · 2 号”专项行动，重点打击候鸟及其他野生动物主要分布区、越冬区、繁衍地、迁徙停歇地、迁徙通道、集群活动区内出现的乱捕滥猎行为；在禁猎期、禁猎区或使用禁用的工具、方法非法狩猎珍贵濒危野生动物和其他野生动物的违法犯罪行为；非法猎捕、杀害、购买、运输、出售、加工、经营、利用野生动物及其制品的违法犯罪行为。

2018 年 9 月，河北在全省范围内组织开展“2018 · 2 号金网行动”，重点打击在候鸟及其他野生动物主要分布区、越冬区、繁衍地、迁徙停歇地、迁徙通道、集群活动区内出现的乱捕滥猎行为；非法猎捕、杀害、收购、运输、出售珍贵濒危野生动物及其制品的行为；在禁猎期、禁猎区或使用禁用的工具、方法非法狩猎的行为；非法加工、经营、利用国家或省重点保护及“三有”（国家保护的有益的或者有重要经济、科学研究价值的）野生动物及其制品的行为；掩饰、隐瞒破坏野生动物资源违法犯罪所得的行为。河北省通过重点打击乱捕滥猎行为、重点区域增设保护站点、重大案件严禁以罚代刑、鼓励群众举报违法行为等方式对野生动物资源进行保护。

2019 年 3 月，河北省组织开展“2019 · 1 号金网行动”，重点打击非法猎捕、杀害、收购、运输、出售珍贵濒危野生动物及其制品的行为，尤其是通过微信、QQ 等互联网平台非法买卖野生动物及其制品的行为；在禁猎期、禁猎区或使用禁用工具、方法非法狩猎的行为，特别是在候鸟迁徙途经区域使用黏网、诱饵、诱捕装置非法猎捕候鸟的行为；非法加工、经营、利用国家或省重点保护及“三有”野生动物及其制品的行为，尤其是国家明令禁止后仍在非法经营、买卖象牙的行为及非法加工食用野生动物的行为；掩饰、隐瞒破坏野生动物资源违法犯罪所得的行为以及其他破坏野生动物资源的违法行为。

执法结果

截至 2018 年，河北省森林公安机关通过开展集中严打行动，抓源头、捣网络，共查处各类破坏野生动物资源案件 438 起，其中刑事案件 121 起，打击处理 394 名违法犯罪人员，收缴野生动物 12 万余只、珍贵濒危野生动物制品 1 899 件，有效地保护了野生动物。另外，河北省摧毁 2 个特大非法猎捕和贩卖野生鸟类犯罪团伙，并将号称“北方地区最大鸟贩子”的犯罪嫌疑人抓获归案。

案例启示

打击破坏野生动物资源的行为需提高针对性，依照野生动物的生活习性、生活规律，在禁捕期、禁捕区进行有组织的违法犯罪打击行动；在行动中严格执法，遵照法律对罚和刑的严格界定，严禁以罚代刑，形成持续震慑涉生物多样性违法犯罪行为的氛围；要兼顾线上线下，防止网络为危害野生动物资源行为提供“温床”。其他国家或国内其他省份也可参考这种模式，针对本地区生物多样性特点，开展连续性、系统性和全面的联合行动，保护地区生物多样性。

（刘海燕）

【案例 3-2】

上海市开展“亮剑 2019”长江水域执法行动

近年来，我国渔业资源逐年退化，非法捕捞对渔业生物多样性保护和可持续利用造成了严重影响。为此，农业农村部等三部委于 2019 年发布了《长江流域重点水域禁捕和建立补偿制度实施方案》，要求对长江干流进行 10 年禁捕。上海作为长江入海前的最后一环，能否有效地落实上述方案并对长江流域禁渔期的非法捕捞进行有效治理，是保护长江流域渔业资源和促进渔业可持续发展的关键。

案例描述

上海作为长江末段入海口，守住“长江大保护”的最后一道防线责无旁贷。为有效推进长江水生生物资源保护工作，上海自 2019 年起已停止发放长江上海段水域的鳗鱼（*Anguillidae*）、长颌鲚（刀鱼，*Coilia ectenes*）、凤鲚（凤尾鱼，*Coilia mystus*）、中华绒螯蟹（河蟹，*Eriocheir sinensis*）的专项捕捞许可证，在相关水域禁止对上述四种天然资源的生产性捕捞。上海率先在长江上海段宣布退捕，并持续推进对长江上海段水生生物资源的“大保护”，意味着“长江大保护”已全面开启。

为有力推进长江上海段退捕工作，打击非法捕捞，严守长江禁渔底线，切实加强长江水域渔政执法力度，上海市于 2019 年 1 月和 4 月先后开展了“‘亮剑 2019’——长江上海段退捕工作同步执法行动”和“‘亮剑 2019’长江水域联合执法行动”，执法行动由上海市渔政监督管理处、上海市渔港监督局，崇明区、宝山区、浦东新区渔政，海警、海事、长航公安、长江口航道管理局等部门联合行动。行动严查各类非法捕捞行为，全面清理取缔鳗苗网，严防深水张网等禁用渔具的使用和涉渔“三无”船舶回潮等，重点对自然保护区和种质资源保护区内的非法捕捞行为进行查处，重点推进长江非法捕捞案件“两法衔接”（行政执法与刑事司法衔接）工作，开展大规模饱和式的专项执法联合行动。市场监管部门还对销售“长江刀鱼”行为溯源追查，处罚用“海刀”“湖刀”冒充“江刀”进行虚假宣传的商户，对集贸市场内悬挂长江刀鱼销售的挂牌、标语一律予以拆除没收。

执法结果

上海已经率先实行长江上海段全面退捕，并停止发放长江渔业捕捞证，185 艘长江捕捞船全部上岸，其中 171 艘已经拆解。此次专项执法行动累计出动执法 325 人次，检查渔船 107 艘，查处案件 37 起，罚款 108 200 元，清理取缔深水张网、鳗苗网、刺网等各类网具 1 470 顶，浮具 6 051 只，另有 2 起案件移送公安机关依法追究刑事责任。

案例启示

对长江流域干流采取停发捕捞许可证和加大渔政执法力度等措施进行全面禁捕，是保护长江流域生物多样性及生态系统稳定性最有效的办法。本案例说明，执法力度是决定禁捕措施成败的关键因素，禁捕和严格执法二者缺一不可，必须配套实施，才能达到预期效果。长江流域涉及的 19 个省（市、区）有关执法部门均可参照本案例对本辖区内的长江流域重点水域开展多部门联合执法。其他国家或地区以及我国其他流域也可参照长江流域的做法，采取划定禁渔期、禁渔区等方式保护流域、海域的渔业资源及生物多样性。

（刘海燕）

【案例 3-3】

两广海关联手开展“守护者 2019”行动

非法走私野生动植物涉及的种类繁多、数量庞大，对原生地物种种群造成了严重影响，是全球野生动植物保护面临的重大难题。海关是野生动植物走私防控的关键所在，但某一海关加大了防控力度，犯罪分子就会流窜到其他地区，因此，多地海关联防联控，才能防止顾此失彼，才能彻底阻断野生动植物的走私路径，制止走私野生动植物违法犯罪行为。

案例描述

广东和广西地区均是中国濒危物种走私入境的高发地，具有货运渠道走私涉案物品数量较大、入境旅客在旅检渠道夹带走私、非设关地团伙走私违法多发等特点。为此，2019 年 3 月 24 日，在海关总署缉私局统一部署和广东分署缉私局的直接指挥下，南宁海关缉私局联合广西森林公安，第三缉私战区广州、深圳、汕头、江门、湛江海关缉私局，在地方公安的配合下实施跨关区联合作战，统一开展代号为“守护者 2019”打击濒危物种走私专项行动，查获了大批象牙、穿山甲、犀牛角、虎牙等濒危物种及其制品。此次行动出动警力 310 余名，分成 43 个行动小组，分别在广西东兴，广东广州、深圳、汕头，江门开平、阳江等 14 地同步开展了集中抓捕行动。两广海关表示，后续将持续加大打击走私力度，保护珍稀濒危物种，打掉走私团伙，震慑走私犯罪分子，为国家生物多样性保护做贡献。

执法结果

“守护者 2019”行动成功摧毁了一条由境外通过非设关地走私濒危物种到广西，再由广西运输至广东广州、深圳、江门、湛江、梅州，以及天津、云南等地的非法贸易网络。行动一举打掉9个濒危物种走私犯罪团伙，成功抓获犯罪嫌疑人34名，现场查获象牙14.55 kg、犀牛角315.7 g、虎牙1对，穿山甲活体103只、死体52只、鳞片21.55 kg，以及鹰、熊掌、蛇、龟、蛤蚧等濒危物种及其制品一批，查扣赃款现金约146.8万元、涉案车辆6台。

案例启示

多地海关联手开展打击走私濒危物种行动，加强顶层部署，构建自上而下的纵向指挥体系，有利于统筹全局并充分发挥各自的优势、堵塞漏洞，起到“1+1>2”的效果；森林公安与缉私部门配合，同时铺网设卡进行联防联控，有利于执法效率的提高；按照走私濒危物种的源头、运输、交易、消费这一违法犯罪路线开展执法行动，实现链条式全过程覆盖整治。

其他国家和地区也可借鉴这种模式，针对违法犯罪的特点，采取多地区、多部门联合行动，覆盖生物多样性相关的各个走私环节，彻底斩断违法犯罪链条，从而有效打击违法犯罪行为，保护生物多样性。

（刘海燕）

【案例 3-4】

湖北应城开展“绿荫天网行动”保护野生林木和动物

保护和可持续利用生物资源是保护生物多样性、维护野生动物栖息地、维持生态系统服务功能的重要前提。由于气候变化及人类过度开发利用，我国林木资源丧失严重，野生动物栖息地及多样性也受到了威胁。因此，开展保护林木资源的专项行动，严厉打击损害林木、野生动物资源的违法犯罪行为刻不容缓。

案例描述

近年来，湖北省孝感市应城林业局高度重视森林资源保护工作，积极响应省森林公安局、孝感市森林公安局要求的专项行动。同时，为进一步加大森林保护力度，落实“保护生态环境、促进绿色发展”理念，2017 年，应城市组织开展了“绿荫天网行动”，行动自 5 月 2 日起至 8 月 5 日止，为期 3 个月，集中整治“乱砍滥伐、乱占滥用、乱捕滥猎、乱收滥运”等行为，重点整顿和规范了林地审批、木材收购、苗木调运、野外捕猎等行为和专业市场。本次清理整顿范围为应城市境内所有从事木材流通经营和加工、从事野生动物驯养和加工经营的企业及个体户。行动内容包括两个方面，一方面严厉打击乱砍滥伐林木、非法占用林地的行为，着力加强对木材经营加工单位的监督管理，维护木材流通加工正常秩序；另一方面加强野生动植物资源保护，全面清除危害野生动植物资源的安全隐患。

执法结果

行动开展以来，应城市森林公安出动车辆 300 余台次，警力 800 余人次，排查各类信息 60 余条。查处各类涉林案件 21 起，其中林业刑事案件 1 起，行政案件 20 起，行政处理 20 人；滥伐林木案 8 起，盗伐林木案 1 起，毁坏林木案 2 起，无证运输木材 7 起，无证经营野生动物案 2 起，非法占用农（林）地 2 起。此外，清理整顿宾馆、饭店、酒楼、夜市、大排档等餐饮场所 20 多家，严厉打击各类破坏森林资源违法犯罪行为，破获各类涉林案件 31 起，形成案卷 31 本。

案例启示

应城林业局结合本地区实际情况开展适合本地的专项行动，设置专项行动的重点内容，有针对性地保护当地林木和野生动物资源。行动不只局限于针对违法犯罪的个人行为，存在隐患的企业、公司、个体户等也列入普查范围，做好全源头预防摸排，并对市场流通的各个环节进行清理整顿。其他国家和国内其他地区也可参照这种模式，开展适合本地区的专项行动保护野生动植物资源。

（刘海燕）

【案例 3-5】

贵阳连续五年开展森林生态系统保护“六个严禁”执法行动

森林生态系统为人类提供了丰富的木材和林下产品，也在调节气候、保持水土、涵养水源等方面发挥着重要作用。我国一些地区由于乱砍滥伐、过度开发利用等，森林生态系统服务受到严重威胁。因此，针对森林生态系统进行有效保护，持续性地开展专项行动具有重要的现实意义。

案例描述

自 2014 年 11 月开始，贵阳市已连续多年开展森林生态系统保护“六个严禁”执法专项行动。“六个严禁”是指严禁盗伐滥伐林木、严禁掘根剥皮等毁林活动、严禁非法采集野生植物、严禁烧荒野炊等容易引发林区火灾行为、严禁擅自破坏植被从事采石采砂取土等活动、严禁擅自改变林地用途造成生态系统逆向演替。贵阳市有关部门严格执行专项行动要求，按照专项行动工作的实施方案，开展最新卫星影像数据排查案件常态化、案件查处常态化、督查督办常态化、检查考核常态化、监督执纪问责常态化、行政执法和刑事司法衔接常态化等“六个常态化”工作，以涉林案件线索核实率、涉林行政案件查结率、涉林刑事案件移送率和往年度涉林案件行政处罚执行率“四个率”为执法考核目标，严厉打击各类破坏森林、草原（地）、湿地资源和猎捕野生动物违法犯罪行为，保持震慑违法犯罪行为的高压态势，推进依法治林治草。

执法结果

截至 2019 年，森林保护“六个严禁”专项行动执法小组开展各项执法行动 40 余次，出动执法人员 381 人，开展巡山护林 26 489 次，检查木材及其制品生产加工和经营场所 2 352 个，检查野生动植物经营加工场所 569 个，共收缴“三有”野生动物 120 余只，收缴国家保护野生植物 100 余株，取缔无证经营加工木材场所 9 个，没收违法运输木材 341.5 m^3，实现木材变价 264 168.48 元；涉林案件立案总数 1 082 起，其中行政案件 700 余起，刑事案件 375 起，全市“四个率”百分之百达标。

案例启示

贵阳市开展“六个严禁”专项执法行动，以保护森林生态系统为切入点，在维持森林生态系统服务的同时，保护和改善了野生动植物的生境，实现了对生物多样性全方位的保护。“六个严禁”以“排查—查处—督办—考核—问责”为路线开展常态化工作，形成严查严打的高压态势，对违法犯罪行为具有很强的震慑力。同时设定了“四个率”的目标，以达标率考察专项行动的成效，极大地提高了专项行动执法效率。

其他国家和地区及国内各省市也可参照这种模式开展相应的执法行动，建立工作主线、确定工作模式并设立执法目标，保护当地林业资源。

（刘海燕）

【案例 3-6】

陕西省开展专项行动打击秦岭涉野生动植物违法犯罪

涉野生动植物违法犯罪往往涉及源头地、中转地、交易地、消费地等多个地点，也涉及林业、工商、公安等多个管理部门以及猎捕、运输、买卖等多个违法犯罪环节，因此生物多样性保护执法必须联合所涉区域内所有相关部门，针对每个环节，统筹开展专项联合行动，才能起到事半功倍的效果。

案例描述

秦岭素有“中国国家公园”及“绿色基因库”的美誉，是中华文明的精神标识和中华地理的自然标识，是我国乃至世界都极为罕见的生物资源宝库，蕴藏着大量珍稀野生动植物资源，包含 10 余种国家一级重点保护野生动物和 65 种二级重点保护野生动物，4 种国家一级重点保护植物和 13 种二级重点保护植物。为保护秦岭野生动植物资源，2019 年 3 月，陕西省开展了打击整治破坏秦岭野生动植物资源违法犯罪专项行动，重点打击非法猎捕、杀害、收购、运输、销售珍贵濒危野生动物，非法捕捞、杀害国家重点保护的濒危水生野生动物，非法采伐、毁坏珍贵树木或者国家重点保护的其他植物，以及利用互联网非法买卖珍贵濒危野生动物及其制品等违法犯罪行为。陕西省各地区与各部门迅速行动，对国有林区、集体林区、自然保护区、森林公园、湿地公园、水库、湖泊、河流等野生动植物集中分布区、候鸟迁徙通道，以及农家乐、饭店、酒店、集贸市场、花鸟市场、宠物市场、古玩市场、药材市场以及其他可能存在经营野生动植物及其制品的场所开展全面巡查，摸排野生动植物及其栖息地的保护现状和异常情况，确认野生动植物及其栖息地破坏程度。全省各级公安机关将野生动物迁徙洄游通道、栖息地、繁殖地等区域，尤其是秦岭北麓、南麓六市及其他野生动物资源丰富且问题突出的区域，作为打击区域的重中之重。

西安市以及西安市高新区、未央区、雁塔区、周至县和城固县五堵镇等多地相继发布了《打击整治破坏秦岭野生动植物资源违法犯罪专项行动实施方案》，西安市市场监督管理局也印发了相关实施方案，就餐饮服务业涉及野生动植物资源的方面进行了明确规定。截至 2019 年年底，西安市工商局高新区分局通过“线索大摸排、入户大走访”行动，为经营户和群众普及野生动植物保护知识，发放张贴宣传资料 300 余份，走访 70 余户，出动执法人员 39 人、执法车辆 12 台次。

执法结果

专项行动开展以来，陕西省各地纷纷传来捷报。截至 2019 年 4 月，渭南市共清查野生动物驯养繁殖、加工经营场所 15 处，侦办刑事案件 7 起，刑事拘留 6 人；侦破积案 2 起，移送起诉 3 人；办理行政案件 11 起，行政处罚 13 人。案件涉及国家二级保护动物猕猴（*Macaca mulatta*），《濒危野生动植物种国际贸易公约》保护鸟类画眉鸟（*Garrulax canorus*）、红嘴相思鸟（*Leiothrix lutea*），中国“三有”保护动物蒙古百灵（*Melancorypha mongolica*）以及多种国家重点保护野生动物，救助、放飞国家一级、二级重点保护动物各 4 只，收缴非国家重点保护野生动物 399 只。

截至 2019 年 11 月，陕西省共破获野生动物刑事案件 268 起，抓获犯罪嫌疑人 389 人，刑事拘留 225 人；公安部督办案件 7 起，陕西省公安厅督办案件 20 起。

案例启示

对涉生物多样性犯罪的执法行动，必须考虑这类犯罪的特征，才能获得事半功倍的效果。区域内涉及的各级执法机关发挥各自优势，根据犯罪环节多的特点，制定适合当地当时多种条件的实施方案，做到了因地制宜、精准打击。此外，加强本底调查和摸排是此次专项行动的重要基础工作，陕西省在开展专项行动之初就做好了清底摸排工作，为后续工作高效、有序地开展提供了保障。

其他国家或地区以及国内各省市也可借鉴本案例，以流域生态系统或森林生态系统为整体，联合各地区、各级执法机关开展专项行动，保护生态系统的完整性。

（刘海燕）

【案例 3-7】

陕西省市场监督管理局严厉打击野生动植物非法交易

“没有买卖就没有杀害”，非法交易是多数涉野生动植物违法犯罪活动的重要组成，也是涉野生动植物犯罪的驱动因素。市场监督管理局是市场监督管理和市场综合执法的职能部门。由市场监督管理局牵头，统筹打击野生动植物非法交易，将从根本上斩断野生动植物非法贸易链条，有效保护野生动植物和生物多样性。

案例描述

为打击非法出售、购买、利用野生动物及其制品等违法犯罪行为，2019 年 3 月 18 日至 12 月底，陕西省市场监督管理局在全省开展了严厉打击非法交易野生动物专项行动，为构建保护野生动物市场监管长效机制奠定基础。

2019 年 3 月 16 日，陕西省市场监督管理局组织召开电视电话会议，明确规定了专项行动的重点内容：严厉打击非法销售野生动植物及其制品的违法犯罪行为；全面清查未经许可擅自发布含有野生动植物及其制品字样的广告；清理整顿农贸市场、花卉市场、药材市场等可能经营野生动植物及其产品的场所；重点监管挂有“野味”类似招牌的餐饮服务经营者，重点检查餐饮服务经营者的后厨、冰柜、冷库等关键部位；加强餐饮、中医药、生物科技等特种行业准入资格的审查，严把市场主体准入关；禁止网络交易平台、商品交易市场等交易场所为违法出售、购买、利用野生动物及其制品或禁止使用的捕猎工具提供交易服务。

在陕西省市场监督管理局的统一部署下，各级市场监督管理部门共同采取措施，落实专项行动有关要求。西安市市场监督管理局提出，以餐饮单位无相关菜肴、市场无相关售卖、网络平台无相关交易、全市无相关广告，查有一批案件、交有一批线索的“四无两有”为目标，扎实开展整治专项行动。韩城市市场监督管理局在全市范围内组织开展严厉打击非法交易、切实保护野生动物专项行动，对发现的“野味”宣传广告进行纠正，并逐户签订保护野生动物资源承诺书；延安市市场监督管理局要求全市餐馆、市场禁止出售、制作国家保护野生动物产品，并以黄龙、黄陵、富县、甘泉为重点县区，加大整治力度，严厉打击非法交易行为；铜川市市场监督管理局在餐馆、零售店、批发市场、药品批发企业等重点场所，检查是否存在无照或超范围经营野生动物及其产品的违法行为，是否存在未经许可出售国家重点保护动物及其制品的违法行为，是否存在生产、经营、使用野生动物制作食物的违法行为，是否存在利用野生动物制品发布广告的违法行为。

执法结果

在各有关部门的配合下，专项行动摸排检查各类商户 65 万余家，检查电商平台 8 000 余家次，查办案件 64 件，有力地震慑了涉野生动植物的非法贸易犯罪行为。专项行动实施以来，陕西省农贸市场、花卉市场、药材市场以及餐饮行业售卖野生动植物的行为显著减少，公众对“野味”的消费大幅下降，生物多样性保护意识也明显提升。

案例启示

由市场监督管理局主导的野生动植物非法交易专项行动，充分说明中国生物多样性保护的理念已经主流化到各领域、各部门。

专项行动加强对农贸市场、药材市场、餐饮服务业及其后厨、冰柜、冷库等重点区域的核查，全方位、无死角地严把“吃喝”关；加强经营范围、交易场所、交易渠道的核查，全过程、无遗漏严把“流通”关，确保专项行动取得实效。

其他国家或地区以及国内其他涉生物多样性部门也可借鉴这种模式，开展专项行动保护地区的生物多样性。

（杜乐山）

【案例 3-8】

游客驱车追赶藏羚羊罚款十余万元

藏羚羊（*Pantholops hodgsonii*）是偶蹄目牛科的哺乳动物，别称藏羚、长角羊，主要分布于以羌塘为中心的青藏高原地区，被称为“高原精灵”。藏羚羊是国家一级保护野生动物，被列入 CITES 附录Ⅰ，世界自然保护联盟（IUCN）2016 年濒危物种红色名录 ver 3.1—被评为近危（NT）。近年来，由于中国政府的有力保护和生境的改善，偷捕盗猎和非法走私藏羚羊的行为有所减少，自然种群有所扩大，但仍有人为干扰野生动物栖息地的现象发生。

案例描述

2017 年 10 月 4 日 17 点 20 分，涉事人员郝某某等 7 人，驾驶 2 台白色越野车，途经那曲地区申扎县雄梅镇 8 村附近时，离开公路，进入色林错国家级自然保护区藏羚羊栖息地，追赶藏羚羊群拍照，时长 1 分多钟。10 月 6 日下午，有微博网友发布图片称“越野车追逐碾压藏羚羊”，事件引发高度关注。10 月 6 日晚，拉萨市公安局官方微博“@ 平安拉萨”通报，拉萨市公安局联合森林公安已成功将两辆涉案车的 7 名游客控制。经初步核实，游客只是在追逐拍照，并未进行碾压和碰撞。10 月 6—7 日，当地森林公安、保护区管理部门及野生动物管护员对事发地 300 多 km^2 区域内，反复进行了详细排查，未发现藏羚羊伤亡情况。《中国青年报》《新京报》《北京青年报》《钱江晚报》《新民晚报》，以及光明网、搜狐网、新华网、腾讯网等多家主流媒体对事件进行了跟进和报道，引发了公众的热议。

执法结果

涉事的 7 名人员未经有关部门批准，离开公路并擅自进入自然保护区，妨碍野生动物繁衍，破坏野生动物栖息地，违反了《中华人民共和国野生动物保护法》《中华人民共和国陆生野生动物保护实施条例》和《中华人民共和国自然保护区条例》。西藏自治区林业厅作出如下处理：(1) 依据《中华人民共和国野生动物保护法》《中华人民共和国陆生野生动物保护实施条例》的相关条款，对 7 名涉事人员每人罚款 10 000 元；(2) 依据《中华人民共和国自然保护区条例》的相关条款，对 7 名涉事人员每人罚款 5 000 元；(3) 责成涉事人员作出深刻检查；(4) 对事发区域的色林错国家级自然保护区协议管护员，取消当年评优资格，停发 3 个月基本补助；(5) 对那曲地区申扎县对色林错国家级自然保护区管理不力的相关部门，进行问责。7 名涉事人员表示服从处罚，对处罚决定无异议，并主动递交了悔改书。

案例启示

近年来，驾车出游的人数不断增多，有些自驾者为了追求刺激，驾车追逐野生动物，干扰野生动物的生活，影响其栖息地生态环境，殊不知这种行为已经触犯了法律法规。本案例由网友通过微博发布引发网络热议，并引起当地林业部门、公安局及保护区的重视，说明公众已成为生物多样性保护的重要力量，各类媒体是传播信息、反映民意、普及知识和提升意识的重要渠道。在加快经济和科技发展的同时，调动公众参与监督管理既能有效提高生物多样性保护的效率，也能强化公众的法律意识。

（杜乐山）

第 4 章

社会支持执法行动

全社会支持执法机关依法履职，是提高执法效率的重要保障，尤其是对生物多样性这种分布区域广阔而分散的保护对象，社会支持更是相关执法行动的重要补充。无论是政府扶持的官方组织、民间野生动植物保护组织，还是企业或个人的加入，对提高执法效率，加强政府与公众之间的互动，提升公众参与度与积极性，进而推动地方执法机关依法履职都具有重要的意义。本章收录了社会团体、行业联盟以及企业支持生物多样性执法的案例，以期为国内外生物多样性相关管理部门和企业、公众提供借鉴和参考。

【案例 4-1】

洪湖市成立生物多样性保护协会支持执法行动

保护生物多样性仅仅依靠政府的力量远远不够，充分利用社会力量才能达到预期的效果。社会组织是生物多样性执法行动的重要补充，借助广大志愿者的监督，发现和制止非法捕捞行为，对保护各地的生物多样性具有重要作用。

案例描述

洪湖市有大小湖泊 100 多个，包括被誉为“湖北之肾”的洪湖湿地国家级自然保护区。当地水产资源丰富，在周边乃至全国都具有一定的影响力。然而，很多不法分子贪图高额经济利益，不顾有关规定进行非法捕捞，对当地水生生物多样性产生了严重的负面影响。针对这种情况，2019 年 5 月，洪湖市民间组织管理局、渔政船检港监管理局、环境保护局、长航公安武汉分局等机构联合成立了洪湖市生物多样性保护协会，希望借助协会广大志愿者的监督优势，发现和制止非法捕捞行为，保护当地生物多样性和湿地生态系统服务。

针对没有执法权的问题，洪湖市生物多样性保护协会与长航公安签署了战略合作协议，建立了协同机制，明确了洪湖市生物多样性保护协会在监督非法捕捞中的作用和职能；针对保护范围大、人员不足的问题，协会充分调动和发挥志愿者优势，鼓励志愿者发现违法行为并及时向长航公安举报，提供线索。这种方式弥补了过去协会和公安两个体系独立开展工作存在的弊端，发挥了协同增效的作用，对当地生物多样性保护与可持续利用发挥了重要作用。

执法结果

虽然洪湖市生物多样性保护协会2019年才成立，但其与战略合作伙伴的合作已经初获成效。2018年，洪湖市生物多样性保护协会前身反电鱼协会志愿者就发现、跟踪了5条非法捕捞渔船，其中3条为电船，2条船正在下网，并通知了长航公安派出所。长航公安接到举报后成功抓获了非法捕捞人员。反电鱼协会还协助长航公安抓获了6名非法采砂人员，有效保护了水域生态系统。2019年11月，协会又接到渔民反映，称在岳阳市洞庭湖大桥水域发现一头死亡的长江江豚，随后协会和岳阳市渔政管理站的工作人员前往事发地打捞，为案件的查处和侦办提供了支持。

案例启示

洪湖市湖泊、湿地资源丰富，非法捕捞具有隐蔽、分散、分布广、范围大、对生物多样性影响较大等特征，洪湖市生物多样性保护协会将保护当地湿地生物多样性的“切入点”放在了打击非法捕捞行为上，充分发挥志愿者的优势，取得了良好的效果。社会组织与公安机关以签订战略协议的形式，有效地解决了社会组织不具备执法能力和公安机关执法力量不足而导致的监管不到位的问题，在保护当地水生生物多样性方面起到了协同增效的作用。

国内外其他从事野生动植物保护的社会组织，也可以参照这种模式，与政府相关部门合作开展保护，并鼓励和调动社会力量，共同杜绝和打击涉生物多样性的非法行为。

（刘海鸥）

【案例 4-2】

唐山市野生动物保护协会助力执法

由来自各个行业的野生动植物爱好者组成的社会组织是国内外推进野生动植物保护的中坚力量。社会组织除了能够直接参与野生动物救援和协助执法，还能通过在保护区或当地社区开展培训活动，丰富人们生物多样性的相关知识和增强保护野生动植物的意识，同时也能促进政府、企业、民间机构、科研团体等在生物多样性保护和可持续利用领域的合作，推动相关政策的制定与实施。

案例描述

近年来，针对秋季候鸟迁徙期网捕、收购、贩卖野鸟愈演愈烈的现象，唐山市野生动物保护协会多次建言政府加大打击力度，推动唐山市率先出台《关于建立健全鸟类等野生动物保护工作长效管理机制的意见》，与林业、公安、工商、交通等执法部门加强联系，团结发动社会各界野生动物保护志愿者主动出击，发起了“协助执法，拆除网具，捣毁窝点”的行动。中央电视台、《燕赵都市报》《唐山晚报》、澎湃新闻、腾讯等媒体多次报道唐山野生动物保护志愿者行动，形成浩大的宣传声势。为彻底斩断“捕鸟—收鸟—贩鸟”这条非法利益链，协会将工作重点放在举报鸟贩子的“催肥窝点”上，发动会员通过各种渠道收集信息。一些志愿者深入重点区域，长时间摸底、蹲守、取证，将信息举报给林业、公安等执法部门，并协助执法人员捣毁窝点。协会还专门建立了京津冀辽野生动物保护志愿者微信群，与天津、承德、沧州、秦皇岛、锦州、盘锦等环渤海地区志愿者合作救助、接力追踪伤病鸟。这些轰动全国的野生动物保护行动引起了国家、省、市、区各级政府的高度重视，极大地推动了环渤海地区乃至全国的野生动物保护工作。

此外，唐山市野生动物保护协会号召会员大量拍摄野生动物作品，几年中制作展板400多张、视频300多分钟，利用“爱鸟周”“湿地日”“野生动物保护宣传月”等公益活动日，在街头、社区、学校、集市、公园中开展图文并茂的野生动物保护科普宣传。还通过新闻媒体大量报道爱鸟护鸟的先进个人和先进事迹，引导公众亲近自然，关注生物多样性。2018年年初，中国野生动物保护协会志愿者委员会将首面志愿者联盟旗帜授予唐山市野生动物保护协会。唐山市野生动物保护协会荣获2018年国内野生动植物保护最高奖“斯巴鲁奖”优秀团队奖，成为河北省内第一家荣获该奖项的民间野生动物保护组织。

执法结果

2016—2018年，唐山市野生动物保护协会清除鸟网5万多米，诱鸟器200多台，查处十余处贩鸟窝点，解救放飞野生鸟12.8万多只，销毁饲养“催肥鸟箱”1.8万多个。参与行动的野生动物保护志愿者和社会各界爱心人士达1 000余人次，救助金雕（*Aquila chrysaetos*）、大鸨（*Otis tarda*）、丹顶鹤（*Grus japonensis*）、苍鹰（*Accipiter gentilis*）、猎隼（*Falco cherrug*）等国家一、二级重点保护野生动物800多只，“三有”保护动物不计其数。多名犯罪嫌疑人被刑事起诉、拘留、网上追逃，唐山市乱捕滥猎野生候鸟违法行为得到了有效遏制，涉鸟野生动物保护案件呈逐年递减趋势。另外，唐山市野生动物保护协会还积极与周边地区合作，发起在津唐边界拆除万米鸟网行动，并派出20余名志愿者支援天津，捣毁了一个10万只野鸟的“催肥窝点”。

案例启示

唐山市野生动物保护协会充分发挥会员积极参与的优势，并配合林业、公安、工商、交管等部门，为地方执法提供了重要支持。同时，特别重视利用媒体资源进行宣传，在提升公众生物多样性保护意识的同时，有力地震慑了违法犯罪活动，增强了警示效果。另外，该协会还与天津市进行区域合作，建立协调联动机制，形成了跨省（直辖市）联合执法。

国内外其他涉生物多样性保护协会，也可参照这种模式开展类似活动。

（刘海燕）

【案例 4-3】

12 家中国企业加入全球联盟打击网络野生动植物非法贸易

随着互联网技术和各种网络平台的飞速发展，象牙、犀牛角、穿山甲鳞片等濒危动物制品，甚至眼镜蛇、猎豹幼崽等活体动物均可在线完成交易，这不但违反了网站的相关规定，而且也触犯了法律。然而，便捷的网络平台，可匿名发布的信息以及便捷的快递传送，让非法野生动植物交易者铤而走险。由于全球野生动植物非法走私贸易涉及多个国家或地区，有必要跨国打击网络野生动植物的非法贸易，以求最大限度地堵住社交媒体和在线交易平台的漏洞，遏制全球野生动植物非法网络贸易。

案例描述

2018 年 3 月 7 日，世界自然基金会（WWF）、国际野生物贸易研究组织（TRAFFIC）共同组建了全球第一个“打击网络野生动植物非法贸易”的全球联盟（以下简称联盟）。联盟成员包括百度、阿里巴巴、腾讯、eBay（易贝网）、Google（谷歌）、Microsoft（微软）等全球领先的电子商务、科技和社交媒体公司，利用网络平台和移动端应用程序，共同打击网络野生动植物非法交易。各公司与 TRAFFIC、WWF 及其他非政府组织通力合作，研究并制定相应的政策，联手打造了一个让非法野生动植物贩卖者无处遁形的互联网新环境，有效地遏制了网络野生动植物非法贸易。特别值得一提的是，联盟成员共有 21 家，其中 12 家属于中国企业，占联盟成员总数的半数以上，充分体现了中国企业打击网络野生动植物非法贸易的力度和决心。

TRAFFIC 和 WWF 支持中国互联网公司分享先进经验，与其他联盟成员共同解决了野生动植物网络犯罪这一世界性的难题。联盟成员利用图片识别、大数据、机器学习、人工智能等技术，在筛查和清理网络非法信息，支撑执法，提高公众意识等方面取得了长足的进展。

行动结果

在联盟的影响下，越来越多的中国互联网企业申请加入“打击网络野生动植物非法贸易”互联网企业联盟，协助打击盗猎及非法贸易的违法犯罪行为。联盟成员的各大科技公司承诺，2020 年将其线上平台出现的非法野生动植物交易减少 80%。除技术创新和助力执法外，中国互联网企业还积极与国内外公益组织合作，加大生态文明建设及物种保护的宣传力度，在提高公众意识、改变消费习惯、减少消费需求等方面起到了积极的作用。

案例启示

全球领先的电子商务、科技和社交媒体公司联合，利用应用程序打击非法贸易是本案例的亮点。同时，联盟由专业组织参与组建，有效地解决了非法野生动植物贸易领域的专业技术问题。现在 Facebook（脸书）、微信、QQ、微博、Skype 等程序已经成为人们最常用的沟通工具，相关公司在加大宣传打击野生动植物非法贸易的同时，也可在软件中植入小程序或“一键举报”端口，用于群众参与监督野生动植物非法贸易。

（刘海燕）

【案例 4-4】

中国成立企业联盟打击网络野生动植物非法贸易

随着电子商务、社交平台等新业态、新模式的不断涌现，互联网为人类生活带来了各种便利，但互联网的发展也为野生动植物非法贸易提供了新的渠道，网络野生动物非法贸易的案件数量逐年攀升。彻底根除网络野生动植物非法贸易是一项长期而艰巨的工作，需要全社会的参与和支持，尤其需要互联网企业齐心协力，共建野生动植物保护的“网络长城”。

案例描述

2017 年 11 月 22 日，百度、阿里巴巴和腾讯联合其他 8 家互联网企业共同发起组建了中国第一个“打击网络野生动植物非法贸易”的互联网企业联盟。根据联盟的章程，所有联盟成员公司承诺严格依照《中华人民共和国野生动物保护法》和《濒危野生动植物种国际贸易公约》等有关国内法律法规和国际公约规定，对网络野生动植物及其制品非法交易行为采取“零容忍”政策，在各自运营的平台上，对野生动植物及其制品贸易信息要严格审查，及时删除非法信息、监测并处理可疑用户，防止违法信息在网络上散播；积极支持和配合执法部门开展工作，协助制定打击网络野生动植物及其制品非法贸易案件操作指南；加强企业合作，及时分享网络野生动植物及其制品非法贸易的新动向、新手段和新趋势，建立健全合作机制；大企业可利用大数据优势以及人工智能等先进技术进行打击网络非法贸易的技术和手段研究，并支持其他联盟企业采用；积极主动宣传国家有关法律法规和国际公约要求，倡导绿色消费和健康消费，推动生态文明建设；加强对企业员工的培训，提高员工对网络野生动植物及其制品非法交易的警惕性，增强员工识别非法野生动植物及其制品的能力等。另外，在联盟电商成员的平台上，输入濒危物种制品信息时，会自动弹出该物种的保护信息。例如在搜索栏输入“象牙”，会显示“象牙非法贸易导致大象濒临灭绝”等信息和“如何举报非法商品”的提示。

行动结果

据不完全统计，中国互联网企业已删除了 100 万条涉及野生动植物非法贸易的信息，自动屏蔽了超过千万条非法广告，注销了 35 万个非法帐号，并对此类举报信息 72 小时内迅速做出审查回应，为打击网络野生动植物非法贸易做出了贡献。

案例启示

互联网企业联盟的成立是互联网公司戮力同心，共同打击网络非法野生动植物贸易的里程碑，显示了中国互联网企业保护生物多样性的意识，推进了生物多样性主流化进程。互联网企业联盟通过加强企业之间的合作，采用人工智能或大数据等先进的技术，在企业之间形成技术共享，将打击网络野生动植物非法贸易的“法网”织强织密。

国内外其他互联网企业也可结合自身特点与优势成立类似联盟或单独行动，助力野生动植物的保护。

（刘海燕）

【案例 4-5】

中国快递行业拒绝寄递非法野生动植物及其制品

近年来，国内快递业务发展迅猛，2018 年总业务量达 507.1 亿件。快递物流业的发展给人们生活带来便利的同时，也被犯罪分子利用，成为运输非法野生动植物及其制品的工具。运输是野生动植物非法贸易链中的重要环节，在快递这个环节上斩断非法野生动植物的贸易、走私链，可以有效减少和遏制野生动植物的非法贸易，保护珍稀濒危物种。

案例描述

2019 年 5 月，中国快递行业“拒绝寄递非法野生动植物及其制品自律公约”签字仪式在北京举行，中国邮政速递（EMS）、顺丰（SF-Express）、圆通（YTO-Express）等国内 12 家大型快递物流企业和国际快递巨头 DHL、FedEx（联邦快递）共 14 家国内外快递企业签署了“中国快递行业拒绝寄递非法野生动植物及其制品自律公约”（以下简称“自律公约”），承诺采取各种有效措施，拒绝收寄非法野生动植物及其制品，积极遏制野生动植物非法贸易，保护野生动植物资源和生物多样性。此次快递企业共同签署“自律公约”，展现了快递行业打击野生动植物非法运输的决心。

作为野生动植物保护的主管和执法部门，国家林业和草原局、国家邮政局与中国野生动物保护协会、公安部、海关总署、国家森林公安局、世界海关组织，英、德、美、欧盟驻华使馆和快递、运输相关企业、专家学者、国内外非政府组织等就执法内容进行交流探讨。探讨内容涉及发现和识别快递物流渠道中常见的濒危野生动植物制品的知识、技术和设备，企业降低非法运输风险的措施、发现非法制品的处理方法等。世界自然基金会表示愿为企业提供技术支持和能力建设，搭建企业与执法部门合作的桥梁，对快递业开展生物多样性相关的保护知识宣传和提升法律意识等；中国野生动物保护协会将继续支持企业开展打击野生动物非法运输的公众教育活动，提高公众的野生动物保护意识；早前，国家邮政局就明确将濒危野生动物及其制品列入《禁止寄递物品管理规定》，将野生动植物保护工作纳入寄递渠道安全管理综合治理考核内容，要求相关行业不断增强野生动植物保护理念。今后，国家邮政局还将以收寄验视、实名收寄、过机安检“三项制度”为抓手，加强各个环节的安全管理，将濒危野生动物及其制品堵截在寄递渠道之外。

行动结果

“自律公约”的签署进一步增强了快递企业的社会责任意识。在政府相关部门积极推动及国内外保护组织的支持下，中国的快递物流企业积极行动起来，采取了加强验收、100% 开箱验视、发现禁寄物品立即报告公安和野生动物主管部门等多项措施，防范濒危野生动植物制品通过寄递渠道非法流通，为野生动植物的保护做出了贡献。

案例启示

企业与执法部门、企业与企业之间进行高频率、常态化的沟通交流与合作，一方面能够明晰打击野生动植物非法运输的动向，另一方面各企业充分发挥自身的特点和优势，互通有无、取长补短，提高打击效率。这个案例反映出生物多样性在各行各业的主流化进程已经获得了巨大的成就。其他国家或地区也可借鉴这种做法，发挥快递业在打击涉生物多样性违法犯罪中的作用。

（刘海燕）

【案例 4-6】

百度公司参与打击网络野生动物犯罪

近年来，贩卖、走私野生动物及其制品呈现出全球化、网络化、隐秘化、多平台等特征，这给互联网公司的监控及政府执法部门的监管提出了新的挑战。影响力较大的网络企业或平台率先发起网络打击野生动植物犯罪行动，带动小微企业也参与进来。通过沟通协作不断地完善打击行动机制，提高了对涉野生动植物违法犯罪的网络打击力度，为全球珍稀濒危物种保护做出了贡献。

案例描述

2018 年 6 月 22 日，百度公司与国际爱护动物基金会（IFAW）在北京签署合作意向书，宣布达成战略合作伙伴关系，共同启动合作项目“DU AI 万物”，剑指网络涉野生动物犯罪。“AI”意为以人工智能为代表的新兴互联网技术，运用“AI”技术打击网络野生动物犯罪行为体现了百度公司关爱野生动物、反对非法野生动物贸易的企业社会责任。双方将依托百度公司旗下产品制定野生动物保护知识线上宣传方案，共同探索互联网科技在涉野生动物犯罪预防领域的应用，最终实现用科技守护野生动物和生物多样性的愿景。

IFAW 与百度公司在“DU AI 万物”项目中分别发挥在野生动物保护和互联网科技领域的优势，对网络上违法贩卖野生动物及其制品的信息进行清理，打造正向舆论环境，宣传野生动物保护相关政策和法律。该项目包括三大支点：一是双方合作清理百度公司旗下互联网产品中的非法野生动物贸易信息，完善非法信息的举报和处理机制；二是 IFAW 与“百度百科”、熊掌号、百家号等百度产品合作制定线上线下相结合的宣传方案，传播野生动物保护知识和法律法规；三是 IFAW 与百度搜索合作开展与野生动物保护相关的大数据分析，定制线上公益主题产品，并定期向用户推送教育宣导内容，探索预防涉野生动物犯罪的新方法。

行动结果

截至 2018 年 6 月，百度公司已清理涉野生动植物的违法信息 19.7 万条，关停贴吧 33 个，永久封禁用户 53 个，处理通过“百度知道”“百度文库”发布的非法贸易信息 2 467 条，累计巡查屏蔽有害图片近千张，清理百度搜索有害信息、违规信息、死链共计 447 条。

案例启示

百度公司与 IFAW 充分发挥各自的优势，将互联网科技和野生动植物保护两个领域相联合，极大地提高了生物多样性保护的效率。国内外其他互联网企业也可采取类似行动，与各类野生动植物保护基金、组织合作，根据自身实际情况特点和线上与线下两条路线制定详细的保护动植物与打击违法犯罪的实施方案，并发挥自身优势，结合公益广告、公益宣传片、公益展览等方式有效地提高公众自觉保护动植物、积极参与打击非法贸易的意识。

（刘海燕）

【案例 4-7】

阿里巴巴集团致力于野生动植物保护

如何将互联网科技应用到阻止涉野生动物犯罪中，实现用科技守护生物多样性的愿景，是每个互联网企业应承担的社会责任。中国企业致力于借助互联网力量保护野生动植物多年。作为全球最富活力的电商平台之一，阿里巴巴正在运用智能风控和人工智能算法等前沿科技将旗下购物平台打造成为野生动植物保护的阵地。

案例描述

从 2000 年开始，阿里巴巴就和国际性组织 IFAW、亚洲动物基金（AAF）、TRAFFIC 合作，致力于禁止野生动植物及其制品特别是象牙的网上交易。此后，鱼翅、熊胆、海龟、活体萤火虫等超过 3 万个物种进入了阿里巴巴的禁售名录，甚至对相关捕猎工具也进行严格管控和打击。禁售名单覆盖了《国家重点保护野生动物名录》《濒危野生动植物种国际贸易公约》《国家保护的有益的或者有重要经济、科学研究价值的陆生野生动物名录》（以下简称“三有动物”名录）等名录中的所有物种，且仍在不断增加。2016 年，阿里巴巴成为由国家林业局、农业部、网信办、海关总署、国家质检总局、多家公益机构等共同指定的“第一个互联网野生动物及其产品网络交易审核标准”的试点单位。此外，阿里巴巴公益基金会还在国内外资助野生物种保护项目，联合多个互联网企业成立打击野生动植物非法贸易联盟，对涉野生动植物违法行为开展联合防治。

“技术赋能 + 多元共治”这种带有典型数字经济治理特征的方法，在参与社会治理和解决各类社会问题上能够发挥关键作用。阿里安全风控大脑作为数字经济治理体系的核心，通过人工智能算法等前沿技术，可对文本、图片、视频、直播等内容进行全面的检测，实现对涉及野生动植物违规信息的毫秒级识别。一方面，阿里巴巴在其网购零售平台淘宝网App加入对野生动植物的宣导功能，希望提高广大会员对野生动植物保护的意识，避免违规行为的发生；另一方面，对于禁售名录内的野生动植物及其变异词，除了运用智能风控技术进行主动拦截，阿里巴巴还招募了2 000多名志愿者在线“巡逻”，并开设全网举报入口，只要在淘宝App上搜索“守护地球”，就可以对违规信息进行一键举报。

2020年1月7日，阿里安全、阿里巴巴公益宣布联合全球多家公益机构[大自然保护协会（TNC）、WWF、中国湿地联盟（WAP）、IFAW、TRAFFIC等]共同发起“爱灵计划”。此计划预计覆盖3万多个物种，可精准触达数百万的野生动植物制品消费者，通过需求转化，每年可拯救百万计的野生动植物。用户在淘宝搜索“爱你2020”，即可登录保护野生动植物的小程序“灵憩”，选择成为小程序列举的某个物种的守护者。“用替代品来满足消费需求”成为阿里安全与多家公益机构联合探索出的新模式，旨在从根源上解决供需问题，减少对野生动植物的伤害。在宣传教育的同时，引导大众的日常消费行为，例如用果壳、核雕来替代象牙雕刻，用“生态游”来替代饲养陆龟、鹦鹉、萤火虫等行为。

行动结果

2018—2019年，阿里巴巴共拦截、清理野生动植物相关违规信息231万条，涉及35万个帐号，涉及834种动植物。4 3000人举报的14万件违规商品信息，平台均进行了严格处理。2 700多名志愿者和安全风控技术24小时在线“巡逻”，保护野生动植物的宣传教育页面被浏览超过300万次。阿里安全在淘宝平台进行野生动植物的普及教育宣传，以野生兰花为例，在发布宣传教育内容后，守护野生兰花的人数上涨9倍，绝大多数用户在了解了野生兰花的现状之后都选择购买人工培育的兰花。

案例启示

阿里巴巴运用“安全风控大脑”、人工智能算法等前沿技术，结合志愿者在线“巡逻”，对涉野生动植物的违法违规信息进行全面清理，彻底消除了不法分子企图通过网络进行贸易的侥幸心理，减少了危害野生动植物行为的发生。“用替代品来满足消费需求”也是本案例的一大亮点，引导消费者从源头上减少伤害，保护野生动植物。

国内或其他国家（地区）的互联网企业，也可参照本案例开展类似活动，承担起企业在生物多样性保护领域的社会责任。

（刘海燕）

【案例 4-8】

腾讯公司发起公益活动守护地球野生动植物

中国政府高度关注生物多样性保护，为履行《生物多样性公约》一直在做不懈的努力。企业参与是《生物多样性公约》的一个重要议题。近年来，越来越多的不法分子将野生动植物非法贸易搬到了网络平台，逃避监管的手段不断更新并日渐复杂。互联网公司必须采取更先进的技术，才能有效遏制野生动植物的非法网络贸易。作为中国最大的互联网综合服务公司之一的腾讯公司，长期从事野生动植物保护相关的工作，为打击网络非法野生动植物贸易发起多次系列行动，为相关企业参与生物多样性保护起到了带头示范作用。

案例描述

2015 年 5 月，腾讯公司发起“企鹅爱地球”公益活动，与第一批合作伙伴 TNC 以及 IFAW，共同呼吁拒绝象牙等濒危物种制品的消费，坚决抵制网络非法野生物种贸易。5 年来，腾讯公司一直利用数字技术安全能力抵制网络野生动植物非法交易的发展。2016 年，腾讯与自然资源保护协会（NRDC）、IUCN、商道纵横共同发起“中非野生动物保护云图项目”，借助腾讯云的数据采集、存储、计算、挖掘及可视化等一站式数据处理平台，依托大数据分析和数据通信技术，创建多方参与的信息与数据分享平台。

依托腾讯云的大数据能力，越来越多的人可以实时获取受保护的野生动物生存信息，并可通过举报、监督等机制，为打击非法野生物种贸易贡献自己的力量。2018 年 12 月，腾讯成立了首个环境保护智囊团——“企鹅爱地球自然生态保护顾问团”，该顾问团由多家国内外权威的科学机构、环保组织组成，于 2019 年联手打造了多个关于海洋保护、生物多样性保护、濒危物种保护领域的专题活动。面对野生动植物非法贸易犯罪的复杂性，腾讯公司尝试构建一种网络安全共治模式，打造严肃、便捷的举报体系，并为大众宣导科普知识。与此同时，腾讯公司针对这一领域的网络犯罪违法行为，配合政府执法机关进行打击，形成闭环。

2020 年元旦期间，腾讯“企鹅爱地球”与腾讯基金会、腾讯广告推出“守护地球宝贝”公益项目，与 8 家专业的野生动物保护、环保社会组织联合，开发了雪豹、绿孔雀等多个国家重点保护动物的网络新形象。2020 年 1 月 9 日，由腾讯公司牵头，联合合作伙伴共同编制了《网络平台非法野生动植物贸易控制要求》团体标准，推动通过网络平台举报，防止和打击网络平台非法野生动植物交易，助力生物多样性安全。生态环境部对外合作与交流中心、中国野生动物保护协会、中国互联网协会，与腾讯、美团点评、WWF、TNC 等多家机构代表就标准草案进行了研讨。

执法结果

腾讯发起的“企鹅爱地球”公益项目，2018 年助力执法机关破获多起网络野生动植物犯罪案件，涉案金额超过 3 000 万元；同年，协助国家和湖南森林公安破获特大跨国互联网贩卖濒危野生动物案件，查获了非法交易的穿山甲 5 万余只，累计拘留 208 人，是新中国成立以来缴获穿山甲数量最多的案件；2019 年“企鹅爱地球‘腾讯 110’”举报平台接收野生动植物非法交易的举报信息近万宗，腾讯对有效举报逐一处置并进行回复，处置涉嫌违规帐号近 2 000 个，并对其进行定期公示，这一举措对违法犯罪行为起到了明显的震慑作用。

案例启示

腾讯利用大数据等现代信息技术，与各专业机构、专家跨界合作，建立了旨在加强生物多样性保护的智囊团，并配合政府执法，打击网络野生动植物违法犯罪行为；同时，牵头编制《网络平台非法野生动植物贸易控制要求》团体标准，带动其他公司参与，推动更多行业助力野生动植物保护。

国内外其他互联网公司可参照这种模式，找准自身的优势和定位，采取相关行动，推动全社会参与生物多样性保护目标的实现。

（刘海燕）

第5章

涉珍贵、濒危野生动物犯罪

野生动物是生物多样性的重要组成部分，是物种层次保护的主要对象，也是实践物种多样性保护的难点所在。我国《刑法》涉珍贵、濒危野生动物犯罪的罪名主要包括：（1）非法猎捕、杀害珍贵、濒危野生动物罪；（2）非法收购、运输、出售珍贵、濒危野生动物及制品罪；（3）走私珍贵动物、珍贵动物制品罪。本章收录了猎捕、杀害、运输、买卖等涉珍贵、濒危野生动物及制品违法犯罪行为案例，案例主要选自中国裁判文书网。

【案例 5-1】

非法杀害穿山甲获刑一年

穿山甲（*Manis pentadactyla*）是鳞甲目穿山甲科哺乳动物，别称中华穿山甲，主要分布于不丹、中国、印度、老挝、缅甸、尼泊尔、泰国和越南等地。穿山甲是国家二级重点保护野生动物，被列入 CITES 附录Ⅱ，也被列为 IUCN 2014 年濒危物种红色名录 ver 3.1—极危（CR）。穿山甲作为食物及传统药物被广泛使用，根据网上报价，穿山甲鳞片价格达 3 100 元 /kg，由于其较高的药用与经济价值，成为不法分子盗猎和买卖的对象，穿山甲自然种群生存状况受到严重威胁。

案件描述

被告人吴某某、岑某某及王某某（另案处理）均任职于三亚市某酒楼，吴某某担任厨师长，负责厨房内的所有事务，岑某某和王某某担任厨房工，负责切菜、配菜、剁肉等砧板工作。2014 年 9 月，岑某某和王某某在厨师长吴某某的授意下，在酒楼厨房内将一只活体穿山甲宰杀。事后，王某某将被宰杀去鳞后的穿山甲的照片上传到 QQ 空间，被网友举报。福建闽林司法鉴定中心对王某某 QQ 空间图片中的动物进行鉴定，认定该动物属于穿山甲科的穿山甲，属《国家重点保护野生动物名录》中国家二级重点保护野生动物。

判决结果

海南省海口市中级人民法院认为，被告人吴某某、岑某某的行为触犯了《中华人民共和国刑法》第三百四十一条第一款之规定，应当以非法杀害珍贵、濒危野生动物罪追究二人的刑事责任。根据《中华人民共和国刑法》第五十二条、第六十一条、第三百四十一条第一款，《最高人民法院关于审理破坏野生动物资源刑事案件具体应用法律若干问题的解释》第一条之规定，判决如下：（1）被告人吴某某犯非法杀害珍贵、濒危野生动物罪，判处有期徒刑一年，并处罚金人民币 5 000 元；（2）被告人岑某某犯非法杀害珍贵、濒危野生动物罪，判处有期徒刑一年，并处罚金人民币 5 000 元。

案件启示

本案例说明，从事餐饮业和其他与野生动植物接触密切的各行业人员，应熟悉国家保护野生动植物的相关法律。案例同时说明，网络监督是保护生物多样性的重要手段，各有关部门正充分利用群众的力量，完善网络监督制度，发挥网络优势，通过网络协助打击破坏生物多样性的违法犯罪行为，提高生物多样性保护成效。

（杜乐山）

【案例 5-2】

非法猎捕和杀害红腹角雉获刑五年六个月

红腹角雉（*Tragopan temminckii*）属于鸡形目雉科鸟类，别称寿鸡、红鸡、娃娃鸡（图 5-2-1）。主要分布于东南亚地区，在我国西藏、云南、贵州、甘肃、陕西、湖南、湖北、广西、四川等地均有分布。该物种属于国家二级重点保护野生动物，被列入世界濒危鸟类名录 N 级。红腹角雉有很高的观赏价值和经济价值，因而遭到不法分子的猎捕和买卖。

图 5-2-1　红腹角雉（山水自然保护中心供图）

案件描述

2018 年 2 月 10 日，被告人李某某在四川省雅安市宝兴县永富乡若笔村放牛时看见一群“野鸡”在雪地里觅食，遂使用随身携带的弹弓猎杀 6 只“野鸡”，后带回家中存放在冰柜里。2018 年 2 月 13 日，宝兴县森林公安局民警在其家中查获该 6 只“野鸡”死体。李某某于 2018 年 2 月 14 日主动投案，并如实供述了非法猎捕、杀害野生动物的事实。经四川省星辉林业司法鉴定中心鉴定，李某某猎杀的6只“野鸡”均为国家二级重点保护野生动物红腹角雉，单只红腹角雉价值为5 000元。

判决结果

四川省雅安市中级人民法院认为，被告人李某某违反刑法和野生动物保护法规，非法猎捕、杀害国家二级重点保护野生动物红腹角雉6只，其行为构成非法猎捕、杀害珍贵、濒危野生动物罪。依照《中华人民共和国刑法》第三百四十一条第一款、第六十七条第一款、第五十二条、第六十四条，《中华人民共和国物权法》第四十九条，《中华人民共和国侵权责任法》第四条第一款、第十五条，《中华人民共和国刑事诉讼法》第九十九条第二款、第一百零二条，《中华人民共和国民事诉讼法》第五十五条，《最高人民法院关于适用〈中华人民共和国刑事诉讼法〉的解释》第一百四十二条第一款、第一百六十三条，《最高人民法院关于审理破坏野生动物资源刑事案件具体应用法律若干问题的解释》第三条第二款，《最高人民法院关于审理环境民事公益诉讼案件适用法律若干问题的解释》第十八条，《最高人民法院、最高人民检察院关于检察公益诉讼案件适用法律若干问题的解释》第四条、第二十条等规定，判决如下：(1）被告人李某某犯非法猎捕、杀害珍贵、濒危野生动物罪，判处有期徒刑五年六个月，并处罚金人民币1万元；(2）被告人李某某赔偿国家野生动物资源损失人民币3万元，专项用于全市环境损害修复；(3）被告人李某某于本判决生效后十日内通过《雅安日报》公开赔礼道歉。

案件启示

本案的判决，对当地物种保护和生态系统修复起到了较好的推动作用，是一起典型的生物多样性损害补偿案件，为其他类似案例中罚款和赔偿款的用途用法提供了范本。本案要求被告在《雅安日报》公开赔礼道歉，达到“判决一例，教育一片”的效果，起到了很好的普法和教育作用。生物多样性普法教育任重而道远，需要社会各界人士共同努力，提高公众的生物多样性保护意识。

（杜乐山）

【案例 5-3】

非法猎捕和收购燕隼等野生禽类获刑十年

燕隼（*Falco subbuteo*）为隼形目隼科小型猛禽，别名青条子、土鹘、儿隼、蚂蚱鹰、虫鹞等。主要在欧洲、非洲西北部、俄罗斯等地繁殖，在日本、印度、老挝、缅甸等地越冬，在我国境内各地均有分布。燕隼是我国国家二级重点保护野生动物，被列入 CITES 附录Ⅱ。隼类作为天空之王，眼神锋利，动作迅捷，被誉为“天空游侠”，很多国家视其为上天的精灵。在阿拉伯国家，驯养隼类是一种时尚、财富和身份的象征，甚至有人愿意出价 100 万美元以上购买品相良好的隼类，受巨额利益的驱使，很多人从事猎捕、运输、买卖隼类的非法活动，对隼类生存造成了巨大的威胁。

凤头鹰（*Accipiter trivirgatus*）为隼形目鹰科中型猛禽，别名凤头苍鹰。主要分布于印度、缅甸、泰国、马来半岛和印度尼西亚等东南亚国家，在我国中部和南方大部分地区均有分布。被列入我国国家二级重点保护野生动物名录、《中国濒危动物红皮书》鸟类卷稀有种、CITES 附录Ⅱ。一些异宠爱好者的买卖和饲养，对该物种的生存造成了一定的威胁。

案件描述

2014 年 7 月 14 日，被告人闫某某、王某某在河南省辉县市高庄乡土楼村一树林内非法猎捕燕隼 12 只，后逃跑 1 只，死亡 1 只。2014 年 7 月 18 日，被告人闫某某、王某某将燕隼卖到郑州市 7 只，在辉县市百泉镇以 150 元的价格卖给被告人负某 1 只。被告人闫某某将燕隼卖到洛阳市 2 只。2014 年 7 月 27 日，被告人闫某某和王某某在辉县市高庄乡土楼村一树林内非法猎捕燕隼 2 只及隼形目隼科鸟类 2 只，共计 4 只。

2014 年 7 月 18 日，被告人负某在辉县市百泉镇以 150 元的价格收购燕隼 1 只；2014 年 7 月 30 日，辉县市森林公安局在被告人负某家将该只燕隼扣押。

2014 年 7 月 26 日，被告人闫某某从河南省平顶山市张某手中收购凤头鹰 1 只。2014 年 7 月 28 日，辉县市森林公安局在被告人闫某某家中查扣闫某某和王某某猎捕的燕隼 4 只，查扣被告人闫某某收购的凤头鹰 1 只。

判决结果

河南省辉县市人民法院认为，被告人闫某某、王某某违反野生动物保护法规，明知是国家保护动物，而非法猎捕、出售，其行为已构成非法猎捕珍贵、濒危野生动物罪。被告人贠某、闫某某违反野生动物保护法规，非法收购国家重点保护的珍贵、濒危野生动物，其行为已构成非法收购珍贵、濒危野生动物罪。依照《中华人民共和国刑法》第三百四十一条第一款、第六十九条第一款、第六十四条、第六十七条第三款，《最高人民法院关于审理破坏野生动物资源刑事案件具体应用法律若干问题的解释》第一条之规定，判决如下：（1）被告人闫某某犯非法猎捕珍贵、濒危野生动物罪，判处有期徒刑十年，并处罚金人民币 5 000 元；犯非法收购珍贵、濒危野生动物罪，判处有期徒刑一年，并处罚金人民币 5 000 元；数罪并罚，合并刑期有期徒刑十一年，决定执行有期徒刑十年零六个月，罚金 10 000 元。（2）被告人王某某犯非法猎捕珍贵、濒危野生动物罪，判处有期徒刑十年，并处罚金人民币 5 000 元。（3）被告人贠某犯非法收购珍贵、濒危野生动物罪，判处有期徒刑一年，并处罚金人民币 5 000 元。（4）被告人闫某某、王某某的违法所得 150 元予以继续追缴。

此案由《郑州晚报》最先报道，随后《法制晚报》《人民日报》《河南日报》等报以及新华社、中央电视台等各大主流媒体也相继宣传报道，新媒体对此案进行了持续的关注，公众阅读量达数亿条。此案被评为河南省 2015 年“十大法治热点事件”，引发了社会的广泛关注。

案件启示

本案充分显示了中国政府保护生物多样性的决心，“违法必究，执法必严”，有力地震慑了心存侥幸的不法分子；不仅捕猎和出售国家重点保护的野生动物是违法的，收购同样是违法的。案件通过媒体报道和公众的讨论，有效地达到了普及生物多样性知识和相关法律常识的目的，体现了媒体在生物多样性保护中的重要作用，也让公众看到了国家保护野生动物的决心与行动。

（杜乐山）

【案例 5-4】

非法收购豚尾猴获刑十年

豚尾猴（*Macaca leonina*）属灵长目猴科动物，别名北豚尾猴、平顶猴、猪尾猴、猪猴等。豚尾猴主要分布于越南、老挝、柬埔寨、泰国、缅甸、马来西亚、苏门答腊、加里曼丹和印度东部阿萨姆等地；在我国主要分布于西藏门隅、珞渝地区，云南省南部的西双版纳（勐腊、勐仑、勐海）、普洱（景谷和景东）和西南部临沧（临沧、双江、沧源、耿马）等地区。豚尾猴是国家一级重点保护野生动物，《中国濒危动物红皮书 兽类》濒危物种，IUCN 2013 年濒危物种红色名录 ver3.1—易危（VU）。豚尾猴活泼机灵、惹人喜爱，被用于马戏团或私人圈养，因其具有较高的观赏价值和经济价值，被不法分子非法捕获和买卖，对该物种种群造成了一定的威胁。

案件描述

姜某于 2006—2017 年在福建省石狮市、江西省宜春市等地从事野生动物驯养、繁殖和疾病防治工作。2017 年 11 月，她返乡创业，在广西壮族自治区来宾市开办了一家名为“来宾市福凌湾动物园有限公司”的小型动物园。2018 年 12 月，姜某和一个微信名为“老猫”的男子取得联系，到南宁市江南汽车客运站以 5 000 元的价格向该男子购买了 5 只无任何合法来源证明的猴子，其中 2 只因年龄小、体质差已死亡。后由群众举报，被森林公安部门查获。经公安机关鉴定，2 只死体幼猴为灵长目动物，因形态特征不足，无法确定具体物种，3 只活体幼猴为灵长目动物豚尾猴。豚尾猴属国家一级重点保护野生动物。

判决结果

广西壮族自治区来宾市兴宾区人民法院认为，被告人姜某明知豚尾猴系国家重点保护的珍贵、濒危野生动物，仍在未获得有关部门批准的情况下向他人进行收购，违反国家对珍贵、濒危野生动物的保护法规，情节特别严重，其行为已触犯刑法，构成非法收购珍贵、濒危野生动物罪。依照《中华人民共和国刑法》第三百四十一条第一款、第五十二条、第五十三条第一款、第六十七条第三款的规定，认定被告人姜某犯非法收购珍贵、濒危野生动物罪，判处有期徒刑十年，并处罚金人民币 5 000 元。

案件启示

未经有关部门批准，任何收购、运输国家重点保护的珍贵、濒危野生动物的行为均构成犯罪。动物园、动物养殖基地等场所的负责人和饲养员，更应该熟悉并遵守国家法律法规的有关规定，提高自身的生物多样性保护知识和守法意识，不要抱有任何侥幸心理，否则必将受到法律的严惩。

（杜乐山）

【案例 5-5】

非法购买和运输暹罗鳄获刑一年

暹罗鳄（*Crocodylus siamensis*）为鳄目鳄科的中型鳄鱼，别称泰国鳄、暹罗淡水鳄、新加坡小型鳄。暹罗鳄曾广泛分布于东南亚的婆罗洲、印度尼西亚、马来西亚、泰国以及越南等地，但由于大量开垦农田、挖掘矿山及过度猎取等人类活动，大部分地区的野生暹罗鳄种群已灭绝，只有一小部分残存于柬埔寨和老挝境内的湄公河盆地，且种群的栖息地破碎化严重，呈地理隔离状态。暹罗鳄被列入 CITES 附录 I，IUCN 2012 年濒危物种红色名录 ver 3.1—极危（CR）类别。因暹罗鳄皮革在国际上被竞相追逐，一张完整的暹罗鳄皮售价可达上万元，近年来，暹罗鳄被一些不法分子大量捕杀，野生种群的数量急剧下降，亟待采取相关措施予以保护。

案件描述

2016 年 3 月，被告人戴某某未经省级野生动物行政主管部门或其授权的单位批准，在广东省广州市某花鸟鱼艺大世界内，花费人民币 210 元购买了一只活体暹罗鳄，并饲养在其租住的广州市一处民房内。同年 3 月底，戴某某将该只活体暹罗鳄用一个蓝色塑料箱打包，通过拼车的方式乘坐一辆小轿车，将该只活体暹罗鳄从广州市带至其位于海口市石山镇的工作单位水池内饲养。2017 年 6 月 14 日，一匿名群众向海口市森林公安局火山口林区派出所报案，后被森林公安查获。经福建闽林司法鉴定中心鉴定，证明该只鳄类活体动物为暹罗鳄，暹罗鳄是被列入 CITES 附录 I 的濒危野生动物，价值人民币 1 250 元。

判决结果

海口市中级人民法院认为，被告人戴某某违反国家有关野生动物保护法规，非法收购、运输珍贵、濒危野生动物暹罗鳄 1 只，其行为触犯了《中华人民共和国刑法》第三百四十一条第一款的规定，构成非法收购、运输珍贵、濒危野生动物罪。依照《中华人民共和国刑法》第三百四十一条第一款、第五十二条、第六十一条、第六十四条、第六十七条第三款、第七十二条、第七十三条和《最高人民法院关于审理破坏野生动物资源刑事案件具体应用法律若干问题的解释》第一条、第二条之规定，判决如下：被告人戴某某犯非法收购、运输珍贵、濒危野生动物罪，判处有期徒刑一年，缓刑一年六个月，并处罚金人民币 4 000 元。

案件启示

近年来，一些“异宠”爱好者为了追求时尚和新潮，选择饲养一些新奇的动物作为宠物，殊不知有些动物正是国家重点保护野生动物或 CITES 附录中的物种，非法收购、运输、饲养和繁育均会触犯刑法。这个案例也给一些“异宠”爱好者敲响了警钟，购买和运输“异宠”的时候，一定要紧绷遵纪守法的弦，弄清该动物的保护级别和饲养应具备的手续与条件，切勿碰触法律禁区，否则将得不偿失。

（杜乐山）

【案例 5-6】

非法出售和运输黑熊死体获刑两年

黑熊（*Ursus thibetanus*）属食肉目熊科大型哺乳动物，别称月熊、月牙熊、狗熊、黑瞎子，主要分布于欧亚大陆的东部，在我国分布广泛。据估计，我国黑熊的野生种群在 12 000 ～ 18 000 头。近年来，黑熊野生种群数量呈现明显下降的趋势，被列入我国国家二级重点保护野生动物名录和 CITES Ⅰ类。

案件描述

2019 年 6 月 29 日，被告人乌尼某某在四川省九龙县“青杠林”的河边发现一只死去的黑熊，乌尼某某回家带上水果刀和砍刀再次上山，把黑熊剐皮后砍成两半背回家，存放在冰柜中。2019 年 7 月 1 日，乌尼某某与俄木某某谈好以 2 000 元的价格进行买卖，并一起在乌尼某某的家中将黑熊分解成熊头、熊掌、熊胆及熊肉等。俄木某某将熊头拿走存放在其母亲家里的冰柜冷冻，将分解好的熊掌、熊胆、熊肉装上车运往成都，途中在冕宁县彝海安检站被冕宁县公安局特巡警大队查获。经鉴定属于黑熊。黑熊为国家二级重点保护野生动物，每只价值为 40 000 元。

判决结果

冕宁县人民法院认为，被告人俄木某某、乌尼某某的行为已构成非法出售或收购、运输珍贵、濒危野生动物制品罪。依照《中华人民共和国刑法》第三百四十一条第一款、第二十五条第一款、第四十五条、第五十二条、第五十三条、第六十四条、第六十七条第三款、第七十二条、第七十三条及《中华人民共和国刑事诉讼法》第十五条的规定，判决如下：（1）被告人俄木某某犯非法收购、运输珍贵、濒危野生动物制品罪，判处有期徒刑二年，缓刑三年，并处罚金人民币 20 000 元；（2）被告人乌尼某某犯非法出售珍贵、濒危野生动物制品罪，判处有期徒刑二年，缓刑三年，并处罚金人民币 20 000 元；（3）追缴被告人乌尼某某违法所得的财物人民币 12 000 元；（4）扣押的野生动物制品（熊掌、熊胆、熊肉）予以没收。

案件启示

任何违反法律利用珍贵、濒危野生动物死体牟利的做法都属于违法行为。近几年通过广泛的普法教育，人们普遍形成了保护野生动物的共识，但很多人没有意识到对自然死亡的动物进行运输、食用或买卖也违反法律。本案件具有典型的普法教育意义，即“野生动物”不仅包括野生动物活体，也包括野生动物死体，只要被列为国家一、二级保护野生动物，即使不是捕猎动物活体，只是收购、出售死体及其制品也触犯刑法。公民在日常生活中发现野生动物死体，一定要及时向相关行政机关报告，千万不能占为己有，更不能运输、食用或买卖，否则都将受到法律的严惩。

（杜乐山）

【案例 5-7】

非法运输犀牛角获刑三年

犀牛是奇蹄目犀科大型哺乳动物的总称，有白犀（*Ceratotherium simum*）、苏门答腊犀牛（*Dicerorhinus sumatrensis*）、黑犀（*Diceros bicornis*）、爪哇犀（*Rhinoceros sondaicus*）和印度犀（*Rhinoceros unicornis*）5 种。全世界有 25 000 多只犀牛生活在亚洲南部和东南部以及非洲撒哈拉以南地区的野外，另有 2 000 多只饲养在动物园。白犀牛、亚洲犀牛、黑犀牛等均被列入了 CITES 附录Ⅰ,4 种犀牛被评为 IUCN 2008 年濒危物种红色名录 ver3.1—极危，1 种犀牛被评为易危。犀牛因其角的装饰和药用价值较高，遭到不法分子的大量捕杀，加之人类活动和栖息地破碎化的影响，野生犀牛种群数量不断减少，面临灭绝的危险。中国政府于 1993 年即颁布禁令,禁止使用犀牛角。2018 年，国务院印发《关于严格管制犀牛和虎及其制品经营利用活动的通知》，严格禁止法律规定的特殊情况以外所有出售、购买、利用、进出口犀牛和虎及其制品的活动。

图 5-7-1　犀牛（杜乐山　摄）

案件描述

2018 年 5 月，被告人刘某某通过邮寄的方式从福建省仙游县榜头镇运输珍贵、濒危野生动物制品犀牛角到云南省腾冲市。5 月 7 日，刘某某母亲胡某签收包裹后被腾冲海关缉私分局查获，工作人员当场从该包裹内查获珍贵、濒危野生动物制品犀牛角 1 片，经称量净重 755.67 g。云林司法鉴定中心鉴定，查获的可疑物为奇蹄目犀科犀牛的角制品，犀牛是 CITES 附录 I 动物，查获的犀牛角价值 188 917.5 元。

判决结果

保山市中级人民法院认为，被告人刘某某非法运输珍贵、濒危野生动物制品犀牛角的行为，已触犯中华人民共和国刑法，构成非法运输珍贵、濒危野生动物制品罪。为打击破坏生物多样性的行为，保护生物多样性，保护珍贵、濒危野生动物，依照《中华人民共和国刑法》第三百四十一条、第六十七条第一款、第七十二条、第六十一条、第六十四条之规定，判决如下：被告人刘某某犯非法运输珍贵、濒危野生动物制品罪，判处有期徒刑三年，缓刑三年，并处罚金三万元；本案查获的不规则圆环形片状犀牛角 1 片予以没收。

案件启示

本案被告虽未杀害和买卖珍贵、濒危野生动物，也未自己运输珍贵、濒危野生动物制品，但其邮寄珍贵、濒危野生动物制品的行为同样触犯法律。这个案例警示人们要增强法制观念，随着互联网和快递业的迅速发展，通过朋友圈、电商平台等线上销售、快递运输等方式买卖珍贵、濒危野生动物及其制品，虽然能够达到“人货分离”的目的，但同样触犯了法律。

（杜乐山）

【案例 5-8】

走私印度棱背龟获刑十二年

印度棱背龟（*Pangshura tecta*）属龟鳖目地龟科小型水龟，又名印度泛棱背龟、印度锯背龟等。主要分布在巴基斯坦及印度的恒河、布拉马普特拉河及印度河，也在默哈讷迪盆地出没。印度棱背龟被列入 CITES 附录Ⅱ名录。印度棱背龟背甲高耸，尤其是第三节椎盾特别高耸，受到龟鳖爱好者的追捧，不法分子为了经济利益大肆走私和买卖，对印度棱背龟野生种群的数量造成了威胁。

黑池龟（*Geoclemys hamiltonii*）属龟鳖目地龟科动物，又名哈米顿氏龟、斑点池龟。主要分布于亚洲南部的印度、巴基斯坦、孟加拉、尼泊尔等地。黑池龟被列入 CITES 附录Ⅰ名录。黑池龟幼龟全身漆黑，布满白色斑点，成年后背甲上的白斑消失并变为稀疏的白色条纹，因其外观很有特点而广受宠物爱好者的欢迎。

案件描述

2015 年 7 月 8 日，被告人卓某在孟加拉国达卡指使同案人李某携带两个装有乌龟的行李箱入境。当日，李某乘坐 CZ392 次航班（孟加拉达卡—中国广州）至广州白云机场口岸，选择无申报通道入境，未向海关申报任何物品。海关关员经查验，从李某携带的行李箱中查获乌龟 259 只。经华南野生动物物种鉴定中心鉴定，上述乌龟分别为地龟科池龟属黑池龟 12 只、地龟科小棱背龟属印度棱背龟 247 只，属于受 CITES 附录Ⅰ和附录Ⅱ保护的珍贵动物，被严格禁止国际贸易，价值人民币 647.5 万元。

判决结果

广东省广州市中级人民法院一审认为，被告人卓某无视国家法律，逃避海关监管，指使他人走私国家禁止进出口的珍贵动物入境，其行为已构成走私珍贵动物罪，且情节特别严重。依照《中华人民共和国刑法》第一百五十一条第二款、第二十六条、第五十九条以及《最高人民法院、最高人民检察院关于办理走私刑事案件适用法律若干问题的解释》第九条、第十条的规定，作出判决：被告人卓某犯走私珍贵动物罪，判处有期徒刑十二年，并处没收个人财产人民币 20 万元。

案件启示

本案中卓某虽自己未运输珍贵、濒危动物，但指使他人非法携带国家禁止进出口的珍贵动物入境的行为同样触犯法律；与此类似，帮助他人非法携带国家禁止进出口的珍贵动物入境也同样涉嫌犯罪。因此，如果携带珍贵、濒危野生动物及其制品出入国境，一定要了解该国法律，切不可违反当地法律。本案的审理和判决对于公众树立法律意识、自觉保护生物多样性尤其是保护野生动植物，具有较好的警示和示范作用。

（杜乐山）

第6章

涉国家重点保护植物犯罪

野生植物是重要的自然资源，对于维持生态系统功能和生态系统服务、促进经济社会可持续发展具有重要意义。我国《刑法》涉国家重点保护植物犯罪的罪名主要包括：（1）非法采伐、毁坏国家重点保护植物罪；（2）非法收购、运输、加工、出售国家重点保护植物、国家重点保护植物制品罪。本章收录了采伐、运输、买卖、加工、出售国家重点保护植物及制品的违法犯罪行为案例，以警示类似违法犯罪行为的发生，案例主要选自中国裁判文书网。

【案例 6-1】

非法采伐红豆杉获刑六个月和一年

红豆杉（*Taxus chinensis*）为红豆杉科红豆杉属常绿乔木，别名紫杉、卷柏、扁柏、红豆树、观音杉等，主要分布于我国甘肃、陕西、四川、云南、贵州、湖北、湖南、广西、安徽等地，是我国特有种。红豆杉是第四纪冰川遗留下来的古老树种，在地球上已有250万年的历史，由于其生长速度慢、再生能力差，被全世界42个有红豆杉的国家同时称为“国宝”。联合国明令禁止采伐红豆杉，红豆杉被我国列入国家一级重点保护野生植物名录。红豆杉是世界上公认的天然珍稀抗癌植物，其树皮有抗癌物质紫杉醇，是治疗多种癌症的特效药，国际上每千克紫杉醇的价格高达30多万美元。红豆杉还具有观茎、观枝、观叶、观果的多重观赏价值，是制作高档盆景和园林街道绿化的重要树种，价格也因此一直走高。受利益驱动，近年来，红豆杉常遭到不法分子的盗伐和买卖。

图 6-1-1　红豆杉（何理　摄）

案件描述

2015 年 3 月中旬，被告人罗某某与潘某某（另案处理）商议买卖红豆杉事宜。2015 年 3 月 23 日，被告人罗某某与被告人毛某某到四川省盐源县盖租乡马扎村集体林内使用油锯采伐红豆杉树一棵，用油锯对另一棵倒地多年的红豆杉树进行切割，共获木材 8 件。被告人潘某某、沈某某（另案处理）驾驶面包车到达砍伐地点，与罗某某、毛某某合伙将 8 件红豆杉原木装上车。潘某某付给罗某某 2 500 元。被告人罗某某、毛某某各分得 1 250 元。潘某某、沈某某将购买的 8 件红豆杉原木运输至两盐路老盐塘路段时，被盐源县森林公安局干警查获。经查验，收缴国家一级重点保护野生植物新鲜红豆杉原木 4 件、旧材 4 件。

判决结果

盐源县人民法院认为，被告人罗某某、毛某某为牟取非法利益，在明知红豆杉是国家重点保护野生植物的情况下，非法采伐，其行为构成非法采伐国家重点保护植物罪。依照《中华人民共和国刑法》第三百四十四条、第五十二条、第二十五条、第六十七条、第七十三条之规定，判决如下：（1）被告人罗某某犯非法采伐国家重点保护植物罪，判处有期徒刑一年，缓刑一年，并处罚金人民币 3 000 元；（2）被告人毛某某犯非法采伐国家重点保护植物罪，判处有期徒刑六个月，缓刑一年，并处罚金人民币 3 000 元。

案件启示

我国野生植物资源丰富，且其中不乏经济价值较高的树种，受利益驱动，不法分子砍伐国家重点保护野生植物的案件时有发生。政府及相关部门应对此类经济价值较高的树种重点保护，同时借助典型案例扩大宣传教育成果，提高公众的法律常识和生物多样性保护意识。公众在日常生活中，也应多了解有关法律，切莫在不知法、不懂法的情况下做出违法犯罪的事情。

（杜乐山）

【案例 6-2】

非法采伐桫椤获刑两年

桫椤科（Cyatheaceae）全科植物均为树形蕨，是蕨类植物中十分独特的类群。桫椤（*Alsophila spinulosa*）别称台湾桫椤、蛇木、树蕨、龙骨风等。桫椤主要分布于热带、亚热带地区，全球共有 9 属约 650 种；在我国主要分布于东南和西南地区，有 2 属 14 种 2 变种。桫椤科全部种均为国家二级重点保护野生植物，列入 CITES 附录Ⅱ，根据我国《森林法》制定的《国家禁止、限制出口的珍贵树木名录》中桫椤科全部种被列为限制出口的树种。桫椤因其重要的科研、观赏和药用价值而备受人们关注，但也常遭到非法盗伐、运输和买卖。

图 6-2-1　桫椤（曲上　摄）

案件描述

被告人黄某 1、黄某 2 系夫妻关系，二人均为靖西市地州镇药农，常年以采药为生。2018 年某日，被告人黄某 1、黄某 2 在路过地州街弄谷赖山坳时，发现该山坳内有可治疗风湿关节炎的树木桫椤（俗称“龙骨风”）。2019 年 4 月

13日，两被告人到上述山坳内盗伐10株“龙骨风”，欲将这些“龙骨风”的树干进行切片晒干，端午节时拿到药市上售卖。其在搬运“龙骨风”到公路边装车时被附近村民看见，村民告知两被告人其砍伐的树木是桫椤，是国家重点保护野生植物，砍伐这些树木是违法行为。两被告人未听劝告，仍将这些树木砍节搬上车运回家。

2019年4月15日，靖西市森林公安局接到报警后派民警前往调查，公安民警在两被告人家中查获已被剥去树皮的疑似桫椤树木20节，当场进行扣押。经广西壮族自治区森林公安局物证鉴定所鉴定，上述20节疑似桫椤树木均为桫椤科植物，属于国家二级重点保护野生植物。经广西靖西市润泽林业综合服务有限责任公司鉴定，被砍伐的桫椤立木蓄积量为0.79 m^3。

判决结果

广西壮族自治区靖西市人民法院认为，被告人黄某1、黄某2违反国家森林管理法规，非法加工、出售国家重点保护植物桫椤，其行为已构成非法加工、出售国家重点保护植物罪。依照《中华人民共和国刑法》第三百四十四条、第二十五条、第二十六条第一款、第四款、第二十三条、第五十二条、第五十三条、第六十七条第三款、第六十四条、第七十二条之规定，判决如下：(1)被告人黄某1犯非法加工、出售国家重点保护植物罪，判处有期徒刑二年，缓刑三年，并处罚金人民币15 000元。(2)被告人黄某2犯非法加工、出售国家重点保护植物罪，判处有期徒刑二年，缓刑三年，并处罚金人民币15 000元。

案件启示

打击涉林盗伐、运输和买卖违法犯罪，加大犯罪处罚力度，对遏制盗伐、滥伐、非法采伐林木等违法犯罪行为具有重要意义。作为药农，更应该了解国家的法律法规，并在日常采药过程中严格遵守，切莫触碰法律的底线。加大对林区农民的生物多样性保护知识和法律知识的普及也至关重要。案例中村民发现有违法犯罪行为时，进行了劝说和制止并报警，显现了加强宣传教育的效果。

（杜乐山）

【案例 6-3】

非法采伐珙桐树获刑三年

珙桐（*Davidia involucrata*）为蓝果树科珙桐属落叶乔木，别名水梨子、鸽子树、鸽子花树。有“珙桐之乡”之称的四川省珙县王家镇分布着全国数量最多的珙桐，其余则分布在陕西东南部、湖北西部、贵州东北部至西北部、湖南及重庆南部、云南东北部等地。珙桐有“植物活化石”之称，为我国特有的单属植物，在 1984 年就被列为我国国家一级重点保护野生植物。由于其木材是建筑的上等用材，可制作家具和作雕刻材料等，屡遭不法分子的违法采伐，使珙桐分布范围日益缩小。

图 6-3-1 珙桐（曲上 摄）

案件描述

2010 年 6—7 月，刘某甲与被告人巫某某签订合伙协议及补充合伙协议，约定由巫某某负责荥经县新建乡河林村 7 组东狱庙山低产低效林改造作业，并负责林区的林木采伐、组织工人、运输等工作。2010 年 8 月至 2013 年年底，巫某某先后从荥经县林业局领取了四张上述林地的林木采伐许可证，并雇请常某甲、常某乙、高某甲和龙某某等人组织工人，对其管理的低产低效林改造作业和对林区内的林地进行采伐，并约定不准采伐国家重点保护的树木和植物。但被告人巫某某作为该低产低效林改造林地的实际管理人员，明知林地内有珍贵树木，缺乏采伐监管可能会造成珍贵树木被砍伐的结果，却未采取有效措施进行监管，导致工人未按照《低产低效林改造技术规程》和采伐证要求进行作业施工，致使95株国家一级重点保护植物珙桐树被砍伐。2014年5月21日，被告人巫某某经荥经县森林公安局电话通知到案，接受调查。四川楠山林业司法鉴定中心经现地踏查，对取样新叶和木材进行实物观察，确定该林地内共有95株珙桐被采伐。

判决结果

四川省荥经县人民法院认为，被告人巫某某作为荥经县新建乡河林村7组东狱庙山低产低效林改造林地的实际管理人员，未尽到应有的监管责任，造成国家一级重点保护野生植物珙桐被大量采伐，其行为构成非法采伐国家重点保护植物罪。依照《中华人民共和国刑法》第三百四十四条、第六十四条、第五十二条、第五十三条，《最高人民法院关于审理破坏森林资源刑事案件具体应用法律若干问题的解释》第一条、第二条之规定，判决如下：被告人巫某某犯非法采伐国家重点保护植物罪，判处有期徒刑三年六个月，并处罚金人民币40 000元。

案件启示

政府及相关主管部门是野生植物管理的主体责任部门，政府主管部门工作人员应加强野生植物保护意识，严格按照各项规章制度推进工作，落实主体职责，加大监督力度，最好派专人到有可能危害国家重点保护植物的施工区进行现场监督和指导，从根源上杜绝有可能危害野生生物的事件发生。对个人、林地所有者或管理者来说，应对林地内的保护物种加以了解并严格管理，尤其是对林地进行采伐和改造时，应有专人负责监督，杜绝因一时疏忽造成生物多样性的损失。

（刘海燕）

【案例 6-4】

非法收购闽楠获刑一年六个月

闽楠（*Phoebe bournei*）为樟科楠属常绿大乔木。别名楠木。闽楠主要分布于我国江西、福建、广东、湖南、湖北、浙江南部、广西北部及东北部、贵州东南及东北部等地。闽楠为我国特有植物，属于国家二级重点保护野生植物。闽楠树干高大通直，木材芳香耐久，纹理结构美观，为建筑、高级家具、雕刻工艺、造船等的上等良材，由于其巨大的应用价值和观赏价值，使非法砍伐、贩卖闽楠的现象时有发生。

图 6-4-1　闽楠（何理　摄）

案件描述

2018 年 5 月 7 日晚，傅某、张某（均另案处理）将其砍伐的 51 根 2 m 长的楠木原木（外观较新鲜），和捡来的 4 根长为 2 m 的楠木原木、1 根楠木树头（外观较陈旧），运输至被告人秦某所在的龙岩市新罗区东阳红木家具厂出售。秦某在明知上述楠木原木和楠木树头无合法来源手续的情况下，仍以人民币 17 000 元的价格收购。2018 年 5 月 14 日，被告人秦某得知傅某盗伐楠木案发，遂雇请龙马车及装卸工人，将上述收购来的楠木原木和树头，从龙岩市新罗区东阳红木家具厂运输至龙岩市嘉利达家具有限公司，准备开锯成板材。2018 年 5 月 18 日被告人秦某被龙岩市公安局新罗森林分局民警抓获归案。经福建鼎力司法鉴定中心鉴定，51 根外观较新的原木（原木材积计 2.228 m^3，折立木材积 4.456 m^3）为闽楠，属国家二级重点保护野生植物，价值 24 760 元。

判决结果

福建省龙岩市中级人民法院认为，被告人秦某违反国家规定，非法收购国家二级重点保护野生植物闽楠原木，计立木材积 4.456 m^3，其行为构成非法收购国家重点保护植物罪。依照《中华人民共和国刑法》第三百四十四条第一款、第六十一条、第六十二条、第六十七条第三款、第四十五条、第四十七条、第五十二条、第五十三条、第六十四条的规定，判决如下：被告人秦某犯非法收购国家重点保护植物罪，判处有期徒刑一年六个月，并处罚金人民币 20 000 元，扣押楠木由龙岩市公安局新罗森林分局依法处理。

案件启示

任何非法砍伐、运输、买卖国家重点保护野生植物的行为均会受到法律的严惩。从事木材加工或家具制造的个人或企业，必须对国家法律及受法律保护的野生植物有所了解，一旦触及法律应立即停止违法犯罪行为，及时向有关部门说明情况，不能存在任何侥幸心理。

这类案例不能以判决为结束，政府及相关部门应从多方面、多渠道普及宣传非法购买、售卖国家重点保护野生植物的社会危害性，开展以案为鉴的普法宣传和教育，以警示世人。

（刘海燕）

【案例 6-5】

非法采伐和运输红椿获刑三年

红椿（*Toona ciliata.*）为楝科香椿属落叶或半落叶乔木，别名红楝子、赤昨工、埋用、赤蛇公、南亚红椿、香铃子等。主要分布于印度、中南半岛、马来西亚、印度尼西亚等地，在我国主要分布在福建、湖南、广东、广西、四川和云南等省区。红椿被列入国家二级重点保护野生植物，为我国珍贵用材树种之一，有中国桃花心木之称，其树干通直、树冠庞大、枝叶繁茂，被广泛植于城市道路两侧做行道树或庭荫树。因其具有较高的经济价值，近年来受到了不法分子的乱砍滥伐。

案件描述

被告人段某松于 2017 年以 800 元的价格向云南省马关县茅坪村委会南车小组村民购买了一株红椿。2018 年 2 月，被告人段某松在未办理林木采集证和林木采伐许可证的情况下，擅自将该株红椿采伐，在采伐过程中，又将附近村民杨某元所有的一株红椿打断，段某松以 700 元的价格购买了该树，并将该树采伐。后叫段某 2 将采伐的红椿部分原木运输至马关县城，请人打制成了 3 张八仙桌、16 个凳子。2018 年 10 月，被告人段某松和徐某明邀约陈某到采伐地点将已伐倒的红椿树锯断，并邀约段某 2 一同去将树运输回马关县城，行至南车村小组至茅坪村小组公路上被马关县森林公安局民警查获。经检测，运输红椿共 2.43 m^3。经鉴定，两株林木为楝科香椿属红椿，红椿为国家二级重点保护野生植物。

判决结果

云南省马关县人民法院认为：被告人段某松违反国家规定，非法采伐国家重点保护植物，其行为已构成非法采伐国家重点保护植物罪；被告人徐某明在明知是国家重点保护野生植物的情况下，仍予以运输，其行为已构成非法运输国家重点保护野生植物罪。依照《中华人民共和国刑法》第三百四十四条、第六十七条第三款、第二十五条第一款、第二十六条第一款、第二十七条、第七十二条、第七十三条、第五十二条、第五十三条、第六十四条之规定，判决如下：(1) 被告人段某松犯非法采伐国家重点保护植物罪，判处有期徒刑三年，缓刑四年，并处罚金人民币 5 000 元。(2) 被告人徐某明犯非法运输国家重点保护植物罪，判处有期徒刑一年，缓刑一年，并处罚金人民币 3 000 元。

案例启示

即使是自家的或者自己购买的国家重点保护野生植物，采伐前也必须上报相关行政主管部门批准，否则也会触犯有关法律。案例警示家具收集者或红木爱好者，在制作或购买家具的过程中，要特别注意购买的材料是否属于国家重点保护野生植物，切莫因私利触犯法律而受到法律的制裁。

（杜乐山）

【案例 6-6】

非法运输香樟获刑数月

香樟（*Cinnamomum camphora*）为樟科樟属常绿阔叶乔木，别名樟、芳樟、油樟、樟木、乌樟、瑶人柴、栳樟、臭樟等。主要分布于我国长江以南地区，我国福建、江西、湖南、四川、台湾等地栽种较多。属国家二级重点保护野生植物。香樟具有很强的吸烟滞尘、涵养水源、固土防沙和美化环境的功能，是城市绿化的优良树种；其木材及根、枝、叶均可提取樟脑（市场价约 100 元 /kg）和樟油（市场价约 200 元 /kg），供医药及香料工业用；果核含脂肪，含油率约 40%，供工业用；根、果、枝和叶入药，有祛风散寒、强心镇痉和杀虫等功能；木材又为造船、橱箱和建筑等用材。由于其浑身是宝，具有很高的经济价值，成为不法分子盗采盗伐的目标。

图 6-6-1　香樟（何理　摄）

案件描述

2018年11月初，李某某（另案处理）在广西崇左市江州区那隆镇仁里村那农屯、发明村那林屯伐区分两次购买了两棵香樟树并砍伐。2018年11月5日，李某某雇请黄某某运输砍伐好的两棵香樟树，黄某某在明知是香樟树的情况下仍把两棵香樟树进行裁切后用后推车从伐区山上运输到公路边堆放。当天18时许，李某某雇请肖某某（另案处理）用厢式货车将堆放在路边的香樟树运走时被民警查获。经检验，黄某某运输的林木树种为樟科樟属香樟，属于国家二级重点保护野生植物。

判决结果

广西壮族自治区崇左市江州区人民法院认为，被告人黄某某违反国家规定，非法运输国家重点保护的植物，其行为已触犯《中华人民共和国刑法》第三百四十四条的规定，构成非法运输国家重点保护植物罪。被告人黄某某在未被采取强制措施前，主动到公安机关接受调查，如实供述犯罪事实，系自首，依法可以从轻处罚。根据被告人黄某某犯罪的事实、犯罪的性质、情节以及对于社会的危害程度，依照《中华人民共和国刑法》第三百四十四条，第六十七条第一款，第七十二条第一款、第三款，第七十三条第二款、第三款，第五十二条，第五十三条的规定，判决如下：被告人黄某某犯非法运输国家重点保护植物罪，判处有期徒刑八个月，缓刑一年，并处罚金人民币5 000元。

案件启示

本案中黄某某虽未砍伐、买卖国家重点保护植物，仅仅是用推车运输，最终也构成了犯罪——非法运输国家重点保护野生植物罪。该案例提醒人们，在日常生活、工作和旅行中，无论是自己“携带”还是帮助他人运输动植物，首先要清楚涉及的对象是否国家重点保护的物种，以免触犯法律。

（杜乐山）

第7章

其他涉生物多样性犯罪

生物多样性是维持生态系统服务、实现人与自然和谐发展的重要组分。我国《刑法》其他涉生物多样性犯罪主要包括：(1) 非法狩猎罪；(2) 非法捕捞水产品罪；(3) 盗伐林木罪；(4) 滥伐林木罪；(5) 非法收购、运输盗伐、滥伐林木罪；(6) 逃避动植物检疫罪。秉承坚持全面保护和全方位保护的理念，扩大保护生物多样性和打击犯罪的范围，本章收录了非法猎捕“三有动物”，非法捕捞水产品、滥伐林木及运输疫木等违法犯罪行为案例，案例主要选自中国裁判文书网。

【案例 7-1】

非法猎捕棘胸蛙获刑三个月

棘胸蛙（*Quasipaa spinosa*）为无尾目蛙科大型蛙，别称石鸡、棘蛙、石鳞、石蛙、石蛤等。棘胸蛙在我国分布广泛，尤以湖北、安徽、江苏、浙江、江西、湖南、福建、广东、香港和广西等地居多。棘胸蛙被列入 IUCN 2012 年濒危物种红色名录 ver3.1—易危，也被列入中国“三有动物”名录。因其肉质细腻且富含矿物质元素，曾作为宾馆、酒家推荐的山珍名菜。野生的棘胸蛙作为国家“三有动物”，严禁非法猎捕、买卖和食用。然而，近年来，非法猎捕的行为仍有增无减，甚至有不法分子将此作为牟利的工具。

案件描述

2018 年 6 月 15 日，被告人吴某某携带电瓶、头灯、网兜等工具到庆元至百山祖公路的小溪中猎捕石蛙，被告人以头灯照明、电击或者徒手抓捕的方式猎捕野生石蛙 27 只。次日凌晨 1 时许，被告人返程途中被群众拦截，后被林业执法人员查获。经鉴定，涉案蛙类为棘胸蛙，属于《国家保护的有益的或者有重要经济、科学研究价值的陆生野生动物名录》中的“三有动物”。

判决结果

庆元县人民法院认为，被告人吴某某违反狩猎法规，使用禁用的工具、方法猎捕国家保护的陆生野生动物棘胸蛙 27 只，破坏野生动物资源且情节严重，其行为已构成非法狩猎罪。依照《中华人民共和国刑法》第三百四十一条第二款，第六十七条第一款，第七十二第一款，第七十三条第一款、第三款，第六十四条，《最高人民法院关于审理破坏野生动物资源刑事案件具体应用法律若干问题的解释》第六条第（一）项的规定，判决如下：（1）被告人吴某某犯非法狩猎罪，判处拘役三个月，缓刑四个月；（2）被告人吴某某向法院上交环境修复费用人民币 2 000 元。

案件启示

一些人出于猎奇和炫富心理，把蛙肉当作“野味”补品和美味佳肴，殊不知很多蛙类都属“三有动物”，任何形式的捕获、杀害都会触犯法律。法院判决违法犯罪分子上交环境修复费用也是本案的一大亮点，追究违法犯罪造成的生物多样性影响并处以罚款，最大限度地挽回非法狩猎行为对物种造成的损害，同时也为开展生物多样性保护与修复工作提供经费支持。本案同时凸显出部分群众法律意识较强，也说明了公众参与在生物多样性保护中的重要作用。

（杜乐山）

【案例 7-2】

非法猎捕树麻雀获刑十个月

树麻雀（*Passer montanus*）为雀形目雀科小型鸟类，别称麻雀、欧亚树麻雀、霍雀、瓦雀、嘉宾、琉雀、家雀、老家贼、只只等。树麻雀是世界上分布最广、数量最多、最为常见的小鸟之一，分布于欧亚大陆多个国家和地区，全球数量预估为 1.91 亿～3.06 亿只[1]。树麻雀在中国分布广、数量大，是中国城乡房舍和庭院常见鸟类。树麻雀作为食物链中重要的一环，在维持生态系统稳定方面具有重要作用，被列入国家“三有动物”名录。近年来，受气候变化、农药滥用、人类猎捕等因素的影响，种群数量急剧下降。

图 7-2-1　树麻雀（任月恒　摄）

案件描述

2018 年 8 月 22—23 日晚上，被告人胡某使用弹弓，在温岭市新新宾馆前路边绿化带处猎捕野生鸟类 66 只，后将该鸟类带至租住处剥皮、清洗，准备自己食用。2018 年 8 月 23 日，胡某被温岭市公安局新河镇派出所民警抓获。经福建闽林司法鉴定中心鉴定，该 66 只鸟类属于雀形目树麻雀，树麻雀属于列入《国家保护的有益的或者有重要经济、科学研究价值的陆生野生动物名录》的“三有动物”。2018 年 10 月 12 日，温岭市农业林业局出具《野生动

1　Eurasian Tree Sparrow Passer montanus. The IUCN Red List. 2019-02 [引用日期 2019-10-19].

物价值认定意见》，确定 66 只麻雀的总价值为人民币 19 800 元。

判决结果

温岭市人民法院认为，被告人胡某违反狩猎法规，在禁猎区、禁猎期使用禁用的工具进行狩猎，破坏野生动物资源，情节严重，其行为已构成非法狩猎罪，同时也损害了国家利益和社会公共利益，除应受到刑事处罚外，还应承担相应的民事侵权责任。依照《中华人民共和国刑法》第三百四十一条第二款、第六十七条第三款、第六十四条，《中华人民共和国野生动物保护法》第三条第一款，原《中华人民共和国物权法》第四条，《中华人民共和国环境保护法》第六十四条，原《中华人民共和国侵权责任法》第四条、第十五条之规定，判决如下：(1) 被告人胡某犯非法狩猎罪，判处有期徒刑十个月，缓刑一年；(2) 被告胡某支付因本案犯罪行为造成的生态功能损失费人民币 19 800 元；(3) 被告人胡某于判决生效后十日内在市级以上媒体公开赔礼道歉。

案件启示

大家都知道大熊猫、东北虎、朱鹮等是国家重点保护动物，但有很多人不知道树麻雀也是我国明文规定列入保护范围的动物，非法猎捕、出售、食用均属违法行为。在日常生活中，仍有部分人对相关法律知识缺乏足够的认识，认为“抓几只麻雀吃没有关系”，或抱有侥幸心理非法猎捕。该案的判决为存在这些想法的人敲响了警钟。本案同时判决被告在市级以上媒体上公开赔礼道歉，达到了“判决一案，教育一片”的警示效果，国内其他类似案件的判决也可借鉴这种重视警示作用的做法。

（杜乐山）

【案例 7-3】

非法捕捞螺蛳获刑八个月

螺蛳，为方形环棱螺（*Sinotaia quadrata*）的别称，又名方田螺。螺蛳在我国大部分地区均有分布，广受浙江一带人们的喜爱，被奉为桌上美食。螺蛳喜欢栖息于底泥富含腐殖质的水域环境，以泥土中的微生物和腐殖质及水中浮游植物、幼嫩水生植物、青苔等为食，是生态系统的重要组成部分，对净化水质、促进水藻生长、为鱼类提供食物、维持水域生态系统服务有重要作用。为保护水生生物多样性及生态系统，我国对不同水域设定了禁渔期和禁渔区，但依然有少数不法分子为牟利在禁渔期、禁渔区内违法捕捞水产品。

案件描述

2015 年 12 月 23 日，农业部发布（2015）1 号通告：洞庭湖在每年的 3 月 1 日 0 时至 6 月 30 日 24 时为禁渔区和禁渔期，禁止所有捕捞作业。2018 年 3 月 8 日上午 7 时许，被告人刘某华来到华容县新沟闸大堤外东洞庭湖水域，使用自制捕捞工具非法捕捞螺蛳。当日下午 3 时许，华容县渔政管理局将正在进行非法捕捞作业的被告人刘某华抓获，现场查获其非法捕捞的螺蛳 333.5 kg。

华容县水产局水产技术推广站专家组认为，水域生态是一种复合型、相互依存的生态模式，且该捕捞区域系国家规定的东洞庭湖区鱼类索饵繁殖区，被告人刘某华使用的自制捕捞工具属禁用工具，在水深一米左右的水域，使用平铲捕捞方式，每捕捞 10 kg 泥螺，能对一亩的水域生态系统造成破坏。此次捕螺达到了一定量级，违法性质严重，对捕捞水域的底栖动物和水生植物造成了毁灭性的损害。

判决结果

湖南省华容县人民法院认为，被告人刘某华违反水产资源保护法规，在国家级水产种质资源保护区禁渔期内，采取平铲的方式捕捞水产品 333.5 kg，情节严重，其行为已构成非法捕捞水产品罪。依照《中华人民共和国刑法》第三百四十条、第六十七条第一款，《中华人民共和国环境资源保护法》第六十四条，原《中华人民共和国侵权责任法》第六条、第十五条第一款（六）项之规定，判决如下：（1）被告人刘某华犯非法捕捞水产品罪，判处管制八个月。（2）被告人刘某华赔偿生态系统修复费用人民币 6 680 元。

案件启示

禁渔期和禁渔区严禁任何形式的捕捞作业，本案以保护水域生态系统的整体性为出发点，重点考虑了平铲的捕捞方式对底栖动物和水生植物的破坏，是典型的生物多样性保护案例。判决补偿生态系统修复费用，也是本案的一大亮点，该费用专项用于湿地生态系统的保护和修复，对快速恢复生态系统具有重要作用。本案的判决对规范沿岸渔民的捕捞行为，有效遏制非法捕捞，保护洞庭湖乃至长江中下游流域生态系统的完整性具有指导意义。

（杜乐山）

【案例 7-4】

非法电鱼捕鱼获刑四个月

设立禁渔期是世界各国通常采用的渔业管理、保护水产资源可持续利用的重要措施之一，我国《渔业法》对此也有明确的规定。政府规定禁渔期内禁止或限制捕捞水生生物的行为活动，其目的在于保护水生生物的正常生长和繁殖，使鱼类资源得以不断恢复。电鱼是非法捕捞的一种常见违法行为，尤其是在禁渔期电鱼，大小通杀，将会导致鱼类亲本数量锐减或基本丧失繁殖能力，严重影响鱼类增殖，被电击过的水域内溶氧量下降，将增大水质恶化、水华暴发的风险，严重破坏水生生态系统。

案件描述

禁渔期间除特别许可的作业外，禁止一切从事水生动植物捕捞作业的活动和销售非法捕捞的渔获物行为。江苏骆马湖作为南水北调工程的重要组成部分，具有调洪蓄水、维持生物多样性等多种功能。为保护骆马湖的生物多样性，自 2018 年起，每年 2 月 1 日至 6 月 30 日为骆马湖封湖禁渔期。2018 年 3 月 2 日，被告人姚某海、李某胜在明知江苏骆马湖水域为禁渔期的情况下，仍驾驶机动船在该水域陆渡口北 200 m 处电鱼。后被江苏省骆马湖渔政监督支队执法人员抓获，经称重，上述渔获物共计 175.1 kg。经新沂市价格认定中心认定，二被告人非法捕捞的渔获物价值人民币 2 040 元，经专家评估，本案非法捕捞行为造成的渔业资源损失量应按照直接渔业资源致死量的 3 倍计算，即 525.3 kg，价值人民币 6 120 元。

判决结果

徐州铁路运输人民法院经审理认为，被告人姚某海、李某胜违反保护水产资源法规，无视非法电鱼捕鱼带来的危害，在骆马湖禁渔期内使用禁用的方法、工具捕捞水产品，情节严重，其行为均已构成非法捕捞水产品罪。为保护国家水产资源及环境，惩罚非法捕捞水产品犯罪，根据被告人姚某海、李某胜的犯罪事实、性质、情节和对社会的危害程度及其认罪、悔罪表现，依照《中华人民共和国刑法》第三百四十条、第二十五条第一款、第六十四条、第六十七条第三款，《中华人民共和国环境保护法》第六十四条，原《中华人民共和国侵权责任法》第四条、第八条、第十五条，《中华人民共和国刑事诉讼法》第九十九条第二款，《中华人民共和国民事诉讼法》第五十五条第二款之规定，判决如下：（1）被告人姚某海、李某胜犯非法捕捞水产品罪，判处拘役四个月；（2）被告人姚某海、李某胜的作案工具电容器、电动机等予以没收，由扣押机关新沂市公安局依法处理；（3）被告人姚某海、李某胜于本判决生效后十日内向代为修复单位江苏省骆马湖渔业管理委员会办公室账户缴纳渔业资源损害赔偿金人民币 6 120 元。

案件启示

禁渔期电鱼行为本身就涉嫌犯罪，无关乎数量多少。一些人对禁渔期违禁捕鱼、电鱼的危害和产生的经济、生态价值损失认识不够，以至触犯法律。本案中评估了违法犯罪活动造成的渔业资源损失量，其判决结果可为其他同类案例的判决提供参考。资源价值远大于直接经济价值，以资源价值损失作为判决依据，一方面体现了资源保护的重要性，另一方面也产生了警示作用，提高了群众保护生物多样性的意识。

（杜乐山）

【案例 7-5】

未经审批滥伐林木获刑三年

森林生物与环境、生物与生物之间相互作用形成森林生态系统，为工业发展和人类提供了大量的木材和多样的食品，在调节气候、涵养水源、保持水土、防风固沙、固碳释氧等方面发挥着不可替代的作用。但是，对森林生态系统中林木不加节制地利用，将会直接影响森林生物多样性、降低林木抵御病虫害的能力、降低生态系统服务能力，进而引发滑坡、泥石流、荒漠化等自然灾害。因此，加强林业资源管理，严格执行林木采伐许可制度是维护森林生态系统服务极为关键的一环。

案件描述

2009 年下半年，被告人裴某甲购买了随县环潭镇杨家寨村三名村民位于本村俗称欢亚子和大洼子的山场。2010 年 6 月 13 日至 7 月 1 日，裴某甲雇请 5 名杨家寨村村民砍伐位于杨家寨村换金凹子山场的松树，并雇请环潭镇两名村民用三轮车将砍伐的松木转运至木材加工厂，共转运松木 35 车。案发后，随县森林公安局委托勘查人员对砍伐现场进行勘查鉴定，认定被采伐的林木蓄积为 126.4536 m^3。

2010 年 8 月 1 日，被告人裴某甲再次雇请上述砍树人员砍伐位于杨家寨村大洼子山场的松树，并同样雇请环潭镇两名村民用三轮车将砍伐的松木转运至木材加工厂，共转运松木 23 车。2010 年 8 月 17 日，随县环潭镇林业管理站工作人员在巡查时，发现杨家寨村有人无证砍伐松树，遂报案。接案后，随县森林公安局联合林业管理站，对砍伐的松木原木进行检尺，材积共 51.32 m^3，折合立木蓄积 90.99 m^3。经勘查人员现场勘查，认定被采伐的林木蓄积为 119.196 m^3。

判决结果

湖北省高级人民法院认为，申诉人裴某甲以非法牟利为目的，违反国家森林法律法规，在未取得林木采伐许可证的情况下，雇请他人擅自砍伐其所购买的山场林木，数量巨大，违反了国家对林木资源的管理制度，其行为构成滥伐林木罪。据此，依照《中华人民共和国刑法》第三百四十五条第二款，《最高人民法院关于审理破坏森林资源刑事案件具体应用法律若干问题的解释》第五条第一款，《中华人民共和国刑事诉讼法》第二百四十五条第一款，《最高人民法院关于适用〈中华人民共和国刑事诉讼法〉的解释》第三百八十九条第一款第（三）项之规定，判决如下：裴某甲犯滥伐林木罪，判处有期徒刑三年，并处罚金人民币 10 万元。

案件启示

未经林业主管部门及法律规定的其他主管部门批准并核发采伐许可证，采伐单位所有或个人自留山上的林木或者其他林木的行为，均构成犯罪。另外，虽持有采伐许可证，但违背采伐证所规定的地点、数量、树种、方式而任意采伐林木，同样构成犯罪。本案警示人们，在采伐林木之前一定要按规定申请，获批后严格按照采伐证规定的地点、数量、树种、方式进行采伐，并派熟悉情况的专人监管，否则构成犯罪将被追究刑事责任。

（杜乐山）

【案例 7-6】

非法运输松材线虫病疫木获刑八个月

松材线虫病又称松枯萎病，是全球森林生态系统中最具危险性、毁灭性的病害之一，具有极强的扩散性和破坏性，是造成我国森林资源损失最大的有害生物。松材线虫病在美国、加拿大、墨西哥、日本、韩国等多个国家均有发生，自 1982 年首次在南京中山陵被发现以来，已扩散蔓延至全国的 18 个省 588 个县级行政区，发生面积达 64.93 万 hm^2，累计死亡树木 10 亿株。据统计，仅安徽、浙江两个省，经济损失就高达 5 亿～7 亿元。由于松材线虫的毁灭性危害，该虫已被列为各地的重要检疫对象。如何加大检疫力度，防止松材线虫疫情扩散，降低松材线虫造成的社会、经济和环境损失是当前各地相关部门重点关注的问题。

案件描述

我国近年来不断加大木材检疫执法频次和力度，严防有病害的林木及制品非法买卖和运输，有效地阻断了松材线虫病的人为传播，但仍有人抱有侥幸心理，对疫木进行偷运和买卖。2014 年 10 月至 12 月，被告人袁某某多次在万州区武陵镇长塝村收购松材 160 余件，从重庆市万州区武陵镇禹安村松材线虫除治现场林内擅自转出等待销毁的松材 40 余件，堆放在其位于重庆市忠县石宝镇松林村的自家附近。2014 年 12 月 14 日，袁某某在未依法办理相关植物检疫、调运手续及采取专门防护隔离措施的情况下，以 250 元运费雇佣周某某（另案处理）驾驶货车将以上 200 余件松材从忠县松林村运至万州区武陵镇石桥村“谭小阳木材加工厂”进行销售。谭小阳木材加工厂拒买该批松材，袁某某又雇人将该批松材运至万州区龙沙镇“龙沙镇木材加工厂”销售，行至万州区老林村时被万州区森林病虫防治检疫站查获。经查，运输过程中未对疫木采取任何封闭措施，极有可能造成运输沿途及加工点附近疫情传播。另外，万州区武陵镇谭小阳木材加工厂、龙沙镇木材加工厂均非重庆市林业局批复同意的疫木安全利用企业，不具备对疫木进行无害化处理的条件。

重庆市林业司法鉴定中心对 14 个样本进行检测，确认该批马尾松木材样本携带有大量松材线虫活体及传播媒介松墨天牛（别称：松褐天牛）幼虫活体，其中，抽检的 14 节松原木全部有松墨天牛，对其中 2 节松原木进行解剖，剖出松墨天牛幼虫及蛹活体 116 头；有 12 个样品带有松材线虫活体，带疫比例高达 85.7%；最终认定该批木材为松材线虫病疫木。

判决结果

重庆市万州区人民法院认为，被告人袁某某违反有关动植物防疫、检疫的国家规定，擅自运输疫木的过程中存在引发重大动植物疫情的危险，情节严重，其行为已构成妨害动植物防疫、检疫罪。根据其犯罪的事实、性质、情节及社会危害程度，依照《中华人民共和国刑法》第三百三十七条第一款、第五十二条、第五十三条、第六十七条第一款的规定，判决如下：被告人袁某某犯妨害动植物防疫、检疫罪，判处有期徒刑八个月，并处罚金人民币 5 000 元。

案件启示

各地应继续强化林木病虫害的测报、检疫、防控体系建设，形成科学严密的防控监测机制，尤其是要在防治现场或区域附近设立明确指示牌、标识牌等，强调病虫害的危害性和违法犯罪的严重后果。同时，要充分利用农村的大喇叭、显示屏、宣传资料等媒介，向群众广泛宣传病虫害的严重性和预防工作的意义，提高群众的生物多样性保护意识。作为公众，不可只顾眼前利益而非法买卖或运输疫木，否则一旦引发疫情传播，将可能对森林生态系统造成无法挽回的重大损失。

（杜乐山）

参考资料

1. 《生物多样性公约》。
2. 《濒危野生动植物种国际贸易公约》。
3. 《关于特别是作为水禽栖息地的国际重要湿地公约》。
4. 《中华人民共和国宪法》。
5. 《中华人民共和国刑法》。
6. 《中华人民共和国环境保护法》。
7. 《中华人民共和国森林法》。
8. 《中华人民共和国草原法》。
9. 《中华人民共和国农业法》。
10. 《中华人民共和国渔业法》。
11. 《中华人民共和国畜牧法》。
12. 《中华人民共和国海洋环境保护法》。
13. 《中华人民共和国海岛保护法》。
14. 《中华人民共和国深海海底区域资源勘探开发法》。
15. 《中华人民共和国种子法》。
16. 《中华人民共和国野生动物保护法》。
17. 《中华人民共和国野生植物保护条例》。
18. 《云南省生物多样性保护条例》。
19. 《国家重点保护野生动物名录》。
20. 《国家重点保护野生植物名录（第一批）》。
21. 《国家保护的有益的或者有重要经济、科学研究价值的陆生野生动物名录》。
22. 国务院办公厅《关于有序停止商业性加工销售象牙及制品活动的通知》（国办发〔2016〕103号）。
23. 全国人大常委会《关于全面禁止非法野生动物交易、革除滥食野生动物陋习、切实保障人民群众生命健康安全的决定》（2020年2月24日第十三届全国人民代表大会常务委员会第十六次会议通过）。
24. 生态环境部 农业农村部 水利部关于印发《重点流域水生生物多样性保

护方案》的通知（环生态〔2018〕3 号）。

25. 农业农村部 财政部 人力资源社会保障部关于印发《长江流域重点水域禁捕和建立补偿制度实施方案》的通知（农长渔发〔2019〕1 号）。

26. 陕西省市场监督管理局关于印发《严厉打击非法交易切实保护野生动物专项行动实施方案》的通知（陕市监发〔2019〕119 号）。

27. 《最高人民法院关于审理破坏森林资源刑事案件具体应用法律若干问题的解释》（法释〔2000〕36 号）。

28. 《最高人民法院关于审理破坏野生动物资源刑事案件具体应用法律若干问题的解释》（法释〔2000〕37 号）。

29. 最高人民法院 最高人民检察院 国家林业局 公安部 海关总署关于破坏野生动物资源刑事案件中涉及的 CITES 附录 I 和附录 II 所列陆生野生动物制品价值核定问题的通知（林濒发〔2012〕239 号）。

30. 《最高人民法院关于审理环境民事公益诉讼案件适用法律若干问题的解释》（法释〔2015〕1 号）。

31. 最高人民法院《关于深入学习贯彻习近平生态文明思想 为新时代生态环境保护提供司法服务和保障的意见》。

参考文献

32. 张风春，李俊生，刘文慧，等 . 生物多样性基础知识 [M]. 北京：中国环境出版集团，2015.

33. 中国裁判文书网 . http://wenshu.court.gov.cn/.

34. 于永福 . 中国野生植物保护工作的里程碑——《国家重点保护野生植物名录（第一批）》出台 [J]. 植物杂志 , 1999(5):4.

35. Eurasian Tree Sparrow Passer montanus. The IUCN Red List[R]. 2019.

36. 韩乐悟 . 中国牵头跨洲联合缉私“眼镜蛇行动”获国际表彰 [EB/OL]. (2013-02-19). [2021-03-01]. http://www.trafficchina.org/node/92.

37. 国际爱护动物基金会 . 中越海关“智慧缉私”暨打击濒危物种走私培训交流会在穗举行 [EB/OL]. (2018-09-15). [2021-03-01]. https://www.sohu.

com/a/254055712_232605.
38. 腾讯公益．中越两国三方海关共商打击濒危物种制品走私 [EB/OL]. (2019-05-13). [2021-03-01]. https://gongyi.qq.com/a/20190513/004048.htm.
39. 国家林业和草原局．打击野生动植物非法贸易部际联席会议第一次会议在北京召开 [EB/OL]. (2018-01-09). [2021-03-01]. http://www.forestry.gov.cn/portal/hljb/s/4976/content-967632.html.
40. 李慧．25 部门共同打击野生动植物非法贸易 [EB/OL]. (2019-03-31). [2021-03-01]. http://www.gov.cn/xinwen/2019-03/31/content_5378418.htm.
41. 侯雪静．“春雷 2018”专项打击行动查办案件 3.6 万余起 [EB/OL]. (2018-06-19). [2021-03-01]. http://www.gov.cn/xinwen/2018-06/19/content_5299766.htm?from=singlemessage&isappinstalled=0.
42. 庞革平，龚鹏程．两广海关联手开展“守护者 2019”行动 [EB/OL]. (2019-03-28). [2021-03-01]. https://www.sohu.com/a/304482462_114731.
43. 潘磊．应城森林公安局开展“绿荫天网行动”[EB/OL]. (2017-05-18). [2021-03-01]. http://www.xgrb.cn/zixunzhongxin/bumendongtai/ 2017-05-18/235995.html.
44. 涂林念．贵州省召开全省森林保护“六个严禁”执法专项行动动员视频会议 [EB/OL]. (2014-09-24). [2021-03-01]. http://www.forestry.gov.cn/portal/main/s/102/content-706988.html.
45. 雷恺．陕西开展打击整治破坏秦岭野生动物资源违法犯罪专项行动 [EB/OL]. (2019-11-20). [2021-03-01]. http://news.cnr.cn/native/city/20191120/t20191120_524865737.shtml?from=singlemessage&isappinstalled=0.
46. 陈琴，益西．“越野车追赶藏羚羊”事件最新进展：涉事 7 人被罚 10.5 万元 [EB/OL]. (2017-10-08). [2021-03-01]. https://www.sohu.com/a/196967463_467116.
47. 飞溪．洪湖市生物多样性保护协会正式成立 [EB/OL]. (2019-05-16). [2021-03-01]. https://www.huanbao-world.com/a/quanguo/hubei/103809.html.
48. 兆阳．渤海之滨的野保精兵—记唐山市野生动物保护协会 [EB/OL]. (2019-05-18). [2021-03-01]. http://tangshan.huanbohainews.com.cn/system/2019/05/18/011848448.shtml.
49. 周武英．全球领先互联网公司合力打击网络非法野生物贸易 [EB/OL]. (2018-03-09). [2021-03-01]. http://www.gongyishibao.com/newdzb/

html/2018-03/13/content_17823.htm?div=-1.

50. 刘宝红 .“打击网络野生动植物非法贸易”互联网企业联盟成立 [EB/OL]. (2017-11-22). [2021-03-01]. https://www.sohu.com/a/206125195_822368.

51. 国家邮政局 .“中国快递行业拒绝寄递非法野生动植物及其制品自律公约”签字仪式在京圆满举行 [EB/OL]. (2019-05-07). [2021-03-01]. https://www.sohu.com/a/313487754_757731.

52. 彭科峰 .“DU AI 万物”：剑指网络野生动物犯罪 [EB/OL]. (2018-06-25). [2021-03-01]. https://www.sohu.com/a/237632762_116897.

53. 李剑平 . 非洲野生动物巡护员首次获中国民间资金技术奖励 [EB/OL]. (2018-08-08). [2021-03-01]. http://news.cyol.com/co/2018-08/08/content_17460208.htm.

54. 腾讯网 . 国际生物多样性日：企鹅邀你关爱地球生态 [EB/OL]. (2015-05-20). [2021-03-01]. https://gongyi.qq.com/a/20150520/045381.htm.

石油化工设备维护检修规程

第五册

碳一化工设备

2019 版

中国石油化工集团有限公司
中国石油化工股份有限公司 组织编写

中国石化出版社

图书在版编目（CIP）数据

石油化工设备维护检修规程．第五册，碳一化工设备 / 中国石油化工集团有限公司，中国石油化工股份有限公司组织编写．—北京：中国石化出版社，2021.3

ISBN 978-7-5114-6110-0

Ⅰ．①石… Ⅱ．①中…②中… Ⅲ．①石油化工设备－检修－技术操作规程－中国 Ⅳ．①TE960.7-65

中国版本图书馆 CIP 数据核字（2021）第 033889 号

中国石化出版社出版发行

地址：北京市东城区安定门外大街 58 号

邮编：100011　电话：(010)57512500

发行部电话：(010)57512575

http://www.sinopec-press.com

E-mail：press@sinopec.com

北京科信印刷有限公司印刷

全国各地新华书店经销

*

787×1092 毫米 16 开本 47.25 印张 1198 千字

2021 年 3 月第 1 版　2021 年 3 月第 1 次印刷

定价：320.00 元

《石油化工设备维护检修规程》修编指导委员会

主　　任： 戴厚良

副 主 任： 徐　钢　张　涌　朱建民　郭安翔　杨　锋　周志明

委　　员：（以姓氏笔画为序）

于甫春　王鑫武　尹光耀　叶国庆　田宏斌
成　雷　吕建成　朱有志　刘训书　刘建军
刘振宁　麦郁穗　杜　阳　杜博华　李　江
邱宏斌　汪剑波　宋立群　张业金　张成宝
张庆河　张军梁　张忠安　陈雷震　罗　昕
罗重春　金　强　周纪军　赵亚新　赵保成
赵晓军　胡　佳　袁代红　夏翔鸣　郭绍强
黄志华　董雪林　韩建宇　谭金龙　颜　刚
魏　冬　魏　鑫

特邀委员： 赵　岩　周　敏　唐汇云

《石油化工设备维护检修规程》
修编专家库

（以姓氏笔画为序）

于晓鹏	王建军	王群	方紫咪	叶国庆	白桦
邢勐	吕伟	吕建成	朱有志	朱哲	朱晓明
朱瑞松	任刚	任名晨	刘子英	刘训书	刘国帅
刘昕	刘栋	刘振宁	刘海春	刘骏	安永明
孙新文	麦郁穗	杜博华	李江	李江平	李志远
李晖	李海根	吴尚兵	岑奇顺	何承厚	佘东升
邹吉翼	汪剑波	沈顺弟	张可伟	张庆河	张如俊
张继兵	张森林	张锁有	陈立义	陈立群	陈永忠
陈志雄	陈金林	陈董清	邰爱民	金强	周卫
周文鹏	郑显伟	赵保成	赵勇	胡佳	姜琳
袁代红	袁红斌	栗雪勇	顾雪冬	钱青松	侯言超
徐文广	徐旺喜	徐继斌	黄绍硕	黄夏林	黄强
黄勤卫	常培挺	康宝惠	章文	彭学群	董玉波
董雪林	蒋利军	韩建宇	游碧龙	谢小强	谢道雄
蔡培源	黎德初	潘地培	潘向阳		

碳一化工设备专业组

组长单位：中国石油化工股份有限公司巴陵分公司

组员单位：中国石油化工股份有限公司扬子分公司

中国石油化工股份有限公司金陵分公司

中国石油化工股份有限公司齐鲁分公司

中国石油化工股份有限公司安庆分公司

中国石油化工股份有限公司湖北化肥分公司

中国石油化工股份有限公司中原分公司

中国石油化工集团有限公司南京化工分公司

中国石油化工集团有限公司川维化工有限公司

长城能源化工（宁夏）有限公司

长城能源化工有限公司中天合创煤化工分公司

长城能源化工有限公司中安联合煤化工分公司

天华化工机械及自动化研究设计院

碳一化工设备专业审查专家组

组　长：李海根

成　员：孙新文　郑显伟　康宝惠　张可伟　陈董清

王玉岗　任名晨　吴尚兵　蒋利军　林昌基

张　炜　李元生　陈金林　陈飞鹏　赵增强

邹　强　周群群　陈秋平　程　军　赵师敏

邵德华

《石油化工设备维护检修规程》编辑部

主　任：白　桦

副主任：潘向阳

成　员：李跃进　龚志民　孙立泉　蒋　璐　吕芳蕾

赵子萱

《石油化工设备维护检修规程》（2019）修订编制说明

《石油化工设备维护检修规程》（以下简称《规程》），自2004年出版发行以来，作为石化设备完整性管理的支持性文件，在加强石化企业设备完整性管理，提高设备维护检修水平，确保装置安全、稳定、长周期运行等方面发挥了积极作用，受到了广大石油化工设备管理及维护检修人员的欢迎。

随着新装置、新设备的增加，石油化工设备维护检修技术得到了较大的发展，同时，新工艺、新技术、新工具在设备的检维修方面逐步得到应用，装置检修周期已逐步提高到三年、四年或者更长的时间，对设备的正常维护、科学检修提出了更高的要求；随着特种设备、安全环保等方面新的法规、标准颁布，2004版《规程》部分内容已经不能满足石化企业目前设备维护检修工作的需要。

为进一步完善规程，更科学地指导企业石油化工设备的维护检修工作，不断提高设备维护检修质量和设备管理水平，以便适应装置长周期运行的要求，实现企业效益的最大化，中国石化总部决定对2004版《规程》进行修订编制。

为加强对《规程》修编工作的领导，2017年8月中国石化总部组织成立了《规程》修编指导委员会，时任集团公司总经理戴厚良任指导委员会主任，化工事业部牵头，徐钢任副主任，承担了具体领导和组织工作，炼油事业部、资本运营部、生产经营管理部、能源管理与环境保护部和石化出版社的有关领导任副主任，石化企业的设备经理任委员。委员会下设通用设备组、炼油设备组、化工设备组、化纤设备组、碳一化工设备组、电气设备组、仪表组、热电联产设备组、环保设备组、空分设备组、储运设备组等11个专业组，具体负责各专业规程的修编工作。为确保《规程》修编质量，成立了《规程》修编专家库，由国内石化设备相关领域的专家组成；特别邀请了沈鼓集团、陕鼓集团、大橡塑、杭汽集团、杭氧股份、浙江中控、天华院、中密控股、哈博时、吴忠仪表、南防集团、时林公司等优秀石化设备供应商、服务商直接参与规程的修编工作；中国石油、中国海油和中国中化各相关单位及石油石化建安检维修专业协会下属各检维修单位参与了规程审查工作。在石化出版社设立《规程》编辑部，负责规程修编的具体组织以及稿件编辑和出版技术工作。

本次修编工作，新增了48项装置维护检修规程，规定了各装置的主要设备和专用设备的检修周期、检修项目及质量要求、检修过程管理和日常维护等相关内容，同时结合装置的工艺路线，介绍了装置的工艺特性和危害特性，可为编制装置设备检修计划提供指导；新编和调整了部分设备维护检修规程，原部分按照工艺名称命名的设备按照结构进行合并调整；删除了原《规程》中已经淘汰的设备和技术陈旧或经过试行证明不合实际甚至错误的内容，调整后共计286项设备维护检修规程。

2019版《规程》按照GB/T 1.1要求，对规程进行规范，增加了前言、规范性引用文件、附录等内容；对规程中术语进行了统一，力求语言表述规范化；对设备检修周期进行了调整，删除了小修与中修的提法，将小修和中修的部分内容并入大修，日常维护的内容并入了维护章节中，同时将检修项目分解成拆卸程序与要求、回装程序与要求，进一步细化了检修工序，使规程更具可操作性；故障处理章节按照RCM的分析方法重新编制。

在《规程》修编过程中，力图按照信息化、数字化的要求，将维护检修的内容尽量工序化、条目化，为今后石油化工设备维护检修建立统一的信息化管理平台奠定良好的基础。

本次修订编制工作，中国石化各相关企业领导、设备管理人员给予了大力支持，同时得到了中国石油、中国海油、中国中化等兄弟企业以及设备供应商、服务商、检维修单位的大力支持，在此表示衷心感谢。

新编的规程，特别是装置维护检修规程，是新的尝试，还有一个试用的过程；即使是修订的设备规程，由于修订量较大，也难免会有疏漏甚至错误，敬请广大读者提出宝贵意见和建议，以便修订时补充更正。

《石油化工设备维护检修规程》修编指导委员会
2019年11月18日

《石油化工设备维护检修规程》(2004)
修订编制说明

由原中国石油化工总公司生产部1992年组织编制完成、中国石化出版社1993年出版印发各石化企业试行的《石油化工设备维护检修规程》(以下简称《规程》)，在加强石化企业设备管理、搞好维护和科学检修、提高设备的可靠度、延长装置运行周期、确保“安、稳、长、满、优”生产方面起到了一定的作用，深受石化企业的好评。

该《规程》出版试行以来，迄今已有十个年头。十年来，随着石油化工技术的进步，石油化工设备维护检修技术得到了较大的发展；随着新装置、新设备的不断增加，原《规程》需要扩大它的涵盖面；随着新工艺、新技术的应用，装置检修由原来的“一年一修”提高到目前的两年、三年甚至更长的检修周期，对设备的正常维护、科学检修提出了更高的要求；随着我国有关压力容器、计量管理、劳动安全等方面新法规和条例的颁布，原《规程》部分内容已不适应新的要求。因此，无论在涵盖面还是技术内容上，原《规程》已不能满足石化企业目前设备维护检修工作的需要。

为进一步完善《规程》，更科学地指导企业石油化工设备的维护检修工作、不断提高设备维护检修质量和设备管理水平、适应装置长周期运行的要求，以实现企业效益的最大化，中国石油化工集团公司和股份公司总部决定对原《规程》组织有关企业进行一次修订。

为了加强对《规程》修订工作的领导，石化集团公司及股份公司于2003年6月组成了以股份公司高级副总裁曹湘洪为主任、炼油事业部、化工事业部、炼化企业经营管理部和中国石化出版社有关领导为副主任、总部有关部门和石化企业有关同志参加的《规程》修订编制委员会，负责修订编制工作的领导。委员会下设炼油、化工、系统三个专业委员会，负责具体组织各专业规程的修订编制工作，并在石化出版社设立《规程》修订编辑部，负责具体的文字编辑和出版技术工作。

本次修订编制工作，按专业进行了分工，将原《规程》10个专业(408个单项规程)划分为三大部分，分别由炼油、化工、系统三个专业委员会负责组织修订、编制及审查工作。炼油专业委员会由炼油事业部牵头，负责通用设备、炼油设备、电气设备和仪表4个专业；化工专业委员会由化工事业部牵头，负责化工设备、化纤设备和化肥设备3

个专业；系统专业委员会由炼化企业经营管理部牵头，负责电站设备、供排水设备和空分设备3个专业。每个专业成立修订编制专业组，分别由中国石油化工集团公司和股份公司下属有关企业担任专业组组长单位，石化企业上千人参与了修订编制工作。

本次修订编制工作，主要遵循了以下几个基本原则：

(1) 应反映出石油化工设备维护检修技术的最新发展，以及对设备维护、检修在工艺、技术上的更高要求。

(2) 根据目前新颁布的有关法规、条例，对原《规程》的相关内容进行更新。

(3) 删减及修改原《规程》中涉及的已经淘汰的设备和技术陈旧或经过试行证明不切合实际甚至错误的内容。

(4) 增补《规程》中未涉及的新装置、新设备，编制增加有关内容，扩大《规程》的涵盖面。

(5) 修订和改进原《规程》中的排版、印刷方面的错误等。

本次修订编制工作的范围，主要针对中国石化系统涵盖面广、大多数企业共有的普遍性设备；对数量极少或某个企业独有的设备未列入本次修订的范围，可由设备所在企业根据情况，进行修订编制，作为本企业的规程。

由于中国石化集团公司和股份公司领导的重视，炼油事业部、化工事业部、炼化企业经营管理部、石化出版社和各有关企业的大力支持，以及全体参加修订编制人员的共同努力，整个修订编制工作进行得比较顺利。由2003年6月总部以中国石化社〔2003〕7号文“关于组织修订《石油化工设备维护检修规程》的通知”下达，整个修订编制工作正式开始起动，到2004年6月底全部修订编制工作完成，总共用了1年的时间。修订编制后的《规程》，经过删减和增补，最终共有395个单项规程，分为159个单行本，10个合订本，由中国石化出版社出版发行。

本次修订编制，除了对原《规程》进行修订外，还增补制订了一些新的单项规程。新编的规程，还有一个试行的过程；即使修订的规程，由于修订人的水平不一，也难免会有一些不适应的内容，因而各企业在执行过程中，希望能积极反馈宝贵意见。有问题和不足之处，请及时向总部有关部门提出，总部将汇总研究，于今后适当时刻给予进一步修订，使之更加完善。

本《规程》在修订编制过程中，各石化企业领导、有关设备管理、维护、检修的工程技术人员和广大职工给予了热情的帮助和大力支持，在此谨表衷心的感谢。

《石油化工设备维护检修规程》修订编制委员会

2004年6月1日

《石油化工设备维护检修规程》(1992)
编制说明

随着我国石油化学工业的迅速发展，近年来一大批新装置、新设备陆续投产，并由此推动了设备维护检修技术的不断发展。总公司成立以来，设备维修一直沿用及参照十几年前有关行业部门颁发的维护检修规程进行。这些规程无论在覆盖面上，还是在技术内容上已不能满足目前设备维护检修工作的需要，且部分内容已不符合我国新颁布的有关法规或规定的要求。因此，不少企业多次要求总公司发挥石化集团的整体优势，统一编制出一整套能满足我国现代石油化工生产、指导设备维护检修工作的《石油化工设备维护检修规程》(以下简称《规程》)。

为搞好设备的精心维护和科学检修，不断提高维护检修质量，向设备的可靠度深化，总公司生产部于1990年开始组织有关石化企业着手进行《规程》的编制筹备工作，并于1991年4月正式成立编委会，以大连石油化工公司、抚顺石油化工公司、北京燕山石油化工公司、辽阳石油化纤公司、大庆石油化工总厂、齐鲁石油化工公司、上海石油化工总厂、安庆石油化工总厂、金陵石油化工公司及扬子石油化工公司等10家直属石化企业为专业编制组组长单位，分别负责牵头，全面开展通用、炼油、化工、化纤、化肥、电气、仪表、电站、锅炉、供排水和空分等设备维护检修规程的编制工作。总公司系统有35家生产企业1000余人参加了《规程》的资料收集、调研、编写、修改和审查工作。由于总公司领导的重视，各有关企业的大力支持和全体参编人员的共同努力，整个编制工作进展顺利，至1992年10月全部编制完成。全套《规程》共有500个单项规程，约600万字，分168个单行本，9个合订本，由中国石化出版社负责出版发行。

这套《规程》在参考原有有关规程、标准的基础上，总结并采用石化企业长期实践中积累的成熟经验，吸收国内外石化设备维护检修方面的先进技术，贯彻国家现行的有关法规，力图做到反映先进的维护检修技术，有利于加强设备管理，有利于搞好设备的精心维护和科学检修，对提高设备的维修质量，保证装置“安、稳、长、满、优”生产将起到积极作用。

总公司系统生产企业现有近千套装置、100万台设备，门类品种繁多。由于受调研范围、时间和篇幅的限制，本《规程》只编制了主要的和量大面广的设备。由于水平有限，内容和深度也不尽完善，希望各单位在试行中不断总结、积累经验，提出修改意见，待意见汇总后，再行修订补充，使之更加完善。

在编制本《规程》过程中，得到了有关单位领导、工程技术人员和广大职工的大力支持，在此一并表示衷心感谢。

《石油化工设备维护检修规程》编制委员会

1992年10月20日

关于《石油化工设备维护检修规程》第五册《碳一化工设备》修订编制说明

《石油化工设备维护检修规程》第五册《碳一化工设备》是根据中国石化煤化工发展及尿素产业关停退出的实际情况，由2004版《石油化工设备维护检修规程》《化肥设备》演变而来。本次修订删除了尿素装置的全部设备和合成氨、甲醇装置通用性比较强的一般设备，保留了部分特色明显的氨合成、甲醇合成装置的设备，增补了煤气化及净化装置的部分特色设备。新增了中国石化目前已经投入运行的、以煤为基本原料的7类化工装置的维护检修规程。由2004版的36个设备维护检修规程调整到2019版的7类装置、18台关键设备的维护检修规程，提升了维护检修规程对维护检修工作指导作用的针对性与有效性。

本规程由集团公司12家企业及天华化工机械及自动化研究设计院的专业人员修订编制而成。编写范围与规程内容由各企业选派的专业人员与集团公司特聘专家通过两次集中评审最终确定。编制人员根据编写要求进行了资料收集、编写培训、实地调研、修订编写和内部讨论。特聘专家根据分工，对25个规程进行了集中评审和最终校核。

和2004修订相比，本次修订具有如下特点：

一、规程编写按照GB/T 1.1—2009《标准化工作导则第1部分：标准的结构和编写》制定的标准起草，规范性引用文件增加了新的内容，补充了法律法规、国际标准、国家标准、行业标准、中国石化的相关管理规定和相关资料表格。另外，对规程中技术的专业术语进行了统一，力求语言表述规范化。表格化的数据与具体要求也为企业设备管理信息化提供了条件。

二、装置维护检修规程注重装置单元特性、工艺流程描述，危害特性、检修风险识别介绍，检修周期、项目安排与检修管理的具体要求。是装置设备管理人员进行检修准备、检修过程控制与检修总结的指导书。

三、设备维护检修规程注重检修准备、检修程序、具体方法、质量要求、试车（试验）与验收、维护与故障处理。是维保单位设备技术人员编写检修施工安全技术方案的重要参考资料。

四、为满足装置长周期运行需求，设备的维护检修内容更加全面具体，关键机组检修内容增加了辅助设备、系统设备管道、电气仪表的日常维护与检修条款；删除了中修、小修的提法，其检修内容并入大修内容。结合先进企业装置的实际检修周期，对检修周期也进行了调整，给出了检修周期范围，各企业可以根据实际情况确定检修周期。

五、规程注重预防性维修，对原规程的“常见故障及处理表”进行了修改必要的增补，采用 RCM 分析法，明确了设备故障后果、制定了维修策略和检修周期。

六、由于中国石化同类装置的工艺流程、设备型号、制造厂家不完全一致，设备维护检修规程只能根据某一个装置、某一台设备来编写。相类似的装置、设备可以参照执行。

目　录

1. 水煤浆制气装置维护检修规程

SHZ 05001—2019

目　次

前 言

本规程按照GB/T 1.1—2009《标准化工作导则：第1部分：标准的结构和编写》给出的规则起草。

本规程由中国石油化工集团有限公司、中国石油化工股份有限公司提出。

本规程起草单位：中国石油化工股份有限公司金陵分公司。

本规程主要起草人：钱银先。

本规程2019年首次发布。

水煤浆制气装置维护检修规程

1 范围

1.1 本规程规定了水煤浆制气装置（包括贮运制浆、气化洗涤和渣水闪蒸三个装置单元）及其主要设备、专用设备的检修周期、检修项目及质量要求、检修过程管理和日常维护的相关内容。
1.2 本规程适用于水煤浆制气装置的维护检修管理。采用水激冷流程的粉煤制气装置，其部分装置单元可参照本规程执行。

2 规范性引用文件

下列文件的条款通过本规程的引用而成为本规程的条款，凡是注日期的引用文件，其随后所有的修改单（不包括勘误的内容）或修订版均不适用于本规程；然而，鼓励根据本规程达成协议的各方研究是否使用这些文件的最新版本。凡是不注日期的引用文件，其最新版本适用于本规程。

2.1 法律法规

中华人民共和国安全生产法
中华人民共和国环境保护法
中华人民共和国特种设备安全法

2.2 特种设备安全技术规范

TSG 08 特种设备使用管理规则
TSG 21 固定式压力容器安全技术监察规程
TSG D001 压力管道安全技术监察规程——工业管道
TSG Q0002 起重机械安全技术监察规程—桥式起重机
TSG Q7015 起重机械定期检验规则

2.3 标准与规范

GB/T 151 热交换器
GB/T 20801 压力管道规范 工业管道
GB/T 50484 石油化工建设工程施工安全技术标准
GB/T 31426—2015 气化水煤浆
GB 50474 隔热耐磨衬里施工技术规范

2.4 中国石化管理规定

炼油企业检修管理指南（试行版）
石油化工设备完好标准
石化设备润滑管理制度
石化设备维修保养管理规定

3 术语与定义

下列术语和定义适用于本文件。

3.1 设备功能

设备功能指的是设备的生产效率和功能，衡量设备功能的指标随设备种类不同而异。

3.2 功能故障

设备、设施不能实现其设计功能时，称之为功能故障，定义为设备、设施不能满足期望的性能标准。一般指设备失去或降低其规定功能的事件或现象，表现为设备的某些零件失去原有的精度或性能，使设备不能正常运行，技术性能降低，致使设备中断生产或效率降低而影响生产。

3.3 A类设备

本规程规定的A类设备是指设备的功能故障会引起装置非计划停车的关键设备。

3.4 B类设备

本规程规定的B类设备是指该设备的功能故障虽然不引起装置的停车，但对装置的负荷、质量及可靠性具有重大影响的主要设备。

3.5 停车检修

停车检修是对水煤浆制气装置安全环保、长周期运行及经济效益有重大影响的设备、管线、电气仪表系统、土建及基础设施等在运行周期内已经或将要发生的功能故障进行全面修复。

3.6 其他检修

其他检修是除停车检修外对装置局部或设备本体有影响的功能故障而进行的修复。

4 装置特征

水煤浆制气装置是煤化工企业的龙头核心装置。装置采用水煤浆加压气化技术（气化压力：4.0～8.7MPa（G）；气化温度：1300～1400℃），反应气采用水激冷流程，由贮运制浆、气化洗涤和渣水闪蒸三个装置单元组成，其基本流程见图 1。

以煤、石油焦和纯氧为原料，煤浆与纯氧在气化炉内进行部分氧化反应，生产以 CO、H_2 为主要成分的粗合成气，粗合成气洗涤后送往净化装置。激冷水和洗涤水经过两级闪蒸将反应副产物粗渣和细渣分离，排出的黑水回收利用，排出的废水送污水处理装置。

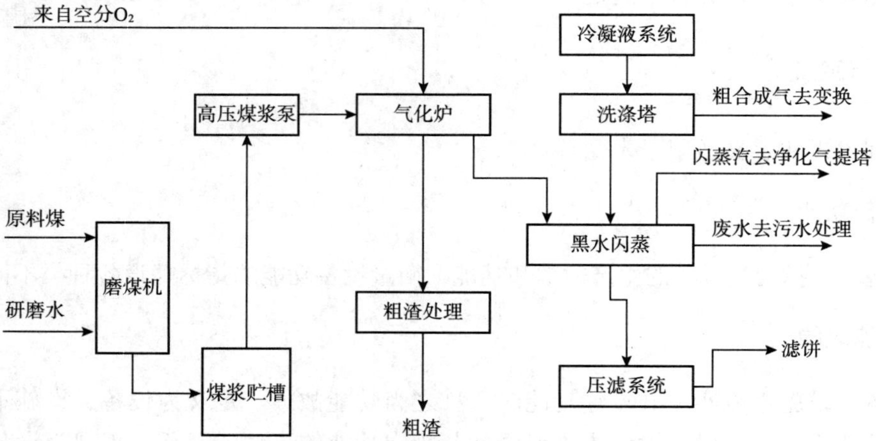

图 1　水煤浆制气基本流程

4.1　贮运制浆单元

4.1.1　贮运制浆单元工艺流程

原料煤（石油焦）由贮运皮带系统送至原料煤储斗，再经过称量给料机进入棒式煤磨机，研磨水、适量的煤浆添加剂、助熔剂（石灰石）按一定比例混合后，同时送入磨煤机，煤磨机研磨出浓度为 60%～65% 的水煤浆，水煤浆经磨煤机出料槽泵输送至煤浆槽待用。贮运制浆单元基本流程见图 2。

4.1.2　贮运制浆单元工艺特性参数

贮运制浆单元工艺特性参数见表 1。

表 1　贮运制浆单元工艺特性参数

煤浆浓度（固含量）/%	60～65
煤浆黏度 /mPa·s	700～3000
pH 值	6.5～7.0
粒度分布（过筛）/% 8 目（2.38mm） 14 目（1.41mm） 40 目（0.42mm） ＜ 325 目（0.044mm）	 100 98～100 90～95 25～30

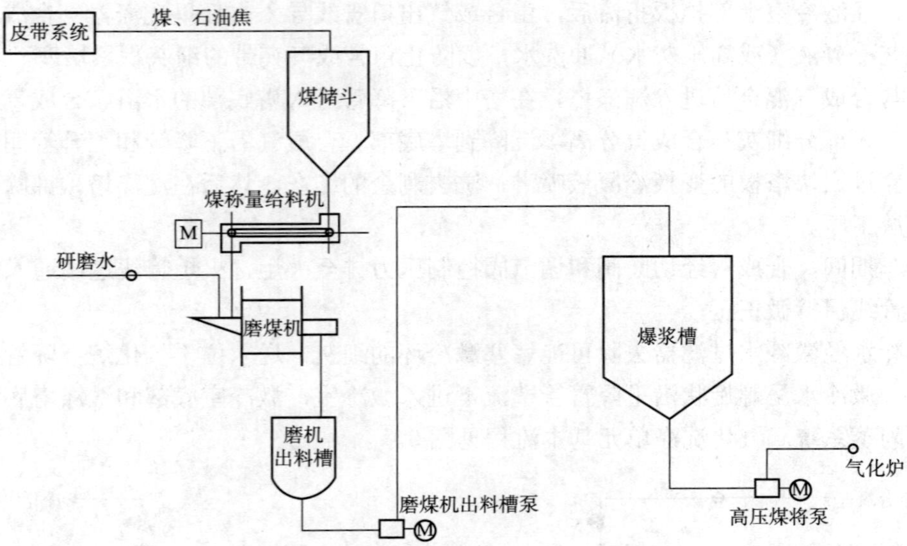

图 2　贮运制浆单元基本流程

4.1.3　贮运制浆单元危害特性

贮运制浆单元主要危害介质有一氧化碳，主要腐蚀形式是磨蚀与均匀腐蚀。

a）水煤浆的用煤灰分较低，煤储槽内及煤堆容易发生自燃，导致火灾和一氧化碳中毒；

b）煤以固体颗粒形态存在，传输过程中容易对设备局部产生冲刷磨损或堵塞；

c）研磨水多为系统回用水，水质复杂、有一定腐蚀性，容易对输送管道及磨煤机筒体产生腐蚀。

4.2　气化洗涤单元

4.2.1　气化洗涤单元工艺流程

存储在煤浆槽的煤焦浆（以下简称煤浆），由高压煤浆泵加压后流经煤浆切断阀进入气化炉烧嘴的内环隙。投料前，煤浆经煤浆循环阀循环回煤浆槽。

纯度为 99.6% 的氧气，经流量调节阀、切断阀后分两路进入气化炉工艺烧嘴，一路直接进入烧嘴外侧环隙，另一路经流量调节阀进入烧嘴中心氧管。氧气流量采用压力和温度进行补偿。投料前，氧气经放空阀放空。

水煤浆和氧气在工艺烧嘴出口处充分混合雾化后进入气化炉的燃烧室，在 1300～1400℃条件下进行气化反应，生成以 CO 和 H_2 为有效成分的粗合成气。粗合成气和熔融态灰渣一起向下，经过均布激冷水的激冷环，沿下降管进入激冷室的水浴。大部分的融渣经冷却固化后，落入激冷室底部，破渣机破碎除去大块热渣再排入锁斗，通过锁斗定时排入渣池，捞渣机将热渣捞出后，装车外运。粗合成气沿下降管和上升管的环隙上升，经激冷室上部挡板折流后，由合成气出口管线导入文丘里洗涤器。合成气出口设有工艺冷凝液（或高压灰水）冲洗水，以防止粗合成气夹带的细灰积累堵塞。

水与合成气混合后进入洗涤塔，在塔中沿下降管进入塔底部的水浴。合成气向上穿过水层，大部分细灰与合成气分离，沉降到塔底部。合成气沿下降管和上升管间的环隙上升，穿过四块塔板的变换冷凝液喷淋，洗去剩余的细灰，然后在洗涤塔顶部除沫，再送至下游工序。

开车期间，合成气经切断阀和调节阀控制压力排至火炬，火炬管线连续通入低压 N_2 使火炬管线保持微正压。

激冷水经激冷水过滤器去除可能堵塞激冷环的细灰，送入位于气化炉下降管上部的激冷环。激冷水呈螺旋状沿下降管管壁流下进入激冷室，激冷室底部和洗涤塔底部的黑水进入闪蒸系统。气化洗涤单元基本流程见图 3。

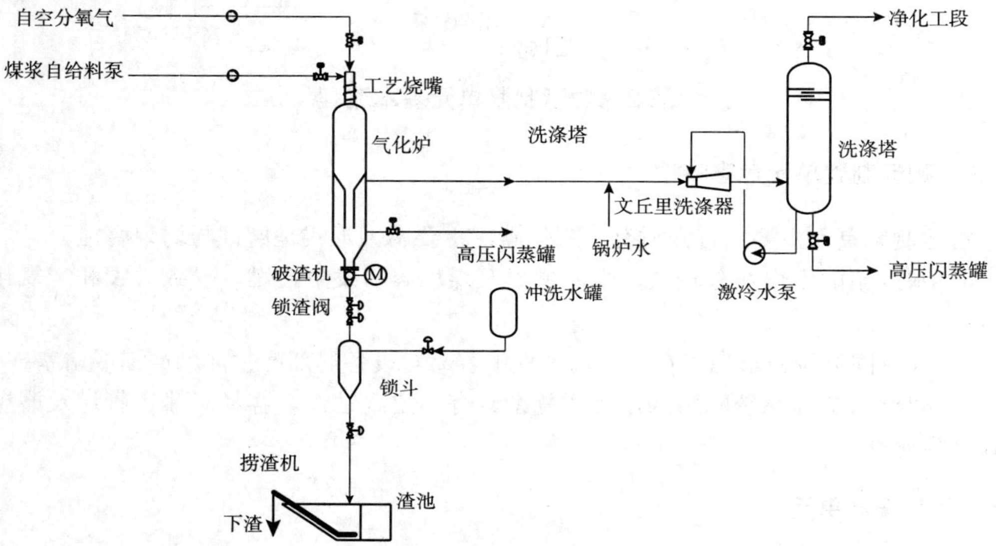

图 3　气化洗涤单元基本流程图

4.2.2　气化洗涤单元工艺特性参数

气化洗涤单元工艺特性参数见表 2。

表 2　气化洗涤单元工艺特性参数

序号	项　目	单位	指标
1	烧嘴压差	MPa	＞0.1
2	出气化炉合成气温度	℃	215～225
3	出气化炉黑水温度	℃	＞200
4	出烧嘴的烧嘴冷却水温度	℃	＜55

表 2 气化洗涤单元工艺特性参数（续）

序号	项 目	单位	指标
5	气化炉外表面温度	℃	＜320
6	出洗涤塔合成气温度	℃	＞200
7	出洗涤塔黑水温度	℃	＞200

4.2.3 气化洗涤单元危害特性

气化洗涤单元的危险介质有硫化氢、一氧化碳、氮气、氢气、氧气和含固黑水，主要危害有火灾、中毒、窒息、腐蚀（硫化氢腐蚀、冲刷腐蚀、高温腐蚀、Cl^- 应力腐蚀）和管道结垢堵塞。其安全注意事项如下：

a）气化炉炉头有纯氧管线，一旦发现泄漏需立即切断并停车，检修时严禁油脂污染纯氧管路、设备，复位时需进行脱脂处理和检查验收；

b）系统交出需要进行氮气吹扫置换，进入受限空间前要通风置换，分析氧含量，办理作业票，进行清理作业时，要防止挂渣坠落伤人，落实粉尘防护；

c）在受限空间内进行清理作业时，要佩戴气体分析仪器，实时监测塔底部渣水硫化氢等有毒气体的溢出。

4.3 渣水闪蒸单元

4.3.1 渣水闪蒸单元工艺流程

来自气化炉激冷室和洗涤塔的两路黑水，分别通过两只黑水角阀进入高压闪蒸罐进行高压闪蒸，高压闪蒸气依次经过灰水加热器、脱盐水加热器和高压闪蒸冷凝器冷却后，进入高压闪蒸气分离器，分离出的冷凝液通过灰水泵实现循环使用，高压闪蒸气则送至下游变换工序处理。

经高压闪蒸增浓后的渣水经真空闪蒸角阀进入真空闪蒸罐进行真空闪蒸，闪蒸气通过真空闪蒸罐顶冷凝器冷却至 71℃左右；闪蒸后分离出的闪蒸气依次通过水环式真空泵、真空泵分离罐排入大气，冷凝液送往灰水槽。

真空闪蒸后的浓缩渣水由沉降槽给料泵加压后送入沉降槽，也可经直排管线进入沉降槽。沉降槽的耙料机，将沉降在槽底的渣耙送向出口锥部；为加快黑水沉降，进入沉降槽的黑水中还加入了一定比例的絮凝剂，絮凝剂在静态混合器中进入黑水流。

沉降槽上部溢流出的清水送往灰水槽，为避免和减轻灰水在循环使用过程中细灰的沉积，沉降槽溢流的灰水中加入了一定比例的分散剂。灰水槽中的灰水一路经低压灰水泵加压后，一部分经锁斗冲洗水冷却器冷却至 38℃后送入锁斗冲洗水罐，作为锁斗的冲洗水；另一部分经废水冷却器冷却至 35℃后送往污水处理装置；另一路灰水则由高压灰水泵加压后送入洗涤塔。

沉降槽底部的渣水含固量为20%～25%、残炭较多，约70%的渣水加压送往磨煤机循环利用，其余30%的渣水从底部自流至过滤机给料槽，过滤后的滤饼装车外运，滤液经气水分离器排放到滤液槽，由滤液泵送入磨煤机循环使用。渣水闪蒸单元基本流程见图4。

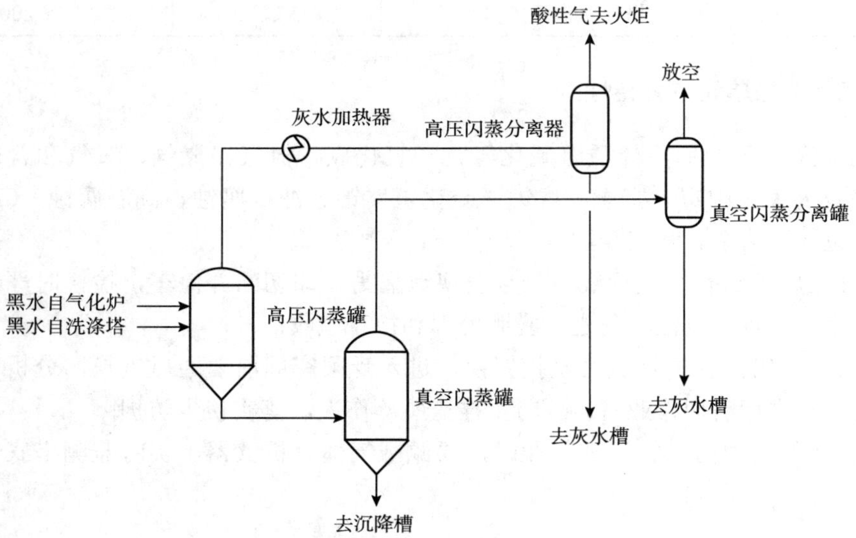

图4　渣水闪蒸单元基本流程

4.3.2　渣水闪蒸单元工艺特性参数

渣水闪蒸单元工艺特性参数见表3。

表3　渣水闪蒸单元工艺特性参数

序号	项　目	单位	指标
1	出气化炉黑水温度	℃	＞200
2	出洗涤塔黑水温度	℃	＞200
3	除氧槽内冷凝液温度	℃	127～140
4	滤液受槽内滤液温度	℃	60～80
5	高压闪蒸罐压力PIC8308	MPa	0.46～0.53
6	真空闪蒸罐压力PIC8315	kPa（A）	30～60

4.3.3　渣水闪蒸单元危害特性

渣水闪蒸单元的危险介质有硫化氢、一氧化碳、氮气和含固黑水，主要危害有中毒、窒息、腐蚀（硫化氢腐蚀、冲刷腐蚀、Cl^-应力腐蚀）和管道结垢堵塞。其安全注意事项如下：

a）因系统检修前需要进行氮气吹扫置换，进入受限空间前要通风置换，分析氧含量，办理作业票，进行清理作业时，要防止挂渣坠落伤人，落实粉尘防护；

b）在受限空间内进行清理作业时，要配带气体分析仪器，实时监测塔底部渣水硫化氢等有毒气体的溢出。

5 检修周期及检修项目

5.1 主要设备

5.1.1 贮运制浆单元主要设备（表4）

表4 贮运制浆单元主要设备

名称	设备种类		主要设备	通用、专用设备检修规程的代码
转动设备	皮带输送机	管带机		
		平皮带机	槽型皮带机	
	泵	往复泵	低压煤浆泵	SHS 01014、01015
			煤浆添加剂泵	SHS 01014、01015
		离心泵	冲洗水泵	SHS 01012
		螺杆泵	润滑油泵	SHS 01016
	搅拌机械	搅拌器	煤浆槽搅拌器、添加剂搅拌器	HG/T 20569—94、SHS 03061
	其他转动设备		磨煤机	SHS 05046
			叶轮给煤机	
静设备	换热器	管壳式换热器	油冷却器	SHS 01009
	常压容器		煤浆槽、煤浆添加剂槽	SHS 01022
	压力管道		煤浆管线、煤浆添加剂管线等	SHS 01005
	阀门		煤浆放料阀门	
仪表设备	常规仪表		在线检测仪表、辅助单元、执行器及其附件	
	控制系统		可编程控制系统（PLC）、报警监控系统	
电气设备	常规电器	转动电气设备	各类电机、阀门电动头等	
	控制电器		低压煤浆泵变频器等	

5.1.2 气化洗涤单元主要设备（表 5）

表 5 气化洗涤单元主要设备

名称	设备种类		主要设备种类	通用、专用设备检修规程的代码
转动设备	压缩机	活塞式压缩机	高压氮气压缩机	SHS 01020
	泵	往复泵	高压煤浆泵	SHS 01014、01015
		离心泵	烧嘴冷却水泵、锁斗循环泵、渣池泵、激冷水泵、高压灰水泵	SHS 01012
	搅拌机械	搅拌器	煤浆搅拌器、渣池搅拌器	HG/T 20569—94、SHS 03061
	其他转动设备		破渣机油泵、液压马达、捞渣机	
静设备	换热器	管壳式换热器	烧嘴冷却水换热器、锁斗冲洗水冷却器、灰水加热器	SHS 01009
	塔	板式塔	合成气洗涤塔	SHS 01007
	反应器		气化炉	SHS 01006
	压力容器		激冷水过滤器、锁斗、锁斗冲洗水罐、高压氮气贮槽、文丘里洗涤器	SHS 01004
	常压容器		煤浆槽、锁斗冲洗水槽	SHS 01022
	压力管道		煤浆管线、水煤气管线、氧气管线、黑水 / 灰水管线	SHS 01005
	阀门		煤浆阀门、氧气阀门、氧气止回阀、工艺气大阀	
	其他		气化炉工艺烧嘴、火炬	
仪表设备	常规仪表	在线检测仪表、显示或报警仪表、测量仪表、辅助单元、执行器及其附件	CO/CH_4 分析表、氧气 / 煤浆流量表、锁斗阀 / 氧气阀执行机构	
	控制系统	集散控制系统（DCS）、可编程控制系统（PLC）	DCS、PLC	
	安全仪表系统	安全联锁系统、紧急停车系统和可燃、有毒有害气体检测保护系统	ESD、DCS 系统、CO/H_2S 在线检测仪	
	特殊仪表	特种控制阀门	锁斗阀、氧气阀门	
		状态监测仪表	煤浆泵阀况监控、隔膜检漏仪和转速仪表	
电器设备	常规电器	转动电器设备	各类电机、阀门电动头	
		控制电器	高压煤浆泵变频器	

5.1.3 渣水闪蒸单元主要设备（表 6）

表 6 渣水闪蒸单元主要设备

<table>
<tr><th>名称</th><th colspan="2">设备种类</th><th>主要设备种类</th><th>通用、专用设备检修规程的代码</th></tr>
<tr><td rowspan="3">动设备</td><td rowspan="2">泵</td><td>往复泵</td><td>絮凝剂泵、分散剂泵</td><td>SHS 01014、01015</td></tr>
<tr><td>离心泵</td><td>沉降槽底流泵、压滤机给料泵</td><td>SHS 01012</td></tr>
<tr><td>搅拌机械</td><td>搅拌器</td><td>沉降槽搅拌器、滤液槽搅拌器</td><td>HG/T 20569—94、SHS 03061</td></tr>
<tr><td rowspan="5">静设备</td><td>换热器</td><td>管壳式换热器</td><td>真空闪蒸罐顶冷凝器、高压闪蒸冷却器、废水换热器</td><td>SHS 01009</td></tr>
<tr><td colspan="2">压力容器</td><td>高压闪蒸槽、高压闪蒸分离罐、真空闪蒸槽、真空闪蒸分离罐</td><td>SHS 01004</td></tr>
<tr><td colspan="2">常压容器</td><td>沉降槽、灰水槽</td><td></td></tr>
<tr><td colspan="2">压力管道</td><td>黑水／灰水管线</td><td>SHS 01005</td></tr>
<tr><td colspan="2">阀门</td><td>灰水／黑水阀门</td><td></td></tr>
<tr><td rowspan="4">仪表设备</td><td>常规仪表</td><td>显示或报警仪表、测量仪表、辅助单元、执行器及其附件</td><td>CO/H_2S 分析表、黑水流量表、角阀／黑水阀执行机构</td><td></td></tr>
<tr><td>控制系统</td><td>集散控制系统（DCS）、可编程控制系统（PLC）</td><td>DCS、PLC</td><td></td></tr>
<tr><td>安全仪表系统</td><td>安全联锁系统、紧急停车系统和可燃、有毒有害气体及火灾检测保护系统</td><td>ESD、DCS 系统、CO/H_2S 在线检测仪</td><td></td></tr>
<tr><td>特殊仪表</td><td>特种控制阀门</td><td>黑水角阀</td><td></td></tr>
<tr><td rowspan="2">电器设备</td><td rowspan="2">常规电器</td><td>转动电器设备</td><td>各类电机、阀门电动头等</td><td></td></tr>
<tr><td>控制电器</td><td>变频器</td><td></td></tr>
</table>

5.2 检修周期

5.2.1 主要根据水煤浆制气装置实际运行情况确定系统停车检修，检修周期一般按 24～48 个月安排。

当前，气化炉烧嘴运行周期一般为 80～100 天，炉拱顶砖运行周期一般为 580～660 天，筒体砖运行周期一般为 420～540 天，锥底砖运行周期一般为 180～220

天。正常运行时，要根据工艺烧嘴、炉砖运行时间以及气化炉外壁温度检测数据，定期停炉进行单系列检修。

5.2.2 有备用设备的或日常可以进行检修的设备不列入系统停车检修项目（除特殊情况外）。

5.3 检修内容

5.3.1 确定检修内容的依据

5.3.1.1 按法律法规要求的特种设备定期检验。

5.3.1.2 不符合国家安全与环境保护、节能要求的设备改造和更新。

5.3.1.3 对本次检修或下次检修之前已到法定检验时间的计量设施。

5.3.1.4 设备运行状况：

a）静设备：气化炉本体及接管存在缺陷，洗涤塔塔盘堵塞，灰水换热器、闪蒸容器等设备内构件损坏、积垢腐蚀等原因造成运行状况恶化、性能降低，如气化炉烧嘴运行 90 天、激冷环 / 镶环严重损坏、激冷水流量达到低限、炉砖已经接近使用寿命；

b）转动设备：因磨损、疲劳、泄漏、振动等原因造成运行状况恶化、性能降低，如高压煤浆泵出现严重故障、磨煤机衬板磨损、管带机皮带老化无法满足运行要求；

c）电气设备：部件老化等原因造成运行状况恶化、性能降低；

d）仪表设备：部件老化等原因造成运行状况恶化、性能降低。

5.3.1.5 钢结构平台、设备基础、房屋等建构筑物老化、锈蚀等必须在停车检修期间内维修的项目。

5.3.1.6 安全防护设施失效。

5.3.2 检修内容

停车检修内容主要依据 RCM 评估结果确定，原则上，只安排 A 类和 B 类设备故障进行检修，其他设备均安排在日常维护时进行处理。

5.3.2.1 贮运制浆单元主要检修内容见表 7。

表 7 贮运制浆单元主要检修内容

序号	设备名称	设备功能	功能故障	故障周期 / 月	检修内容	质量要求	专业类别
1	管带机	将原料煤 / 石油焦由堆场运至筒仓	1. 皮带老化塌管 2. 变频器故障频发	60	更换皮带、变频器更新	恢复管带机在装置的设备功能作用	A 类

表 7　贮运制浆单元主要检修内容（续）

序号	设备名称	设备功能	功能故障	故障周期／月	检修内容	质量要求	专业类别
2	磨煤机	将原料煤／石油焦与研磨水混合进行研磨制浆，达到工艺指标要求	1. 磨煤机衬板磨损严重 2. 筒体由于研磨水质导致腐蚀减薄 3. 磨煤机大、小齿轮磨损，齿轮啮合间隙超标 4. 主轴瓦、中空轴表面严重磨损	60	更换钢衬板，修复或更换筒体，更换大小齿轮，更换主轴瓦和中空轴等	恢复磨煤机在装置的设备功能作用	B 类

5.3.2.2　气化洗涤单元主要检修内容见表 8。

表 8　气化洗涤单元主要检修内容

序号	设备名称	设备功能	功能故障	故障周期／月	检修内容	质量要求	专业类别
1	高压煤浆泵	将煤浆加压后送入气化炉	1. 泵出口流量达不到生产要求 2. 减速箱齿轮磨损 3. 曲轴箱轴承温度高、损坏，曲轴振动大，轴位移大 4. 隔膜老化、破损，活塞环磨损	96/24	解体检修：更换轴承、修复曲轴等 修复或更换减速箱，更换隔膜、活塞环组件等	恢复高压煤浆泵在装置的设备功能作用	A 类
2	工艺烧嘴	将煤浆与氧气充分混合雾化喷入气化炉	1. 由于介质高速冲刷磨损与高温腐蚀导致雾化效果不良，炉内反应达不到生产要求 2. 冷却水管角焊缝裂纹泄漏	3	解体堆焊并机加工修复烧嘴碰头或整体更换烧嘴，达到图纸尺寸要求	恢复其在装置的设备功能作用	B 类
3	气化炉	将煤浆与氧气在高温下充分反应，产生合格的工艺水煤气	外壁温度超工艺指标要求，激冷水流量达不到工艺要求等 1. 激冷环磨损、烧蚀严重、内部堵塞，下降管变形穿孔 2. 炉砖（拱顶转、筒体砖和锥底砖）磨损减薄超标 3. 托转盘烧蚀损坏	48/18/6	修复或更换激冷环组件 根据各部位炉砖的使用寿命分别进行检查更换，修复被烧蚀的托转盘	恢复气化炉在装置的设备功能作用，具体的质量要求见图纸技术要求	A 类

表 8　气化洗涤单元主要检修内容（续）

序号	设备名称	设备功能	功能故障	故障周期/月	检修内容	质量要求	专业类别
4	烧嘴冷却水泵	为工艺烧嘴提供冷却水	出口压力不足，密封泄漏，不能正常运行	24	泵解体大修	恢复泵的设备功能作用	B类
5	煤浆搅拌器	将煤浆槽中的煤浆搅拌防止沉降	振动大，出现异响，出力不足，煤浆沉降分层，不能正常运行	24	解体大修，更换搅拌器桨叶等	恢复搅拌器的设备功能作用	B类
6	捞渣机	将气化炉反应的粗渣捞出外排	主要表现为链条腐蚀磨损或断、刮板连接齿轮断、链条过长、衬板脱落、内导轮卡涩、电机烧坏或变速箱故障、刮板卡住无法运行	12	解体大修 更换链条、刮板、内导轮、连接齿轮、链条、衬板等，清理内部积渣	恢复捞渣机的设备功能作用	B类
7	洗涤塔	洗涤、分离去除工艺水煤气中的固体杂质和液滴	拦液、压差大，洗涤效果不良	48	开人孔大修，清理、更换塔盘、除沫器，检查内件是否受损、脱落	恢复洗涤塔在装置的设备功能作用	A类
8	文丘里洗涤器	将气化炉来的水煤气润湿，初步去除其中的固体杂质	润湿效果不良，喷嘴小孔磨损、堵塞	12	解体清理，检查疏通和修复喷嘴孔	恢复洗涤器在装置的设备功能作用，具体的质量要求见图纸技术要求	B类
9	激冷水泵	为介质加压场所，为介质输送提供密闭通道	出口压力不足，密封泄漏，导流件磨损，不能正常运行	24	泵解体大修	恢复泵的设备功能作用	B类

5.3.2.3　渣水闪蒸单元主要检修内容见表 9。

表 9　渣水闪蒸单元主要检修内容

序号	设备名称	设备功能	功能故障	故障周期/月	检修内容	质量要求	专业类别
1	黑水角阀	将含固黑水减压闪蒸	1. 出口流量达不到生产要求 2. 角阀底板或下降桶减薄穿孔	12	解体检修，更换角阀阀头、阀座和扩压管等更换角阀底板、下降桶管，清理流道等	恢复黑水角阀在装置的设备功能作用	B类

表 9　渣水闪蒸单元主要检修内容（续）

序号	设备名称	设备功能	功能故障	故障周期/月	检修内容	质量要求	专业类别
2	沉降槽搅拌器	将沉降槽中的细渣刮至底部	振动大，出现异响，出力不足，不能正常运行	24	解体大修，检查更换搅拌器桨叶等	恢复搅拌器的设备功能作用	B 类
3	高压灰水泵	将灰水加压送入系统回用	出口压力不足，密封泄漏，导流件磨损，不能正常运行	24	泵解体大修	恢复泵的设备功能作用	B 类
4	带式过滤机	将灰水中的细渣过滤排出	无法过滤细渣，不能正常运行 1. 滤布堵塞 2. 过滤机皮带老化 3. 减速机故障	24	解体大修	恢复过滤机的设备功能作用	B 类
5	灰水换热器	冷却闪蒸气体	内漏、腐蚀	24	开封头大修，检查管板和换热管并清理	恢复设备在装置的设备功能作用	B 类

5.3.2.4　系统功能故障分析见表 10。

表 10　系统功能故障分析

序号	单元名称	装置功能	功能故障	故障后果	故障策略及检修内容	故障周期/月
1	贮运制浆	运输原料煤/石油焦，制备合格的煤浆	管带机故障	降低负荷或停车	检查更换损坏部件	24
			磨煤机故障	降低负荷或停车	检查更换损坏部件	24
			煤自燃	着火污染	按堆煤要求管理	随机
2	气化	煤浆和氧气反应产出水煤气	高压煤浆泵	单线停车	预防性维修，更换易损件	24
			煤浆管道穿孔		检测及修补	12
			气化炉各部位炉砖损坏		监控及更换	18/16/6
			工艺烧嘴磨损		定期进行修复	4
			激冷环损坏		监控、及时修复或更换	24
			锁渣阀、煤浆阀、氧气阀门等关键阀门故障		预防性维修，更换易损件	24
			氧气污染或泄漏	着火爆炸	按氧系统要求检修	120

表 10　系统功能故障分析（续）

序号	单元名称	装置功能	功能故障	故障后果	故障策略及检修内容	故障周期／月
3	洗涤	对水煤气进行洗涤、净化	塔内件故障	单线停车	修复或更换内件	36
			激冷水泵损坏		预防性维修，更换易损件	12
			管道腐蚀穿孔	封堵或单线停车	监控、及时修复或更换	12
4	渣水闪蒸	将黑水进行汽提、澄清，去除细渣后的水回用到系统	黑水角阀故障	单线停车	检查更换损坏部件	24
			管道腐蚀、穿孔	封堵或停车	加强检测，及时修复更换	24
			容器、管道腐蚀	单线停车	修补或更换	24
			容器、管道堵塞	单线停车	定期清理	6

5.3.2.5　生产异常及处理方法见表 11。

表 11　生产异常及处理方法

序号	工艺异常	可能原因	处理方法
1	煤浆流量低	煤浆泵打量不正常	检查煤浆泵，提高泵速，控制炉温，必要时停车处理
		进口管线堵塞	减负荷，必要时停车处理
		煤浆性质发生变化	减负荷，检查并调整煤浆浓度、黏度、粒度分布，必要时停车处理
		流量计故障	控制炉温，流量控制切手动，检查流量计，必要时切除氧煤比联锁，调校流量计或停车处理
		煤浆管线或循环阀泄漏	检查煤浆切断阀、回流阀及煤浆管线，必要时停车
2	氧流量异常	烧咀压差异常	调整负荷及煤浆、氧气流量，必要时停车
		氧气压力异常	联系空分，并检查氧气阀门、管线是否有泄漏，调节氧流量，维持炉膛温度
		下游工序压力突变	联系后工序作相应调整，并调整好氧煤比
		氧气调节阀故障	氧气调节阀切手动，调整氧煤比，检查该阀门
3	激冷水流量低	激冷水泵打量不足或一台泵跳车	检查激冷水泵，打开激冷水补水阀维持激冷水流量，倒泵
		激冷环堵	停车清理
		气化炉压力升高	检查负荷及下游工序压力，检查渣口压差
		激冷水过滤器压差升高	切换过滤器
		管线堵	停车清堵
		激冷水回流量过大	关小激冷水回流阀门

表 11　生产异常及处理方法（续）

序号	工艺异常	可能原因	处理方法
4	烧嘴冷却水出水流量高	冷却盘管泄漏、损坏	停车更换烧嘴
		烧嘴冷却水流量调节不当	调节各气化系列烧嘴冷却水流量的分配
5	烧嘴冷却水出水流量低	烧嘴冷却水泵出力不足	倒泵并检查运行泵
		烧嘴冷却水流量调节不当	调节各气化系列烧嘴冷却水流量的分配
		冷却水泄漏	启动备用泵，消除泄漏，必要时停车
6	激冷室带水	负荷过大	减负荷
		系统波动大	判断原因，维持系统稳定
		系统水质差	控制水质
		激冷室温度高	降低系统热负荷
		激冷室液位高	降低液位
7	洗涤塔液位不正常	激冷水泵停或打量不正常	检查泵，必要时开备用泵或停车
		塔盘水量变化过大	调节塔盘进水阀门并检查冷凝液泵
		进塔灰水量变化过大	检查高压灰水调节阀及高压灰水泵
		气化炉带水	消除气化炉带水原因，同时系统增加废水排放量及新鲜水补入量，减少进入洗涤塔灰水量，增加洗涤塔黑水排放量
		洗涤塔黑水排放阀或管线堵	根据系统运行配置情况，将黑水角阀切换使用，如仍不正常，切换洗涤塔底根部阀，必要时停车处理
		洗涤塔带水	降低液位，调整系统水质
		灰水加热器泄漏	停车处理
8	气化炉压差高	燃烧室渣口或导气管堵（在收渣时锁斗压力正常）	减负荷，提高气化炉温度，并注意各参数变化，必要时停车处理
		激冷室合成气出口堵（在收渣时锁斗压力高）	减负荷，增加气化炉工艺气出口喷淋水量
		激冷室液位过高	降低液位
9	气化炉炉温高	氧煤比高	调整氧煤比
		煤浆浓度下降	调整氧煤比，调整煤浆浓度
		热电偶损坏	检查其他热电偶，通过气体成分变化、渣量、渣样等判断炉温高低，更换热电偶
10	气化炉炉温低	氧煤比低	调整氧煤比
		煤浆浓度升高	调整氧煤比，并检查气体成分、渣量、渣样等是否正常
		氧气纯度下降	联系空分，并增加氧流量
		热电偶损坏	检查其他热电偶，通过气体成分变化、渣量、渣样等判断炉温高低，更换热电偶

表 11　生产异常及处理方法（续）

序号	工艺异常	可能原因	处理方法
11	高压闪蒸罐液位不正常	气化炉、洗涤塔排放黑水量不正常	检查气从化炉和洗涤塔来的黑水角阀，必要时切换角阀
		黑水排放管线堵塞	检查高压闪蒸至真空闪蒸的黑水角阀，切换角阀，必要时停车清堵
		真空闪蒸黑水角阀故障	切换角阀后检修
12	真空闪蒸罐液位不正常	进黑水量不正常	检查高压闪蒸至真空闪蒸的黑水角阀
		底部黑水排放管线堵	检查沉降槽给料泵进出口压力，必要时倒泵或停车
		沉降槽给料故障	倒泵，检修
		入口黑水管线堵或角阀堵	切换角阀，必要时停车
13	真空闪蒸罐压力高	真空闪蒸罐顶冷凝器有气阻现象或效率降低	消除气阻，增加循环冷却水流量，必要时停车处理
		进黑水量增加	检查高压闪蒸至真空闪蒸的黑水角阀，必要时启动备用泵
		真空泵故障	检查真空泵，倒泵
		真空闪蒸压力调节阀故障	检查该调节阀
		闪蒸汽管线空气泄漏	检查闪蒸汽管线、真空闪蒸压力调节阀、安全阀
		真空闪蒸罐带液	降低真空闪蒸罐液位
14	合成气出洗涤塔温度不稳定	洗涤塔实际液位高，导致带液	降低洗涤塔液位，及时通知净化，工艺气带水，注意工艺调整
		塔盘损坏	停车检修
		塔盘洗涤水分布不均	调整塔盘冲洗水流量调节阀
		喷嘴洗涤水流量不稳	调整激冷水回流阀流量
		洗涤塔内部除沫器堵塞或损坏	停车处理
		激冷室带液	减负荷，如激冷室液位高，则降液位
		激冷室出口工艺气中喷淋水量不稳	调整喷淋水流量阀门
15	洗涤塔出口工艺气甲烷含量高	气化炉温度低	提高炉温
		在线分析仪偏差	联系仪表校验
		渣口堵	缓慢提高炉温，必要时停车
		烧嘴偏喷，雾化效果差	降负荷，必要时停车处理

表 11　生产异常及处理方法（续）

序号	工艺异常	可能原因	处理方法
16	气化炉壁温高	炉温过高	降低炉温
		负荷过大	减负荷
		耐火砖脱落或断裂	测量炉壁温度，必要时停车
		砖缝扩大，窜气	测量炉壁温度，必要时停车
		炉砖减薄	停车换砖
		烧嘴偏喷	停车更换
17	激冷室出口气体温度高	激冷水流量低	增加激冷水量，检查激冷水泵，如激冷环故障则停车处理
		激冷室液位低	调整激冷室液位
		托砖板处窜气	停车处理
		下降管烧穿或脱落	停车处理
		工艺气出口喷淋水流量过小	增加流量调节阀开度
18	烧嘴冷却水回水温度高	烧嘴冷却水流量低	检查烧嘴冷却水泵，调整各系列烧嘴冷却水分布量，检查有无泄漏
		换热器效率下降	检查换热器是否有气阻现象，增加烧嘴冷却水流量，必要时停车处理
		烧嘴损坏	停车处理
		烧嘴冷却盘管损坏	停车处理
19	烧嘴压差高	烧嘴堵塞或损坏	减负荷，必要时停车处理
		负荷过大	减负荷
		煤浆流动性变差	调整煤浆性能
		气化炉压力骤降	及时调整工况，维持压力稳定
		炉头煤浆管线堵	停车处理
20	烧嘴压差低	烧嘴烧坏	停车处理
		负荷过低	增加负荷
		气化炉压力骤升	检查气化炉渣口压差表、洗涤塔压力及后工序压力，必要时停车
21	气化炉液位异常	激冷水流量异常	调整激冷水流量调节阀，检查激冷水泵
		黑水排放量异常	调整气化炉出口黑水角阀，必要时切换角阀

表 11 生产异常及处理方法（续）

<table>
<tr><th>序号</th><th>工艺异常</th><th>可能原因</th><th>处理方法</th></tr>
<tr><td rowspan="3">22</td><td rowspan="3">渣拉丝</td><td>温度过高</td><td>降低炉温</td></tr>
<tr><td>渣口堵</td><td>提温清渣，必要时停车</td></tr>
<tr><td>下降管堵</td><td>必要时停车</td></tr>
<tr><td>23</td><td>捞渣机跳停</td><td>主要表现为链条断、刮板连接齿轮断、链条过长、衬板脱落、电机烧坏或变速箱故障、刮板卡住无法运行</td><td>气化炉降负荷运行，在手动收渣状态下抢修，如短时间内不能修复，组织停车</td></tr>
<tr><td></td><td>设备异常</td><td colspan="2">处理方法</td></tr>
<tr><td rowspan="2">24</td><td rowspan="2">激冷水泵停</td><td colspan="2">如果一台激冷水泵跳车，手操激冷水事故水阀门，并立即启动备用泵</td></tr>
<tr><td colspan="2">如果两台泵均跳车，则气化炉停车。打开激冷水事故水阀门，同时关闭去激冷水泵的事故水阀门，洗涤塔液位会迅速升高，洗涤塔黑水排放阀应大幅增加，维持气化炉、洗涤塔液位的稳定，同时应监视闪蒸系列的黑水排放情况。尽量减少对运行气化系列造成的冲击</td></tr>
<tr><td>25</td><td>烧嘴冷却水泵停</td><td colspan="2">备用泵自启动，两台泵故障时，烧嘴冷却水切断阀关，气化炉停车</td></tr>
<tr><td>26</td><td>煤浆泵停</td><td colspan="2">气化炉停车</td></tr>
<tr><td>27</td><td>空分跳车</td><td colspan="2">气化炉停车</td></tr>
<tr><td>28</td><td>锁斗循环泵停</td><td colspan="2">启动备用泵，两泵均无法启动时，气化炉停车</td></tr>
<tr><td rowspan="2">29</td><td rowspan="2">高压灰水泵停</td><td colspan="2">正常为两开一备，当其中一台跳车时，立即开启备用泵，必要时停一台气化炉</td></tr>
<tr><td colspan="2">当两台都跳车时，气化炉停车</td></tr>
<tr><td>30</td><td>破渣机停</td><td colspan="2">如无法重新启动，则气化炉停车。如启动后，出渣量减少，则关闭锁斗阀卸料阀，用高压水反冲洗</td></tr>
<tr><td>31</td><td>低压灰水泵停</td><td colspan="2">启动备用泵，如果两台泵都发行故障，锁斗冲洗水罐液位低低，停锁斗程序，必要时停车</td></tr>
</table>

5.3.2.6 检修进度安排

确定气化炉单系列检修的内容是水煤浆煤制气装置检修准备的关键。根据装置分开布置、主要设备检修的固有周期、开停车程序，检修组织一般将装置分为贮运制浆、气化洗涤和渣水闪蒸三个单元统筹安排。

气化炉内所有部件无需修理、更换，气化装置中修，进度安排 19 天；更换锥底砖、镶环、激冷环、下降管，进度安排 26 天；如整体向火面砖及各部件全部更换，则安排 41 天。

贮运制浆单元磨煤机的大修周期较长，其他两个单元的检修进度网络依据具体检修内容安排如下：

a）气化炉单系列停车后，首先进行炉内降温和系统盲板倒换，气化洗涤单元的16块盲板停车后第4天倒换，闪蒸单元的10块盲板停车后第3天倒换；

b）气化炉、炭洗塔及高中低压闪蒸罐、捞渣机人孔或手孔停车后第5天打开，同时，保持炉内抽负压，闪蒸单元停车后第4天开人孔；

c）阀门的拆卸、修理、安装安排停车后第5～13天进行（注：一般装置均有备阀更换）；

d）激冷水过滤器、文丘里管、流量计、阀门及黑（灰）水管线的拆卸、清理、检查、修理、安装安排停车后第5～12天；

e）气化炉检修内容进度安排如下：

①搭脚手架安排停车后第5～6天；

②下降管、激冷环、镶环、锥体砖、筒体面砖、拱顶砖、上炉口砖及毛毡检查，确定需要更换的部件，安排停车后第6天；

③破渣机检修安排停车后第7～8天，如下降管、激冷环、镶环检查后无损坏，此步骤可省略，下降管、激冷环、镶环有变形、穿孔、裂纹、严重磨损等缺陷，则安排停车后第9天；

④炉砖拆／砌时间根据检查情况而定：一般更换锥底砖安排6天，更换镶环安排2天，更换筒体面砖安排23天，更换拱顶砖安排15天时间；

⑤激冷环和下降管更换，至破渣机复位安排4天，如激冷环不更换，破渣机清理只需1天，若需要更换激冷环或镶环，则必须更换锥底砖；

⑥脚手架拆除1天内完成；

⑦热电偶检查、更换安排停车后第1～9天；

⑧上炉口法兰面检查修理在停车后的第5～9天；

⑨气化炉外部工艺气管线、水管线、测压管、测温管、取样管等根部短节的检查、修理或更换，液位计的拆装、清理安排停车后第5～12天。

f）洗涤塔检查、清理、修理安排停车后第5～10天，主要检修内容包括：

①对塔内壁和塔内件进行检查清理，塔底采用高压水枪和人工进行清理；

②检修旋风分离器、液盘、塔盘板以及塔内支撑，重点检查腐蚀、磨损和各部件是否存在焊缝裂纹和连接螺纹松动情况；

③检修或者更换塔外部工艺气管道、水管线以及测压点、测温点、取样点、放空管线和根部短节，拆检并且清洗液位计。

g）文丘里洗涤器的检查清理，安排在停车后第5～10天；

h）高压闪蒸罐、真空闪蒸罐的检查和清理在停车后第4～12天；

i）破渣机及电气、仪表控制系统的检查、清理、调试，安排停车后第5～9天；

j）捞渣机检修在停车后第5～9天进行；

k）高压煤浆泵的检修安排停车后第2～9天，其他泵的检修安排停车后第5～9天；

l）容易冲刷磨损的部位（煤浆管线、黑水管线以及黑水角阀的扩散段）的定点测厚检查安排停车后第2～4天；

m）系统消缺安排停车后第5～9天；

n）单系列气化系统的设备、管线（激冷水系统管线、激冷水过滤器、激冷环、黑水系统管线、锁斗冲洗水冷却器和灰水加热器）的射流清洗安排停车后第5～12天；

o）设备、管线支架、平台、栏杆、楼梯的检查、加固、修理与防腐，安排停车后第5～9天；

p）抽引系统、清理消音器的检查、清理安排在烘炉的前2天；

q）所有设备的人孔复位、抽盲板安排3天；

r）系统气密试验安排2天；

s）调试仪表阀门、恢复现场保温、安排在烘炉期间进行，不影响检修进度。

5.3.3 检修质量要求

5.3.3.1 所有阀门（包括仪表阀门和手动阀门）检修后开关自如，密封性能达到原设计的性能要求；

5.3.3.2 所有转动设备在检修后恢复到原设备的设计功能要求；

5.3.3.3 所有清洗过的设备、管道内部无积渣积垢；

5.3.3.4 氧气管线和阀门必须进行严格的脱脂处理，安装后严格执行脱脂检验；

5.3.3.5 装置检修恢复时法兰防静电跨接线（特别是氧气管路系统的防静电跨接线）符合验收标准；

5.3.3.6 所有检修内容必须安排专人负责，负责人要参与缺陷确认、检修方案审查、过程质量控制与质量验收的签字确认。

6 装置检修管理

6.1 工艺交出检修条件

在装置交付检修前，由生产管理部和安全环保部门组织相关单位进行安全验收，检查确认设备容器人孔拆卸、盲板加装、容器内采样分析、停电、相关下水井封堵等工作，经相关部门签字确认后，由装置开具用火、用电、进入受限空间等相关票证，进入检修状态。工艺交出要具备以下条件：

6.1.1 装置所有盲板按照盲板图、表安装、编号、挂牌并经工艺员、设备员、安全员签名确认；

6.1.2 PID图上所有系统、管线得到置换处理并完成标识；

6.1.3 系统内设备、管线按规定进行吹扫和置换，取样分析合格；

6.1.4 相关下水井和漏斗口用防火布盖好，并用沙土封严；

6.1.5　完成系统内设备人孔打开前的确认；打开的设备人孔处挂上“未经许可，禁止入内”警示牌；

6.1.6　制定停工安全、环保措施和工作危害分析记录表（JSA）；

6.1.7　装置内分析不合格点挂标识，储存物料区分类标识、采取硬隔离；

6.1.8　制定检修中防硫化氢、一氧化碳中毒和氮气窒息等方案；

6.1.9　指定具有监护人资格的人员负责动火、进塔入罐等作业的监护。

装置交付检修条件确认表见附录A。

6.2　检修过程安全环保要求

安全环保执行中国石化HSSE管理规定，大修全过程遵循安全文明检修的要求。

a）安全管理规定具体参考《检修改造安全管理具体要求》；

b）满足“三零一文明”要求：实现零排放、零余料、零事故，做到文明检修；

c）确保检修后投料一次开车成功，实现“安全大修、优质大修、绿色大修、科学大修、高效大修、文明阳光大修”的目标。

检修过程HSSE管理执行附录B。

6.3　检修质量管理

6.3.1　检修质量管理的总体要求

总体要求：成立检修质量管理组织机构，明确管理职责，建立质量管理程序文件。

a）对承包商资质、人员、机具等进行审查；

b）通过组织设计审查，确保设计质量；

c）物资采购管理部门组织对采购物资进行入库检验并对重点物资进行监造；

d）在施工过程中组织对检验检测的质量进行抽查。

6.3.2　检修期间变更管理要求

检修过程要加强变更管理，建立健全变更管理制度和工作流程，采取措施减少变更数量。原则上没有经过各级部门同意的变更不允许在检修中执行。

项目变更主要控制内容：

a）对于试用产品、设备备件结构形式改变、材质升级要充分识别，要有专门技术论证审批过程，审批时要加强相关专业沟通确认；

b）所有变更应事前发起，只有当变更得到批准后，才可组织实施；项目变更由变更提出单位发起申请并填写“变更申请单”，按照各企业相关制度规定的权限办理审批手续；

c）对于因材料价差导致的超费用计划（或工单预算），需要补办变更手续；

d）对于不涉及费用计划的变更，如项目名称、版本号、承包商、施工方案、施工进度等也需办理相应的变更手续；

e）对于结算费用高于非包干合同标的按各企业管理制度执行变更；

f）投资类项目的变更参照各企业“固定资产投资过程控制管理规定”执行。

6.4 装置检修交回条件

6.4.1 装置交回的特殊要求：所有涉及氧气的管线、阀门等设施都必须经过脱脂处理并检验合格。

6.4.2 装置检修交回确认主要内容：

a）装置开工人员及开车保镖人员配备落实；

b）技术、原辅材料、动力、备品备件等方面的准备；

c）队伍技术状态、开工方案学习落实情况；

d）现场规格化情况；

e）工艺和设备联锁仪表校验情况；

f）HSSE措施落实情况；

g）盲板拆除清单、技术准备情况；

h）机、电、仪、公用工程、储运、质检等相关专业准备情况；

i）停工临设拆除、施工尾项整改情况等。

6.4.3 装置相关的工艺特性要求

汽化炉开车前，要进行烘炉，烘炉完成后再安装烧嘴。

装置检修交回开工条件确认表见附录C。

6.5 检修后期管理

6.5.1 资料交付

承包商应在检修项目结束后30天内将交工资料完整地交给使用单位，资料包含内容如下：

a）竣工图纸，施工技术方案，吊装方案，施工组织设计；

b）施工技术记录，试压记录，中间工序验收单，隐蔽工程验收单，拆检回装记录，发现问题与修复记录，设备开箱资料，设备封闭记录；

c）设备、材料、管道附件、配件的合格证明书及质量保证书，理化检验资料；

d）衬里、防腐、保温施工技术记录及检验报告。

6.5.2 检修总结

装置检修结束后，要组织进行检修改造工作总结，对好的做法进行总结、提炼，固化这些经验，指导今后检修改造；对存在的问题，讨论、分析原因，制定完善措施，持续提高检修管理水平。

大修总结模板见附录F。

7 装置日常维护

7.1 日常巡检

包括操作工的日常巡检和专业人员（设备管理人员、专业维保人员、电仪专业人员）的日常点检。

7.2 日常维护

装置日常维护的基本内容包括设备维护保养、设备检查和设备修理。

7.2.1 设备维护保养

设备维护保养的目的是保持设备清洁、整齐、润滑良好、安全运行，维护保养要坚持“清洁、润滑、紧固、调整、防腐”十字作业法，要及时紧固松动的紧固件，调整活动部分的间隙等。维护保养依工作量大小和难易程度分为装置操作工保养、专职保养维修工的保养，在这两种维护保养中，装置操作工保养是基础，专职保养维修工的保养是关键。

a）装置操作工保养

其主要内容是：清洁、润滑、紧固易松动的零件，检查零件、部件的完整。这类保养的项目和部位较少，大多数在设备的外部，一般由装置操作工人承担。

b）专职保养维修工的保养

主要内容包括对设备内部清洁、润滑、局部解体检查和调整，必要时对达到规定磨损限度的零件加以更换。此外，还要对主要零部件的磨损情况进行测量、鉴定和记录。具体标准执行通用设备的检修规程。

7.2.2 设备检查和设备修理

设备检查按时间间隔分为日常检查和定期检查。

日常检查由操作人员执行，同操作工的保养结合起来，目的是及时发现不正常的技术状况，进行必要的维护保养。

定期检查是按照计划，在操作工陪同下，定期由专职维修工执行，也就是预防性检查维修。目的是通过检查，全面准确地掌握零件磨损的实际情况，以便确定是否有进行修理的必要。

7.2.3 装置重点巡检内容

根据水煤浆制气装置的运行特点，操作人员及技术管理人员日常巡检需要重点关注以下内容：

a）磨煤机进料管是否被磨损减薄而泄漏，筒体衬板螺栓孔是否漏浆；

b）低压煤浆泵的运行状况是否正常，管线是否堵塞；

c）高压煤浆泵的油泵流量是否正常，出口管线有无泄漏，液压油（工作油）油箱油位是否正常，管线振动有无异常；

d）气化炉炉头管线、阀门振动有无异常，炉头静密封点有无泄漏，特别是氧气和煤浆系统的密封点；

e）气化炉反应段（拱顶及筒体）的表面温度用测温枪检查是否有异常；

f）破渣机的填料是否泄漏黑水，油泵工作油压是否正常；

g）锁斗阀工作状态是否正常，执行机构有无松动现象；

h）黑水角阀出口管（筒体）及底板有无泄漏等。

附　录　A

（资料性附录）

装置停工交付检修条件确认表

	确认内容	确认人
装置停工方案执行情况	1. 装置停工方案已全部执行完毕，各关键操作步骤已有专人签字确认	
	2. 装置物料退净，现场导淋打开检查均无残余物料	
	3. 装置停车期间须存物料容器及管线均已加盲板隔离并明显标识，且安全附件齐全完好	
盲板管理	所有盲板均已按盲板图加装完毕，经检查合格，标识完好，并有专人签字确认	
易燃易爆、有毒有害物质管理	1. 密闭容器、管线等易燃易爆物质、有毒有害气体系统均已置换倒空，且均已采样分析合格	
	2. 防 H_2S、CO 中毒的监控及安全防范措施完好	
转动设备检修条件	动设备电机已停电，并按照规定挂停电牌	
检修场地环境条件	1. 污水井、地漏已用棉布、沙土封死盖严	
	2. 装置地面、明沟、平台及动静设备外表面无油污、杂物	
	3. 各种停工倒空废液、残液均已移出装置现场	
	4. 装置检修环境可燃、有毒有害气体分析合格	
消防器材管理	1. 高压消防水系统运行正常	
	2. 消防通道畅通	
	3. 灭火器材数量齐全、完好备用	

附　录　B
（资料性附录）
检修施工现场HSSE日检表

序号	检查内容	存在问题	检查人员	整改情况	验证人	备注
1	临时用电					
1.1	配备合格的持证电工					
1.2	配电箱合格、有防雨措施，按要求标识并上锁					
1.3	配电系统执行“三相五线制”，符合“三级配电二级保护”要求，安装匹配的漏电保护器，漏保动作灵敏好用，并进行日常试验和记录					
1.4	电缆及接头无破损，绝缘良好；铺设规范，走向清晰，标识明确					
1.5	用电严格执行“一机一闸一保护”					
1.6	按要求配置保护零线和工作零线，工作接地和重复接地完好					
1.7	安全电压符合作业环境要求					
1.8	使用工业插头、插座					
2	施工机具					
2.1	各种机具设备安全要求进行定期检查，确保完好					
2.2	设有机械保护装置（如转动设备等）的设备，保护装置处于完好状态					
2.3	用电机具、设施接地完好					
2.4	配备与作业要求相匹配的劳动防护用品					
2.5	空气压缩机压力表、安全阀等在检验期内并处于完好状态，高压气管和软管固定连接可靠					

检修施工现场HSSE日检表（续）

序号	检查内容	存在问题	检查人员	整改情况	验证人	备注
2.6	气瓶垂直放置，瓶体固定可靠；气瓶分类摆放并保持安全距离，防护措施到位，气瓶阻火器、压力表等安全附件完好，气管无老化破损，连接可靠					
3	脚手架					
3.1	脚手架搭设人员是专业架子工，并持证上岗。搭设人员按要求着装，配备五点双大钩安全带					
3.2	编制脚手架搭设方案，进行安全技术交底并有记录					
3.3	按规范要求搭设脚手架，且有良好的整体稳固性					
3.4	搭设和拆除过程必须有专人监督，周边设置警戒区					
3.5	连墙件设置可靠，各节点扣件扭矩力符合要求					
3.6	通道、护栏、腰杆、踢脚板等符合要求					
3.7	作业面满铺跳板，无孔洞，跳板可靠固定且无探头板					
3.8	作业面临时放置的材料等在允许荷载范围内，严禁超载荷；放置必须稳固，无坠物风险					
3.9	脚手架搭设完成验收合格挂牌使用					
3.10	消防设施保持完好，灭火器和消防水桶按要求配置					
3.11	消防安全通道保持畅通					
3.12	用火作业前，清理周边易燃物，采取接火措施					
4	起重					
4.1	编制了吊装方案、进行交底并有记录					

检修施工现场 HSSE 日检表（续）

序号	检查内容	存在问题	检查人员	整改情况	验证人	备注
4.2	起重设备操作人员、司索、指挥持有效证件					
4.3	起重机械证照齐全有效					
4.4	起重机械安全设施、附件完好					
4.5	机索具检查完好，钢丝绳无磨损，连接可靠，绳卡数量和间距满足要求					
4.6	吊装作业半径设置了警戒区，禁止无关人员入内					
4.7	吊装前进行评估，确保在额定起升载荷范围内进行起重作业，不得超载					
4.8	吊车支腿符合要求					
4.9	吊物捆绑符合要求，使用溜绳					
4.10	吊装作业天气、环境、风力等符合要求					
5	焊接、气割					
5.1	设备接地完好					
5.2	焊把线无破损，连接器完好					
5.3	有专人监护，接火、防火措施到位					
5.4	可燃性气瓶与胶管连接完好，无漏气，气瓶有阻火器					
5.5	现场气瓶与明火源保持安全距离					
6	受限空间					
6.1	对所要进行作业的受限空间进行吹扫、置换，并分析合格。所有与受限空间相连接的管线、阀门应进行有效隔离，盲板处应挂标识牌，并经工艺技术人员签字确认					
6.2	出入口内外不得有障碍物，在受限空间入口处设置“危险！严禁入内”警告牌或采取其他封闭措施					

检修施工现场 HSSE 日检表（续）

序号	检查内容	存在问题	检查人员	整改情况	验证人	备注
6.3	《进入受限空间作业许可证》实行一点一证					
6.4	进入受限空间作业实行“三不进入”原则，即：一、没有经批准有效的《进入受限空间作业许可证》不进入；二、安全措施未落实不进入；三、监护人不在场不进入					
6.5	作业现场配备必要的救护器具和灭火器材等					
6.6	进入受限空间作业应使用安全电压和安全行灯					
7	作业安全					
7.1	作业前进行班前安全教育和安全技术交底，作业人员清楚当天作业内容和安全风险及注意事项					
7.2	特殊工种持证上岗					
7.3	佩戴合格安全帽，并根据作业任务佩戴专用眼部、面部、手部等防护用品，高处作业人员系挂安全带					
8	收工检查					
8.1	配电系统一级箱断电，关闭气瓶角阀，能量上锁					
8.2	现场火种检查清理完毕					
8.3	清理各作业面材料和杂物等，做到工完料净场地清					
8.4	落实夜间值班、巡检人员，职责到位，检查内容明确					

附　录　C
（资料性附录）
装置检修交回开工条件确认表

确认内容	施工单位确认	车间确认
装置开工人员及开车保镖人员配备落实		
技术、原辅材料、动力、备品备件等方面的准备		
队伍技术状态、开工方案学习落实情况		
现场规格化情况		
工艺和设备联锁仪表校验情况		
HSSE 措施落实情况		
盲板拆除清单、技术准备情况		
机、电、仪、公用工程、储运、质检等相关专业准备情况		
停工临设拆除、施工尾项整改情况等		

附　录　D

（资料性附录）

隐蔽工程验收记录

<table>
<tr><td colspan="2">工程名称</td><td colspan="2"></td><td>建设单位</td><td></td></tr>
<tr><td colspan="2">施工单位</td><td colspan="2"></td><td>监理单位</td><td></td></tr>
<tr><td colspan="2">验收单位</td><td colspan="2"></td><td>验收单位</td><td></td></tr>
<tr><td>隐蔽检查内容</td><td colspan="5"></td></tr>
<tr><td>验收意见</td><td colspan="5"></td></tr>
<tr><td rowspan="3">施工单位</td><td>专业负责人</td><td></td><td rowspan="3" colspan="2">建设（监理）单位</td><td rowspan="3">监理工程师
（建设单位专业负责人）
年　月　日</td></tr>
<tr><td>专业技术员</td><td></td></tr>
<tr><td>质量检查员</td><td></td></tr>
</table>

附　录　E

（资料性附录）

设备检修验收记录表

设备名称		验收编号：
验收项目	验收内容	验收结果
设备基础		
机械性能		
电气		
仪表		
安全装置		
验收结论		
验收人员（签字）		

验收日期：　　年　　月　　日

附 录 F
（资料性附录）
装置停工检修改造工作总结模版

根据公司《设备检修管理制度》规定，在装置停工检修结束后各相关单位应组织编写装置停工检修工作总结。为此，就进一步做好装置停工检修工作总结提出要求如下：

封面：

名称：××× 部 ××× 装置 ×××× 年 ×× 月停工检修工作总结

编写人：×××

审核人：×××

批准人：×××（运行部领导）

编写单位：中国石化 ××× 分公司 ××× 部

编写时间：×××× 年 ×× 月

正文：

（一）装置停工检修过程概述

装置开、停工、检修过程简述，本周期装置运行起止时间。

本周期装置运行中出现的主要问题。

本次停工检修、改造内容简述，检修项目计划数（包括补充、追加），检修计划完成情况。重点检修项目情况。

开停工、检修网络执行情况。

（二）主要检修内容技术总结

反应器部分

塔、容器部分

加热炉部分

冷换设备部分

阀门部分

管道部分

泵部分

特殊阀门部分

压力容器检验（包括缺陷返修处理）

压力管道检验（包括缺陷返修处理）

安全阀检验

其他检修方面

技术分析中要有以下内容：上次运行周期出现的问题、本次检修检查情况及采取措施、上次检修遗留问题处理情况、本周期与上周期设备隐蔽检查情况对照、重复发生问题处理方案有效性、装置系统问题、典型案例。

（三）检修计划准确性分析

（四）检修施工队伍评述

（五）材料供应评述

（六）设计质量评价

（七）检修质量评价

（八）本次检修遗留问题及预案

（九）检修管理亮点、存在的不足和下次检修需注意的问题

（十）附表

2. 粉煤制气装置维护检修规程

SHZ 05002—2019

目　次

前　言

本规程按照 GB/T　1.1—2009《标准化工作导则　第 1 部分：标准的结构和编写》给出的规则起草。

本规程由中国石油化工集团有限公司、中国石油化工股份有限公司提出。

本规程起草单位：中国石油化工股份有限公司巴陵分公司。

本规程主要起草人：万颖胜、于江安、汤冰。

本规程 2019 年首次发布。

粉煤制气装置维护检修规程

1 范围

1.1 本规程规定了粉煤制气装置（包括煤气化、变换、酸脱等三个装置单元）及其主要设备、专用设备的检修周期、检修项目及质量要求、检修过程管理和日常维护的相关内容。
1.2 本规程适用于采用粉煤上行激冷气化技术的粉煤制气装置的维护与检修管理。其他粉煤制气装置部分单元的设备维护与检修管理可参照执行。

2 规范性引用文件

下列文件的条款通过本规程的引用而成为本规程的条款，凡是注日期的引用文件，其随后所有的修改单（不包括勘误的内容）或修订版均不适用于本规程；然而，鼓励根据本规程达成协议的各方研究是否使用这些文件的最新版本。凡是不注日期的引用文件，其最新版本适用于本规程。

2.1 法律法规

中华人民共和国安全生产法
中华人民共和国特种设备安全法
中华人民共和国环境保护法

2.2 特种设备安全技术规范

TSG 21—2016 固定式压力容器安全技术监察规程
TSG D001 压力管道安全技术监察规程——工业管道
TSG 08—2017 特种设备使用管理规则
TSG Q7015 起重机械定期检验规则
TSG Q0002 起重机械安全技术监察规程—桥式起重机

2.3 标准与规范

GB/T 151 热交换器
GB/T 20801 压力管道规范 工业管道
GB/T 50484 石油化工建设工程施工安全技术标准
GB 50474 隔热耐磨衬里施工技术规范

2.4 中国石化管理规定

炼油企业检修管理指南（试行版）

SHS 01002　石油化工设备润滑管理制度

石化设备维修保养管理规定

3 术语与定义

下列术语和定义适用于本文件。

3.1 设备功能

设备功能指的是设备的生产效率和性能，衡量设备功能的指标随设备种类不同而异。

3.2 功能故障

设备、设施不能实现其设计功能时，称之为功能故障，定义为设备、设施不能满足期望的性能指标。一般指设备失去或降低其规定功能的事件或现象，表现为设备的某些零部件失去原有的精度或性能，使设备不能正常运行、技术性能降低，致使设备中断运行或效率降低而影响装置生产。

3.3 A类设备

本规程规定的A类设备是指出现功能故障时，可能引起装置运行中断的设备。

3.4 B类设备

本规程规定的B类设备是指出现功能故障时，虽然不会引起装置运行中断，但对装置的负荷、产品质量及运行平稳性、可靠性具有重大影响的主要设备。

4 装置特征

粉煤气化工艺按合成气废热回收方式，可分为废锅流程和激冷流程。废锅流程主要有壳牌（Shell）、SCGP、华能两段干煤粉三种炉型，激冷流程主要有GSP、SE-东方炉、航天炉、壳牌二代炉等炉型。

中国石化目前运行的粉煤制气装置共有两种气化炉类型，分别是粉煤上行激冷气化技术的壳牌炉（基本流程见图1）与粉煤下行水激冷气化技术的SE-东方炉（基本流程见图2）。

粉煤上行激冷气化采用气体上行激冷流程。主要包括煤的接收与处理、磨煤和干燥、粉煤加压与给料、气化和激冷、干法除尘（DSR）、湿法洗涤（WS）、初级水处理等装置单元。

SE-东方炉采用气体下行水激冷流程。气化炉整体分为上、下两个室，上段为反应室，粉煤在反应室中与氧、蒸汽发生气化反应，生成粗合成气；下段为激冷洗涤室，利用外界引入的激冷水对来自反应室的粗合成气进行激冷（降温）、洗涤（除渣）、饱和（增湿）。

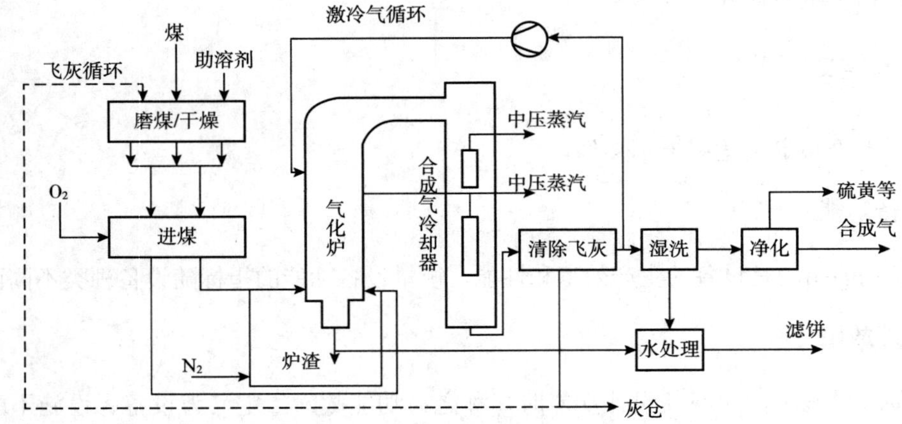

图 1　粉煤上行激冷气化技术基本流程

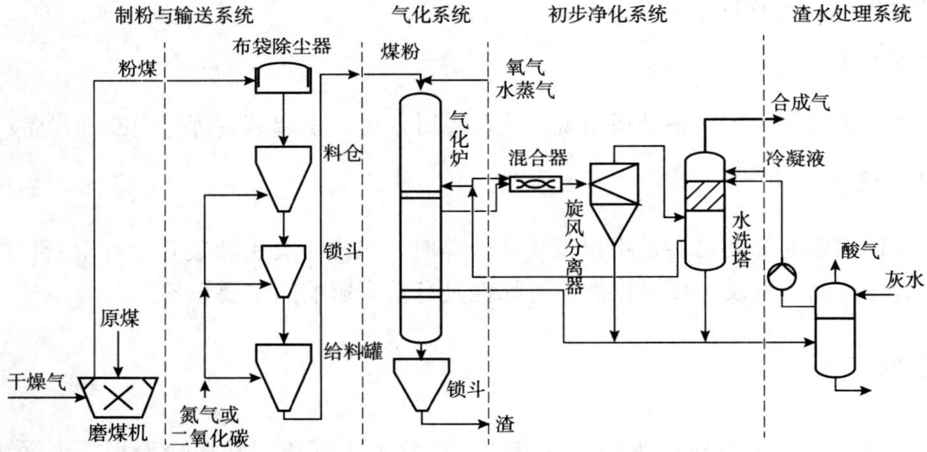

图 2　粉煤下行水激冷气化技术基本流程

本规程中涉及的粉煤气化装置为粉煤上行激冷气化技术，粉煤下行水激冷煤气化装置可分别参考水煤浆气化装置检修规程与本规程。

通常，净化工艺设备差别不大，本规程主要以制氢或合成氨的净化流程进行编写；生产甲醇、羰基合成气的类似净化工艺的设备维护和检修可以参照执行。

粉煤制气装置是煤化工装置的龙头，也是其他炼化装置重要的氢源。粉煤制气装置通常由煤气化、变换、酸脱三个装置单元组成。其中，煤气化装置包括磨煤与输送、气化、公用工程三部分；依据煤制气下游装置产品的不同，变换和酸脱的工艺流程略有差异，下游产品为氢气或合成氨的，变换为深度变换，酸脱为全脱碳流程；下游产品为甲醇或羰基合成气的，变换为部分变换，酸脱为部分脱碳流程。

酸脱单元一般采用离心式氨压缩机或丙烯压缩机提供冷量。当后续产品为纯氢或甲醇时，为了提高合成气纯度，粉煤输送载气多采用 CO_2 酸脱单元同时配置离心式 CO_2 压缩机。

原煤经干燥磨制成一定粒径的粉煤进入气化炉，与氧气、水蒸气在高温条件下发生气化反应，生成以 CO、H_2、CO_2、N_2、Ar、H_2S、COS 为主要组分，NH_3、CH_4、HCl、HCN 等为微量组分的粗合成气。粗合成气经除灰、洗涤后进入变换单元，合成气（$CO+H_2$）中大部分的 CO 经过变换反应生成 H_2。变换后主要组分为 H_2、CO、CO_2、N_2、Ar、H_2S、COS 的气体，经过酸性气体脱除（通常采用低温甲醇洗工艺）后，获得产品合成气。

4.1 粉煤气化装置单元

4.1.1 粉煤上行激冷气化技术的工艺原则流程及流程图

粉煤上行激冷气化技术的工艺流程图见图 3。

4.1.1.1 磨煤和干燥、加压与给料单元工艺流程

储存在煤仓的原料煤由重力式称重给煤机称重后进入磨煤机，原料煤在微负压和惰性气体环境中被干燥和研磨，磨制后的煤粉经旋转分离器分离后与气体混合物经粉煤过滤器进行气、粉分离后进入煤粉仓。分离出煤粉后的气体（乏气）进入惰性气体发生器（F-1101）循环使用，另一部分排入大气。煤粉仓的粉煤进入粉煤储罐后，通过粉煤锁斗的收料、加压、送料、泄压四个循环交替操作将常压粉煤加压送至粉煤给料罐。

4.1.1.2 气化和激冷单元工艺流程

预热后的纯氧和过热工艺蒸汽混合，与来自粉煤给料罐的粉煤一起通过水平对称布置的四个粉煤烧嘴喷入气化炉水冷壁内，在 4.0MPa 压力、1400～1700℃温度下，发生部分氧化反应获得粗煤气。高温的粗煤气上行至气化炉反应室顶部出口，被来自激冷循环气压缩机的低温循环气（约 210℃）激冷至约 800℃以下，然后通过急冷管、输气导道和气体反向室进入合成气冷却器，降温至约 340℃再进入飞灰过滤器除灰。融化的渣下行至激冷室冷却，然后通过破渣机、锁斗进入捞渣机。

膜式水冷壁与中压蒸汽发生器产生 5.5MPa 饱和蒸汽经减压后进入 4.0MPa 中压蒸汽管网。

4.1.1.3 干法除尘工艺流程

来自合成气冷却器的粗合成气在高压高温陶瓷烛芯过滤器中除去夹带的飞灰。然后在洗涤塔中被循环的洗涤水洗涤、降温后分成两股气流；其中，一股压缩后作为激冷气进气化炉，另一股送往变换单元。

干法除灰的核心设备是带有反吹系统的高温高压陶瓷过滤器。反吹系统利用高压脉冲气流对滤芯进行在线反吹以再生滤芯。过滤的飞灰进入飞灰放料罐，通过锁斗系统排

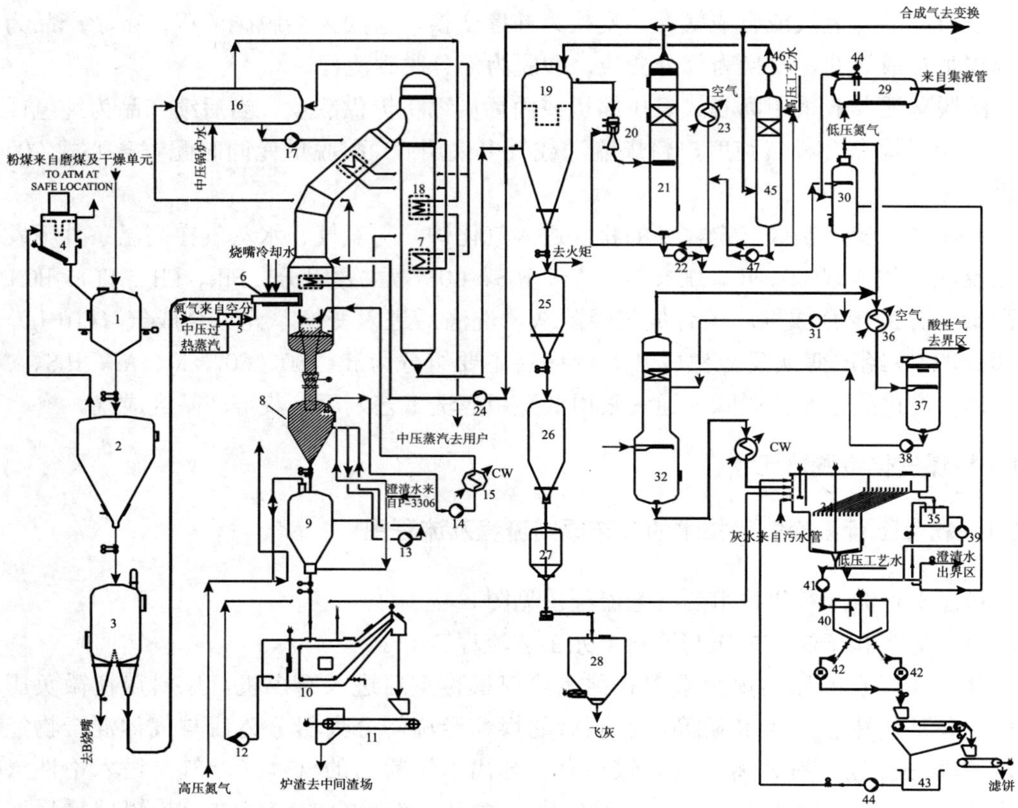

图 3　粉煤上行激冷气化工艺流程图

1—粉煤储罐；2—粉煤放料罐；3—粉煤给料罐；4—粉煤过滤器；5—氧／蒸汽混合器；6—粉煤烧嘴；7—蒸汽发生器；8—收集罐；9—渣放料罐；10—炉渣脱水仓；11—送渣皮带；12—灰渣水排放泵；13—灰水泵；14—循环泵；15—循环灰水冷却器；16—气化炉中压汽包；17—中压循环泵；18—中压蒸汽过热器；19—高温高压过滤器；20—文丘里洗涤器；21—洗涤塔；22—洗涤塔循环水泵；23—洗涤塔循环水空冷器；24—循环气压缩机；25—飞灰放料罐；26—飞灰卸料冷却罐；27—飞灰充气仓；28—灰仓；29—排放收集罐；30—汽提塔给料罐；31—汽提塔给料泵；32—废水汽提塔；33—汽提塔出口冷却器；34—澄清槽；35—澄清槽溢流罐；36—汽提塔顶部空冷器；37—汽提塔回流罐；38—汽提塔回流泵；39—澄清槽溢流泵；40—泥浆储罐；41—澄清槽底部泵；42—泥浆罐底部泵；43—滤液收集罐；44—滤液泵；45—反吹气洗涤塔；46—反吹气压缩机；47—反吹气洗涤塔泵

至飞灰气体罐，再用惰性气体将高温飞灰冷却后收集送出。

4.1.1.4　除渣工艺流程

除渣系统的功能是对熔融煤渣进行冷却、粒化和排放处理。熔渣进入气化炉底部水浴区，迅速激冷分解成密实的玻璃状小颗粒，然后流入渣收集罐，渣收集罐下方连接渣锁斗，通过渣锁斗将渣减压至常压排放至捞渣机。

为移走由凝固和冷却熔渣产生的热量，灰水由气化炉渣池循环泵从收集罐顶部抽出，在循环灰水冷却器水冷却后，通过渣池喷射环注入。灰水在渣池和收集罐之间的循环，保证了渣的沉降和润湿。为避免杂质（溶解气）和固体粒子在渣池循环回路中累积，部分循环灰浆流通过旋流器除去激冷循环水中的固体颗粒。

4.1.1.5 废水汽提及澄清工艺流程

废水汽提及澄清分为污水汽提、澄清、增稠与过滤。

来自汽提塔给料罐的浆液由汽提塔给料泵送至酸性淤浆汽提塔上部，用来自塔下部的低压蒸汽进行汽提。塔顶汽提气与汽提塔给料罐顶部出口的闪蒸气经空冷器冷却后进入回流罐，气液分离后的液相经泵送回流至酸性淤浆汽提塔塔顶，尾气正常工况下，送往硫回收装置进一步处理。

酸性淤浆汽提塔上底部浆液经汽提塔底冷却器冷却后送往澄清槽澄清，澄清水中的固体悬浮物＜ 100μg/g。为加速澄清，向澄清槽连续加入一定剂量的絮凝剂溶液，并进行均匀搅拌。

澄清水通过澄清槽泵从澄清槽溢流罐抽出，分别送往缓冲罐（最终回用至除渣）、汽提塔给料罐（用于液位调节）以及本单元冲洗用，剩余部分送往污水处理。

澄清槽底部增厚后含固量（质量分数）约为 10% 的浆液，送至泥浆罐中继续增稠至含固量 25%。从泥浆罐底部出来的泥浆送至真空皮带过滤机进行脱水，滤液收集到滤液收集罐中，通过泵返回到澄清槽。滤饼由滤饼输送机输出界区。

4.1.2 粉煤上行激冷气化工艺特性参数

粉煤上行激冷气化工艺特性参数见表 1。

表 1 粉煤上行激冷气化工艺特性参数

序号	指标名称	单位	指标范围
1	气化反应室操作温度	℃	1500～1700
2	气化激冷室出口温度	℃	＜ 750
3	气化炉环形空间温度	℃	＜ 280
4	气化炉出口合成气温度	℃	＜ 340
5	气化炉压力	MPa	3.75～4.0
6	气化汽包蒸汽压力	MPa	5.5
7	粉煤锁斗操作压力	MPa	0～4.7
8	粉煤锁斗操作温度	℃	80～90
9	粉煤给料罐操作压力	MPa	4.7
10	粉煤给料罐操作温度	℃	80～90
11	循环压缩机进 / 出口压力	MPa	3.8/4.2

表 1 粉煤上行激冷气化工艺特性参数（续）

序号	指标名称	单位	指标范围
12	循环压缩机进 / 出口温度	℃	190～210
13	磨煤热风炉出口温度	℃	180～250
14	S1501 压差	kPa	5.0～35.0
15	S1501 反吹氮气温度	℃	185～220
16	S1501 反吹氮气压力	MPa	6.4～7.8
17	洗涤塔操作压力	MPa	3.8
18	洗涤塔塔顶温度	℃	～160

4.1.3 粉煤上行激冷气化装置危害特性

粉尘泄漏爆炸，工艺气体泄漏有毒、可燃，氮气窒息；

粉煤、黑水 / 灰水管道容易发生磨蚀；

工艺设备管道化学腐蚀：氯离子腐蚀、高温腐蚀、硫腐蚀、酸碱腐蚀等；

高压窜低压，氧气管道系统的燃烧爆炸，灰水管线堵塞等。

4.2 变换装置单元

4.2.1 变换装置工艺原则流程及流程图

粉煤气化的粗合成气 CO 含量高，变换工序变换的深度大，变换普遍采用耐硫变换工艺。

变换是利用一氧化碳变换反应将粗煤气中大量的一氧化碳变换除去，获得以氢气和二氧化碳为主的变换气，主要包括耐硫变换和工艺冷凝液处理。变换选用耐高温的钴 - 钼耐硫变换催化剂，采用分段变换（一段耐硫预变换 + 两段耐硫中变 + 两段耐硫低变）工艺。

工艺冷凝液处理采用蒸汽汽提工艺预处理，气相送火炬焚烧，处理后的工艺冷凝液大部分回收用于废锅产汽和变换炉入口温度控制用淬冷水，富余部分送污水处理。

气化单元产生的粗合成气煤经气液分离器除去液相后，在变换炉进气加热器升温后进入预变换炉内产生轻度的变换反应；预变换气再进入 1# 变换炉进行深度变换，1# 变换炉出口的高温变换气通过变换炉进气加热器、中压废锅（副产饱和蒸汽）降温后，进入 2# 变换炉继续变换，使 CO 含量进一步降至 0.85%（干基）。2# 变换炉出口的变换气经 2# 锅炉水预热器冷却后进入 3# 变换炉继续反应，反应完成后，出口气体的 CO 含量降至 0.4%（干基）以下。变换气经 1# 锅炉水预热器冷却，再进入 1# 凝液分离器分离冷凝液，然后变换气经脱盐水预热器冷却至约 90℃，再进入 2# 凝液分离器分离冷凝液，最后通过变换气水冷器冷却至 40℃后进入 3# 凝液分离器，分离冷凝液后的变换气去酸脱单元。

典型的 CO 变换工艺流程图见图 4。

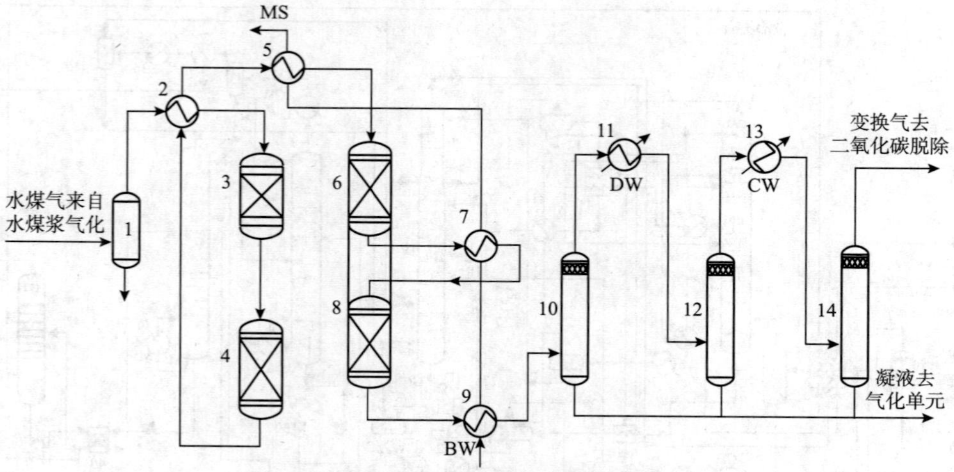

图 4 CO 变换典型工艺流程图

1—气水分离器；2—变换炉进气加热器；3—预变换炉；4—1# 变换炉；5—中压废锅；6—2# 变换炉；7—2# 锅炉水预热器；8—3# 变换炉；9—1# 锅炉水预热器；10，12，14—凝液分离器；11，13—预热器

4.2.2 变换装置单元工艺特性参数

变换装置单元工艺特性参数见表 2。

表 2 变换装置单元工艺特性参数

序号	指标名称	单位	指标范围
1	进变换单元合成气压力	MPa	3.7～3.85
2	出变换单元合成气压力	MPa	2.8～3.2
3	进变换单元合成气温度	℃	～160
4	出变换单元合成气温度	℃	40
5	第一变换炉操作温度（进/出）	℃	200/450～500
6	变换副产中压蒸汽压力	MPa	＞3.5
7	变换副产中压蒸汽温度	℃	＞360

4.2.3 变换装置单元危害特性

工艺气（CO、H_2、H_2S、COS）有毒、可燃、易爆，催化剂自燃，氮气窒息；工艺介质的化学腐蚀：如应力腐蚀、氯离子腐蚀、高温腐蚀、硫腐蚀。

4.3 酸性气体脱除装置单元

4.3.1 酸性气体脱除装置单元工艺原则流程及流程图

酸性气体脱除（低温甲醇洗）工艺流程见图 5。

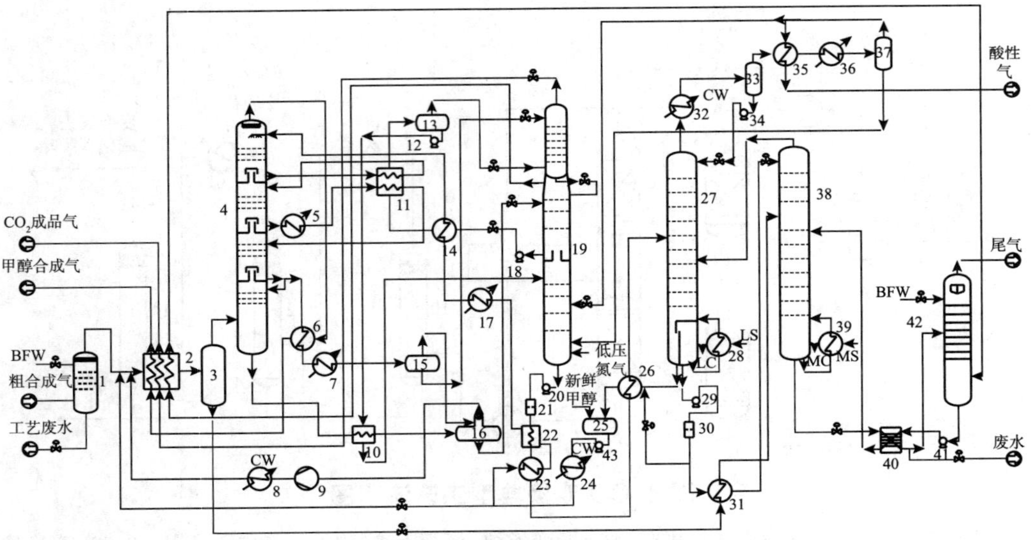

图5　酸性气体脱除（低温甲醇洗）工艺流程图

1—合成气预洗塔；2—合成气进料冷却器；3—合成气分离灌；4—合成气吸收塔；5—甲醇深冷器；6—合成气 / 甲醇换热器；7—富甲醇深冷器；8—压缩机后冷器；9—闪蒸气循环压缩机；10—粗氢气 / 甲醇换热器；11—循环甲醇冷却器；12—富甲醇泵Ⅰ；13—甲醇闪蒸罐；14—贫甲醇冷却器；15—循环气闪蒸罐；16—循环气闪蒸罐；17—贫甲醇深冷器；18—富甲醇泵Ⅱ；19—H_2S 富集塔；20—富甲醇泵Ⅲ；21—甲醇粗滤器；22—甲醇 / 甲醇换热器Ⅰ；23—甲醇 / 甲醇换热器Ⅱ；24—甲醇水冷却器；25—甲醇收集罐；26—甲醇 / 甲醇换热器Ⅲ；27—热再生塔；28—热再生塔再沸器；29—甲醇 / 水分馏塔回流泵；30—甲醇精滤筒；31—回流冷却器；32—酸性气换热器；33—H_2S 分离罐Ⅰ；34—热再生塔回流泵；35—酸性气换热器；36—酸性气深冷器；37—H_2S 分离罐Ⅱ；38—甲醇 / 水分馏塔；39—甲醇 / 水分馏塔再沸器；40—废水换热器；41—尾气洗涤水泵；42—尾气洗涤塔；43—贫甲醇泵

来自变换单元的变换气进入酸脱界区后被液氨制冷，冷却过程中需向系统内补充一小股甲醇作为防冻剂并分离掉冷凝液，变换气被冷至 -20℃以下后进入 H_2S 吸收塔下部；在塔中，H_2S 和 COS 被来自 CO_2 吸收塔塔釜的富 CO_2 甲醇液洗涤吸收，塔顶脱硫气进入 CO_2 吸收塔的下部，塔底富含 H_2S 和 CO_2 的甲醇溶液进入中压闪蒸塔。

经冷却的低温再生贫甲醇与变换气流量成比例送入 CO_2 吸收塔塔顶，脱硫气在 CO_2 吸收塔中通过甲醇洗涤除去 CO_2，CO_2 吸收塔顶的净化气直接进入下游单元。为了使甲醇在较低温度下操作，甲醇在沿塔流下时需通过塔外的换热器换热冷却。

CO_2 吸收塔塔釜中的甲醇分为三部分：一部分经 H_2S 吸收塔进料泵加压，大部分经冷却后，送入 H_2S 吸收塔顶部作为洗涤甲醇，控制甲醇流量使其与变换气量成比例；小部分作为防冻甲醇注入变换来工艺气中；其余甲醇溶液压送入中压闪蒸塔上塔闪蒸，闪蒸气送入中压闪蒸塔下塔。

来自 H_2S 吸收塔的富 H_2S 甲醇送入闪蒸塔下塔，大部分有效气氢气和一部分 CO_2 在此被闪蒸出来。闪蒸出的气体与闪蒸塔上塔的闪蒸气一同被一小股冷甲醇液再次洗涤后，通过压缩机压缩并被冷却后，返回到变换气中。

闪蒸塔上塔的富 CO_2 甲醇经冷却后分成两股分别进入再吸收塔的上塔上段和上塔下段，闪蒸出高浓度 CO_2 气体，同时作为再吸收塔吸收溶剂。再吸收塔上塔上段气相可作为 CO_2 产品气经换热器换热回收冷量后，送出界区。

来自闪蒸塔下塔的富含 H_2S 和 CO_2 的甲醇溶液进入再吸收塔上塔下段下部，CO_2 和少量的 H_2S 与 COS 在此处同时被闪蒸出来，气体中的 H_2S 被富含 CO_2 甲醇溶液吸收，洗涤后的 CO_2 气汇合并入上塔上段的产品 CO_2 气中。

再吸收塔上塔底部的甲醇溶液流入再吸收塔的下塔吸收段中部，在此释放出大部分剩余的 CO_2 和一部分 H_2S 及 COS。气体与来自底部汽提段的气体一同被来自再吸收塔上塔上段的甲醇溶液洗涤除去硫组分。离开吸收段顶部的尾气经换热回收冷量后送至尾气洗涤塔，尾气经洗涤除去所含的微量甲醇后高点放空排至大气。

再吸收塔下塔吸收段底部的富含 H_2S 甲醇溶液经再吸收塔循环泵加压后，通过换热器回收冷量后返回再吸收塔气提段，在气提段溶解在甲醇溶液中的大部分 CO_2 被氮气气提解吸出来。

再吸收塔下塔底部富含 H_2S 的甲醇经热再生塔进料泵加压换热升温后，送入热再生塔。通过甲醇蒸气的汽提充分再生，甲醇蒸气部分来自热再生段下部的水富集段，另一部分是甲醇／水分馏塔的塔顶气相。

热再生塔热再生段顶部气体经冷却冷凝后进入回流罐，液相通过热再生塔回流泵返回热再生塔顶部作为回流，酸性气经换热冷却分离液相复热后送往硫黄回收单元。

热再生塔汽提段集液箱中充分再生的贫甲醇通过泵升压并经换热器冷却后返回 CO_2 吸收塔顶部作为洗涤甲醇。CO_2 吸收塔进料泵侧抽出的一小股贫甲醇溶液送入热再生塔的水富集段，使水在热再生塔底部液相中达到富集，水富集段底部的含水甲醇溶液经泵升压后进入甲醇／水分馏塔，进行水和甲醇的分馏。

甲醇／水分馏塔所需热量由塔釜再沸器提供。塔顶甲醇蒸气送入热再生塔作为汽提气，塔釜液是含甲醇废水，经换热冷却后，大部废水被送往尾气洗涤塔作为部分尾气洗涤水，少部分为了保持水质送界区外的污水处理装置。

本单元设置新鲜甲醇罐用于向系统中补充少量的消耗甲醇。设置地下污甲醇罐和污甲醇泵，用来收集装置中设备和管线的低点排放甲醇。

酸性气体脱除单元的主要设备有：H_2S 吸收塔、CO_2 吸收塔、中压闪蒸塔、再吸收塔、热再生塔、甲醇／水分馏塔、尾气洗涤塔、闪蒸气压缩机。

4.3.2 酸性气体脱除装置单元工艺特性参数

酸性气体脱除装置单元工艺特性参数见表 3。

表 3　酸性气体脱除装置单元工艺特性参数

序号	指标名称	单位	指标范围
1	进酸脱单元合成气压力	MPa	2.75～3.15
2	出酸脱单元合成气压力	MPa	2.6～3.0
3	进酸脱单元合成气温度	℃	40
4	出酸脱单元合成气温度	℃	40
5	吸收塔压力	MPa	3.6
6	吸收塔顶温度	℃	-70
7	再解析塔塔顶压力	MPa	～0.01
8	再解析塔塔顶温度	℃	-70
9	热再生塔顶压力	MPa	0.24～0.28
10	热再生塔温度	℃	94～102

4.3.3　酸性气体脱除装置单元危害特性

装置存在可燃有毒气体泄漏（CO、H_2、H_2S），甲醇有毒、易燃、易爆，低温冻伤；

设备内硫腐蚀：产生的富含硫化亚铁腐蚀产物，接触空气易氧化自燃；

氨冷器内漏形成的碳铵结晶容易堵塞管道和压缩机流道。

5　检修周期及检修项目

5.1　主要设备

5.1.1　煤气化装置单元主要设备见表 4。

表 4　煤气化装置单元主要设备

名称	设备种类		主要设备种类	通用、专用设备检修规程的代码
转动设备	压缩机（包括风机、工业汽轮机）	离心式压缩机	循环气压缩机	SHS 02025
		离心式风机	循环风机	SHS 01020
		工业汽轮机	循环气压缩机驱动机	SHS 03062
	泵	离心泵	中压循环泵	SHS 01012
		螺杆泵	润滑油泵、絮凝剂给料泵、柴油泵	SHS 01016
		往复泵	絮凝剂给料泵、加药泵	SHS 01014 SHS 01015
		齿轮泵	润滑油泵	SHS 01017

表 4　煤气化装置单元主要设备（续）

名称	设备种类		主要设备种类	通用、专用设备检修规程的代码
转动设备	粉体	称重给煤机	称重给煤机	
		磨煤机	磨煤机	SHS 05046
	粉体设备		螺旋输送机	SHS 01022
静设备	气化炉		Shell 炉	SHS 01006
	塔	填料塔	合成气洗涤塔，汽提塔	SHS 01007
	反应器		惰性气体发生器	SHS 01008
	过滤器		飞灰过滤器、布袋过滤器、高温高压过滤器	SHS 01004
	换热器	管壳式换热器	氧气预热器、渣水冷却器、氨蒸发器	SHS 01009
		板式换热器	冷箱	SHS 01068
	压力容器		反应器、换热器、缓冲罐、塔	SHS 01004
	常压容器、常压储罐		粉煤过滤器、飞灰卸料冷却罐	SHS 01011
	压力管道		粗合成气管线、蒸汽管道、氧气管道、氮气管道、粉煤输送管道	SHS 01005
	阀门		安全阀、旋转给料阀、仪表阀、闸板阀	SHS 01030
仪表设备	检测仪表	压力仪表、温度仪表、流量仪表、物位仪表	压力仪表、温度仪表、流量仪表、物位仪表	SHS 07002
	电动单元组合仪表	基地式仪表、显示仪表、辅助单元	显示仪表、辅助单元	SHS 07003
	控制阀	气动控制阀、电动执行机构、长行程执行机构、偏心旋转阀、气缸执行机构、控制附件、蒸汽减温器	气动控制阀、偏心旋转阀、控制附件	SHS 07004
	在线分析仪表	工业色谱仪、氧分析仪、氢分析仪、红外线分析仪、pH 计、电导仪、水分析仪、熔融指数分析仪、烟气排放连续检测系统、密度计、可燃气体报警器、有毒气体报警器、化学需氧量分析仪、氨氮分析仪、气相色谱分析仪	红外线分析仪、pH 计、可燃气体报警器、有毒气体报警器	SHS 07006

表 4　煤气化装置单元主要设备（续）

名称	设备种类		主要设备种类	通用、专用设备检修规程的代码
仪表设备	特殊仪表	轴振动和轴位移、转速控制仪表、称重仪表	轴振动和轴位移、转速控制仪表	SHS 07007
	过程控制系统	DCS、PLC、GDS、SCADA	DCS、PLC	SHS 07008
	系统维护	防爆仪表及其系统、仪表供电系统、仪表供气系统、仪表系统联校	防爆仪表及其系统、仪表供电系统、仪表供气系统、仪表系统联校	SHS 07009
	安全仪表系统	SIS、安全仪表系统	SIS	SHS 07010
电气设备	旋转电机、调速励磁装置		膨胀机电机、旋转阀电机	SHS 06001
	变压器、互感器		干式变压器	SHS 06002
	高压开关		高压隔离开关	SHS 06003
	配电装置		低压配电柜、母线、绝缘子	SHS 06004
	低压电器		交流接触器、空气开关、热继电器、防爆电器	SHS 06005
	电源装置		UPS 装置	SHS 06006
	电力线路		动力电缆、控制电缆、变频电缆	SHS 06007
	照明装置		220V 照明	SHS 06008
	接地及过电压保护装置		接地装置、过电压保护装置	SHS 06009

5.1.2　变换装置单元主要设备

变换装置单元主要设备见表 5。

表 5　变换装置单元主要设备

名称	设备种类		主要设备种类	通用、专用设备检修规程的代码
转动设备	压缩机	离心式压缩机	硫化压缩机	SHS 02025
	泵	离心泵	废锅给水泵、工艺冷凝液泵、硫化压缩机油泵	SHS 01012
		往复泵	加药泵	SHS 01014、SHS 01015
静设备	塔	板式塔	汽提塔	SHS 01007
	反应器		变换炉	SHS 01008

表5 变换装置单元主要设备（续）

名称	设备种类		主要设备种类	通用、专用设备检修规程的代码
静设备	换热器	管壳式换热器	开工加热器、废水锅炉、脱盐水预热器、废锅排污冷却器、变换气冷却器、锅炉水冷却器、工艺冷凝液冷却器、汽提塔冷凝器、生活水预热器、蒸汽过热器、变换炉进气加热器、段间冷却器	SHS 01009
		压力容器	反应器、换热器、分离罐、塔	SHS 01004
		压力管道	粗煤气管线、变换气管线	SHS 01005
		阀门	安全阀、仪表阀、气动阀	SHS 01030
仪表设备	检测仪表	压力仪表、温度仪表、流量仪表、物位仪表	压力仪表、温度仪表、流量仪表、物位仪表	SHS 07002
	电动单元组合仪表	基地式仪表、显示仪表、辅助单元	显示仪表、辅助单元	SHS 07003
	控制阀	气动控制阀、电动执行机构、长行程执行机构、偏心旋转阀、气缸执行机构、控制附件、蒸汽减温器	气动控制阀、偏心旋转阀、控制附件	SHS 07004
	在线分析仪表	工业色谱仪、氧分析仪、氢分析仪、红外线分析仪、pH计、电导仪、水分析仪、熔融指数分析仪、烟气排放连续检测系统、密度计、可燃气体报警器、有毒气体报警器、化学需氧量分析仪、氨氮分析仪、气相色谱分析仪	红外线分析仪、pH计、可燃气体报警器、有毒气体报警器	SHS 07006
	特殊仪表	轴振动和轴位移、转速控制仪表、称重仪表	轴振动和轴位移、转速控制仪表	SHS 07007
	过程控制系统	DCS、PLC、GDS、SCADA	DCS、PLC	SHS 07008
	系统维护	防爆仪表及其系统、仪表供电系统、仪表供气系统、仪表系统联校	防爆仪表及其系统、仪表供电系统、仪表供气系统、仪表系统联校	SHS 07009
	安全仪表系统	SIS、安全仪表系统	SIS	SHS 07010

表 5　变换装置单元主要设备（续）

名称	设备种类	主要设备种类	通用、专用设备检修规程的代码
电气设备	旋转电机	开工压缩机电机	SHS 06001
	变压器、互感器	干式变压器	SHS 06002
	高压开关	高压隔离开关	SHS 06003
	配电装置	低压配电柜、母线、绝缘子	SHS 06004
	低压电器	交流接触器、空气开关、热继电器、防爆电器	SHS 06005
	电源装置	UPS 装置	SHS 06006
	电力线路	动力电缆、控制电缆、变频电缆	SHS 06007
	照明装置	220V 照明	SHS 06008
	接地及过电压保护装置	接地装置、过电压保护装置	SHS 06009

5.1.3　酸性气体脱除装置单元主要设备

酸性气体脱除装置单元主要设备见表 6。

表 6　酸性气体脱除装置单元主要设备

名称	设备种类		主要设备种类	通用、专用设备检修规程的代码
转动设备	压缩机	活塞式压缩机）	闪蒸汽循环压缩机	SHS 01020
		离心式压缩机	氨冰机	SHS 02025
	泵	离心泵（加冷冻系统）	H_2S 吸收塔进料泵、再吸收塔循环泵、热再生塔进料泵、CO_2 吸收塔进料泵、甲醇／水分馏塔进料泵、热再生塔回流泵、新鲜甲醇泵、蒸汽冷凝液泵	SHS 01012
		螺杆泵（删除）	污甲醇泵、液下排污泵	SHS 01016
		齿轮泵（删除）	润滑油泵	SHS 01017
静设备	塔	板式塔	汽提塔	SHS 01007
	换热器	板式换热器（删除）	废水换热器	SHS 01068
		管壳式换热器	变换气／净化器换热器、变换气深冷器、变换气／净化器／产品气换热器、甲醇循环冷却器、贫／富甲醇换热器、H_2S 吸收塔进料冷却器、中间冷却器、氨冷器、预洗甲醇加热器、热再生塔顶冷凝器、克劳斯气再加热器、再沸器、深冷器、中压氮气冷却器、尾气换热器（加绕管式换热器 E2204）	SHS 01009

表 6 酸性气体脱除装置单元主要设备（续）

名称	设备种类		主要设备种类	通用、专用设备检修规程的代码
静设备	压力容器		换热器、分离罐、塔	SHS 01004
	压力管道		甲醇管线、净化气管线	SHS 01005
	阀门		安全阀、仪表阀	SHS 01030
仪表设备	检测仪表	压力仪表、温度仪表、流量仪表、物位仪表	压力仪表、温度仪表、流量仪表、物位仪表	SHS 07002
	电动单元组合仪表	基地式仪表、显示仪表、辅助单元	基地式仪表、辅助单元	SHS 07003
	控制阀	气动控制阀、电动执行机构、长行程执行机构、偏心旋转阀、气缸执行机构、控制附件、蒸汽减温器	气动控制阀、偏心旋转阀、控制附件	SHS 07004
	在线分析仪表	工业色谱仪、氧分析仪、氢分析仪、红外线分析仪、pH 计、电导仪、水分析仪、熔融指数分析仪、烟气排放连续检测系统、密度计、可燃气体报警器、有毒气体报警器、化学需氧量分析仪、氨氮分析仪、气相色谱分析仪	氧分析仪、氢分析仪、红外线分析仪、可燃气体报警器、有毒气体报警器、气相色谱分析仪	SHS 07006
	特殊仪表	轴振动和轴位移、转速控制仪表、称重仪表	轴振动和轴位移、转速控制仪表、称重仪表	SHS 07007
	过程控制系统	DCS、PLC、GDS、SCADA	DCS、PLC	SHS 07008
	系统维护	防爆仪表及其系统、仪表供电系统、仪表供气系统、仪表系统联校	防爆仪表及其系统、仪表供电系统、仪表供气系统、仪表系统联校	SHS 07009
	安全仪表系统	SIS、安全仪表系统	SIS	SHS 07010

表 6　酸性气体脱除装置单元主要设备（续）

名称	设备种类	主要设备种类	通用、专用设备检修规程的代码
电气设备	旋转电机	硫化压缩机电机	SHS 06001
	变压器、互感器	干式变压器	SHS 06002
	高压开关	高压隔离开关	SHS 06003
	配电装置	低压配电柜、母线、绝缘子	SHS 06004
	低压电器	交流接触器、空气开关、热继电器、防爆电器	SHS 06005
	电源装置	UPS 装置	SHS 06006
	电力线路	动力电缆、控制电缆、变频电缆	SHS 06007
	照明装置	220V 照明	SHS 06008
	接地及过电压保护装置	接地装置、过电压保护装置	SHS 06009

5.2　检修周期

5.2.1　根据实际运行情况安排粉煤制气装置定期停车检修，检修周期一般为 24 个月。当气化炉、过滤器等关键设备出现已经影响装置平稳运行的故障时，应该根据实际情况安排煤气化装置停车检修。

5.2.2　有备用设备的或日常可以进行检修的不列入大修项目（除特殊情况外）。

5.3　检修内容

5.3.1　确定检修内容的依据

1）按法律法规要求的特种设备定期检验；

2）不符合国家安全与环境保护、节能要求的设备改造和更新；

3）对本次检修或下次检修之前已到法定检验时间的计量设施；

4）设备状况：

静设备：炉、塔、换热器、反应器、过滤器、容器等设备内部因内构件损坏、结焦、积垢腐蚀等原因造成运行状况恶化、性能降低等；

转动设备：磨损、疲劳、泄漏、振动等原因造成运行状况恶化、性能降低等；

电气设备：部件老化等原因造成运行状况恶化、性能降低等；

仪表设备：部件老化等原因造成运行状况恶化、性能降低等。

5）工艺催化剂（三剂）失效；

6）钢结构平台、设备基础、房屋等建构筑物老化、锈蚀等必须在停车检修期间内维修的项目；

7）安全防护设施失效。

5.3.2 检修具体内容

停车检修是指针对煤制气装置安全环保、长周期运行及经济效益有重大影响的设备、管线、电气仪表系统、土建及基础设施等在运行周期内将要发生的功能故障进行全面修复。其他检修是指除大修外针对装置局部或设备本体有经济运行影响的功能故障而进行的检修。

5.3.2.1 煤气化装置单元主要检修内容

煤气化装置单元主要检修内容见表 7。

表 7 煤气化装置单元主要检修内容

序号	设备名称	设备功能	功能故障	故障周期 / 月	检修内容	质量要求	专业类别
1	循环气压缩机	将循环气升压	1. 机出口流量达不到生产要求 2. 干气密封泄漏 3. 静密封泄漏 4. 轴振动大轴位移大，轴承温度高 5. 错油门、油动机、速关阀、速关阀组件失效 6. 设备条件联锁，仪表故障	24	1. 检查清理流道，检查 / 更换气封，调整流道间隙 2. 检查 / 更换干气密封 3. 检查 / 更换气封、油封 4. 检查 / 更换径向轴承、推力轴承推力盘，检查 / 修复轴颈。复查动平衡 5. 组件返厂	恢复循环气压缩机在装置的设备功能作用	A 类
2	中压循环泵	气化炉水冷壁锅炉水循环	1. 轴承损坏 2. 机封泄漏 3. 联轴器损坏 4. 叶轮及轴损坏	24	1. 更换轴承 2. 更换机封 3. 更换膜片或联轴器 4. 叶轮及轴修复或更换	恢复中压循环泵在装置的设备功能作用	B 类
3	渣水循环泵	保持渣水密度的稳定	1. 轴承损坏 2. 机封泄漏 3. 联轴器损坏 4. 叶轮及轴损坏	12	1. 更换轴承 2. 更换机封 3. 更换膜片或联轴器 4. 叶轮及轴修复或更换	恢复渣水循环泵在装置的设备功能作用	B 类

表 7　煤气化装置单元主要检修内容（续）

序号	设备名称	设备功能	功能故障	故障周期/月	检修内容	质量要求	专业类别
4	气化炉	合成气反应以及热交换自产蒸汽	1. 烧嘴损坏 2. 水冷壁销钉磨损以及炉管泄漏 3. 十字吊架磨损 4. 内置换热器泄漏 5. 环形空间支撑产生裂纹及变形	24	1. 气化炉开罐检查、内件无损检测 2. 更换受损烧嘴，修复或更换烧嘴 3. 检查水冷壁销钉，重新植钉敷设耐火泥，以及对部分水冷壁进行无损检测并水压试漏 4. 十字吊架清灰检测并修复受损部位 5. 环形空间支撑检测测量位移并记录 6. 内置换热器检测并水压试漏修复受损炉管	恢复气化炉的设备功能	A类
5	洗涤塔	粗煤气除灰以及酸性物质脱除	设备腐蚀结垢、减薄、开裂	24	停工检测		B类
6	飞灰过滤器	过滤合成气中飞灰	1. 滤芯破损失效 2. 分布器减薄穿孔 3. 容器筒体壁减薄穿孔	12	1. 更换滤芯 2. 分布器清洗、检测或更换 3. 筒体壁检测	恢复飞灰过滤器在装置的设备功能作用	A类
7	合成气管道	输送合成气	1. 管件局部减薄穿孔 2. 焊缝产生裂纹	24	1. 停工检测 2. 减薄部位进行堆焊修补或更换管件	恢复管道使用功能	A类

5.3.2.2　变换装置单元主要检修内容

变换装置单元主要检修内容见表 8。

表 8　变换装置单元主要检修内容

序号	设备名称	设备功能	功能故障	故障周期/月	检修内容	质量要求	专业类别
1	变换炉进气加热器	粗煤气预热	内漏、换热效果差	36	开封头检查管路、管板、清洗	恢复设备在装置的设备功能作用	B类

表 8　变换装置单元主要检修内容（续）

序号	设备名称	设备功能	功能故障	故障周期 / 月	检修内容	质量要求	专业类别
1	硫化压缩机	装置开车硫化	1. 机出口流量达不到生产要求 2. 动密封泄漏 3. 静密封泄漏 4. 轴振动大，轴位移大，轴承温度高 5. 电机故障 6. 设备条件联锁，仪表故障	60	1. 检查清理流道，调整流道间隙，检查 / 更换气封 2. 检查 / 更换干气密封 3. 检查 / 更换气封、油封 4. 检查 / 更换径向轴承、推力轴承推力盘，检查 / 修复轴颈。复查动平衡 5. 电机返厂	恢复压缩机在装置的设备功能作用	B 类
3	变换炉	CO 变换反应	反应温度超工艺指标要求、压差超指标要求	36	1. 更换催化剂 2. 反应器内部构件检查更换	恢复设备在装置的设备功能作用	B 类
4	工艺冷凝液泵	为介质加压场所，为介质输送提供密闭通道	出口压力不足，密封泄漏，不能正常运行	36	泵解体大修 具体检修内容见泵的检修规程	恢复泵的设备功能作用	B 类
5	工艺冷凝液汽提塔	汽提工艺冷凝液中的杂质	拦液、压差大	60	开人孔大修，更换塔盘、除沫器	恢复设备在装置的设备功能作用	B 类
6	甲烷化炉	甲烷化反应	反应温度超工艺指标要求、压差超指标要求	60	1. 更换催化剂 2. 反应器内部构件检查更换	恢复设备在装置的设备功能作用	B 类
7	甲烷化冷却器	冷却甲烷化气体	内漏、腐蚀	60	开封头大修，检查管板和换热管	恢复设备在装置的设备功能作用	B 类

5.3.2.3　酸性气体脱除装置主要检修内容

酸性气体脱除装置主要检修内容见表 9。

表 9　酸性气体脱除装置主要检修内容

序号	设备名称	设备功能	功能故障	故障周期 / 月	检修内容	质量要求	专业类别
1	闪蒸汽循环压缩机	为介质加压场所，为介质输送提供密闭通道	1. 机出口流量达不到生产要求 2. 曲轴传动部件损坏 3. 静密封泄漏 4. 轴振动大、活塞件损坏 5. 轴承温度高 6. 电机故障 7. 设备条件联锁，仪表故障	36	1. 检查流道，调整流道间隙，检查 / 更换气阀 2. 更换传动部件 3. 更换油封 4. 检查轴承和活塞组件 5. 检查轴承和活塞组件 6. 电机返厂	恢复压缩机在装置的设备功能作用	B 类
2	氨冷换热器	气体冷却	温度超工艺指标要求、内漏、结晶	48	1. 开封头大修、清洗管壳程 2. 检查管板及换热管	恢复设备在装置的设备功能作用	B 类
3	进料泵	为介质加压场所，为介质输送提供密闭通道。	出口压力不足，密封泄漏，不能正常运行	36	泵解体大修	恢复泵的设备功能作用	B 类
4	塔	汽提工艺冷凝液中的杂质	拦液、压差大	60	开人孔大修，更换塔盘，除沫器、检查内件是否受损、脱落	恢复设备在装置的设备功能作用	B 类
5	氨冰机	氨压缩	1. 机出口流量达不到生产要求 2. 干气密封泄漏 3. 静密封泄漏 4. 轴振动大、轴位移大 5. 轴承温度高 6. 错油门、油动机、速关阀、速关阀组件失效 7. 设备条件连锁，仪表故障	60	1. 检查清理流道，调整流道间隙，检查 / 更换气封 2. 检查 / 更换干气密封 3. 检查 / 更换气封、油封 4. 检查 / 更换径向轴承、推力轴承推力盘，检查 / 修复轴颈。复查动平衡 5. 电机返厂 6. 组件返厂	恢复压缩机在装置的设备功能作用	A 类
6	润滑油泵	为介质加压场所、为介质输送提供密闭通道	出口压力不足，密封泄漏，不能正常运行	36	泵解体大修	恢复泵的设备功能作用	B 类
7	换热器	气体冷却	温度超工艺指标要求，内漏、结晶	48	1. 开封头大修、清洗管壳程 2. 检查管板及换热管	恢复设备在装置的设备功能作用	B 类

5.3.2.4 系统功能故障分析

系统功能故障分析见表 10。

表 10 系统功能故障分析

序号	单元名称	装置功能	功能故障	故障后果	故障策略及检修内容	故障周期／月
1	磨煤与干燥（1100）	原煤在磨煤机内研磨、干燥	磨煤机故障	单线停车	预防性维修，更换易损件	24
			管道穿孔		检测及修补	24
			布袋损坏		监控及更换	24
			通气锥损坏	装置停车		24
2	气化及合成气冷却（1300）	将粉煤和氧气由喷入气化炉（V-1301）进行燃烧反应，反应后的高温合成气冷却后进入除灰工序	压缩机故障	装置停车	检查更换损坏部件	24
			管道腐蚀，穿孔	封堵或停车	保证运行温度，加强检测	72
			高温造成设备损坏	装置停车	运行控制，做好设备的检查检测	24
			仪表速度（密度）计故障	单线停车	校验或更换	随机
3	除渣（1400）	炉渣和灰分在灰渣激冷罐内激冷，分解成小颗粒，经收集罐送往中间渣场	阀门故障	装置停车	阀门更换	24
			罐体磨损穿孔		贴补或更换	24
4	除灰（1500）	合成气送入过滤器除灰，经洗涤单元由飞灰收集罐，输出到界外	滤芯故障	装置停车	更换损坏部分或整体更换	7
			通气锥故障		更换 运行控制，修补或	24
			管道磨损、腐蚀		更换	72
			阀门故障	降低负荷或停车		24
5	洗涤（1600）	粗合成气在文丘里洗涤器中初步分离，除去 HCl、HF 和微量的固体颗粒	管道、容器腐蚀	装置停车	维修或更换	24～72
			填料堵塞		清洗	72
			管道结垢、堵塞	单机停车	清理疏通	24
			容器、管道腐蚀	系统停车	修补或更换	24

表 10　系统功能故障分析（续）

序号	单元名称	装置功能	功能故障	故障后果	故障策略及检修内容	故障周期／月
6	变换单元系统	进行粗煤气的变换反应	催化剂停止流动或再生	产品质量	恢复催化剂流动条件、修复或更换再生器等设备内构件	36
7	净化单元系统	脱除变换气中的酸性气体	催化剂停止流动或再生	产品质量、处理量或装置停工	恢复催化剂流动条件、修复或更换再生器等设备内构件	48～60

6　装置检修管理

6.1　工艺交出检修条件

6.1.1　装置工艺交出的主要要求：酸性气体脱除装置单元的甲醇已经安全退出。

6.1.2　在装置交付检修前，由生产管理部和安全环保部门组织相关单位召开安全验收会，检查确认设备容器人孔拆卸、盲板加装、容器内采样分析、停电、下水井封堵等工作，经相关部门签字确认后，由装置开具用火、用电、进入受限空间等相关票证，进入检修状态。工艺交出要具备以下条件：

a）装置所有盲板按照盲板图、表安装、编号、挂牌并经工艺员、设备员、安全员签名确认；

b）PID 图上所有系统、管线得到置换处理并做好标识；

c）系统内设备、管线按规定进行吹扫和置换，取样分析合格；

d）下水井取样分析合格，存油清理干净，排水畅通，水封完好；

e）下水井和漏斗口用石棉布盖好，并用沙土封严；

f）系统内设备人孔打开前的确认，打开的设备人孔处挂上“未经许可，禁止入内”警示牌；

g）制定停工安全、环保措施和工作危害分析（JHA）记录表；

h）装置内分析不合格点挂标识，储存物料区标识、硬隔离；

i）制定检修中防硫化亚铁自燃方案；

j）指定具有监护人资格的人员负责动火、进设备等作业的监护。

装置交付检修条件确认表见附录 A。

6.2　检修过程安全环保要求

执行中石化 HSE 管理规定，大修全过程实现“三零一文明”的要求。

a）安全管理规定参考《检修改造安全管理具体要求》；

b）“三零一文明”要求：零排放、零余料、零事故，科学文明检修；

c）确保检修后投料一次开车成功，实现“安全大修、优质大修、绿色大修、科学大修、高效大修、文明阳光大修”的目标。

检修过程 HSSE 管理执行附录 B。

6.3 检修质量管理

6.3.1 检修质量管理的总体要求

总体要求：成立检修质量管理组织机构，明确管理职责，建立质量管理程序文件。

a）对承包商资质、人员、机具等进行审查。

b）通过组织设计审查，确保设计质量。

c）物资采购管理部门组织对采购物资进行入库检验并对重点物资进行监造。

d）在施工过程中组织对检验检测的质量进行抽查。

6.3.2 检修期间变更管理要求

检修过程要加强变更管理，建立健全变更管理制度和工作流程，采取措施减少变更数量。原则上没有经过各级部门同意的变更不允许在检修中执行。

项目变更控制主要内容：

a）对于试用产品、设备备件结构形式改变、材质升级要充分识别，要有专门技术论证审批过程，审批时要加强相关专业沟通确认；

b）所有变更应事前发起，只有当变更得到批准后，才可组织实施；项目变更由变更提出单位发起申请并填写“变更申请单”，按照各企业相关制度规定的权限办理审批手续；

c）对于因材料找价差导致的超费用计划（或工单预算），需要补办变更手续；

d）对于不涉及费用计划的变更，如项目名称、版本号、承包商、施工方案、施工进度等也需办理相应的变更手续；

e）对于结算费用高于非包干合同标的按各企业管理制度执行变更；

f）投资类项目的变更参照各企业“固定资产投资过程控制管理规定”执行。

6.4 装置检修交回条件

6.4.1 本装置交回的特殊要求：火炬系统完好投用。

6.4.2 装置检修交回确认主要内容：

a）装置开工人员及开车保镖人员配备已落实；

b）完成技术、原辅材料、动力、备品备件等方面的准备；

c）队伍技术状态、开工方案学习满足要求；

d）现场管理规格化达标；

e）完成工艺和设备联锁仪表校验；

f）HSSE 措施已落实；

g）盲板按清单拆除、技术准备就绪；

h）机、电、仪、公用工程、储运、质检等相关专业完成开车准备；

i）停工临设已拆除、施工尾项整改完毕。

6.4.3 装置相关的工艺特性要求

装置检修交回开工条件确认表见附录 C。

6.5 检修后期管理

6.5.1 资料交付

承包商应在检修项目结束后 30 天内将交工资料完整地交给使用单位，资料包含内容如下：

a）竣工图纸，施工技术方案，吊装方案，施工组织设计；

b）施工技术记录，试压记录，中间工序验收单，隐蔽工程验收单，拆检回装记录，发现问题与修复记录，设备开箱资料，设备封闭记录；

c）设备、材料、管道附件、配件的合格证明书及质量保证书，理化检验资料，衬里、防腐、保温施工技术记录及检验报告。

6.5.2 检修总结

装置检修结束后，要组织检修改造工作总结，对好的做法进行总结、提炼，固化成功经验，指导今后检修改造工作；对检修改造中存在的问题，进行原因分析，制定完善措施，不断提高管理水平。

大修总结模板见附录 I。

7 装置日常维护

7.1 日常巡检

包括操作工的日常巡检和专业人员（设备管理人员、专业维保人员、电仪专业人员）的日常点检。

7.2 日常维护

装置日常维护的基本内容包括设备维护保养、设备检查和设备修理。

7.2.1 设备维护保养

设备维护保养的内容是保持设备清洁、整齐、润滑良好、安全运行，包括及时紧固松动的紧固件，调整活动部分的间隙等。简言之，即“清洁、润滑、紧固、调整、防腐”十字作业法。维护保养依工作量大小和难易程度分为装置操作工保养、专职保养维修工的保养。

7.2.1.1　装置操作工保养

其主要内容是：清洁、润滑、紧固易松动的零件，检查零件、部件的完整。这类保养的项目和部位较少，大多数在设备的外部，一般由装置操作工人承担。

7.2.1.2　专职保养维修工的保养

主要内容包括对设备内部清洁、润滑、局部解体检查和调整，必要时对达到规定磨损限度的零件加以更换。此外，还要对主要零部件的磨损情况进行测量、鉴定和记录。具体标准执行通用设备的检修规程。

在两种维护保养中，装置操作工保养是基础，专职保养维修工的保养是关键。

7.2.2　设备检查和设备修理

设备检查按时间间隔分为日常检查和定期检查。

日常检查由操作人员执行，同操作工的保养结合起来，目的是及时发现不正常的技术状况，进行必要的维护保养工作。

定期检查是按照计划，在操作工参加下，定期由专职维修工执行，也就是预防性检查维修。目的是通过检查，全面准确地掌握零件磨损的实际情况，以便确定是否有进行修理的必要。

7.3　常见设备故障与处理方法

7.3.1　煤气化装置常见设备故障与处理方法

煤气化装置常见设备故障与处理方法见表 11。

表 11　煤气化装置常见设备故障与处理方法

设备类型	故障类型	处理方法
氨蒸发器	堵塞失效	高压水进行清洗
	换热管腐蚀穿孔泄漏	堵头将穿孔换热管堵死
渣放料罐	罐低磨损腐蚀穿孔	更换带内衬底锥
	进料管线法兰腐蚀减薄失效泄漏	更换法兰方式
高温高压过滤器	堵塞或者滤芯磨损	检修时更换滤芯，检修分布器
粗合成气管线	冲刷磨损	关键内部堆焊，或者整体更换
渣水泵	磨损结垢	更换、清洗疏通

7.3.2　变换装置常见设备故障与处理方法

变换装置单元常见设备故障与处理方法见表 12。

表 12　变换装置单元常见设备故障与处理方法

设备类型	故障类型	处理方法
变换炉进气加热器	堵塞失效	高压水进行清洗
	换热管腐蚀穿孔泄漏	堵头将穿孔换热管堵死
变换炉	排污管线堵塞、内壁磨损减薄穿孔	定期疏通、测厚
	进料管线法兰腐蚀减薄失效泄漏	更换法兰方式
油滤芯	堵塞现象	切出清理过滤器芯子
粗煤气管线	腐蚀开裂、磨损	使用含有内衬或复合材料的管件替代失效管件、更换
工艺冷凝液泵	机封泄漏，轴承磨损	更换机械密封、轴承

7.3.3　净化装置常见故障与处理方法

净化装置常见故障与处理方法见表 13。

表 13　净化装置常见故障与处理方法

设备类型	故障类型	处理方法
贫 / 富甲醇换热器	封头泄漏	加装 / 更换碟簧
	换热管腐蚀穿孔泄漏	堵头将穿孔换热管堵死
甲醇 / 水分馏塔	排污管线堵塞	定期疏通
	内壁冲刷减薄	加衬板
油过滤器	堵塞现象	切出清理过滤器芯子
进料泵	生机泵轴承和密封失效	更换轴承和机封
变换气管线	腐蚀减薄	定期测厚，预防性检修更换管件，带压堵漏

附 录 A
（资料性附录）
装置停工交付检修条件确认表

	确认内容	确认人
装置停工方案执行情况	1. 装置停工方案已全部执行完毕，各关键操作步骤已有专人签字确认	
	2. 装置物料退净，现场导淋打开检查均无残余物料	
	3. 装置停车期间须存物料容器及管线均已加盲板隔离并明显标识，且安全附件齐全完好	
盲板管理	所有盲板均已按盲板图加装完毕，经检查合格，标识完好，并有专人签字确认	
易燃易爆、有毒有害物质管理	1. 密闭容器、管线等易燃易爆物质、有毒有害气体系统均已置换倒空，且均已采样分析合格	
	2. 防硫化亚铁等物质自燃的监控及安全防范措施完好	
装置放射源管理	装置放射源均已抽出隔离，现场标识完好，并有专人签字确认	
转动设备检修条件	动设备电机已停电，并按照规定挂停电牌	
检修场地环境条件	1. 含油污水井、地漏已用石棉布、沙土封死盖严	
	2. 装置地面、明沟、平台及动静设备外表面无油污、杂物	
	3. 各种停工倒空废液、残液均已移出装置现场	
	4. 装置检修环境可燃、有毒有害气体分析合格	
消防器材管理	1. 高压消防水系统运行正常	
	2. 消防通道畅通	
	3. 灭火器材数量齐全、完好备用	

附　录　B
（资料性附录）
检修施工现场HSSE日检表

序号	检查内容	存在问题	检查人员	整改情况	验证人	备注
1	临时用电					
1.1	配备合格的持证电工					
1.2	配电箱合格、有防雨措施，按要求标识并上锁					
1.3	配电系统执行“三相五线制”，符合“三级配电二级保护”要求，安装匹配的漏电保护器，漏保动作灵敏好用，并进行日常试验和记录					
1.4	电缆及接头无破损，绝缘良好；铺设规范，走向清晰，标识明确					
1.5	用电严格执行“一机一闸一保护”					
1.6	按要求配置保护零线和工作零线，工作接地和重复接地完好					
1.7	安全电压符合作业环境要求					
1.8	使用工业插头、插座					
2	施工机具					
2.1	各种机具设备安全要求进行定期检查，确保完好					
2.2	设有机械保护装置（如转动设备等）的设备，保护装置处于完好状态					
2.3	用电机具、设施接地完好					
2.4	配备与作业要求相匹配的劳动防护用品					

检修施工现场 HSE 日检表（续）

序号	检查内容	存在问题	检查人员	整改情况	验证人	备注
2.5	空气压缩机压力表、安全阀等在检验期内并处于完好状态，高压气管和软管固定连接可靠					
2.6	气瓶垂直放置，瓶体固定可靠；气瓶分类摆放并保持安全距离，防护措施到位，气瓶阻火器、压力表等安全附件完好，气管无老化破损，连接可靠					
3	脚手架					
3.1	脚手架搭设人员是专业架子工，并持证上岗。搭设人员按要求着装，配备五点双大钩安全带					
3.2	编制脚手架搭设方案，进行安全技术交底并有记录					
3.3	按规范要求搭设脚手架，且有良好的整体稳固性					
3.4	搭设和拆除过程必须有专人监督，周边设置警戒区					
3.5	连墙件设置可靠，各节点扣件扭矩符合要求					
3.6	通道、护栏、腰杆、踢脚板等符合要求					
3.7	作业面满铺跳板，无孔洞，跳板可靠固定且无探头板					
3.8	作业面临时放置的材料等在允许荷载范围内，严禁超载荷；放置必须稳固，无坠物风险					
3.9	脚手架搭设完成，验收合格，挂牌使用					
3.10	消防设施保持完好，灭火器和消防水桶按要求配置					

检修施工现场HSE日检表（续）

序号	检查内容	存在问题	检查人员	整改情况	验证人	备注
3.11	消防安全通道保持畅通					
3.12	用火作业前，清理周边易燃物，采取接火措施					
4	起重					
4.1	编制了吊装方案、进行交底并有记录					
4.2	起重设备操作人员、司索、指挥持有效证件					
4.3	起重机械证照齐全有效					
4.4	起重机械安全设施、附件完好					
4.5	机索具检查完好，钢丝绳无磨损，连接可靠，绳卡数量和间距满足要求					
4.6	吊装作业半径设置了警戒区，禁止无关人员入内					
4.7	吊装前进行评估，确保在额定起升载荷范围内进行起重作业，不得超载					
4.8	吊车支腿符合要求					
4.9	吊物捆绑符合要求，使用溜绳					
4.10	吊装作业天气、环境、风力等符合要求					
5	焊接、气割					
5.1	设备接地完好					
5.2	焊把线无破损，连接器完好					
5.3	有专人监护，接火、防火措施到位					
5.4	可燃性气瓶与胶管连接完好，无漏气，气瓶有阻火器					
5.5	现场气瓶与明火源保持安全距离					

检修施工现场 HSE 日检表（续）

序号	检查内容	存在问题	检查人员	整改情况	验证人	备注
6	受限空间					
6.1	对所要进行作业的受限空间进行吹扫、蒸煮、置换，并分析合格。所有与受限空间相连接的管线、阀门应进行有效隔离，盲板处应挂标识牌，并经工艺技术人员签字确认					
6.2	出入口内外不得有障碍物，在受限空间入口处设置“危险！严禁入内”警告牌或采取其他封闭措施					
6.3	对有可能发生硫化亚铁自燃的设备、容器必须经充分的钝化脱臭处理，并在现场配置消防水带					
6.4	“进入受限空间作业许可证”实行一点一证					
6.5	进入受限空间作业实行“三不进入”原则，即：一、没有经批准有效的“进入受限空间作业许可证”不进入；二、安全措施未落实不进入；三、监护人不在场不进入					
6.6	作业现场配备必要的救护器具和灭火器材等					
6.7	进入受限空间作业应使用安全电压和安全行灯					
7	作业安全					
7.1	作业前进行班前安全教育和安全技术交底，作业人员清楚当天作业内容和安全风险及注意事项					
7.2	特殊工种持证上岗					

检修施工现场HSE日检表（续）

序号	检查内容	存在问题	检查人员	整改情况	验证人	备注
7.3	佩戴合格安全帽，并根据作业任务佩戴专用眼部、面部、手部等防护用品，高处作业人员系挂安全带					
8	收工检查					
8.1	配电系统一级箱断电，关闭气瓶角阀，上锁					
8.2	现场火种检查清理完毕					
8.3	清理各作业面材料和杂物等，做到工完料净场地清					
8.4	落实夜间值班、巡检人员，职责到位，检查内容明确					

附 录 C
（资料性附录）
装置检修交回开工条件确认表

确认内容	施工单位确认	车间确认
装置开工人员及开车保镖人员配备落实		
技术、原辅材料、动力、备品备件等方面的准备		
队伍技术状态、开工方案学习落实情况		
现场规格化情况		
工艺和设备联锁仪表校验情况		
HSSE 措施、环保措施落实情况		
盲板拆除清单、技术准备情况		
机、电、仪、公用工程、储运、质检等相关专业准备情况		
停工临设拆除、施工尾项整改情况等		

附 录 D
（资料性附录）
物资紧急需求计划审批表

记录编号			使用单位		
序号	物料编码	物资名称及规格型号	数量及单位	大修及工程项目相关信息	紧急需求原因说明

需求单位经办人	需求单位负责人	业务主管单位领导	公司分管领导	物资采购部门登记
签名： 电话： 年 月 日	签名： （公章） 年 月 日	签字： 年 月 日	签字： 年 月 日	签字： 年 月 日

附　录　E
（资料性附录）
隐蔽工程验收记录

<table>
<tr><td colspan="2">工程名称</td><td colspan="2"></td><td>建设单位</td><td></td></tr>
<tr><td colspan="2">施工单位</td><td colspan="2"></td><td>监理单位</td><td></td></tr>
<tr><td colspan="2">验收单位</td><td colspan="2"></td><td>验收单位</td><td></td></tr>
<tr><td>隐蔽检查内容</td><td colspan="5"></td></tr>
<tr><td>验收意见</td><td colspan="5"></td></tr>
<tr><td rowspan="3">施工单位</td><td>专业负责人</td><td></td><td rowspan="3" colspan="2">建设（监理）单位</td><td rowspan="3">监理工程师

（建设单位专业负责人）
年月日</td></tr>
<tr><td>专业技术员</td><td></td></tr>
<tr><td>质量检查员</td><td></td></tr>
</table>

附　录　F

（资料性附录）

设备检修验收记录表

设备名称　　　　　　　　　　　　　　　　　　　　　验收编号：

验收项目	验收内容	验收结果
设备基础		
机械性能		
电气		
仪表		
安全装置		
验收结论		
验收人员 （签字）		

验收日期：　　　年　　　月　　　日

附　录　G
（资料性附录）
设备开箱检验记录表

工程名称				编号：	
设备名称				产品合同号	
规格型号				出厂日期	
装箱单号		检验数量		开箱日期	
检查内容及规范标准要求					检查结果
包装情况	零部件应按类别及装箱单完好地装入箱内，并应垫平、卡紧、固定，精密加工、表面装饰的部件应防止相对移动。包装及密封应完好，规格应符合设计要求，附件、设备齐全，外观完好。设备、材料、零部件无损伤、锈蚀及其他异常情况				
随机文件	1. 文件目录；2. 装箱清单；3. 产品合格证；4. 有关图纸；5. 使用维护说明书；6. 电气原理图、接线图及其符号说明；7. 安装图；8. 安装（调试）说明书；9. 易损件目录				
机械部件	1. 产品名称、型号；2. 出厂编号；3. 标准编号；4. 质量等级标志；5. 厂名、商标；6. 出厂日期				
电气部件	电动机、控制柜等各种电气部件应装入防潮箱内，必须存放室内。控制柜标牌应标明型号、规格、制造厂名称及其识别标志或商标				
进口设备	应有进口货物报关单、商检合格证书以及国标准化组织认证的产品证书、产品检验标准和有关资料。产品各部件的标志、标识、须知、说明等，均应该清晰、易懂、耐用，并使用中文说明等文件				
处理意见					
签字栏	建设（监理）单位： 专业监理工程师： 年　月　日		供应单位： 供货人： 年　月　日		安装施工单位： 验收人： 年　月　日
本表由安装施工单位填写，建设单位、监理单位、安装施工单位、供应商各保存一份。					

附 录 H
（资料性附录）
分包审批表

<table>
<tr><td rowspan="2"></td><td colspan="5">建设工程施工专业分包审批表</td></tr>
<tr><td>记录编号</td><td colspan="2"></td><td>使用单位</td><td></td></tr>
<tr><td>项目名称</td><td colspan="3"></td><td>项目号</td><td></td></tr>
<tr><td>施工总承包人
/EPC 总承包人</td><td colspan="5"></td></tr>
<tr><td>合同编号</td><td colspan="5"></td></tr>
<tr><td rowspan="7">分包策划</td><td colspan="2">分包工程主要内容及所属专业</td><td colspan="3"></td></tr>
<tr><td colspan="2">工程数量</td><td colspan="3"></td></tr>
<tr><td colspan="2">拟分包工程合同额</td><td colspan="3"></td></tr>
<tr><td colspan="2">分包工程占全部工程</td><td colspan="3"></td></tr>
<tr><td colspan="2">拟分包单位及资质等级</td><td colspan="3">单位名称：
资质等级：</td></tr>
<tr><td colspan="2">拟分包单位管理人员情况</td><td colspan="3">项目经理：　　　　　　执业资格：
技术负责人：　　　　　职称：</td></tr>
<tr><td colspan="2">拟分包单位在中国石化工程建设市场资源库中编号</td><td colspan="3"></td></tr>
<tr><td>申请单位意见</td><td colspan="5">
日期（章）</td></tr>
<tr><td>项目管理单位意见</td><td colspan="5">
专业工程师：　　　　项目负责人：　　　　日期（章）</td></tr>
<tr><td>建设单位意见</td><td colspan="5">
项目经理：　　　　日期（章）</td></tr>
</table>

附 录 I
（资料性附录）
装置停工检修改造工作总结模版

根据公司《设备检修管理制度》规定，在装置停工检修结束后各相关单位应组织编写装置停工检修工作总结。为此，就进一步做好装置停工检修工作总结提出要求如下：

封面：

名称：××× 部 ××× 装置 ×××× 年 ×× 月停工检修工作总结

编写人：×××

审核人：×××

批准人：×××（运行部领导）

编写单位：中国石化 ××× 分公司 ××× 部

编写时间：×××× 年 ×× 月

正文：

（一）装置停工检修过程概述

装置开、停工、检修过程简述，本周期装置运行起止时间。

本周期装置运行中出现的主要问题。

本次停工检修、改造内容简述，检修项目计划数（包括补充、追加），检修计划完成情况。重点检修项目情况。

开停工、检修网络执行情况。

（二）主要检修内容技术总结

反应器部分

塔、容器部分

加热炉部分

冷换设备、空冷器部分

阀门部分

管道部分

压缩机部分

泵部分

特殊阀门部分

输送机械部分

压力容器检验（包括缺陷返修处理）

压力管道检验（包括缺陷返修处理）

安全阀检验

其他检修方面

技术分析中要有以下内容：上次运行周期出现的问题，本次检修检查情况及采取措施；上次检修遗留问题处理情况；本周期与上周期设备隐蔽检查情况对照；重复发生问题处理方案有效性；装置系统问题；典型案例。

（三）检修计划准确性分析

（四）检修施工队伍评述

（五）材料供应评述

（六）设计质量评价

（七）检修质量评价

（八）本次检修遗留问题及预案

（九）检修管理亮点、存在的不足和下次检修需注意的问题

（十）附表

表 1　设备增加情况表

序号	位号	名称	规格型号	制造厂	数量	备注

表 2　设备拆除情况表

序号	原位号	名称	规格型号	制造厂	数量	备注

表 3　管线拆除情况表

序号	原编号	名称	规格	长度 /m	备注

表 4　设备更换情况表

序号	位号	名称	规格型号		制造厂		数量	备注
			更换前	更换后	更换前	更换后		

表 5　冷换设备检修情况表

序号	位号	名称	规格型号	抽芯清洗	试压换垫	堵管根数	管束更换

表 6　阀门检修、更换情况表（*DN*50 和 *DN*50 以上）

序号	规格型号	公称直径	检修数量	更换数量

表 7　压力容器检验情况表

序号	计划检验台数	增加变更台数	减少变更台数	实际完成台数	缺陷返修台数

表 8　压力管道检验情况表

序号	检验计划		增加变更		减少变更		实际完成	
	条数	米数	条数	米数	条数	米数	条数	米数

表 9　安全阀门检验情况表

序号	计划检验台数	增加变更台数	减少变更台数	实际完成台数

附　录　J
（资料性附录）
装置特殊设备清单

序号	设备名称	专业代号
1	缠绕管换热器	
2	板翅式换热器	SHS 01009
3	旋转阀系统	
4	再生风机	

3. 甲醇合成装置维护检修规程

SHZ 05003—2019

目　次

前 言

本规程按照GB/T 1.1—2009《标准化工作导则 第1部分：标准的结构和编写》给出的规则起草。

本规程由中国石油化工集团有限公司、中国石油化工股份有限公司提出。

本规程起草单位：中天合创能源有限责任公司化工分公司。

本规程主要起草人：肖鹏、王厚齐、吴迪、刘玉良、张仁庆。

本规程2019年首次发布。

甲醇合成装置维护检修规程

1 范围

1.1 主题内容

本规程规定了甲醇合成装置（包括合成气压缩、甲醇合成、甲醇预精馏、膜分离、PSA、蒸汽过热六个单元）及其主要设备、专用设备、仪表设备、电气设备的检修周期、检修项目及质量要求、检修过程管理和日常维护的相关内容。

1.2 适用范围

本规程适用于煤化工企业甲醇合成装置的维护检修管理。

2 规范性引用文件

下列文件的条款通过本规程的引用而成为本规程的条款，凡是注日期的引用文件，其随后所有的修改单（不包括勘误的内容）或修订版均不适用于本规程；然而，鼓励根据本规程达成协议的各方研究是否使用这些文件的最新版本。凡是不注日期的引用文件，其最新版本适用于本规程。

2.1 法律法规

中华人民共和国安全生产法
中华人民共和国特种设备安全法
中华人民共和国环境保护法

2.2 特种设备安全技术规范

TSG D0001—2009　工业管道安全监察技术规程
TSG D7005—2018　压力管道定期检验规则——工业管道
TSG 21—2016　固定式压力容器安全技术监察规程
TSG R7001—2013　压力容器定期检验规则
TSG Q7015　起重机械定期检验规则
TSG Q0002　起重机械安全技术监察规程—桥式起重机

2.3 标准与规范

GB/T 150　压力容器

SH/T 3506　管式炉安装工程施工及验收规范
SH/T 3534　石油化工筑炉工程施工质量验收规范
SH/T 3113　石油化工管式炉燃烧器工程技术条件
SH/T 3115　石油化工管式炉轻质浇注料衬里工程技术条件
SH/T 3098　石油化工塔器设计规范
SH/T 3145　石油化工特殊用途汽轮机工程技术规范
SH/T 3539　石油化工离心式压缩机组施工及验收规范
SH/T 3143　石油化工往复压缩机工程技术规范
SHS 01004　压力容器维护检修规程
SHS 01005　工业管道维护检修规程
SHS 01006　管式加热炉维护检修规程
SHS 01007　塔类设备维护检修规程
SHS 01009　管壳式换热器维护检修规程
SHS 01010　空气冷却器维护检修规程
SHS 01013　离心泵维护检修规程
SHS 01015　电动往复泵维护检修规程
SHS 01016　螺杆泵维护检修规程
SHS 01017　齿轮泵维护检修规程
SHS 01020　活塞式压缩机维护检修规程
SHS 01022　离心式风机维护检修规程
SHS 01028　变速机维护检修规程
SHS 01030　阀门维护检修规程
SHS 03061　立式搅拌器维护检修规程
SHS 05029　甲醇装置合成反应器维护检修规程
SHS 05032　甲醇装置合成气压缩机组维护检修规程

2.4　中国石化管理规定

石化设备维修保养管理规定
炼油企业检修管理指南

3　术语与定义

下列术语和定义适用于本文件。

3.1　设备功能

设备功能指的是设备的生产效率和性能，衡量设备功能的指标随设备种类不同而异。

3.2 功能故障

设备、设施不能实现其设计功能时，称之为功能故障，定义为设备、设施不能满足期望的性能指标。一般指设备失去或降低其规定功能的事件或现象，表现为设备的某些零部件失去原有的精度或性能，使设备不能正常平稳运行、技术性能下降，导致设备中断运行或因效率降低而影响装置运行经济效益。

3.3 故障模式

故障模式一般是对产品所发生的、能被观察或测量到的故障现象的规范描述。

3.4 A类设备

本规程规定的A类设备是指设备的功能故障引起装置停车的设备。

3.5 B类设备

本规程规定的B类设备是指该设备的功能故障虽然不引起装置的停车，但对装置的负荷、质量及可靠性具有重大影响的设备。

4 装置特征

装置主体工艺采用德国鲁奇甲醇合成工艺技术，即两台水冷甲醇合成反应器并联后与一台气冷甲醇合成反应器串联，甲醇预精馏单元采用预精馏塔＋离子交换树脂吸附工艺。

装置包括合成气压缩单元、甲醇合成单元、甲醇预精馏单元、膜分离单元、蒸汽过热单元和PSA单元。净化装置送来的原料合成气经过压缩提压后送入两台并联水冷串一台气冷的三台甲醇合成反应器，在适宜温度、压力、空速和铜基催化剂作用下反应生成甲醇和水，同时生成甲酸、甲酸甲脂、二甲醚和石蜡等少量的有机杂质，这些混合物通称为粗甲醇，粗甲醇经过预精馏分离出杂质，成为合格的甲醇产品；合成回路中连续排放的驰放气送入膜分离和PSA单元进行氢气回收，PSA单元制取高纯氢，富裕的高纯氢气和膜分离提浓的渗透气返回合成气压缩机入口循环利用；水冷甲醇合成反应器汽包产生的饱和中压蒸汽送蒸汽过热炉系统过热后并入中压过热蒸汽管网。

4.1 装置工艺流程说明及流程图

4.1.1 装置工艺流程说明

来自净化装置的新鲜合成气（5.20MPa、30℃），与来自膜分离单元的富氢气体（5.20MPa、50℃）以及来自PSA氢回收单元的高纯氢混合（5.60MPa、40℃），经合成气压缩机加压至8.57/9.06MPa(SOR/EOR)后，送至甲醇合成单元。

合成气首先进入精脱硫槽脱除其中的硫化物后与经循环气调温器加热的循环气混合［混合后温度为136/108℃（SOR/EOR）的气体］进入气冷甲醇反应器管程，循环气换热器预热后238/234℃（SOR/EOR）进入水冷甲醇合成反应器管程，在催化剂的作用下进行甲醇合成反应，反应气经循环气换热器冷却［221/213℃（SOR/EOR）］后进入气冷甲醇合成反应器壳程进行反应，反应热用来加热管程的合成气，离开气冷甲醇合成反应器壳程的气体［7.67/8.13MPa（SOR/EOR）、219/221℃（SOR/EOR）］经循环气调温器和合成空冷器，将工艺气冷却至50℃（SOR/EOR）后，再经终冷器冷却到40℃（SOR/EOR）后进入甲醇分离器进行气液分离，分离出的液相粗甲醇［7.5MPa（SOR/EOR）］经减压至0.51MPa（SOR/EOR）后进入甲醇预精馏单元；分离出的气体作为循环气经循环气压缩机压缩至8.51/9.01MPa（SOR/EOR）后，再经循环气调温器加热至189/115℃（SOR/EOR）后继续反应。为防止循环气中惰性气体累积，少部分循环气作为驰放气经脱盐水洗涤后送往氢回收系统，以回收其中的有效气。

分离出的粗甲醇经减压进入甲醇膨胀罐闪蒸，闪蒸气经脱盐水洗涤后进入蒸汽过热炉作燃料，粗甲醇进入预精馏塔进行精馏。预塔精馏后的甲醇通过甲醇空冷器和甲醇冷却器冷却至40℃（SOR/EOR），先由甲醇过滤器除去有机蜡等杂质，再经过离子交换树脂除去微量的碱金属、甲胺类杂质，得到合格的甲醇产品。塔顶轻组分经预塔空冷器、尾气冷却器冷凝后进入预塔回流罐，冷凝液经过预塔回流泵送入预塔进一步回流，不凝气经尾气过热器过热后送往蒸汽过热炉作燃料气。

氢回收系统由膜分离及PSA单元组成。驰放气（40℃、7.41～7.87MPa）经过分液、加热至60～75℃后进入膜分离器，在膜组件中空纤维丝内外压差作用下，其渗透气为富氢气，返回合成气压缩机入口；非渗透气（7.5MPa）经减压至3.2MPa、分液后进入PSA单元进一步制取高纯氢，在多种吸附剂的依次选择吸附下，其中的H_2O、CO_2、N_2、CH_4和CO等杂质即解析气被吸附下来供蒸汽过热炉作为燃料气；未被吸附的氢气送至氢气压缩机入口，经提压（5.6MPa）后送至TSA，在吸附剂的作用下脱除气体中的微量水分，产品氢气经过滤后分两路，一路去氢气罐稳压后外送，另一路即富裕的产品氢返回合成气压缩机入口。渗透气及富裕的高纯氢这两股氢气用于调整原料合成气的氢碳比。

合成单元副产的饱和中压蒸汽［249℃、3.85MPa（SOR/EOR）］送入蒸汽过热单元过热至380℃、3.6MPa后，并入中压蒸汽管网。蒸汽过热炉燃料采用装置自产PSA解析气、预塔尾气，甲醇膨胀气，不足部分由管网燃料气作为补充。为提高燃料的效率，设置空气预热器通过高温烟气预热助燃空气。

4.1.2 装置工艺流程简图

装置工艺流程简图见图1。

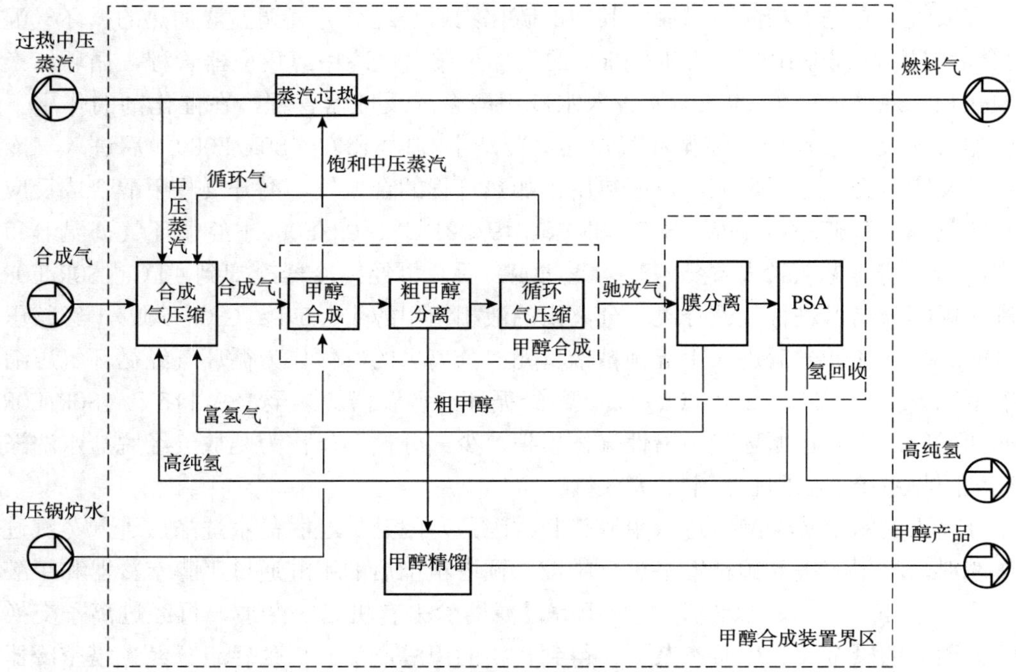

图 1　装置工艺流程简图

4.2　甲醇合成装置工艺特性参数

甲醇合成装置工艺特性参数见表 1。

表 1　甲醇合成装置工艺特性参数

序号	单元	描述	单位	控制范围
1	合成气压缩单元	透平中压蒸汽入口压力	MPa	3.1～3.7
2	合成气压缩单元	透平中压蒸汽入口温度	℃	360～395
3	合成气压缩单元	透平中压蒸汽流量	t/h	35～115
4	合成气压缩单元	透平排气压力	MPa	＜0.04
5	合成气压缩单元	透平排气温度	℃	38～69
6	合成气压缩单元	合成气压缩机出口压力	MPa	7.2～9.3
7	合成气压缩单元	合成气压缩机出口温度	℃	〈120
8	合成气压缩单元	循环气压缩机出口压力	MPa	7.0～9.2
9	合成气压缩单元	循环气压缩机出口温度	℃	35～70
10	合成气压缩单元	速关油压力	MPa	0.7～1.05
11	合成气压缩单元	润滑油压力	MPa	0.18～0.28
12	合成气压缩单元	干气密封隔离气压力	MPa	＞0.2
13	合成气压缩单元	一级密封气与平衡管压差	MPa	＞0.1
14	甲醇合成单元	精脱硫槽出口总硫含量	$\mu L/m^3$	＜50
15	甲醇合成单元	水冷甲醇合成反应器进气压力	MPa	6.3～8.8

表 1　甲醇合成装置工艺特性参（续）

序号	单元	描述	单位	控制范围
16	甲醇合成单元	水冷甲醇合成反应器进气温度（6000h 内 / 外）	℃	200～238/ 200～245
17	甲醇合成单元	水冷甲醇合成反应器出气温度（6000h 内 / 外）	℃	240～265/ 240～275
18	甲醇合成单元	水冷甲醇合成反应器压差	kPa	＜500
19	甲醇合成单元	气冷甲醇合成反应器管程进气温度	℃	105～155
20	甲醇合成单元	气冷甲醇合成反应器壳程进气压力	MPa	6.3～8.5
21	甲醇合成单元	气冷甲醇合成反应器壳程进气温度（6000h 内 / 外）	℃	210～230/ 210～245
22	甲醇合成单元	气冷甲醇合成反应器壳程出气温度（6000h 内 / 外）	℃	195～230/ 195～240
23	甲醇合成单元	气冷甲醇合成反应器床层温度	℃	200～280
24	甲醇合成单元	气冷甲醇合成反应器压差	kPa	＜1000
25	甲醇合成单元	原料合成气氢碳比	$(H_2-CO_2/CO+CO_2)$	1.95～2.1
26	甲醇合成单元	气冷甲醇合成反应器管程入口氢碳比	$(H_2-CO_2/CO+CO_2)$	2.3～5.3
27	甲醇合成单元	合成环路压力	MPa	6.3～8.4
28	甲醇合成单元	汽包出口中压蒸汽压力	MPa	3.2～4.2
29	甲醇合成单元	汽包出口中压蒸汽温度（0202）	℃	L:227
30	蒸汽过热单元	去管网中压蒸汽压力	MPa	3.0～3.8
31	蒸汽过热单元	去管网中压蒸汽温度	℃	365～395
32	蒸汽过热单元	蒸汽过热炉氧含量	%	2～4
33	蒸汽过热单元	蒸汽过热炉烟囱 CO 含量	mg/m^3	≤100
34	蒸汽过热单元	蒸汽过热炉炉膛负压	Pa	-40～-170
35	蒸汽过热单元	蒸汽过热炉炉膛温度	℃	＜900
36	膜分离单元	进膜气压力	MPa	H:8　L:6
37	膜分离单元	进膜气温度	℃	61～77
38	膜分离单元	渗透气压力	MPa	5.15～5.70
39	PSA 单元	PSA 进口压力	MPa	3.0～3.5
40	PSA 单元	产品氢气压力	MPa	3.6～5.65
41	PSA 单元	外供氢气压力	MPa	≥3.2
42	PSA 单元	外供氢气纯度	%（mol）	≥95
43	甲醇预精馏单元	甲醇膨胀罐压力	MPa	0.45～0.65
44	甲醇预精馏单元	预精馏塔塔顶压力	MPa	0.065～0.17
45	甲醇预精馏单元	甲醇产品压力	MPa	0.35～0.8
46	甲醇预精馏单元	甲醇产品纯度	%（质量）	≥95

4.3 甲醇合成装置危害特性

4.3.1 重大危险源识别

甲醇合成装置属于甲类生产装置，生产过程中使用的原料、产品及中间过程产物大多数都属于易燃、易爆、毒性物质（见表2），且反应系统的操作温度、压力较高；其中氢气、甲醇等均属于甲类火灾危险物质，一氧化碳和甲醇分别属于高度和中度危害毒性介质，此外蒸汽过热炉是明火设备，因此，本装置存在的主要危险因素是火灾、爆炸和中毒，装置安全生产工作的重点是防火、防爆和预防中毒（见表3）。

表2 装置涉及的危险、有害物质性质

物质名称		氢气	一氧化碳	甲烷	甲醇
闪点 /℃		＜-50	＜-50	-188	11
引燃温度 /℃		500	610	538	385
爆炸极限 /%		4.1～74.1	12.5～74.2	5.3～15	5.5～44
爆炸危险类别	级别	ⅡC	ⅡA	ⅡA	ⅡA
	组别	T1	T1	T1	T2
火灾危险类别		甲	乙	甲	甲B
物质危险性类别		第2.1类易燃气体	第2.1类易燃气体	第2.1类易燃气体	第3.2类易燃气体
职业危害程度分级		--	高度危害(Ⅱ级)	--	中度危害(Ⅲ级)
工作场所职业接触限值/(mg/m^3)	MAC	--	--	--	--
	TWA	--	20	--	25
	STEL	--	30	--	50
急性中毒	吸入 $LC_{50}/10^{-6}$		1807	--	64000
	经皮 LD_{50}/（mg/kg）	--	--	--	15800
	经口 LD_{50}/（mg/kg）	--	--	--	5628

注：TWA——时间加权平均容许浓度（8h）；

MAC——最高容许浓度，即一个工作日内任何时间都不应超过的浓度；

STEL——短时间接触容许浓度（15min）；

LC_{50}——呼吸道吸入半数致死浓度；

LD_{50}——经口、经皮半数致死浓度。

表 3　装置主要危害、有害因素及其分布

序号	作业部位名称	主要有害介质	主要危害因素
1	合成气压缩单元	CO、H_2、CH_4、CO_2	火灾、爆炸、中毒、烫伤
2	甲醇合成单元	CO、H_2、CH_4、CH_3OH、CO_2	火灾、爆炸、中毒、烫伤
3	膜分离单元	CO、H_2、CH_4、CO_2	火灾、爆炸、中毒
4	甲醇预精馏单元	CO、H_2、CH_4、CH_3OH	火灾、爆炸、中毒、烫伤
5	蒸汽过热单元	燃料气、天然气	火灾、爆炸、烫伤
6	PSA 单元	CO、H_2、CH_4、CO_2	火灾、爆炸、中毒

4.3.2　生产过程危险有害因素分析

4.3.2.1　火灾、爆炸危险物料危害：

a）氢气

氢气是甲类火灾危险性气体，与空气混合能形成爆炸性混合物，遇热或明火即爆炸。其气体比空气轻，在室内使用和储存时，漏气上升滞留屋顶不易排出，遇火星会引起爆炸。

b）一氧化碳

一氧化碳是一种易燃、易爆气体，与空气混合能形成爆炸性混合物，遇明火、高热能引起燃烧爆炸。

c）甲醇

甲醇是甲 B 类火灾危险性液体，其蒸气与空气可形成爆炸性混合物，遇明火、高热能引起燃烧爆炸。与氧化剂接触发生化学反应或引起燃烧，在火场中，受热的容器有爆炸危险。其蒸气比空气重，能在较低处扩散到相当远的地方，遇火源会着火回燃。

d）甲烷

甲烷以混合气体的形式存在于合成气、燃料气和天然气中。

甲烷易燃，与空气混合能形成爆炸性混合物，遇热源和明火有燃烧爆炸的危险。

4.3.2.2　毒性物质危害：

a）一氧化碳

健康危害：一氧化碳在血中与血红蛋白结合而造成组织缺氧。

急性中毒：轻度中毒者出现头痛、头晕、耳鸣、心悸、恶心、呕吐、无力，血液碳氧血红蛋白浓度可高于 10%；中度中毒者除上述症状外，还有皮肤黏膜呈樱红色、脉快、烦躁、步态不稳、浅至中度昏迷，血液碳氧血红蛋白浓度可高于 30%；重度患者深度昏迷、瞳孔缩小、肌张力增强、频繁抽搐、大小便失禁、休克、肺水肿、严重心肌损害等，血液碳氧血红蛋白浓度可高于 50%。

b）甲醇

健康危害：对中枢神经系统有麻醉作用；对视神经和视网膜有特殊选择作用，引起病变；可致代谢性酸中毒。

急性中毒：短时大量吸入出现轻度眼及上呼吸道刺激症状（口服有肠胃道刺激症状）；经一段时间潜伏期后出现头痛、头晕、乏力、眩晕、酒醉感、意识朦胧，甚至昏迷。视神经及视网膜病变，可有视物模糊、复视等，重者失明。代谢性酸中毒时出现二氧化碳结合力下降、呼吸加速等。

慢性影响：神经衰弱综合征，自主神经功能失调，黏膜刺激，视力减退等。皮肤出现脱脂、皮炎等。

4.3.2.3　窒息性物质危害：

a）二氧化碳

健康危害：在低浓度时，对呼吸中枢呈兴奋作用，高浓度时则产生抑制甚至麻痹作用。中毒机制中还兼有缺氧的因素。

急性中毒：人进入高浓度二氧化碳环境，会在几秒钟内迅速昏迷倒下，反射消失、瞳孔扩大或缩小、大小便失禁、呕吐等，更严重者出现呼吸停止及休克，甚至死亡。

慢性影响：经常接触较高浓度的二氧化碳者，可有头晕、头痛、失眠、易兴奋、无力等神经功能紊乱等。

b）甲烷

健康危害：甲烷对人基本上无毒，但浓度较高时，使空气中氧含量明显降低，使人窒息。当空气中甲烷达 25%～30% 时，可引起头痛、头晕、乏力、注意力不集中、呼吸和心跳加速。若不及时脱离，可致窒息死亡。

4.3.2.4　高温危害

本装置涉及的高温设备和管道较多，操作人员、作业人员在巡检、采样或检修过程中不注意接触高温管道、设备则可能引起烫伤。高温设备或管线如果发生泄漏，喷出的高温物料也可能造成周围人员的烫伤。

4.3.2.5　其他危害

a）高处坠落危险

装置中存在各种塔、炉等，这些塔、炉需要在高处操作、巡检和维修作业，如不采取防护措施，有发生坠落的危险。

b）触电及机械伤害

装置生产过程中使用了大量的电气设备及转动设备，在事故及检修等特殊情况下，存在潜在的触电及机械伤害危险。

5　检修周期及检修内容

5.1　主要设备

装置主要设备见表 4。

表4 装置主要设备一览表

名称	设备种类		主要设备	通用、专用设备检修规程的代码
转动设备	汽轮机	全凝式	蒸汽透平	SHS 03004
	压缩机	离心式压缩机	合成气压缩机组	SHS 05032
		往复式压缩机	氢气压缩机	SHS 01020
	泵	离心泵	透平凝液泵、甲醇输送泵、预塔回流泵、蒸汽凝液泵、污甲醇泵	SHS 01013
		螺杆泵	润滑油泵	SHS 01016
		往复泵	脱盐水泵、加药泵、清洗水泵	SHS 01015
		齿轮泵	盘车油泵	SHS 01017
	空冷器		透平凝液空冷器、合成空冷器、预塔空冷器、甲醇空冷器、尾气冷却器、闪蒸汽空冷器	SHS 01010
	风机		鼓风机、引风机	SHS 01022
	减速机		透平凝液空冷器减速机	SHS 01028
	搅拌器		磷酸三钠搅拌器	SHS 03061
静设备	反应器		水冷甲醇合成反应器、气冷甲醇合成反应器	SHS 05029
	塔		预精馏塔、驰放气洗涤塔	SHS 01007
	换热器	管壳式换热器	防喘振冷却器、循环气调温器、循环气换热器、终冷器、预塔再沸器、润滑油冷却器	SHS 01009
		U 形管式换热器	排污冷却器、非渗透气水冷器	SHS 01009
		板式换热器	甲醇冷却器、空气预热器	SHS 01009
	分离器		甲醇分离器、膜分离器	SHS 01004
	过滤器		粗甲醇过滤器、甲醇过滤器、离子交换器、树脂捕集器、粉尘过滤器	SHS 01004
	压力容器		精脱硫槽、变压吸附塔、汽包、甲醇膨胀罐、预塔回流罐、氢气罐	SHS 01004
	常压容器		污甲醇罐	SHS 01011
	加热炉		蒸汽过热炉	SHS 01006
	压力管道		合成气管线、氢气管线、甲醇管线等	SHS 01005
	阀门		安全阀、截止阀、闸阀、蝶阀、单向阀、球阀等	SHS 01030

表 4　装置主要设备一览表（续）

名称	设备种类		主要设备	通用、专用设备检修规程的代码
仪表设备	常规仪表	检测仪表、显示或报警仪表、控制仪表、辅助单元、执行器及其附件	热电偶、热电阻、压力变送器、液位计（雷达、浮筒）、流量计（涡街、电磁、超声波、转子）、气动活塞式调节阀、气动薄膜调节阀、开关阀、执行仪表附件（包括气控气阀、电控气阀、储气罐、气路二位多通电磁阀、阀位传送器、阀门定位器）、火焰检测器	
	控制系统	集散控制系统（DCS）、可编程控制系统(PLC)、机组控制系统（CCS 或 ITCC）、工业控制计算机系统（IPC）、监控和数据采集系统（SCADA）	DCS、CCS、PLC	
	安全仪表系统（SIS）	安全联锁系统、紧急停车系统和可燃、有毒有害气体及火灾检测保护系统	SIS、GDS	
	在线分析仪表	工业气相色谱仪、氧分析仪、红外分析仪、质谱仪、pH 计、电导仪、水分仪	质谱仪、pH 计、电导仪、水分仪、氢分析仪、氧化锆	
	安全环保仪表	可燃气体检测报警仪、有毒有害气体检测报警仪、氨氮分析仪、化学需氧量分析仪（COD）、水质分析仪、烟气分析仪（CEMS）	可燃有毒气体检测报警仪、有毒有害气体检测报警仪、CEMS	
	特殊仪表	振动 / 位移检测仪表、转速控制仪表	振动 / 位移检测仪表、轴瓦温度、转速探头、键相、电液转换器、振动开关	
电气设备	变配电设备及二次设备	变压器	油浸式变压器	
		中压柜	10kV 中压开关柜	
		低压柜	0.4kV 低压开关柜	
		互感器	电流互感器、电压互感器、避雷器	
		综合保护器	综合保护器(ABB 综保、北斗银河综保)	

表 4 装置主要设备一览表（续）

<table>
<tr><th>名称</th><th colspan="2">设备种类</th><th>主要设备</th><th>通用、专用设备检修规程的代码</th></tr>
<tr><td rowspan="9">电气设备</td><td rowspan="3">电源装置</td><td>直流屏</td><td>蓄电池、检测模块</td><td></td></tr>
<tr><td>UPS 电源</td><td>整流模块、逆变模块、蓄电池</td><td></td></tr>
<tr><td>EPS 电源</td><td>EPS 主机柜、EPS 电池柜、蓄电池</td><td></td></tr>
<tr><td rowspan="2">旋转电机及变频器</td><td>防爆电机</td><td>机泵防爆电机、空冷器风机防爆电机、氢压机防爆电机等</td><td></td></tr>
<tr><td>变频器</td><td>西门子 11kW、15kW、37kW、45kW、110kW 变频器</td><td></td></tr>
<tr><td colspan="2">电力线路</td><td>架空电力线路、电缆线路</td><td></td></tr>
<tr><td colspan="2">照明设施</td><td>灯具、照明箱、开关、接线盒、照明控制器</td><td></td></tr>
<tr><td colspan="2">防雷接地设施</td><td>电力线路和电气设备的工作接地、保护接地、防雷及防静电的接地装置</td><td></td></tr>
</table>

5.2 检修周期

根据装置实际运行情况及催化剂使用周期安排停车大修，甲醇合成装置大修周期一般为 36～48 个月。

5.3 检修内容

5.3.1 确定检修内容的依据

a）法定检验要求：按法律法规要求的特种设备定期检验。

b）政策法规要求：根据国家和相关部门对安全、环境保护、节能等要求，对设备的安全防护装置不符合规定、排放的气体、液体、粉尘等污染环境需安排改善修理，以及高能耗和国家有限制使用的设备，进行改造和更新。

c）消除隐患缺陷：根据日常巡检、定期检查、状态监测和故障修理记录所积累的设备状态信息，结合年度设备检查、检验的结果，对技术状态劣化、存在缺陷的设备，列入检修计划。

d）优化运行状况，恢复设备性能。

静设备：炉、塔、换热器、反应器、容器等设备内部因内构件损坏、结焦、积垢、腐蚀等原因造成运行状况恶化、性能降低等；

转动设备：磨损、疲劳、泄漏、振动等原因造成运行状况恶化、性能降低等；

电气设备：部件老化等原因造成运行状况恶化、性能降低等；

仪表设备：部件老化等原因造成运行状况恶化、性能降低等。

e）长周期运行要求：设备存在无法安全稳定运行到下一个检修周期的问题，列入检修计划；依据设备零部件使用时间，按照预防性检修策略，对需更换部件的设备列入检修计划。

f）工艺催化剂失效：甲醇催化剂的活性随催化剂使用时间逐渐降低，催化剂使用末期，直接体现为反应器中甲醇生产产生的反应热减少，汽包蒸汽产量减少；循环气量明显上升；驰放气量明显增多；吨甲醇合成气单耗高，甲醇产量降低，副产物变多，装置运行越来越不经济，则需考虑更换催化剂。

g）有备用设备的或日常可以进行检修的不列入大修项目（特殊情况除外）。

5.3.2 检修具体内容

停车大检修是指针对甲醇合成装置安全环保、长周期运行及经济效益有重大影响的设备、管线、电气仪表系统、土建及基础设施等在运行周期内将要发生的功能故障进行全面检修。其他检修是指除大修外针对装置局部或设备本体有经济运行影响的功能故障而进行的检修。主要设备检修内容和质量要求见表5。

表5 主要设备检修内容和质量要求

序号	设备名称	设备功能	功能故障	故障周期/月	检修内容	质量要求	专业类别
1	蒸汽透平	消耗中压蒸汽，将热能转变为机械能，驱动压缩机组运转	1. 轴瓦温度超标	36～48	1. 径向轴承和止推轴承，测量各轴承间隙及瓦背紧力，瓦块进行无损检测	具体质量要求见SHS 03004《化工厂工业汽轮机维护检修规程》	A类
			2. 轴振动超标		2. 检查汽缸有无裂纹、冲刷、损坏及结合面有无漏汽痕迹等缺陷		
			3. 轴位移超标		3. 检查、调整滑销系统；检查、调整缸体及轴承箱水平度		
			4. 轮室压力超标		4. 检查、清理隔板、喷嘴及转子等零部件，并进行无损检测		
			5. 轴封蒸汽泄漏较大		5. 测量、复检调整隔板各部间隙		
			6. 异常响声		6. 检查、清理或更换部分汽封，测量、复检调整汽封间隙		
			7. 调速汽门填料泄漏		7. 更换全部O形环等易损密封件		
			8. 气缸变形、泄漏		8. 检查转子径向、端面跳动值，测量、复查轴直线度		
					9. 检查轴颈和推力盘，并测量轴径椭圆度		
					10. 测量、检查叶片、围带、铆钉等有无松动、裂纹、断裂、腐蚀等缺陷		

表 5　主要设备检修内容和质量要求（续）

序号	设备名称	设备功能	功能故障	故障周期/月	检修内容	质量要求	专业类别
1	蒸汽透平	消耗中压蒸汽，将热能转变为机械能，驱动压缩机组运转			11. 检查、清理汽缸螺栓、螺母，并进行无损检测，必要时更换	具体质量要求见 SHS 03004《化工厂工业汽轮机维护检修规程》	A类
					12. 解体检查调节汽阀检查各阀杆的直线度，阀头、阀座进行无损检测，检查阀头的密封性		
					13. 检查、更换调节汽阀阀杆填料组件、视情更换阀杆		
					14. 检查、清理主汽阀，视情更换损坏件		
					15. 检查、调节错油门、油动机		
					16. 检查机组凝液系统；检查、修理透平凝液泵		
					17. 检查机组真空系统；检查、校验大气安全阀；检查、清理抽气器及喷嘴等零部件；检查、清理热井		
2	合成气压缩机组	原料合成气与富氢气及高纯氢混合后经合成气压缩机加压后送至甲醇合成单元；循环气经循环气压缩机加压后与脱硫后的合成气混合进入气冷反应器管程	1. 轴瓦温度超标	36～48	1. 检查联轴器膜盘及全部膜片和全部螺栓；螺栓、轴颈、轮毂进行无损检测	具体质量要求见 SHS 05032《甲醇装置合成气压缩机组维护检修规程》	A类
			2. 轴振动超标		2. 测量轴头到联轴器轮毂端面距离、联轴器对轮间距等；复查机组对中数据		
			3. 轴位移超标		3. 检查径向轴承和止推轴承磨损情况，测量各轴承间隙、接触面积及瓦背紧力，瓦块进行无损检测		
			4. 异常响声		4. 检查轴颈、止推盘磨损状况及跳动值，必要时进行调整或更换		
			5. 喘振		5. 复查转子的窜量数据		
			6. 内缸与筒体处泄漏		6. 检查内缸与转子各气封间隙；检查、清理迷宫密封上的积焦和污物，必要时更换；回装内缸时更换全部 O 形密封圈		
			7. 干气密封失效		7. 检查、清理转子、隔板等部件		
					8. 对转子及止推盘、叶轮等组成部件、各级隔板进行无损检测		

表5 主要设备检修内容和质量要求（续）

序号	设备名称	设备功能	功能故障	故障周期／月	检修内容	质量要求	专业类别
2	合成气压缩机组	原料合成气与富氢气及高纯氢混合后经合成气压缩机加压后送至甲醇合成单元；循环气经循环气压缩机加压后与脱硫后的合成气混合进入气冷反应器管程			9. 检查、测量转子各部位的跳动值，测量几何尺寸；检查转子轴颈的椭圆度、圆柱度、粗糙度和形位误差情况，并进行打磨和抛光	具体质量要求见SHS 05032《甲醇装置合成气压缩机组维护检修规程》	A类
					10. 检查、紧固压缩机基础螺栓；检查压缩机的定位及导向滑销的情况并进行必要的调整和润滑；对壳体螺栓进行无损检测		
					11. 拆检、更换干气密封；拆检、更换过滤器滤芯；吹扫干气密封系统附属管线		
					12. 检查机组润系统；蓄能器检查，更换皮囊或充压；检查、清理润滑油箱、高位油箱、油冷却器；检查、清理润滑油泵过滤器、油过滤器，清理或更换滤芯；检查、修理润滑油泵		
3	蒸汽过热炉	将水冷反应器汽包副产的饱和中压蒸汽加热至过热中压蒸汽	1. 烧嘴积炭、堵塞	36～48	1. 检查清理炉膛、烟道、烧嘴	具体质量要求见SHS 01006《管式加热炉维护检修规程》	A类
			2. 炉管变形、弯曲		2. 炉管无损检测及测厚，清扫炉管表面灰垢		
			3. 炉膛、烟道衬里脱落		3. 根据损坏程度，修理或更换炉管、弯管、管板和吊挂等炉内构件，测量炉管蠕胀情况		
			4. 对流段换热能力下降		4. 修补、更换对流室、辐射室和烟道等部位的炉墙及衬里		
			5. 空气预热器换热能力下降		5. 检查对流段翅片管腐蚀及积灰情况，必要时进行处理、清理		
					6. 检查、修理炉体钢结构		
					7. 炉管试压、炉衬养护及烘炉		
					8. 检查空气预热器积灰、结垢情况，必要时进行清理		

表5　主要设备检修内容和质量要求（续）

序号	设备名称	设备功能	功能故障	故障周期/月	检修内容	质量要求	专业类别
4	水冷甲醇合成反应器	换热管内装催化剂进行反应合成甲醇，壳程内充满中压锅炉水，自然循环换热副产中压蒸汽移除反应热	1. 焊缝开裂 2. 法兰泄漏 3. 催化剂性能下降、失活	36～48	1. 检查壳体及封头焊缝、封头及筒体有无裂纹，局部是否变形及过热等 2. 检查气体分布器、换热管等内件是否完好；相关固定螺栓是否脱落 3. 检查法兰密封面有无损伤、腐蚀、径向划痕及沟槽 4. 检查换热管及管板是否腐蚀、泄漏 5. 检查蒸汽喷射器等部件 6. 检查设备裙座及基础；检查设备绝热层 7. 催化剂及瓷球更换	具体质量要求见SHS 05029《甲醇装置合成反应器维护检修规程》	A类
5	气冷甲醇合成反应器	壳程内装催化剂进行反应合成甲醇，管程轴向冷却管均匀布置穿过催化剂床层，预热水冷反应器入口合成气	1. 焊缝开裂 2. 法兰泄漏 3. 催化剂性能下降、失活	36～48	1. 检查壳体及封头焊缝、封头及筒体有无裂纹，局部是否变形及过热等 2. 检查中心管、气体分布器、膨胀节等内件是否完好；相关固定螺栓是否脱落 3. 检查法兰密封面有无损伤、腐蚀、径向划痕及沟槽 4. 检查热电偶等仪表附件 5. 检查设备裙座及基础；检查设备绝热层 6. 催化剂及瓷球更换	具体质量要求见SHS 05029《甲醇装置合成反应器维护检修规程》	A类
6	精脱硫槽	采用高效的氧化锌＋氧化铜脱硫组合，保证将合成气中的催化剂毒物含量降至允许水平	1. 焊缝开裂 2. 法兰泄漏 3. 脱硫剂性能下降、失活	36～48	1. 检查壳体及封头焊缝有无裂纹，局部是否变形及过热等 2. 检查法兰密封面有无损伤、腐蚀、径向划痕及沟槽 3. 检查设备裙座及基础；检查设备绝热层 4. 脱硫剂及瓷球更换		B类

表 5 主要设备检修内容和质量要求（续）

序号	设备名称	设备功能	功能故障	故障周期／月	检修内容	质量要求	专业类别
7	预精馏塔	将粗甲醇中轻组分脱除，得到甲醇产品	1. 工作表面结垢	36～48	1. 检查、清理塔内壁和塔盘等内件	具体质量要求见 SHS 01007《塔类设备维护检修规程》	A 类
			2. 法兰泄漏		2. 检查、修理塔体和塔盘等内件的腐蚀、变形、损坏、脱落		
			3. 塔体厚度减薄		3. 检查塔体和封头焊缝有无裂纹，局部是否变形		
			4. 塔体局部变形		4. 检查、修理分配器、除沫器等部件		
					5. 检查设备裙座及基础；检查设备绝热层		
8	氢气压缩机	将 PSA 未被吸附的氢气加压送至 TSA 脱水	1. 排气量不足	12～24	1. 检查曲轴主要几何精度、尺寸和磨损情况以及有无裂纹	具体质量要求见 SHS 01020《活塞式压缩机维护检修规程》	B 类
			2. 排气温度超标		2. 检查十字头销及衬套的磨损情况		
			3. 运动部件发出异常声响		3. 检查活塞杆与活塞螺母连接紧固情况，检查活塞环与十字头连接螺母紧固情况		
			4. 气缸内发出异常声响		4. 检查气缸镜面磨损情况		
					5. 更换活塞环、支承环、填料密封环、气阀		
					6. 检查或更换连杆螺栓		
					7. 检查、更换主轴瓦、连杆大头瓦		

5.3.3 系统功能故障分析

系统功能故障分析见表 6。

表 6 系统功能故障分析

序号	单元名称	装置功能	功能故障	故障后果	故障策略及检修内容	故障周期／月
1	合成气压缩单元	将来自界区的原料合成气加压后送往甲醇合成单元	蒸汽透平、压缩机组故障停车	系统停车	检修机组	36～48
			蒸汽透平能耗增加，无调节余量	能耗高、运行不经济		

表 6 系统功能故障分析（续）

序号	单元名称	装置功能	功能故障	故障后果	故障策略及检修内容	故障周期/月
2	甲醇合成单元	从合成气压缩机来的合成气脱除其中硫化物后与循环气混合，进入气冷管程加热后进入水冷，在催化剂作用下合成甲醇	催化剂性能下降或失活	产品质量不合格、处理量降低或装置停工	更换催化剂	36～48
3	膜分离单元	提高氢气回收率，对驰放气进行分离，一股为富氢气流，一股为非渗透气流，富氢气与新鲜合成气混合返回合成气压缩机入口，非渗透气经降温后送往下游	膜组性能降低	产品质量不合格、处理量降低	更换膜组	240
4	甲醇预精馏单元	采用预塔精馏+离子交换树脂吸附工艺技术生产甲醇产品	树脂活性下降	产品质量不合格、处理量降低	更换树脂	36～48
5	蒸汽过热单元	来自甲醇合成单元的饱和中压蒸汽，先通过蒸汽过热炉对流段，再经过辐射段，过热后，部分用于驱动合成气压缩机透平外，其余外送管网	引风机故障停车	处理量降低	检修引风机	36～48
			排烟温度高	热效率不达标	检修、清理空预器	
6	PSA单元	来自膜分离单元的非渗透气经变压吸附提氢	PSA吸附剂性能下降或失活	产品质量不合格、处理量降低	更换PSA吸附剂	240
			TSA吸附剂性能下降或失活	产品质量不合格、处理量降低	更换TSA吸附剂	36～48

6 装置检修管理

6.1 装置检修前准备工作

6.2.1 计划管理：遵循“应修必修，不失修；修必修好，不过修”的原则，以及装置大修计划与技术改造、安全环保隐患治理、产品质量升级达标项目相结合的原则编制检修计划，计划经讨论、审核后下达。

6.2.2 设计管理：明确改造项目具体内容及具体设计要求，按大修统筹安排，落实基础设计、详细设计的关键节点以及需要提供的技术文件、资料要求，按进度及质量要求完成设计内容，并在大修前完成设计交底。

6.2.3 物资采购管理：按检修计划完成相关备件、材料的提报，尤其是长周期物资采购计划。及时跟踪物资采购到货情况，落实物资到货验收、检验，检修开始前，主要物资到货率应超过 95%，其他物资到货时间应满足检修改造施工进度要求。

6.2.4 承包商管理：检修改造项目承包商的确定在装置停工 6 个月前完成，在装置停工前 3 个月须完成合同签订。项目主管单位对承包商安全、质量、进度、文明施工等各个环节管理情况进行检查、监督考核。强化分包管理，总承包商落实资质审查、分包审批，严禁“以包代管”和“包而不管”。

6.2.5 项目对接及交底：检修项目开工前，装置向承包商项目经理及管理人员进行项目的管理要求、HSSE 要求、质量技术要求、进度要求、作业环境条件等内容的对接。检修项目开工前，装置技术质量及安全管理人员向参与施工的技术人员进行设计交底、施工作业技术交底、施工安全技术措施交底与反交底。

6.2.6 人员、工机具准备：业主及施工单位成立检修改造组织机构，确定成员名单，明确责任分工。承包商在装置停工前 4 个月编制好施工人员及机具进场计划表，对特殊工种人员，核对资质证书的许可项和有效期是否满足要求，对进场工器具进行检查、检验，确保设备设施处于完好状态。

6.2.7 检修、施工方案：按照项目检修内容与技术要求编制检修技术方案，方案完成审批后对施工单位进行交底并提出施工方案编制要求；施工方案要包括施工程序、施工方法、技术和质量要求、进度计划、安全技术措施等内容。

6.2.8 预制管理：承包商要在项目交底后编制预制计划和预制方案。要加大在预制场施工的工作量，减少装置现场焊接和射线检测。

6.2.9 停开工管理：装置根据工艺特点及检修计划编制停、开工方案，制定总体停、开工安排和网络计划。

6.2.10 培训管理：装置组织检修方案，停、开工方案，吹扫、置换、隔离方案的培训以及安全、环保消气防技能培训；组织装置停工、开工应急预案的学习和演练。确保检修人员不仅掌握基本的专业知识、具备相应的专业技能，而且熟悉和理解装置对检修改造项目的各方面要求及管理规定；承包商应进行安全风险、检修技能、施工方案、规章制度等方面的培训。

6.2 装置工艺交出检修条件

6.2.1 按照方案停工完成，全部设备、管线内工艺介质已清除干净，泄压、放空及置换合格（建立相关系统及管线吹扫置换确认表，相关责任人签字确认）。

6.2.2 装置与管网有效隔离，完成装置界区及内部盲板加装与标识，建立停工盲板状态清单，盲板加装人及确认人签字确认。

6.2.3 设备及工艺管线的高点、低点放空应拆除盲法兰、丝堵及管帽，处于打开排净状态。

6.2.4 所有塔器、储罐、炉膛及地沟、电缆沟等关键部位采样分析合格，附分析合格单（对装有催化剂等三剂的塔器除外，但需要采取相应隔离措施）。

6.2.5 合成反应器催化剂钝化完成并全部卸出。

6.2.6 建立人孔状态清单，相关责任人签字确认（因装有催化剂等三剂以及其他特殊原因不具备打开条件的人孔需附详细说明，并采取相应隔离措施）。

6.2.7 不检修设备隔离保护措施落实到位，并设有明显警示标识。

6.2.8 按方案不退介质的设备已按照方案要求进行有效的安全隔离。

6.2.9 安全组织、措施、内容落实，参检人员已完成安全教育。

6.2.10 设备、地面、水沟、平台等无油污、无杂物、无积水，清污分流设施已投用。

6.2.11 停工后中控室及现场监护人安排到位。

6.3 检修过程安全环保管理总体要求

6.3.1 安全管理总体要求

a）装置检修改造的安全管理，坚持“安全第一、预防为主、综合治理”的方针和“谁主管、谁负责”“谁签发、谁负责”的原则，坚持以人为本、落实责任、强化监督，按属地化管理原则。企业可根据需要自行决定是否外聘第三方 HSSE 监管，第三方 HSSE 监管纳入 HSSE 管理体系。

b）各级指挥部的安全环保消防组应按指挥部管理体系要求承担相应的管理责任。

c）承包商应建立健全安全管理体系，成立安全管理组织机构，明确管理职责，确保检修过程安全高效。分包商的安全管理工作由总承包商负总责。

d）安全监督管理部门对检修过程的安全管理工作进行监督检查，指挥部的安全环保消防组负责施工过程安全检查管理。运行部负责所在区域的施工项目配合和现场安全监督检查。

6.3.2 环保管理总体要求

a）严格遵守各级环保管理制度，把环境保护内容纳入装置开停工及大修改造管理内容。

b）加强装置开停工及大修改造过程中的环保管理，确保污染物和噪声受控，实现达标排放，杜绝环境污染事件和扰民事件发生。

c）装置开展开停工和检修作业环境因素识别与评价，检修施工单位开展检修作业环境因素识别与评价；要根据评价结果制定控制措施，并将控制措施落实到开停工方案和检修方案中。

d）装置开停工及检修过程中应优化停工退料程序，实现合理用水、尾气回收，减少污水与废气排放。

e）装置开停工及检修作业产生的工业废物应分类收集，集中规范堆放，工业废物处置应提前申报。

6.4 质量管理

6.4.1 建立检修质量管理体系，成立检修质量管理组织机构，明确管理职责，建立质量管理程序文件。

6.4.2 对承包商资质、施工机具等进行审查。

6.4.3 通过设计审查，确保设计质量。

6.4.4 组织采购物资的到货验收、入库检验。

6.4.5 施工单位做好施工组织设计，编制专项检修质量检查卡片，明确质量控制点及质量标准；运行部、机动工程部等职能部门按程序进行审核会签。

6.4.6 组织施工质量的监督、检查和验收，确保质量管理体系有效运行。

6.4.7 检修项目严格执行标准规范、检修规程、检修方案。

6.5 变更管理

检修过程要加强变更管理，建立健全变更管理制度和工作流程，采取措施减少变更数量。原则上，没有经过讨论、审批的变更不在检修中执行。

6.5.1 试用产品、设备备件结构形式改变、材质升级要组织风险辨识和技术论证审批，审批时要加强相关专业沟通并签字确认。

6.5.2 所有变更应事前发起，只有当变更得到批准后，才可组织实施。项目变更由变更提出单位发起申请并填写“变更申请单”，按照各企业相关制度规定的权限办理审批手续。

6.5.3 对于因材料价差导致的超费用计划（或工单预算），需要补办变更手续。

6.5.4 对于不涉及费用计划的变更，如项目名称、版本号、承包商、施工方案、施工进度等也需办理相应的变更手续。

6.5.5 对于结算费用高于非包干合同标的的，按各企业管理制度执行变更。

6.5.6 投资类项目的变更参照各企业“固定资产投资过程控制管理规定”执行。

6.6 装置检修交回条件

6.6.1 装置开工人员及开车维保人员配备落实。

6.6.2 原辅材料、备品备件等准备到位。

6.6.3 设备、管线、电气设备、仪表设备检修完成，改造项目施工完成，并验收合格。

6.6.4 施工用临时设施及脚手架已全部拆除；现场清洁、无杂物。

6.6.5 工艺系统流程已确认打通，公用工程已投用。

6.6.6 调节阀、联锁调试正常。

6.6.7 设备相关安全附件完成安装，现场确认所有一次表已投用。

6.6.8 系统气密、置换合格。

6.6.9 确认所有盲板在开车状态。

6.6.10 开工方案已经审批，方案培训已经完成。

6.6.11 开车条件确认和检查工作全部结束，相关负责人签字确认。

6.6.12 消气防及环保设施完好投用。

6.7 检修后期管理

6.7.1 资料交付

承包商应在检修项目结束后30天内将交工资料完整地交给使用单位，资料包含内容如下：

竣工图纸，施工技术方案，吊装方案，施工组织设计；施工技术记录，试压记录，中间工序验收单，隐蔽工程验收单，拆检回装记录，发现问题与修复记录，设备开箱资料，设备封闭记录；设备、材料、管道附件、配件的合格证明书及质量保证书，理化检验资料，衬里、防腐、保温施工技术记录及检验报告。

6.7.2 检修总结

装置检修结束后，要组织检修改造工作总结，总结、提炼好的做法，分析存在的问题，提出改进完善措施，不断提高检修管理水平。

7 装置日常维护

7.1 日常巡检

日常巡检包括操作工的日常巡检和专业人员（管理人员、维保人员、电仪专业人员）的日常点检。

7.1.1 日常巡检要点

日常巡检要明确巡回检查路线、内容和标准，须检查设备以下几个方面的情况：

a）设备连接、紧固情况：连接螺栓及地脚螺栓是否松动，设备是否正常运行。

b）设备润滑情况：设备是否漏油、缺油，润滑油是否变质或乳化。

c）设备密封性：检查机组、泵、管线、阀门是否存在跑、冒、滴、漏、现象。

d）设备运行参数：压力表、温度计、液位计、流量计指示是否正常，转动设备电流是否正常。

e）设备运行状况：检查设备的振动是否正常，运转声音是否正常。

f）设备卫生情况：查看设备本体、附属管线及周围卫生是否清洁。

g）设备防冻防凝：检查冬季防冻防凝措施落实情况。

7.1.2 操作人员巡检要点

操作人员应按要求做好巡检工作，随身携带必要的工具，并按规定穿戴好劳保用品，检查过程应认真仔细，并做好巡检记录。在生产不稳定、气候异常或开停车、检维修期等特殊情况下，应适当调整巡检次数和内容，确保安全生产。发现异常情况应及时处理并上报。对巡检发现的问题，无论是否处理完成，都要及时、准确、清晰、认真地填写巡检记录。各单元须重点巡检以下内容：

a）合成气压缩单元：重点巡检机组运行情况，查看机组转速、轮室压力、排气压力、润滑油及控制油压力、干气密封压力、流量是否正常；透平凝液泵、润滑油泵、空冷岛风机运行、润滑情况是否正常。

b）甲醇合成单元：重点查看汽包、甲醇分离器、驰放气洗涤塔液位是否正常；空冷器风机运行是否正常、同步带磨损情况；脱盐水泵运行、润滑情况是否正常，活塞填料是否泄漏。

c）膜分离单元：重点查看驰放气分液罐液位是否正常，入膜温度是否正常。

d）甲醇预精馏单元：重点查看甲醇输送泵、预塔回流泵等机泵运行、润滑及密封是否正常；空冷器风机运行是否正常、同步带磨损情况。

e）蒸汽过热单元：重点查看烧嘴火焰燃烧情况、有无舔管现象，炉膛负压是否正常；鼓风机 / 引风机运行、润滑情况是否正常。

f）PSA 单元：重点查看变压吸附塔压力是否正常，氢压机运行、润滑是否正常。

7.1.3 仪表人员巡检要点

仪表人员日常检查内容包括：

a）DCS、SIS、PLC、GDS 工作状态是否正常，自控系统通信情况、控制系统冗余情况、卡件和模块情况、安全栅有无故障报警等。

b）机柜间有无异常气味，防静电地板、室内照明是否完好；屋面、墙壁是否漏雨，电缆沟是否积水，环境卫生是否整洁，室内温湿度是否正常等。

7.1.4 电气人员巡检要点

电气人员日常检查内容包括：

a）主变及所用变的运行情况。

b）变电所温度、湿度及环境卫生情况。

c）变配电系统的运行方式。

d）检修、清扫、试验等工作的安全措施。

e）电气设备缺陷情况。

f）运行数据异常的设备。

g）火灾报警系统、防火设施及消防器材。

h）防止小动物进入的相关设施情况。

7.2 日常维护

装置日常维护的基本内容包括设备维护保养、设备检查和设备修理。

7.2.1 设备维护保养

设备维护保养要明确分工，实行专机专责制和区域包机制，每台设备有专人负责，对大型机组、关键设备要严格实行定人、定机、定操作规程、定保养细则的管理。主要内容是保持设备清洁、整齐、润滑良好、安全运行，包括及时紧固松动的紧固件，调整活动部分的间隙等。简言之，即“清洁、润滑、紧固、调整、防腐”十字作业法。

维护保养依工作量大小和难易程度分为装置操作工保养、专职保养维修工的保养。

7.2.1.1　装置操作工保养

装置操作人员是设备运行和日常维护保养的责任者，必须遵守设备操作、维护制度和规程，严格控制操作指标，严禁设备超温、超压等超指标运行。严格按照设备点检、巡回检查等管理规定和标准，进行设备维护和保养。

操作人员必须掌握维护保养技术，达到本工种技术等级标准的应知应会要求，做到三好（用好、管好、修好）、四懂（懂结构、懂原理、懂性能、懂用途）、三会（会操作、会维护保养、会排除故障）、三勤（勤检查、勤清扫、勤润滑）。

主要内容是：清洁、润滑、紧固易松动的零件，检查设备零件、部件的完整性及完好性；对备用设备要定期维护保养，定期盘车，定期切换使用；备用设备要有专人负责，并注意防尘、防潮、防冻、防腐蚀。

7.2.1.2　专职保养维修工的保养

装置专职保养维修工的保养是设备运行和日常维护保养的执行者，要主动向操作人员了解设备运行情况，对发现的故障、缺陷、泄漏等问题及时消除，不能立即消除的问题要及时记录并上报，结合设备检修予以消除。

主要内容是：对设备内部清洁、润滑，局部解体检查和调整，对磨损超标的零件予以更换，对主要零部件的磨损情况进行测量、鉴定和记录。具体标准执行通用设备的检修规程。

7.2.2　设备检查和设备修理

7.2.2.1　设备检查

设备检查按时间间隔分为日常检查和定期检查。

日常检查由操作人员执行，同操作工的保养结合起来，目的是及时发现不正常的技术状况，进行必要的维护保养工作。

定期检查是按照计划，在操作工参加下，定期由专职维修工执行，也就是预防性检查维修。目的是通过检查，全面准确地掌握零件磨损的实际情况，以便确定是否有进行修理的必要。

7.2.2.2　设备修理

设备修理要将日常维护与计划检修相结合，定期检测和状态监测相结合，推行基于风险的检测技术和以可靠性为中心的维修策略，坚持预防性维修方针，既要防止设备失修，又要避免过度维修。加强设备和装置检修全过程管理，做好设备修理前准备、修理过程监控和修理后验收等工作，科学安排修理时间，降低修理成本。

加强检修质量管理，建立健全设备修理的质保体系。设备修理要严格执行检修计划，执行检修规程和检修技术标准，保证检修质量。检修结束后，做好检修技术资料的归档。

7.3 常见故障与处理方法

常见故障与处理方法见表7。

表7 常见故障与处理方法

<table>
<tr><th>序号</th><th>设备类型</th><th>故障类型</th><th>处理方法</th></tr>
<tr><td rowspan="16">1</td><td rowspan="16">往复式压缩机</td><td rowspan="5">排气温度高</td><td>检查吸气温度是否超过规定范围，检查工艺流程，进行工艺调整</td></tr>
<tr><td>确认吸、排气压力是否超过规定范围，进行工艺调整，调节压比</td></tr>
<tr><td>检查吸、排气阀是否泄漏，拆检并清理，必要时更换</td></tr>
<tr><td>检查气缸及冷却器冷却效果，增加冷却水量</td></tr>
<tr><td>检查活塞环、支承环、填料间隙及密封情况，必要时更换</td></tr>
<tr><td rowspan="3">排气量不足</td><td>检查吸、排气阀是否泄漏，拆检并清理，必要时更换</td></tr>
<tr><td>检查活塞环、支承环、填料间隙及密封情况，必要时更换</td></tr>
<tr><td>检查气缸余隙容积，调整活塞止点间隙</td></tr>
<tr><td rowspan="2">油泵出口压力低或无压力</td><td>检查法兰、接头是否泄漏，消除漏点</td></tr>
<tr><td>检查、确认油过滤器压差，切换、清洗油过滤器</td></tr>
<tr><td rowspan="3">气缸内有异响</td><td>检查气阀弹簧或阀片是否损坏，更换损坏件</td></tr>
<tr><td>检查气缸是否有异物，拆检并清理</td></tr>
<tr><td>检查活塞螺母是否松动，紧固螺母</td></tr>
<tr><td rowspan="3">运动部件发出异常响声</td><td>检查连杆螺栓、轴承盖螺栓、十字头处螺母是否松动或断裂，紧固或更换损坏件</td></tr>
<tr><td>检查主轴承、连杆大小头瓦、十字头滑道间隙，检修或更换损坏件、调整间隙</td></tr>
<tr><td>检查曲轴与联轴器和电机轴键配合是否松动，调整或紧固</td></tr>
<tr><td rowspan="10">2</td><td rowspan="10">往复式泵</td><td rowspan="2">填料泄漏</td><td>调节、紧固填料压盖或更换填料、柱塞衬套</td></tr>
<tr><td>检查柱塞磨损情况，必要时更换</td></tr>
<tr><td rowspan="2">流量不足或出口压力低</td><td>检查进、出口锥阀的严密性，清理阀面杂物，必要时更换</td></tr>
<tr><td>检查进、出口锥阀垫片是否磨损，必要时更换</td></tr>
<tr><td rowspan="6">曲轴箱内有异响</td><td>检查轴承间隙，调整或更换</td></tr>
<tr><td>检查油位、油质情况，添加或更换润滑油</td></tr>
<tr><td>检查小齿轮和主动轴的键配合是否松动，调整处理</td></tr>
<tr><td>检查连杆大小头瓦间隙，检修或更换损坏件、调整间隙</td></tr>
<tr><td>检查大小齿轮啮合、磨损情况，调整处理</td></tr>
<tr><td>检查泵与电机对中情况，重新找正</td></tr>
</table>

表 7　常见故障与处理方法（续）

序号	设备类型	故障类型	处理方法
3	隔膜泵	流量不足或出口压力不稳	检查入口过滤器是否堵塞，清理
			检查入口管线法兰、接头是否泄漏，消除漏点
			检查入口单向阀的严密性、阀球磨损情况，清理阀面杂物，必要时更换
			检查安全阀、补油阀动作是否正常，重新调节
			检查泵头内是否有空气，排尽空气
4	离心泵	机封泄漏	检修、更换机封
		流量扬程降低	重新灌泵、排除气体
			检查泵入口过滤器是否堵塞，清理
		振动大、有杂音	检查泵与电机对中情况，重新找正
			检查轴承磨损情况，更换轴承
			检查叶轮口环间隙，更换口环
			检查地脚螺栓是否松动、基础是否牢固，紧固螺栓、加固基础
5	空冷器	同步带磨损、断裂	检查主、从皮带轮水平度，重新找平
			检查同步带张紧力；调整，必要时更换
		振动大、有杂音	检查轴承润滑情况，添加润滑脂
			检查轴承磨损情况，更换轴承
		丝堵泄漏	可将丝堵适当拧紧，仍无效果时，应停工更换垫片或更换丝堵
		换热能力下降	检查管束翅片管积灰、结垢情况，用压缩空气或高压水吹扫、冲洗
6	换热器	法兰泄漏	紧固螺栓，更换垫片
		内漏	检查换热管是否腐蚀穿孔、开裂，堵管处理
			检查换热管与管板胀口（焊口）是否裂开，堵管处理
		换热能力下降	检查换热管结垢情况，化学清洗或高压清洗垢物
7	过滤器	压差高	检查滤芯结垢、结蜡情况，清理滤芯或蒸汽煮洗
8	干气密封	带液	检查气液分离罐是否有积液并定期排液

附　录　A
（资料性附录）
甲醇合成装置停车检修交出条件确认表

使用单位	

装置：

（ ）1. 按照方案停工完成，全部设备、管线（含互供责任管线）内工艺介质已清除干净并泄压、放空及置换（建立相关系统及管线吹扫置换确认表，相关责任人签字确认）；

（ ）2. 设备及工艺管线的高点、低点放空拆除盲法兰、丝堵及管帽，处于打开放尽的状态；

（ ）3. 所有塔器、储罐、炉膛及电缆沟等关键部位采样分析合格，附分析合格单（对装有催化剂等特殊塔器除外，但需采取相应隔离措施）；

（ ）4. 建立人孔状态清单，相关责任人签字确认（因装有催化剂等特殊原因不具备打开条件的人孔需附详细说明，并采取相应隔离措施）；

（ ）5. 装置内需作业地下井处理完毕，全部打开并检测合格，装置交付检修后重新封闭（建立地井清单，相关责任人签字确认）；

（ ）6. 装置与系统有效隔离，完成装置界区及内部盲板加装与标识（建立停工盲板状态清单，盲板加装人及确认人签字确认）；

（ ）7. 装置是否有专用氮气线（　），若有专用氮气线，是否已按照方案做好隔离措施；

（ ）8. 不检修设备隔离保护措施落实到位，并设有明显警示标识；

（ ）9. 按照方案检修期间界区内仍存有工艺介质的工艺管线设置有明显标识；

（ ）10. 按方案不退的介质已按照方案要求进行有效的安全隔离；

（ ）11. 安全组织、措施、内容落实，参与人员已完成安全教育；

（ ）12. 设备、地面、水沟、平台等无油污、无杂物、无积水，清污分流设施已投用；

（ ）13. 停工后中控室及现场监护人安排到位；

（ ）14. 其他：

装置技术人员		时间	
装置主管		时间	

工艺管理室：

（ ）1. 各工种人员经考试合格，已取得上岗证；

（ ）2. 检查停工方案是否完成培训；

（ ）3. 已进行模拟练兵、岗位培训、应急演练；

（ ）4. 检查装置间物料互通管线处理情况，具备交付检修条件；

（ ）5. 检查盲板动态一览表设置情况，大检修网络图上墙情况；

（ ）6. 按照方案不退的介质已按照方案要求进行有效的安全隔离；

（ ）7. 按照方案检修期间界区内仍有工艺介质的工艺管线设置有明显标识；

（ ）8. 检查装置与有效系统有效隔离，完成装置界区及内部盲板加装与标识；

（ ）9. 检查设备及工艺管线的高点、低点放空处于打开放尽的状态，具备交付检修条件；

（ ）10. 检查是否有专用氮气线（　），若有专用氮气线，是否已按照方案做好隔离措施（　）；

（ ）11. 其他：

甲醇合成装置停车检修交出条件确认表（续）

业务室检查人员		时间	
业务室主管		时间	
安全管理室： （ ）1. 检查装置按照方案要求完成盲板加装，具备交付检修条件； （ ）2. 检查地井处理情况，具备交付检修条件； （ ）3. 检查装置塔器、储罐、炉膛及电缆沟等关键部位采样分析合格，具备交付检修条件； （ ）4. 检查施工单位的HSSE资质和参检人员安全教育情况，具备交付检修条件； （ ）5. 还在运行的装置与交付检修的区域已采取有效隔离措施； （ ）6. 设备、地面、水沟、平台等无油污、无杂物、无积水，清污分流设施已投用； （ ）7. 现场消气防器材齐全完好，消防、疏散通道符合要求； （ ）8. 大检修生产的各类危化品废物处置方案符合要求； （ ）9. 其他：			
业务室检查人员		时间	
业务室主管		时间	
设备管理室： （ ）1. 检查不检修设备保护及隔离措施得到落实，处于安全保护状态，设有明显警示标志； （ ）2. 施工单位、器具、材料及人员已到位，满足装置检修需求； （ ）3. 其他：			
业务室检查人员		时间	
业务室主管		时间	
综合管理室： （ ）1. 职工通勤车满足倒班和加班需要，安全正点； （ ）2. 清洁卫生责任制已落实； （ ）3. 做好后勤服务保障工作； （ ）4. 其他：			
业务室检查人员		时间	
业务室主管		时间	
电仪中心： （ ）1. 固定式可燃气体报警仪、有毒报警仪等探头已妥善保护； （ ）2. 检查运行设备停电情况，具备交付检修条件； （ ）3. 机柜间内在运行装置的机柜与交付检修的区域已采取有效的隔离措施； （ ）4. 现场检修动力箱、临时变压器已检查合格； （ ）5. 其他：			
电仪中心		时间	
运行部领导：			
签字		时间	

附　录　B

（资料性附录）

甲醇合成装置检修交回开工确认表

<table>
<tr><td colspan="2">记录编号</td><td></td><td>使用单位</td><td colspan="2"></td></tr>
<tr><td colspan="2">开工装置</td><td></td><td>时间</td><td colspan="2">年　　月　　日</td></tr>
<tr><td colspan="2">单位</td><td>要求</td><td>存在问题</td><td>确认意见</td><td>确认人</td></tr>
<tr><td colspan="2">主要施工单位</td><td>1. 检修项目以及改造项目已施工完成，并验收合格。
2. 施工用临时设施已全部拆除；现场清洁、无杂物。
3. 除用于开工查漏、热紧用的架子保留外，其他架子、跳板均拆除。
4. 设备、管线等保温复位。
5. 因检修拆除的劳动保护、照明设施已恢复。
6. 塔器设备、安全阀、现场仪表、管线等均已复位</td><td></td><td></td><td></td></tr>
<tr><td colspan="2">项目所属单位</td><td>1. 设备位号和管道介质名称、流向标示齐全。
2. 检查现场设备、管线、保温等安装符合规范，试用情况正常。
3. 机组等设备联锁试验正常。
4. 工艺联锁试验正常。
5. 盲板拆、装清单已确认。
6. 装置吹扫、试压通过。
7. 现场消防、气防器材及岗位工器具配齐，现场环保设施投用。
8. 开工化工原材料准备完毕。
9. 备品配件齐全。
10. 全部检修项目已完成（检修管理系统中已“交回”，检修项目验收签字完成）</td><td></td><td></td><td></td></tr>
<tr><td colspan="2">电气</td><td>1. 变电所已正常投用，高低压电送电正常。
2. 现场电气设备如电动阀、电加热器、电机等试运正常。
3. 现场照明等恢复正常。
4. 电气现场检修动力箱、临时变已拆除</td><td></td><td></td><td></td></tr>
<tr><td colspan="2">仪表</td><td>1. 现场仪表调试、DCS 调试、联校正常。
2. 配合工艺、设备的联锁调试已完成</td><td></td><td></td><td></td></tr>
<tr><td rowspan="2">机动部门</td><td>检修室</td><td>1. 检修项目已完成：现场检查合格，检修相关资料符合要求。
2. 保运工作已落实</td><td></td><td></td><td></td></tr>
<tr><td>工程室</td><td>负责的改造项目已施工完成并验收合格</td><td></td><td></td><td></td></tr>
<tr><td colspan="2">项目所属单位领导意见</td><td>签名：</td><td>机动工程部意见</td><td colspan="2">签名：</td></tr>
</table>

附录C
（资料性附录）
甲醇合成装置开车条件确认表

序号	确认内容	确认单位	确认人签字
1	确认对讲机等通讯系统运行正常，调度、火警等电话通畅；确认现场照明系统良好		
2	确认安全、消防、急救系统完善，各类消防气防器材到位		
3	确认现场设备、管线接地线等防静电措施落实到位，法兰、螺栓、垫片等符合规定		
4	确认安全阀试压、调校、定压完成、现场铅封完好		
5	确认界区内盲板状态符合工艺要求，确认界区高、低压火炬等盲板已导通		
6	确认仪表、电气维保人员及设备保运人员到位		
7	确认水、电、仪表风等公用工程系统符合开车要求		
8	确认质谱仪已校验准确、过热炉烟气在线分析仪表校验合格，具备使用条件		
9	确认各个单元调节阀行程试验已合格		
10	确认系统联锁调试已合格、急停按钮测试正常		
11	确认机泵互备自启试验合格，确认所有机泵电机已送电，具备启用条件		
12	确认换热器循环水已投用		
13	确认各个单元气密试验合格		
14	确认压缩机组润滑油油箱液位、高位油箱液位，确认润滑油油质分析合格		
15	确认干气密封系统已投运正常		
16	确认压缩机组油运合格		
17	确认合成压缩机组空冷系统投用正常，真空系统测试合格		
18	确认透平凝液泵运行正常，透平凝液管道畅通		
19	确认压缩机组、合成环路氮气置换合格，氧含量分析合格（≤0.5%）		
20	确认压缩机组液压盘车系统运行正常		
21	确认中压饱和蒸汽管线、中压过热蒸汽至速关阀前管线已暖管到位		
22	确认合成压缩机正常可操作（允许启动条件已全部满足）		

甲醇合成装置开车条件确认表（续）

序号	确认内容	确认单位	确认人签字
23	确认氮气工况压缩机联动试车正常，压缩机组振动、位移、轴承温度、汽轮机排气温度、压力等参数正常		
24	确认汽包内中压锅炉给水液位控制在50%，确认蒸汽喷射器已投用		
25	确认水冷反应器升温速率不超过15℃/h，水冷、气冷反应器入口温度不低于195℃，具备接气条件		
26	确认来自净化的新鲜气分析合格，硫含量小于0.1×10^{-6}		
27	确认膜分离、PSA单元氧含量分析合格（≤0.5%）		
28	确认主工艺流程已打通，各单元中/低压氮气管线盲板已倒盲		
29	确认脱盐水泵运行正常，驰放气洗涤塔已建立液位		
30	确认驰放气过热器出口温度已升至65～75℃；确认非渗透气水冷器循环水已投用		
31	确认甲醇分离器、粗甲醇过滤器至甲醇膨胀罐处管线上阀门状态符合工艺要求		
32	确认预精馏单元已建立全回流工况		
33	确认甲醇输送泵可正常运行		
34	确认鼓风机、引风机可正常运行		
35	确认炉膛内可燃气体分析合格（≤0.5%）		
36	确认主燃料气管线氮气置换合格（≤0.2%）		
37	确认界区主燃料气盲板已导通，主燃料气管线上氮气盲板已倒盲		
38	确认炉膛内负压已达到工艺要求		
39	确认已点火的主烧嘴火焰状态正常		
40	确认炉膛已升温至250℃		
41	确认消音器具备投用条件		
42	确认合成单元已稳定产出饱和中压蒸汽；确认汽包至过热炉对流段流程通畅		
43	确认PSA、TSA系统程控阀运行正常		
44	确认氢压机密封系统、冷却水系统已投用		
45	确认氢压机油系统运行正常		
装置主管意见			
运行部领导意见			

4. 甲醇制烯烃装置维护检修规程

SHZ 05004—2019

目　次

前 言

本规程按照 GB/T 1.1—2009《标准化工作导则　第 1 部分：标准的结构和编写》给出的规则起草。

本规程由中国石油化工集团有限公司、中国石油化工股份有限公司提出。

本规程起草单位：中国石化中原石油化工有限责任公司。

本规程主要起草人：赵彬、张飞、杨兵磊。

本规程 2019 年首次发布。

甲醇制烯烃装置维护检修规程

1 范围

1.1 本规程规定了甲醇制烯烃装置（包括甲醇气化、反应－再生、急冷、产品气压缩及碱洗、冷分离、热分离和丙烯制冷等七个单元）及其主要设备、专用设备的检修周期、检修项目及质量要求、检修过程管理和日常维护的相关内容。
1.2 本规程适用于甲醇制烯烃装置的维护与检修管理。

2 规范性引用文件

下列文件的条款通过本规程的引用而成为本规程的条款，凡是注日期的引用文件，其随后所有的修改单（不包括勘误的内容）或修订版均不适用于本规程；然而，鼓励根据本规程达成协议的各方研究是否使用这些文件的最新版本。凡是不注日期的引用文件，其最新版本适用于本规程。

2.1 法律法规

中华人民共和国安全生产法
中华人民共和国环境保护法
中华人民共和国特种设备安全法

2.2 特种设备安全技术规范

TSG 08　特种设备使用管理规则
TSG 21　固定式压力容器安全技术监察规程
TSG D001　压力管道安全技术监察规程——工业管道
TSG Q0002　起重机械安全技术监察规程—桥式起重机
TSG Q7015　起重机械定期检验规则

2.3 标准与规范

GB/T 151　热交换器
GB/T 20801　压力管道规范　工业管道
SH 3505　石油化工施工安全技术规程
SH/T 3504　催化裂化反再生系统设备施工质量验收规范
GB 50474　隔热耐磨衬里施工技术规范

2.4 中国石化管理规定

炼油企业检修管理指南（试行版）

石化设备维修保养管理规定

3 术语与定义

下列术语和定义适用于本文件。

3.1 设备功能

设备功能指的是设备的生产效率和功能，衡量设备功能的指标随设备种类不同而异。

3.2 功能故障

设备、设施不能实现其设计功能时，称之为功能故障，定义为设备、设施不能满足期望的性能标准。一般指设备失去或降低其规定功能的事件或现象，表现为设备的某些零件失去原有的精度或性能，使设备不能正常运行、技术性能降低，致使设备中断生产或效率降低而影响生产。

3.3 A类设备

本规程规定的A类设备是指设备的功能故障会引起装置非计划停车的关键设备。

3.4 B类设备

本规程规定的B类设备是指该设备的功能故障虽然不引起装置的停车，但对装置的负荷、质量及可靠性具有重大影响的主要设备。

4 装置特征

甲醇制烯烃装置采用中国石化自主开发的甲醇制烯烃S-MTO技术，以甲醇为原料，在S-MTO专用催化剂的作用下，借助成熟的催化裂化工艺方法反应生成乙烯、丙烯等低碳烯烃。甲醇制烯烃反应生成的低碳烯烃采用压缩、精馏、冷分离等技术制取聚合级乙烯、丙烯等产品。

本装置由甲醇气化、反应-再生、急冷、产品气压缩机及碱洗、冷分离、热分离和丙烯制冷七个单元组成，基本流程见图1。

4.1 甲醇气化单元

4.1.1 甲醇气化单元工艺流程

来自罐区的甲醇进入甲醇缓冲罐，甲醇进料经进料泵后，依次与甲醇／分离塔一中

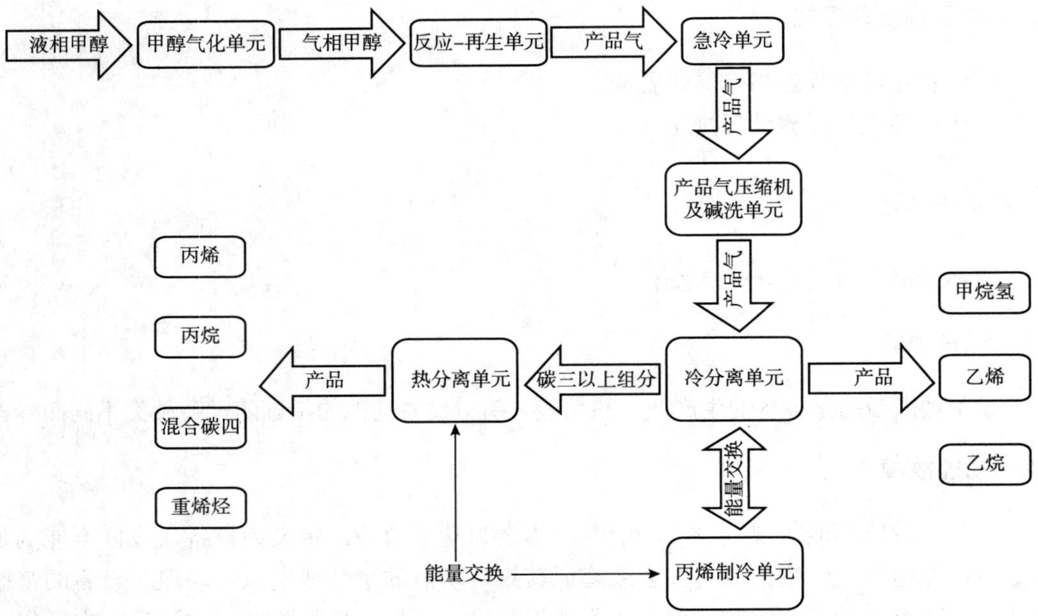

图 1　S-MTO 装置流程示意图

回流换热器、甲醇 / 净化水换热器换、甲醇 / 氧化物汽提塔顶气换热器换热后进入甲醇进料闪蒸罐，闪蒸罐底部设置有甲醇气化器，中压蒸汽作为加热介质。通过甲醇循环泵抽出液相甲醇分别去甲醇 - 中压蒸汽换热器及甲醇 - 凝结水换热器换热，部分被气化的甲醇返回至甲醇进料闪蒸罐。闪蒸罐顶饱和甲醇气经甲醇过热器过热后进入反应器。甲醇闪蒸罐底部集液槽中含杂质及水的甲醇进入氧化物汽提塔上部。

其工艺流程见图 2。

4.1.2　甲醇气化单元工艺特性参数

甲醇通过急冷水、中压蒸汽和高压蒸汽逐级加热，由液态转化为气态。甲醇缓冲罐操作压力为 0.1MPa，操作温度为常温；甲醇进料闪蒸罐操作压力为 0.6MPa，操作温度为 180～220℃ ；急冷水温度为 110～150℃ ；中压蒸汽压力为 1.275MPa，温度为 220℃ ；高压蒸汽压力为 4.2MPa，温度为 400℃。

4.1.3 甲醇气化单元危害特性

a）高温急冷水和塔顶气因设备泄漏、管线设备保温破损存在人员烫伤风险；

b）甲醇气化气、甲醇中压蒸汽换热器和甲醇过热器因设备泄漏或管线设备保温破损存在人员烫伤风险；

c）甲醇凝液换热器因设备泄漏或管线设备保温破损存在人员烫伤风险；

d）甲醇储罐、甲醇换热器和甲醇泵泄漏存在人员甲醇中毒风险；

e）甲醇系统相关设备检修未彻底倒空存在人员甲醇中毒风险；

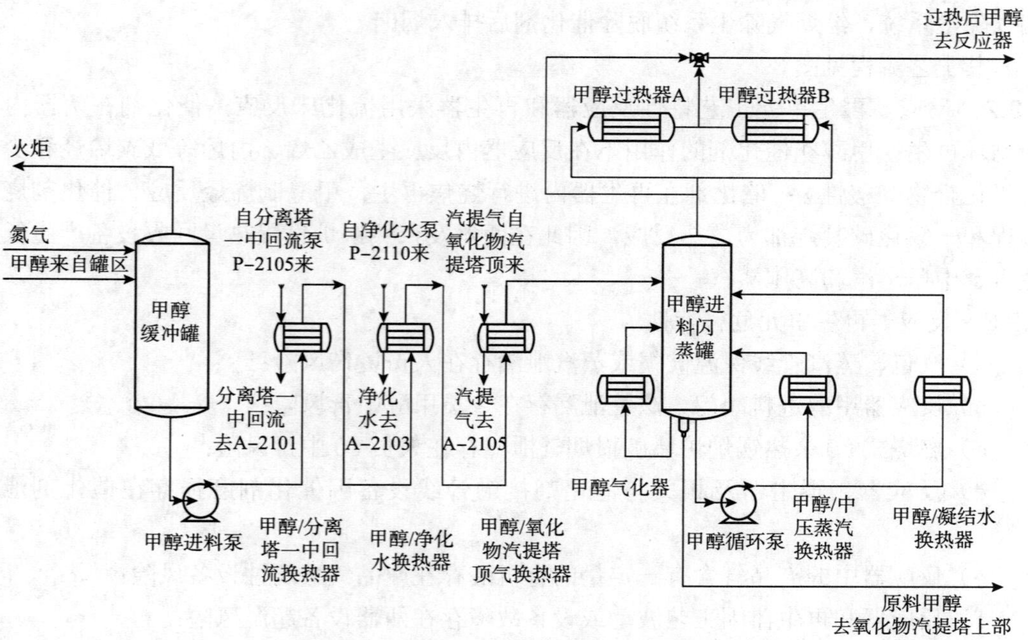

图 2　甲醇气化单元工艺流程图

f）来自分离塔急冷水因 pH 值低存在设备腐蚀风险；

g）甲醇易燃易爆有毒。

4.2　反应 - 再生单元

4.2.1　反应 - 再生单元工艺流程

甲醇制烯烃装置反应器是快速流化床，由下部反应器和上部反应器两部分构成。反应主要在下部反应器中进行，自甲醇过热器来的气相原料甲醇与来自再生器的再生催化剂、反应外取热器的催化剂、反应循环催化剂充分接触并发生反应，然后进入上部反应器。上部反应器主要是产品气与催化剂的分离区，产品气从反应器顶部内集气室排出。自反应器顶部旋风分离器排出的具有较高温度的产品气首先进入产品气第三级旋风分离器分离出大部分细粉催化剂，分离后的产品气依次进入产品气冷却器、中压余热锅炉，产生中压蒸汽并进入中压蒸汽管网、低压余热锅炉，产生低压蒸汽并进入低压蒸汽管网，产品气自低压余热锅炉排出后进入急冷单元急冷塔。

甲醇转化过程中，催化剂易形成积炭，因此，催化剂需进行再生以保持稳定的活性。反应器中的催化剂通过待生催化剂斜管送至再生器。在再生器中，催化剂进行烧焦，烧焦后的再生催化剂通再生斜管返回到反应器下部。焦炭燃烧生成的烟气从再生器顶部旋风分离器出口排出，进入烟气第三级旋风分离器。烟气在第三级旋风分离器分离出大部分细粉催化剂，烟气降压孔板室降压后，进入 CO 余热锅炉（回收烟气燃烧热，发生高压饱和蒸汽并对高压饱和蒸汽进行过热）。烟气经 CO 余热锅炉省煤器后，进入烟气除尘系统，经烟气除尘系统脱除催化剂后排入烟囱。

其工艺流程见图 3。

4.2.2 反应－再生单元工艺特性反应器和再生器采用流化床反应，催化剂在两器内不断循环再生；甲醇在催化剂的作用下在反应器内反应生成乙烯、丙烯等低碳烯烃和少量含氧化合物（酸性）；催化剂在再生器内进行烧焦再生。甲醇制烯烃反应、催化剂烧焦过程和一氧化碳焚烧都为放热反应，因此在两器及余热锅炉设置热量回收设备产生低压蒸汽、中压蒸汽和高压蒸汽。

4.2.3 反应－再生单元危害特性

a）汽包、蒸汽管线保温破损或蒸汽泄漏存在人员烫伤风险；

b）反应器甲醇进料阀门、法兰泄漏存在人员甲醇中毒风险；

c）燃烧式 CO 余热锅炉炉墙破损烟气泄漏存在人员 CO 中毒风险；

d）反应器、再生器及相关与催化剂接触管线设备因催化剂磨损存在催化剂泄漏风险；

e）反应器中的产品气含有一定量的有机酸存在产品气酸腐蚀设备风险；

f）反应器和再生器因工艺波动或设备故障存在两器设备超温风险；

g）反应器外取热和再生器外取热器因催化剂磨损换热管束存在爆管风险；

h）反应器因催化剂碳堆反应不完全存在甲醇污染水体风险；

i）反应器进料甲醇和再生器烟气中 CO 易燃易爆有毒；

j）反应器中反应产物产品气易燃易爆腐蚀有毒。

4.3 急冷单元

4.3.1 急冷单元工艺流程

急冷单元包括急冷塔、分离塔、产品水汽提塔、氧化物汽提塔、水浆过滤系统五部分。

急冷塔主要用于产品气冷却、洗涤产品气中催化剂，同时洗去一部分酸性气体。来自反应器的产品气进入急冷塔，自下而上与急冷塔降温回流水逆流接触，洗涤产品中挟带的少量催化剂同时降低产品气温度。塔顶产品气进入分离塔塔底，塔底的水浆除回流外还有一部分至水浆过滤系统，过滤后废水出装置。

分离塔主要用于继续冷却产品气、回收余热、中和 pH 值，将产品气中的氧化物、水分离出来。产品气自底部进入与三段循环急冷水逆流接触，含有氧化物的产品气自下而上被冷却洗涤。塔的中段回流和下段回流中注入少量碱液，以去除产品气中的酸性气体。塔顶产品气进入产品气压缩单元。

产品水汽提塔目的是将水中的氧化物、烃类等汽提出来，保证水质达标。来自分离塔塔底的产品水进入产品水汽提塔上部。汽提气从顶部返至分离塔上段。塔底净化水分为三路，一路去水浆过滤系统；另一路去急冷塔上部，作为急冷塔回流用水；第三路净化水出装置送至污水处理厂。

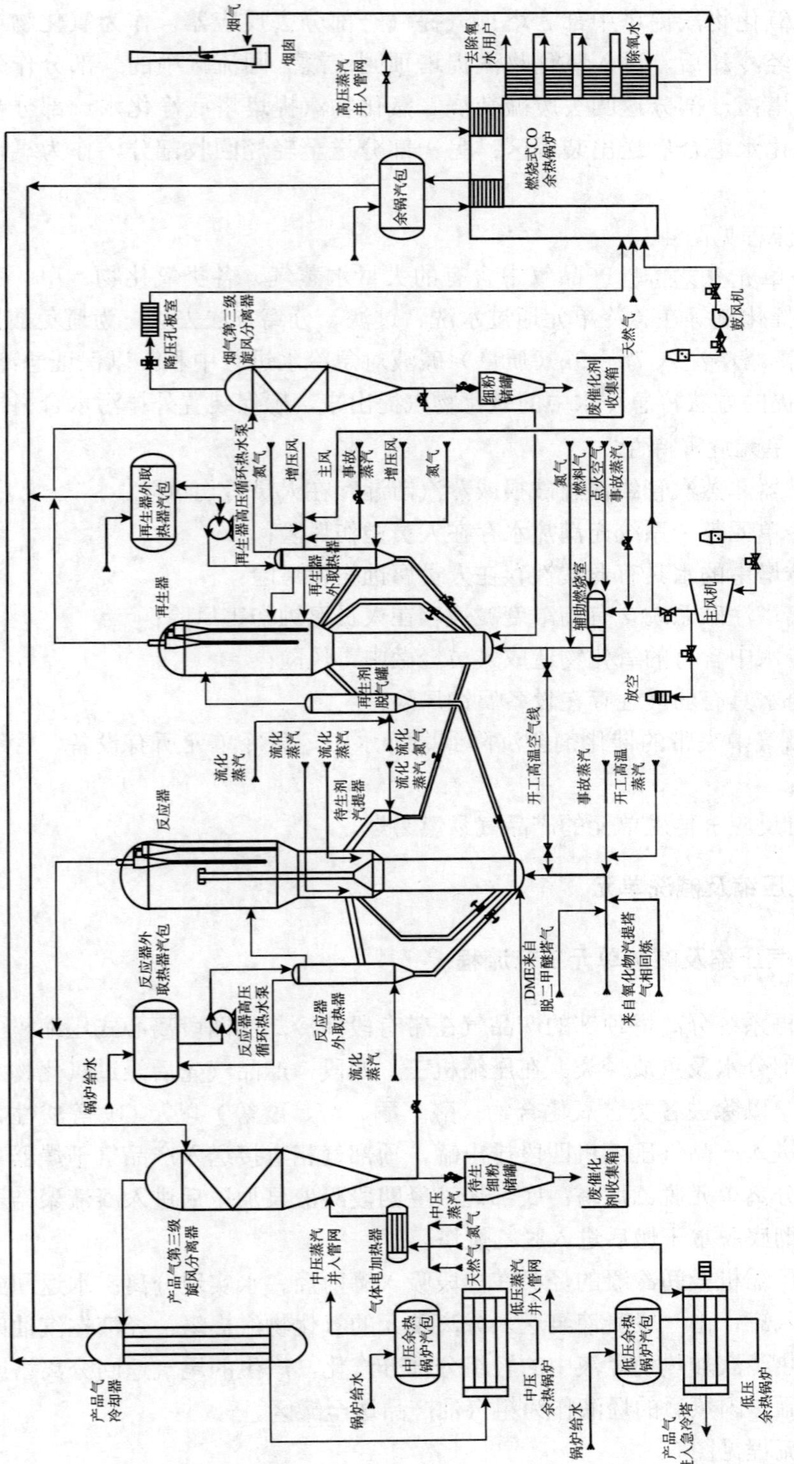

图3 反应-再生单元工艺流程图

氧化物汽提塔用于汽提水中的氧化物，保证水质合格。来自分离塔上段富含氧化物的水进入氧化物汽提塔中部。塔顶汽提气一部分去反应器，作为氧化物（气相）回炼；一部分经冷却后，进入氧化物汽提塔顶回流罐。回流罐中的一部分作为回流返回氧化物汽提塔；一部分返回去废碱焚烧。氧化物汽提塔塔底净化水一部分与产品水汽提塔塔底净化水汇合后送出装置区；另一部分送至轻烃回收部分，作为氧化物水洗塔的洗涤水。

其工艺流程见图 4。

4.3.2　急冷单元工艺特性产品气中含有的大量水蒸气、各类氧化物、甲 / 乙酸等酸性气体和少量催化剂等在急冷单元通过水洗、过滤、分离方法去除；为避免酸性物质腐蚀设备，在分离塔中注入 7%～9%（质量）碱液对急冷水进行中和，以保证急冷水 pH 值；同时采用汽提的方法将急冷水中的氧化物汽提出来，确保装置外排污水合格排放。

4.3.3　急冷单元危害特性

a）再沸器、蒸汽管线保温破损或蒸汽泄漏存在人员烫伤风险；

b）急冷单元整个系统充满热水存在人员烫伤风险；

c）急冷塔中的水具有弱酸性存在人员腐蚀伤害风险；

d）分离塔注碱系统含有高浓度碱液存在人员腐蚀伤害风险；

e）急冷水中含有的氧化物造成人员轻微中毒风险；

f）急冷水具有弱酸性存在设备腐蚀风险；

g）产品气中夹带的催化剂会沉降到急冷水中，急冷单元所有设备、管线存在催化剂堵塞风险；

h）来自反应 - 再生单元的产品气易燃易爆。

4.4　产品气压缩及碱洗单元

4.4.1　产品气压缩及碱洗单元工艺流程

来自反再系统分离塔顶部的产品气在带有段间冷却的四段离心式压缩机中被逐级压缩，去除大部分水及重质烃类。在压缩机三、四段，产品气先后经过氧化物水洗塔和碱洗 / 水洗塔，以除去各类含氧化合物（醛、酮、醇、醚等）以及 CO_2 等酸性物质。产品气经压缩后进入产品气压缩机四段排出罐，顶部气相直接送入产品气干燥器，经脱水干燥后进入冷分离单元脱乙烷塔；底部烃液经四段凝液泵加压后进入凝液聚结器，烃液经凝液干燥器彻底脱水干燥后进入脱乙烷塔。

产品气压缩机段间冷凝的烃类在二段吸入罐内烃、水实现分离；水返回到产品气压缩机一段吸入罐，由一段凝液泵送入分离单元的氧化物汽提塔；烃液在汽油闪蒸罐内，通过低压过热蒸汽加热使烃液中的轻组分部分汽化，产生的尾气返回分离塔或送至压缩机一段吸入罐，闪蒸后的烃液作为粗汽油产品送至罐区。

其工艺流程见图 5。

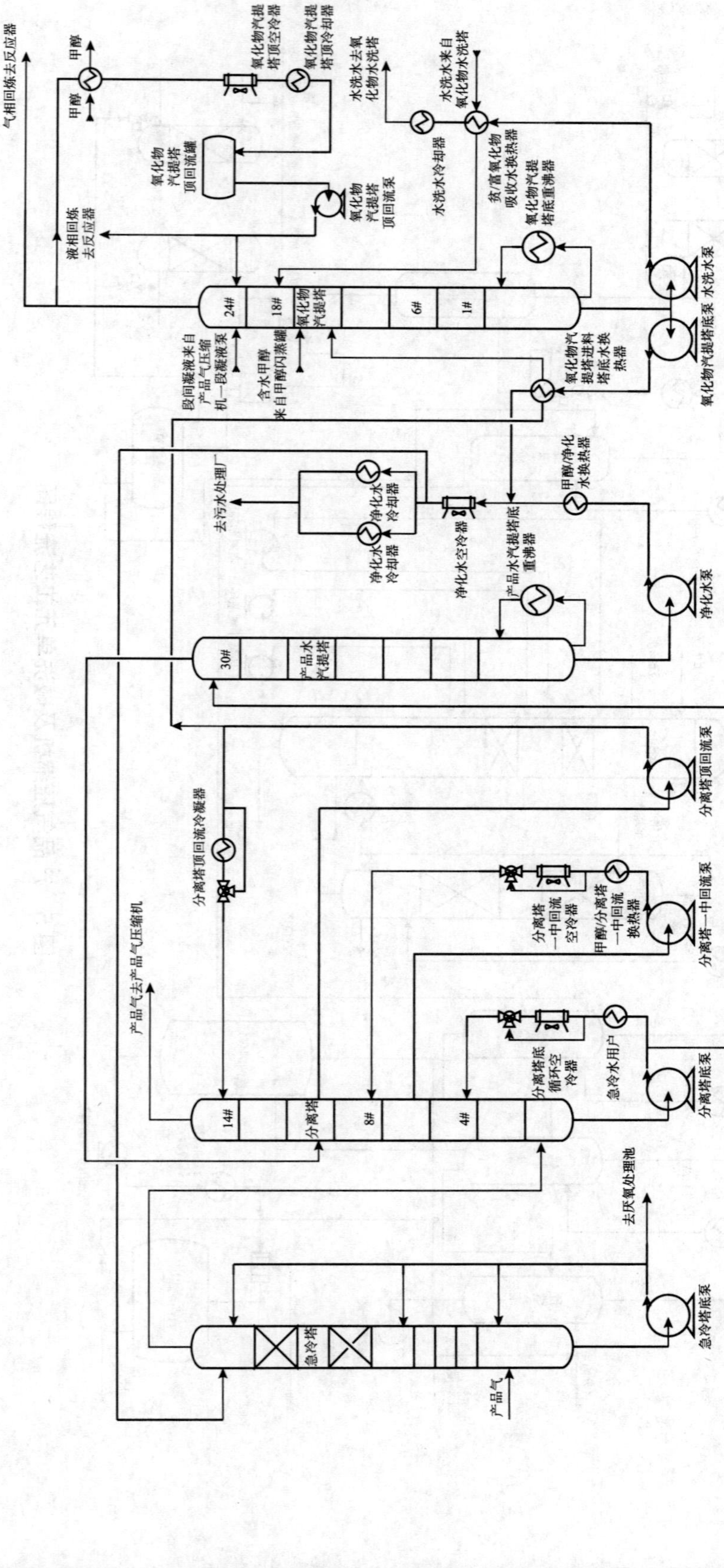

图 4　急冷单元工艺流程图

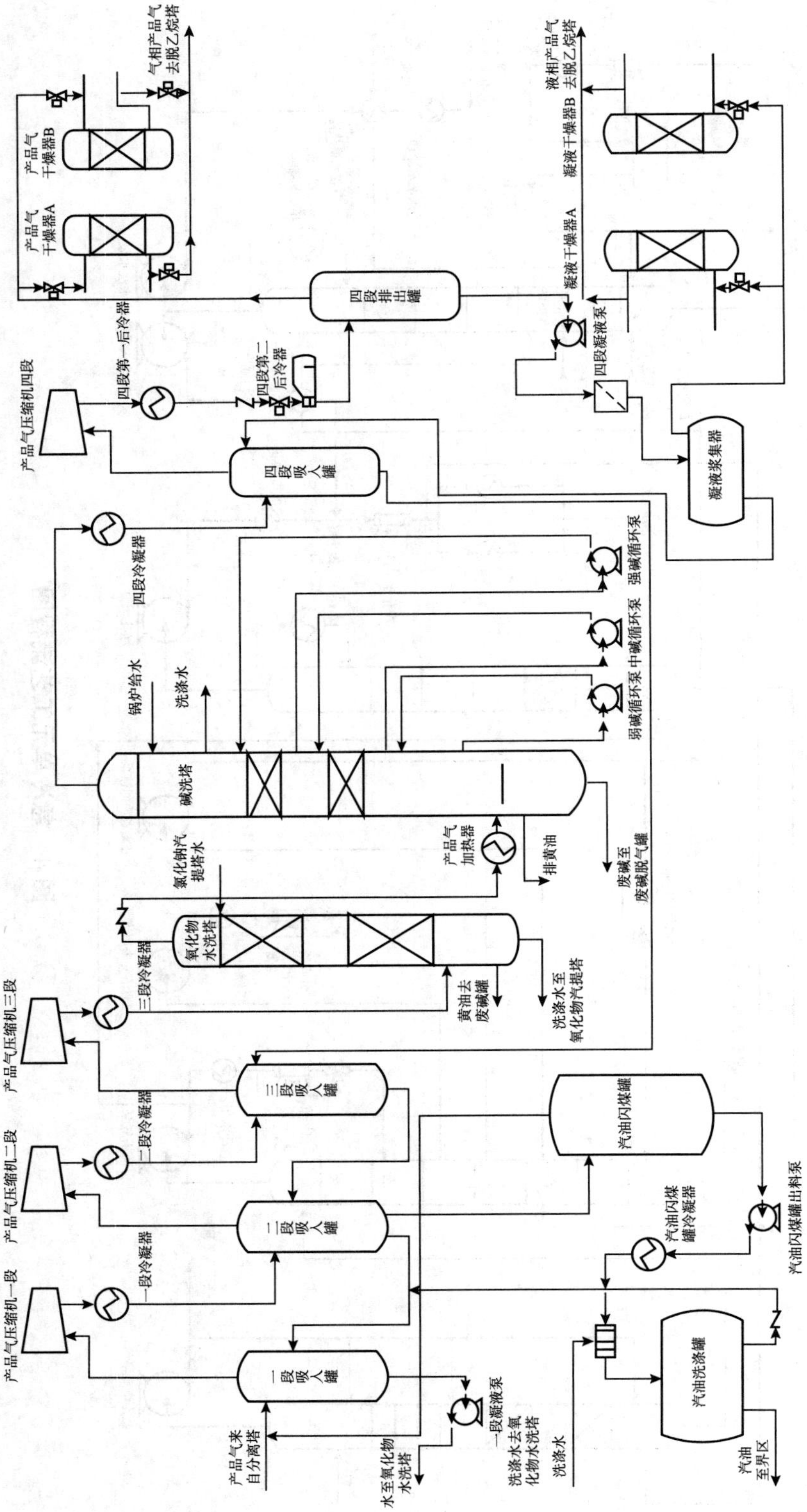

图 5　产品气压缩机及碱洗单元工艺流程图

4.4.2 产品气压缩及碱洗单元工艺特性参数

在压缩机三、四段，产品气先后经过氧化物水洗塔和碱洗、水洗塔，以除去其中的各类含氧化合物（醛、酮、醇、醚等）以及 CO_2 等酸性物质。碱洗塔内连续注入黄油抑制剂和 7%～9% 的碱液。

产品气在碱洗塔碱洗的过程中，会形成“黄油”，为抑制“黄油”的生成，碱洗塔设置了黄油抑制剂注入系统。为抑制清除在压缩机系统内生成的低聚物和分解碱洗塔内形成的“黄油”，压缩机各段吸入管线、压缩机各段壳体、碱洗塔各段循环泵出口管线都设置了洗油注入点并配置了洗油注入系统。

产品气压缩机透平使用高压蒸汽作为驱动介质。

4.4.3 产品气压缩机及碱洗单元危害特性

a）产品气压缩机透平及附属管线保温破损或管线泄漏存在蒸汽烫伤人员风险；

b）碱洗塔注碱系统和碱洗塔相关设备管线泄漏或设备检修倒空置换存在碱液腐蚀伤害人员风险；

c）黄油抑制剂注入系统中的黄油抑制剂有轻微毒性和腐蚀性；

d）碱洗塔存在“黄油”堵塞的风险；

e）产品气压缩机及碱洗单元中的重烯烃、洗油、产品气易燃易爆；

f）产品气压缩机及碱洗单元存在聚合物堵塞管线、设备的风险。

4.5 冷分离单元

4.5.1 冷分离单元工艺流程

来自产品气干燥器的气相烃和来自凝液干燥器的液相烃分别进入脱乙烷塔，另外来自乙烯回收塔的一股 C_4 洗液送至脱乙烷塔。塔顶气相经脱乙烷塔顶第一冷凝器、第二冷凝器冷凝后进入脱乙烷塔回流罐。回流罐液相作为脱乙烷塔回流送入塔内，以 C_2 为主要组分的气相进入脱甲烷塔。脱乙烷塔塔釜 C_3 及以上组分经脱乙烷塔釜冷却器冷却至 40℃左右进入脱丙烷塔。

脱甲烷塔进料中的 CO、H_2、N_2、CH_4 等不凝气在该塔与 C_2S 组分分离，塔釜高纯度 C_2S 液体分别与脱乙烷塔第一冷凝器、碳二加氢反应器进出料换热器、碳二加氢反应器进料加热器换热后进入碳二加氢反应器，物料中的乙炔在催化剂作用下与 H_2 反应生成乙烯或乙烷。碳二加氢反应器出料经碳二加氢反应器出料冷却器、碳二加氢反应器进出料换热器换热后进入乙烯干燥器，将在反应器内生成的水分彻底脱除后进入乙烯精馏塔。脱甲烷塔塔顶气相经脱甲烷塔冷凝器冷凝后进入脱甲烷塔回流罐，H_2、CH_4 等不凝气送入乙烯回收塔，液相作为回流返至脱甲烷塔。

来自脱甲烷塔回流罐的气相组分进入乙烯回收塔下部。来自脱丙烷塔底部的一股 C_4 洗液经冷却后从塔顶部进入，用来吸收气相中的乙烯，降低塔顶尾气中乙烯损失，塔顶甲烷等不凝气送去再生气系统。塔底液相经乙烯回收塔釜泵加压后送至脱乙烷塔。

乙烯精馏塔进料来自乙烯干燥器，来料被分割成以下产品：

——塔顶乙烯产品；

——塔底乙烷产品。

乙烯产品采出后，送至罐区。塔底乙烷产品送出界区后进入乙烯装置区。

其工艺流程见图 6。

4.5.2 冷分离单元工艺特性参数

冷分离单元采用精馏、加氢、干燥的方法生产出合格的乙烯，同时副产甲烷氢和乙烷。

冷分离单元设置有甲醇注入系统，用于设备管线出现冻堵时解冻。

4.5.3 冷分离单元危害特性

a）乙烯干燥器再生时存在人员烫伤风险；

b）甲醇注入系统中泄漏存在人员甲醇中毒或着火爆炸风险；

c）乙烯、乙烷、甲烷、氢气易燃易爆；

d）冷分离单元操作温度低，设备管线保冷破损、泄漏或设备倒空置换存在人员冻伤风险；

e）设备管线温度低，设备存在露点腐蚀；

f）冷分离单元进料水含量超标，会引起设备管线低温冻堵。

4.6 热分离单元

4.6.1 热分离单元工艺流程

来自脱乙烷塔底物料经脱乙烷塔釜冷却器冷却后进入脱丙烷塔。塔顶气相被脱丙烷塔冷凝器部冷凝，降温后进入回流罐，然后一部分经脱丙烷塔回流泵返回塔顶；一部分经丙烯塔进料泵送至 1# 丙烯精馏塔。塔底液相采出分成三股：一股经脱丙烷塔釜冷却器冷却后作为洗涤液送至乙烯回收塔；一股送至脱丁烷塔；另一股送至脱二甲醚塔。来自脱丙烷塔回流罐的碳三组分在 1# 丙烯精馏塔和 2# 丙烯精馏塔内进行充分的气液交换后，从 1# 丙烯精馏塔塔釜得到丙烷产品，在 2# 丙烯精馏塔塔顶得到丙烯产品。含有 C_4 及以上馏分的脱丙烷塔釜物料进入脱二甲醚塔，物料中的二甲醚（DME）被脱除。塔顶气相经脱二甲醚塔冷凝器冷却后进入脱二甲醚塔回流罐，气相回反应器回炼，液相作为回流返回塔顶；塔底液相送入脱丁烷塔。来自脱二甲醚塔塔釜的 C_4 及 C_4 以上物料进入脱丁烷塔并在塔内进行分离，在脱丁烷塔顶产出合格 2- 丁烯产品，塔釜产出合格重烯烃产品。

其工艺流程见图 7。

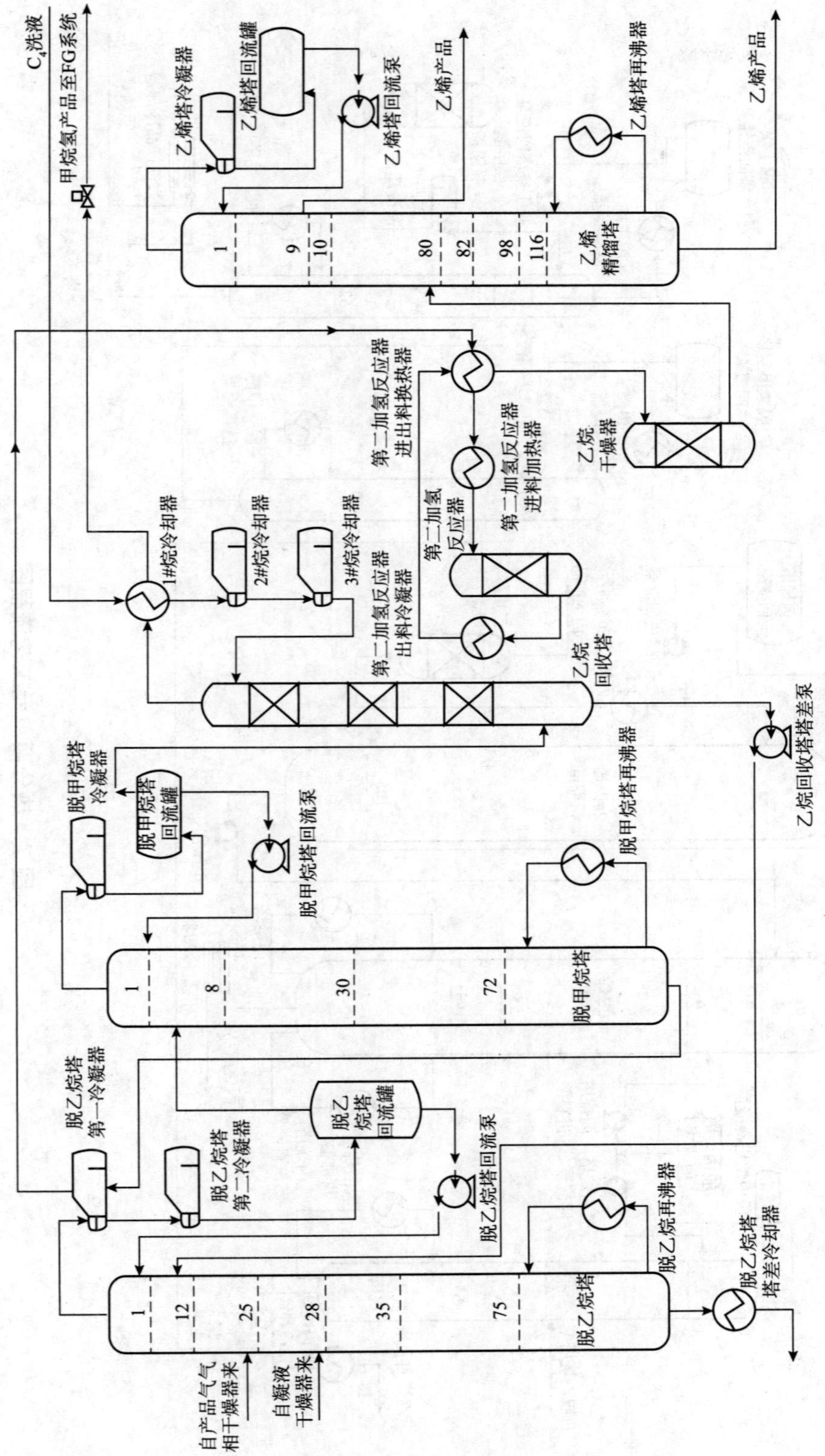

图6　冷分离单元工艺流程图

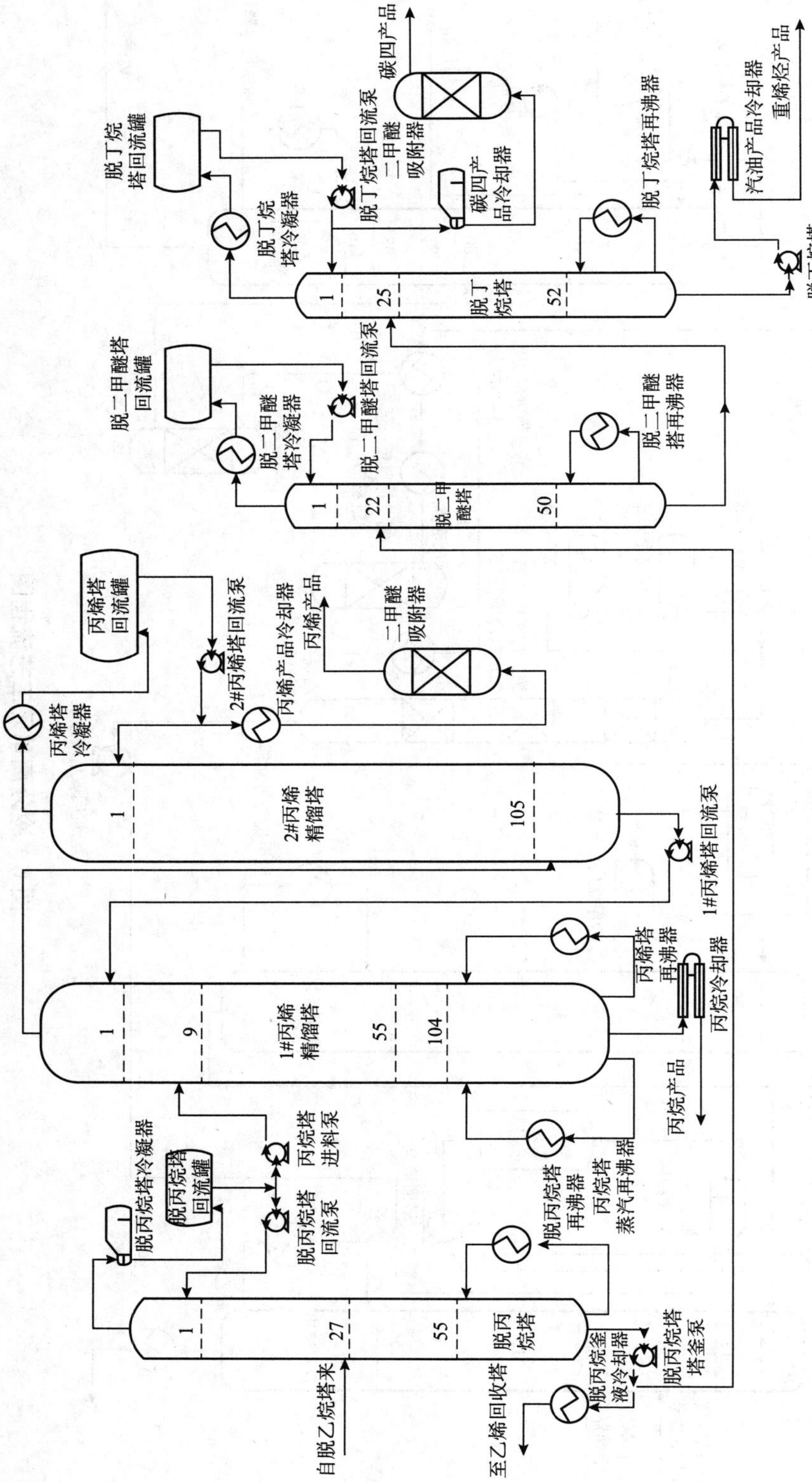

图 7 热分离单元工艺流程图

4.6.2 热分离单元工艺特性参数

热分离单元采用精馏、分离、吸附的方法生产出合格的丙烯，同时副产丙烷、丁烯 -2、重烯烃。

4.6.3 热分离单元危害特性

a）二甲醚吸附燥器再生时存在人员烫伤风险；

b）急冷水再沸器和蒸汽再沸器相关设备管线保温破损或泄漏存在人员烫伤风险；

c）急冷水呈酸性，相关急冷水用户及附属管线（脱丙烷塔再沸器、丙烯精馏塔再沸器和脱二甲醚塔再沸器）存在设备腐蚀风险；

d）丙烯、丙烷、2- 丁烯、重烯烃易燃易爆。

4.7 丙烯制冷单元

4.7.1 丙烯制冷单元工艺流程

丙烯制冷系统的每一段都设有吸入罐，用于各级用户的缓冲和避免液体挟带进入压缩机体。压缩机四段排出设液体累积罐，可作为液封，使气体冷凝。各段之间没有中间冷却器，因为进入压缩机各段的冷气体可提供所需要冷量。

丙烯气经压缩后，通过丙烯冷剂冷凝器冷凝，液相丙烯进入丙烯冷剂收集罐。液相丙烯先后进入四段丙烯用户。

来自四段冷剂用户来的气相丙烯进入四段吸入罐，在此（进行）气液分离，气相作为压缩机的四段吸入气。液相（丙烯）用于二段用户。压缩机三段抽出气为脱甲烷塔再沸器和乙烯精馏塔再沸器提供热源，换热后进入二段吸入罐。

二段吸入罐气相作为压缩机二段吸入气，液相丙烯用于一段用户，汽化后进入一段吸入罐。一段吸入罐正常工况下无液位，异常工况或开停车期间罐内丙烯可通过丙烯冷剂收集泵将丙烯打到四段吸入罐。丙烯制冷压缩系统设有三条最小流量返回管线，以防机组喘振。

4.7.2 丙烯制冷单元工艺特性参数

丙烯制冷压缩机是一个使用 H_2S 蒸汽汽轮机驱动的四段离心式压缩机闭路系统。该系统可提供三个级位丙烯冷剂（-40℃、-25℃、7℃），通过在这些温度等级相对应的压力上汽化丙烯来提供冷量，产生的气相被再次压缩。

所用制冷介质为聚合级丙烯。根据压缩→冷凝→减压→蒸发的制冷循环过程，通过多级压缩，将气相丙烯加压后用冷却水（CWS）将气相丙烯冷凝成液相，温度 40℃左右再根据节流、膨胀原理，使液态丙烯经节流阀从冷凝压力降至蒸发压力，在用户换热器中吸收被冷凝物质的热量而蒸发，产生的气相被再次压缩，如此不断循环下去，从而达到制冷目的。

丙烯制冷系统每一个用户管线上都设有甲醇注入点用以解冻。

其工艺流程见图 8。

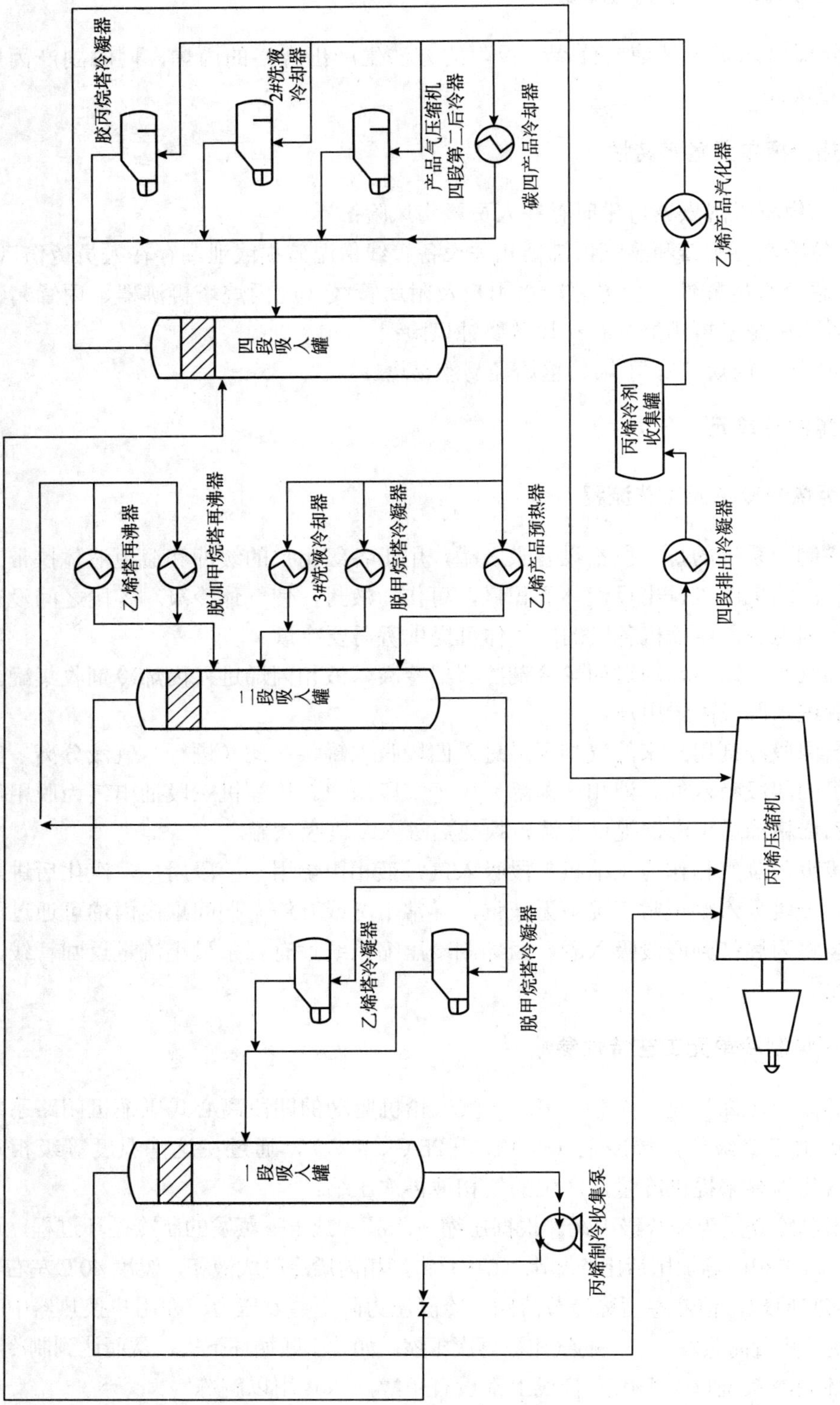

图 8　丙烯制冷单元工艺流程图

4.7.3 丙烯制冷单元危害特性

a）压缩机透平及附属管线保温破裂或泄漏存在人员蒸汽烫伤风险；
b）甲醇注入系统设备管线泄漏或倒空置换存在人员中毒风险；
c）丙烯易燃易爆；
d）丙烯制冷单元低温存在人员冻伤风险；
e）丙烯制冷单元低温存在设备露点腐蚀风险；
f）丙烯水含量超标存在设备管线冻堵风险。

5 检修周期及检修项目

5.1 主要设备

5.1.1 甲醇气化单元主要设备（表1）

表1 甲醇气化单元主要设备

名称	设备种类		主要设备种类	通用、专用设备检修规程的代码
动设备	泵	离心泵	甲醇进料泵、甲醇循环泵	SHS 01017
静设备	换热器		甲醇-分离塔一中回流换热器、甲醇-净化水换热器、甲醇-氧化物汽提塔顶气换热器、甲醇-凝结水换热器、甲醇过热器	SHS 01009
	压力容器		甲醇缓冲罐、甲醇进料闪蒸罐	SHS 01004
	压力管道		甲醇管线、净化水管线	SHS 01005
	阀门		安全阀	SHS 01030
仪表设备	常规仪表		温度测量仪表、压力测量仪表、流量测量仪表、物位测量仪表、切断阀、调节阀	SHS 07002
	控制系统		可编程控制系统（PLC）	SHS 07008
	在线分析仪表			SHS 07006
	安全环保仪表		CO气体检测报警仪、天然气检测报警仪	SHS 07006
	特殊仪表		振动检测仪表	SHS 07007
电气设备	高压电气设备	变压器、高压开关柜、高压电动机	干式变压器、10kV高压开关柜、10kV高压电动机	
	低压电气设备	低压配电柜、低压电动机、安全电源	低压开关柜、低压电动机、UPS、直流屏、变频器、软启	

5.1.2 反应－再生单元主要设备（表 2）

表 2　反应－再生单元主要设备

名称	设备种类		主要设备种类	通用、专用设备检修规程的代码
动设备	泵	离心泵	反应器高压循环热水泵、再生器高压循环热水泵	SHS 01017
		螺杆泵	润滑油泵	SHS 01016
	鼓风机	离心鼓风机	锅炉鼓风机	
	工业透平	引风机（烟气除尘）	烟气轮机	
	压缩机	离心式风机	主风机机组，	SHS 01022
	起重机	桥式起重机	主风机检修吊车	
静设备	反应器		反应器、再生器	
	旋风分离器		产品气第三级旋风分离器、烟气第三级旋风分离器	
	加热炉		中压火管式余热锅炉、低压火管式余热锅炉、CO 余热锅炉	SHS 01006
	换热器		产品气蒸汽过热器	SHS 01009
	布袋除尘器			
	压力容器		反应器外取热器、再生器外取热器、待生剂汽提器、再生剂脱气罐、催化剂储罐	SHS 01004
	压力管道		催化剂管线、产品气管线	SHS 01005
	阀门		安全阀、滑阀	SHS 01030 SHS 02019
仪表设备	常规仪表		温度测量仪表、压力测量仪表、流量测量仪表、物位测量仪表、切断阀、调节阀	SHS 07002
	控制系统		可编程控制系统（PLC）	SHS 07008
	在线分析仪表		热值分析仪、烟气分析仪、粉尘分析仪	SHS 07006
	安全环保仪表		CO 气体检测报警仪、天然气检测报警仪	SHS 07006
	特殊仪表		振动检测仪表	SHS 07007
电气设备	高压电气设备	变压器、高压开关柜、高压电动机	干式变压器、10kV 高压开关柜、10kV 高压电动机	
	低压电气设备	低压配电柜、低压电动机、安全电源	低压开关柜、低压电动机、UPS、直流屏、变频器、软启	

5.1.3 急冷单元主要设备（表 3）

表 3 急冷单元主要设备

名称	设备种类		主要设备种类	通用、专用设备检修规程的代码
动设备	泵	离心泵	急冷塔底泵、分离塔顶回流泵、分离塔一中回流泵、分离塔底泵、净化水泵	SHS 01017
		往复泵	碱液注入泵	SHS 01014
静设备	塔		急冷塔、分离塔、氧化物汽提塔、产品水汽提塔	SHS 01009
	换热器		分离塔顶回流冷却器、氧化物汽提塔进料－塔底水换热器、产品水汽提塔底重沸器、净化水冷却器再沸器	SHS 01009
	空冷器		分离塔一中回流空冷器、分离塔底循环空冷器、净化水空冷器、凝结水空冷器、氧化物汽提塔顶空冷器	SHS 01010
	压力容器		氧化物汽提塔顶回流罐、渣浆罐	SHS 01004
	压力管道		渣浆管线、急冷水管线	SHS 01005
	阀门		安全阀	SHS 01030
仪表设备	常规仪表		温度测量仪表、压力测量仪表、流量测量仪表、物位测量仪表、切断阀、调节阀	SHS 07002
	控制系统		可编程控制系统（PLC）	SHS 07008
	在线分析仪表		热值分析仪、烟气分析仪、粉尘分析仪	SHS 07006
	安全环保仪表		CO 气体检测报警仪、天然气检测报警仪	SHS 07006
	特殊仪表		振动检测仪表	SHS 07007
电气设备	高压电气设备	变压器、高压开关柜、高压电动机	干式变压器、10kV 高压开关柜、10kV 高压电动机	
	低压电气设备	低压配电柜、低压电动机、安全电源	低压开关柜、低压电动机、UPS、直流屏、变频器、软启	

5.1.4 产品气压缩及碱洗单元主要设备（表 4）

表 4 产品气压缩及碱洗单元主要设备

名称	设备种类		主要设备种类	通用、专用设备检修规程的代码
动设备	泵	离心泵	产品气压缩机一段凝液泵、汽油闪蒸罐出料泵、弱碱循环泵、中碱循环泵、强碱循环泵	SHS 01017
		螺杆泵	润滑油泵	SHS 01016
		往复泵	黄油抑制剂注入泵	SHS 01014
		屏蔽泵	碱液注入泵	SHS 03047
	压缩机（工业透平）	离心式压缩机	产品气压缩机布袋除尘器布袋除尘器布袋除尘器	SHS 02014
		蒸汽透平	产品气压缩机蒸汽透平	SHS 01025
	起重机	桥式起重机	产品气压缩机检修吊车	
静设备	板式塔、填料塔		氧化物水洗塔、碱洗塔，烃液汽提塔（增加）	SHS 01007
	换热器		产品气压缩机一段后冷器、产品气压缩机二段后冷器、产品气压缩机三段后冷器、产品气压缩机四段吸入冷凝器	SHS 01009
	压力容器		产品气压缩机一段吸入罐、产品气压缩机二段吸入罐、产品气压缩机三段吸入罐	SHS 01004
	压力管道		产品气管线、烃管线、高压蒸汽管线	SHS 01005
	阀门		安全阀	SHS 01030
仪表设备	常规仪表		温度测量仪表、压力测量仪表、流量测量仪表、物位测量仪表、切断阀、调节阀	SHS 07002
	控制系统		可编程控制系统（PLC）	SHS 07008
	在线分析仪表		热值分析仪、烟气分析仪、粉尘分析仪	SHS 07006
	安全环保仪表		CO 气体检测报警仪、天然气检测报警仪	SHS 07006
	特殊仪表		振动检测仪表	SHS 07007
电气设备	高压电气设备	变压器、高压开关柜、高压电动机	干式变压器、10kV 高压开关柜、10kV 高压电动机	
	低压电气设备	低压配电柜、低压电动机、安全电源	低压开关柜、低压电动机、UPS、直流屏、变频器、软启	

5.1.5　冷分离单元主要设备（表5）

表5　冷分离单元主要设备

<table>
<tr><th>名称</th><th colspan="2">设备种类</th><th>主要设备种类</th><th>通用、专用设备检修规程的代码</th></tr>
<tr><td>转动设备</td><td>泵</td><td>离心泵</td><td>脱乙烷塔回流泵、脱甲烷塔回流泵、乙烯回收塔塔釜泵、乙烯塔回流泵</td><td>SHS 01017</td></tr>
<tr><td rowspan="5">静设备</td><td colspan="2">板式塔</td><td>脱乙烷塔、脱甲烷塔、乙烯回收塔、乙烯塔</td><td>SHS 01007</td></tr>
<tr><td colspan="2">换热器</td><td>脱乙烷塔第一冷凝器、脱乙烷塔第二冷凝器、脱乙烷塔再沸器、脱甲烷塔冷凝器、脱甲烷塔再沸器</td><td>SHS 01009</td></tr>
<tr><td colspan="2">压力容器</td><td>脱乙烷塔回流罐、脱甲烷塔回流罐、乙烯塔回流罐、E-4003蒸汽凝液罐、产品气干燥器、凝液干燥器、乙烯干燥器、碳二加氢反应器</td><td>SHS 01004</td></tr>
<tr><td colspan="2">压力管道</td><td>产品气管线、C_3+ 烃管线</td><td>SHS 01005</td></tr>
<tr><td colspan="2">阀门</td><td>安全阀</td><td>SHS 01030</td></tr>
<tr><td rowspan="5">仪表设备</td><td colspan="2">常规仪表</td><td>温度测量仪表、压力测量仪表、流量测量仪表、物位测量仪表、切断阀、调节阀</td><td>SHS 07002</td></tr>
<tr><td colspan="2">控制系统</td><td>可编程控制系统（PLC）</td><td>SHS 07008</td></tr>
<tr><td colspan="2">在线分析仪表</td><td>热值分析仪、烟气分析仪、粉尘分析仪</td><td>SHS 07006</td></tr>
<tr><td colspan="2">安全环保仪表</td><td>CO 气体检测报警仪、天然气检测报警仪</td><td>SHS 07006</td></tr>
<tr><td colspan="2">特殊仪表</td><td>振动检测仪表</td><td>SHS 07007</td></tr>
<tr><td rowspan="2">电气设备</td><td>高压电气设备</td><td>变压器、高压开关柜、高压电动机</td><td>干式变压器、10kV 高压开关柜、10kV 高压电动机</td><td></td></tr>
<tr><td>低压电气设备</td><td>低压配电柜、低压电动机、安全电源</td><td>低压开关柜、低压电动机、UPS、直流屏、变频器、软启</td><td></td></tr>
</table>

5.1.6 热分离单元主要设备（表 6）

表 6 热分离单元主要设备

<table>
<tr><th>名称</th><th colspan="2">设备种类</th><th>主要设备种类</th><th>通用、专用设备检修规程的代码</th></tr>
<tr><td>动设备</td><td>泵</td><td>离心泵</td><td>脱丙烷塔回流泵、丙烯塔进料泵、1# 丙烯塔回流泵、2# 丙烯塔回流泵、脱二甲醚塔回流泵、脱丁烷塔釜泵、脱丁烷塔回流泵、丙烯塔进料泵</td><td>SHS 01017</td></tr>
<tr><td rowspan="5">静设备</td><td colspan="2">板式塔</td><td>脱丙烷塔、1# 丙烯塔、2# 丙烯塔、脱二甲醚塔、脱丁烷塔</td><td>SHS 01007</td></tr>
<tr><td colspan="2">换热器</td><td>脱丙烷塔冷凝器、脱丙烷塔再沸器、脱丙烷塔塔釜液冷却器、丙烯塔冷凝器</td><td>SHS 01009</td></tr>
<tr><td colspan="2">压力容器</td><td>脱丙烷塔回流罐、丙烯精馏塔回流罐、脱二甲醚塔回流罐、脱丁烷塔回流罐、丙烯产品二甲醚吸附器、碳四产品二甲醚吸附器</td><td>SHS 01004</td></tr>
<tr><td colspan="2">压力管道</td><td>C_4+ 烃管线、丙烯管线</td><td>SHS 01005</td></tr>
<tr><td colspan="2">阀门</td><td>安全阀</td><td>SHS 01030</td></tr>
<tr><td rowspan="5">仪表设备</td><td colspan="2">常规仪表</td><td>温度测量仪表、压力测量仪表、流量测量仪表、物位测量仪表、切断阀、调节阀</td><td>SHS 07002</td></tr>
<tr><td colspan="2">控制系统</td><td>可编程控制系统（PLC）</td><td>SHS 07008</td></tr>
<tr><td colspan="2">在线分析仪表</td><td>热值分析仪、烟气分析仪、粉尘分析仪</td><td>SHS 07006</td></tr>
<tr><td colspan="2">安全环保仪表</td><td>CO 气体检测报警仪、天然气检测报警仪</td><td>SHS 07006</td></tr>
<tr><td colspan="2">特殊仪表</td><td>振动检测仪表</td><td>SHS 07007</td></tr>
<tr><td rowspan="2">电气设备</td><td>高压电气设备</td><td>变压器、高压开关柜、高压电动机</td><td>干式变压器、10kV 高压开关柜、10kV 高压电动机</td><td></td></tr>
<tr><td>低压电气设备</td><td>低压配电柜、低压电动机、安全电源</td><td>低压开关柜、低压电动机、UPS、直流屏、变频器、软启</td><td></td></tr>
</table>

5.1.7　丙烯制冷单元主要设备（表 7）

表 7　丙烯制冷单元主要设备

名称	设备种类		主要设备种类	通用、专用设备检修规程的代码
动设备	泵	离心泵	丙烯冷剂收集泵	SHS 01017
		螺杆泵	润滑油泵	SHS 01016
	压缩机（工业透平）	离心式压缩机	丙烯制冷压缩机	SHS 01022
		蒸汽透平	丙烯制冷压缩机蒸汽透平	SHS 01025
	起重机	桥式起重机	丙烯制冷压缩机检修吊车	
静设备	换热器		丙烯冷剂冷凝器、丙烯机透平表面冷凝器、碳四产品冷却器	SHS 01009
	压力容器		丙烯机一段吸入罐、丙烯机二段吸入罐、丙烯机四段吸入罐、丙烯冷剂收集罐、丙烯压缩机壳体排放罐	SHS 01004
	压力管道		丙烯管线、高压蒸汽管线	SHS 01005
	阀门		安全阀	SHS 01030
仪表设备	常规仪表		温度测量仪表、压力测量仪表、流量测量仪表、物位测量仪表、切断阀、调节阀	SHS 07002
	控制系统		可编程控制系统（PLC）	SHS 07008
	在线分析仪表		热值分析仪、烟气分析仪、粉尘分析仪	SHS 07006
	安全环保仪表		CO 气体检测报警仪、天然气检测报警仪	SHS 07006
	特殊仪表		振动检测仪表	SHS 07007
电气设备	高压电气设备	变压器、高压开关柜、高压电动机	干式变压器、10kV 高压开关柜、10kV 高压电动机	
	低压电气设备	低压配电柜、低压电动机、安全电源	低压开关柜、低压电动机、UPS、直流屏、变频器、软启	

5.2　检修周期

5.2.1　根据装置实际运行情况和特种设备检验周期安排停车检修，甲醇制烯烃装置检修周期一般按 36～48 个月确定；

5.2.2 有备用设备的或日常可以进行检修的不列入大修项目（除特殊情况外）。

5.3 检修内容

5.3.1 确定检修内容的主要原则

停车检修是指针对甲醇制烯烃装置安全环保、长周期运行及经济效益有重大影响的设备、管线、电气仪表系统、土建及基础设施等在运行周期内将要发生的功能故障进行全面修复检修。检修内容确定主要依据以下原则：

5.3.1.1 完成法律法规要求的特种设备定期检验；

5.3.1.2 改造或更新不符合国家安全与环境保护、节能要求的设备；

5.3.1.3 检定本次检修或下次检修之前已到法定检验时间的计量设施；

5.3.1.4 消除设备运行中出现的缺陷；

5.3.1.5 完成到期催化剂（三剂）的更换；

5.3.1.6 必须在停车检修期间内维修的钢结构平台、设备基础、房屋等建构筑物项目；

5.3.1.7 安全防护设施修复。

5.3.2 甲醇气化单元主要检修内容（表 8）

表 8 甲醇气化单元主要检修内容

序号	设备名称	设备功能	功能故障	故障周期/月	检修内容	质量要求	设备分级
1	甲醇－分离塔一中回流换热器	甲醇与分离塔一中回流换热	1. 介质互串（内漏） 2. 法兰密封面泄漏 3. 传热效果差 4. 阻力降超过允许值 5. 振动严重	36	1. 抽芯清理管束和壳体 2. 检查修理管箱等及密封面，更换垫片并试压 3. 更换部分锈蚀螺栓 4. 保温防腐修复 具体大修内容见通用设备检修规程	恢复甲醇－分离塔一中回流换热器在装置的设备功能作用，具体的质量要求见通用设备检修规程	B 类
2	甲醇循环泵	输送甲醇至甲醇－中压蒸汽换热器和甲醇－凝液换热器换热	1. 流量扬程低 2. 电流升高 3. 振动增大 4. 密封泄漏严重 5. 轴承温度高	24	解体检修：更换轴承、机封及相应密封垫 具体大修内容见通用设备检修规程	恢复甲醇循环泵在装置的设备功能作用，具体的质量要求见通用设备检修规程	B 类

5.3.3 反应－再生单元主要检修内容（见表9）

表9 反应－再生单元主要检修内容

序号	设备名称	设备功能	功能故障	故障周期/月	检修内容	质量要求	设备分级
1	主风机机组	输送空气至再生器	1. 机组振动增大 2. 轴承温度高 3. 出口风量降低 4. 出口风温度过高 5. 机组异常声响 6. 轴承漏油	24	1. 检查联轴器和连接螺栓的磨损 2. 检查机组对中 3. 检查轴承、齿轮、油封和气封 4. 检查润滑系统并清理过滤器 5. 检查各密封组件 6. 检查叶轮结垢和磨损 7. 检查转子端面圆跳动、轴颈圆柱度及磨损 8. 检查变速箱主从齿轮平行度等	恢复主风机机组在装置的设备功能作用	A类
2	高压锅炉给水泵	输送锅炉给水至外取热器进行换热	1. 流量扬程低 2. 电流升高 3. 振动增大 4. 密封泄漏严重 5. 轴承温度高	24	解体检修：更换轴承、机封及相应密封垫	恢复该设备在装置的设备功能作用	B类
3	反应器	甲醇与催化剂反应的场所	1. 壳体和受压元件变形、裂纹、冲蚀磨损和过热等	36	1. 停工前热成像检查；检查焊缝情况	1. 根据日常使用监测及热成像情况，检修期间进行内部检查。结合内部检查情况制定衬里修复方案；若外观检查发现壳体有鼓包变形现象，应对外观显示的变形情况予以检查，并按照《压力容器检验规范维护检验、定级、修理改造》要求进行修复。焊缝检验要求，应符合《压力容器检验及无损检测》相关要求，具体焊缝检查修复方案见焊接与检验章节和《压力容器检验规范 维护检验、定级、修理改造》标准要求	A类

表9　反应－再生单元主要检修内容（续）

序号	设备名称	设备功能	功能故障	故障周期/月	检修内容	质量要求	设备分级
3	反应器	甲醇与催化剂反应的场所	2. 旋风分离器的筒体、锥体支耳的磨损和变形及旋风分离器出入口及其连接部位等处的变形、裂纹和磨损；吊杆螺栓松动，吊挂焊缝开裂，检修平台不牢靠 3. 粗旋出入口及出口盖板与支腿连接部位冲蚀磨损、变形等 4. 料腿和料腿拉筋的冲刷磨损、变形 5. 翼阀的灵活性、角度、磨损及接触面不严密 6. 集气室盖环焊缝开裂和磨损 7. 待生斜管、循环斜管等的变形磨损 8. 分布板、分布管及喷嘴的冲蚀磨损、变形、裂纹 9. 各开孔、接点等部位的磨损、堵塞、变形等 10. 器顶出口线冲刷磨损 11. 取压管管嘴、热偶管、直角弯头衬板等部件的冲蚀磨损等造成两器附属钢结构变形和损坏 12. 地脚螺栓有损坏和松动 13. 各接管、人孔及其密封元件、两器安全附件的变形、冲蚀磨损等 14. 端板、内衬板和龟甲网的冲蚀磨损、变形、脱碳和开裂等 15. 两器衬里的磨损、开裂、松动、鼓包和脱落情况 16. 膨胀节波纹管、导流筒等开裂、磨损、腐蚀泄漏等情况	36	2. 内构件检查、必要时更换 3. 对引压管采用反吹风进行检查 4. 热电偶无磨损且校验合格 5. 对松动点采用反吹风进行检查 6. 旋分检查冲蚀、裂纹、鼓包变形、磨损、壁厚减薄、脱落、堵塞、衬里翘起和损坏 7. 检查翼阀护套及连接件有否损坏；检查阀板的开关灵活性、角度及方位、磨损及接触面严密情况 8. 待生斜管、烟道等的变形磨损 9. 分布板、分布管及喷嘴的冲蚀磨损、变形、裂纹情况 10. 检查各开孔、接点等部位的磨损、堵塞、变形等情况 11. 膨胀节筋板与筒、铰链板与立板和立板与筒节的连接焊缝检查完好	2. 堵塞引压管用工具疏通，对器内损坏引压管进行更换 3. 对损坏的热电偶及套管进行更换，对损坏的套管防冲刷衬里进行修复 4. 疏通松动点，修复或更换损坏构件纠偏或更换 5. 翼阀损坏的整体更换，建议使用时间不超过8年 6. 外观检查，校验合格 7. 外观检查，通过目测或测厚分析减薄情况 8. 膨胀节应符合相关标准要求，损坏膨胀节修复整改或更换	A类

表 9 反应－再生单元主要检修内容（续）

序号	设备名称	设备功能	功能故障	故障周期/月	检修内容	质量要求	设备分级
4	再生器	主风与催化剂烧焦的场所	1. 壳体和受压元件变形、裂纹、冲蚀磨损和过热等 2. 旋风分离器的筒体、锥体支耳的磨损和变形及旋风分离器出入口及其连接部位等处的变形、裂纹和磨损；吊杆螺栓松动，吊挂焊缝开裂，检修平台不牢靠 3. 粗旋出入口及出口盖板与支腿连接部位冲蚀磨损、变形等 4. 料腿和料腿拉筋的冲刷磨损、变形 5. 翼阀的灵活性、角度、磨损及接触面不严密 6. 集气室盖环焊缝开裂和磨损 7. 待生斜管、循环斜管等的变形磨损 8. 分布板、分布管及喷嘴的冲蚀磨损、变形、裂纹情况 9. 各开孔、接点等部位的磨损、堵塞、变形等情况 10. 检查器顶出口线冲刷磨损情况 11. 取压管管嘴、热偶管、直角弯头衬板等部件的冲蚀磨损等造成两器附属钢结构变形和损坏 12. 基础下沉、倾斜、损坏 13. 地脚螺栓有损坏和松动 14. 各接管、人孔及其密封元件、两器安全附件的变形、冲蚀磨损等 15. 锚固钉、端板、内衬板的冲蚀磨损、变形、脱碳和开裂等	36	1. 停工前热成像检查；检查焊缝情况 2. 内构件检查 3. 对引压管采用反吹风进行检查 4. 热电偶无磨损且校验合格 5. 对松动点采用反吹风进行检查 6. 旋分检查冲蚀、裂纹、鼓包变形、磨损、壁厚减薄、脱落、堵塞、衬里翘起和损坏 7. 检查翼阀护套及连接件有否损坏；检查阀板的开关灵活性、角度及方位、磨损及接触面严密情况 8. 再生斜管、烟道等的变形磨损 9. 低压床分布板、分布管及喷嘴的冲蚀磨损、变形、裂纹情况 10. 检查各开孔、接点等部位的磨损、堵塞、变形等情况 11. 膨胀节筋板与筒、铰链板与立板和立板与筒节的连接焊缝检查完好	1. 根据日常使用监测及热成像情况，检修期间进行内部检查。结合内部检查情况制定衬里修复方案；若外观检查发现壳体有鼓包变形现象，应对外观显示的变形情况予以检查，并按照《压力容器检验规范 维护检验、定级、修理改造》要求进行修复。焊缝检验要求，应符合《压力容器检验及无损检测》相关要求，具体焊缝检查修复方案见焊接与检验章节和《压力容器检验规范 维护检验、定级、修理改造》标准要求 2. 堵塞引压管用工具疏通，对器内损坏引压管进行更换 3. 对损坏的热电偶及套管进行更换，对损坏的套管防冲刷衬里进行修复。 4. 疏通松动点，修复或更换损坏构件纠偏或更换 5. 翼阀损坏整体更换，建议使用时间不超过8年；阀体与阀板的密封不好可研磨修复，若研磨修复无效需整台阀更换 6. 外观检查，校验合格 7. 外观检查，通过目测或测厚分析减薄情况；膨胀节应符合相关标准要求	A类

表 9　反应－再生单元主要检修内容（续）

序号	设备名称	设备功能	功能故障	故障周期/月	检修内容	质量要求	设备分级
5	产品气第三级旋风分离器	分离产品气中的催化剂	1. 壳体和受压元件变形、裂纹、冲蚀磨损和过热等 2. 旋风分离器的筒体、锥体支耳的磨损和变形及旋风分离器出入口及其连接部位等处的变形、裂纹和磨损；吊杆螺栓松动，吊挂焊缝开裂，检修平台不牢靠 3. 粗旋出入口及出口盖板与支腿连接部位冲蚀磨损、变形等 4. 料腿和料腿拉筋的冲刷磨损、变形 5. 翼阀的灵活性、角度、磨损及接触面不严密 6. 各开孔、接点等部位的磨损、堵塞、变形等情况 7. 取压管管嘴、热偶管、直角弯头衬板等部件的冲蚀磨损等造成两器附属钢结构变形和损坏 8. 基础下沉、倾斜、损坏 9. 地脚螺栓有损坏和松动 10. 各接管、人孔及其密封元件、两器安全附件的变形、冲蚀磨损等 11. 锚固钉、端板、内衬板的冲蚀磨损、变形、脱碳和开裂等	36	1. 停工前热成像检查；检查焊缝情况 2. 内构件检查 3. 对引压管采用反吹风进行检查 4. 热电偶无磨损且校验合格 5. 对松动点采用反吹风进行检查 6. 旋分检查冲蚀、裂纹、鼓包变形、磨损、壁厚减薄、脱落、堵塞、衬里翘起和损坏 7. 检查翼阀护套及连接件有否损坏；检查阀板的开关灵活性、角度及方位、磨损及接触面严密情况 8. 循环斜管等的变形、磨损 9. 检查各开孔、接点等部位的磨损、堵塞、变形等情况 10. 膨胀节筋板与筒、铰链板与立板和立板与筒节的连接焊缝检查完好	1. 根据日常使用监测及热成像情况，检修期间进行内部检查。结合内部检查情况制定衬里修复方案；若外观检查发现壳体有鼓包变形现象，应对外观显示的变形情况予以检查，并按照《压力容器检验规范　维护检验、定级、修理改造》要求进行修复。焊缝检验要求，应符合《压力容器检验及无损检测》相关要求，具体焊缝检查修复方案见焊接与检验章节和《压力容器检验规范　维护检验、定级、修理改造》标准要求 2. 堵塞引压管用工具疏通，对器内损坏引压管进行更换 3. 对损坏的热电偶及套管进行更换，对损坏的套管防冲刷衬里进行修复 4. 疏通松动点，修复或更换损坏构件纠偏或更换 5. 翼阀损坏整体更换，建议使用时间不超过 8 年；阀体与阀板的密封不好可研磨修复，若研磨修复无效需整台阀更换 6. 膨胀节应符合相关标准要求	A 类

表 9　反应 – 再生单元主要检修内容（续）

序号	设备名称	设备功能	功能故障	故障周期/月	检修内容	质量要求	设备分级
6	烟气第三级旋风分离器	分离烟气中的催化剂	1. 壳体和受压元件变形、裂纹、冲蚀磨损和过热等 2. 旋风分离器的筒体、锥体支耳的磨损和变形及旋风分离器出入口及其连接部位等处的变形、裂纹和磨损；吊杆螺栓松动，吊挂焊缝开裂，检修平台不牢靠 3. 料腿和料腿拉筋的冲刷磨损、变形 4. 翼阀的灵活性、角度、磨损及接触面不严密 5. 各开孔、接点等部位的磨损、堵塞、变形等情况 6. 取压管管嘴、热偶管、直角弯头衬板等部件的冲蚀磨损等损坏两器附属钢结构变形和损坏 7. 基础下沉、倾斜、损坏 8. 地脚螺栓有损坏和松动 9. 各接管、人孔及其密封元件、两器安全附件的变形、冲蚀磨损等 9. 锚固钉、端板、内衬板的冲蚀磨损、变形、脱碳和开裂等	36	1. 停工前热成像检查；检查焊缝情况 2. 内构件检查 3. 对引压管采用反吹风进行检查 4. 热电偶无磨损且校验合格 5. 对松动点采用反吹风进行检查 6. 旋分检查冲蚀、裂纹、鼓包变形、磨损、壁厚减薄、脱落、堵塞、衬里翘起和损坏 7. 检查翼阀护套及连接件有否损坏；检查阀板的开关灵活性、角度及方位、磨损及接触面严密情况 8. 循环斜管等的变形磨损 9. 检查各开孔、接点等部位的磨损、堵塞、变形等情况 10. 膨胀节筋板与筒、铰链板与立板和立板与筒节的连接焊缝检查完好	1. 根据日常使用监测及热成像情况，检修期间进行内部检查。结合内部检查情况制定衬里修复方案；若外观检查发现壳体有鼓包变形现象，应对外观显示的变形情况予以检查，并按照《压力容器检验规范　维护检验、定级、修理改造》要求进行修复。焊缝检验要求，应符合《压力容器检验及无损检测》相关要求，具体焊缝检查修复方案见焊接与检验章节和《压力容器检验规范　维护检验、定级、修理改造》标准要求 2. 堵塞引压管用工具疏通，对器内损坏引压管进行更换 3. 对损坏的热电偶及套管进行更换，对损坏的套管防冲刷衬里进行修复 4. 疏通松动点，修复或更换损坏构件纠偏或更换 5. 翼阀损坏整体更换，建议使用时间不超过 8 年；阀体与阀板的密封不好可研磨修复，若研磨修复无效需整台阀更换 6. 膨胀节应符合相关标准要求	B 类

表 9　反应－再生单元主要检修内容（续）

序号	设备名称	设备功能	功能故障	故障周期/月	检修内容	质量要求	设备分级
7	反应器外取热器	吸收反应器中甲醇反应放出的热量，控制反应器温度	1. 壳体和受压元件变形、裂纹、冲蚀磨损和过热等 2. 各开孔、接点等部位的磨损、堵塞、变形等情况 3. 取压管管嘴、热偶管、直角弯头衬板等部件的冲蚀磨损等造成两器附属钢结构变形和损坏 4. 各接管、人孔及其密封元件、两器安全附件的变形、冲蚀磨损等 5. 锚固钉、端板、内衬板的冲蚀磨损、变形、脱碳和开裂等 6. 管束磨损、减薄 7. 分布板喷嘴阻塞、冲蚀	36	1. 停工前热成像检查；检查焊缝情况 2. 内构件检查，衬里检查 3. 对引压管、松动点采用反吹风进行检查 4. 热电偶无磨损且校验合格 5. 循环斜管等的变形磨损 6. 检查各开孔、接点等部位的磨损、堵塞、变形等情况 7. 膨胀节筋板与筒、铰链板与立板和立板与筒节的连接焊缝检查完好	1. 根据日常使用监测及热成像情况，检修期间进行内部检查。结合内部检查情况制定衬里修复方案；若外观检查发现壳体有鼓包变形现象，应对外观显示的变形情况予以检查，并按照《压力容器检验规范　维护检验、定级、修理改造》要求进行修复。焊缝检验要求，应符合《压力容器检验及无损检测》相关要求，具体焊缝检查修复方案见焊接与检验章节和《压力容器检验规范　维护检验、定级、修理改造》标准要求 2. 堵塞引压管用工具疏通，对器内损坏引压管进行更换 3. 对损坏的热电偶及套管进行更换，对损坏的套管防冲刷衬里进行修复 4. 疏通松动点，修复或更换损坏构件纠偏或更换 5. 膨胀节应符合相关标准要求	B 类

表9　反应－再生单元主要检修内容（续）

序号	设备名称	设备功能	功能故障	故障周期/月	检修内容	质量要求	设备分级
8	再生器外取热器	吸收再生器中催化剂烧焦放出的热量，控制再生器温度	1. 壳体和受压元件变形、裂纹、冲蚀磨损和过热等 2. 各开孔、接点等部位的磨损、堵塞、变形等情况 3. 取压管管嘴、热偶管、直角弯头衬板等部件的冲蚀磨损等造成两器附属钢结构变形和损坏 4. 各接管、人孔及其密封元件、两器安全附件的变形、冲蚀磨损等 5. 锚固钉、端板、内衬板的冲蚀磨损、变形、脱碳和开裂等 6. 管束磨损、减薄 7. 分布板喷嘴阻塞、冲蚀	36	1. 停工前热成像检查；检查焊缝情况 2. 内构件检查，衬里检查 3. 对引压管、松动点采用反吹风进行检查 4. 热电偶无磨损且校验合格 5. 循环斜管等的变形磨损 6. 检查各开孔、接点等部位的磨损、堵塞、变形等情况 7. 膨胀节筋板与筒、铰链板与立板和立板与筒节的连接焊缝检查完好	1. 根据日常使用监测及热成像情况，检修期间进行内部检查。结合内部检查情况制定衬里修复方案；若外观检查发现壳体有鼓包变形现象，应对外观显示的变形情况予以检查，并按照《压力容器检验规范　维护检验、定级、修理改造》要求进行修复。焊缝检验要求，应符合《压力容器检验及无损检测》相关要求，具体焊缝检查修复方案见焊接与检验章节和《压力容器检验规范　维护检验、定级、修理改造》标准要求 2. 堵塞引压管用工具疏通，对器内损坏引压管进行更换 3. 对损坏的热电偶及套管进行更换，对损坏的套管防冲刷衬里进行修复 4. 疏通松动点，修复或更换损坏构件纠偏或更换 5. 膨胀节应符合相关标准要求	B类
9	CO余热锅炉	焚烧烟气中的CO，并回收热量，发生和过热高压蒸汽	1. 炉管破裂、炉膛着火 2. 辐射室、烟道、炉膛等部位外漏 3. 熄火，爆燃	36	1. 修理或更换炉管、弯管和炉内构件，炉管试压 2. 修补或更换辐射室、烟道、炉膛等部位衬里 3. 修理或更换燃烧器、吹灰器、鼓风机和烟道挡板	恢复CO余热锅炉在装置的设备功能作用	A类

表 9　反应－再生单元主要检修内容（续）

序号	设备名称	设备功能	功能故障	故障周期 / 月	检修内容	质量要求	设备分级
10	布袋除尘器	对烟气进行收尘	1. 布袋除尘器布袋破损或长时间使用失效 2. 脉冲电磁阀失效 3. 除尘器本体漏气 4. 除尘器卸灰阀泄漏 5. 除尘器卸灰刮板机链板磨损、本体泄漏	24	1. 更换除尘布袋 2. 更换脉冲阀，电磁阀 3. 检查补焊除尘器本体 4. 更换卸灰阀密封件或更换卸灰阀 5. 更换刮板机传动链板，补焊刮板机箱体或更换刮板机箱体	恢复布袋除尘器在装置的设备功能作用	
11	反应器循环斜管、反应器外取热器、待生、再生热壁式电液单动滑阀	控制反应器料位及温度	1. 执行机构颤动、声音异响 2. 液压系统升温过快 3. 系统压力低报警 4. 系统接收信号后执行机构不动作 5. 锁位不可靠 6. 推力过高 7. 阀板卡涩、卡死 8. 衬里破损	36	1. 检修导轨、阀座圈、阀板、阀杆及密封面，更换损毁件 2. 检修传动部分的轴承、涡轮蜗杆和螺母的灵活性 3. 检查衬里脱落、内构件变形和腐蚀情况，并修复 4. 检查阀板与导轨、座圈的间隙 5. 检查电液泵机修性能和联轴器的磨损 6. 检查电液伺服器、蓄能器、皮囊等 7. 检查执行机构的各种功能和操作是否可靠 8. 检查更换过滤器滤芯、液压元件、密封件等	恢复滑阀在装置的设备功能作用	B 类
12	再生器循环斜管和再生器外取热器冷壁式电液单动滑阀	控制再生器料位及温度	1. 执行机构颤动、声音异响	36	1. 检修导轨、阀座圈、阀板、阀杆及密封面，更换损毁件 2. 检修传动部分的轴承、蜗轮蜗杆和螺母的灵活性	恢复滑阀在装置的设备功能作用	B 类

表9　反应－再生单元主要检修内容（续）

序号	设备名称	设备功能	功能故障	故障周期/月	检修内容	质量要求	设备分级
12	再生器循环斜管和再生器外取热器冷壁式电液单动滑阀	控制再生器料位及温度	2. 液压系统升温过快 3. 系统压力低报警 4. 系统接收信号后执行机构不动作 5. 锁位不可靠 6. 推力过高 7. 阀板卡涩、卡死 8. 衬里破损	36	3. 检查衬里脱落、内构件变形和腐蚀情况，并修复 4. 检查阀板与导轨、座圈的间隙 5. 检查电液泵机修性能和联轴器的磨损 6. 检查电液伺服器、蓄能器、皮囊等 7. 检查执行机构的各种功能和操作是否可靠 8. 检查更换过滤器滤芯、液压元件、密封件等	恢复滑阀在装置的设备功能作用	B类
13	烟气管道冷壁式电液双动滑阀	控制再生器压力	1. 执行机构颤动、声音异响 2. 液压系统升温过快 3. 系统压力低报警 4. 系统接收信号后执行机构不动作 5. 锁位不可靠 6. 推力过高 7. 阀板卡涩、卡死 8. 衬里破损	36	1. 检修导轨、阀座圈、阀板、阀杆及密封面，更换损毁件 2. 检修传动部分的轴承、涡轮蜗杆和螺母的灵活性 3. 检查衬里脱落、内构件变形和腐蚀情况，并修复 4. 检查阀板与导轨、座圈的间隙 5. 检查电液泵机修性能和联轴器的磨损 6. 检查电液伺服器、蓄能器、皮囊等 7. 检查执行机构的各种功能和操作是否可靠 8. 检查更换过滤器滤芯、液压元件、密封件等	恢复滑阀在装置的设备功能作用	B类

5.3.4 急冷单元主要检修内容（表 10）

表 10 急冷单元主要检修内容

序号	设备名称	设备功能	功能故障	故障周期 / 月	检修内容	质量要求	设备分级
1	分离塔顶回流冷却器	顶回流与循环水换热	1. 介质互串（内漏） 2. 法兰密封面泄漏 3. 传热效果差 4. 阻力降超过允许值 5. 振动严重	36	1. 抽芯清理管束和壳体 2. 检查修理管箱等及密封面，更换垫片并试压 3. 更换部分锈蚀螺栓 4. 保温防腐修复	恢复分离塔顶回流冷却器在装置的设备功能作用	B 类
2	甲醇-分离塔一中回流空冷器	甲醇与分离塔一中回流换热	1. 翅片管变形、损坏 2. 法兰密封面泄漏 3. 传热效果差	24	1. 检查清理管箱、换热管及翅片 2. 更换部分丝堵、螺栓及垫片 3. 处理泄漏管子，必要时更换 4. 管束进行试压 5. 检查风机	恢复空冷器在装置的设备功能作用	B 类
3	急冷塔底泵	为急冷塔提供回流	1. 流量扬程低 2. 电流升高 3. 振动增大 4. 密封泄漏严重 5. 轴承温度高	24	解体检修：更换轴承、机封及相应密封垫	恢复急冷塔底泵在装置的设备功能作用	B 类
4	分离塔、急冷塔	产品气、催化剂降温分离场所	1. 法兰密封面泄漏 2. 塔体局部变形 3. 塔体出现裂缝、穿孔 4. 塔内构件脱落、腐蚀	36	1. 检查清理塔内构件 2. 检修塔体和内衬的腐蚀、变形和各部焊缝 3. 检查修理喷淋装置、集油箱、除沫器等 4. 检查修理塔基础、下沉等 5. 检修塔基础裂纹、破损、倾斜、下沉 6. 检修塔体防腐保温	恢复分离、急冷塔在装置的设备功能作用	B 类

5.3.5 产品气压缩及碱洗单元主要检修内容（表 11）

表 11 产品气压缩及碱洗单元主要检修内容

序号	设备名称	设备功能	功能故障	故障周期/月	检修内容	质量要求	设备分级
1	产品气压缩机	将产品气通过四段压缩从 75kPa 加压至 3MPa	1. 振动大 2. 轴瓦温度高 3. 供油压力低 4. 供油温度高 5. 压缩机出口压力低、流量减小 6. 出口压力升高，流量增大 7. 低速喘振 8. 壳体中分面漏气 9. 润滑油变质	36	1. 拆检联轴器，复核对中 2. 检查修理机组径向、止推轴承各部位间隙，检查轴瓦瓦块、止推盘情况 3. 检查机组各振动、温度及轴位移探头并调校报警、连锁值 4. 检查级间密封、油封及干气密封，必要时更换 5. 检查、紧固机组基础螺栓；检查、调整压缩机定位销等 6. 检查润滑油泵、事故油泵及驱动电机；检查油站内各油冷却器、过滤器，必要时更换滤芯；检查油系统蓄能器及氮气压力等 7. 检查压缩机干气密封、注水系统各控制盘 8. 检修机组各注水喷嘴；检查清理入口过滤网 9. 检查转子轴向窜量及叶轮与扩压器数据及各部位跳动值 10. 检查清理各叶轮和级间隔板 11. 壳体螺栓、转子轴颈、止推盘、叶轮、隔板等进行无损探伤	1. 联轴器组合件径向跳动应小于 0.03mm，端面跳动应小于 0.02mm，机组同心度最大允许误差不超过 0.05mm 2. 瓦块合金不得有夹渣、裂纹、气孔，各瓦块厚度偏差不大于 0.02mm，径向轴瓦间隙应小于 $D\times2.25/1000$，止推间隙小于 0.30mm 3. 仪表探头应拆除校验 4. 级间密封，油封梳齿应完好无缺陷，干气密封应更换全部易损件，做通气试验 5. 机组螺栓应无裂纹，无缩颈，螺纹应完好 6. 油泵应拆除维护检修，油冷却器应水利清洗，油过滤器检查更换滤芯，蓄能器应检查充氮气 7. 机组控制盘应完好，仪表应拆除校验 8. 机组管道滤网拆除检查，应无裂纹、杂质 9. 转子各间隙应参考随机资料 10. 叶轮和隔板应清除积垢观察无裂纹、变形 11. 转子，叶轮等部件应进行清理并做动平衡和无损探伤	A 类

表 11　产品气压缩及碱洗单元主要检修内容（续）

序号	设备名称	设备功能	功能故障	故障周期/月	检修内容	质量要求	设备分级
2	产品气压缩机透平	通过高压蒸汽驱动透平为产品气压缩机提供动力	1. 振动大 2. 异常声响 3. 轴承温度波动或升高 4. 调速器控制故障 5. 真空系统故障	36	1. 检查或更换止推、径向轴承 2. 检修调速阀、抽汽阀的轴承、杠杆 3. 清理抽汽止逆阀及油动机 4. 检修盘车系统 5. 检查或更换静电接地电刷 6. 调速油储能器 7. 调校轴振动、位移探头 8. 清理油过滤器等 9. 检查凝汽器并消除真空系统漏点	1. 轴承应不得有夹渣、裂纹、气孔，各瓦块厚度偏差不大于0.02mm，径向轴瓦间隙应小于D×2.25/1000，止推间隙小于0.30mm 2. 拆检调速系统，更换易损件，对有缺陷的部件进行修复和更换 3. 检查盘车系统，保证盘车顺畅 4. 检查电刷，确保无损伤、变形，必要时更换 5. 检查蓄能器，用氮气冲压 6. 检查真空系统各部件，消除缺陷，做正压试验消除漏点	A类
3	产品气压缩机一段后冷器	产品气与循环水换热	1. 介质互串（内漏） 2. 法兰密封面泄漏 3. 传热效果差 4. 阻力降超过允许值 5. 振动严重	36	1. 抽芯清理管束和壳体 2. 检查修理管箱等及密封面，更换垫片并试压 3. 更换部分锈蚀螺栓 4. 保温防腐修复	恢复产品气压缩机一段后冷器在装置的设备功能作用	B类
4	产品气压缩机一段凝液泵	输送一段凝液去氧化物汽提塔	1. 流量扬程低 2. 电流升高 3. 振动增大 4. 密封泄漏严重 5. 轴承温度高	24	解体检修：更换轴承、机封及相应密封垫	恢复产品气压缩机一段凝液泵在装置的设备功能作用	B 类

表 11 产品气压缩及碱洗单元主要检修内容（续）

序号	设备名称	设备功能	功能故障	故障周期/月	检修内容	质量要求	设备分级
5	碱洗塔	去除产品气中的酸性物质和二氧化碳	1. 法兰密封面泄漏 2. 塔体局部变形 3. 塔体出现裂缝、穿孔 4. 塔内构件脱落、腐蚀；除沫网、填料等结垢	36	1. 检查清理塔内构件 2. 检修塔体和内衬的腐蚀、变形和各部焊缝 3. 检查修理喷淋装置、集油箱、除沫器等 4. 检查修理塔基础、下沉等 5. 检修塔基础裂纹、破损、倾斜、下沉 6. 检修塔体防腐保温	恢复碱洗塔在装置的设备功能作用	B 类

5.3.6 冷分离单元主要检修内容（表 12）

表 12 冷分离单元主要检修内容

序号	设备名称	设备功能	功能故障	故障周期/月	检修内容	质量要求	设备分级
1	脱乙烷塔再沸器	低压蒸汽与塔釜物料换热	1. 介质互串（内漏） 2. 法兰密封面泄漏 3. 传热效果差 4. 阻力降超过允许值 5. 振动严重	36	1. 抽芯清理管束和壳体 2. 检查修理管箱等及密封面，更换垫片并试压 3. 更换部分锈蚀螺栓 4. 保温防腐修复	恢复换热器在装置的设备功能作用	B 类
2	脱乙烷塔回流泵	为脱乙烷塔提供回流	1. 流量扬程低 2. 电流升高 3. 振动增大 4. 密封泄漏严重 5. 轴承温度高	24	解体检修：更换轴承、机封及相应密封垫	恢复机泵在装置的设备功能作用	B 类

表 12 冷分离单元主要检修内容（续）

序号	设备名称	设备功能	功能故障	故障周期/月	检修内容	质量要求	设备分级
3	脱乙烷塔	分离碳二以下和碳三以上组分的场所	1. 法兰密封面泄漏 2. 塔体局部变形 3. 塔体出现裂缝、穿孔 4. 塔内构件脱落、腐蚀	36	1. 检查清理塔内构件 2. 检修塔体和内衬的腐蚀、变形和各部焊缝 3. 检查修理喷淋装置、集油箱、除沫器等 4. 检查修理塔基础、下沉等 5. 检修塔基础裂纹、破损、倾斜、下沉 6. 检修塔体防腐保温	恢复塔在装置的设备功能作用	B 类

5.3.7 热分离单元主要检修内容（表 13）

表 13 热分离单元主要检修内容

序号	设备名称	设备功能	功能故障	故障周期/月	检修内容	质量要求	设备分级
1	脱丙烷塔冷凝器	塔顶气相与丙烯换热	1. 介质互串（内漏） 2. 法兰密封面泄漏 3. 传热效果差 4. 阻力降超过允许值 5. 振动严重	36	1. 抽芯清理管束和壳体 2. 检查修理管箱等及密封面，更换垫片并试压 3. 更换部分锈蚀螺栓 4. 保温防腐修复	恢复脱丙烷塔冷凝器在装置的设备功能作用	B 类
2	脱丙烷塔回流泵	为脱丙烷塔提高回流	1. 流量扬程低 2. 电流升高 3. 振动增大 4. 密封泄漏严重 5. 轴承温度高	24	解体检修：更换轴承、机封及相应密封垫	恢复脱丙烷塔回流泵在装置的设备功能作用	B 类

表 13 热分离单元主要检修内容（续）

序号	设备名称	设备功能	功能故障	故障周期/月	检修内容	质量要求	设备分级
3	脱丙烷塔	分离碳三以下和碳四以上组分的场所	1. 法兰密封面泄漏 2. 塔体局部变形 3. 塔体出现裂缝、穿孔 4. 塔内构件脱落、腐蚀	36	1. 检查清理塔内构件 2. 检修塔体和内衬的腐蚀、变形和各部焊缝 3. 检查修理喷淋装置、集油箱、除沫器等 4. 检查修理塔基础、下沉等 5. 检修塔基础裂纹、破损、倾斜、下沉 6. 检修塔体防腐保温	恢复脱丙烷塔在装置的设备功能作用	B 类

5.3.8 丙烯制冷单元主要检修内容（表 14）

表 14 丙烯制冷单元主要检修内容

序号	设备名称	设备功能	功能故障	故障周期/月	检修内容	质量要求	设备分级
1	丙烯制冷压缩机	通过压缩-冷凝-减压-蒸发的制冷循环过程为各丙烯用户提供冷量	1. 振动大 2. 轴瓦温度高 3. 供油压力低 4. 供油温度高	36	1. 拆检联轴器，复核对中 2. 检查修理机组径向、止推轴承各部位间隙，检查轴瓦瓦块、止推盘情况 3. 检查机组各振动、温度及轴位移探头并调校报警、联锁值 4. 检查级间密封、油封及干气密封，必要时更换 5. 检查、紧固机组基础螺栓；检查、调整压缩机定位销等 6. 检查润滑油泵、事故油泵及驱动电机；检查油站内各油冷却器、过滤器，必要时更换滤芯；检查油系统蓄能器及氮气压力等	1. 联轴器组合件径向跳动应小于 0.03mm，端面跳动应小于 0.02mm，机组同心度最大允许误差不超过 0.05mm 2. 瓦块合金不得有夹渣、裂纹、气孔，各瓦块厚度偏差不大于 0.02mm，径向轴瓦间隙应小于 $D\times2.25/1000$，止推间隙小于 0.30mm 3. 仪表探头应拆除校验 4. 级间密封，油封梳齿应完好无缺陷，干气密封应更换全部易损件，做通气试验	A 类

表 14　丙烯制冷单元主要检修内容（续）

序号	设备名称	设备功能	功能故障	故障周期/月	检修内容	质量要求	设备分级
1	丙烯制冷压缩机	通过压缩－冷凝－减压－蒸发的制冷循环过程为各丙烯用户提供冷量	5. 压缩机出口压力低、流量减少 6. 出口压力升高，流量增大 7. 低速喘振 8. 壳体中分面漏气 9. 润滑油变质	36	7. 检查压缩机干气密封、注水系统各控制盘 8. 检修机组各注水喷嘴；检查清理入口过滤网 9. 检查转子轴向窜量及叶轮与扩压器数据及各部位跳动值 10. 检查清理各叶轮和级间隔板 11. 壳体螺栓、转子轴颈、止推盘、叶轮、隔板等进行无损探伤	5. 机组螺栓应无裂纹，无缩颈，螺纹应完好 6. 油泵应拆除维护检修，油冷却器应水利清洗，油过滤器检查更换滤芯，蓄能器应检查充氮气 7. 机组控制盘应完好，仪表应拆除校验 8. 机组管道滤网拆除检查，应无裂纹，杂质 9. 转子各间隙应参考随机资料 10. 叶轮和隔板应清除积垢观察无裂纹、变形 11. 转子，叶轮等部件应进行清理并做动平衡和无损探伤	A类
2	丙烯制冷压缩机透平	通过高压蒸汽驱动透平为丙烯制冷压缩机提供动力	1. 振动大 2. 异常声响 3. 轴承温度波动或升高 4. 调速器控制故障 5. 真空系统故障	36	1. 检查或更换止推、径向轴承 2. 检修调速阀、抽汽阀的轴承、杠杆 3. 清理抽汽止逆阀及油动机 4. 检修盘车系统 5. 检查或更换静电接地电刷 6. 调速油储能器 7. 调校轴振动、位移探头 8. 清理油过滤器等 9. 检查凝汽器并消除真空系统漏点	1. 轴承应不得有夹渣、裂纹、气孔，各瓦块厚度偏差不大于0.02mm，径向轴瓦间隙应小于2.25‰ D，止推间隙小于0.30mm 2. 拆检调速系统，更换易损件，对有缺陷的部件进行修复和更换 3. 检查盘车系统，保证盘车顺畅 4. 检查电刷，确保无损伤、变形，必要时更换 5. 检查蓄能器，用氮气冲压 6. 检查真空系统各部件，消除缺陷，做正压试验消除漏点	A类

表 14　丙烯制冷单元主要检修内容（续）

序号	设备名称	设备功能	功能故障	故障周期/月	检修内容	质量要求	设备分级
3	丙烯冷剂冷凝器	气相丙烯与循环水换热	1. 介质互串（内漏） 2. 法兰密封面泄漏 3. 传热效果差 4. 阻力降超过允许值 5. 振动严重	36	1. 抽芯清理管束和壳体 2. 检查修理管箱等及密封面，更换垫片并试压 3. 更换部分锈蚀螺栓 4. 保温防腐修复	恢复丙烯冷剂冷凝器在装置的设备功能作用	B类

6　装置检修管理

6.1　工艺交出检修条件

6.1.1　工作液排放必须退到相应收集罐内，保证设备检修时不会出现污染事件；化学清洗后的废水必须排至指定地点。

6.1.2　在装置交付检修前，由生产管理部和安全环保部门组织设备交出验收，检查确认设备容器人孔拆卸、盲板加装、采样分析、停电、下水井封堵等工作完成，经相关部门签字确认后，由装置人员开具用火、用电、进入受限空间等相关票证，才能进入检修状态。工艺交出要具备以下条件：

a）装置所有盲板按照盲板图、表安装、编号、挂牌并经工艺员、设备员、安全员签名确认；

b）PID 图上所有系统、管线得到置换处理并现场标识；

c）系统内设备、管线按规定进行吹扫和置换，取样分析合格；

d）下水井取样分析合格，存油清理干净，排水畅通，水封完好；

e）下水井盖板应完好并在正确位置；

f）完成系统内设备人孔打开前的确认，打开的设备人孔处挂上“未经许可，禁止入内”警示牌；

g）制定停工安全、环保措施和工作危害分析记录表（JSA）；

h）装置内分析不合格点悬挂标识，标识储存物料区并采取硬隔离；

i）指定具有监护人资格的人员负责动火、进设备等作业的监护。

6.1.3 装置交付检修条件确认表见附录A。

6.2 检修过程安全环保总体要求

6.2.1 安全管理总体要求

a）装置检修改造的安全管理，坚持“安全第一、预防为主、综合治理”的方针和“谁主管、谁负责”“谁签发、谁负责”的原则，坚持以人为本、落实责任、强化监督，按属地化管理原则。企业可根据需要自行决定是否外聘第三方HSSE监管，第三方HSSE监管纳入HSSE管理体系。

b）各级指挥部的安全环保消防组应按指挥部管理体系要求承担相应的管理责任。

c）承包商应建立健全安全管理体系，成立安全管理组织机构，明确管理职责，确保检修过程安全高效。分包商的安全管理工作由总承包商负总责。

d）安全监督管理部门对检修过程的安全管理工作进行监督检查，指挥部的安全环保消防组负责施工过程安全检查管理。运行部负责所在区域的施工项目配合和现场安全监督检查。

6.2.2 环保管理总体要求

a）严格遵守各级环保管理制度，把环境保护内容纳入装置开停工及大修改造管理内容。

b）加强装置开停工及大修改造过程中的环保管理，确保污染物和噪声受控，实现达标排放，杜绝环境污染事件和扰民事件发生。

c）装置开展开停工和检修作业环境因素识别与评价，检修施工单位开展检修作业环境因素识别与评价；要根据评价结果制定控制措施，并将控制措施落实到开停工方案和检修方案中。

d）装置开停工及检修过程中应优化停工退料程序，实现合理用水、尾气回收，减少污水与废气排放。

e）装置开停工及检修作业产生的工业废物应分类收集，集中规范堆放，工业废物处置应提前申报。

6.3 质量管理

6.3.1 成立检修质量管理组织机构，明确管理职责，建立质量管理程序文件。

6.3.2 对承包商资质、人员、机具等组织审查。

6.3.3 通过组织设计审查，确保设计质量。

6.3.4 物资采购管理部门组织对采购物资进行入库检验并对重点物资进行监造。

6.3.5 在施工过程中组织对检验检测的质量进行抽查。

6.4 变更管理

6.4.1 检修过程要加强变更管理，建立健全变更管理制度和工作流程，采取措施减少变更数量。原则上没有经过各级部门同意的变更不允许在检修中执行。

6.4.2 项目变更主要控制内容

a）对于试用产品、设备备件结构形式改变、材质升级要充分识别，要有专门技术论证审批过程，审批时要加强相关专业沟通确认；

b）所有变更应事前发起，只有当变更得到批准后，才可组织实施。项目变更由变更提出单位发起申请并填写“变更申请单”，按照各企业相关制度规定的权限办理审批手续；

c）对于因材料找价差导致的超费用计划（或工单预算），需要补办变更手续；

d）对于不涉及费用计划的变更，如项目名称、版本号、承包商、施工方案、施工进度等也需办理相应的变更手续；

e）对于结算费用高于非包干合同标的按各企业管理制度执行变更；

f）投资类项目的变更参照各企业“固定资产投资过程控制管理规定”执行。

6.5 装置检修交回条件

6.5.1 装置交回的特殊要求

工艺特殊性要求工艺介质中严禁存在碱性金属成分，检修过程中不允许有铜制或铁制金属工具残留设备内，如果检修时必须使用此类工具，在人孔封闭前必须经过严格检查，确认无工具遗留；同时设备投用前经过酸洗处理。

6.5.2 装置检修交回需确认的主要内容

a）装置的检修项目均已完工，项目计划完成情况得到工艺、设备人员的共同确认；

b）转动设备达到正常运转条件；

c）需试压的设备均已试压合格，并有详细记录；

d）报警及联锁设备已经调试并准确好用；

e）检修时停电的设备均应确认已送电，并无反相情况；

f）安全消防设施（包括安全阀、安全罩、盲板、防爆板、避雷及静电设施、消防栓、可燃气体监测、火灾报警系统）检查、试验合格，防毒、防尘、事故急救措施已落实；

g）现场所有检修所加盲板均已拆除，并有拆除清单，工艺人员已签字确认；

h）检修过程损坏的设备、管线的保温及位号标识应恢复完好；

i）化工原材料、润滑油、专用工具备齐，质量符合设计要求，并已运至指定地点；

j）贮运设施具备贮运条件，计量仪器检定合格；

k）环保设施完好备用；

l）工艺规程、分析规程、岗位操作法、开车方案等技术资料齐全，审查、备案合格；

m）变更培训应已完成，操作人员考试合格；

n）专业性综合检查记录齐全、系统具备投料开车条件；

o）填写装置检修交回开工条件确认表（见附录B）。

6.6 检修后期管理

6.6.1 资料交付

承包商应在检修项目结束后30天内将交工资料完整地交给使用单位，资料包含内容如下：

a）竣工图纸，施工技术方案，吊装方案，施工组织设计；

b）施工技术记录，试压记录，中间工序验收单，隐蔽工程验收单，拆检回装记录，发现问题与修复记录；

c）设备开箱资料，设备封闭记录；

d）设备、材料、管道附件、配件的合格证明书及质量保证书，理化检验资料；

e）衬里、防腐、保温施工技术记录及检验报告。

6.6.2 检修总结

装置检修结束后，要组织检修改造工作总结，对好的做法进行总结、提炼，固化取得的经验；对存在的问题，分析原因，完善措施，不断提高管理水平。

7 装置日常维护

7.1 日常巡检

操作人员要根据岗位职责进行装置巡检和，检查时重点关注以下内容：

a）“两器”操作时，不准超温、超压、超负荷；

b）定期检查人孔、阀门、法兰等密封点的泄漏；

c）定期检查安全阀、压力表、消防线等安全设施是否灵活好用；

d）定期检查弹簧管箱、支吊架是否灵活好用，并对变形量进行记录；

e）定期对“两器”及烟道的膨胀节进行检查，并做好记录；

f）随操作条件的变化，及时检测“两器”及烟道、三旋等设备壁温变化。

7.2 日常维护

装置日常维护的基本内容包括设备维护保养、设备检查和设备修理。

7.2.1 设备维护保养

设备维护保养主要包括设备清洁、整齐、润滑、易松动的紧固件紧固，活动部分间隙的调整等。维护保养要落实“清洁、润滑、紧固、调整、防腐”十字作业法。维护保养依工作量大小和难易程度分为装置操作工保养、专职保养维修工的保养。

7.2.1.1　装置操作工保养

其主要内容是：清洁、润滑、紧固易松动的零件，检查零件、部件的完整。

7.2.1.2　专职保养维修工的保养

主要内容包括对设备内部清洁、润滑、局部解体检查和调整，必要时对达到规定磨损限度的零件加以更换。此外，还要对主要零部件的磨损情况进行测量、鉴定和记录。具体标准执行通用设备的检修规程。

在两种维护保养中，装置操作工保养是基础，专职保养维修工的保养是关键。

7.2.2　设备检查和设备修理

设备检查按时间间隔分为日常检查和定期检查。

日常检查由操作人员执行，同操作工的保养结合起来，目的是及时发现不正常的技术状况，进行必要的维护保养工作。

定期检查是按照计划，在操作工参加下，定期由专职维修工执行，也就是预防性检查维修。目的是通过检查，全面准确地掌握零件磨损的实际情况，以便确定是否有进行修理的必要。

附 录 A

（资料性附录）

装置停工交付检修条件确认表

<table>
<tr><td></td><td colspan="6">装置停工交付检修确认表</td></tr>
<tr><td></td><td>记录编号</td><td></td><td colspan="2">使用单位</td><td></td><td></td></tr>
<tr><td colspan="2">停工检修单位</td><td></td><td>装置</td><td></td><td>时间</td><td>年 月 日</td></tr>
<tr><td colspan="2">单 位</td><td>确认内容</td><td colspan="2">存在问题</td><td>确认意见</td><td>确认人</td></tr>
<tr><td colspan="2">停工单位</td><td>1. 装置与系统是否有效隔离并提供对应的盲板表？
2. 是否有专用氮气线，是否专用？
3. 管线及容器是否吹扫干净并提供吹扫作业确认表？
4. 容器及塔测爆及氧含量是否合格？
5. 风险系数较大的作业是否进行危害识别分析？
6. 对塔、容器仪表监控手段是否保留？
7. 动火作业项目是否上墙？
8. 对本单位、施工单位参加检修的人员安全教育并考试是否进行？
9. 明沟、地面上是否有油？轻污分流设施是否投用？
10. 对装置内电缆沟是否作出明显标志？
11. 设备、容器、管道是否全部打开并在设备人孔处挂“危险空间！严禁入内”的警示牌？
12. 检修现场下水井、地漏、明沟的是否封闭，泵沟等是否建立水封？
13. 检修设备是否停电？
14. 装置中化测爆分析单</td><td colspan="2"></td><td></td><td></td></tr>
<tr><td colspan="2">电气部</td><td>1. 是否已按用电单位停送电要求实施停送电？
2. 参加大修的电气作业人员是否进行电工作业资格的确认和相应的安全教育？
3. 其他：</td><td colspan="2"></td><td></td><td></td></tr>
</table>

装置停工交付检修条件确认表（续）

单位	确认内容	存在问题	确认意见	确认人
仪控部	1. 对本单位、施工单位参加检修的人员安全教育并考试是否进行？ 2. 机柜间运行装置的机柜与检修的区域是否采用明显有效的隔离措施？ 3. 仪表吹扫排放中相关安全环保措施是否明确落实？ 4. 放射线同位素仪表停工检修防护措施是否落实？ 5. 工器具是否进行相关安全检查？ 6. 重大作业项目是否编写施工作业方案和进行危害识别与评价？ 7. 高处作业的脚手架是否搭设妥当并验收合格？ 8. 每项作业施工是否具有合格的施工检修作业票？相关安全措施是否落实到位？ 9. 劳保用品穿戴是否符合要求？ 10. 检修质量和检修内容是否符合要求？			
消防部门	1. 现场消气防器材是否齐全、完好？ 2. 消防、疏散通道是否符合要求？ 3. 其他：			
生产部门 技术科	1. 检查吹扫作业票的确认签名是否落实？ 2. 现场检查盲板是否按方案和盲板清单进行安装？ 3. 检查瓦斯、氮气和工艺介质等物料在装置边界是否进行有效隔离？ 4. 催化剂、保护剂、胺液或按方案不退的介质是否按方案要求进行了有效安全隔离？			
生产部门 管理科	1. 检查配合外系统的吹扫是否已满足要求可以停运？ 2. 其他：			
机动部门 设备科	1. 已按停工方案要求抽堵盲板，且要做好明显标记，并指定专人统一编号登记，严防漏堵、漏拆。盲板的材质、厚度符合安全要求。 2. 与炉、塔、容器相连的蒸汽、氮气等有害介质的阀门，已加盲板隔离。 3. 未经吹扫处理的设备、容器、管道已与系统隔离，设置明显警示标志，并向职工和施工单位交底。 4. 冬季停工，装置要做好防冻防凝工作			

装置停工交付检修条件确认表（续）

<table>
<tr><th colspan="2">单 位</th><th>确认内容</th><th>存在问题</th><th>确认意见</th><th>确认人</th></tr>
<tr><td>机动部门</td><td>动力科</td><td>1. 变配电所内电气安全用具、消防器材已检查并在有效期限内；
2. 变配电所内的工器具已检查合格；
3. 电气现场检修动力箱（固定）、临时变已检查合格；
4. 配送电单位、施工单位参修人员已经安全教育并考试合格；
5. 外来人员已经安全安全教育并考试合格。
6. 工艺要提供装置停工后仍需使用的仪表清单；
7. 电气专业提供停工期间停电网络，仪表提前准备</td><td></td><td></td><td></td></tr>
<tr><td rowspan="3">安环</td><td>管理科</td><td>1. 对本单位、施工单位参加检修的人员安全教育并考试是否进行？
2. 其他：</td><td></td><td></td><td></td></tr>
<tr><td>环保科</td><td>1. 明沟、地面上是否有油？轻污分流设施是否投用？
2. 其他：</td><td></td><td></td><td></td></tr>
<tr><td>安全科</td><td>1. 现场固定式可燃气体报警仪、H_2S 报警仪等探头是否进行妥善保护？
2. 对装置内电缆沟是否作出明显标志？
3. 设备、容器、管道是否全部打开并在设备人孔处挂“危险空间！严禁入内”的警示牌？
4. 检修现场下水井、地漏、明沟的是否封闭，泵沟等是否建立水封？
5. 打开的设备、容器、管道测爆分析是否合格？
6. 运行的装置与检修的区域必须采用明显有效的隔离措施？存在工艺介质的工艺管线是否作出标志？
7. 其他：</td><td></td><td></td><td></td></tr>
<tr><td colspan="2">领导意见</td><td></td><td></td><td></td><td></td></tr>
</table>

附 录 B
（资料性附录）
装置检修交回条件开工确认

<table>
<tr><td rowspan="3"></td><td colspan="5">中国石油化工股份有限公司 ×××× 分公司管理体系</td></tr>
<tr><td colspan="4">装置检修交回开工确认表</td><td></td></tr>
<tr><td>记录编号</td><td></td><td colspan="2">使用单位</td><td></td></tr>
<tr><td colspan="2">开工装置</td><td></td><td>时间</td><td colspan="2">年 月 日</td></tr>
<tr><td>单 位</td><td colspan="2">要求</td><td>存在问题</td><td>确认意见</td><td>确认人</td></tr>
<tr><td>施工单位</td><td colspan="2">检修项目以及改造项目已施工完成，并验收合格。
施工用临时设施已全部拆除；现场清洁、无杂物。
除用于开工查漏、热紧用的架子保留外，其他架子、跳板均拆除。
设备、管线等保温复位。
因检修拆除的劳动保护、照明设施已恢复。
塔器设备、安全阀、现场仪表、管线等均已复位</td><td></td><td></td><td></td></tr>
<tr><td>项目所属单位</td><td colspan="2">设备位号和管道介质名称、流向标示齐全。
检查现场设备、管线、保温等安装符合规范，试用情况正常。
机组等设备联锁试验正常。
工艺联锁试验正常。
盲板拆、装清单已确认。
装置吹扫、试压通过。
现场消防、气防器材及岗位工器具配齐、现场环保设施投用。
开工化工原材料准备完毕。
备品配件齐全。
调节阀确认正常。
安全阀投用正确。
技改项目已完成投用方案已完成。
各类烘炉方案，烘炉曲线已交底</td><td></td><td></td><td></td></tr>
<tr><td>电气部</td><td colspan="2">变电所已正常投用，高低压电送电正常。
现场电气设备如电动阀、电加热器、电机等试运正常。
现场照明等恢复正常</td><td></td><td></td><td></td></tr>
<tr><td>仪控部</td><td colspan="2">现场仪表调试、DCS 调试、联校正常。
配合工艺、设备的联锁调试已完成</td><td></td><td></td><td></td></tr>
</table>

装置检修交回条件开工确认（续）

单 位		要求	存在问题	确认意见	确认人
公用工程部		循环水、新鲜水、蒸汽、仪表风／工厂风、氮气等公用介质供应正常			
储运部		储运系统已具备正常供料以及接收产品条件			
化验部门		现场采样器已复位正常。 分析项目已具备分析条件			
消防部门		现场消气防器材齐全、完好。 消防、疏散通道符合要求			
安环部门	环保	现场环保设施，如轻污分流设施等已投用。 后续环保装置具备接收物料条件			
	安全	现场固定式可燃气体报警仪、H_2S 报警仪等已投用。 拟开工装置与临近的检修区域已采用明显有效的隔离措施。 现场安全设施如平台围栏、护栏等符合要求，现场无容易坠落物品。 如有零星动火项目，火票需升级			
工程管理部门		负责的改造项目已施工完成，并验收合格			
机动部门	设备科	检修项目已完成，并验收合格。 保运工作已落实			
	动力科	电气、仪表检修改造项目已完成，并投用正常。 电气现场检修动力箱、临时变已拆除			
生产部门	技术科	开工方案已审批完成。 盲板已按方案和盲板清单进行安装。 开工用化工原材料已落实。 其他专项方案已落实或审批			
	管理科	外围的公用、储运系统以及相关装置已可支持装置开工。 开工用原料已落实			
人教部门		操作人员已经过学习、培训，并考试合格			
项目所属单位领导意见		签名：	公司意见	签名：	

附　录　C
（资料性附录）
物资紧急需求计划审批表

记录编号			使用单位		
序号	物料编码	物资名称及规格型号	数量及单位	大修及工程项目相关信息	紧急需求原因说明
需求单位经办人 签名： 电话： 年　月　日	需求单位负责人 签名： （公章） 年　月　日	业务主管单位领导 签字： 年　月　日		公司分管领导 签字： 年　月　日	物资采购部门登记 签字： 年　月　日

附 录 D
（资料性附录）
检修施工现场 HSSE 日检表

序号	检查内容	存在问题	检查人员	整改情况	验证人	备注
1	临时用电					
1.1	配备合格的持证电工					
1.2	配电箱合格、有防雨措施，按要求标识并上锁					
1.3	配电系统执行“三相五线制”，符合“三级配电二级保护”要求，安装匹配的漏电保护器，漏保动作灵敏好用，并进行日常试验和记录					
1.4	电缆及接头无破损，绝缘良好；铺设规范，走向清晰，标识明确					
1.5	用电严格执行“一机一闸一保护”					
1.6	按要求配置保护零线和工作零线，工作接地和重复接地完好					
1.7	安全电压符合作业环境要求					
1.8	使用工业插头、插座					
2	施工机具					
2.1	各种机具按设备安全要求进行定期检查，确保完好					
2.2	设有机械保护装置（如转动设备等）的设备，保护装置处于完好状态					
2.3	用电机具、设施接地完好					
2.4	配备与作业要求相匹配的劳动防护用品					
2.5	空气压缩机压力表、安全阀等在检验期内并处于完好状态，高压气管和软管固定连接可靠					
2.6	气瓶垂直放置，瓶体固定可靠；气瓶分类摆放并保持安全距离，防护措施到位，气瓶阻火器、压力表等安全附件完好，气管无老化破损，连接可靠					

检修施工现场 HSSE 日检表（续）

序号	检查内容	存在问题	检查人员	整改情况	验证人	备注
3	脚手架					
3.1	脚手架搭设人员是专业架子工，并持证上岗。搭设人员按要求着装，配备五点双大钩安全带					
3.2	编制脚手架搭设方案，进行安全技术交底并有记录					
3.3	按规范要求搭设脚手架，且有良好的整体稳固性					
3.4	搭设和拆除过程必须有专人监督，周边设置警戒区					
3.5	连墙件设置可靠，各节点扣件扭矩力符合要求					
3.6	通道、护栏、腰杆、踢脚板等符合要求					
3.7	作业面满铺跳板，无孔洞，跳板可靠固定且无探头板					
3.8	作业面临时放置的材料等在允许荷载范围内，严禁超载荷；放置必须稳固，无坠物风险					
3.9	脚手架搭设完成验收合格挂牌使用					
3.10	消防设施保持完好，灭火器和消防水桶按要求配置					
3.11	消防安全通道保持畅通					
3.12	用火作业前，清理周边易燃物，采取接火措施					
4	起重					
4.1	编制了吊装方案、进行交底并有记录					
4.2	起重设备操作人员、司索、指挥持有效证件					
4.3	起重机械证照齐全有效					
4.4	起重机械安全设施、附件完好					
4.5	机索具检查完好，钢丝绳无磨损，连接可靠，绳卡数量和间距满足要求					

检修施工现场 HSSE 日检表（续）

序号	检查内容	存在问题	检查人员	整改情况	验证人	备注
4.6	吊装作业半径设置了警戒区，禁止无关人员入内					
4.7	吊装前进行评估，确保在额定起升载荷范围内进行起重作业，不得超载					
4.8	吊车支腿符合要求					
4.9	吊物捆绑符合要求，使用溜绳					
4.10	吊装作业天气、环境、风力等符合要求					
5	焊接、气割					
5.1	设备接地完好					
5.2	焊把线无破损，连接器完好					
5.3	有专人监护，接火、防火措施到位					
5.4	可燃性气瓶与胶管连接完好，无漏气，气瓶有阻火器					
5.5	现场气瓶与明火源保持安全距离					
6	受限空间					
6.1	对所要进行作业的受限空间进行吹扫、蒸煮、置换，并分析合格。所有与受限空间相连接的管线、阀门应进行有效隔离，盲板处应挂标识牌，并经工艺技术人员签字确认					
6.2	出入口内外不得有障碍物，在受限空间入口处设置“危险！严禁入内”警告牌或采取其他封闭措施					
6.3	对有可能发生硫化亚铁自燃的设备、容器必须经充分的钝化脱臭处理，并在现场配置消防水带					
6.4	“进入受限空间作业许可证”实行一点一证					

检修施工现场HSSE日检表（续）

序号	检查内容	存在问题	检查人员	整改情况	验证人	备注
6.5	进入受限空间作业实行“三不进入”原则，即：一、没有经批准有效的“进入受限空间作业许可证”不进入；二、安全措施未落实不进入；三、监护人不在场不进入					
6.6	作业现场配备必要的救护器具和灭火器材等					
6.7	进入受限空间作业应使用安全电压和安全行灯					
7	作业安全					
7.1	作业前进行班前安全教育和安全技术交底，作业人员清楚当天作业内容和安全风险及注意事项					
7.2	特殊工种持证上岗					
7.3	佩戴合格安全帽，并根据作业任务佩戴专用眼部、面部、手部等防护用品，高处作业人员系挂安全带					
8	收工检查					
8.1	配电系统一级箱断电，关闭气瓶角阀，能量上锁					
8.2	现场火种检查清理完毕					
8.3	清理各作业面材料和杂物等，做到工完料净场地清					
8.4	落实夜间值班、巡检人员，职责到位，检查内容明确					

附 录 E
（资料性附录）
隐蔽工程验收记录

<table>
<tr><td colspan="2">1）工程名称</td><td colspan="2">2）</td><td>3）建设单位</td><td>4）</td></tr>
<tr><td colspan="2">5）施工单位</td><td colspan="2">6）</td><td>7）监理单位</td><td>8）</td></tr>
<tr><td colspan="2">9）验收单位</td><td colspan="2">10）</td><td>11）验收单位</td><td>12）</td></tr>
<tr><td>13）隐蔽检查内容</td><td colspan="5">14）</td></tr>
<tr><td>15）验收意见</td><td colspan="5">16）</td></tr>
<tr><td rowspan="3">17）施工单位
25）
30）</td><td>18）专业负责人</td><td>19）</td><td colspan="2" rowspan="3">20）建设（监理）单位
28）
29）
33）
34）</td><td rowspan="3">21）监理工程师
22）
23）（建设单位专业负责人）
24） 年 月 日</td></tr>
<tr><td>26）专业技术员</td><td>27）</td></tr>
<tr><td>31）质量检查员</td><td>32）</td></tr>
</table>

附　录　F

（资料性附录）

设备检修验收记录表

设备名称		验收编号：
验收项目	验收内容	验收结果
设备基础		
机械性能		
电气		
仪表		
安全装置		
验收结论		
验收人员（签字）		
	验收日期：　　年　月　日	

附　录　G
（资料性附录）
设备开箱检验记录表

<table>
<tr><td>工程名称</td><td colspan="3"></td><td></td><td>编号：</td></tr>
<tr><td>设备名称</td><td colspan="3"></td><td>产品合同号</td><td></td></tr>
<tr><td>规格型号</td><td colspan="3"></td><td>出厂日期</td><td></td></tr>
<tr><td>装箱单号</td><td></td><td>检验数量</td><td></td><td>开箱日期</td><td></td></tr>
<tr><td colspan="5">检查内容及规范标准要求</td><td>检查结果</td></tr>
<tr><td>包装情况</td><td colspan="4">零部件应按类别及装箱单完好地装入箱内，并应垫平、卡紧、固定，精密加工、表面装饰的部件应防止相对移动。包装及密封应完好，规格应符合设计要求，附件、设备齐全，外观完好。设备、材料、零部件无损伤、锈蚀及其他异常情况</td><td></td></tr>
<tr><td>随机文件</td><td colspan="4">1. 文件目录；2. 装箱清单；3. 产品合格证；4. 有关图纸；5. 使用维护说明书；6. 电气原理图、接线图及其符号说明；7. 安装图；8. 安装（调试）说明书；9. 易损件目录</td><td></td></tr>
<tr><td>机械部件</td><td colspan="4">1. 产品名称、型号；2. 出厂编号；3. 标准编号；4. 质量等级标志；5. 厂名、商标；6. 出厂日期</td><td></td></tr>
<tr><td>电气部件</td><td colspan="4">电动机、控制柜等各种电气部件应装入防潮箱内，必须存放室内。控制柜标牌应标明：型号、规格、制造厂名称及其识别标志或商标</td><td></td></tr>
<tr><td>进口设备</td><td colspan="4">应有进口货物报关单、商检合格证书以及国标准化组织认证的产品证书、产品检验标准和有关资料。产品各部件的标志、标识、须知、说明等，均应该清晰、易懂、耐用，并使用中文说明等文件</td><td></td></tr>
<tr><td>处理意见</td><td colspan="4"></td><td></td></tr>
<tr><td>签字栏</td><td colspan="2">建设（监理）单位：

专业监理工程师 ：

年　月　日</td><td colspan="2">供应单位：

供货人：

年　月　日</td><td>安装施工单位：

验收人：

年　月　日</td></tr>
<tr><td colspan="6">本表由安装施工单位填写，建设单位、监理单位、安装施工单位、供应商各保存一份。</td></tr>
</table>

附　录　H
（资料性附录）
分包审批表

<table>
<tr><td rowspan="4">项目名称</td><td colspan="4"></td></tr>
<tr><td colspan="4">建设工程施工专业分包审批表</td></tr>
<tr><td>记录编号</td><td></td><td>使用单位</td><td></td></tr>
<tr><td colspan="2"></td><td>项目号</td><td></td></tr>
<tr><td>施工总承包人 /EPC 总承包人</td><td colspan="4"></td></tr>
<tr><td>合同编号</td><td colspan="4"></td></tr>
<tr><td rowspan="7">分包策划</td><td>分包工程主要内容及所属专业</td><td colspan="3"></td></tr>
<tr><td>工程数量</td><td colspan="3"></td></tr>
<tr><td>拟分包工程合同额</td><td colspan="3"></td></tr>
<tr><td>分包工程占全部工程</td><td colspan="3"></td></tr>
<tr><td>拟分包单位及资质等级</td><td colspan="3">单位名称：
资质等级：</td></tr>
<tr><td>拟分包单位管理人员情况</td><td colspan="3">项目经理：　　　　执业资格：
技术负责人：　　　职称：</td></tr>
<tr><td>拟分包单位在中国石化工程建设市场资源库中编号</td><td colspan="3"></td></tr>
<tr><td>申请单位意见</td><td colspan="4">日期　　　　（章）</td></tr>
<tr><td>项目管理单位意见</td><td colspan="4">专业工程师：　　　　项目负责人：　　　　日期　　　　（章）</td></tr>
<tr><td>建设单位意见</td><td colspan="4">项目经理：　　　　日期　　　　（章）</td></tr>
</table>

附 录 I

（资料性附录）

装置停工检修改造工作总结模版

（设备专业）

根据公司《设备检修管理制度》规定，在装置停工检修结束后各相关单位应组织编写装置停工检修工作总结。为此，就进一步做好装置停工检修工作总结提出要求如下：

封面：

名称：××× 部 ××× 装置 ×××× 年 ×× 月停工检修工作总结

编写人：×××

审核人：×××

批准人：×××（运行部领导）

编写单位：中国石化 ××× 分公司 ××× 部

编写时间：×××× 年 ×× 月

正文：

（一）装置停工检修过程概述

装置开、停工、检修过程简述，本周期装置运行起止时间。

本周期装置运行中出现的主要问题。

本次停工检修、改造内容简述，检修项目计划数（包括补充、追加），检修计划完成情况。重点检修项目情况。

开停工、检修网络执行情况。

（二）主要检修内容技术总结

反应器部分

塔、容器部分

加热炉部分

冷换设备、空冷器部分

阀门部分

管道部分

压缩机部分

泵部分

特殊阀门部分

输送机械部分

压力容器检验（包括缺陷返修处理）

压力管道检验（包括缺陷返修处理）

安全阀检验

其他检修方面

技术分析中要有以下内容：上次运行周期出现的问题，本次检修检查情况及采取措施；上次检修遗留问题处理情况；本周期与上周期设备隐蔽检查情况对照；重复发生问题处理方案有效性；装置系统问题；典型案例。

（三）检修计划准确性分析

（四）检修施工队伍评述

（五）材料供应评述

（六）设计质量评价

（七）检修质量评价

（八）本次检修遗留问题及预案

（九）检修管理亮点、存在的不足和下次检修需注意的问题

（十）附表

表 1　设备增加情况统计表

序号	位号	名称	规格型号	制造厂	数量	备注

表 2　设备拆除情况统计表

序号	原位号	名称	规格型号	制造厂	数量	备注

表 3　管线拆除情况统计表

序号	原编号	名称	规格	长度 /m	备注

表 4　设备更换情况统计表

序号	位号	名称	规格型号		制造厂		数量	备注
			更换前	更换后	更换前	更换后		

表 5　冷换设备检修情况统计表

序号	位号	名称	规格型号	抽芯清洗	试压换垫	堵管根数	管束更换

表 6　阀门检修、更换情况表（*DN*50 和 *DN*50 以上）

序号	规格型号	公称直径	检修数量	更换数量

表7　压力容器检验情况统计表

序号	计划检验台数	增加变更台数	减少变更台数	实际完成台数	缺陷返修台数

表8　压力管道检验情况统计表

序号	检验计划		增加变更		减少变更		实际完成	
	条数	米数	条数	米数	条数	米数	条数	米数

表9　安全阀门检验情况统计表

序号	计划检验台数	增加变更台数	减少变更台数	实际完成台数

5. 乙炔装置维护检修规程

SHZ 05005—2019

目　次

前　言

本规程按照 GB/T　1.1—2009《标准化工作导则　第 1 部分：标准的结构和编写》规则起草。

本规程由中国石油化工集团有限公司、中国石油化工股份有限公司提出。

本规程起草单位：中国石化长城能源化工（宁夏）有限公司。

本规程主要起草人：王金玉、赵增强、王明龙、支俊。

本规程 2019 年首次发布。

乙炔装置维护检修规程

1 范围

1.1 本规程规定了乙炔装置（包括煅烧原料、电石、乙炔三个单元）及其主要设备、专用设备的检修周期、检修项目及质量要求、检修过程管理和日常维护的相关内容。
1.2 本规程适用于石油化工乙炔装置的检修维护管理。

2 规范性引用文件

下列文件的条款通过本规程的引用而成为本规程的条款，凡是注日期的引用文件，其随后所有的修改单（不包括勘误的内容）或修订版均不适用于本规程；然而，鼓励根据本规程达成协议的各方研究是否使用这些文件的最新版本。凡是不注日期的引用文件，其最新版本适用于本规程。

2.1 法律法规

中华人民共和国安全生产法
中华人民共和国特种设备安全法
中华人民共和国环境保护法

2.2 特种设备安全技术规范

GB/T 150.1～4　压力容器
TSG 08　特种设备使用管理规则
TSG 21　固定式压力容器安全技术监察规程
TSG D0001　压力管道安全技术监察规程——工业管道
TSG Q0002　起重机械安全技术监察规程—桥式起重机
TSG Q7015　起重机械定期检验规则
TSG T5002　电梯维护保养规则

2.3 标准与规范

GB/T 50484　石油化工建设工程施工安全技术标准
SHS 01002　石油化工设备润滑管理制度

2.4 中国石化管理规定

炼油企业检修管理指南（试行版）

3 术语与定义

下列术语和定义适用于本文件。

3.1 设备功能

设备功能指的是设备的生产效率和性能，衡量设备功能的指标随设备种类不同而异。

3.2 功能故障

设备、设施不能实现其设计功能时，称之为功能故障，定义为设备、设施不能满足期望的性能指标。一般指设备失去或降低其规定功能的事件或现象，表现为设备的某些零部件失去原有的精度或性能，使设备不能正常平稳运行，技术性能下降，导致设备中断运行或因效率降低而影响装置效益。

3.3 A类设备

本规程规定的A类设备是指设备的功能故障可能引起装置停车或存在重大安全、环保风险的设备。

3.4 B类设备

本规程规定的B类设备是指该设备的功能故障发生时虽然不引起装置的停车，但对装置的负荷、产品质量及运行可靠性和周边安全环保有较大影响的设备。

4 装置特征

本规程涉及的乙炔装置主要包括煅烧原料、电石、乙炔三个单元。煅烧原料单元采用双套筒式石灰窑技术，电石单元采用德国西马克密闭电石炉生产技术，乙炔单元采用干法乙炔发生装置和硫酸清净技术。

乙炔装置以烘干的干基炭材和石灰石煅烧生成的生石灰为原料，经电石炉高温冶炼反应生成电石，电石炉尾气经净化冷却后送至石灰窑作为燃料；电石与喷雾水反应生产乙炔气，产品乙炔气供下游装置使用。

以烘干的干基炭材和石灰石煅烧生成的生石灰为原料，经电石炉高温冶炼成电石，电石与喷雾水反应生产乙炔气，产品乙炔气供下游装置使用。

采用干法乙炔发生装置和硫酸清净技术反应。

乙炔装置流程简图见图1。

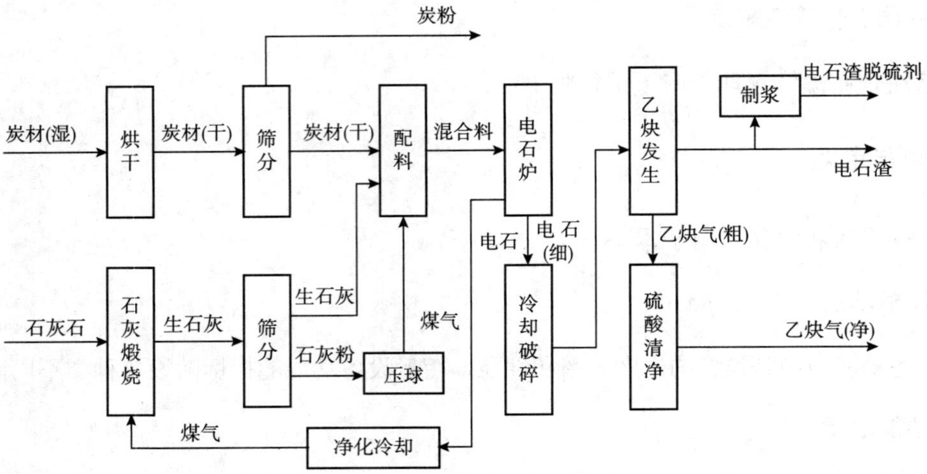

图 1　乙炔装置流程简图

4.1　煅烧原料单元

煅烧原料单元由炭材烘干、石灰煅烧组成。

4.1.1　炭材烘干工艺原则流程及流程图

炭材经卸料站卸出后，一路由带式输送机输送至炭材库进行储存，再经抓斗起重机将炭材送至带式输送机；另一路直接经带式输送机送至烘干楼的炭材仓中，再经过振动给料机分别进入三筒烘干机和立式烘干窑。

烘干炭材的热量由沸腾炉供给，沸腾炉的热源是以煤粉（或电石炉净化灰）为燃料在沸腾炉内燃烧产生。炭材进入三筒烘干机从内筒、中筒到外筒经扬料板带动，与沸腾炉送入的热气流进行热交换，炭材中的水分被蒸发分离出，烘干后的炭材从出料口转出。

炭材进入立式烘干窑内、外筒之间的环形空间，自上而下蠕动下落，经过预热烘干段、中温烘干段、低温烘干段与沸腾炉送入的热气流进行热交换，炭材中的水分被蒸发分离出，随烟气经除尘器排入大气，烘干后的炭材进入冷却下料段冷却后排出。

烘干后的炭材由带式输送机输送到热炭材仓，再经仓底振动给料机、带式输送机输送至筛分楼的炭材振动筛进行筛分。大于 3mm 的炭材经带式输送机送至三个配料站的炭材储仓。小于 3mm 的炭材进入炭材粉仓，再转运。工艺流程图见图 2。

4.1.2　石灰煅烧工艺原则流程及流程图

石灰石卸入原料场或通过卸料站卸出，经带式输送机送到石灰石库储存，再由抓斗起重机将石灰石送至带式输送机，输送到石灰石圆振筛进行筛分，筛上物由带式输送机送至石灰窑窑前料仓，筛下物碎料进入石灰石碎料仓，定期外运至其他装置。窑前料仓中的石灰石称量后装入上料小车，通过窑顶布料器进入窑内。

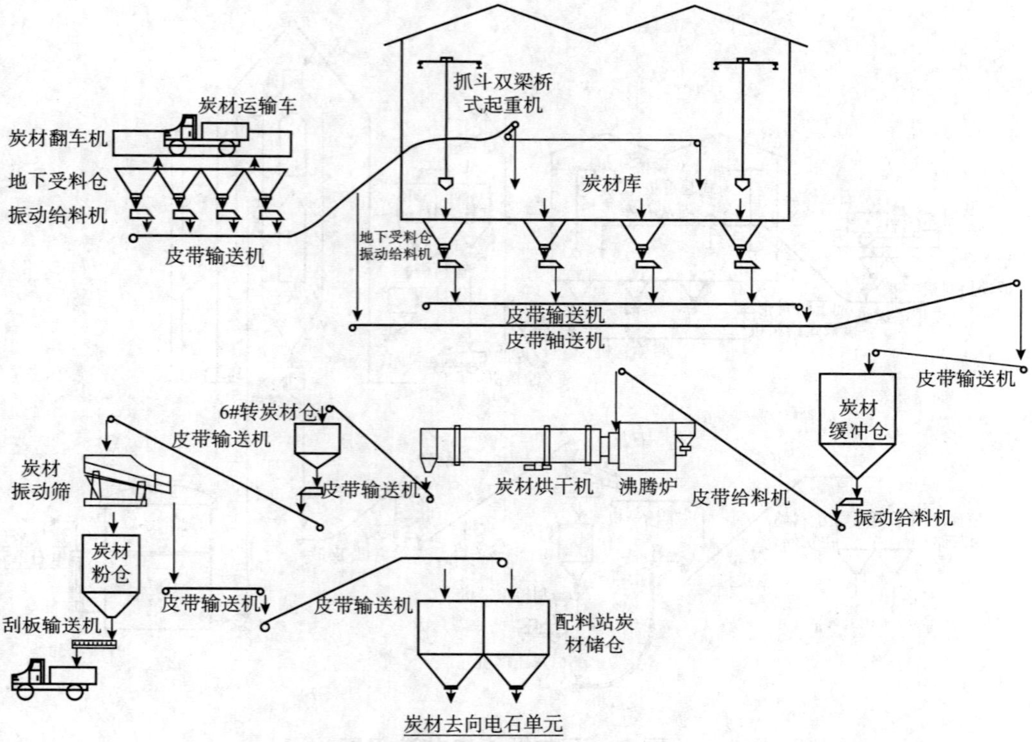

图 2　炭材烘干工艺流程图

石灰石在石灰窑内经过预热、煅烧、冷却，煅烧成的生石灰排出窑外，输送至生石灰暂存仓。不合格的生石灰送至生石灰废料仓。生石灰经振动筛后，粒径大于 10mm 的生石灰经带式输送机分别送至三个配料站的生石灰储仓，粒径小于 10mm 的生石灰进入生石灰粉仓，最后送至生石灰储仓。

石灰窑煅烧所用的热量由电石炉产生的煤气经冷却后进入气柜，再经煤气加压机送入石灰窑烧嘴进入燃烧室，燃气燃烧为窑内的煅烧提供热量。经燃烧后的烟气和石灰石煅烧产生的废气由废气引风机抽出，经袋式除尘器除尘，由烟囱排入大气。

石灰煅烧工艺流程图见图 3。

4.1.3　煅烧原料单元工艺特性参数

4.1.3.1　炭材烘干工艺特性

炭材烘干主要将炭材（兰炭、焦炭）中水分烘干至 1% 以内，并筛分除去炭材中的碎料。

炭材烘干采用的烘干设备有三筒式烘干机和立式烘干窑两种，均由沸腾式燃烧炉为烘干机提供热源，沸腾炉提供 800～1050℃热风。其中，三筒式烘干机为转筒式结构，分内筒、中筒和外筒三层转筒。炭材由入料端进入三筒烘干机内筒，经筒体的回转，纵向运动，经过中筒后落入外筒，再到出料口，出口温度在 170～250℃。

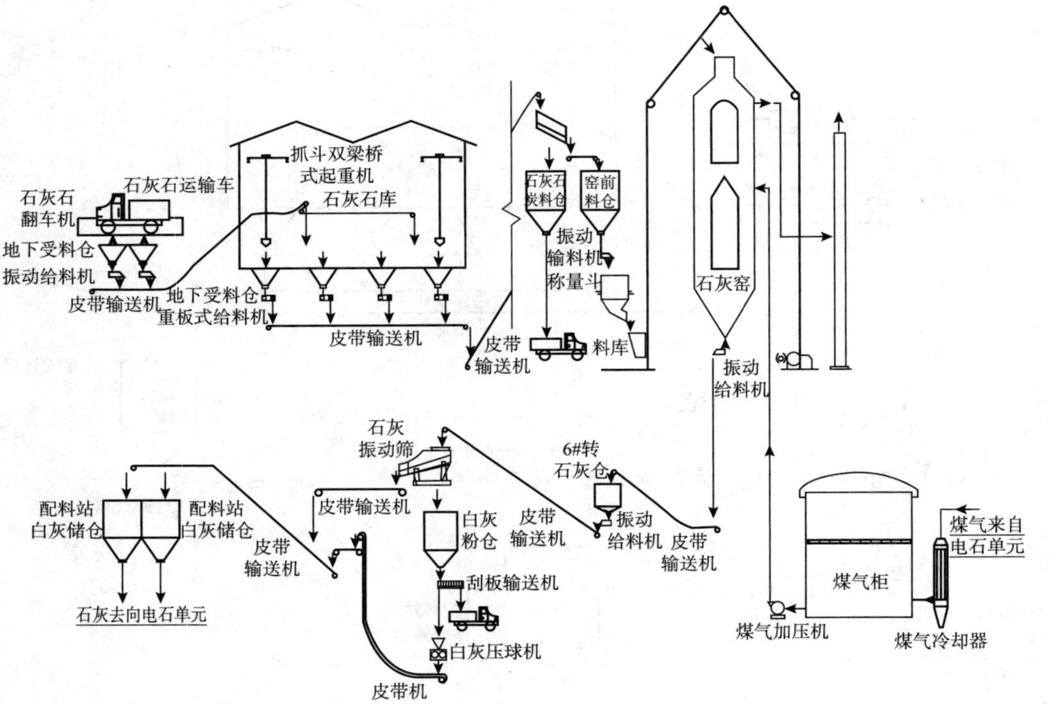

图 3　石灰锻烧工艺流程图

立式烘干窑为立式结构，自上而下分为预热烘干段、中温烘干段、低温烘干段和冷却下料段，炭材从烘干窑顶部加入内部的环形“漏斗形”物料通道，使得炭材在通道内能均匀下落，并可使沸腾炉的高温烟气进入烟气环室，并通过导流板夹层进入料层，与炭材进行热交换。立式烘干窑高温节进气温度 200～250℃，立式烘干窑低温节进气温度 180～240℃，立式烘干窑出料温度 50～150℃。

炭材烘干的主要工艺控制参数见表 1。

表 1　炭材烘干主要工艺控制参数

序号	名称	单位	常值	控制范围	工艺指标级别
1	三筒烘干机入口温度	℃	700～850	600～950	A
2	三筒烘干机出口温度	℃	170～200	170～250	A
3	三筒烘干机沸腾炉温度	℃	900～1020	800～1050	B
4	烘干机煤粉仓料位	m	1～2	1～2	B
5	立式烘干窑高温节进气温度	℃	230～240	200～250	B
6	立式烘干窑低温节进气温度	℃	200～230	180～240	B
7	立式烘干窑沸腾炉温度	℃	650～850	500～1000	B
8	立式烘干窑出料温度	℃	60～120	50～150	B
9	立式烘干窑除尘器入口温度	℃	50～120	60～180	B

4.1.3.2 石灰煅烧工艺特性

石灰石煅烧是将石灰石（$CaCO_3$）在石灰窑内经高温煅烧，发生分解反应生成生石灰（CaO）和 CO_2，并将产出的生石灰筛分去除碎料。

石灰石煅烧采用套筒石灰窑装置，用电石炉的副产物 CO 气体经冷却加压后作为燃料。煤气总管压力控制在 10～20kPa，上、下燃烧室温度控制在 1100～1300℃，石灰窑窑顶压力控制在 -10～-0.8kPa。

石灰煅烧主要工艺控制参数见表 2。

表 2 石灰煅烧主要工艺控制参数

序号	名称	单位	常值	控制范围	控制级别
1	燃烧室温度	℃	1100～1250	1100～1300	A
2	循环气体温度	℃	800～900	800～960	A
3	换热器废气温度	℃	600～700	600～750	B
4	预热过的驱动空气温度	℃	250～400	200～400	B
5	窑顶排出废气温度	℃	150～180	110～180	B
6	煤气平台总管压力	kPa	12～18	10～20	B
7	窑顶压力	kPa	-8～-1	-10～-0.8	A
8	上拱桥温度	℃	300～380	300～400	B
9	燃烧室压力	Pa	-150～-300	-150～-300	B
10	煤气气柜柜内温度	℃	10～25	10～50	A
11	煤气气柜压力	kPa	2～3	2～4	A
12	煤气气柜高度	m	5～25	2.3～28.2	A
13	煤气进煤气冷却器压力	kPa	2～4	2～5	B
14	煤气出煤气冷却器温度	℃	10～30	10～50	B

4.1.4 煅烧原料单元危害特性

煅烧原料单元存在高温腐蚀、硫腐蚀；石灰石附着的碱性黏土堵塞石灰窑换热器和导流帽等，煤气中的粉尘堵塞管道；炭材对设备及管道磨损较大。危害特性详见表 3。

表 3 煅烧原料单元危害特性

危害部位	危害性	危害原因
煤气加压站、煤气管道	CO中毒、火灾、爆炸	1. 煤气区域内进行动火时未办理作业票或未对风险采取预防措施，导致爆炸； 2. 人员在煤气加压区域停留，煤气泄漏中毒； 3. 风机叶轮与机壳出现剐蹭产生火花，导致风机爆炸； 4. 煤气系统中氧含量超标，未及时停止送气导致爆炸； 5. 煤气管道开焊或管道阀门腐蚀，导致燃气泄漏造成人员中毒或发生火灾

表 3　煅烧原料单元危害特性（续）

危害部位	危害性	危害原因
原料输送系统	机械伤害、粉尘、火灾	1. 上料系统皮带机启用，未遵守操作规程造成机械伤害； 2. 人员靠近或搭乘输送皮带造成机械伤害； 3. 检修皮带时，操作人员站位不当，造成机械伤害； 4. 工作人员衣着不合理，被皮带卷入； 5. 皮带运行过程中，作业人员用铁锹或其他工具刮皮带上的原料造成机械伤害； 6. 除尘器故障，导致收尘效果差，操作人员作业时，吸入大量粉尘； 7. 炭材自燃或烘干后的炭材积压时间较长发生着火现象
配料站	CO中毒、氮气窒息、粉尘爆炸	1. 炭材料仓内的炭材长时间积压着火，产生CO使人员中毒； 2. 氮气系统故障泄漏，配料站通风不好，氮气积聚造成人员窒息； 3. 除尘器故障，除尘效果差，使空间粉尘浓度达到爆炸范围
炭材缓冲料仓	CO中毒、着火	1. 炭材料仓内的炭材长时间积压着火； 2. 着火后产生一氧化碳导致人员中毒
炭材除尘器	炭材粉尘爆炸、除尘器着火	1. 除尘系统故障。除尘效果不好，造成粉尘爆炸； 2. 放灰人员操作不当，造成着火； 3. 工艺控制不当，造成粉尘温度较高，造成爆炸着火
烘干上料系统	火灾	料仓炭材积压时间较长，导致炭材自燃，如进入输送皮带，引起火灾
上料系统	机械伤害	防护缺失、误操作或人员违章进入，接触转动设备，造成人员伤害

4.2　电石单元

4.2.1　电石单元工艺原则流程及流程图

配料站炭材储仓中的炭材和生石灰储仓中的生石灰分别经仓下振动给料机输送至称量斗计量后，经带式输送机输送至电石炉炉顶料仓内。为了确保电石炉炉内气体不被释放，炉顶料仓始终保持一定的料位。

炉顶料仓内的混合料经料管连续加入电石炉内，在电石炉中经电极导入产生高温电弧热（1900℃以上），生石灰和炭材在高温下反应生成电石（CaC_2）和一氧化碳（CO）气体。炉内的液态电石通过炉口流入电石锅，电石锅由卷扬机牵引至冷却厂房。冷却后的电石，由翻锅机将电石从电石锅内翻出，通过重板式输送机进入颚式破碎机进行初破，破碎成120mm粒度的电石再由带式输送机送至乙炔装置。

电石炉产生的一氧化碳（CO）等混合气体称之为电石炉尾气，通过管道引至气净化系统的沉降器，先除去气体中大颗料粉尘并将电石炉尾气温度降至300℃以下，进入除尘布袋仓再进一步除去气体中的粉尘，净化后的一氧化碳（CO）气体（简称之炉气）送至煅烧原料单元。净化系统的沉降器和布袋除尘仓中粉尘进入到刮板机，输送到净化灰仓后外运。工艺流程图见图4。

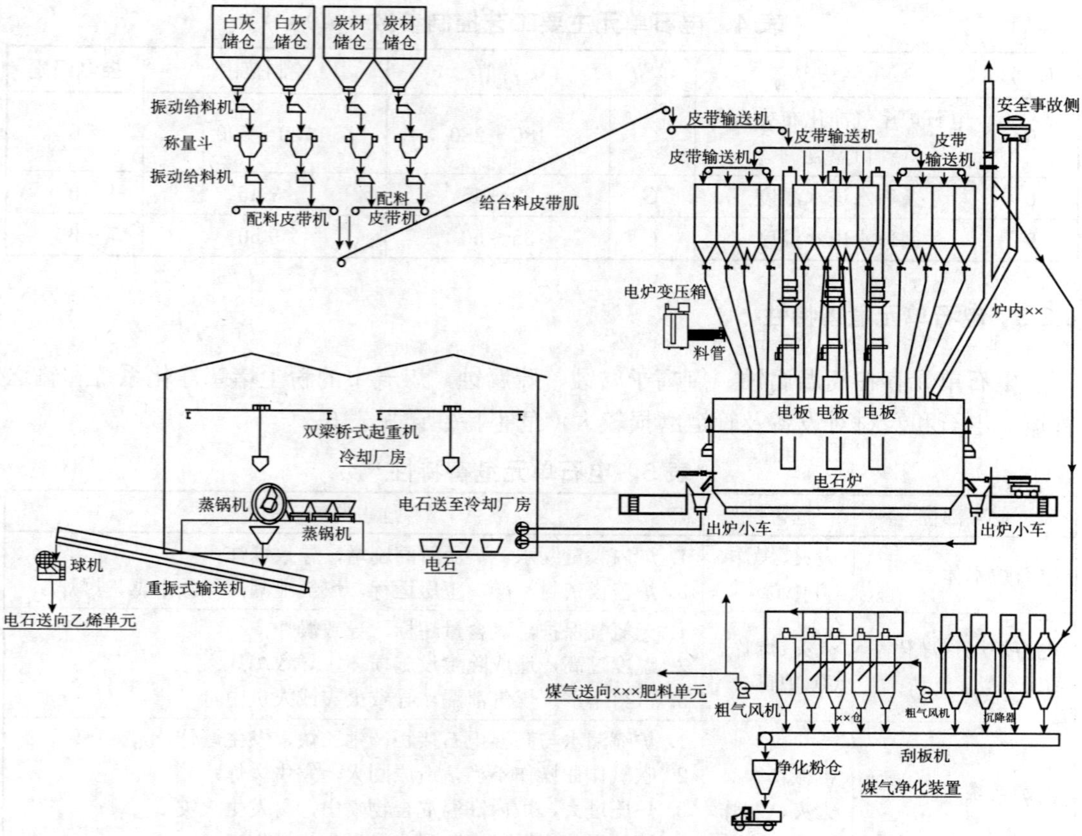

图 4　电石单元工艺

4.2.2　电石单元工艺特性参数

炭材和生石灰按照炭材与生石灰的配比 50%～65% 进入炉内，凭借电弧热和电阻热在 1800～2200℃的高温下反应生成碳化钙。反应产生的电石炉尾气（300～600℃）和炉膛内的粉尘由风机抽出，炉膛内始终保持微负压（0～-50Pa）状态。电石炉尾气经净化四级沉降降温后进入布袋仓，电石炉尾气进入布袋仓的温度控制在 180～280℃，电石单元主要工艺控制参数见表 4。

表 4　电石单元主要工艺控制参数

序号	名称	单位	常值	控制范围	控制级别
1	配比	%	54～58	50～65	A
2	炉膛压力	Pa	-10	-50～0	A
3	糊柱高度	m	4.0～4.3	3.5～4.5	A
4	电流	kA	100～140（46.5MW）	星接：0～142 角接：20～142	A

表 4　电石单元主要工艺控制参数（续）

序号	名称	单位	常值	控制范围	控制级别
5	电石炉尾气净化布袋仓入口温度	℃	180～280	120～300	B
6	循环水进水温度	℃	20～45	≤45	B
7	循环水出水温度	℃	35～50	≤50	B

4.2.3　电石单元危害特性

电石单元存在高温腐蚀、氯离子腐蚀、硫腐蚀，煤气中的粉尘堵塞净化系统和输送管道，电石和炭材对设备及管道磨损较大，危害特性详见表 5。

表 5　电石单元危害特性

危害部位	危害性	危害原因
电石炉本体	火灾、爆炸、CO 中毒	1. 炉内大量漏水，炉压瞬间剧增，导致爆炸； 2. 炉盖板密封不严，正压运行，煤气泄漏，导致中毒、爆炸
电石炉尾气净化系统	火灾、爆炸、CO 中毒	1. 无氮气保护，氧含量超标，导致爆炸； 2. 温度过高，造成除尘设施损坏，导致爆炸； 3. 密封不严，煤气泄漏，导致火灾或人员中毒
出炉系统	机械伤害、火灾、爆炸	1. 炉嘴漏水与高温电石接触产生乙炔，发生爆炸； 2. 吹氧作业操作不当，造成回火，发生爆炸； 3. 炉压过大，炉内高温混合物喷出，易发生火灾； 4. 钢丝绳使用过程中断裂，易发生机械伤害
电石冷破厂房	火灾爆炸、灼烫、物体打击	1. 厂房顶损坏，雨水漏进冷破厂房，易发生着火、爆炸； 2. 地下水管破裂，水进入冷破厂房，易发生着火、爆炸； 3. 电石倒塌，易发生物体打击； 4. 人接触高温电石，易发生烫伤
电石炉清炉作业	爆炸、物体打击、机械伤害、窒息	1. 用浇水方式清理炉内沉积物时，违章动火，易引发爆炸； 2. 爆破作业防护措施落实不到位，造成人员伤害； 3. 交叉作业防护措施不到位，造成人员伤害
电石装车作业	火灾、物体打击、起重伤害	1. 车辆两侧热电石没有清理，造成车辆被高温辐射着火； 2. 装车过程中电石在空中开裂，发生物体打击； 3. 装车与翻锅作业交叉进行，热电石在空中开裂，造成车辆和人员伤害
净化除尘卸灰作业	火灾、爆炸	1. 净化除尘温度高，卸车过程中遇空气容易发生火灾； 2. 灰罐放空，形成负压，如空气进入灰罐，引发爆炸

4.3　乙炔单元

4.3.1　乙炔单元工艺原则流程及流程图

乙炔单元是将电石与水在发生器内进行反应，生成乙炔气（C_2H_2）和氢氧化钙（即电石渣），乙炔气经过硫酸清净除去硫、磷和高级炔烃等有害杂质。

电石碎块（≤ 120mm）经过带式输送机输送到电石缓冲仓中，再输送至乙炔单元的二级颚式破碎机，破碎成粒度≤ 60mm 的电石，通过成品斗式提升机、带式输送机输送至各发生区的粗料仓内。粗料仓中的电石送入复合式破碎机进行细破，破碎后的电石进入混料斗提机，提升至滚筒筛进行筛分处理，筛分处理后≤ 3mm 粒径的电石进入细料仓后备用，大于 3mm 粒径的电石返回复合式破碎机进行二次破碎。细料仓的电石由斗提机提升至发生器顶部的缓冲料仓备用。

缓冲料仓的电石经螺旋计量给料机均匀地送入干法乙炔发生器。从洗涤冷却塔排出的渣浆水，一路作为发生器的反应用水，通过注水喷嘴喷洒在电石上，水和电石在搅拌的作用下，乙炔气体从发生器顶部逸出，经过气相刮刀从洗涤冷却塔底部进入，在塔内部进行除尘和冷却处理，乙炔气经洗涤降温处理后进入水洗塔。另一路渣浆水作为洗涤用水，对粗乙炔气进行洗涤，洗涤后的乙炔气进入洗涤冷却塔进行除尘和冷却。电石进入发生器经搅拌在发生器内部反应后，产生的电石渣从发生器最底部排出送入电石渣仓。

乙炔气进入水洗塔，去除夹带的电石渣并冷却后一路去气柜，一路去乙炔压缩机，压缩后的乙炔气进入预碱洗塔进行洗涤降温，乙炔气由下至上经过预碱洗塔进入冷却塔再次水洗降温至 5～15℃，去除乙炔气中夹带的绝大部分水分后进入硫酸清净一塔和浓硫酸清净二塔，进行清净、干燥。来自清净二塔的乙炔气进入中和塔进行碱洗中和，除去酸性物质后送往下游装置。

电石渣的配制是将电石渣仓中的电石渣通过管链机输送至振动筛，筛去大颗料后，由提升机送至电石渣细料仓，经仓下的螺旋称定量供到制浆罐，与高盐水进行制浆，制出的电石渣浆输送到成品罐储备，再由渣浆输送泵输送到下游装置。工艺流程图见图 5～图 7。

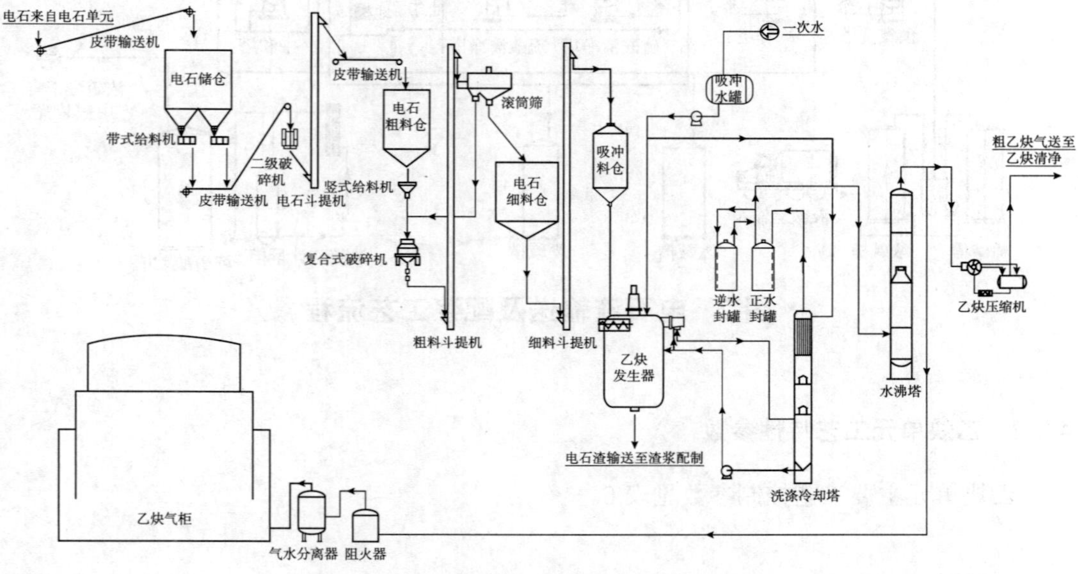

图 5　乙炔发生工艺流程图

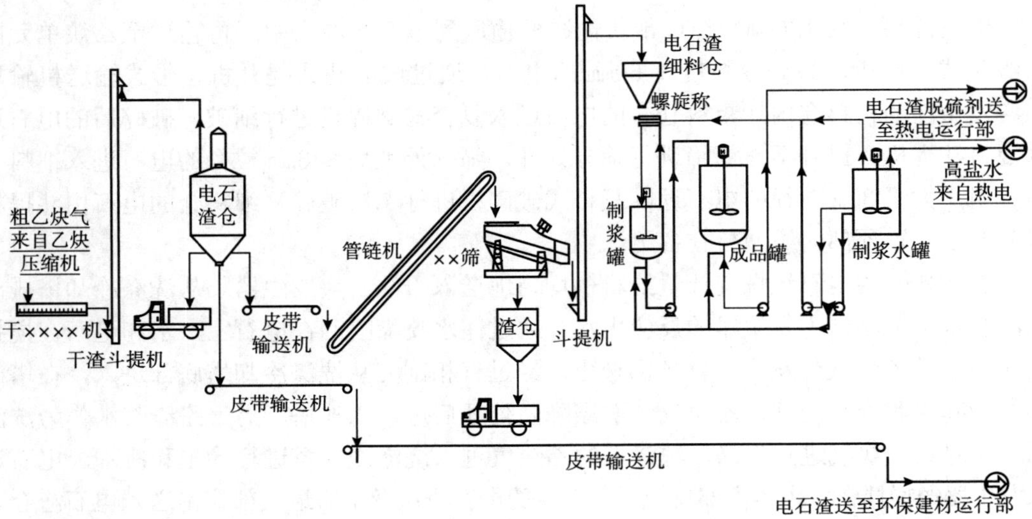

图 6　乙炔清净工艺流程

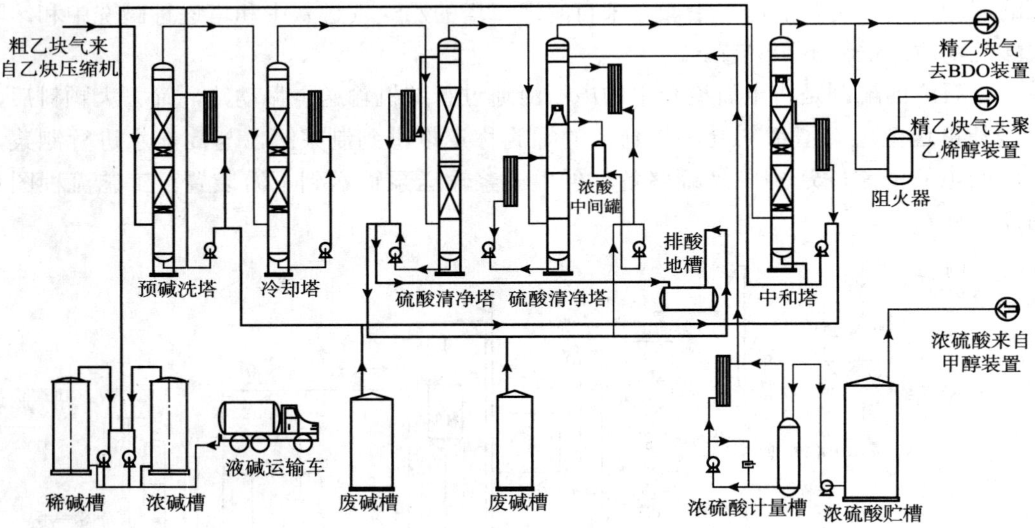

图 7　电石渣输送及配浆工艺流程

4.3.2　乙炔单元工艺特性参数

乙炔单元主要工艺控制参数见表 6。

表6 乙炔单元主要工艺控制参数

序号	名称	单位	常值	控制范围	控制级别
1	发生器气相温度	℃	90	85～130	A
2	发生器固相温度	℃	92	85～130	A
3	发生器搅拌电流	A	25	25～35	A
4	发生器压力	kPa	5	4～11	A
5	乙炔气柜高度	%	55	40～70	A
6	电石渣含水率	%	5	4～10	A
7	乙炔压缩机出口压力	kPa	80	60～100	A
8	中和塔出口气相压力	kPa	55	50～80	A
9	预碱洗塔液位	%	40	30～60	B
10	硫酸清净塔出口气相温度	℃	23	10～35	B
11	浓硫酸清净塔出口气相温度	℃	24	10～35	B
12	渣浆液密度	kg/L	1.2	1.1～1.3	B
13	浓硫酸	%	98	≥97	B
14	碱液	%	32	≥30	B

4.3.3 乙炔单元危害特性

乙炔单元存在乙炔气泄漏、氧含量超标发生火灾、爆炸，酸碱泄漏发生酸碱灼伤、酸碱腐蚀，电石渣浆堵塞管道，电石中硅铁对输送设备卡阻、磨损。危害特性详见表7。

表7 乙炔单元危害特性

危害部位	危害性	危害原因
斗提机	火灾、爆炸	1. 无氮气保护，空气进入后氧含量超标，发生火灾、爆炸； 2. 负压状态下，空气进入系统，导致氧含量超标，发生火灾、爆炸； 3. 爆破片破损后，空气进入系统，导致氧含量超标，易发生火灾、爆炸
乙炔发生器	火灾、爆炸	1. 无氮气保护，空气进入后氧含量超标，发生火灾、爆炸； 2. 负压状态下，空气进入系统，导致氧含量超标，发生火灾、爆炸； 3. 料封破损后空气进入，导致氧含量超标，发生火灾、爆炸； 4. 搅拌轴漏气，发生火灾、爆炸
乙炔气柜	火灾、爆炸	1. 气柜乙炔泄漏，易发生火灾、爆炸； 2. 气柜辅助设施损坏，乙炔泄漏，发生火灾、爆炸； 3. 安全设施存在缺陷，发生火灾、爆炸
电石破碎除尘器	爆炸	1. 提升机和灰罐内的电石粉尘遇雨水或潮气反应产生乙炔，负压状态下空气进入，导致容器内氧含量超标，发生火灾、爆炸； 2. 卸灰过程中料位计故障，罐内除尘灰放空，料封破损，空气进入，发生火灾、爆炸
乙炔清净	酸碱灼伤	1. 清净塔、酸碱储罐、计量槽和酸碱泵等泄漏，发生酸碱腐蚀； 2. 防护措施不到位，造成人员酸碱灼伤

5 检修周期及检修项目

5.1 主要设备介绍

5.1.1 煅烧原料单元

煅烧原料单元主要设备见表8。

表8 煅烧原料单元主要设备

名称	设备种类	主要设备种类	通用、专用设备检修规程的代码
动设备	带式输送机	DT Ⅱ型带式输送机	SHS 01029
	烘干机	三筒烘干机	
	汽车采样机	炭材入厂采样、石灰石入厂采样	SHS 02025
	侧翻式液压卸车平台	炭材侧翻式液压卸车平台、石灰石侧翻式液压卸车平台	
	埋刮板输送机	除尘器埋刮板输送机	
	斗式提升机	除尘器斗式提升机	
	振动筛	筛分楼高效振动筛、石灰石筛分楼圆振筛	SHS 04516
	板式给料机	石灰石库板式给料机	
	离心式风机	废气风机，冷却风机、除尘风机、煤气加压风机	SHS 01022
	罗茨风机	驱动风机	SHS 01024
	桥式起重机	石灰石库、兰炭库抓斗桥式起重机	
静设备	工业炉窑	石灰窑	
	烘干窑	立式烘干窑	
	除尘器	袋式除尘器	SHS 04526
	换热器	煤气冷却器、石灰窑换热器	SHS 01009
	CO气柜	储罐	SHS 01036
	压力容器	储气罐	SHS 01004
	压力管道	天然气管道	SHS 01005
	阀门	蝶阀、安全阀	SHS 01030
仪表设备	常规仪表	温度测量仪表、压力测量仪表、流量测量仪表、物位测量仪表、切断阀、调节阀	SHS 07002
	控制系统	可编程控制系统（PLC）	SHS 07008
	在线分析仪表	热值分析仪、烟气分析仪、粉尘分析仪	SHS 07006
	安全环保仪表	CO气体检测报警仪、天然气检测报警仪	SHS 07006
	特殊仪表	振动检测仪表	SHS 07007

表8 煅烧原料单元主要设备（续）

名称	设备种类	主要设备种类	通用、专用设备检修规程的代码
电气设备	旋转电机	高、低压旋转电机	SHS 06001
	变压器	油浸式变压器、干式变压器、电压互感器、电流互感器	SHS 06002
	高压开关柜	高压开关柜、高压隔离开关	SHS 06003
	配电装置	高、低压配电柜（含控制、保护盘）、高压真空断路器、电力电容器、电抗器、防爆电器	SHS 06003 SHS 06004
	接地及过电压保护装置	接地装置、避雷线（网）及避雷针塔、阀型避雷器、氧化物避雷器（压敏电阻）、过电压保护器、浪涌保护器	SHS 06009
	电源装置	UPS 装置、直流电源装置、蓄电池	SHS 06006

5.1.2 电石单元

电石单元主要设备见表9。

表9 电石单元主要设备

名称	设备种类	主要设备种类	通用、专用设备检修规程的代码
动设备	离心式压缩机	离心式压缩机	SHS 02025
	离心泵	脱盐水给水泵、脱盐水补充水泵、液下泵	SHS 01012
	离心式风机	净气风机、粗气风机、除尘风机、炉底冷却风机	SHS 01022
	带式输送机	配料站带式输送机、电石炉带式输送机	SHS 01029
	破碎机	颚式破碎机、锤式破碎机	
	桥式起重机	冷破桥式起重机	
	刮板输送机	净化刮板输送机、除尘刮板输送机	
	斗式提升机	除尘斗式提升机	
	卷扬机	出炉卷扬机	
	出炉机	电石出炉机	
	翻锅机	电石翻锅机	
	板式给料机	重型板式给料机	
静设备	电石炉	电石炉	
	除尘器	净化除尘器、出炉除尘器、配料站除尘器	SHS 04526
	换热器	空气冷却器	SHS 01009
	压力容器	储气罐	SHS 01004
	阀门	高温蝶阀、高温插板阀安全阀	SHS 01030

表 9　电石单元主要设备（续）

名称	设备种类	主要设备种类	通用、专用设备检修规程的代码
仪表设备	常规仪表	温度测量仪表、压力测量仪表、流量测量仪表、物位测量仪表、切断阀、调节阀	SHS 07002
	可编程控制系统(PLC)	PLC 控制系统	SHS 07008
	在线分析仪表	氢氧分析仪、粉尘分析仪	SHS 07006
	安全环保仪表	CO 气体检测报警仪	SHS 07006
电气设备	旋转电机	高、低压旋转电机	SHS 06001
	变压器	油浸式变压器、干式变压器、电压互感器、电流互感器	SHS 06002
	高压开关柜	高压开关柜、高压隔离开关	SHS 06003
	配电装置	高、低压配电柜（含控制、保护盘）、高压真空断路器、电力电容器、电抗器、防爆电器	SHS 06003 SHS 06004
	接地及过电压保护装置	接地装置、避雷线（网）及避雷针塔、阀型避雷器、氧化物避雷器（压敏电阻）、过电压保护器、浪涌保护器	SHS 06009
	电源装置	UPS 装置、直流电源装置、蓄电池	SHS 06006

5.1.3　乙炔单元

乙炔单元主要设备见表 10。

表 10　乙炔单元主要设备

名称	设备种类		主要设备种类	通用、专用设备检修规程的代码
动设备	输送设备	皮带输送机	电石输送皮带机、电石渣皮带输送机	SHS 01029
		卸料器	细料卸料器、干渣卸料器、干渣仓卸料器、电石渣输送卸料器、除尘卸料器	
		FU 刮板机	FU 干渣输送机、电石渣输送刮板机、除尘刮板机	
		斗式提升机	成品斗提机、混料斗提机、细料斗提机、干渣斗提机、电石渣输送斗提机、除尘斗提机	
	破碎设备	颚式破碎机	电石二级颚式破碎机	
		复合式破碎机	乙炔复合破碎机	
	筛分类设备	滚筒筛	滚筒筛	
	反应器	带搅拌反应器	发生器	SHS 03020

表 10　乙炔单元主要设备（续）

名称	设备种类		主要设备种类	通用、专用设备检修规程的代码
转动设备	搅拌类设备	立式搅拌	制浆罐、成品罐、制浆水罐、石灰乳罐、高效浓缩机	SHS 03061
动设备	压缩机	水环压缩机	乙炔压缩机	SHS 03041
		往复式压缩机	氮气压缩机	SHS 01020
	泵	离心泵	洗涤排渣泵、管道泵、气相管洗涤泵、沉降池排渣泵、注水泵、机封水泵、浓酸泵、浓碱泵、水洗塔循环泵、预碱洗塔循环泵、冷却塔循环泵、稀酸泵、浓酸一段循环泵、浓酸二段循环泵、中和碱循环泵、中和碱洗涤循环泵	SHS 01013
		齿轮泵	废碱泵	SHS 01017
	风机	离心式风机	除尘风机、轴流风机	SHS 01022
静设备	塔	填料塔、泡罩塔	洗涤冷却塔、水洗塔、预碱洗塔、冷却塔、浓硫酸一塔、浓硫酸二塔、中和塔、阻火塔、	SHS 01007
	换热器	板式换热器	水洗塔换热器、预碱洗塔换热器、冷却塔换热器、稀酸换热器、浓酸一段换热器、浓酸二段换热器、中和碱换热器、乙炔压缩机板式换热器	SHS 04521
	压力容器		氮气储罐、缓冲罐、机后冷却器、压缩机水分离器、除尘压缩空气储气罐、压料槽	SHS 01004
	气柜		乙炔气柜	SHS 01036
	常压储罐		浓酸储罐、注水罐、浓碱罐、稀碱罐、废酸罐、废碱罐、计量酸槽、中间槽	SHS 01012
	压力管道		酸管道、碱管道	SHS 01005
	阀门		闸阀、蝶阀、截止阀、球阀、安全阀	SHS 01030
仪表设备	常规仪表		温度测量仪表、压力测量仪表、流量测量仪表、物位测量仪表	SHS 07002
			切断阀、调节阀、阀门定位器、电磁阀	SHS 07005
	分散控制系统（DCS）		分散控制系统（DCS）	SHS 07008
	在线分析仪表		乙炔分析仪、氧气分析仪	SHS 07006
	安全环保仪表		乙炔气体检测报警仪	SHS 07006

表 10 乙炔单元主要设备（续）

名称	设备种类	主要设备种类	通用、专用设备检修规程的代码
电气设备	旋转电机	高低压旋转电机	SHS 06001
	变压器	油浸式变压器、干式变压器、电压互感器、电流互感器	SHS 06002
	高压开关柜	高压开关柜、高压隔离开关	SHS 06003
	配电装置	高、低压配电柜（含控制、保护盘）、高压真空断路器、电力电容器、电抗器、防爆电器	SHS 06003 SHS 06004
	接地及过电压保护装置	接地装置、避雷线（网）及避雷针塔、阀型避雷器、氧化物避雷器（压敏电阻）、过电压保护器、浪涌保护器	SHS 06009
	电源装置	UPS 装置、直流电源装置、蓄电池	SHS 06006

5.2 检修周期

5.2.1 乙炔装置应进行定期停车大检修。煅烧原料单元、电石单元的设备可单独切出检修，乙炔装置需要定期停车检修。乙炔单元大检修和乙炔装置总体大修检修的周期为 36 个月。

5.2.2 有备用设备的或日常可以进行检修的不列入大修项目（除特殊情况外）。

5.3 检修内容

5.3.1 确定检修内容的依据

5.3.1.1 按法律法规要求的特种设备定期检验。

5.3.1.2 不符合国家安全与环境保护、节能要求的设备改造和更新。

5.3.1.3 对本次检修或下次检修之前已到法定检验时间的计量设施。

5.3.1.4 设备状况

静设备：石灰窑内部结瘤、耐火衬里烧损，电石炉耐火衬里烧损，电极导电装置、净化系统等设备内部因内构件损坏等原因造成运行状况恶化、性能降低等；

转动设备：皮带输送机、破碎机、提升机等转动机械因磨损、疲劳、泄漏、振动等原因造成运行状况恶化、性能降低等；

电气设备：部件老化等原因造成运行状况恶化、性能降低等；

仪表设备：仪表设备部件老化等原因造成运行状况恶化、性能降低等。

5.3.1.5 构建筑物老化、锈蚀等必须在停车检修期间内维修的项目。

5.3.1.6 安全防护设施失效。

5.3.2 检修具体内容

停车大修是乙炔装置安全环保、长周期运行及经济效益有重大影响的设备、管线、电气仪表系统、建构筑物等基础设施在运行周期内将要发生的功能故障进行全面检修。其他检修是除大修外对装置局部或设备本体有经济运行影响的功能故障进行的检修。

5.3.2.1 煅烧原料单元检修主要设备检修内容和质量要求见表11。

表11 煅烧原料单元检修主要设备检修内容和质量要求

序号	设备名称	设备功能	功能故障	故障周期/月	检修内容	质量要求	设备分级
1	石灰窑	将石灰石加热煅烧后生成生石灰，供电石炉使用	1. 上、下燃烧室拱桥烧损、下沉塌陷；石灰窑墙体烧损塌陷； 2. 石灰窑内部结瘤； 3. 石灰窑换热器泄漏	36	1. 拆除烧损的拱桥砖、重新砌筑；拆除烧损塌陷的墙体砖，重新砌筑； 2. 清理石灰窑内部结瘤； 3. 检查换热器换热管，试压堵漏、换管	恢复石灰窑的设备功能作用具体的质量要求： 1. 石灰窑耐火衬里无塌陷、拱桥无塌陷； 2. 石灰窑内部无结瘤；石灰窑循环气温度能够达到工艺指标要求； 3. 换热器无泄漏。	A
2	离心式风机	废气风机冷却风机	风机振动大、声音异常、主轴密封泄漏	12	解体检查，清理叶轮积灰，更换损坏叶轮、轴承及骨架油封或密封盘根	恢复风机在装置的设备功能作用，具体的质量要求见SHS 01022《离心风机维护检修规程》	B
3	带式输送机	输送原料	1. 输送带磨损、拉裂或划破； 2. 皮带机托辊磨损、不转； 3. 皮带机滚筒包胶磨损； 4. 皮带机拉绳开关、跑偏开关、清扫器损坏	12	1. 更换输送带； 2. 更换托辊； 3. 更换滚筒； 4. 更换拉绳开关、跑偏开关、清扫器	恢复带式输送机在装置的设备功能作用。具体的质量要求见SHS 01029《皮带运输机维护检修规程》	B

表 11 煅烧原料单元检修主要设备检修内容和质量要求（续）

序号	设备名称	设备功能	功能故障	故障周期/月	检修内容	质量要求	设备分级
4	袋式除尘器	对扬尘点进行收尘	1. 袋式除尘器布袋破损或长时间使用失效； 2. 脉冲电磁阀失效； 3. 除尘器本体漏气； 4. 除尘器卸灰阀泄漏； 5、除尘器卸灰刮板机链板磨损、本体泄漏	12	1. 更换除尘布袋 2. 更换脉冲阀，电磁阀； 3. 检查补焊除尘器本体； 4. 更换卸灰阀密封件或更换卸灰阀； 5. 更换刮板机传动链板，补焊刮板机箱体或更换刮板机箱体	恢复袋式除尘器在装置的设备功能作用。具体要求： 1. 除尘器布袋无破损，达标排放； 2. 脉冲阀、电磁阀完好，无漏风； 3. 除尘器本体无漏风； 4. 除尘器卸灰阀无泄漏； 5. 除尘器刮板机链板完好、本体无泄漏	B
5	CO 气柜	为石灰窑提供气源	1. 气囊漏气； 2. 气囊移位，皮膜漏气； 3. 活塞钢丝绳磨损； 4. 气囊内积灰	36	1. 检查气囊泄漏点，进行补漏； 2. 调整气囊位置 3. 更换活塞钢丝绳； 4. 清理气囊内积灰	恢复气柜在装置的设备功能作用。具体的质量要求见 SHS 01036《气柜检修规程》	A
6	三筒烘干机	将入厂炭材水分烘至 1% 以下，供电石炉使用	1. 筒体窜位； 2. 内部扬料板脱落； 3. 托轮不平衡，振动大	12	1. 调整拖轮间距 2. 补焊内部扬料板； 3. 调整托轮的位置及高度	恢复三通烘干机在装置的设备功能作用。具体要求： 1. 三筒烘干机筒体无窜位现象； 2. 运行平稳，无异常声音； 3. 三筒烘干机运行平稳，无振动	B
7	立式烘干窑	将入厂炭材水分烘至 1% 以下，供电石炉使用	1. 烘干窑导料板烧损、变形严重； 2. 烘干窑漏风	12	1. 更换导流板； 2. 对烘干窑各法兰处进行密封堵漏	恢复烘干窑在装置的设备功能作用具体要求： 1. 烘干窑内导料板无烧损、变形； 2. 烘干窑本体无漏风点	B

5.3.2.2 电石单元主要设备检修内容和质量要求见表 12。

停车大修是对电石炉装置安全环保、长周期运行及经济效益有重大影响的设备、管线、电气仪表系统、土建及基础设施等在运行周期内将要发生的功能故障进行全面检修。其他检修是除大修外对装置局部或设备本体有经济运行影响的功能故障而进行的检修。

表 12 电石单元主要设备检修内容和质量要求

序号	设备名称	设备功能	功能故障	故障周期/月	检修内容	质量要求	设备分级
1	电极柱	导电设备	1. 保护屏中循环冷却水道堵塞； 2. 保护屏底部击穿； 3. 铜瓦烧损漏水严重； 4. 底部保护环击穿； 5. 压力环隔腔水道出现堵塞； 6. 压力环出现裂缝漏水严重，压力环内泄漏液压介质	6	1. 用压缩空气疏通保护屏冷却水水道； 2. 更换保护屏； 3. 更换铜瓦； 4. 更换保护环； 5. 用压缩空气疏通压力环冷却水水道； 6. 更换压力环，更换液压油管密封圈或更换压力环	恢复电石炉电极柱在装置的设备功能作用，具体要求： 1. 保护屏、铜瓦、压力环、底部保护环循环冷却水通畅，水道无堵塞；水管接口处无渗漏； 2. 保护屏、铜瓦、压力环、底部保护环无严重烧损、变形； 3. 保护屏与铜瓦、铜瓦与压力环、压力环与底部保护环之间的绝缘达到要求，用 500V 兆欧表检测，测试绝缘值不得低于兆欧方为合格，或用焊机打弧光测试，以不出现明弧为检测合格； 4. 炉盖密封与保护屏之间的绝缘；用 500V 兆欧表检测，测试绝缘值不得低于 5 兆欧方为合格； 5. 压力环液压油管无泄漏	A
2	下料柱	输送电石生产物料	下料柱烧损导致漏水严重；下料柱隔腔水道出现堵塞	6	更换下料柱；用压缩空气疏通下料柱冷却水道	下料柱水管接口处无有渗漏，下料柱冷却水道畅通，炉盖与下料柱之间的绝缘达到要求：用 500V 兆欧表检测，测试绝缘值不得低于 5 兆欧方为合格	A

表 12　电石单元主要设备检修内容和质量要求（续）

序号	设备名称	设备功能	功能故障	故障周期/月	检修内容	质量要求	设备分级
3	炉盖	电石炉本体支撑密封设备	1. 炉盖漏水；炉盖变形； 2. 炉盖内侧耐火浇注料脱落	36	1. 补焊炉盖漏水点；更换炉盖； 2. 重新浇筑炉盖浇注料	恢复炉盖在电石炉的设备功能作用。具体要求： 1. 按设备图纸要求进行检修；检修后试压无漏水，所有要求测试绝缘部位性能，在干燥环境下，用 500V 兆欧表检测，测试绝缘值不得低于 5 兆欧方为合格； 2. 耐火浇注料浇筑后无空鼓，脱落。具体按耐火材料施工规范要求执行	A
4	炉衬	保护炉壳	炉衬耐火砖侵蚀严重；侧壁墙体烧穿塌陷、脱落；炉底及炉壳壁烧穿；炉壳发红烧穿	36	重新筑炉：砌筑炉底、炉墙	恢复电石炉炉衬在装置的设备功能作用。具体要求： 1. 炉衬耐火衬里无穿孔、塌陷； 2. 耐火砖砌筑灰缝泥浆饱满，上下三层无通缝，耐火砖灰缝≤3mm； 3. 电石炉炉底浇筑 200mm 电极糊	A
5	液压油泵	为电石炉电极柱提供液压动力	1. 油泵不上量，压力低； 2. 油泵振动大； 3. 油泵温升高	6	1. 检查清理或更换滤油器，修理或更换油阀，检查油泵转向，调整油泵电机相序； 2. 检修或更换油泵泵头； 3. 检查油过滤器、更换液压油；更换密封垫或接头	恢复液压油泵在装置的设备功能作用，具体的质量要求见 SHS 01012《离心泵检修规程》。 1. 蓄能器充氮气后，检查氮气的压力达到系统设定的压力； 2. 液压系统启动后，温度、压力符合设计要求； 3. 液压管道无振动、无泄漏	A
6	袋式除尘器	对扬尘点进行收尘	1. 袋式除尘器布袋破损或长时间使用失效； 2. 脉冲电磁阀失效；	12	1. 更换除尘布袋； 2. 更换脉冲阀，电磁阀；	恢复袋式除尘器在装置的设备功能作用，具体的质量要求见 SHS 04526《袋式过滤器维护检修规程》。具体要求： 1. 除尘器布袋无破损，达标排放； 2. 脉冲阀、电磁阀完好，无漏风；	B

表 12　电石单元主要设备检修内容和质量要求（续）

序号	设备名称	设备功能	功能故障	故障周期/月	检修内容	质量要求	设备分级
6	袋式除尘器	对扬尘点进行收尘	3. 除尘器本体漏气； 4. 除尘器卸灰阀泄漏； 5. 除尘器卸灰刮板机链板磨损、本体泄漏	12	3. 检查补焊除尘器本体； 4. 更换卸灰阀密封件或更换卸灰阀； 5. 更换刮板机传动链板，补焊刮板机箱体或更换刮板机箱体	3. 除尘器本体无漏风； 4. 除尘器卸灰阀无泄漏； 5. 除尘器刮板机链板完好、本体无泄漏	B
7	净气风机粗气风机	调节电石炉内炉压	风机振动大，声音异常，轴承温度高，主轴密封泄漏	12	解体检查，清理叶轮积灰，更换损坏叶轮、轴承及骨架油封或密封盘根	恢复风机在装置的设备功能作用，具体的质量要求见 SHS 01022《离心风机维护检修规程》	B
8	带式输送机	输送原料	1. 输送带磨损、拉裂或外因划破； 2. 皮带机托辊磨损、不转； 3. 皮带机滚筒包胶磨损 4. 皮带机拉绳开关、跑偏开关、清扫器损坏	6	1. 更换输送带； 2. 更换托辊； 3. 更换滚筒； 4. 更换拉绳开关、跑偏开关、清扫器	恢复带式输送机在装置的设备功能作用。具体的质量要求见 SHS 01029《皮带运输机维护检修规程》	B
9	卷扬机	输送电石	1. 钢丝绳损坏； 2. 卷筒齿轮损坏； 3. 减速机轴损坏； 4. 减速机轴承损坏； 5. 联轴器损坏； 6. 卷筒损坏； 7. 轨道板变形损坏	12	1. 更换卷扬机钢丝绳； 2 更换卷筒齿轮； 3. 减速机解体，更换轴承密封、高速轴、低速轴； 4. 更换减速器轴承； 5. 更换卷扬机联轴器； 6. 更换卷扬机卷筒； 7. 更换轨道板	恢复卷扬机在装置的设备功能作用。具体要求： 1. 卷扬机底座的水平度≤0.1/1000； 2. 电机、减速机联轴器同心度偏差≤0.1mm，两轴线倾斜≤0.5mm/1000mm； 3. 制动器张开间隙应均匀保持在 1.5～2mm，接触面积不小于 70%，抱闸偏心摆动量在闸轮外围上不大于 0.1mm。铆钉应埋入闸皮 1.5～2.0mm； 4. 保留在卷筒上的钢丝绳不小于 3 圈	C

表 12 电石单元主要设备检修内容和质量要求（续）

序号	设备名称	设备功能	功能故障	故障周期/月	检修内容	质量要求	设备分级
10	出炉机	电石出炉	1. 出炉机车体行走机构故障； 2. 烧穿器故障； 3. 捅拉机构故障； 4. 喷堵机构故障； 5. 液压系统故障或漏油	6	1. 检查更换车轮轴承、小车减速机、滑车轮组件、滑轨轮组； 2. 检查修理烧穿器导向杆，检修捅眼导轨； 3. 检修更换捅眼推进导轨；更换捅眼夹紧滑车； 4. 检查检修更换活动支承轮座； 5. 清洗液压阀组，更换液压系统油封	恢复出炉机在装置的设备功能作用。具体要求： 1. 装配、检修零部件，必须按设备图纸要求进行维修装配，车体行走平稳； 2. 烧穿器运行正常； 3. 捅拉机构运行正常； 4. 清炉舌机构运行正常； 5. 液压系统运行正常	B
11	空冷器	冷却循环水	1. 管箱泄漏； 2. 风筒、百叶窗损坏； 3. 换热管腐蚀损坏； 4. 翅片腐蚀损坏	36	1. 检查修理管箱法兰、垫片及堵头等； 2. 检查修复风筒、百叶窗及喷水设备； 3. 试压堵漏，更换换热管； 4. 检查修复翘片	恢复空冷器在装置的设备功能作用，具体的质量要求见 SHS 04522《空气冷却器检修规程》	B
12	颚式破碎机	破碎电石	1. 颚板脱落； 2. 轴承损坏； 3. 衬板损坏； 4. 三角带断裂； 5. 弹簧拉杆断裂	12	1. 回装颚板； 2. 拆卸更换轴承； 3. 更换衬板； 4. 更换三角带； 5. 更换弹簧拉杆	恢复颚式破碎机在装置的设备功能作用。具体要求： 1. 各部螺丝无松动，弹簧松紧状况正常，衬板与衬垫的相互配合正常； 2. 机座的纵横中心线的误差不大于 ±5mm，水平误差不大于 0.05/1000 3. 颚板与衬板之间的浇铸层凹凸不平误差不应大于 ±10mm，衬板表面平整无裂纹； 4. 摆动轴与偏心轴中心线不平行度误差不得超过 0.1mm； 5. 弹簧拉杆不允许有任何裂纹，端面垂直误差不得大于 1.5mm	B

表 12　电石单元主要设备检修内容和质量要求（续）

序号	设备名称	设备功能	功能故障	故障周期／月	检修内容	质量要求	设备分级
13	桥式起重机	转运电石	1. 减速机损坏； 2. 电机损坏； 3. 制动器故障； 4. 滑触线故障； 5. 钢丝绳磨损； 6. 滑轮磨损、卷筒损坏	12	1. 检修减速器，更换易损件； 2. 更换电机； 3 检查检修或更换制动器； 4. 检查检修或更换滑触线； 5. 更换钢丝绳； 6. 检查、更换滑轮、吊钩； 修理或更换制动轮、卷筒、传动轴等零、部件	恢复桥式起重机在装置的设备功能作用。具体要求： 1. 桥式起重机主梁水平度误差大于 $L/2000$； 2. 钢丝绳在拉伸后直径变细超过原直径的 10% 时更换； 3. 卷筒出现裂纹，或筒壁磨损达原壁厚的 20% 时，应予以更换； 4. 吊钩上的缺陷不得补焊，表面应光滑清洁无剥裂、铁角、毛刺、裂纹等； 5. 车轮不能有轴向串量； 6. 制动时制动带应很好地贴合在制动轮上，制动瓦上的制动带应良好，在制动瓦张开时，制动轮的两侧间隙应相等	B

5.3.2.3　乙炔单元检修主要设备检修内容和质量要求见表 13。

表 13　乙炔单元主要设备检修内容和质量要求

序号	设备名称	设备功能	功能故障	故障周期／月	检修内容	质量要求	设备分级
1	乙炔发生器	3mm 的电石颗粒喷水反应生成乙炔气	1. 螺旋进料机卡； 2. 星型卸料器卡； 3. 喷头堵塞； 4. 搅拌器轴封处漏气； 5. 发生器耙壁磨损严重	6	1. 打开螺旋进料机清理卡塞物； 2. 打开星型卸料器清理卡塞物； 3. 清理喷头堵塞物； 4. 重新密封搅拌器轴封； 5. 更换发生器耙壁	恢复带式输送机在装置的设备功能作用。具体要求： 1. 螺旋进料机运行无卡涩； 2. 星型卸料器运行无卡涩； 3. 喷头无堵塞，喷水呈雾状； 4. 发生器搅拌轴轴封处无泄漏； 5. 发生器耙壁完好	A

表 13　乙炔单元主要设备检修内容和质量要求（续）

序号	设备名称	设备功能	功能故障	故障周期/月	检修内容	质量要求	设备分级
3	带式输送机	输送原料	1. 输送带磨损、拉裂或外因划破； 2. 皮带机托辊磨损、不转； 3. 皮带机滚筒包胶磨损 4. 皮带机拉绳开关、跑偏开关、清扫器损坏	6	1. 更换输送带； 2. 更换托辊； 3. 更换滚筒； 4. 更换拉绳开关、跑偏开关、清扫器	恢复带式输送机在装置的设备功能作用。具体的质量要求见 SHS 01029《皮带运输机维护检修规程》	B
3	离心式风机	除尘风机	风机振动大，声音异常，轴承温度高，主轴密封泄漏	18	解体检查，清理叶轮积灰，更换损坏叶轮、轴承及骨架油封或密封盘根	恢复风机在装置的设备功能作用，具体的质量要求见 SHS 01022《离心风机检修规程》	B
4	颚式破碎机	破碎电石	1. 颚板脱落； 2. 轴承损坏； 3. 衬板损坏； 4. 三角带断裂； 5. 弹簧拉杆断裂	12	1. 回装颚板； 2. 拆卸更换轴承； 3. 更换衬板； 4. 更换三角带； 5. 更换弹簧拉杆；	恢复颚式破碎机在装置的设备功能作用。具体要求： 1. 各部螺丝无松动，弹簧松紧状况正常，衬板与衬垫的相互配合正常； 2. 机座的纵横中心线的误差不应大于 ±5mm，水平误差不应大于 0.05/1000； 3. 颚板与衬板之间的浇铸层凹凸不平误差不应大于 ±10mm，衬板表面平整无裂纹； 4. 摆动轴与偏心轴中心线不平行度误差不得超过 0.1mm； 5. 弹簧拉杆不允许有任何裂纹，端面垂直误差不得大于 1.5mm	B

表13　乙炔单元主要设备检修内容和质量要求（续）

序号	设备名称	设备功能	功能故障	故障周期/月	检修内容	质量要求	设备分级
5	复合式破碎机	破碎电石	1. 衬板脱落、损坏； 2. 轴承损坏； 3. 锤头磨损；三角带断裂	12	1. 恢复安装衬板；更换衬板； 2. 更换轴承； 3. 更换锤头，更换三角带	恢复复合式破碎机在装置的设备功能作用。具体要求： 1. 衬板与衬垫、外壳间各部位螺栓紧固，机座的纵横中心线的误差≤±5mm，水平误差≤0.5%； 2. 轴承转动灵活，无卡涩； 3. 锤头完好，无卡涩；三角带无裂纹、张紧符合要求	B

5.3.3　系统功能故障分析

系统功能故障分析见表14。

表14　系统功能故障分析

序号	单元名称	装置功能	功能故障	故障后果	故障策略及检修内容	故障周期/月
1	煅烧原料单元	煤气输送管道从电石炉将煤气输送至石灰窑	煤气管道积灰堵塞	石灰窑燃气量不足，导致降负荷或停车	清洗煤气管道积灰	12
2	电石单元	电石炉冷却循环水系统冷却电石炉电极装置	冷却循环水泵故障水泵断电停运	电石炉电极装置设备高温变形、烧损，漏水产生火灾爆炸	定期切换备用水泵并保养水泵电机；定期检查试验备用电源	12
3	乙炔单元	乙炔发生器生产乙炔气	渣浆水管线结垢堵塞或泄漏	影响乙炔发生器渣浆水循环	清理渣浆水管线	3

6　装置检修管理

6.1　工艺交出检修条件

6.1.1　装置工艺交出的主要要求。电石炉净化系统、石灰窑、乙炔发生器必须经氮气置换合格。

6.1.2 在装置交付检修前，由生产管理和安全环保等部门组织相关单位召开安全验收会，检查确认电石炉、石灰窑的检修交出条件，对检修内容予以评估确认，检修方案审核已经完成。所有料仓、料罐内部物料全部清空，热工设备内部温度已经降至常温。存在易燃、易爆安全隐患的电石渣仓、炭材燃料输送设备内部清空确认，并且进行氮气置换。电石炉净化系统、石灰窑、乙炔发生系统置换合格并加装盲板，转动设备停电挂牌，下水井封堵等工作，经相关部门签字确认后，由装置开具用火、用电、进入受限空间等相关票证，进入检修状态。

6.1.2.1 装置所有盲板按照盲板台账、盲板图安装、编号、挂牌并经工艺员、设备员确认，且经签批；

6.1.2.2 PID 图上所有系统、管线得到置换处理并做好标识；

6.1.2.3 系统内设备、管线按规定进行氮气置换，取样分析合格；

6.1.2.4 下水井取样分析合格，存油清理干净，排水畅通，水封完好；

6.1.2.5 下水井和漏斗口用三防布盖好，并用沙土封严；

6.1.2.6 系统内设备人孔打开前的确认，打开的设备人孔处挂上“受限空间，严禁入内”警示牌；

6.1.2.7 制定停工安全、环保措施和工作危害分析记录表（JSA）；

6.1.2.8 装置内分析不合格点挂标识，储存物料区标识、硬隔离；

6.1.2.9 指定具有监护人资格的人员负责动火、进设备等作业的监护；

6.1.2.10 检修前固废、气废、废水废液排放处置量识别并告知环保管理部门及公用工程。

装置交付检修确认表见附录 A。

6.2 检修过程安全环保要求

6.2.1 装置各项环保指标符合相关国家排放标准，除尘器出口粉尘浓度≤ $20mg/Nm^3$。

6.2.2 执行中石化 HSSE 管理规定。

6.2.3 安全管理规定执行检修改造安全管理具体要求。

检修过程 HSE 管理执行附录 B。

6.3 检修质量管理

6.3.1 检修质量管理的总体要求

总体要求：成立检修质量管理组织机构，明确管理职责，建立质量管理程序文件；装置检修质量符合检修方案标准，装置检修后恢复设备性能。

6.3.1.1 对承包商资质、人员、机具等进行审查；

6.3.1.2 通过组织设计审查，确保设计质量；

6.3.1.3 物资采购管理部门组织对采购物资进行入库检验并对重点物资进行监造；

6.3.1.4 在施工过程中组织对检验检测的质量进行抽查。

6.3.2 检修期间变更管理要求

检修过程要加强变更管理，建立健全变更管理制度和工作流程，采取措施减少变更数量。原则上没有经过各级部门同意的变更不允许在检修中执行，项目变更控制主要内容。

6.3.2.1 对于试用产品、设备备件结构形式改变、材质升级要充分识别，要有专门技术论证审批过程，审批时要加强相关专业沟通确认；

6.3.2.2 对于因材料价差导致的超费用计划（或工单预算），需要补办变更手续；

6.3.2.3 对于不涉及费用计划的变更，如项目名称、版本号、承包商、施工方案、施工进度等也需办理相应的变更手续；

6.3.2.4 对于结算费用高于非包干合同标的的，按各企业管理制度执行变更；

6.3.2.5 投资类项目的变更参照各企业“固定资产投资过程控制管理规定”执行；

6.3.2.6 所有变更应事前发起，只有当变更得到批准后，才可组织实施。项目变更由变更提出单位发起申请并填写“变更申请单”，按照各企业相关制度规定的权限办理审批手续。

6.4 装置检修交回条件

6.4.1 装置检修交回确认主要内容

6.4.1.1 装置开工人员及开车维保人员配备落实；

6.4.1.2 技术、原辅材料、动力、备品配件等方面的准备；

6.4.1.3 队伍技术状态、开工方案学习落实情况；

6.4.1.4 现场规格化情况；

6.4.1.5 工艺和设备联锁仪表校验情况；

6.1.1.6 HSSE 措施落实情况；

6.4.1.7 盲板拆除清单、技术准备情况；

6.4.1.8 机、电、仪、公用工程、储运、质检等相关专业准备情况；

6.4.1.9 停工临设拆除、施工尾项整改情况等。

6.4.2 装置相关工艺特性要求

装置检修交回开工确认表见附录 C。

6.5 检修后期管理

6.5.1 资料交付

承包商应在检修项目结束后 30d 内将交工资料完整地交给使用单位，资料包含内容如下：

竣工图纸，施工技术方案，吊装方案，施工组织设计；施工技术记录，试压记录，中间工序验收单，隐蔽工程验收单，拆检回装记录，发现问题与修复记录，设备开箱资料，设备封闭记录；设备、材料、管道附件、配件的合格证明书及质量保证书，理化检验资料，衬里、防腐、保温施工技术记录及检验报告。

6.5.2 检修总结

装置检修结束后，要对检修改造工作进行总结，对好的做法进行总结、提炼，固化这些经验，指导今后检修改造工作；对总结检修改造中存在的问题，分析原因，完善措施，不断提高管理水平。

大修总结模板见附录H。

7 装置日常维护

7.1 日常巡检

根据乙炔装置信息化、自动化程度制定合理的巡检路线和内容，满足“责任全覆盖，监管无空缺，隐患零容忍”的要求。实施以岗位网格为载体，以专业、标准化安全管理为目标，建立全天候、全过程的设备风险管控机制。日常巡检进行分级巡检，分级巡检包括装置操作工日常巡检、检维修（含电气、仪表）人员日常巡检、管理人员日常巡检，按规定的频次和路线进行巡检。

7.1.1 装置操作工的巡检主要是按照装置巡检路线图进行巡检，对在巡检过程中发现设备异常，及时联系检维修人员进行处理，对暂时不能处理的设备故障，上报设备管理人员，由设备管理人员汇总，利用短停时间进行消缺处理。

7.1.2 检维修（含电气、仪表）人员的巡检覆盖整个装置，对巡检过程中发现的设备缺陷能现场处理的及时消缺处理，对暂时不能处理的问题，填写《设备缺陷检查登记表》，利用短停时间进行消缺处理。

7.1.3 管理人员巡检主要针对现场石灰窑、电石炉、发生器、循环水泵等A、B类设备运行状况、设备运行参数等主要运行指标进行巡检，对巡检发现的问题及时记录，填写《设备缺陷检查登记表》，利用短停时间，对设备缺陷或故障进行维护维修。

7.2 日常维护

乙炔装置日常维护的基本内容包括：设备维护保养、设备检查和设备修理。

7.2.1 设备维护保养

设备维护保养的内容是保持设备完好、清洁、润滑良好、安全运行，包括及时紧固松动的紧固件，调整活动部分的间隙等。简言之，即“清洁、润滑、紧固、调整、防腐”十字作业法。维护保养依工作量大小和难易程度分为装置操作工保养和专职保养维修工保养。

7.2.1.1　装置操作工保养

其主要内容是对设备进行清洁、润滑，紧固易松动部件，检查设备附件齐全完整等。这类保养项目大多都在设备的外部，一般由装置操作工人承担。

7.2.1.2　专职保养维修工保养

专职保养主要由检维修人员完成，主要保养内容是设备内部的清洁、润滑，局部解体检查和调整。另外，还要对主要设备零部件的磨损情况进行测量、鉴定、记录。具体标准执行通用设备的检修维护规程。

电气仪表人员的维护保养主要是针对电气仪表定期专业保养，如对配电盘、控制柜等定期清理，接线端子紧固等内容。

7.2.2　设备检查和设备修理

设备检查按时间间隔分为日常检查和定期检查。

日常检查主要由操作人员执行，操作人员与专职保养维修工进行联合巡检，及时发现设备异常情况，进行必要的维护保养工作。

定期检查是按照计划对设备进行针对性检查（包括定期测厚和状态监测），定期由设备管理人员执行，准确掌握设备运行状况，据此制定检修计划，对设备进行预防性检修。

7.3　常见设备故障与处理

乙炔装置常见设备故障与处理方法见表 15。

表 15　乙炔装置常见设备故障与处理方法

设备类型	故障类型	处理方法
电石炉	液压系统压力降低	拆卸阀组清洗
	电极柱压力环漏水	拆卸护屏焊接修复
	电极柱保护环漏水	拆卸护屏焊接修复
	炉盖漏水	焊接修复
换热器类	堵塞失效	高压水进行清洗
	换热管腐蚀穿孔泄漏	堵头将穿孔换热管堵死
	进料管线法兰垫片失效泄漏	更换法兰垫片
除尘设备类	收尘效果差	更换滤袋，检查收尘器附属部件
泵、风机类	效率低，易损件损坏	检查、更换易损配件
输送设备类	堵料	清理堵塞物料
	设备本体磨损	修复磨损部位
	胶带老化、跑偏	更换胶带，调整设备跑偏
过滤器类	堵塞现象	清理过滤器芯
渣浆水管线	结垢堵塞、泄漏	清洗或更换管线

附　录　A
（资料性附录）
装置停工交付检修确认表

	确认内容	确认人
装置停工方案执行情况	1. 装置停工方案已全部执行完毕，各关键操作步骤已有专人签字确认	
	2. 装置物料退净，现场导淋打开检查均无残余物料	
	3. 装置停车期间须存物料容器及管线均已加盲板隔离并明显标识，且安全附件齐全完好	
盲板管理	所有盲板均已按盲板图加装完毕，经检查合格，标识完好，并有专人签字确认	
易燃易爆、有毒有害物质管理	1. 密闭容器、管线等易燃易爆物质、有毒有害气体系统均已置换倒空，且均已采样分析合格	
	2. 防硫化亚铁等物质自燃的监控及安全防范措施完好	
装置放射源管理	装置放射源均已抽出隔离，现场标识完好，并有专人签字确认	
转动设备检修条件	动设备电机已停电，并按照规定挂停电牌	
检修场地环境条件	1. 含油污水井、地漏已用三防布、沙土封死盖严	
	2. 装置地面、明沟、平台及动静设备外表面无油污、杂物	
	3. 各种停工倒空废液、残液均已移出装置现场	
	4. 装置检修环境可燃、有毒有害气体分析合格	
消防器材管理	1. 高压消防水系统运行正常	
	2. 消防通道畅通	
	3. 灭火器材数量齐全、完好备用	

附 录 B
（资料性附录）
检修施工现场 HSSE 日检表

序号	检查内容	存在问题	检查人员	整改情况	验证人	备注
1	临时用电					
1.1	配备合格的持证电工					
1.2	配电箱合格、有防雨措施，按要求标识并上锁					
1.3	配电系统执行“三相五线制”，符合“三级配电二级保护”要求，安装匹配的漏电保护器，漏保动作灵敏好用，并进行日常试验和记录					
1.4	电缆及接头无破损，绝缘良好，铺设规范，走向清晰，标识明确					
1.5	用电严格执行“一机一闸一保护”					
1.6	按要求配置保护零线和工作零线，工作接地和重复接地完好					
1.7	安全电压符合作业环境要求					
1.8	使用工业插头、插座					
2	施工机具					
2.1	各种机具设备按要求进行定期检查，确保完好					
2.2	设有机械保护装置（如转动设备等）的设备，保护装置处于完好状态					
2.3	用电机具、设施接地完好					
2.4	作业人员配备与作业要求相匹配的劳动防护用品					
2.5	高压气管和软管固定连接可靠					

检修施工现场 HSSE 日检表（续）

序号	检查内容	存在问题	检查人员	整改情况	验证人	备注
2.6	气瓶垂直放置，瓶体固定可靠；气瓶分类摆放并保持安全距离，防护措施到位，气瓶阻火器、压力表等安全附件完好，气管无老化破损，连接可靠					
3	脚手架					
3.1	脚手架搭设人员是专业架子工，并持证上岗。搭设人员按要求着装，配备五点双大钩安全带					
3.2	进行安全技术交底并有记录					
3.3	按规范要求搭设脚手架，且有良好的整体稳固性					
3.4	搭设和拆除过程必须有专人监督，周边设置警戒区					
3.5	连墙件设置可靠，各节点扣件扭矩力符合要求					
3.6	通道、护栏、腰杆、踢脚板等符合要求					
3.7	作业面满铺跳板，无孔洞，跳板可靠固定且无探头板					
3.8	作业面临时放置的材料等在允许荷载范围内，严禁超载荷；放置必须稳固，无坠物风险					
3.9	脚手架搭设完成验收合格挂牌使用					
3.10	消防设施保持完好，灭火器按要求配置					
3.11	消防安全通道保持畅通					
3.12	用火作业前，清理周边易燃物，采取接火措施					
4	起重					
4.1	编制了吊装方案，进行交底并有记录					
4.2	起重设备操作人员、司索、指挥持有效证件					

检修施工现场HSSE日检表（续）

序号	检查内容	存在问题	检查人员	整改情况	验证人	备注
4.3	起重机械证照齐全有效					
4.4	起重机械安全设施、附件完好					
4.5	机索具检查完好，钢丝绳无磨损，连接可靠，绳卡数量和间距满足要求					
4.6	吊装作业半径设置了警戒区，禁止无关人员入内					
4.7	吊装前进行评估，确保在额定起升载荷范围内进行起重作业，不得超载					
4.8	吊车支腿符合要求					
4.9	吊物捆绑符合要求，使用溜绳					
4.10	吊装作业天气、环境、风力等符合要求					
5	焊接、气割					
5.1	设备接地完好					
5.2	焊把线无破损，连接器完好					
5.3	有专人监护，接火、防火措施，消防器材放置到位					
5.4	可燃性气瓶与胶管连接完好，无漏气，气瓶有阻火器					
5.5	现场气瓶与明火源保持安全距离					
5.6	检修设备已断电					
6	受限空间					
6.1	对所要进行作业的受限空间进行吹扫、蒸煮、置换，并分析合格。所有与受限空间连接的管线、阀门应进行有效隔离，盲板处应挂标识牌，并经工艺技术人员签字确认					
6.2	出、入口内外不得有障碍物，在受限空间入口处设置“危险！严禁入内”警告牌或采取其他封闭措施					

检修施工现场 HSSE 日检表（续）

序号	检查内容	存在问题	检查人员	整改情况	验证人	备注
6.3	对有可能发生窒息、易燃、中毒的设备、容器必须采用四合一气体检测仪实时监测					
6.4	“进入受限空间作业许可证”实行一点一证					
6.5	进入受限空间作业实行“三不进入”原则，即：一、没有经批准有效的“进入受限空间作业许可证”不进入；二、安全措施未落实不进入；三、监护人不在场不进入					
6.6	作业现场配备必要的救护器具和灭火器材等					
6.7	进入受限空间作业应使用安全电压和安全行灯					
7	作业安全					
7.1	作业前进行安全教育和安全技术交底，作业人员清楚当天作业内容和安全风险及注意事项					
7.2	特殊工种持证上岗					
7.3	佩戴合格安全帽，并根据作业任务佩戴专用眼部、面部、手部等防护用品，高处作业人员系挂安全带					
7.4	特殊作业需进行全程视频监控与四合一气体检测仪监测					

附 录 C
(资料性附录)
装置检修交回开工确认表

确认内容	施工单位确认	车间确认
装置开工人员及开车保镖人员配备落实		
技术、原辅材料、动力、备品备件等方面的准备		
队伍技术状态、开工方案学习落实情况		
现场规格化情况		
工艺和设备联锁仪表校验情况		
HSSE 措施落实情况		
盲板拆除清单、技术准备情况		
机、电、仪、公用工程、储运、质检等相关专业准备情况		
停工临设拆除、施工尾项整改情况等		

附　录　D

（资料性附录）

物资紧急需求计划审批表

<table>
<tr><td>记录
编号</td><td colspan="4"></td><td>使用
单位</td><td colspan="2"></td></tr>
<tr><td>序号</td><td colspan="2">物料编码</td><td colspan="2">物资名称及
规格型号</td><td>数量及
单位</td><td>大修及工程项目
相关信息</td><td>紧急需求
原因说明</td></tr>
<tr><td></td><td colspan="2"></td><td colspan="2"></td><td></td><td></td><td></td></tr>
<tr><td></td><td colspan="2"></td><td colspan="2"></td><td></td><td></td><td></td></tr>
<tr><td></td><td colspan="2"></td><td colspan="2"></td><td></td><td></td><td></td></tr>
<tr><td></td><td colspan="2"></td><td colspan="2"></td><td></td><td></td><td></td></tr>
<tr><td colspan="2">需求单位经办人
签名：
电话：
年　月　日</td><td colspan="2">需求单位负责人
签名
（公章）
年　月　日</td><td colspan="2">业务主管单位领导
签字：
年　月　日</td><td>公司分管领导签字：
年　月　日</td><td>物资采购部门登
记签字：
年　月　日</td></tr>
</table>

附　录　E
（资料性附录）
隐蔽工程验收记录

<table>
<tr><td colspan="2">工程名称</td><td colspan="2"></td><td>建设单位</td><td></td></tr>
<tr><td colspan="2">施工单位</td><td colspan="2"></td><td>监理单位</td><td></td></tr>
<tr><td colspan="2">验收单位</td><td colspan="2"></td><td>验收单位</td><td></td></tr>
<tr><td>隐蔽检查内容</td><td colspan="5"></td></tr>
<tr><td>验收意见</td><td colspan="5"></td></tr>
<tr><td rowspan="3">施工单位</td><td>专业负责人</td><td></td><td rowspan="3">建设（监理）单位</td><td colspan="2" rowspan="3">监理工程师
（建设单位专业负责人）
年　月　日</td></tr>
<tr><td>专业技术员</td><td></td></tr>
<tr><td>质量检查员</td><td></td></tr>
</table>

附　录　F
（资料性附录）
设备检修验收记录表

设备名称　　　　　　　　　　　　　　　　　　　　验收编号：

验收项目	验收内容	验收结果
设备基础		
机械性能		
电气		
仪表		
安全装置		
验收结论		
验收人员（签字）		

验收日期：　　　　年　　月　　日

附　录　G

（资料性附录）

设备开箱检验记录表

<table>
<tr><td>工程名称</td><td colspan="3"></td><td></td><td>编号：</td></tr>
<tr><td>设备名称</td><td colspan="3"></td><td>产品合同号</td><td></td></tr>
<tr><td>规格型号</td><td colspan="3"></td><td>出厂日期</td><td></td></tr>
<tr><td>装箱单号</td><td></td><td>检验数量</td><td></td><td>开箱日期</td><td></td></tr>
<tr><td colspan="5">检查内容及规范标准要求</td><td>检查结果</td></tr>
<tr><td>包装情况</td><td colspan="4">零部件应按类别及装箱单完好地装入箱内，并应垫平、卡紧、固定，精密加工、表面装饰的部件应防止相对移动。包装及密封应完好，规格应符合设计要求，附件、设备齐全，外观完好。设备、材料、零部件无损伤、锈蚀及其他异常情况</td><td></td></tr>
<tr><td>随机文件</td><td colspan="4">1. 文件目录；2. 装箱清单；3. 产品合格证；4. 有关图纸；5. 使用维护说明书；6. 电气原理图、接线图及其符号说明；7. 安装图；8. 安装（调试）说明书；9. 易损件目录</td><td></td></tr>
<tr><td>机械部件</td><td colspan="4">1. 产品名称、型号；2. 出厂编号；3. 标准编号；4. 质量等级标志；5. 厂名、商标；6. 出厂日期</td><td></td></tr>
<tr><td>电气部件</td><td colspan="4">电动机、控制柜等各种电气部件应装入防潮箱内，必须存放室内。控制柜标牌应标明：型号、规格。制造厂名称及其识别标志或商标</td><td></td></tr>
<tr><td>进口设备</td><td colspan="4">应有进口货物报关单、商检合格证书以及国际标准化组织认证的产品证书、产品检验标准和有关资料。产品各部件的标志、标识、须知、说明等，均应该清晰、易懂、耐用，并使用中文说明等文件</td><td></td></tr>
<tr><td>处理意见</td><td colspan="5"></td></tr>
<tr><td>签字栏</td><td colspan="2">建设（监理）单位：

专业监理工程师：

年　月　日</td><td colspan="2">供应单位：

供货人：

年　月　日</td><td>安装施工单位：

验收人：

年　月　日</td></tr>
<tr><td colspan="6">本表由安装施工单位填写，建设单位、监理单位、安装施工单位、供应商各保存一份。</td></tr>
</table>

附　录　H
（资料性附录）
分包审批表

<table>
<tr><td rowspan="2"></td><td colspan="4">建设工程施工专业分包审批表</td></tr>
<tr><td>记录编号</td><td></td><td>使用单位</td><td></td></tr>
<tr><td>项目名称</td><td colspan="2"></td><td>项目号</td><td></td></tr>
<tr><td>施工总承包人／
EPC 总承包人</td><td colspan="4"></td></tr>
<tr><td>合同编号</td><td colspan="4"></td></tr>
<tr><td rowspan="7">分包策划</td><td colspan="2">分包工程主要内容及
所属专业</td><td colspan="2"></td></tr>
<tr><td colspan="2">工程数量</td><td colspan="2"></td></tr>
<tr><td colspan="2">拟分包工程合同额</td><td colspan="2"></td></tr>
<tr><td colspan="2">分包工程占全部工程</td><td colspan="2"></td></tr>
<tr><td colspan="2">拟分包单位及资质等级</td><td colspan="2">单位名称：
资质等级：</td></tr>
<tr><td colspan="2">拟分包单位管理人员情况</td><td colspan="2">项目经理：　　　　执业资格：
技术负责人：　　　职称：</td></tr>
<tr><td colspan="2">拟分包单位在中国石化工
程建设市场资源库中编号</td><td colspan="2"></td></tr>
<tr><td>申请单位意见</td><td colspan="4">

日期　　　　（章）</td></tr>
<tr><td>项目管理
单位意见</td><td colspan="4">

专业工程师：　　　　项目负责人：　　　　日期　　　　（章）</td></tr>
<tr><td>建设单位
意见</td><td colspan="4">

项目经理：　　　　日期　　　　（章）</td></tr>
</table>

附 录 I

（资料性附录）

装置停工检修改造工作总结模版

根据公司《设备检修管理制度》规定，在装置停工检修结束后各相关单位应组织编写装置停工检修工作总结。为此，就进一步做好装置停工检修工作总结提出要求如下：

封面：

名称：××× 部 ××× 装置 ×××× 年 ×× 月停工检修工作总结

编写人：×××

审核人：×××

批准人：×××（运行部领导）

编写单位：中国石化 ××× 分公司 ××× 部

编写时间：×××× 年 ×× 月

正文

（一）装置停工检修过程概述：

装置开、停工，检修过程简述，本周期装置运行起止时间。

本周期装置运行中出现的主要问题。

本次停工检修、改造内容简述，检修项目计划数（包括补充、追加），检修计划完成情况。重点检修项目情况。

开停工、检修网络执行情况。

（二）主要检修内容技术总结

反应器部分；

塔、容器部分；

电石炉部分；

冷换设备、空冷器部分；

阀门部分；

管道部分；

压缩机部分；

泵部分；

特殊阀门部分；

输送机械部分；

压力容器检验（包括缺陷返修处理）；

压力管道检验（包括缺陷返修处理）；

安全阀检验；

其他检修方面。

技术分析中要有以下内容：上次运行周期出现的问题；本次检修检查情况及采取措施；上次检修遗留问题处理情况；本周期与上周期设备隐蔽检查情况对照；重复发生问题处理方案有效性；装置系统问题；典型案例。

（三）检修计划准确性分析

（四）检修施工队伍评述

（五）材料供应评述

（六）设计质量评价

（七）检修质量评价

（八）本次检修遗留问题及预案

（九）检修管理亮点、存在的不足和下次检修需注意的问题

（十）附表

表 1　设备增加情况统计表

序号	位号	名称	规格型号	制造厂	数量	备注

表 2　设备拆除情况表

序号	原位号	名称	规格型号	制造厂	数量	备注

表 3　管线拆除情况统计表

序号	原编号	名称	规格	长度 /m	备注

表 4　设备更换情况统计表

序号	位号	名称	规格型号		制造厂		数量	备注
			更换前	更换后	更换前	更换后		

表 5　冷换设备检修情况统计表

序号	位号	名称	规格型号	抽芯清洗	试压换垫	堵管根数	管束更换

表 6　阀门检修、更换情况统计表（*DN*50 和 *DN*50 以上）

序号	规格型号	公称直径	检修数量	更换数量

表 7　压力容器检验情统计况表

序号	计划检验台数	增加变更台数	减少变更台数	实际完成台数	缺陷返修台数

表 8 压力管道检验情况统计表

序号	检验计划		增加变更		减少变更		实际完成	
	条数	米数	条数	米数	条数	米数	条数	米数

表 9 安全阀门检验情况统计表

序号	计划检验台数	增加变更台数	减少变更台数	实际完成台数

附 录 J
（资料性附录）
装置特殊设备清单

序号	设备名称	专业代号
1	电石炉	
2	石灰窑	
3	三筒烘干机	
4	立式烘干窑	
5	乙炔发生器	

6. 水泥装置维护检修规程

SHZ 05006—2019

目　　次

前言

本规程按照GB/T 1.1—2009《标准化工作导则 第1部分：标准的结构和编写》规则起草。

本规程由中国石油化工集团有限公司、中国石油化工股份有限公司提出。

本规程起草单位：中国石化长城能源化工（宁夏）有限公司。

本规程主要起草人：杨振宁、赵增强、蒋明军、孙柏、支俊。

本规程2019年首次发布。

水泥装置维护检修规程

1 范围

1.1 本规程规定了水泥装置（原料粉磨及废气处理、熟料煅烧、水泥粉磨三个单元）及其主要设备、专用设备的检修周期、检修项目及质量要求、检修过程管理和日常维护的相关内容。

1.2 本规程适用于水泥生产装置的检修维护管理。

2 规范性引用文件

下列文件的条款通过本规程的引用而成为本规程的条款，凡是注日期的引用文件，其随后所有的修改单（不包括勘误的内容）或修订版均不适用于本规程；然而，鼓励根据本规程达成协议的各方研究是否使用这些文件的最新版本。凡是不注日期的引用文件，其最新版本适用于本规程。

2.1 法律法规

中华人民共和国安全生产法

中华人民共和国环境保护法

中华人民共和国特种设备安全法

2.2 特种设备安全技术规范

GB/T 150.1～4 压力容器

TSG 21 固定式压力容器安全技术监察规程

TSG D0001 压力管道安全技术监察规程——工业管道

TSG 08 特种设备使用管理规则

2.3 标准与规范

SH 3505 石油化工施工安全技术规程

SHS 01002 石油化工设备润滑管理制度

2.4 中国石化管理规定

炼油企业检修管理指南（试行版）

3 术语与定义

下列术语和定义适用于本文件。

3.1 设备功能

设备功能指的是设备的生产效率和性能，衡量设备功能的指标随设备种类不同而异。

3.2 功能故障

设备、设施不能实现其设计功能时，称之为功能故障，定义为设备、设施不能满足期望的性能指标。一般指设备失去或降低其规定功能的事件或现象，表现为设备的某些零部件失去原有的精度或性能，使设备不能正常平稳运行，技术性能下降，导致设备中断运行或因效率降低而影响装置生产。

3.3 A类设备

本规程规定的A类设备是指设备出现功能故障时，可能引起装置停车或面临重大安全、环保风险的设备。

3.4 B类设备

本规程规定的B+类设备是指该设备出现功能故障时，虽然不会引起装置中断运行的停车，但对装置的负荷、运行可靠性及产品质量和可靠性具有重大影响的设备。

4 装置特征

本规程涉及水泥装置是煤化工装置副产品综合利用的环保装置，由原料粉磨及废气处理、熟料煅烧、水泥粉磨三个单元组成。本装置以煤基多联产化学工业园区产生的电石渣、碎石灰石渣、粉煤灰、脱硫石膏等工业废渣作为原料，生产熟料、水泥。装置产能，年产为熟料 77.5×10^4t/a，水泥 100×10^4t/a。装置流程简图见图1。

4.1 原料粉磨及废气处理单元

4.1.1 原料粉磨及废气处理工艺原则流程及流程图

由乙炔装置输送过来的电石渣由胶带输送机运送至电石渣库，电石渣通过库底卸料系统、胶带输送机、斗式提升机、空气输送斜槽运送至电石渣配料仓。粉煤灰来自园区电厂装置，粉煤灰经管道输送至原料粉磨煤灰配料仓。原煤、砂岩、尾铁矿、石灰石渣输送进厂，卸入封闭堆棚，也可直接卸入卸车坑，经板式喂料机喂入反击式破碎机内进

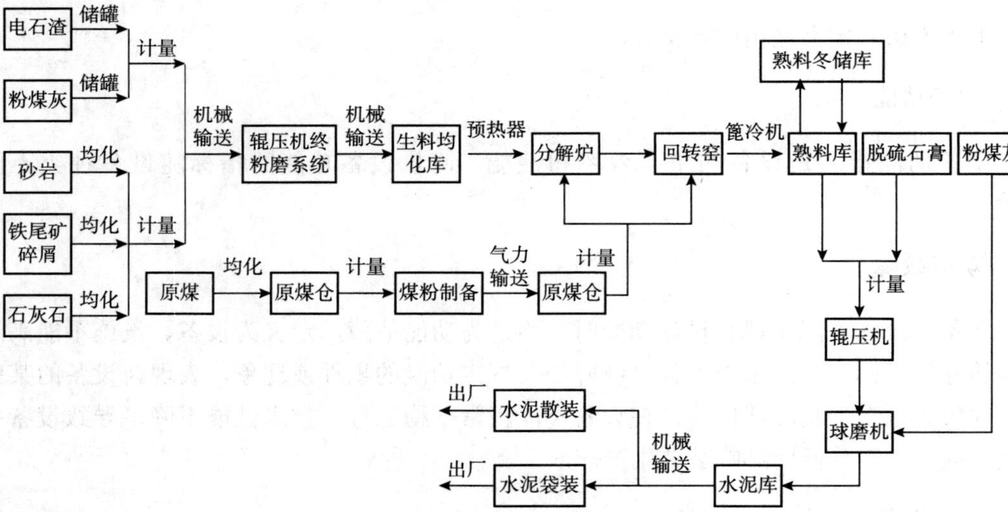

图 1　水泥装置流程简图

行破碎，进料粒度≤ 300mm，出料粒度≤ 50mm。破碎后的砂岩经胶带输送机输送至辅助原料预均化堆场。辅助原料堆棚采用一座封闭式长方形预均化堆场均化和储存，入堆场内辅助原料由侧式悬臂堆料机进行分层堆料。侧式刮板机取出的各种辅助原料由胶带输送机送至原料配料站配料仓。原料经配料后，进入粉磨系统，利用从窑尾排出的高温废气作为烘干热源，辅助原料由来自配料站的胶带输送机送入 V 型选粉机进料口。电石渣和粉煤灰经计量后直接进入 V 型选粉机进料口。物料经 V 型选粉机烘干分选后，细粉随气流进入高效选粉机，经选粉机分选后合格的生料粉进入旋风筒，分选后的粗粉返回辊压机继续挤压，经 V 型选粉机分选后粗料由斗式提升机送入稳流恒重仓进入辊压机挤压，经辊压机挤压后物料由斗式提升机送入 V 型选粉机。进入旋风筒的合格生料粉，经旋风筒收集后由空气输送斜槽、斗式提升机送入生料均化库，产出合格生料。出旋风筒的废气一部分作为循环风返回 V 型选粉机，其余部分废气进入窑尾电袋复合除尘器，净化后的气体排入大气。在辊压机停止运行时，废气由增湿塔增湿降温后，直接进入窑尾除尘器，经除尘器净化后由排风机排入大气，粉尘排放浓度≤ 20mg/Nm^3。原料粉磨及废气处理单元工艺流程见图 2。

4.1.2　原料粉磨机废气处理工艺特性参数

原料粉磨机废气处理工艺特性参数见表 1。

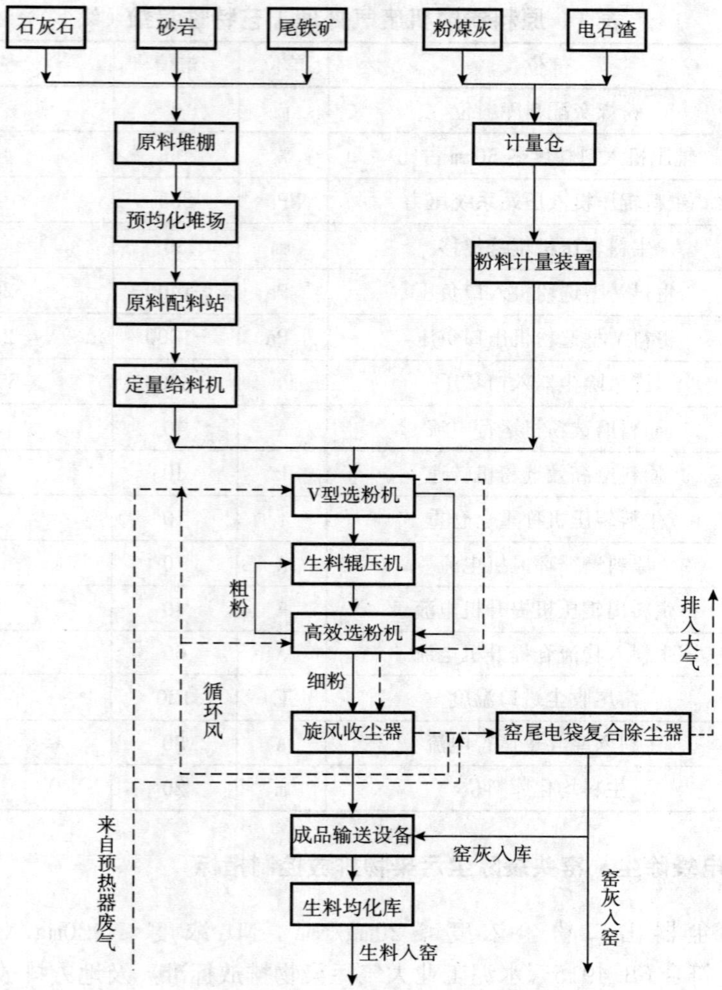

图 2　原料粉磨及废气处理单元工艺流程

表 1　原料粉磨机废气处理工艺特性参数

序号	部位	单位	常值	控制范围
1	带式输送机电机电流	A	48	45～55
2	侧式取料机电机电流	A	58	55～61
3	桥式取料机电机电流	A	60	50～65
4	电石渣配料库料位	m	4	3～4.5
5	石灰石配料库料位	m	4	2～6
6	尾铁矿配料库料位	m	4	2～6
7	砂岩配料库料位	m	4	2～6

表 1　原料粉磨机废气处理工艺特性参数（续）

序号	部位	单位	常值	控制范围
8	粉煤灰配料库料位	m	6	3～8.5
9	辊压机入料粒度≤ 50mm 占比	%	95	≥ 95
10	生料辊压机液压站系统压力	MPa	8.5	4.5～12
11	生料辊压机辊缝位移	mm	30	≤ 50
12	生料 V 型选粉机入口负压	Pa	-1400	-2000～-200
13	生料 V 型选粉机出口负压	Pa	-1600	-2200～-200
14	旋风除尘器入口负压	Pa	-3000	-5000～-2000
15	原料磨选粉机运行电流	A	40	30～160
16	原料磨高效选粉机转速	Hz	40	20～45
17	生料辊压机称重仓仓重	t	10	1～20
18	原料磨循环风机电流	A	70	35～120
19	生料出辊压机提升机电流	A	40	35～140
20	生料入稳流仓提升机电流	A	60	25～100
21	窑尾收尘进口温度	℃	120	≤ 200
22	生料入库斗提运行电流	A	80	50～180
23	生料均化库料位	m	20	18～24

4.1.3　窑尾电袋除尘、窑头袋除尘污染物排放控制指标

窑尾除尘器出口粉尘浓度≤ 20mg/Nm³，NO_x 浓度≤ 320mg/Nm³，SO_2 浓度≤ 100mg/Nm³，符合 GB 4915《水泥工业大气污染物排放标准》及地方排放标准。

4.1.4　原料粉磨废气处理危害特性

4.1.4.1　电石渣库残存的乙炔气体存在着火、爆炸风险；

4.1.4.2　原料预均化库存在氨气中毒风险；

4.1.4.3　转动设备存在机械伤害风险；

4.1.4.4　检修登高作业存在高处坠落风险；

4.1.4.5　粉尘职业健康危害；

4.1.4.6　人员违章进入，造成人员伤害。

4.2　熟料煅烧单元

4.2.1　熟料煅烧单元工艺原则流程及流程图

生料经均化库均化，由提升机输送至预热器，经过预热器和分解炉进入回转窑进行

煅烧。分解炉所用热风来自窑头篦冷机，预热器出来的废气经增湿塔、高温风机排入废气处理系统。出窑熟料采用篦式冷却机进行冷却，大块熟料经篦式冷却机出料端的破碎机破碎后，由槽式输送机送至熟料成品储存库。篦式冷却机排出的气体，一部分作为二次风入窑，另一部分作为三次风送往窑尾分解炉，还有一部分用于煤磨的烘干热源，其余经电袋复合除尘器净化后排入大气。熟料煅烧原煤由原煤仓下至定量给料机喂入磨煤机，在磨煤机内烘干粉磨，出磨煤粉随气流进入袋式除尘器，经袋式除尘器收集，由螺旋输送机分别送入窑用煤粉仓及分解炉用煤粉仓，含尘气体经净化合格后排入大气。熟料煅烧单元工艺流程见图 3。

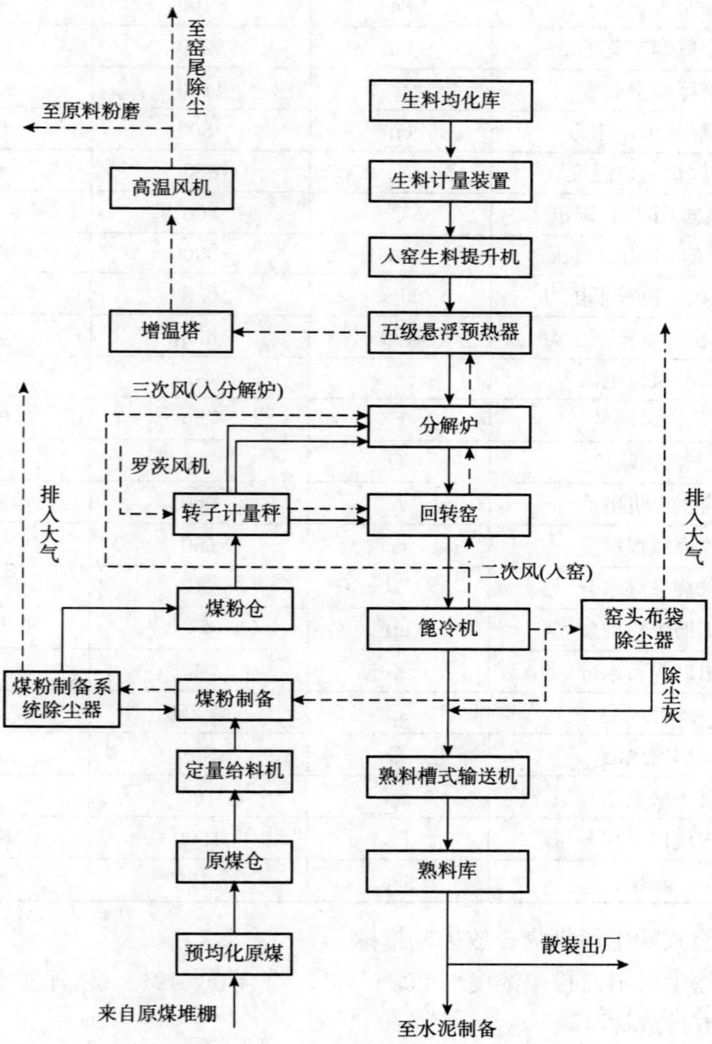

图 3　熟料煅烧单元工艺流程

4.2.2 熟料煅烧单元工艺特性参数

4.2.2.1 操作参数控制范围

熟料煅烧单元操作参数控制范围见表 2。

表 2 熟料煅烧单元操作参数控制范围

序号	部位	单位	常值	控制范围
1	窑头喂煤量	t/h	7	0～10
2	分解炉喂煤量	t/h	3	0～8
3	出口 CO 气体成分含量	%	＜0.2%	＜0.3%
4	窑头负压	Pa	-100	-100～-5
5	窑尾烟室负压	Pa	-260	-300～-50
6	窑尾烟室温度	℃	1150	≤ 1200
7	分解炉出口压力	Pa	-800	-1200～-500
8	分解炉出口温度	℃	880	800～900
9	预热器 C1 出口温度	℃	500	≤ 530
10	预热器 C1 出口负压	Pa	-3800	-6000～-2500
11	篦冷机一室篦下压力	kPa	5.8	3.0～6.5
12	篦冷机二室篦下压力	kPa	6.5	3.0～7.0
13	高温风机电流	A	70	40～135
14	二次风温度	℃	750	650～1100
15	三次风温度	℃	700	500～900
16	窑主电机电流	A	650	200～1350
17	入磨原煤粒度	mm	£50	£50
18	入磨原煤水分	%	£10	£10
19	出磨煤粉细度	μm	80（筛余）	80（筛余）±0.1
20	出磨煤粉水分	%	4	4±0.1
21	入磨风温	℃	≤ 250	≤ 250
22	出磨风温	℃	≤ 65	≤ 65
23	正常工况下磨盘上料层厚度	mm	100	80～100
24	磨内进出风口差压	Pa	1500	1500～2000
25	油压	MPa	10	8～11

4.2.2.2 窑头袋式除尘污染物排放控制指标

窑头袋式除尘器出口粉尘浓度≤ 20mg/Nm³，符合 GB 4915《水泥工业大气污染物排放标准》及地方排放标准。

4.2.3 熟料煅烧单元危害特性

4.2.3.1 预热器存在高温灼伤风险；

4.2.3.2 回转窑在烘窑期间存在一氧化碳中毒风险；
4.2.3.3 受限空间内检修作业存在窒息风险；
4.2.3.4 煤粉自燃引起一氧化碳中毒或爆炸风险。

4.3 水泥粉磨单元

4.3.1 水泥粉磨单元工艺原则流程及流程图

水泥粉磨系统是由辊压机和管磨组成的圈流（闭路）水泥联合粉磨系统。水泥配料站送来物料经除铁后由斗式提升机送入辊压机中间仓，物料经辊压机挤压后由斗式提升机送入V型选粉机分选，粗料直接卸至辊压机中间仓，出磨水泥经空气输送斜槽和斗式提升机送入高效选粉机，粗粉经空气输送斜槽返回磨内重新粉磨，成品水泥由袋式收尘器收集，经空气输送斜槽送至水泥库。出磨废气与各处扬尘废气作为选粉用一次和二次风，经袋式收尘器净化合格后排入大气。工艺流程见图4。

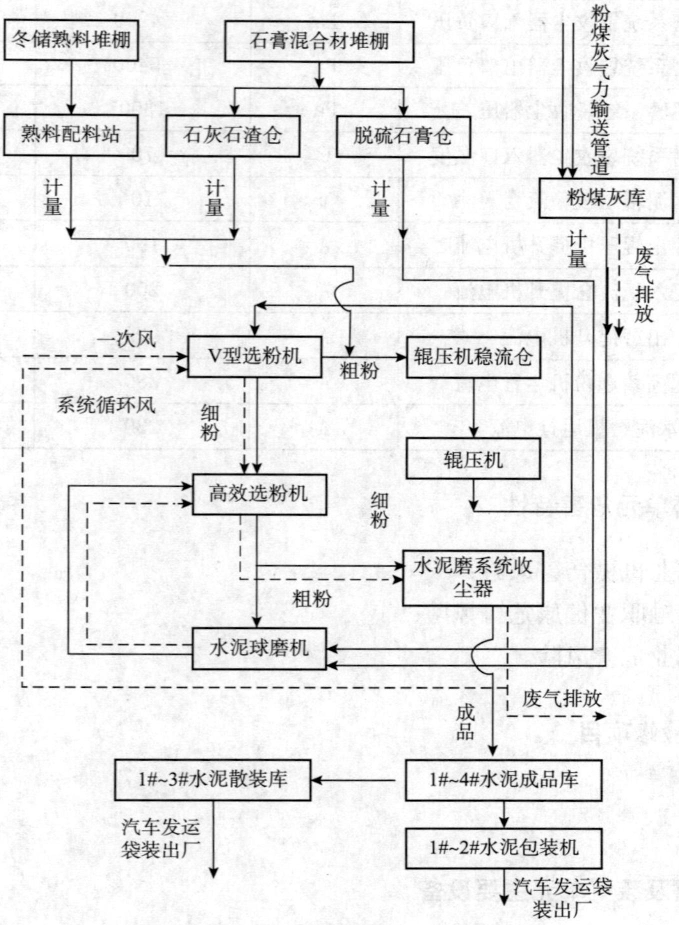

图4 水泥粉磨单元工艺流程

4.3.2 水泥粉磨单元工艺特性参数

水泥粉磨单元工艺特性参数见表3。

表3 水泥粉磨单元工艺特性参数

序号	部位	单位	常值	控制范围
1	熟料库料位	m	20	5～37
2	熟料配料库料位	m	10	3～12
3	粉煤灰配料库料位	m	8	3～12
4	辊压机液压系统工作压力	MPa	8.5	6.5～12
5	水泥辊压机辊缝位移	mm	20	≤30
6	水泥辊压机减速机油温	℃	45	＜65
7	水泥辊压机运行电流	A	42	36～78
8	水泥磨V型选粉机出口负压	Pa	-2800	≤-2500
9	水泥磨系统袋收尘器入口负压	Pa	-4200	-5000～-3000
10	水泥磨系统袋收尘器出口负压	Pa	-5400	≥-6800
11	水泥磨系统袋收尘器压差	Pa	1300	1000～1800
12	水泥磨系统袋收尘器入口温度	℃	70	≤80
13	水泥辊压机稳流仓重	t	10	8～25
14	水泥出辊压机提升机电流	A	190	60～350
15	水泥入稳流仓提升机电流	A	200	10～350
16	出磨提升机电流	A	35	10～100
17	水泥高效选粉机运行电流	A	380	140～460
18	水泥磨机运行电流	A	230	100～253

4.3.3 水泥粉磨单元危害特性

4.3.3.1 检修作业机械伤害风险；

4.3.3.2 粉尘接触职业健康危害风险；

4.3.3.2 噪声职业危害风险。

5 检修周期及检修项目

5.1 主要设备

5.1.1 原料粉磨及废气单元主要设备

原料粉磨及废气单元主要设备见表4。

表 4 原料粉磨及废气单元主要设备

名称	设备种类		主要设备种类	通用、专用设备检修规程的代码
转动设备	破碎机	单段反击型锤式破碎机	石灰石破碎机	
		环锤式破碎机	原煤破碎机	
	输送设备	板式喂料机	砂岩输送喂料机、原煤输送喂料机	
		带式输送机	原料输送皮带、原煤输送皮带	SHS 01029
	取料机		桥式刮板式取料机、侧面悬臂式取料机	
	辊压机		原料辊式压碎机	
	风机	离心风机	系统循环风机、废气排风机	SHS 01022
		高效选粉机	转子式生料选粉机	
	堆料机		侧面悬臂式堆料机	
静设备	环保设备	收尘器	气箱脉冲袋式收尘器	
			电袋复合式收尘器	
	生料均化库		圆形混凝土储存库	
	增湿塔		立式钢板冷却器	
	压力容器		缓冲罐	SHS 01004
	预热器		悬浮式预热器	
电气设备	变压器		干式变压器	SHS 06002
	配电装置		高、低压配电柜（含控制、保护盘）、高压真空断路器、电力电容器、电抗器、防爆电器	SHS 06003 SHS 06004
	接地及过电压保护装置		接地装置、避雷线（网）及避雷针塔、阀型避雷器、氧化物避雷器（压敏电阻）、过电压保护器、浪涌保护器	SHS 06009
	旋转电机		三相异步电动机、交流变频调速装置、防爆型电动机	SHS 06001
	电源装置		UPS 装置、直流电源装置、蓄电池	SHS 06006
仪表设备	常规仪表		温度测量仪表、压力测量仪表、流量测量仪表、物位测量仪表、切断阀	SHS 07002 SHS 07003 SHS 07005
	控制系统		集散控制系统（DCS）、可编程控制系统（PLC）	SHS 07008
	在线分析仪表		烟气分析仪、粉尘分析仪	SHS 07006
	安全环保仪表		乙炔气体检测报警仪	SHS 07006
	特殊仪表		振动检测仪表、位移检测仪表	SHS 07007

5.1.2 熟料煅烧单元主要设备

熟料煅烧单元主要设备见表5。

表5 熟料煅烧单元主要设备

名称	设备种类		主要设备种类	通用、专用设备检修规程的代码
转动设备	工业窑炉		回转窑	
			预热器	
	冷却机		熟料篦冷机	
	风机	离心风机	窑头废气排风机、高温风机 磨煤系统风机	SHS 01022
	磨煤机		立式磨煤机	
	计量设备	转子称	煤粉喂料计量称	
静设备	环保设备	收尘器	气箱脉冲袋式收尘器	
	熟料库		圆形混凝土熟料储存库	
	原煤库		圆形钢板库	
	煤粉仓		煤粉储存钢板库	
	压力容器		缓冲罐	SHS 01004
电气设备	变压器		干式变压器	SHS 06002
	配电装置		高、低压配电柜（含控制、保护盘）、高压真空断路器、电力电容器、电抗器、防爆电器	SHS 06003 SHS 06004
	接地及过电压保护装置		接地装置、避雷线（网）及避雷针塔、阀型避雷器、氧化物避雷器（压敏电阻）、过电压保护器、浪涌保护器	SHS 06009
	电动机		三相异步电动机、交流变频调速装置、防爆型电动机	SHS 06001
	电源装置		UPS 装置、直流电源装置、蓄电池	SHS 06006
仪表设备	常规仪表		温度测量仪表、压力测量仪表、流量测量仪表、物位测量仪表、切断阀、调节阀	SHS 07002 SHS 07003 SHS 07005
	控制系统		集散控制系统（DCS）、可编程控制系统（PLC）	SHS 07008
	在线分析仪表		烟气分析仪、粉尘分析仪	SHS 07006
	安全环保仪表		CO 气体检测报警仪、乙炔气检测报警仪、氨气检测报警仪	SHS 07006
	特殊仪表		振动检测仪表、位移检测仪表	SHS 07007

5.1.3 水泥粉磨单元主要设备

水泥粉磨单元主要设备见表 6。

表 6 水泥粉磨单元主要设备

名称	设备种类		主要设备种类	通用、专用设备检修规程的代码
转动设备	水泥磨		球磨机	
	辊压机		辊式研磨机	
	风机	高效选粉机	立式笼式选粉机	
		离心风机	水泥磨系统排风机	SHS 01022
	包装机		水泥成品包装机	
静设备	袋式收尘器		气箱脉冲袋式收尘器	
	选粉机		V 型选粉机	
	压力容器		缓冲罐	SHS 01004
电气设备	变压器		干式变压器	SHS 06002
	配电装置		高、低压配电柜（含控制、保护盘）、高压真空断路器、电力电容器、电抗器	SHS 06003 SHS 06004
	接地及过电压保护装置		接地装置、避雷线（网）及避雷针塔、阀型避雷器、氧化物避雷器（压敏电阻）、过电压保护器、浪涌保护器	SHS 06009
	电动机		三相异步电动机、交流变频调速装置	SHS 06001
	电源装置		UPS 装置、直流电源装置、蓄电池	SHS 06006
仪表设备	常规仪表		温度测量仪表、压力测量仪表、物位测量仪表、切断阀、调节阀	SHS 07002 SHS 07003 SHS 07005
	控制系统		集散控制系统（DCS）、可编程控制系统（PLC）	SHS 07008
	特殊仪表		振动检测仪表、位移检测仪表	SHS 07007

5.2 检修周期

5.2.1 水泥装置原料粉磨及废气处理单元、熟料煅烧单元停车检修周期 36 个月，水泥粉磨单元停车检修周期 12 个月。

5.2.2 有备用设备的或日常可以进行检修的不列入停车检修项目。

5.3 检修内容

5.3.1 确定检修内容的依据

5.3.1.1 按法律法规要求的特种设备定期检验；

5.3.1.2 不符合国家安全与环境保护、节能要求的设备改造和更新；
5.3.1.3 对本次检修或下次检修之前已到法定检验时间的计量设施；
5.3.1.4 设备状况：

静设备：均化库、熟料库、电石渣库、水泥库、V型选粉机、电袋复合收尘器、气箱脉冲袋式收尘器等设备内部因内构件损坏、集料、积垢腐蚀等原因造成运行状况恶化、性能降低等；

转动设备：胶带输送机、破碎机、提升机、水泥磨等转动机械因磨损、疲劳、泄漏、振动等原因造成运行状况恶化，性能降低等；

工业炉窑：回转窑、预热器内部耐材衬里烧损，内部耐热部件烧蚀，设备内部因内构件损坏等原因造成运行状况恶化，性能降低等；

电气设备：部件老化等原因造成运行状况恶化，性能降低等；

仪表设备：部件老化等原因造成运行状况恶化，性能降低等；

5.3.1.5 建构筑物老化、锈蚀等必须在停车检修期间维修的项目；
5.3.1.6 安全防护设施失效。

5.3.2 具体内容

停车检修是对水泥装置安全环保、长周期运行及经济效益有重大影响的设备、管道、电气仪表系统、建构筑物等在运行周期内将要发生的功能故障进行全面检修。其他检修是除大修外对装置局部或设备本体有经济运行影响的功能故障进行的检修。

5.3.2.1 原料粉磨及废气处理单元主要检修内容见表7。

表7 原料粉磨及废气处理单元主要检修内容和质量要求

序号	设备名称	设备功能	功能故障	故障周期/月	检修内容	质量要求	设备分级
1	桥式取料机	将原煤均匀送至原煤仓	1. 液压系统故障； 2. 刮板机损坏； 3. 料耙故障； 4. 减速机故障； 5. 行走机构故障	12	1. 检修更换液压缸及密封组件； 2. 检修传动机构，更换刮板； 3. 更换料耙耙钉； 4. 解体检修减速机，检查传动齿，更换传动轴承； 5. 检查修理电磁离合器、限位开关等	1. 液压系统无泄漏，无卡阻； 2. 传动机构灵活，刮板无变形，无破损； 3. 耙钉无磨损，无缺失； 4. 减速机齿轮无异响，轴承温度正常，无泄漏； 5. 电磁离合器开关自如，无卡阻，限位准确	B

表7 原料粉磨及废气处理单元主要检修内容和质量要求（续）

序号	设备名称	设备功能	功能故障	故障周期/月	检修内容	质量要求	设备分级
2	侧式堆料机	把辅助原燃材料均匀堆积在预均化堆棚内	1. 液压系统故障； 2. 布料皮带故障； 3. 皮带滚筒故障； 4. 减速机故障； 5. 行走机构故障	12	1. 检修更换液压缸及密封组件； 2. 更换修复料布皮带； 3. 检查更换滚筒及传动轴承； 4. 解体检修减速机，更换传动齿、传动轴承； 5. 检查更换电磁离合器、限位开关等	1. 液压系统无泄漏，液压缸运行无卡阻； 2. 布料皮带无毛边，无缺口，无破损，运行平稳； 3. 滚筒包胶完整，轴承无异响； 4. 减速机齿轮无异响，轴承温度正常，无泄漏； 5. 电磁离合器开关自如，无卡阻，限位准确	B
3	侧式取料机	将辅助原料均匀送至皮带输送机	1. 液压系统故障； 2. 刮板机损坏； 3. 减速机故障； 4. 行走机构故障；	12	1. 检查检修液压缸及液压组件； 2. 检查传动机构，更换刮板； 3. 解体检修减速机，检查传动齿，更换传动轴承； 4. 检查更换电磁离合器、限位开关等	1. 液压系统无泄漏，液压缸运行无卡阻； 2. 传动机构灵活，刮板五边形，无破损； 3. 减速机齿轮无异响，轴承温度正常，无泄漏； 4. 电磁离合器开关自如，无卡阻，限位准确	B
4	原料辊压机	将预均化的原料粉磨为合格生料	1. 辊压机振动大； 2. 辊压机辊皮磨损严重； 3. 辊压机进料装置磨损； 4. 辊压机液压系统不能加压； 5. 辊压机辊缝位移偏差大； 6. 循环水系统冷却效果差； 7. 减速机轴承温度高； 8. 辊压机漏料严重	36	1. 检查辊压机联轴器，核对联轴器同轴度； 2. 修复辊轴辊皮； 3. 更换进料装置阀板； 4. 清洗液压系统管道，检修或更换液压总成； 5. 调整磨辊辊缝，标定位移传感器； 6. 检查清理循环水管道，更换损坏阀门； 7. 检查减速机传动齿，更换传动轴承； 8. 更换辊压机侧挡板和挡料环	1. 联轴器同轴度符合图纸安装标准； 2. 辊皮表面硬度 HRC58； 3. 进料阀板平整，无卡阻； 4. 液压油箱、管道无杂物，液压总成工作正常； 5. 辊缝调整准确，位移传感器准确无偏差； 6. 循环水管道无结垢，阀门完好； 7. 减速机传动齿啮合率 95%，无异响，轴承润滑良好，无杂音； 8. 侧挡板间隙≤ 5mm，挡料环无磨损	B

表 7 原料粉磨及废气处理单元主要检修内容和质量要求（续）

序号	设备名称	设备功能	功能故障	故障周期／月	检修内容	质量要求	设备分级
5	V型选粉机	将不符合质量要求的生料进行筛选	1. 导流板磨损严重； 2. 翻板阀损坏； 3. 选粉机壳体磨损严重	36	1. 修复导流板； 2. 更换翻板阀； 3. 修复磨损壳体及耐磨衬里	1. 更换导流板，导流板无卡阻； 2. 翻板阀活动自如； 3. 修复部位平整，耐磨衬里表面平整，无裂纹、鼓包变形。 具体的质量要求见通用设备检修规程	B
6	高效选粉机	将不符合质量要求的生料进行筛选	1. 选粉机振动大； 2. 选粉效率降低； 3. 传动轴承异常； 4. 壳体磨损严重	36	1. 清理转子叶片积灰； 2. 更换修复磨损转子叶片； 3. 检查更换传动轴承； 4. 修复磨损壳体	1. 转子运行平稳，振动值＜ 4mm/s； 2. 转子叶片完好，无脱落、变形； 3. 轴承无异响，润滑良好； 4. 壳体无漏风，漏料	B
7	系统风机	将熟料煅烧单元的系统风送至原料系统	风机振动大、声音异常； 主轴密封泄漏	36	解体检查，清理叶轮积灰，更换损坏叶轮、轴承及骨架油封或密封盘根	恢复风机在装置的设备功能作用，具体的质量要求见通用设备检修规程	B
8	电袋复合收尘器	将烧成系统烟气中的粉尘过滤收集	1. 粉尘排放超标； 2. 拉链机故障； 3. 收尘效率下降； 4. 灰斗堵塞集料	36	1. 检查修复变形极线、极板； 2. 修复输送拉链机； 3. 更换破损滤袋； 4. 清理灰斗积灰，恢复灰斗振打装置	1. 极丝、极板无变形，无脱落，单个电场电压＞50kV 以上； 2. 拉链机工作正常，无卡阻； 3. 滤袋无破损，无缺失，无漏气； 4. 振打装置完好，灰斗内部表面光滑，无挂壁，无积灰	B
9	增湿塔	将窑尾高温气体降温	1. 喷枪雾化效果差； 2. 内部集料严重； 3. 塔体开裂、漏风	36	1. 更换喷枪或喷头； 2. 清理内部集料； 3. 修复开裂塔体	1. 雾化效果良好； 2. 清理塔体内部集料，塔体内部无挂壁，表面光滑； 3. 补焊修复塔体开裂处，确保塔体无漏风。 具体的质量要求见通用设备检修规程	B

表 7　原料粉磨及废气处理单元主要检修内容和质量要求（续）

序号	设备名称	设备功能	功能故障	故障周期/月	检修内容	质量要求	设备分级
10	循环风机	原料粉磨系统风机	风机振动大、声音异常； 主轴密封泄漏	36	解体检查，清理叶轮积灰，更换损坏叶轮、轴承及骨架油封或密封盘根	恢复风机在装置的设备功能作用，具体的质量要求见 SHS 01022《离心风机维护检修规程》	B
11	带式输送机	输送原料	1. 输送带磨损、拉裂或外因划破； 2. 皮带机托辊磨损、不转； 3. 皮带机滚筒包胶磨损； 4. 皮带机拉绳开关、跑偏开关、清扫器损坏	12	1. 更换输送带； 2. 更换托辊； 3. 更换滚筒； 4. 更换拉绳开关、跑偏开关、清扫器	恢复带式输送机在装置的设备功能作用。具体的质量要求见 SHS 01029《皮带运输机维护检修规程》	B
12	收尘器	将输送过程中产生的粉尘进行收集	1. 粉尘排放超标； 2. 提升阀故障； 3. 喷吹阀故障； 4. 卸料阀故障； 5. 风道开裂	18	1. 更换破损滤袋； 2. 更换提升阀气缸，阀板； 3. 更换喷吹阀； 4. 排除卸料阀故障； 5. 修复风道开裂处	1. 滤袋无破损，袋口严密，无漏风； 2. 提升阀运行无卡阻，气缸无漏气，阀板升降灵活，无漏风； 3. 喷吹阀工作正常，膜片无破损，接口处无漏气； 4. 卸料阀工作正常，无卡阻，无漏灰； 5. 风道无漏风，焊道平整	B

5.3.2.2　熟料煅烧单元主要检修内容见表 8。

表 8　熟料煅烧单元主要检修内容和质量要求

序号	设备名称	设备功能	功能故障	故障周期/月	检修内容	质量要求	设备分级
1	回转窑	熟料煅烧	1. 耐火砖烧蚀筒体温度超标； 2. 传动齿圈振动大；	12	1. 更换烧蚀耐火砖； 2. 检查修复传动齿圈；	1. 耐火砖砌筑必须符合 JC/T 2196—2013《水泥回转窑用耐火材料使用规程》相关标准规定； 2. 传动齿圈径向跳动≤ 5mm，端面跳动≤ 5mm，齿圈与二挡托轮宽度中心线 ±3mm；	A

表8 熟料煅烧单元主要检修内容和质量要求（续）

序号	设备名称	设备功能	功能故障	故障周期/月	检修内容	质量要求	设备分级
1	回转窑	熟料煅烧	3. 轮带垫板间隙过大； 4. 托轮轴瓦温度高； 5. 窑头、窑尾密封磨损漏料； 6. 液压挡轮振动大； 7. 窑口浇注料烧蚀严重； 8. 窑口护铁烧蚀严重； 9. 传动系统故障； 10. 润滑系统故障	12	3. 更换托轮垫板； 4. 检修更换托轮轴瓦； 5. 更换窑头、窑尾密封； 6. 更换液压挡轮轴承； 7. 修复窑口浇注料； 8. 更换窑口护铁； 9. 检查清理减速机，更换磨损严重部件； 10. 更换润滑油，清理润滑油管道、过滤器	3. 1挡间隙8mm，2挡间隙6mm，3挡间隙3.5mm； 4. 托轮轴瓦表面平整度0.015mm，托轮瓦研磨：2.5cm×2.5cm斑点不少于3点，球面瓦接触角度：90°； 5. 窑头、窑尾密封漏风率不得大于5%； 6. 符合轴承安装规范； 7. 严格按照耐火材料施工标准进行施工验收； 8. 窑口护铁安装焊接严密、无咬边、夹渣、气孔等缺陷； 9. 减速封箱面应达到80%～90%，封箱面间隙≤5mm； 10. 润滑油站油管管接头紧固，密封完好，油泵压力正常，管道无渗漏；油泵电机运行平稳、无异音	A
2	篦冷机	熟料冷却	1. 冷却效率下降； 2. 篦床漏料； 3. 篦床系统压力高； 4. 液压缸渗漏； 5. 耐火浇注料烧蚀严重	18	1. 检修冷却风机； 2. 更换修复篦床密封条； 3. 排查处理液压系统故障； 4. 更换液压缸，更换密封件； 5. 修复烧蚀严重耐火材料	1. 恢复冷却风机性能； 2. 密封条安装偏差＜1mm，运行无卡阻； 3. 液压站供油压力＜13MPa； 4. 液压缸无渗漏，运行无卡阻； 5. 严格按照耐火材料施工标准进行施工验收；	B
3	窑头排风机	废气排风机	风机振动大、声音异常、主轴密封泄漏	36	解体检查，清理叶轮积灰、更换损坏叶轮、轴承及骨架油封或密封盘根	恢复风机在装置的设备功能作用，具体的质量要求见SHS 01022《离心风机维护检修规程》	B
4	预热器	生料预热，将烟气与物料分离	1. 翻板阀损坏； 2. 挂片烧蚀严重、脱落； 3. 浇注料脱落，筒体温度超标	36	1. 修复、更换翻板阀； 2. 更换各级挂片； 3. 修复烧蚀浇注料	1. 翻板阀灵活自如，无漏风； 2. 各级挂片完整，无脱落，无缺失； 3. 严格按照耐火材料施工标准进行施工验收	B

表 8　熟料煅烧单元主要检修内容和质量要求（续）

序号	设备名称	设备功能	功能故障	故障周期/月	检修内容	质量要求	设备分级
5	磨煤机	燃料煤加工	1. 磨煤机吐渣严重； 2. 动环、静环磨损严重； 3. 选粉效率下降； 4. 液压系统故障	18	1. 更换修复磨辊，衬板； 2. 更换动环、静环； 3. 修复、更换选粉叶片； 4. 更换液压油，更换液压缸及密封组件	1. 磨辊密封无漏油，衬板无裂纹； 2. 动环、静环安装符合图纸要求； 3. 煤粉细度＜4μm（0.08 筛余）； 4. 液压缸无渗漏，运行无卡阻，液压油符合使用标准	B
6	袋式收尘器	煤粉收集	1. 收尘效率低； 2. 提升阀故障； 3. 喷吹阀故障； 4. 卸料阀故障； 5. 风道开裂	18	1. 更换破损收尘滤袋； 2. 检修提升阀气缸、阀板； 3. 更换喷吹阀； 4. 检修卸料阀； 5. 修复风道开裂处	1. 滤袋无破损，袋口严密，无漏风； 2. 提升阀无卡阻，气缸无漏气，阀板升降灵活，无漏风； 3. 喷吹阀工作正常，膜片无破损，接口处无漏气； 4. 卸料阀工作正常，无卡阻，无漏灰； 5. 风道无漏风，焊道外观平整	B
7	煤磨系统风机	煤粉制备系统风机	风机振动大，轴承温度高，主轴密封泄漏	36	风机解体检修：清理叶轮积灰，更换叶轮，更换轴承、骨架油封或密封盘根	恢复风机在装置的设备功能作用，具体的质量要求见 SHS 01022《离心风机维护检修规程》	B
8	窑头袋式收尘器	将废气中的粉尘进行收集	1. 收尘效率低； 2. 提升阀故障； 3. 喷吹阀故障； 4. 卸料阀故障； 5. 风道开裂	18	1. 更换破损收尘滤袋； 2. 检修提升阀气缸、阀板； 3. 更换喷吹阀； 4. 检修卸料阀； 5. 修复风道开裂处	1. 滤袋无破损，袋口严密，无漏风； 2. 提升阀无卡阻，气缸无漏气，阀板升降灵活，无漏风； 3. 喷吹阀工作正常，膜片无破损，接口处无漏气； 4. 卸料阀工作正常，无卡阻，无漏灰； 5. 风道无漏风，焊道外观平整	B

5.3.2.3　水泥粉磨单元主要检修内容见表 9。

表 9　水泥粉磨单元主要检修内容和质量要求

序号	设备名称	设备功能	功能故障	故障周期/月	检修内容	质量要求	设备分级
1	水泥磨	将熟料磨成水泥	1. 水泥磨内衬板磨损，磨体漏料； 2. 润滑系统故障； 3. 减速齿轮箱轴承故障； 4. 滑履瓦系统故障； 5. 循环冷却水系统故障； 6. 换热器故障	12	1. 更换磨内衬板； 2. 更换润滑油站润滑油，清洗润滑油管道、过滤器； 3. 检修减速机推力瓦，更换传动轴承； 4. 更换研磨滑履瓦； 5. 清洗循环水管道，检修、更换阀门； 6. 更换换热器板片和换热管	1. 磨内衬板安装平整，固定螺栓紧固力矩≥4000N·m，磨体无漏灰； 2. 润滑油站油管管接头紧固、密封完好，油泵压力正常，管道无渗漏，油泵电机运行平稳、无异音； 3. 推力瓦研磨2.5cm×2.5cm斑点不少于3点，轴承安装符合安装规范； 4. 更换滑履瓦，瓦温工作温度≤65℃； 5. 循环水管道内无杂质，无锈蚀，无渗漏，阀门开关自如； 6. 换热器内无结垢，无堵塞，无渗漏，换热效果良好	A
2	水泥辊压机	将熟料破碎研磨	1. 辊压机振动大； 2. 辊压机辊皮磨损，产量低； 3. 辊压机进料装置磨损； 4. 辊压机液压系统不能加压； 5. 辊压机辊缝位移偏差大； 6. 循环水系统冷却效果差； 7. 减速机轴承温度高； 8. 辊压机漏料严重	36	1. 检查更换辊压机联轴器，核对联轴器同轴度； 2. 修复辊轴、辊皮； 3. 更换进料装置阀板； 4. 清洗液压系统管道，更换溢流阀； 5. 调整辊缝检修，标定位移传感器； 6. 检查清理循环水管道，更换损坏阀门； 7. 检查减速机传动齿，更换传动轴承； 8. 更换辊压机侧挡板和挡料环	1. 联轴器同轴度符合安装标准； 2. 辊皮表面硬度HRC58； 3. 进料阀板平整，无卡阻； 4. 液压油箱、管道无杂物，溢流阀无卡阻； 5. 辊缝调整准确，位移传感器准确无偏差； 6. 循环水管道无结垢，阀门完好，开关自如； 7. 减速机传动齿啮合率95%，无异响。轴承润滑良好，无杂音； 8. 侧挡板间隙≤5mm，挡料环无磨损	B
3	V型选粉机	将不符合质量要求的生料进行筛选	1. 导流板磨损，分离效果差； 2. 翻板阀损坏； 3. 选粉机壳体磨损漏料	36	1. 修复导流板； 2. 更换翻板阀； 3. 修复磨损部位，补打耐磨陶瓷浇注料	1. 更换导流板，导流板无卡阻； 2. 翻板阀活动自如； 3. 修复部位平整，耐磨陶瓷浇注料表面平整，无鼓包变形	B

表 9　水泥粉磨单元主要检修内容和质量要求（续）

序号	设备名称	设备功能	功能故障	故障周期/月	检修内容	质量要求	设备分级
4	高效选粉机	将不符合质量要求的生料进行筛选	1. 选粉机振动大； 2. 选粉效率降低； 3. 传动轴承温度高； 4. 壳体磨损严重	36	1. 清理转子叶片积灰； 2. 更换修复转子叶片； 3. 检修更换传动轴； 4. 修复磨损壳体	1. 转子运行平稳，振动值＜4mm/s； 2. 转子叶片完好，无脱落、变形； 3. 轴承无异响，润滑良好； 4. 壳体无漏风，漏料	B
5	水泥磨排风机	将熟料煅烧单元的系统风送至原料系统	风机振动大，轴承温度高； 主轴密封泄漏	36	风机解体检修：清理叶轮积灰，更换叶轮，更换轴承、骨架油封或密封盘根	恢复风机在装置的设备功能作用，具体的质量要求见 SHS 01022《离心风机维护检修规程》	B

5.3.2.4　系统功能故障分析见表 10。

表 10　系统功能故障分析

序号	单元名称	装置功能	功能故障	故障后果	故障策略及检修内容	故障周期/月
1	熟料煅烧单元	将均化完成的生料进行预热分离煅烧	预热器锥部堵料	造成熟料煅烧单元系统停车	清理堵塞在预热器各下料口集料	12

6　装置检修管理

6.1　工艺交出检修条件

在装置交付检修前，由生产管理和安全环保等部门组织相关单位召开安全验收会；所有仓库内部物料全部清空，热工设备内部温度已经降至常温；存在易燃、易爆安全隐患的电石渣仓、煤粉燃料输送设备内部清空确认；设备容器人孔拆卸、容器内采样分析、断电等工作，经相关部门签字确认后，由装置开具用火、用电、进入受限空间等相关票证，进入检修状态。工艺交出要具备以下条件。

6.1.1　装置大修计划已经完成编制审核；

6.1.2　重点检修项目施工方案已经审核，工序与网络计划已讨论优化；

6.1.3　装置所有盲板按照盲板图、表维持已经安装，现场已编号、挂牌，并经工艺员、设备员、安全员签名确认；

6.1.4　待进入的受限空间内物料排净，并充分置换通风，氧含量分析后在 18%～23% 之间，无中毒、窒息或可燃性气体残留；

6.1.5 作业区域周围用警戒带隔离及挂警示牌；

6.1.6 清理作业环境，设置安全通道用于紧急撤离，并确保通道畅通无阻；

6.1.7 完成系统内设备人孔打开前的确认，打开的设备人孔处挂上“未经许可、禁止入内”警示牌；

6.1.8 制定停工安全、环保措施和工作危害分析记录表（JSA）；

6.1.9 装置内分析不合格点悬挂标识，储存物料区现场标识，硬隔离；

6.1.10 储存或加工易燃易爆物品场所离用火作业点10m以上，易燃易爆物品清除出5m以外，无法清除时采取可靠隔离措施。

装置交付检修条件确认表见附录A。

6.2 检修过程安全环保要求

6.2.1 装置各项环保指标符合相关国家排放标准，除尘器出口粉尘浓度≤ $20mg/Nm^3$；

6.2.2 执行中国石化HSSE管理规定；

6.2.3 检修过程的HSSE管理执行附录B。

6.3 检修质量管理

6.3.1 检修质量管理的总体要求

总体要求：成立检修质量管理组织机构，明确管理职责，建立质量管理程序文件；装置检修质量符合检修方案标准，装置检修后恢复设备性能。

6.3.1.1 对承包商资质、人员、机具等进行审查；

6.3.1.2 通过组织设计审查，确保设计质量；

6.3.1.3 物资采购管理部门组织对采购物资进行入库检验并对重点物资进行监造；

6.3.1.4 施工过程中对检验检测的质量进行抽查。

6.3.2 检修期间变更管理要求

检修过程要加强变更管理，建立健全变更管理制度和工作流程，采取措施减少变更数量。原则上没有经过各级部门同意的变更不允许在检修中执行，项目变更主要控制如下：

6.3.2.1 试用产品、设备备件结构形式改变、材质升级要组织风险识别，要通过专门技术论证审批，审批时要加强相关专业审查确认；

6.3.2.2 因材料采购价差导致的超费用计划（或工单预算），需要补办变更手续；

6.3.2.3 对于不涉及费用计划的变更，如项目名称、版本号、承包商、施工方案、施工进度等要办理相应的变更手续；

6.3.2.4 对于结算费用高于非包干合同标的按各企业管理制度执行变更；

6.3.2.5 投资类项目的变更参照各企业《固定资产投资过程控制管理规定》执行；

6.3.2.6　所有变更应事前发起，只有当变更得到批准后，才可组织实施。项目变更由变更提出单位发起申请并填写“变更申请单”，按照企业相关制度规定的权限办理审批手续。

6.4　装置检修交回条件

6.4.1　装置检修交回确认主要内容：

6.4.1.1　装置开工人员及开车维保人员配备、落实情况；
6.4.1.2　技术、原辅材料、动力、备品配件等方面的准备情况；
6.4.1.3　队伍技术状态、开工方案学习、落实情况；
6.4.1.4　现场规格化情况；
6.4.1.5　工艺和设备联锁仪表校验情况；
6.4.1.6　HSSE 措施落实情况；
6.4.1.7　盲板拆除清单、技术准备情况；
6.4.1.8　机、电、仪、公用工程、储运、质检等相关专业准备情况；
6.4.1.9　停工临设拆除、施工尾项等整改情况。

6.4.2　装置相关的工艺特性要求

执行装置检修交出开工条件确认表见附录 C。

6.5　检修后期管理

6.5.1　资料交付

检修单位应在检修项目结束后 30d 内将交工资料完整地交给使用单位，资料包含内容如下：
6.5.1.1　竣工图纸、施工技术方案、吊装方案、施工组织设计；
6.5.1.2　施工技术记录、试压记录、中间工序验收单、隐蔽工程验收单、拆检回装记录、发现问题与修复记录、设备开箱资料、设备封闭记录；
6.5.1.3　设备、材料、管道附件、配件的合格证明书及质量保证书，理化检验资料；
6.5.1.4　衬里、防腐、保温施工技术记录及检验报告。

6.5.2　检修总结

装置检修结束后，要对检修改造工作进行总结，对好的做法进行总结，提炼、固化这些经验，指导今后检修改造管理；对存在的问题，讨论分析原因，提出完善措施，不断提高管理水平。

大修总结模板见附录 I。

7 装置日常维护

7.1 日常巡检

根据水泥装置信息化、自动化程度制定合理的巡检路线和内容，满足“责任全覆盖，监管无空缺，隐患零容忍”的要求。实施以岗位网格为载体，以专业、标准化安全管理为目标，建立全天候、全过程的设备风险管控机制。

日常巡检进行分级巡检，分级巡检包括装置操作工日常巡检、检维修（含电气、仪表）人员日常巡检、管理人员日常巡检，巡检按规定的频次和路线进行。

7.1.1 装置操作工的巡检主要是按照装置巡检路线图进行巡检，对在巡检过程中发现的设备异常，及时联系检维修人员进行处理，对暂时不能处理的设备故障，上报设备管理人员，由设备管理人员汇总，利用装置短停进行消缺处理；

7.1.2 检维修（含电气、仪表）人员的巡检覆盖整个装置，对巡检过程中发现的设备缺陷及时消缺处理，对暂时不能处理的问题，填写“设备缺陷检查登记表”，利用装置短停进行消缺处理；

7.1.3 管理人员巡检主要针对现场回转窑、水泥磨、篦冷机、辊压机等A、B类设备运行状况进行巡检，对巡检发现的问题要及时组织原因分析，安排检修处理。

7.2 日常维护

水泥装置日常维护的基本内容包括：设备维护保养、设备检查和设备修理。

7.2.1 设备维护保养

设备维护保养的目的是保持设备完好、清洁，确保润滑良好、运行安全平稳，维护保养要落实“清洁、润滑、紧固、调整、防腐”十字作业法，注重及时紧固松动的紧固件，调整活动部分的间隙。维护保养依工作量大小和难易程度分为装置操作工保养和专职保养维修工保养。

7.2.1.1 装置操作工保养

其主要内容是对设备进行清洁、润滑，紧固易松动部件，检查设备附件齐全完整等。这类保养项目大多都在设备的外部，一般由装置操作工人承担。

7.2.1.2 专职保养维修工

专职保养主要由检维修人员完成，主要保养内容是设备内部的清洁、润滑、局部解体检查和调整。另外，还要对主要设备零部件的磨损情况进行测量、鉴定、记录。具体标准执行通用设备的检修维护规程。

电、仪专业人员的维护保养主要是针对电气仪表定期专业保养，如对配电柜、仪表控制柜等定期清理、清扫、接线端子紧固等内容。

7.2.2 设备检查和设备修理

设备检查按时间间隔分为日常检查和定期检查。

日常检查主要由操作人员执行，操作人员与专职保养维修工协同进行联合巡检，及时发现设备异常情况，进行必要的维护保养工作。

定期检查是按照计划对设备进行针对性检查（包括定期测厚和状态监测），目的是准确掌握设备运行状况，据此制定检修计划，对设备进行预防性检修。

定期检查由设备管理人员执行。

7.3 常见设备故障与处理

水泥装置常见设备故障与处理方法见表 11。

表 11 水泥装置常见设备故障与处理方法

设备类型	故障类型	处理方法
炉窑类	耐火材料烧蚀脱落	修复耐火材料
塔器类	内壁物料板结挂壁	清理板结挂壁物料
输送设备类	设备本体磨损，胶带老化、跑偏	修复磨损部位，更换胶带，调整设备跑偏
除尘设备类	收尘效果差	更换滤袋，检查收尘器附属设备
泵、风机类	效率低，振动大，零部件损坏	检查、更换配件
暖通设备	腐蚀减薄、穿孔泄漏	补焊或更换管线

附　录　A
（资料性附录）
装置停工交付检修确认表

	确认内容	确认人
装置停工方案执行情况	1. 装置停工方案已全部执行完毕，各关键操作步骤已有专人签字确认	
	2. 装置物料退净，现场导淋打开检查均无残余物料	
	3. 装置停车期间须存物料容器及管线均已加盲板隔离并明显标识，且安全附件齐全完好	
盲板管理	所有盲板均已按盲板图加装完毕，经检查合格，标识完好，并有专人签字确认	
易燃易爆、有毒有害物质管理	1. 密闭容器、管线等易燃易爆物质、有毒有害气体系统均已置换倒空，且均已采样分析合格	
	2. 电石渣渣库残存乙炔气体监控及安全防范措施完好	
转动设备检修条件	动设备电机已停电，并按照规定挂停电牌	
检修场地环境条件	1. 含油污水井、地漏已用三防布、沙土封死盖严	
	2. 装置地面、明沟、平台及动静设备外表面无油污、杂物	
	3. 各种停工倒空废液、残液均已移出装置现场	
	4. 装置检修环境可燃、有毒有害气体分析合格	
消防器材管理	1. 高压消防水系统运行正常	
	2. 消防通道畅通	
	3. 灭火器材数量齐全、完好备用	

附 录 B
（资料性附录）
检修施工现场HSSE日检表

序号	检查内容	存在问题	检查人员	整改情况	验证人	备注
1	临时用电					
1.1	配备合格的持证电工					
1.2	配电箱合格，有防雨措施，按要求标识并上锁					
1.3	配电系统执行“三相五线制”，符合“三级配电二级保护”要求，安装匹配的漏电保护器，漏保动作灵敏好用，并进行日常试验和记录					
1.4	电缆及接头无破损，绝缘良好；铺设规范，走向清晰，标识明确					
1.5	用电严格执行“一机一闸一保护”					
1.6	按要求配置保护零线和工作零线，工作接地和重复接地完好					
1.7	安全电压符合作业环境要求					
1.8	使用工业插头、插座					
2	施工机具					
2.1	各种机具设备按安全要求进行定期检查，贴标已经完成，确保完好					
2.2	设有机械保护装置（如转动设备等）的设备，保护装置处于完好状态					
2.3	用电机具、设施接地完好					
2.4	配备与作业要求相匹配的劳动防护用品					
2.5	空气压缩机压力表、安全阀等在检验期内并处于完好状态，高压气管和软管固定连接可靠					
2.6	气瓶垂直放置，瓶体固定可靠；气瓶分类摆放并保持安全距离，防护措施到位，气瓶阻火器、压力表等安全附件完好，气管无老化破损，连接可靠					

检修施工现场 HSSE 日检表（续）

序号	检查内容	存在问题	检查人员	整改情况	验证人	备注
3	脚手架					
3.1	脚手架搭设人员是专业架子工，并持证上岗。搭设人员按要求着装，配备五点双大钩安全带					
3.2	编制脚手架搭设方案，进行安全技术交底并有记录					
3.3	按规范要求搭设脚手架，且有良好的整体稳固性					
3.4	搭设和拆除过程必须有专人监督，周边设置警戒区					
3.5	连墙件设置可靠，各节点扣件扭矩力符合要求					
3.6	通道、护栏、腰杆、踢脚板等符合要求					
3.7	作业面满铺跳板，无孔洞，跳板可靠固定且无探头板					
3.8	作业面临时放置的材料等在允许荷载范围内，严禁超载荷；放置必须稳固，无坠物风险					
3.9	脚手架搭设完成，验收合格，挂牌使用					
3.10	消防设施保持完好，灭火器和消防水桶按要求配置					
3.11	消防安全通道保持畅通					
3.12	用火作业前，清理周边易燃物，采取接火措施					
4	起重					
4.1	编制了吊装方案，进行交底并有记录					
4.2	起重设备操作人员、司索、指挥持有效证件					
4.3	起重机械证照齐全有效					
4.4	起重机械安全设施、附件完好					
4.5	机索具检查完好，钢丝绳无磨损，连接可靠，绳卡数量和间距满足要求					

检修施工现场 HSSE 日检表（续）

序号	检查内容	存在问题	检查人员	整改情况	验证人	备注
4.6	吊装作业半径设置了警戒区，禁止无关人员入内					
4.7	吊装前进行评估，确保在额定起升载荷范围内进行起重作业，不得超载					
4.8	吊车支腿符合要求					
4.9	吊物捆绑符合要求，使用溜绳					
4.10	吊装作业天气、环境、风力等符合要求					
5	焊接、气割					
5.1	设备接地完好					
5.2	焊把线无破损，连接器完好					
5.3	有专人监护，接火、防火措施到位					
5.4	可燃性气瓶与胶管连接完好，无漏气，气瓶有阻火器					
5.5	现场气瓶与明火源保持安全距离					
6	受限空间					
6.1	对所要进行作业的受限空间进行置换，并分析合格。所有与受限空间相连接的管线、阀门应进行有效隔离，盲板处应挂标识牌，并经工艺技术人员签字确认					
6.2	出、入口内外不得有障碍物，在受限空间入口处设置“危险！严禁入内”警告牌或采取其他封闭措施					
6.3	对有可能发生硫化亚铁自燃的设备、容器必须经充分的钝化脱臭处理，并在现场配置消防水带					
6.4	《进入受限空间作业许可证》实行一点一证					
6.5	进入受限空间作业实行“三不进入”原则，即：（1）没有经批准有效的《进入受限空间作业许可证》不进入；（2）安全措施未落实不进入；（3）监护人不在场不进入					

检修施工现场HSSE日检表（续）

序号	检查内容	存在问题	检查人员	整改情况	验证人	备注
6.6	作业现场配备必要的救护器具和灭火器材等					
6.7	进入受限空间作业应使用安全电压和安全行灯					
7	作业安全					
7.1	作业前进行班前安全教育和安全技术交底，作业人员清楚当天作业内容和安全风险及注意事项					
7.2	特殊工种持证上岗					
7.3	佩戴合格安全帽，并根据作业任务佩戴专用眼部、面部、手部等防护用品，高处作业人员系挂安全带					
8	收工检查					
8.1	配电系统一级箱断电，关闭气瓶角阀，能量上锁					
8.2	现场火种检查清理完毕					
8.3	清理各作业面材料和杂物等，做到工完料净场地清					
8.4	落实夜间值班、巡检人员，职责到位，检查内容明确					

附　录　C
（资料性附录）
装置检修交回开工确认表

确认内容	施工单位确认	车间确认
装置开工人员及开车保镖人员配备落实		
技术、原辅材料、动力、备品备件等方面的准备		
队伍技术状态、开工方案学习落实情况		
现场规格化情况		
工艺和设备联锁仪表校验情况		
HSSE 措施落实情况		
盲板拆除清单、技术准备情况		
机、电、仪、公用工程、储运、质检等相关专业准备情况		
停工临设拆除、施工尾项整改情况		

附　录　D

（资料性附录）

物资紧急需求计划审批表

记录编号			使用单位		
序号	物料编码	物资名称及规格型号	数量及单位	大修及工程项目相关信息	紧急需求原因说明

需求单位经办人签名：	需求单位负责人签名	业务主管单位领导签字：	公司分管领导签字：	物资采购部门登记签字：
电话：	（公章）			
年　月　日	年　月　日	年　月　日	年　月　日	年　月　日

附 录 E
（资料性附录）
隐蔽工程验收记录

<table>
<tr><td colspan="2">工程名称</td><td colspan="2"></td><td>建设单位</td><td></td></tr>
<tr><td colspan="2">施工单位</td><td colspan="2"></td><td>监理单位</td><td></td></tr>
<tr><td colspan="2">验收单位</td><td colspan="2"></td><td>验收单位</td><td></td></tr>
<tr><td>隐蔽检查内容</td><td colspan="5"></td></tr>
<tr><td>验收意见</td><td colspan="5"></td></tr>
<tr><td rowspan="3">施工单位</td><td>专业负责人</td><td></td><td rowspan="3">建设（监理）单位</td><td colspan="2" rowspan="3">监理工程师
（建设单位专业负责人）
年 月 日</td></tr>
<tr><td>专业技术员</td><td></td></tr>
<tr><td>质量检查员</td><td></td></tr>
</table>

附 录 F
（资料性附录）
设备检修验收记录表

设备名称　　　　　　　　　　　　验收编号：

验收项目	验收内容	验收结果
设备基础		
机械性能		
电气		
仪表		
安全装置		
验收结论		
验收人员（签字）		

验收日期：年　　月　　日

附　录　G
（资料性附录）
设备开箱检验记录表

工程名称　　　　　　　　　　　　　　　　编号：

<table>
<tr><td>设备名称</td><td colspan="3"></td><td>产品合同号</td><td></td></tr>
<tr><td>规格型号</td><td colspan="3"></td><td>出厂日期</td><td></td></tr>
<tr><td>装箱单号</td><td></td><td>检验数量</td><td></td><td>开箱日期</td><td></td></tr>
<tr><td colspan="5">检查内容及规范标准要求</td><td>检查结果</td></tr>
<tr><td>包装情况</td><td colspan="4">零部件应按类别及装箱单完好地装入箱内，并应垫平、卡紧、固定，精密加工、表面装饰的部件应防止相对移动。包装及密封应完好，规格应符合设计要求，附件、设备齐全，外观完好。设备、材料、零部件无损伤、锈蚀及其他异常情况</td><td></td></tr>
<tr><td>随机文件</td><td colspan="4">1. 文件目录；2. 装箱清单；3. 产品合格证；4. 有关图纸；5. 使用维护说明书；6. 电气原理图、接线图及其符号说明；7. 安装图；8. 安装（调试）说明书；9. 易损件目录</td><td></td></tr>
<tr><td>机械部件</td><td colspan="4">1. 产品名称、型号；2. 出厂编号；3. 标准编号；4 质量等级标志；5. 厂名、商标；6. 出厂日期</td><td></td></tr>
<tr><td>电气部件</td><td colspan="4">电动机、控制柜等各种电气部件应装入防潮箱内，必须存放室内。控制柜标牌应标明型号、规格、制造厂名称及其识别标志或商标</td><td></td></tr>
<tr><td>进口设备</td><td colspan="4">应有进口货物报关单、商检合格证书以及国际标准化组织认证的产品证书、产品检验标准和有关资料。产品各部件的标志、标识、须知、说明等，均应清晰、易懂、耐用，并使用中文说明等文件</td><td></td></tr>
<tr><td>处理意见</td><td colspan="4"></td><td></td></tr>
<tr><td>签字栏</td><td colspan="2">建设（监理）单位：
专业监理工程师：
年　月　日</td><td colspan="2">供应单位：
供货人：
年　月　日</td><td>安装施工单位：
验收人：
年　月　日</td></tr>
</table>

注：本表由安装施工单位填写，建设单位、监理单位、安装施工单位、供应商各保存一份。

附 录 H
（资料性附录）
分包审批表

<table>
<tr><td rowspan="3"></td><td colspan="4"></td></tr>
<tr><td colspan="4">建设工程施工专业分包审批表</td></tr>
<tr><td>记录编号</td><td></td><td>使用单位</td><td></td></tr>
<tr><td>项目名称</td><td colspan="2"></td><td>项目号</td><td></td></tr>
<tr><td>施工总承包人／EPC总承包人</td><td colspan="4"></td></tr>
<tr><td>合同编号</td><td colspan="4"></td></tr>
<tr><td rowspan="7">分包策划</td><td colspan="2">分包工程主要内容及所属专业</td><td colspan="2"></td></tr>
<tr><td colspan="2">工程数量</td><td colspan="2"></td></tr>
<tr><td colspan="2">拟分包工程合同额</td><td colspan="2"></td></tr>
<tr><td colspan="2">分包工程占全部工程</td><td colspan="2"></td></tr>
<tr><td colspan="2">拟分包单位及资质等级</td><td colspan="2">单位名称：
资质等级：</td></tr>
<tr><td colspan="2">拟分包单位管理人员情况</td><td colspan="2">项目经理： 执业资格：
技术负责人： 职称：</td></tr>
<tr><td colspan="2">拟分包单位在中国石化工程建设市场资源库中编号</td><td colspan="2"></td></tr>
<tr><td>申请单位意见</td><td colspan="4">

日期 （章）</td></tr>
<tr><td>项目管理单位意见</td><td colspan="4">

专业工程师： 项目负责人： 日期 （章）</td></tr>
<tr><td>建设单位意见</td><td colspan="4">

项目经理： 日期 （章）</td></tr>
</table>

附 录 I

（资料性附录）

装置停工检修改造工作总结模版

根据公司《设备检修管理制度》规定，在装置停工检修结束后各相关单位应组织编写装置停工检修工作总结。为此，就进一步做好装置停工检修工作总结提出要求如下：

封面：

名称：××× 部 ××× 装置 ×××× 年 ×× 月停工检修工作总结

编写人：×××

审核人：×××

批准人：×××（运行部领导）

编写单位：中国石化 ××× 分公司 ××× 部

编写时间：×××× 年 ×× 月

正文

（一）装置停工检修过程概述：

装置开、停工、检修过程简述，本周期装置运行起止时间。

本周期装置运行中出现的主要问题。

本次停工检修、改造内容简述，检修项目计划数（包括补充、追加），检修计划完成情况。重点检修项目情况。

开停工、检修网络执行情况。

（二）主要检修内容技术总结

回转窑部分；

辊压机部分；

水泥磨部分；

收尘部分；

泵部分；

管道部分；

提升机部分；

堆取料机部分；

输送机械部分；

压力容器检验（包括缺陷返修处理）；

安全阀检验；

其他检修方面。

技术分析中要有以下内容：上次运行周期出现的问题，本次检修检查情况及采取措施；上次检修遗留问题处理情况；本周期与上周期设备隐蔽检查情况对照；重复发生问题处理方案有效性；装置系统问题；典型案例。

（三）检修计划准确性分析

（四）检修施工队伍评述

（五）材料供应评述

（六）设计质量评价

（七）检修质量评价

（八）本次检修遗留问题及预案

（九）检修管理亮点、存在的不足和下次检修需注意的问题

（十）附表

表 1　设备增加情况统计表

序号	位号	名称	规格型号	制造厂	数量	备注

表 2　设备拆除情况统计表

序号	原位号	名称	规格型号	制造厂	数量	备注

表 3　管线拆除情况统计表

序号	原编号	名称	规格	长度 /m	备注

表 4　设备更换情况统计表

序号	位号	名称	规格型号		制造厂		数量	备注
			更换前	更换后	更换前	更换后		

表 5　冷换设备检修情况统计表

序号	位号	名称	规格型号	抽芯清洗	试压换垫	堵管根数	管束更换

表 6　阀门检修、更换情况表（*DN*50 和 *DN*50 以上）

序号	规格型号	公称直径	检修数量	更换数量

表 7　压力容器检验情况统计表

序号	计划检验台数	增加变更台数	减少变更台数	实际完成台数	缺陷返修台数

表8　压力管道检验情况统计表

序号	检验计划		增加变更		减少变更		实际完成	
	条数	米数	条数	米数	条数	米数	条数	米数

表9　安全阀门检验情况统计表

序号	计划检验台数	增加变更台数	减少变更台数	实际完成台数

附 录 J
（资料性附录）
装置特殊设备清单

序号	设备名称	专业代号
1	回转窑	
2	水泥磨	
3	辊压机	
4	选粉机	

7. 1,4- 丁二醇（BDO）装置维护检修规程

SHZ 05007—2019

目　次

前　言

本规程按照 GB/T 1.1—2009《标准化工作导则 第1部分：标准的结构和编写》给出的规则起草。

本规程由中国石油化工集团有限公司、中国石油化工股份有限公司提出。

本规程起草单位：中国石化长城能源化工（宁夏）有限公司。

本规程主要起草人：田斐、赵增强、韩岳华、刘洁、支俊。

本规程 2019 年首次发布。

1,4- 丁二醇（BDO）装置维护检修规程

1 范围

1.1 本规程规定了1,4- 丁二醇（简称BDO）装置（甲醛、炔化、合成、精馏、PTMEG、THF等6个装置单元）及其主要设备、专用设备的检修周期、检修项目及质量要求、检修过程管理和日常维护的相关内容。

1.2 本规程适用于1,4- 丁二醇（BDO）装置的检修维护管理。

2 规范性引用文件

下列文件的条款通过本规程的引用而成为本规程的条款，凡是注日期的引用文件，其随后所有的修改单（不包括勘误的内容）或修订版均不适用于本规程；然而，鼓励根据本规程达成协议的各方研究是否使用这些文件的最新版本。凡是不注日期的引用文件，其最新版本适用于本规程。

2.1 法律法规

中华人民共和国安全生产法
中华人民共和国环境保护法
中华人民共和国特种设备安全法

2.2 特种设备安全技术规范

TSG 21　固定式压力容器安全技术监察规程
TSG D0001　压力管道安全技术监察规程——工业管道
TSG 08　特种设备使用管理规则

2.3 标准与规范

GB/T 151　热交换器
GB/T 20801　压力管道规范　工业管道
GB/T 50484　石油化工建设工程施工安全技术标准

2.4 中国石化管理规定

炼油企业检修管理指南（试行版）
SHS 01002　石油化工设备润滑管理制度

3 术语与定义

下列术语和定义适用于本文件。

3.1 设备功能

设备功能指的是设备的生产效率和性能，衡量设备功能的指标随设备种类不同而异。

3.2 功能故障

设备、设施不能实现其设计功能时，称之为功能故障，定义为设备、设施不能满足期望的性能指标。一般指设备失去或降低其规定功能的事件或现象，表现为设备的某些零部件失去原有的精度或性能，使设备不能正常平稳运行，技术性能下降，导致设备中断运行或因效率降低而影响装置生产。

3.3 A 类设备

本规程规定的 A 类设备是指设备出现功能故障时，可能引起装置停车或面临重大安全、环保风险的设备。

3.5 B 类设备

本规程规定的 B 类设备是指设备的功能故障发生时，虽然不引起装置的中断运行，但对装置的负荷、产品质量、运行可靠性及周边安全、环保具有较大影响的设备。

4 装置特征

本规程涉及的 BDO 装置采用美国英威达工艺技术，主要包括 BDO 生产装置、PTMEG 生产装置。

BDO 装置以甲醇、氢气和乙炔气为原料，生产 1,4- 丁二醇产品；PTMEG 装置以 BDO、氢气、醋酸酐、甲醇为原料生产聚四氢呋喃产品。BDO 生产装置设计产能为 20.4×10^4t/a，由甲醛、炔化、合成及精馏四个单元组成；PTMEG 生产装置设计产能为 9.2×10^4t/a，由 THF、PTMEG 两个单元组成。

4.1 甲醛单元

4.1.1 甲醛单元工艺原则流程及流程图

新鲜空气经增压后与吸收塔顶部来的循环尾气在循环气除雾器混合，通过循环风机进入后冷却器 / 蒸发器；原料甲醇经过甲醇预热器和甲醇蒸汽预热器预热，在后冷却器 /

蒸发器侧面的喷射器中雾化，再与循环风机出口气体混合形成原料气。原料气在甲醇后冷却器／蒸发器中分别与来自吸收塔填料段的甲醛循环溶液和甲醛反应器底部出来的工艺气换热，预热后从顶部进入甲醛反应器。甲醛反应器是一个列管式固定床反应器，内装铁钼催化剂，氧气和甲醇在催化剂的催化作用下生成甲醛。

从甲醛反应器底部出来的富含甲醛的工艺气经后冷却器冷却后从底部进入吸收塔，通过脱盐水吸收使甲醛和工艺尾气分离。甲醛产品（50%～55%）送至甲醛罐区存储。吸收塔塔顶的工艺尾气一部分返回循环气除雾器进入循环风机，另一部分送入催化转化炉进行催化焚烧，达标后排放。工艺流程见图 1。

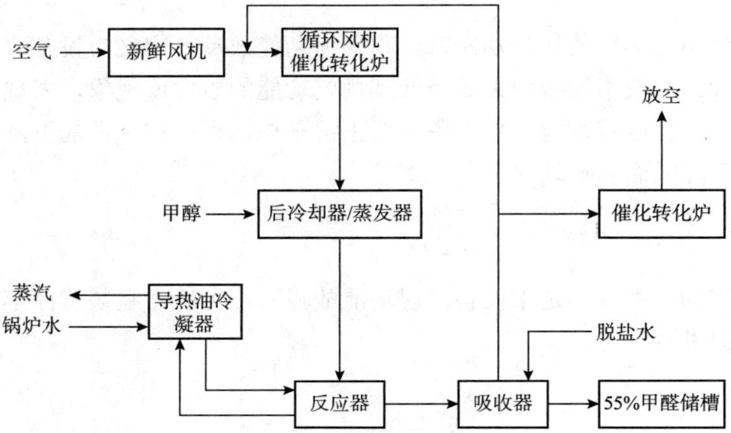

图 1　甲醛单元工艺流程示意图

4.1.2　甲醛工艺特性参数

甲醛合成为放热反应，反应热通过导热油循环系统带走，导热油吸收的热量回收副产 2.5MPa 蒸汽。为控制原料气中的氧含量维持 11% 浓度，反应器尾气需连续放空，尾气中的有机物和 CO 经催化转化炉催化焚烧后，实现达标排放。

4.1.3　甲醛单元介质危害特性

甲醛溶液：生殖细胞致突变性、致癌性，经口、皮肤、吸入造成的急性毒性、皮肤腐蚀、严重眼损伤，危害水土环境；

甲醇：易燃液体，经口、皮肤、吸入造成的急性毒性；

一氧化碳：易燃气体，生殖毒性，吸入造成的急性毒性。

4.2　炔化单元

4.2.1　炔化单元工艺原则流程及流程图

新鲜乙炔经乙炔阻解器洗涤净化后与炔化反应的乙炔尾气混合，混合气由乙炔循环压缩机增压后进入洗涤塔洗涤净化，再送入 BYD 反应器底部。新鲜甲醛从 BYD 反应器顶部进入，在搅拌器搅拌和乙炔鼓泡作用下，甲醛和乙炔气充分混合反应生成粗 BYD。从反应器内烛型过滤器分离出来的 BYD 送入 BYD 收集槽，经粗过滤器和精过滤器两级过滤后，送入粗 BYD 储槽。未反应的乙炔尾气从 BYD 反应器顶部排出，经出口洗涤塔洗涤冷却后，大部分返回乙炔循环压缩机入口与新鲜乙炔混合循环使用，小部分送往乙炔火炬焚烧后达标排放，以减少惰性气体的累积。

粗 BYD 在甲醛循环塔中汽提，甲醛、甲醇、炔丙醇等杂质及部分水从塔顶分离出去，精制的 BYD 从塔底送入精制 BYD 储槽。塔顶气相通过接触冷凝器冷凝后，部分送回出口洗涤塔回收利用，部分送往甲醇塔，以除去甲醇。甲醇塔蒸馏后，富含甲醇的气相从塔顶出来，经冷凝送往焦油罐，塔底的含醛工艺水则送回出口洗涤塔。炔化单元工艺流程见图 2。

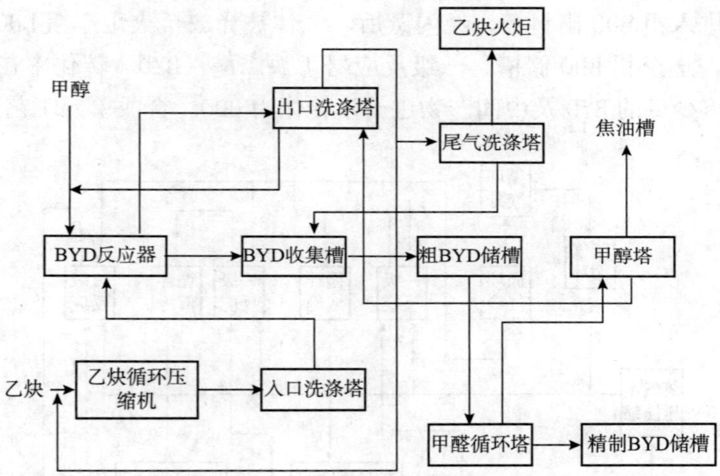

图 2　炔化单元工艺流程示意图

4.2.2　炔化工艺特性参数

炔化反应是乙炔和甲醛在铜铋催化下生成 BYD。炔化工序一般连续运行 2～3 个月后需停车更换一次催化剂。为了提高 BYD 催化剂的使用寿命，需严格控制反应器中的 pH 值和甲醛浓度。反应器 pH 值一般控制在 6.5～8，甲醛浓度小于 12%。精制 BYD 产品中需严格控制甲醛含量小于 1%，甲醛含量过高会在合成工序生成大量在精馏过程中较难除去的 MBDO。

4.2.3　炔化危害特性

1,4- 丁炔二醇：皮肤腐蚀、严重眼损伤，经口、吸入造成的急性毒性；

乙炔：易燃气体；

火炬天然气（富含甲烷）：易燃气体；

甲醛溶液：生殖细胞致突变性、致癌性，经口、皮肤、吸入造成的急性毒性，皮肤腐蚀、严重眼损伤，危害水土环境。

4.3 合成单元

4.3.1 合成单元工艺原则流程及流程图

氢气经增压后与循环氢混合，分别进入BDO一级反应器、BDO二级反应器底部，在反应器雷尼镍固定床发生催化反应，尾气从反应器顶部排至循环气冷却器，经冷却、气液分离、循环增压后，重复利用。

精制BYD溶液与循环液泵出口的循环液混合；进入BDO一级反应器底部，在雷尼镍固定床发生催化反应，生成粗BDO溶液；粗BDO溶液从一级反应器顶部出来，大部分与BYD进料泵出口溶液混合；少部分进入二级反应器继续催化反应，二级反应器顶部采出的粗BDO溶液进入粗BDO出料槽，经闪蒸后，气体被释放至火炬；粗BDO溶液经粗BDO冷却器冷却后，送至粗BDO储槽。一级反应器丁炔二醇（BYD）转化率在99%以上；二级反应器主要将少量的BYD及中间产物进一步转化为BDO。合成单元工艺流程见图3。

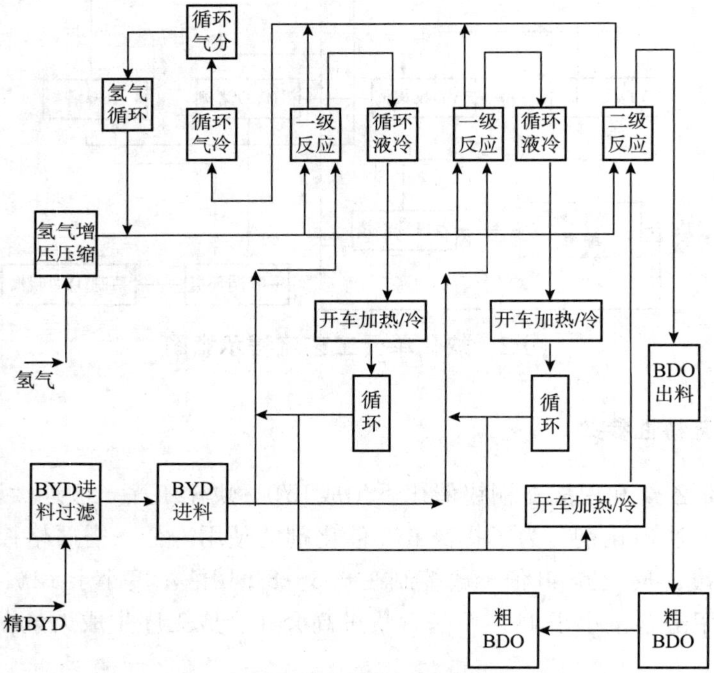

图3 合成单元工艺流程示意图

4.3.2 合成单元工艺特性参数

精BYD和氢气经过两级反应生产粗BDO。BDO合成一级反应器的温度严格控制在120～145℃范围内，压力在27.7～30.0MPa(G)范围内；二级反应器严格控制在

90～145℃范围内，压力在27.3～29.7MPa(G)范围内。由于合成副产物中MBDO和TBA在后续精馏过程中不易被除去，粗BDO产品中应严格控制MBDO含量小于0.07%，TBA含量小于0.2%。

4.3.3 合成单元危害特性

1,4-丁炔二醇：皮肤腐蚀、严重眼损伤，经口吸入造成的急性毒性；

氢气：易燃气体；

雷尼镍催化剂：易燃固体、致癌性。

4.4 精馏单元

4.4.1 精馏单元工艺原则流程及流程图

精馏工序主要包括浓缩和精制两部分，其中BDO浓缩部分由BDO提浓塔和丁醇塔组成， BDO精制部分由盐塔、低沸塔、高沸塔、薄膜蒸发器、真空机组及焦油槽组成。精制部分所有塔及薄膜蒸发器均在高真空度下运行，且塔的热量由塔底再沸器提供。精馏单元工艺流程见图4。

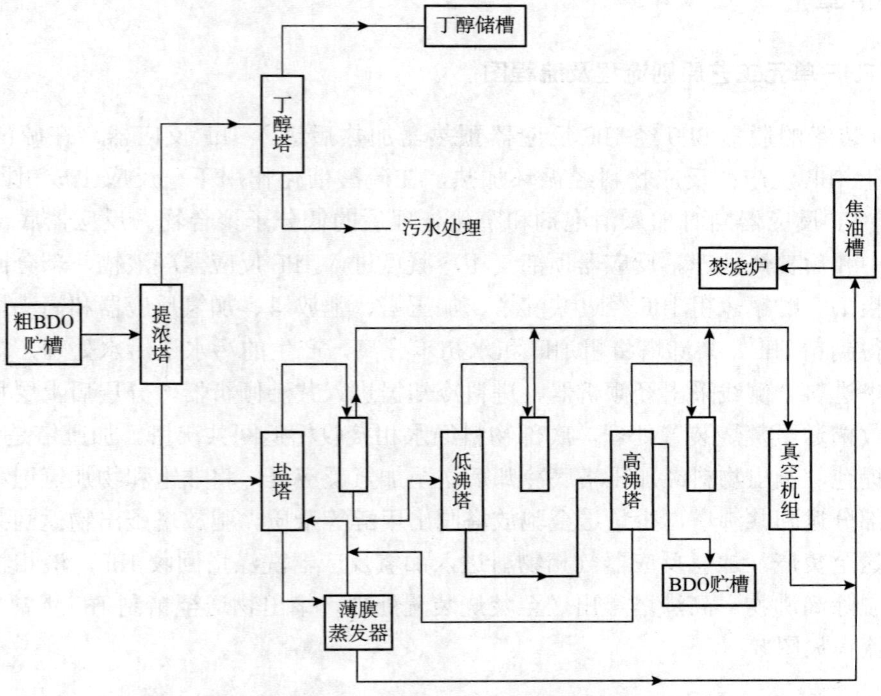

图4 精馏单元工艺流程示意图

提浓塔主要作用是将粗BDO中的轻组分（如丁醇等）和水等除去；

丁醇塔主要作用是将提浓塔塔顶采出物料中的丁醇提浓；

盐塔主要作用是除去浓缩BDO中的盐和焦油；

低沸塔主要作用是去除盐塔塔顶采出物料中的低沸点杂质和水；

薄膜蒸发器的主要作用是对盐塔底部采出物料中的 BDO 进行回收；

真空机组主要作用是为盐塔、低沸塔、高沸塔和薄膜蒸发器提供高真空度；

焦油槽的主要作用是收集 BDO 装置产生的焦油、盐等杂质，其物料来源为甲醇塔塔顶、薄膜蒸发器底部、真空机组、低沸塔塔顶和高沸塔塔顶。焦油槽中的物料送至高热值贮槽。

4.4.2 精馏单元工艺特性参数

浓缩主要除去粗 BDO 产品中的水和醇类杂质，经浓缩后要保证产品中 BDO 含量大于 93%。精制是在高真空度下运行，主要用于除去 BDO 产品中的高、低沸物和焦油及盐等，经精馏过后的 BDO 产品可作为商品直接外卖，也可用于生产 THF。BDO 产品中 BDO 纯度要大于 99.5%，水含量小于 200×10^{-6}。

4.4.3 精馏单元危害特性

正丁醇：易燃液体、皮肤腐蚀、严重眼损伤。

4.5 THF 单元

4.5.1 THF 单元工艺原则流程及流程图

BDO 装置的脱盐 BDO 经 THF 反应器预热器加热后进入 THF 反应器，在硫酸催化作用下发生 THF 反应；反应物料经循环加热，在硫酸催化作用下，反应生成粗四氢呋喃(THF)。THF 反应器同时加入消泡剂和窄化处理后的低分子聚合物。反应器底部出来的焦油经中和后焚烧处理。反应器顶部气相冷凝后进入 THF 反应器凝液槽，部分回流，其余送往粗 THF 贮罐。粗 THF 经过共沸塔、加压塔、弛放塔、加氢反应器和高沸塔精制提纯后，得到精 THF。共沸塔将粗 THF 和水初步分离，产生的污水送污水处理，馏出物作为加压塔进料。侧线采出经倾析器、进料冷却器进入共沸倾析器，分层后上层物料经有机相接收槽送至焚烧装置处理，底部物料经水相接收槽返回共沸塔。加压塔是将粗 THF 进一步提纯，釜出物料经加压塔底冷却后送至加氢反应器，将非饱和物加氢饱和。塔顶馏出物部分返回共沸塔，少量送至驰放塔脱出甲醇等杂质。驰放塔釜出物返回共沸塔，馏出物送至焚烧。加氢反应器气相物料进入加氢反应器洗涤塔回收 THF，液相物料送至高沸塔脱除高沸物。高沸塔釜出送至焚烧装置处理，馏出物送至精制 THF 贮罐。THF 单元工艺流程见图 5。

4.5.2 THF 单元工艺特性参数

BDO 产品在硫酸催化作用下脱水生产 THF。由于硫酸催化剂的特性原因，THF 反应器内衬材质均采用哈氏 B3。从 THF 反应器出来的粗 THF 产品经精馏脱除水、高沸物、低沸物等杂质得到产品精 THF，精 THF 产品要求纯度大于 99.95%，水小于 300×10^{-6}。

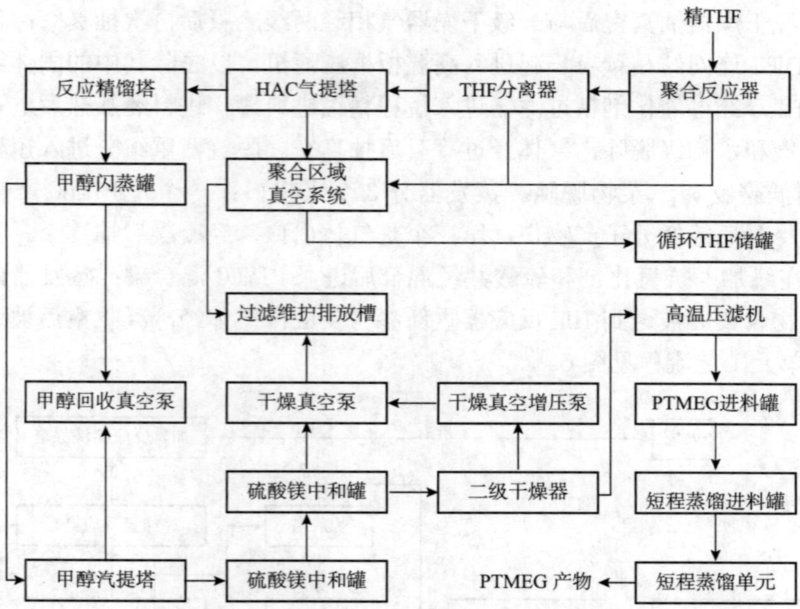

图 5　THF 单元工艺流程示意图

精 THF 可以作为产品直接外售也可以用于生产 PTMEG。

4.5.3　THF 单元危害特性

四氢呋喃：易燃液体、致癌性、严重眼损伤；

氢气：易燃气体；

铝镍合金氢化催化剂：易燃固体、致癌性。

4.6　PTMEG 单元

4.6.1　PTMEG 单元工艺原则流程及流程图

精制 THF、乙酸酐和循环 THF 被连续加入单级聚合反应器生成聚四亚甲基醚二酯(PTMEA)。反应产物 PTMEA 及未反应的 THF、ACAN 及 HAC 经反应器内置烛式过滤器从底部流入反应器接受罐。后经两级过滤和加热后送至 THF 分离器进行 THF 分离，分离器顶部气体冷凝后送至 THF 循环贮罐，底部部分送至乙酸气提塔作为进料。经乙酸气提塔对其中乙酸进行气提并馏出到 THF 循环罐，釜出送至 PTMEA 暂储罐，净化后的 PTMEA 被送入醇解。THF 循环罐的物料被再次送至聚合反应器参与反应。

PTMEA 在甲醇钠的催化作用下与甲醇（新鲜甲醇和系统回收甲醇）混合后通过反应精馏塔进行反应精馏。塔顶馏出到共沸精馏塔以分离乙酸甲酯（馏出）和甲醇（釜出），塔底的 PTMEG 依次到甲醇闪蒸罐和甲醇汽提塔进行甲醇的分离回收。分离甲醇后的 PTMEG 首先被送至硫酸镁中和罐将残余甲醇钠与硫酸镁发生中和反应生成氢氧化镁和硫酸钠盐；其次 PTMEG 物料依次通过两级干燥器将其中的氢氧化镁和硫酸钠盐结晶析出，其中二级干燥器抽真空后与一级干燥器气相经两级冷凝后再次抽真空；最后，干燥脱水后的PTMEG连同结晶颗粒一起进入高温板框压滤机，以去除其中的固体结晶颗粒。脱晶后的PTMEG经过催化剂精过滤器进入短程精馏进料罐。进料经加热后进入脱气器，对轻组分氮气和水初级脱除，气体经过冷凝后抽真空。脱气器重组分进入短程蒸发器再次对其中的低聚物和二聚物脱除。蒸发器分3个采出口：一个是PTMEG产出口；另一个是经内置冷凝后的低分子产物口；第三个是气体出口，经冷凝后抽真空。其中合格的PTMEG通过在线加入抗氧化剂和硫酸并经混合后进入PTMEG混合罐；蒸发器内置冷凝后的低分子产物收集后被送到THF反应器重新参与反应；气体经冷凝收集后被送至焚烧处理。PTMEG单元工艺流程见图6。

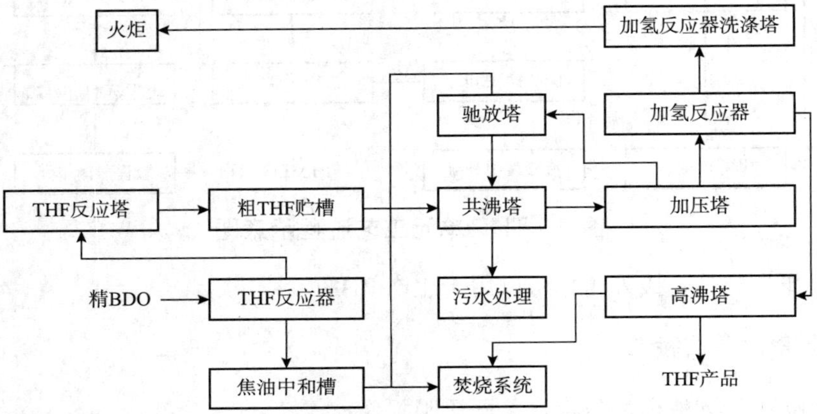

图6 PTMEG单元工艺流程示意图

4.6.2 PTMEG单元工艺特性参数

精THF生产PTMEG需要两步反应。精制THF和乙酸酐在全氟磺酸树脂催化条件下生成PTMEA，PTMEA在甲醇钠的催化作用下与甲醇生成PTMEG。PTMEG为一个链状有机物，需根据客户的要求生产不同分子量的PTMEG产品，目前长城能化主要生产相对分子质量1800和相对分子质量2000的PTMEG产品。产品的相对分子质量主要通过控制聚合进料中的酸酐比例进行控制。

4.6.3 PTMEG单元危害特性

乙酸酐：易燃液体、皮肤腐蚀、严重眼损伤；

醋酸：易燃液体、皮肤腐蚀、严重眼损伤；

乙酸甲酯：易燃液体、严重眼损伤；

四氢呋喃：易燃液体、致癌性、严重眼损伤；

原甲醇：易燃液体、经口、皮肤、吸入造成的急性毒性；

甲醇钠溶液：易燃液体、皮肤腐蚀、严重眼损伤。

5 检修周期及检修项目

5.1 主要设备介绍

5.1.1 甲醛单元主要设备

甲醛单元主要设备见表 1。

表 1 甲醛单元主要设备

名称	设备种类		主要设备种类	通用、专用设备检修规程的代码
转动设备	风机	罗茨风机	甲醛循环风机	SHS 01024
		离心风机	新鲜风机	SHS 01022
	压缩机	往复压缩机	氮气压缩机	SHS 05010
	泵	离心泵	55% 甲醛输送泵、填料段泵	SHS 01013
		屏蔽泵	精甲醇泵	SHS 03047
		计量泵	加碱泵	SHS 01017
静设备	塔	填料塔	甲醛吸收塔	SHS 01007
	反应器		甲醛反应器	SHS 01008
	换热器	管壳式换热器	导热油冷凝器、甲醇预热器、甲醇蒸气预热器、锅炉给水预热器、后冷却器 / 蒸发器	SHS 01009
		板式换热器	填料段 2 换热器、填料段 4 换热器	SHS 01049
	压力容器		导热油冷凝器、甲醇预热器等	SHS 01004
	常压容器、常压储罐		甲醛储罐、甲醇储罐	SHS 01012
仪表设备	常规仪表	检测仪表、显示或报警仪表、控制仪表、辅助单元、执行器及其附件	检测仪表	SHS 07002 SHS 07003 SHS 07005
	控制系统	集散控制系统（DCS）、可编程控制系统（PLC）、机组控制系统（CCS 或 ITCC）、工业控制计算机系统（IPC）、监控和数据采集系统（SCADA）	DCS、PLC、CCC 关键机组 CCS 或 ITCC 系统	SHS 07008
	安全仪表系统(SIS)	安全联锁系统、紧急停车系统和可燃、有毒有害气体及火灾检测保护系统	集散控制系统、安全仪表系统	SHS 07008
	在线分析仪表	工业气相色谱仪、氧分析仪、红外分析仪、质谱仪、pH 计、电导仪、水分仪	在线分析仪表	SHS 07006

表 1　甲醛单元主要设备（续）

名称	设备种类		主要设备种类	通用、专用设备检修规程的代码
仪表设备	安全环保仪表	可燃气体检测报警仪、有毒有害气体检测报警仪、氨氮分析仪、化学需氧量分析仪（COD）、水质分析仪、烟气分析仪（CEMS）	在线分析仪表	SHS 07006
	特殊仪表	振动 / 位移检测仪表、转速控制仪表	特殊仪表	SHS 07007
电气设备	变压器	油浸变压器	BDO 1#、2# 主变	SHS 06002
		干式变压器	10/0.4kV 干式变压器	SHS 06002
	开关柜	高压开关柜	10kV 高压开关柜	SHS 06003
		低压开关柜	MNS 低压开关柜	SHS 06005
	电动机	异步电动机	新鲜风机电动机	SHS 06001
	低压配电装置	现场操作柱、控制箱	新鲜风机电动机现场控制箱	SHS 06004

5.1.2　炔化单元主要设备

炔化单元主要设备见表 2。

表 2　炔化单元主要设备

名称	设备种类		主要设备种类	通用、专用设备检修规程的代码
转动设备	压缩机	水环式	乙炔压缩机	SHS 03041
	搅拌器	反应器搅拌器	BYD 反应器搅拌器、废催化储槽搅拌器	SHS 03020
	泵	离心泵	粗 BYD 进料泵、粗 BYD 泵、甲醛循环塔循环泵	SHS 01013
静设备	塔	浮阀塔	甲醛循环塔	SHS 01007
	反应器		BYD 反应器	SHS 01008
	换热器	管壳式换热器	甲醛循环塔再沸器、BYD 冷却器、粗 BYD 进料预热器	SHS 01009
	火炬		乙炔火炬	SHS 01031
	压力容器		反应器、塔器、换热器等	SHS 01004
仪表设备	常规仪表	检测仪表、显示或报警仪表、控制仪表、辅助单元、执行器及其附件	检测仪表	SHS 07002 SHS 07003 SHS 07005

表 2　炔化单元主要设备（续）

名称	设备种类		主要设备种类	通用、专用设备检修规程的代码
仪表设备	控制系统	集散控制系统（DCS）、可编程控制系统（PLC）、机组控制系统（CCS 或 ITCC）、工业控制计算机系统（IPC）、监控和数据采集系统（SCADA）	集散控制系统、安全仪表系统	SHS 07008
	安全仪表系统（SIS）	安全联锁系统、紧急停车系统和可燃、有毒有害气体及火灾检测保护系统	集散控制系统、安全仪表系统	SHS 07008
	在线分析仪表	工业气相色谱仪、氧分析仪、红外分析仪、质谱仪、pH 计、电导仪、水分仪	在线分析仪表	SHS 07006
	安全环保仪表	可燃气体检测报警仪、有毒有害气体检测报警仪、氨氮分析仪、化学需氧量分析仪（COD）、水质分析仪、烟气分析仪（CEMS）	在线分析仪表	SHS 07006
	特殊仪表	振动／位移检测仪表、转速控制仪表	特殊仪表	SHS 07007
电气设备	变压器	干式变压器	10/0.4kV 干式变压器	SHS 06002
	开关柜	高压开关柜	10kV 高压开关柜	SHS 06003
		低压开关柜	MNS 低压开关柜	SHS 06005
	电动机	异步电动机	粗 BYD 进料泵电动机、粗 BYD 泵电动机	SHS 06001
	低压配电装置	现场操作柱、控制箱	粗 BYD 进料泵电动机现场操作柱	SHS 06004

5.1.3　合成单元主要设备

合成单元主要设备见表 3。

表 3　合成单元主要设备

名称	设备种类		主要设备种类	通用、专用设备检修规程的代码
转动设备	压缩机	往复式	氢气增压压缩机、氢气循环压缩机	SHS 01020
	泵	往复泵	BYD 进料泵	SHS 01015
		屏蔽泵	循环液泵	SHS 03047
		离心泵	冷却水循环泵、催化剂脱活化泵	SHS 01013

表 3　合成单元主要设备（续）

名称	设备种类		主要设备种类	通用、专用设备检修规程的代码
静设备	反应器		BDO 一、二级固定床反应器	SHS 01008
静设备	换热器	管壳式换热器	循环液冷却器、BDO 一级反应器开车 / 加热器、氢气压缩机级间冷却器	SHS 01009
静设备	压力容器		反应器、换热器、过滤器等	SHS 01004
仪表设备	常规仪表	检测仪表、显示或报警仪表、控制仪表、辅助单元、执行器及其附件	检测仪表	SHS 07002 SHS 07003 SHS 07005
仪表设备	控制系统	集散控制系统（DCS）、可编程控制系统（PLC）、机组控制系统（CCS 或 ITCC）、工业控制计算机系统（IPC）、监控和数据采集系统（SCADA）	集散控制系统、安全仪表系统	SHS 07008
仪表设备	安全仪表系统（SIS）	安全联锁系统、紧急停车系统和可燃、有毒有害气体及火灾检测保护系统	集散控制系统、安全仪表系统	SHS 07008
仪表设备	在线分析仪表	工业气相色谱仪、氧分析仪、红外分析仪、质谱仪、pH 计、电导仪、水分仪	在线分析仪表	SHS 07006
仪表设备	安全环保仪表	可燃气体检测报警仪、有毒有害气体检测报警仪、氨氮分析仪、化学需氧量分析仪（COD）、水质分析仪、烟气分析仪（CEMS）	在线分析仪表	SHS 07006
仪表设备	特殊仪表	振动 / 位移检测仪表、转速控制仪表	特殊仪表	SHS 07007
电气设备	变压器	干式变压器	10/0.4kV 干式变压器	SHS 06002
电气设备	开关柜	高压开关柜	10kV 高压开关柜	SHS 06003
电气设备	开关柜	低压开关柜	MNS 低压开关柜	SHS 06005
电气设备	电动机	异步电动机	BYD 进料泵电动机、循环液泵电动机	SHS 06001
电气设备	低压配电装置	现场操作柱、控制箱	BYD 进料泵电动机现场操作柱	SHS 06004

5.1.4 精馏单元主要设备

精馏单元主要设备见表 4。

表 4 精馏单元主要设备

名称	设备种类		主要设备种类	通用、专用设备检修规程的代码
转动设备	泵	水环泵	液环真空泵	SHS 03041
		离心泵	高沸塔顶泵、高沸塔底泵、BDO 产品泵等	SHS 01013
		旋涡泵	工作液泵	SHS 01013
静设备	塔	浮阀塔	BDO 提浓塔、丁醇塔	SHS 01007
		泡罩塔	盐塔	SHS 01007
		填料泵	低沸塔、高沸塔	SHS 01007
	换热器	管壳式换热器	丁醇塔冷凝器、盐塔再沸器、低沸塔再沸器、高沸塔再沸器、丁醇塔进料预热器、提浓塔冷凝器	SHS 01009
	压力容器		塔、换热器等	SHS 01004
仪表设备	常规仪表	检测仪表、显示或报警仪表、控制仪表、辅助单元、执行器及其附件	检测仪表	SHS 07002 SHS 07003 SHS 07005
	控制系统	集散控制系统（DCS）、可编程控制系统（PLC）、机组控制系统（CCS 或 ITCC）、工业控制计算机系统（IPC）、监控和数据采集系统（SCADA）	集散控制系统、安全仪表系统	SHS 07008
	安全仪表系统（SIS）	安全联锁系统、紧急停车系统和可燃、有毒有害气体及火灾检测保护系统	集散控制系统、安全仪表系统	SHS 07008
	在线分析仪表	工业气相色谱仪、氧分析仪、红外分析仪、质谱仪、pH 计、电导仪、水分仪	在线分析仪表	SHS 07006
	安全环保仪表	可燃气体检测报警仪、有毒有害气体检测报警仪、氨氮分析仪、化学需氧量分析仪（COD）、水质分析仪、烟气分析仪（CEMS）	在线分析仪表	SHS 07006
	特殊仪表	振动 / 位移检测仪表、转速控制仪表	特殊仪表	SHS 07007

表 4　精馏单元主要设备（续）

名称	设备种类		主要设备种类	通用、专用设备检修规程的代码
电气设备	变压器	干式变压器	10/0.4kV 干式变压器	SHS 06002
	开关柜 低压开关柜	高压开关柜	10kV 高压开关柜	SHS 06003
		MNS 低压开关柜	SHS 06005	
	电动机	异步电动机	液环真空泵电动机	SHS 06001
	低压配电装置	现场操作柱，控制箱	液环真空泵电动机现场操作柱	SHS 06004

5.1.5　THF 单元主要设备

THF 单元主要设备见表 5。

表 5　THF 单元主要设备

名称	设备种类		主要设备种类	通用、专用设备检修规程的代码
转动设备	泵	屏蔽泵	共沸塔凝液泵、加压塔凝液泵、THF 进料泵、高沸塔凝液泵、高沸塔底泵	SHS 03047
		离心泵	THF 反应器底泵、THF 中和罐底泵、共沸塔底泵、有机相泵	SHS 01013
静设备	塔	浮阀塔	THF 反应器塔、共沸塔、尾气洗涤塔、加压塔	SHS 01007
		填料塔	加氢反应器洗涤塔	SHS 01007
	换热器	管壳式换热器	丁醇塔冷凝器、盐塔再沸器、低沸塔再沸器、高沸塔再沸器、丁醇塔进料预热器、提浓塔冷凝器	SHS 01009
	反应器		THF 反应器	SHS 01004
	压力容器		塔、换热器等	SHS 01004
仪表设备	常规仪表	检测仪表、显示或报警仪表、控制仪表、辅助单元、执行器及其附件	检测仪表	SHS 07002 SHS 07003 SHS 07005
	控制系统	集散控制系统（DCS）、可编程控制系统（PLC）、机组控制系统（CCS 或 ITCC）、工业控制计算机系统（IPC）、监控和数据采集系统（SCADA）	集散控制系统、安全仪表系统	SHS 07008

表 5　THF 单元主要设备（续）

名称	设备种类		主要设备种类	通用、专用设备检修规程的代码
仪表设备	安全仪表系统（SIS）	安全联锁系统、紧急停车系统和可燃、有毒有害气体及火灾检测保护系统	集散控制系统、安全仪表系统	SHS 07008
	在线分析仪表	工业气相色谱仪、氧分析仪、红外分析仪、质谱仪、pH 计、电导仪、水分仪	在线分析仪表	SHS 07006
	安全环保仪表	可燃气体检测报警仪、有毒有害气体检测报警仪、氨氮分析仪、化学需氧量分析仪（COD）、水质分析仪、烟气分析仪（CEMS）	在线分析仪表	SHS 07006
	特殊仪表	振动 / 位移检测仪表、转速控制仪表	特殊仪表	SHS 07007
电气设备	变压器	干式变压器	10/0.4kV 干式变压器	SHS 06002
	开关柜	低压开关柜	MNS 低压开关柜	SHS 06005
	电动机	异步电动机	共沸塔凝液泵电动机	SHS 06001
	低压配电装置	现场操作柱，控制箱	共沸塔凝液泵电动机现场操作柱	SHS 06004

5.1.6　PTMEG 单元主要设备

PTMEG 单元主要设备见表 6。

表 6　PTMEG 单元主要设备

名称	设备种类		主要设备种类	通用、专用设备检修规程的代码
转动设备	压缩机	螺杆式	冷冻机	SHS 01021
	泵	齿轮泵	产品泵（SPD）、低分子产物泵（SPD）、冷阱泵（SPD）	SHS 01017
		螺杆泵	聚合区域真空泵、甲醇回收真空泵、干燥器真空泵、干燥器真空增压泵	SHS 01016
		水环泵	SPD 装置液环真空泵（SPD）、脱气装置液环真空泵（SPD）	SHS 03041
		屏蔽泵	反应精馏塔（RDC）凝液受槽泵、甲醇回收受槽泵	SHS 03047

表 6　PTMEG 单元主要设备（续）

名称	设备种类		主要设备种类	通用、专用设备检修规程的代码
转动设备	泵	离心泵	甲醇闪蒸罐底泵、共沸精馏塔（ADC）凝液受槽泵、共沸精馏塔（ADC）底泵、$MgSO_4$ 中和罐泵、一级干燥器底泵、干燥器顶部受槽泵、二级干燥器底泵、干燥器冷剂增压泵、预涂罐泵、过滤进料罐泵、循环甲醇贮槽泵	SHS 01013
静设备	塔	浮阀塔	THF 反应器塔、共沸塔、尾气洗涤塔、加压塔	SHS 01007
		填料塔	加氢反应器洗涤塔	SHS 01007
	换热器	翅片管	加压塔底冷却器、ADC 底部冷却器、高沸塔底冷却器、脱气冷阱（SPD）	SHS 01009
		管壳式换热器	驰放塔再沸器、聚合区域真空泵尾气冷凝器、甲醇汽提塔进料加热器、甲醇汽提塔冷凝器、二级干燥器冷凝器、聚合反应器放空冷凝器、高沸塔冷凝器、THF 反应器再沸器	SHS 01009
	过滤设备		高温板框压滤机	SHS 01027
	工业炉		焚烧炉	SHS 09004
	反应器		THF 反应器	SHS 01004
	火炬		公用火炬	SHS 01031
	压力容器		塔、换热器等	SHS 01004
仪表设备	常规仪表	检测仪表、显示或报警仪表、控制仪表、辅助单元、执行器及其附件	检测仪表	SHS 07002 SHS 07003 SHS 07005
	控制系统	集散控制系统（DCS）、可编程控制系统（PLC）、机组控制系统（CCS 或 ITCC）、工业控制计算机系统（IPC）、监控和数据采集系统（SCADA）	集散控制系统、安全仪表系统	SHS 07008
	安全仪表系统（SIS）	安全联锁系统，紧急停车系统和可燃、有毒有害气体及火灾检测保护系统	集散控制系统、安全仪表系统	SHS 07008

表 6 PTMEG 单元主要设备（续）

<table>
<tr><th>名称</th><th colspan="2">设备种类</th><th>主要设备种类</th><th>通用、专用设备检修规程的代码</th></tr>
<tr><td rowspan="3">仪表设备</td><td>在线分析仪表</td><td>工业气相色谱仪、氧分析仪、红外分析仪、质谱仪、pH 计、电导仪、水分仪</td><td>在线分析仪表</td><td>SHS 07006</td></tr>
<tr><td>安全环保仪表</td><td>可燃气体检测报警仪、有毒有害气体检测报警仪、氨氮分析仪、化学需氧量分析仪（COD）、水质分析仪、烟气分析仪（CEMS）</td><td>在线分析仪表</td><td>SHS 07006</td></tr>
<tr><td>特殊仪表</td><td>振动/位移检测仪表、转速控制仪表</td><td>特殊仪表</td><td>SHS 07007</td></tr>
<tr><td rowspan="4">电气设备</td><td>变压器</td><td>干式变压器</td><td>10/0.4kV 干式变压器</td><td>SHS 06002</td></tr>
<tr><td>开关柜</td><td>低压开关柜</td><td>MNS 低压开关柜</td><td>SHS 06005</td></tr>
<tr><td>电动机</td><td>异步电动机</td><td>聚合区域真空泵电动机</td><td>SHS 06001</td></tr>
<tr><td>低压配电装置</td><td>现场操作柱、控制箱</td><td>聚合区域真空泵电动机现场操作柱</td><td>SHS 06004</td></tr>
</table>

5.2 检修周期

5.2.1 1，4-丁二醇（BDO）装置依据催化剂使用寿命确定单元停车检修。其中甲醛单元甲醛反应器铁钼催化剂 1 年更换 1 次，BYD 单元 BYD 反应器铜铋催化剂 70d（2～3 个月）更换 1 次，合成单元合成反应器雷尼镍催化剂 6 个月更换 1 次，精馏单元随上游负荷择机安排升降负荷或局部检修。PTMEG、THF 单元根据企业统一安排，大修周期按 36 个月确定。

5.2.2 有备用设备的或日常可以进行检修的不列入大修项目。

5.3 检修内容

5.3.1 确定检修内容的依据

5.3.1.1 按法律法规要求的特种设备定期检验。

5.3.1.2 不符合国家安全与环境保护、节能要求的设备改造和更新。

5.3.1.3 对本次检修或下次检修之前已到法定检验时间的计量设施。

5.3.1.4 设备状况

静设备：炉、塔、换热器、反应器、容器等设备内部因内构件损坏、结焦、积垢、腐蚀等原因造成运行状况恶化、性能降低等；

转动设备：根据机组的运行监控数据、运行状况，磨损、疲劳、泄漏、振动等原因造成运行状况恶化、性能降低等；

电气设备：部件老化等原因造成运行状况恶化、性能降低等；

仪表设备：部件老化等原因造成运行状况恶化、性能降低等。

5.3.1.5 工艺催化剂（三剂）失效。

5.3.1.6 建构筑物老化、锈蚀等必须在停车检修期间内维修的项目。

5.3.1.7 安全防护设施失效。

5.3.2 检修具体内容

基于1，4-丁二醇（BDO）装置各单元周期性换剂的特点，依据催化剂失效换剂期间，安排单元内设备周期性轮修。

5.3.2.1 甲醛单元设备主要检修内容见表7。

表7 甲醛单元设备主要检修内容

序号	设备名称	设备功能	功能故障	故障周期/月	检修内容	质量要求	设备分级
1	新鲜风机	给甲醛反应器提供空气	1. 出口压力不足； 2. 轴承振动、超温、密封泄漏； 3. 设备振动大； 4. 润滑油变质； 5. 设备条件联锁，仪表故障	36	1. 检查叶轮磨损情况，清理叶轮表面积灰； 2. 检查更换轴承、壳体密封组件和轴承箱密封组件； 3. 传动轴同轴度检测，转子动平衡检测； 4. 更换润滑油； 5. 进行仪表工艺和设备联锁试验。 具体大修内容见通用设备检修规程	恢复设备在装置的设备功能作用，具体的质量要求见SHS 01018《离心式空气压缩机维护检修规程》	B
2	甲醛循环风机	给甲醛反应器提供循环空气	1. 出口压力不足； 2. 轴承振动、超温、密封泄漏； 3. 设备振动大； 4. 润滑油变质； 5. 设备条件联锁，仪表故障	24	1. 检查叶轮磨损情况，清理叶轮表面积灰； 2. 检查更换轴承、壳体密封组件和轴承箱密封组件； 3. 传动轴同轴度检测，转子动平衡检测； 4. 更换润滑油； 5. 进行仪表工艺和设备联锁试验。 具体大修内容见通用设备检修规程	恢复设备在装置的设备功能作用，具体的质量要求见SHS 01024《罗茨鼓风机维护检修规程》	B

表7　甲醛单元设备主要检修内容（续）

序号	设备名称	设备功能	功能故障	故障周期/月	检修内容	质量要求	设备分级
3	甲醛反应器	反应生成甲醛	催化剂活性失效	12	更换催化剂	催化剂按照特定的质量、高度加装，具体的质量要求见SHS 01008《固定床反应器维护检修规程》	B

5.3.2.2　炔化单元主要检修内容见表8。

表8　炔化单元主要检修内容

序号	设备名称	设备功能	功能故障	故障周期/月	检修内容	质量要求	设备分级
1	乙炔循环压缩机	给反应器所需的乙炔气增压	1. 出口流量达不到生产要求； 2. 密封泄漏； 3. 设备振动大； 4. 轴承温度高； 5. 电机故障； 6. 设备条件联锁，仪表故障	36	1. 检查清理出、入口管道，检查叶轮汽蚀和磨损情况； 2. 更换垫片、机械密封； 3. 对转子进行动平衡检测； 4. 检查更换轴承； 5. 检测电动机阻值，检查绕组槽楔损伤情况以及轴承润滑； 6. 进行仪表工艺和设备联锁试验。 具体大修内容见通用设备检修规程	恢复设备在装置的设备功能作用，具体的质量要求见SHS 03041《液环式压缩机维护检修规程》	B
2	BYD反应器	甲醛和乙炔反应生成BYD混合物料提供反应空间	1. 催化剂失去活性； 2. 滤布破损	2～3	气相管、乙炔环管拆装清洗，烛式过滤器吊出、清洗，更换滤布，更换催化剂	催化剂按照特定的质量、高度加装，具体的质量要求见SHS 01008《固定床反应器维护检修规程》	A
3	火炬	燃烧反应器多余乙炔气	冬季火炬顶挂冰	36	恢复火炬伴热系统完好	恢复设备在装置的设备功能作用，具体的质量要求见SHS 01031《火炬维护检修规程》	B

表 8　炔化单元主要检修内容（续）

序号	设备名称	设备功能	功能故障	故障周期/月	检修内容	质量要求	设备分级
4	甲醛循环塔	提精 BYD，为介质输送提供密闭通道	塔盘塌落，塔盘结焦物多，负荷低	36	恢复塔盘，清扫塔盘	恢复设备在装置的设备功能作用，具体的质量要求见 SHS 01004《压力容器维护检修规程》	B
5	BYD 冷却器	冷却粗 BYD	换热效果差，压差大	6	将 U 形管管束抽出清洗	恢复设备在装置的设备功能作用，具体的质量要求见 SHS 01009《管壳式换热器维护检修规程》	B

5.3.2.3　合成单元主要检修内容见表 9。

表 9　合成单元主要检修内容

序号	设备名称	设备功能	功能故障	故障周期/月	检修内容	质量要求	设备分级
1	氢气增压压缩机	将氢气从 23.5MPa 升压至 29.3MPa	1. 排气量达不到生产要求； 2. 曲轴传动部件损坏； 3. 静密封泄漏； 4. 排气温度高，活塞件损坏、振动大； 5. 电机故障； 6. 设备联锁，仪表故障	24	1. 更换进、排气阀； 2. 检查修复或更换曲轴连杆磨损、大小头瓦和滑动轴承的损伤； 3. 检测活塞及缸体的密封面有无碰磨、点蚀等损坏现象； 4. 对气阀进行检查和密封试验；检查更换活塞组件磨损，对连杆同轴度进行检查，对油路组件及级间冷却器抽芯清洗； 5. 检测电动机阻值，检查绕组槽楔损伤情况以及轴承润滑； 6. 进行仪表工艺和设备联锁试验	恢复压缩机在装置的设备功能作用，具体的质量要求见 SHS 01020《活塞式压缩机维护检修规程》	A

表9　合成单元主要检修内容（续）

序号	设备名称	设备功能	功能故障	故障周期/月	检修内容	质量要求	设备分级
2	氢气循环压缩机	将氢气从28.5MPA升压至29.3MPA	1. 排气量达不到生产要求； 2. 曲轴传动部件损坏； 3. 静密封泄漏； 4. 排气温度高，活塞件损坏、振动大； 5. 电机故障； 6. 设备联锁，仪表故障	24	1. 更换进、排气阀； 2. 检查修复曲轴连杆磨损、大小头瓦和滑动轴承的损伤； 3. 检测活塞及缸体的密封面有无碰磨、点蚀等损伤； 4. 对气阀进行检查和密封试验，检查活塞组件磨损以及连杆同轴度，油路组件及级间冷却器抽芯清洗； 5. 检测电动机阻值，检查绕组槽楔损伤情况以及轴承润滑； 6. 进行仪表工艺和设备联锁试验	恢复压缩机在装置的设备功能作用，具体的质量要求见SHS 01020《活塞式压缩机维护检修规程》	A
3	BYD进料泵	将53%BYD溶液从0.5MPa升压至29.3MPa	出口压力不足，密封泄漏，不能正常运行	6	解体检修进、出口单向阀，填料箱组件，柱塞杆，液力端密封等	恢复机泵在装置的设备功能作用，具体见SHS 01015《电动往复泵维护检修规程》	A
4	循环液泵	将53%BDO溶液升压至29.3MPa	出口压力不足，叶轮损坏，不能正常运行	12	解体检修止推轴承、滑动轴承，更换屏蔽套、叶轮，电机绝缘检测	恢复泵的设备功能，具体见SHS 03047《屏蔽泵维护检修规程》	B
5	BDO一级反应器	精BYD与氢气在BDO一级反应器内发生反应，生成粗BDO	催化剂活性降低，需更换	6	更换催化剂	催化剂按照特定的质量、高度加装，具体的质量要求见SHS 01008《固定床反应器维护检修规程》	A

表 9　合成单元主要检修内容（续）

序号	设备名称	设备功能	功能故障	故障周期／月	检修内容	质量要求	设备分级
6	BDO 二级反应器	BDO 一级反应器未反应完的精 BYD 与氢气在二级反应器内反应生成粗 BDO	催化剂活性降低	12	更换催化剂	催化剂按照特定的质量、高度加装，具体的质量要求见 SHS 01008《固定床反应器维护检修规程》	A
7	循环液冷却器	BDO 一级反应器反应过程中生成的物料通过高压换热器冷却	循环水杂质堵塞壳程，换热效果降低	12	1. 拆封头抽芯、高压水清洗管壳程； 2. 检查管板及换热管，试压堵漏	清洗干净，高压卡兰安装规范无泄漏。恢复设备功能，具体见 SHS 01009《管壳式换热器维护检修规程》	B

5.3.2.4　精馏单元主要检修内容见表 10

表 10　精馏单元主要检修内容

序号	设备名称	设备功能	功能故障	故障周期／月	检修内容	质量要求	设备分级
1	真空机组	为精馏系统抽真空，满足精馏塔的操作压力	机械密封泄漏，真空度下降	6	解体检修，更换机械密封、叶轮，机封水管线消漏	恢复泵的设备功能，具体见 SHS 03041《液环式压缩机维护检修规程》	B
2	提浓塔再沸器	为提浓塔底液相循环提供热量	管程堵塞、换热效果降低	12	1. 拆封头抽芯，高压水清洗管壳程； 2. 检查管板及换热管，试压堵漏	清洗干净，封头无泄漏，具体的质量要求见 SHS 01007《塔类设备维护检修规程》	B
3	高沸塔	来自低沸塔的 99% 以上的 BDO 在高沸塔中提纯	塔运行中有异响	36	打开人孔，检查更换塔盘、除沫器、检查内件是否受损、脱落	清洗干净、封头无泄漏，具体的质量要求见 SHS 01007《塔类设备维护检修规程》	B

5.3.2.5 THF 单元主要检修内容见表 11。

表 11 THF 单元主要检修内容

序号	设备名称	设备功能	功能故障	故障周期/月	检修内容	质量要求	设备级别
1	THF反应器再沸器	THF 反应器物料升温	反应器结垢、堵塞	4	1. 拆封头抽芯，高压水清洗管壳程； 2. 检查管板及换热管	清洗干净，高压卡兰安装规范无泄漏。恢复设备功能，具体见 SHS 01009《管壳式换热器维护检修规程》	B
2	THF反应器底泵	THF 反应器物料循环	机械密封泄漏；叶轮、叶轮螺母腐蚀脱落；泵轴螺纹腐蚀失效、断裂	12	解体检修：更换机械密封；检查修理或更换叶轮、叶轮锁母、泵轴等	恢复设备在装置的设备功能作用，具体的质量要求见 SHS 01013《离心泵维护检修规程》	B

5.3.2.6 PTMEG 单元主要检修内容见表 12。

表 12 PTMEG 单元主要检修内容

序号	设备名称	设备功能	功能故障	故障周期/月	检修内容	质量要求	设备分级
1	焚烧炉	焚烧高热值废液	1. 焚烧炉衬里脱落损坏； 2. 除尘布袋堵塞、破损； 3. 蒸发管束漏水； 4. 凝渣管束堵塞	12	1. 检查修复衬里； 2. 更换除尘布袋； 3. 蒸发管束试压堵漏； 4. 凝渣管束清理	恢复焚烧炉在装置的设备功能作用，具体的质量要求见 SHS 09004《固定式焚烧炉维护检修规程》	B
2	高温板框压滤机	过滤 PTMEG 产品中的盐类杂质	1. 滤布堵塞、破损，压条破损失效； 2. 滤板变形，密封不良； 3. 液压系统故障	6	1. 清洗堵塞的滤布，更换损坏的滤布、压条； 2. 检修滤板，更换密封； 3. 检修液压系统	恢复设备在装置的设备功能作用，具体的质量要求见 SHS 01027《板框过滤机维护检修规程》	B

表 12 PTMEG 单元主要检修内容（续）

序号	设备名称	设备功能	功能故障	故障周期／月	检修内容	质量要求	设备分级
3	水环真空泵	SPD 系统抽真空，建立真空系统	叶轮、衬板、隔板汽蚀损坏；轴承、机械密封磨损失效；机泵真空度不满足生产需要	12	解体检修：更换损坏的叶轮、衬板、隔板；更换损坏的机械密封、轴承；调整叶轮及衬板、泵体间隙	恢复设备在装置的设备功能作用，具体的质量要求见 SHS 03041《液环式压缩机维护检修规程》	B
4	干式真空泵	PT 装置聚合、醇解、干燥系统建立真空	轴封、轴承损坏失效，机泵真空度不满足生产需要	12	解体检修：更换损坏部件，调整各部件间隙	恢复设备在装置的设备功能作用，具体的质量要求见 SHS 01016《螺杆泵维护检修规程》	B
5	SPD 进料泵	输送 PTMEG 产品	机械密封、轴承损坏失效，转子、墙板磨损	24	解体检修：更换已损坏的机械密封、轴承，修复损坏的转子、墙板	恢复设备在装置的设备功能作用，具体的质量要求见 SHS 01013《离心泵维护检修规程》	B
6	冷冻机	为系统提供冷媒	1. 丙烯泄漏，无法制冷； 2. 换热器堵塞，换热效果差，导致排气压力高，油温高； 3. 控制系统故障	36	1 添加丙烯； 2. 清洗换热器，试压堵漏； 3. 检查处理控制系统故障	恢复设备在装置的设备功能作用，具体的质量要求见 SHS 01021《螺杆式压缩机维护检修规程》	B

5.3.3 系统功能故障分析

1,4- 丁二醇装置系统功能故障见表 13。

表 13 1,4- 丁二醇装置系统功能故障分析

序号	单元名称	装置功能	功能故障	故障后果	故障策略及检修内容	故障周期／月
1	甲醛单元	利用甲醇和空气生产甲醛	催化剂活性降低	产品不合格	更换催化剂，甲醛反应器底部筛网检查清理，防爆膜周期更换，换热列管试压堵漏及附属设备检修	12

表 13　系统功能故障分析（续）

序号	单元名称	装置功能	功能故障	故障后果	故障策略及检修内容	故障周期 / 月
2	炔化单元	利用甲醛和乙炔生产 BYD	催化剂活性降低	反应器液位上涨	更换催化剂、BYD 反应器烛式过滤器滤袋，乙炔环管、气相管及采出管线清洗及附属设备检修	2～3
3	合成单元	利用 BYD 和氢气生产 BDO	催化剂活性降低	产品不合格	更换催化剂，检查反应器内部吹气式液位计，卡兰密封面及附属设备检修	6
4	PTMEG 单元	利用 THF、酸酐和甲醇生产 PTMEG	催化剂活性降低	产品不合格	更换催化剂及附属设备检查	24

6　装置检修管理

6.1　工艺交出检修条件

6.1.1　装置工艺交出的主要要求

甲醛、炔化、合成单元催化剂活性降低，不能满足装置正常运行。

6.1.2　在装置交付检修前，由生产管理部和安全环保部门组织相关单位召开安全验收会，检查确认设备容器人孔拆卸、盲板加装、容器内采样分析、停电、下水井封堵等工作，经相关部门签字确认后，由装置开具用火、用电、进入受限空间等相关票证，进入检修状态。工艺交出要具备以下条件：

6.1.2.1　装置所有盲板按照盲板图、表已经倒换，现场已编号、挂牌，并经工艺员、设备员、安全员签名确认；

6.1.2.2　PID 图上所有系统、管线得到置换处理并现场标识；

6.1.2.3　系统内设备、管线按规定进行吹扫和置换，取样分析合格；

6.1.2.4　下水井取样分析合格，存油清理干净，排水畅通，水封完好；

6.1.2.5　下水井和漏斗口用三防布盖好，并用沙土封严；

6.1.2.6　完成系统内设备人孔打开前的确认；打开的设备人孔处挂上“未经许可，禁止入内”警示牌；

6.1.2.7　已制定停工安全、环保措施和工作危害分析记录表（JSA）；

6.1.2.8　装置内分析不合格点悬挂标识，储存物料区标识清楚，硬隔离合格；

6.1.2.9　已制定检修中防硫化亚铁自燃方案；

6.1.2.10　指定具有监护人资格的人员负责动火、进设备等作业的监护。

6.2 检修过程安全环保要求

6.2.1 炔化单元废铜催化剂废水极易自燃着火，必须规范废铜催化剂管理。从BYD反应器转移前甲醛含量小于1%，氮气置换且连续两次分析乙炔浓度小于0.2%视为合格。反应器内温度在40～45℃，经过加水置换后液位控制在30%～35%，BYD含量小于10%。催化剂转移过程中，始终保持贮槽氮气常开，控制贮槽压力8～20kPa(G)、温度＜55℃；
6.2.2 THF反应器使用2枚铯-137放射源，做液位探测使用，检修处置人员接近放射源需携带抢修设施：铅服、长柄夹、辐射剂量检测仪等；
6.2.3 装置各项环保指标符合相关国家排放标准，除尘器出口粉尘浓度≤20mg/Nm^3；
6.2.4 执行中国石化HSSE管理相关规定；
6.2.5 检修过程按附录B组织日常检查。

6.3 检修质量管理

6.3.1 检修质量管理的总体要求

总体要求：成立检修质量管理组织机构，明确管理职责，建立质量管理程序文件；装置检修质量符合检修方案标准，装置检修后恢复设备性能。
6.3.1.1 对承包商资质、人员、机具等进行审查；
6.3.1.2 通过组织设计审查，确保设计质量；
6.3.1.3 物资采购管理部门组织对采购物资进行入库检验并对重点物资进行监造；
6.3.1.4 在施工过程中组织对检验检测的质量进行抽查。

6.3.2 检修期间变更管理要求

检修过程要加强变更管理，建立健全变更管理制度和工作流程，采取措施减少变更数量。原则上没有经过各级部门同意的变更不允许在检修中执行，项目变更主要控制如下：
6.3.2.1 试用产品、设备备件结构形式改变、材质升级要组织风险识别，要通过专门技术论证审批，审批时要加强相关专业审查确认；
6.3.2.2 因材料采购价差导致的超费用计划（或工单预算），需要补办变更手续；
6.3.2.3 对于不涉及费用计划的变更，如项目名称、版本号、承包商、施工方案、施工进度等要办理相应的变更手续；
6.3.2.4 对于结算费用高于非包干合同标的按各企业管理制度执行变更；
6.3.2.5 投资类项目的变更参照各企业“固定资产投资过程控制管理规定”执行；
6.3.2.6 所有变更应事前发起，只有当变更得到批准后，才可组织实施，项目变更由变更提出单位发起申请并填写“变更申请单”，按照企业相关制度规定的权限办理审批手续。

6.4 装置检修交回条件

6.4.1 装置开工人员及开车维保人员配备、落实情况；
6.4.2 技术、原辅材料、动力、备品配件等方面的准备情况；
6.4.3 队伍技术状态，开工方案学习、落实情况；
6.4.4 现场规格化情况；
6.4.5 工艺和设备联锁仪表校验情况；
6.4.6 HSSE 措施落实情况；
6.4.7 盲板拆除清单、技术准备情况；
6.4.8 机、电、仪、公用工程、储运、质检等相关专业准备情况；
6.4.9 停工临设拆除、施工尾项等整改情况。

6.5 检修后期管理

6.5.1 资料交付

检修单位应在检修项目结束后 30d 内将交工资料完整地交给使用单位，资料包含内容如下：

6.5.1.1 竣工图纸、施工技术方案、吊装方案、施工组织设计；
6.5.1.2 施工技术记录、试压记录、中间工序验收单、隐蔽工程验收单、拆检回装记录、发现问题与修复记录、设备开箱资料、设备封闭记录；
6.5.1.3 设备、材料、管道附件、配件的合格证明书及质量保证书，理化检验资料；
6.5.1.4 衬里、防腐、保温施工技术记录及检验报告。

6.5.2 检修总结

装置检修结束后，要对检修改造工作进行总结，对好的做法进行总结、提炼，固化这些经验，指导今后检修改造工作；对总结检修改造中存在的问题，分析原因，完善措施，不断提高管理水平。

大修总结模板见附录 I。

7 装置日常维护

7.1 日常巡检

根据 BDO 装置信息化、自动化程度制定合理的巡检路线和内容，满足“责任全覆盖，监管无空缺、隐患零容忍”的要求。实施以岗位网格为载体，以专业、标准化安全管理为目标，建立全天候、全过程的设备风险管控机制。日常巡检进行分级巡检，分级巡检包括装置操作工日常巡检、检维修（含电气、仪表）人员日常巡检、管理人员日常巡检，按规定的频次和路线进行巡检。

7.1.1 装置操作工的巡检主要是按照装置巡检路线图进行巡检，对在巡检过程中发现的设备异常，及时联系检维修人员进行处理，对暂时不能处理的设备故障，上报设备管理人员，由设备管理人员汇总，利用装置短停进行消缺处理。

7.1.2 检维修（含电气、仪表）人员的巡检覆盖整个装置，对巡检过程中发现的设备缺陷及时消缺处理，对暂时不能处理的问题，填写“设备缺陷检查登记表”，利用装置短停进行消缺处理。

7.1.3 管理人员巡检主要针对甲醛循环风机、乙炔循环压缩机、氢气增压压缩机等A、B类设备运行状况进行巡检，对巡检发现的问题及时处理。巡检重点内容（举例）如下：

7.1.3.1 甲醛单元的甲醛循环风机，重点巡检风机房内一氧化碳$<24\times10^{-6}$、甲醛$<1.5\times10^{-6}$；

7.1.3.2 炔化单元乙炔循环压缩机机械密封无泄漏，以及通过BYD反应器采出管道上的视窗进行观察，判断采出管道是否堵塞与烛式过滤器滤袋的破损情况；

7.1.3.3 合成与精馏单元重点巡检氢气增压压缩机和氢气循环压缩机进、排气的压力与温度在正常范围内，各连接部位无泄漏，每季度对一次进、排气高压管道进行测厚；并认真巡检BYD进料泵曲轴箱是否存在异音、柱塞泄漏和液力端缸体内是否存在撞击声等异常情况。

7.2 日常维护

装置日常维护的基本内容包括：设备维护保养、设备检查和设备修理。如：甲醛单元的甲醛循环风机异常振动，尤其是冬季时，及时对进口管道进行排凝，风机房内发生一氧化碳或甲醛报警时，立即检查轴封处泄漏情况，调整密封气压力；炔化单元利用更换催化剂的机会对乙炔循环压缩机、叶轮、轮毂、机械密封等转动部件进行维护保养；合成与精馏单元利用更换催化剂的机会对氢气增压压缩机和氢气循环压缩机的润滑油系统和冷却水系统进行检查、更换和清洗等保养工作。

7.2.1 设备维护保养

设备维护保养的内容是保持设备清洁、整齐、润滑良好、安全运行，包括及时紧固松动的紧固件，调整活动部分的间隙等。简言之，即“清洁、润滑、紧固、调整、防腐”十字作业法。维护保养依工作量大小和难易程度分为装置操作工保养、专职保养维修工保养。

7.2.1.1 装置操作工保养

其主要内容是：清洁、润滑、紧固易松动的零件，检查零件、部件的完整。这类保养的项目和部位较少，大多数在设备的外部，一般由装置操作工承担。

7.2.1.2 专职保养维修工保养

专职保养主要由检维修人员完成，主要保养内容是设备内部的清洁、润滑、局部解体检查和调整。另外，还要对主要设备零部件的磨损情况进行测量、鉴定、记录。具体标准执行通用设备的检修维护规程。

电气仪表人员的维护保养主要是针对电气仪表定期专业保养，如对配电柜、仪表控制柜等定期清理、清扫、接线端子紧固等内容。

7.2.2 设备检查和设备修理

设备检查按时间间隔分为日常检查和定期检查。

日常检查主要由操作人员执行，操作人员与专职保养维修工进行联合巡检，及时发现设备异常情况，进行必要的维护保养工作。

定期检查是按照计划对设备进行针对性检查（包括定期测厚和状态监测），由设备管理人员执行，准确掌握设备运行状况，据此制定检修计划，对设备进行预防性检修。

7.3 常见设备故障与处理

循环水工艺不稳定，杂质多且含有大量酸性气体，存在垢下腐蚀、微生物腐蚀，设备容易出现的故障模式有：管线被腐蚀减薄穿孔，换热管容易堵塞致使换热失效，阀门腐蚀失效内漏，容器内部被腐蚀减薄，机泵的外壳冲刷腐蚀效率降低，过滤器容易堵塞失效等，经常发生的故障设备见表 14。

表 14 1,4- 丁二醇装置常见设备故障与处理方法

设备类型	故障类型	处理方法
换热器类	堵塞失效	高压水进行清洗
	换热管腐蚀穿孔泄漏	堵头将穿孔换热管堵死
容器罐类	水包出现腐蚀减薄	采用玻璃纤维布缠绕堵死
	进料管线法兰腐蚀减薄、失效泄漏	更换法兰方式
过滤器类	堵塞现象	切出清理过滤器滤网
富溶剂泵	磁力泵隔离套磨穿，介质泄漏	更换隔离套
临氢管线腐蚀泄漏	腐蚀减薄穿孔、密封泄漏	补焊或更换管线，定力矩紧固

附　录　A
（资料性附录）
装置停工交付检修确认表

	确认内容	确认人
装置停工方案执行情况	1. 装置停工方案已全部执行完毕，各关键操作步骤已有专人签字确认	
	2. 装置物料退净，现场导淋打开检查均无残余物料	
	3. 装置停车期间须存物料容器及管线均已加盲板隔离并明显标识，且安全附件齐全完好	
盲板管理	所有盲板均已按盲板图加装完毕，经检查合格，标识完好，并有专人签字确认	
易燃易爆、有毒有害物质管理	1. 密闭容器、管线等易燃易爆物质、有毒有害气体系统均已置换倒空，且均已采样分析合格	
	2. 防硫化亚铁等物质自燃的监控及安全防范措施完好	
装置放射源管理	装置放射源均已抽出隔离，现场标识完好，并有专人签字确认	
转动设备检修条件	动设备电机已停电，并按照规定挂停电牌	
检修场地环境条件	1. 含油污水井、地漏已用三防布、沙土封死盖严	
	2. 装置地面、明沟、平台及动静设备外表面无油污、杂物	
	3. 各种停工倒空废液、残液均已移出装置现场	
	4. 装置检修环境可燃、有毒有害气体分析合格	
消防器材管理	1. 高压消防水系统运行正常	
	2. 消防通道畅通	
	3. 灭火器材数量齐全、完好备用	

附 录 B
（资料性附录）
检修施工现场HSSE日检表

序号	检查内容	存在问题	检查人员	整改情况	验证人	备注
1	临时用电					
1.1	配备合格的持证电工					
1.2	配电箱合格，有防雨措施，按要求标识并上锁					
1.3	配电系统执行“三相五线制”，符合“三级配电二级保护”要求，安装匹配的漏电保护器，漏保动作灵敏好用，并进行日常试验和记录					
1.4	电缆及接头无破损，绝缘良好；铺设规范，走向清晰，标识明确					
1.5	用电严格执行“一机一闸一保护”					
1.6	按要求配置保护零线和工作零线，工作接地和重复接地完好					
1.7	安全电压符合作业环境要求					
1.8	使用工业插头、插座					
2	施工机具					
2.1	各种机具设备按安全要求进行定期检查，确保完好					
2.2	设有机械保护装置（如转动设备等）的设备，保护装置处于完好状态					
2.3	用电机具、设施接地完好					
2.4	配备与作业要求相匹配的劳动防护用品					
2.5	空气压缩机压力表、安全阀等在检验期内并处于完好状态，高压气管和软管固定连接可靠					
2.6	气瓶垂直放置，瓶体固定可靠；气瓶分类摆放并保持安全距离，防护措施到位，气瓶阻火器、压力表等安全附件完好，气管无老化破损，连接可靠					

检修施工现场 HSSE 日检表（续）

序号	检查内容	存在问题	检查人员	整改情况	验证人	备注
3	脚手架					
3.1	脚手架搭设人员是专业架子工，并持证上岗。搭设人员按要求着装，配备五点双大钩安全带					
3.2	编制脚手架搭设方案，进行安全技术交底并有记录					
3.3	按规范要求搭设脚手架，且有良好的整体稳固性					
3.4	搭设和拆除过程必须有专人监督，周边设置警戒区					
3.5	连墙件设置可靠，各节点扣件扭矩力符合要求					
3.6	通道、护栏、腰杆、踢脚板等符合要求					
3.7	作业面满铺跳板，无孔洞，跳板可靠固定且无探头板					
3.8	作业面临时放置的材料等在允许荷载范围内，严禁超载荷；放置必须稳固，无坠物风险					
3.9	脚手架搭设完成，验收合格，挂牌使用					
3.10	消防设施保持完好，灭火器和消防水桶按要求配置					
3.11	消防安全通道保持畅通					
3.12	用火作业前，清理周边易燃物，采取接火措施					
4	起重					
4.1	编制了吊装方案，进行交底并有记录					
4.2	起重设备操作人员、司索、指挥持有效证件					
4.3	起重机械证照齐全有效					
4.4	起重机械安全设施、附件完好					
4.5	机索具检查完好，钢丝绳无磨损，连接可靠，绳卡数量和间距满足要求					
4.6	吊装作业半径设置了警戒区，禁止无关人员入内					

检修施工现场 HSSE 日检表（续）

序号	检查内容	存在问题	检查人员	整改情况	验证人	备注
4.7	吊装前进行评估，确保在额定起升载荷范围内进行起重作业，不得超载					
4.8	吊车支腿符合要求					
4.9	吊物捆绑符合要求，使用溜绳					
4.10	吊装作业天气、环境、风力等符合要求					
5	焊接、气割					
5.1	设备接地完好					
5.2	焊把线无破损，连接器完好					
5.3	有专人监护，接火、防火措施到位					
5.4	可燃性气瓶与胶管连接完好，无漏气，气瓶有阻火器					
5.5	现场气瓶与明火源保持安全距离					
6	受限空间					
6.1	对所要进行作业的受限空间进行吹扫、蒸煮、置换，并分析合格。所有与受限空间相连接的管线、阀门应进行有效隔离，盲板处应挂标识牌，并经工艺技术人员签字确认					
6.2	出、入口内外不得有障碍物，在受限空间入口处设置“危险！严禁入内”警告牌或采取其他封闭措施					
6.3	对有可能发生硫化亚铁自燃的设备、容器必须经充分的钝化脱臭处理，并在现场配置消防水带					
6.4	《进入受限空间作业许可证》实行一点一证					
6.5	进入受限空间作业实行“三不进入”原则，即：（1）没有经批准有效的《进入受限空间作业许可证》不进入；（2）安全措施未落实不进入；（3）监护人不在场不进入					
6.6	作业现场配备必要的救护器具和灭火器材等					

检修施工现场 HSSE 日检表（续）

序号	检查内容	存在问题	检查人员	整改情况	验证人	备注
6.7	进入受限空间作业应使用安全电压和安全行灯					
7	作业安全					
7.1	作业前进行班前安全教育和安全技术交底，作业人员清楚当天作业内容和安全风险及注意事项					
7.2	特殊工种持证上岗					
7.3	佩戴合格安全帽，并根据作业任务佩戴专用眼部、面部、手部等防护用品，高处作业人员系挂安全带					
8	收工检查					
8.1	配电系统一级箱断电，关闭气瓶角阀，能量上锁					
8.2	现场火种检查清理完毕					
8.3	清理各作业面材料和杂物等，做到工完料净场地清					
8.4	落实夜间值班、巡检人员，职责到位，检查内容明确					

附　录　C
（资料性附录）
装置检修交回开工确认表

确认内容	施工单位确认	区域确认
装置开工人员及开车保镖人员配备落实		
技术、原辅材料、动力、备品备件等方面的准备		
队伍技术状态、开工方案学习落实情况		
现场规格化情况		
工艺和设备联锁仪表校验情况		
HSSE 措施落实情况		
盲板拆除清单、技术准备情况		
机、电、仪、公用工程、储运、质检等相关专业准备情况		
停工临设拆除、施工尾项整改情况等		

附 录 D
(资料性附录)
物资紧急需求计划审批表

<table>
<tr><td>记录编号</td><td colspan="2"></td><td>使用单位</td><td colspan="2"></td></tr>
<tr><td>序号</td><td>物料编码</td><td>物资名称及
规格型号</td><td>数量及单位</td><td>大修及工程
项目相关信息</td><td>紧急需求
原因说明</td></tr>
<tr><td></td><td></td><td></td><td></td><td></td><td></td></tr>
<tr><td></td><td></td><td></td><td></td><td></td><td></td></tr>
<tr><td></td><td></td><td></td><td></td><td></td><td></td></tr>
<tr><td></td><td></td><td></td><td></td><td></td><td></td></tr>
<tr><td>需求单位经办人
签名:

电话:

年 月 日</td><td>需求单位负责人
签名

(公章)

年 月 日</td><td>业务主管单位领
导签字:

年 月 日</td><td>公司分管领导
签字:

年 月 日</td><td colspan="2">物资采购部门登
记签字:

年 月 日</td></tr>
</table>

附 录 E
（资料性附录）
隐蔽工程验收记录

<table>
<tr><td colspan="2">工程名称</td><td colspan="2"></td><td>建设单位</td><td></td></tr>
<tr><td colspan="2">施工单位</td><td colspan="2"></td><td>监理单位</td><td></td></tr>
<tr><td colspan="2">验收单位</td><td colspan="2"></td><td>验收单位</td><td></td></tr>
<tr><td>隐蔽检查内容</td><td colspan="5"></td></tr>
<tr><td>验收意见</td><td colspan="5"></td></tr>
<tr><td rowspan="3">施工单位</td><td>专业负责人</td><td></td><td rowspan="3">建设（监理）单位</td><td rowspan="3" colspan="2">监理工程师

（建设单位专业负责人）
年 月 日</td></tr>
<tr><td>专业技术员</td><td></td></tr>
<tr><td>质量检查员</td><td></td></tr>
</table>

附　录　F
（资料性附录）
设备检修验收记录表

设备名称　　　　　　　　　　　　　　验收编号：

验收项目	验收内容	验收结果
设备基础		
机械性能		
电气		
仪表		
安全装置		
验收结论		
验收人员（签字）		

验收日期：　　　年　　月　　日

附　录　G

（资料性附录）

设备开箱检验记录表

工程名称　　　　　　　　　　　　　　　　　　编号：

设备名称				产品合同号	
规格型号				出厂日期	
装箱单号		检验数量		开箱日期	
检查内容及规范标准要求					检查结果
包装情况	零部件应按类别及装箱单完好地装入箱内，并应垫平、卡紧、固定，精密加工、表面装饰的部件应防止相对移动。包装及密封应完好，规格应符合设计要求，附件、设备齐全，外观完好。设备、材料、零部件无损伤、锈蚀及其他异常情况				
随机文件	1. 文件目录；2. 装箱清单；3. 产品合格证；4. 有关图纸；5. 使用维护说明书；6. 电气原理图、接线图及其符号说明；7. 安装图；8. 安装（调试）说明书；9. 易损件目录				
机械部件	1. 产品名称、型号；2. 出厂编号；3. 标准编号；4. 质量等级标志；5. 厂名、商标；6. 出厂日期				
电气部件	电动机、控制柜等各种电气部件应装入防潮箱内，必须存放室内。控制柜标牌应标明型号、规格、制造厂名称及其识别标志或商标				
进口设备	应有进口货物报关单、商检合格证书以及国际标准化组织认证的产品证书、产品检验标准和有关资料。产品各部件的标志、标识、须知、说明等，均应清晰、易懂、耐用，并使用中文说明等文件				
处理意见					
签字栏	建设（监理）单位： 专业监理工程师： 年　月　日		供应单位： 供货人： 年　月　日		安装施工单位： 验收人： 年　月　日

注：本表由安装施工单位填写，建设单位、监理单位、安装施工单位、供应商各保存一份。

附　录　H
（资料性附录）
分包审批表

<table>
<tr><td rowspan="2"></td><td colspan="4">建设工程施工专业分包审批表</td></tr>
<tr><td>记录编号</td><td></td><td>使用单位</td><td></td></tr>
<tr><td>项目名称</td><td colspan="2"></td><td>项目号</td><td></td></tr>
<tr><td>施工总承包人／EPC总承包人</td><td colspan="4"></td></tr>
<tr><td>合同编号</td><td colspan="4"></td></tr>
<tr><td rowspan="7">分包策划</td><td>分包工程主要内容及所属专业</td><td colspan="3"></td></tr>
<tr><td>工程数量</td><td colspan="3"></td></tr>
<tr><td>拟分包工程合同额</td><td colspan="3"></td></tr>
<tr><td>分包工程占全部工程</td><td colspan="3"></td></tr>
<tr><td>拟分包单位及资质等级</td><td colspan="3">单位名称：
资质等级：</td></tr>
<tr><td>拟分包单位管理人员情况</td><td colspan="3">项目经理：　　　　执业资格：
技术负责人：　　　职称：</td></tr>
<tr><td>拟分包单位在中国石化工程建设市场资源库中编号</td><td colspan="3"></td></tr>
<tr><td>申请单位意见</td><td colspan="4">日期　　　　（章）</td></tr>
<tr><td>项目管理单位意见</td><td colspan="4">专业工程师：　　　项目负责人：　　　日期　　　　（章）</td></tr>
<tr><td>建设单位意见</td><td colspan="4">项目经理：　　　日期　　　　（章）</td></tr>
</table>

附　录 I

（资料性附录）

装置停工检修改造工作总结模版

根据公司《设备检修管理制度》规定，在装置停工检修结束后各相关单位应组织编写装置停工检修工作总结。为此，就进一步做好装置停工检修工作总结提出要求如下：

封面：

名称：××× 部 ××× 装置 ×××× 年 ×× 月停工检修工作总结

编写人：×××

审核人：×××

批准人：×××（运行部领导）

编写单位：中国石化 ××× 分公司 ××× 部

编写时间：×××× 年 ×× 月

正文

（一）装置停工检修过程概述：

装置开、停工、检修过程简述，本周期装置运行起止时间。

本周期装置运行中出现的主要问题。

本次停工检修、改造内容简述，检修项目计划数（包括补充、追加），检修计划完成情况。重点检修项目情况。

开停工、检修网络执行情况。

（二）主要检修内容技术总结

反应器部分；

塔、容器部分；

加热炉部分；

冷换设备、空冷器部分；

阀门部分；

管道部分；

压缩机部分；

泵部分；

特殊阀门部分；

输送机械部分；

压力容器检验（包括缺陷返修处理）；

压力管道检验（包括缺陷返修处理）；

安全阀检验；

其他检修方面。

技术分析中要有以下内容：上次运行周期出现的问题，本次检修检查情况及采取措施；上次检修遗留问题处理情况；本周期与上周期设备隐蔽检查情况对照；重复发生问题处理方案有效性；装置系统问题；典型案例。

（三）检修计划准确性分析

（四）检修施工队伍评述

（五）材料供应评述

（六）设计质量评价

（七）检修质量评价

（八）本次检修遗留问题及预案

（九）检修管理亮点、存在的不足和下次检修需注意的问题

（十）附表

表 1　设备增加情况表

序号	位号	名称	规格型号	制造厂	数量	备注

表 2　设备拆除情况表

序号	原位号	名称	规格型号	制造厂	数量	备注

表 3　管线拆除情况表

序号	原编号	名称	规格	长度 /m	备注

表 4　设备更换情况表

序号	位号	名称	规格型号		制造厂		数量	备注
			更换前	更换后	更换前	更换后		

表 5　冷换设备检修情况表

序号	位号	名称	规格型号	抽芯清洗	试压换垫	堵管根数	管束更换

表 6　阀门检修、更换情况表（*DN*50 和 *DN*50 以上）

序号	规格型号	公称直径	检修数量	更换数量

表 7　压力容器检验情况表

序号	计划检验台数	增加变更台数	减少变更台数	实际完成台数	缺陷返修台数

表 8　压力管道检验情况表

序号	检验计划		增加变更		减少变更		实际完成	
	条数	米数	条数	米数	条数	米数	条数	米数

表 9　安全阀门检验情况表

序号	计划检验台数	增加变更台数	减少变更台数	实际完成台数

附　录　J
（资料性附录）
装置特殊设备清单

序号	设备名称	专业代号
1	氢气增压压缩机	
2	氢气循环压缩机	
3	BYD 进料泵	
4	BYD 反应器	
5	循环液泵	
6	板框压滤机	
7	油增压泵	

8. 刺刀式废热锅炉维护检修规程

SHS 05005—2019

代替 SHS 05005—2004

目　　次

前　言

本规程按照GB/T 1.1—2009《标准化工作导则　第1部分：标准的结构和编写》给出的规则起草。

本规程代替SHS 05005—2004《刺刀式废热锅炉维护检修规程》，与SHS 05005—2004相比，除了编辑性修改外，主要技术变化如下：

——扩大了规程的适用范围，使之可应用于多种类似参数的大型合成氨装置刺刀管废热锅炉，并可为装置类似结构刺刀管废热锅炉的维护和检修提供参考；

——根据最新相关标准，修改并增加了部分维护、检修的具体内容；

——根据最新相关技术发展方向，增加了如定力矩紧固等方面的内容；

——更新引用标准。

本规程由中国石油化工集团有限公司、中国石油化工股份有限公司提出。

本规程起草单位：天华化工机械及自动化研究设计院有限公司。

本规程主要起草人：齐波、沈文朋。

本规程所代替规程的历次版本发布情况为：

——SHS 05005—1992，SHS 05005—2004。

刺刀式废热锅炉维护检修规程

1 范围

1.1 主题内容

本规程规定了美型合成氨装置刺刀式废热锅炉的检修周期与内容、检修程序及质量标准、试验与验收、维护与故障处理。

1.2 适用范围

本规程适用于美型合成氨装置刺刀式结构的第一废热锅炉的维护和检修。

本规程也可为其他装置类似结构形式的刺刀管废热锅炉的维护和检修提供参考。

2 规范性引用文件

下列文件的条款通过本规程的引用而成为本规程的条款，凡是注日期的引用文件，其随后所有的修改单（不包括勘误的内容）或修订版均不适用于本规程；然而，鼓励根据本规程达成协议的各方研究是否使用这些文件的最新版本。凡是不注日期的引用文件，其最新版本适用于本规程。

中华人民共和国特种设备安全法

国务院第 373 号令 《特种设备安全监察条例》

国务院第 549 号令 《关于修改〈特种设备安全监察条例〉的决定》

TSG 21 固定式压力容器安全技术监察规程

GB/T 150.1～4 压力容器

GB/T 151 热交换器

GB 50474 隔热耐磨衬里技术规范

GB 50211 工业炉砌筑工程施工及验收规范

NB/T 47013 承压设备无损检测

SH/T 3534 石油化工筑炉工程施工质量验收规范

3 检修周期及内容

3.1 设备简介

本规程涉及的美型合成氨装置的第一废热锅炉采用立式单管插入式刺刀管结构（结

构简图见附录A），其主要功能是将来自二段转化炉高温工艺气的热量转化为高压饱和蒸汽。刺刀式废热锅炉具有水循环及传热性能好，管束与壳体之间的热应力小等优点，但对水质要求较高。如锅炉给水质量控制不严，管内易结垢导致传热性能下降甚至爆管。

3.2 检修周期

检修周期一般为36～72个月。设备使用单位可根据压力容器安全等级和设备实际运行情况，依照TSG 21《固定式压力容器安全技术监察规程》（以下简称《固容规》）的要求自行确定检修周期。

3.2 检修内容

3.2.1 拆下连接管线与设备法兰；
3.2.2 清理管、壳程的污垢，必要时应对管束进行彻底清洗；
3.2.3 检查管箱管束，必要时修复或更换管束；
3.2.4 检修隔热衬里层和气体分布器；
3.2.5 更换全部垫片（小管板垫片除外）；
3.2.6 设备外壳防腐，修补设备保温层；
3.2.7 检查测温仪表、液位计及其他安全附件；
3.2.8 拆装水夹套，检查、修理承压壳体；
3.2.9 按《固容规》的要求进行定期检验；
3.2.10 螺栓定力矩紧固（紧固力矩按照GB/T 150.3《压力容器 第3部分：设计》进行计算后确定，该计算工作可委托专业公司进行，未采用定力矩紧固时，应进行螺栓应力松弛后的紧固及设备升温后的热紧）。

4 检修程序与质量标准

4.1 拆卸前准备

4.1.1 检修前应熟悉设备图纸及技术档案，根据设备的运行情况、损伤模式及失效模式，按照HSSE危害识别、环境识别、风险评估的要求，编制检修方案，履行审批手续，并进行安全交底、技术交底；
4.1.2 备品备件及施工机具准备就绪，安全劳动保护措施到位；
4.1.3 备用管束投用前，应进行化学清洗和钝化处理合格；
4.1.4 起吊设备良好并在检定周期内，吊装须有经过联合审查的吊装方案；
4.1.5 固废、危废处置渠道畅通可靠，符合环保要求。

4.2 拆卸与检查

4.2.1 拆卸管程法兰螺栓，吊封头；拆卸承压壳体螺栓，吊出管束（吊装应有详细的吊装方案）；

4.2.2 仪表检修

4.2.2.1 检查校核测温仪表；

4.2.2.2 检查校核锅炉给水下降管密度计；

4.2.2.3 检查校核水夹套液位报警值；

4.2.2.4 检查清洗水夹套液位计，确认完好。

4.2.3 设备内、外部检查

4.2.3.1 水夹套检查

a）检查外表面有无涂层脱落、腐蚀、变形和渗漏等缺陷；

b）检查焊接接头有无裂纹等缺陷；

c）检查排放阀。

4.2.3.2 管箱与封头检查

a）检查外表面有无涂层脱落、腐蚀和变形；

b）检查全部焊接接头有无裂纹；

c）检查内表面有无腐蚀，密封面是否完好；

d）检查内件有无松动、腐蚀等。

4.2.3.3 管束检查

a）检查管板焊接接头有无裂纹，套管有无泄漏、腐蚀、结垢、变形、过热等缺陷，采用超声波测厚仪至少测量 10 根套管，每根测量 10 点，并抽检 10％的管帽厚度和硬度；

b）抽查刺刀管有无腐蚀、变形和冲蚀等，检查定距钉有无损坏和脱落；

c）通过裸露耐热衬里处和更换衬板时，检查隔板、定距杆有无松动和损坏。

4.2.3.4 衬里检查（含二段转化炉至废锅的输气管）

a）检查衬板有无裂纹、移位、变形和腐蚀等缺陷；

b）检查伸缩节处有无脱开，支撑焊接接头和衬板焊接接头有无裂纹、腐蚀等缺陷；

c）检查耐热混凝土有无脱落和空洞。

4.2.3.5 检查气体分布器有无变形，孔桥有无断裂，孔径有无扩大。

4.2.3.6 检查全部法兰密封面是否完好。

4.2.3.7 检查管程法兰螺栓、螺帽有无裂纹、塑性变形等，按 NB/T 47013.4《承压设备无损检测第 4 部分：磁粉检测》进行 100% 磁粉检查，测量其长度和直径。

4.3 修理

4.3.1 焊接

焊接材料选用和焊接工艺规程的制定应参照附录 D、E 进行，坡口形式应根据图纸和具体情况确定。

4.3.2 套管更换

4.3.2.1 套管有裂纹、严重腐蚀、壁厚减薄、变形及渗漏等缺陷，应予以更换；

4.3.2.2 拆卸刺刀管时，应将刺刀管编号、划印后再拆下，回装时，按编号回装刺刀管，并将刺刀管的安装位置按原位置旋转15°角（使刺刀管各方向均匀冲刷）；

4.3.2.3 采用机械加工方法将套管从大管板上取下，并按图纸将大管板坡口加工成型，坡口应进行渗透检测合格，套管材料应符合图纸或附录C要求；

4.3.2.4 套管与管帽焊接后应按NB/T 47013《承压设备无损检测》的要求进行100%射线检测（Ⅱ级合格）和100%磁粉检测（Ⅰ级合格）；

4.3.2.5 套管和大管板的连接可采用先贴胀后强度焊的方法，也可依照设备制造厂家的连接方式，必要时应联络设备制造厂家进行技术指导；

4.3.2.6 套管插入管板的一端要进行退火处理，退火长度不小于200mm，清理打磨后进行渗透检测（Ⅰ级合格）；

4.3.2.7 胀管长度及要求按设备图纸执行，胀接后的管子扩大部分及过渡部分应光滑、无裂纹和沟槽；

4.3.2.8 套管与管板焊接前进行预热，预热温度一般为150～200℃，焊后采取保温措施缓慢冷却，24h后进行磁粉或渗透检测；

4.3.2.9 对套管与管板焊接区域进行消除应力热处理（热处理的方法根据套管更换的数量和位置而定，可采用局部或整体热处理），热处理工艺曲线参照附录F进行；

4.3.2.10 消除应力热处理完成后，对套管与管板焊接区域进行渗透检测抽查；

4.3.2.11 回装刺刀管时，应测量套管与刺刀管的底部间隙，并进行调整，使底部间隙满足设备图纸的要求。

4.3.3 壳体内衬板有鼓包、变形、裂纹、移位、过热等影响管束吊装的缺陷时，须进行修理，其方法可采用局部修理、整环或整体更换内衬板修理，修补和更换的内衬板厚度及材质应与原设备一致。

4.3.3.1 内衬板有上述缺陷，其损坏面积不大于整环的三分之一时，采用局部修理；

a）将损坏部分采用碳弧气刨或其他方法取下，检查耐热衬里有无损坏，如损坏，按4.3.4条进行修理；

b）按图纸要求预制开口内衬筒节或将筒节分成三片，背贴9.6～10mm厚的纸板，采用适当的方法将筒节固定好，按附录E进行焊接，焊后将筒节内表面焊接接头打磨平整，并进行渗透检测。

4.3.3.2 衬里板损坏严重的，应进行整体更换，耐热衬里也应一起进行更换；

a）拆除衬板时，需保护好锥形拉筋，以避免承压壳体的多次焊接；

b）耐热衬里拆除后，应对承压壳体进行内、外部检查，如锥形拉筋损坏，应进行修理；

c）按图纸要求预制好内衬套（包括衬管）；

d）安装内衬套和浇注耐热混凝土，应相互配合，交叉进行。

焊接按附录D、E进行，焊接接头内表面应打磨平整，焊后进行渗透检测。

4.3.4 耐热衬里修复，根据损坏情况采用整体浇注或局部修理。

4.3.4.1 整体浇注耐热衬里

a）浇注前的准备

1）壳体和接管内表面均需喷砂处理，以清除表面的油污、铁锈及杂物，喷砂后用压缩空气将灰尘吹干净；

2）在内衬套（包括衬管）外表面包厚纸，厚纸板的厚度和层数按图纸要求，纸板外面必须用牛皮纸缠紧，纸带之间要重叠50%，纸带外表面要涂一层虫胶；

3）耐火混凝土浇注料应符合附录G的技术要求；

4）施工前，耐火浇注料应按规定的配合比作110℃烘干耐压强度试验和110℃烘干容重试验，并测定耐火混凝土的初凝时间，以便确定一次浇注料的有效时间，一次调配的量不得大于出现固化前20min内可以浇注的量。

b）CLQ耐火混凝土的浇注

1）耐火浇注料按重量比配料时，胶结料和粉料称量的允许误差为1%，耐火骨料称量的允许误差为3%，水的称量允许误差为0.5%。禁止在搅拌好的耐火浇注料中任意加水或胶结料；

2）搅拌纯铝酸钙水泥浇注料的水温和出罐温度均应为10～25℃，配料时先加三分之二的水量与耐火骨料、粉料搅拌湿润，再加水泥和剩余的水量，拌至颜色均匀一致为止，加水后的搅拌时间不得超过2min；

3）浇注料应在20min内浇注完，已初凝的耐火浇注料不得浇注；

4）浇注的顺序为，先浇注接管和温度计接管的耐热衬里，壳体衬里耐热混凝土的浇注自下而上，分次逐筒浇注；

5）输送混凝土要用串筒送料，防止骨料与水泥分开，浇注速度应快，送料尽可能送到最终位置上，每节不得中途停浇；

6）浇注时，应采用人工捣固，并敲打内衬板使其紧密，不得使用机械捣固，以防止颗粒分离和增大容重；

7）浇注温度在5～32℃之间，如果在浇注后至烘干前养护这段时间内，温度低于5℃时，应采取保温措施，可用热空气或夹套加调温水进行保温。

c）耐热混凝土的养护和烘炉

1）浇注完毕后，耐火混凝土需要在15～25℃环境下，自然养护3～7d，使其自然固化；

2）耐火浇注料应在养护完毕后进行外观检查，表面不应有起砂、剥落和空洞等缺陷；

3）养护完毕后，应进行烘炉，烘炉曲线如附录H所示。

4.3.4.2 局部修理

经检查发现衬里有缺陷，应将缺陷部分的整个耐热衬里层除掉，露出壳体钢板，并凿成楔口形（里大外小）。修补前将新旧耐热混凝土接触面喷水湿润，配料时加水量适当减少，在混凝土衬里收口处留出9mm伸缩间隙，然后焊接内衬板。

4.3.5 受压壳体的修理应按 TSG 21 的要求编制方案。

4.3.6 管束清洗

应根据壳体内部以及汽水系统结垢情况，针对性考虑套管内壁清洗方案，应尽可能采用高压水射流进行清洗，将管束抽出平放、并将套管管帽端稍微垫高以免套管底部污垢沉积。在不抽芯情况下采用化学清洗，直立的套管底部污垢沉积不易排出，将影响冷却水流量，导致管壁过热甚至爆管。

4.4 质量标准

4.4.1 受压元件修理后的质量验收应符合 TSG 21 的和设计文件、设备图纸技术要求；

4.4.2 无损检测应严格执行 NB/T 47013《承压设备无损检测》；

4.4.3 耐热衬里的修理应符合 SH/T 3534《石油化工筑炉工程施工质量验收规范》及 GB/T 50211《工业炉砌筑工程施工及验收规范》的要求。

5 试验与验收

5.1 试压（管程）

5.1.1 进行主要受压元件改造与重大修理的，必须重新进行水压试验和泄漏试验，水压试验及泄漏试验须符合 TSG 21 的及设计文件、设备图纸的规定；

5.1.2 设备本体或内件有不锈钢元件时，水压试验应控制氯离子含量≤25ppm；

5.1.3 水压试验后又进行承压部件修理及热处理的，必须重新进行水压试验；

5.1.4 水压试验后，管箱和管束内的水应排出干净，并使用压缩空气将管箱和管束内的水吹干，若管束处于备用状态时，要充氮气保护，并保持氮气压力不小于 0.1MPa。

5.2 验收

5.2.1 设备经检修、检验后，检修质量达到本规程规定的质量要求；

5.2.2 施工单位提供下列资料：

5.2.2.1 内、外部检查记录；

5.2.2.2 无损检测报告；

5.2.2.3 泄漏试验报告；

5.2.2.4 水压试验报告；

5.2.2.5 混凝土浇注料的各种试验报告；

5.2.2.6 检修方案和施工记录；

5.2.2.7 仪表校验记录；

5.2.3 设备经开车验证，达到完好标准；

5.2.4 设备运行 72h，各项指标达到技术要求，满足生产需要。

6 运行维护与故障处理

6.1 日常维护内容

6.1.1 严格控制各项工艺指标，严禁超温、超压、超负荷运行；

6.1.2 严格执行岗位巡检制度，进行岗位巡回检查；

6.1.2.1 定期检查设备、相连阀门、管道有无泄漏；

6.1.2.2 定期检查水夹套水位；

6.1.2.3 定期检查排污系统是否畅通，有无泄漏现象，并按操作规程定期排污；

6.1.2.4 定期对锅炉水按规定进行取样分析，确保各项控制指标正常；

6.1.2.5 检查设备涂层、保温是否完好；

6.1.2.6 检查安全附件是否完好。

6.2 常见故障与处理

刺刀式废热锅炉常见功能故障与处理方法见表1。

表1 刺刀式废热锅炉常见功能故障与处理方法

序号	故障现象	故障原因	处理方法
1	密封面泄漏	1. 密封垫安装不到位，或有缺陷； 2. 螺栓紧固力不合适	1. 检查螺栓松紧程度，紧固螺栓； 2. 带压堵漏； 3. 有条件时，将螺栓螺母更换为定力矩紧固件
2	爆管	1. 锅炉水质欠佳，造成换热管水侧结垢； 2. 设备使用时间较长导致换热管减薄量已难以满足运行要求	1. 工艺系统紧急停车，各排放阀排水；同时辅锅紧急停车，汽包降压到与工艺侧相近。尽量保持液位，防止上游二段转化炉及下游变换炉催化剂泡水； 2. 改善水质，并对管束进行清洗； 3. 更换管束
3	蒸汽带水	1. 蒸汽负荷波动较大； 2. 汽包的汽水分离器失效	1. 调整工艺负荷； 2. 对汽包进行检修

附 录 A
（资料性附录）
设备简图

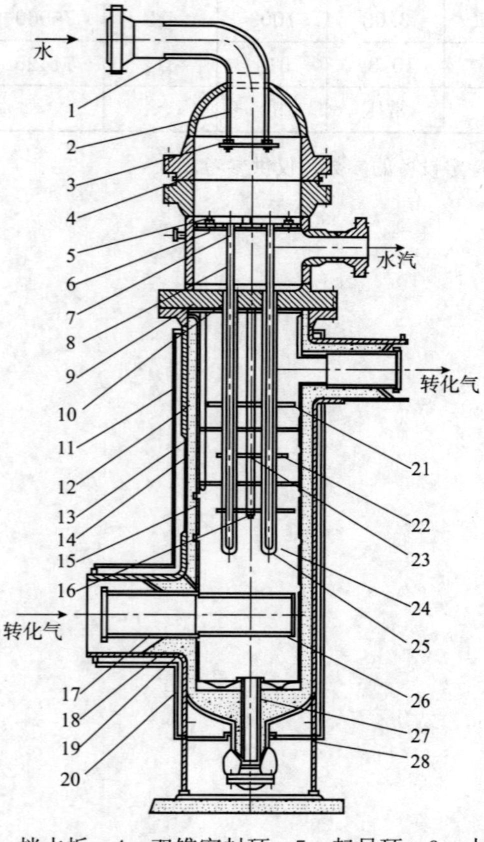

1—进水管；2—吊杆；3—挡水板；4—双锥密封环；5—起吊环；6—小管板；7—起吊螺钉；8—内管；9—大管板；10—隔热板；11—水夹套；12—锅炉外壳；13—耐火衬里（隔热层）；14—锥形支持板；15—衬套；16—螺母；17—气体进口管内套；18—气体进口管；19—耐火衬里（耐火层）；20—下部水套；21—气体出口挡板；22—折流挡板；23—拉杆；24—外管；25—椭圆管帽；26—气体分布器；27、28—排污管

注：该简图为某特定设备的简图，仅供参考。

附 录 B
（资料性附录）
设备工艺参数

部 位	工艺介质	压力 / MPa	温度 /℃		总流量 / (kg/h)	蒸汽产量 / (kg/h)	总传热量 / (J/h)
			入口	出口			
壳程	二段炉转化气	3.03	1003	482	76960		92.53×10^9
管程	锅炉给水	10.34	314	314	71426	71426	
水夹套	蒸汽冷凝水	常压	52				

注：该工艺参数为某特定设备的参数，仅供参考。

附 录 C
（资料性附录）
设备技术参数

项目	部位	
	壳体	管束
设备型式	水夹套 + 承压壳体 + 隔热层 + 衬板	自然循环刺刀管式
设计压力 /MPa	3.34	11.56
材料设计温度 /℃	343	管箱：329
平均温度 /℃		369.8
总换热面积 /m^2	170.9	
传热速率 /［GJ/（m^2·h·℃）］	1.465	
程数	1	1
外形尺寸 /mm	ϕ1549×6×8156	ϕ1207×70×7892
净重 /kg	23670	15649
充满水重 /kg		25659

注：该设备参数为某特定设备的参数，仅供参考。

附　录　D
（资料性附录）
设备材料规范及规格

部件名称	材质	规格	数量／台
椭圆形封头	SA516-70	$\phi_{内}$1067mm δ70mm	1
下降管	SA106-B	18inSCH120	
水入口法兰	SA234 WPB	ANSI B16.5 WN・RF 18in-1500#	1
水汽出口法兰	SA234 WPB	ANSI B16.5 WN・RF 14in-1500#	2
管箱法兰	SA105-Ⅱ	42in	1
大管板法兰	SA105-Ⅱ	ϕ1664mm δ200mm	
管箱	SA516-70	$\phi_{内}$1067mm δ70mm	
热交换套管	SA209-T1a (15CrMo)	ϕ2in10BWG MIN ϕ50.8mm δ3.4mm（最小） L5486mm	206
管帽	SA204-B (15CrMo)	ϕ2″	206
刺刀管	SA214	ϕ1in16BWG MIN ϕ25.4mm δ1.65mm（最小）	206
承压壳体	SA516-70	$\phi_{内}$1295mm δ44（24）mm	
衬板	SA240 TP310S	6.4mm	
衬板支撑板	SA240 TP310S	8mm	
气体分布器	SA240 TP310S	8mm	
管箱法兰螺栓	SA193-B7 （25Cr2MoVA）	3inL700mm M76×3 L740mm	32
管箱法兰螺帽	SA194-2H (35CrMoA)		64
水入口法兰螺栓	SA193-B7 （25Cr2MoVA）	$2^3/_4$in M70×3 L490mm	16
水入口法兰螺帽	SA194-2H (35CrMoA)		32

设备材料规范及规格（续）

部件名称	材质	规格	数量／台
水汽出口法兰螺栓	SA193-B7 (25Cr2MoVA)	2 $^1/_4$in M58×3 *L*410mm	32
水汽出口法兰螺帽	SA194-2H (35CrMoA)		64
大管板螺栓 （工艺侧）	SA193-B7 (25Cr2MoVA)	1 $^1/_2$in M39×3 *L*420mm	60
管箱法兰垫	4DE1	垫片尺寸 ϕ1270mm/ϕ1219mm×4.5mm 加强环尺寸 ϕ1343mm/ϕ1270mm×3mm	1
大管板法兰垫	软钢	ϕ1524mm×ϕ1492mm×3.2mm	1
大管板法兰内密封垫	陶瓷纤维毡 18—8 薄钢板	ϕ1270mm/ϕ1057mm×40	1
小管板垫	2AA	ϕ1061mm/ϕ1003mm×3mm ϕ16mm 孔 28 个均布	1
水入口法兰垫	4DF1	18in-1500#	1
水汽出口法兰垫	4DF1	14in-1500#	2
下排污法兰垫	4DF1	4in-600#	1
隔热泡沫氧化铝	CLQ		3.82m^3

注：1. 该设备材料规范及规格为某特定设备的参数，仅供参考；

2. 设备使用单位可参照本表，根据压力容器制造厂家提供的资料，制定与所使用设备相适宜的《设备材料规范及规格表》，以便维护检修。

附　录　E
（资料性附录）
焊条和焊接方法的选择

部位	材料	焊接材料	焊接方法
封头法兰与管箱壳体环焊接接头 水汽出口短管与管箱壳体 大管板与管箱壳体 大法兰与承压壳体	SA105-Ⅱ+SA516-70	AWS E7018	焊条电弧焊
管箱壳体纵焊接接头 支撑板与管箱壳体 承压壳体	SA516-70	AWS E7018	焊条电弧焊
水汽出口短管与14in法兰	SA105-Ⅱ	AWS E7018	焊条电弧焊
承压壳体与水夹套	SA516-70+SA285-C	AWS E7018	焊条电弧焊
大管板与套管	SA105- Ⅱ +SA209-T1a （15CrMo）	AWS E7018 或 E7018A1 （G15+R307）	焊条电弧焊 （TIG+SMAW）
套管与管帽	SA209-T1a+SA204-B （15CrMo）	AWS ER80S-G （G15）	焊条电弧焊
内衬板	SA240 TP310S	AWS E310-15	焊条电弧焊

注：1. 该焊条和焊接方法的选择是某特定厂家对某特定设备维检修时使用的，仅供参考。实际焊接材料及焊接方法会因各部件材质不同及维检修单位的经验而变化；

2. 选择焊材和焊接方法时，可参照原制造厂家选用的焊材和焊接方法。

附 录 F
（资料性附录）
刺刀管废热锅炉设备管束热处理曲线

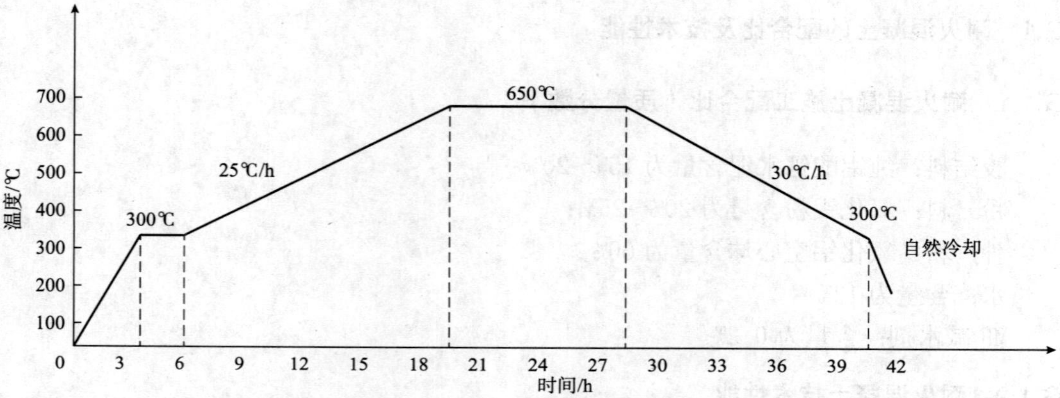

注： 1. 该刺刀管废热锅炉设备管束热处理曲线为某特定设备的管束热处理曲线，仅供参考；

2. 制定刺刀管废热锅炉设备管束热处理曲线时，可参照原设备制造厂家提供的热处理曲线，依据相关标准制定。

附 录 G
（资料性附录）
CLQ 纯铝酸钙水泥轻质耐火混凝土

G.1 耐火混凝土的配合比及技术性能

G.1.1 耐火混凝土施工配合比（质量分数）

胶结料：纯铝酸钙水泥含量为 15%～20%；
粉　料：氧化铝粉含量为 20%～25%；
骨　料：氧化铝空心球含量为 60%；
水：含量为 13%；
MF 减水剂：含量为 0.2%。

G.1.2 耐火混凝土技术性能

化学成分：Al_2O_3 ≥ 93%；SiO_2 ≤0.5%；Fe_2O_3 ≤0.7%。

烧后线变化：1400℃保温 3h 为 0.11%；1300℃保温 3h 为 0.12%；1000℃保温 3h 为 -0.02%；800℃保温 3h 为 -0.11%。

耐火度：＞ 1970℃。

耐压强度：常温时大于 9.8MPa；110℃烘干时为 26.9MPa。

容重：110℃烘干时小于 1700kg/m^3。

G.2 纯铝酸钙水泥技术条件

化学成分：Al_2O_3 ＞ 72%；SiO_2 ＜0.5%；Fe_2O_3 ＜1%。

耐火度：1690～1730℃。

凝结时间：初凝＞ 30min；终凝＜10h。

比表面积：＞ 4000cm^2/g。

耐压强度：3d 时 39.2MPa；
　　　　　7d 时 58.8MPa。

G.3 粉料物理性能

煅烧氧化铝粉（α-Al_2O_3）或刚玉粉的细度要求：4900 孔 /cm^2 筛通过量＞ 85%。

G.4 骨料技术性能

化学成分：Al_2O_3 ＞ 98%；SiO_2 ＜0.5%；Fe_2O_3 ＜0.7%。

耐火度：＞1790℃。

氧化铝空心球最大颗粒粒径小于5mm，粒度为自然级配。氧化铝空心球不宜采用开口破裂颗粒，骨料中，禁止混有石灰、石英砂、炉渣、泥土等杂质，堆放场地必须清洁。

附　录　H
（资料性附录）
刺刀管废热锅炉内衬烘炉曲线

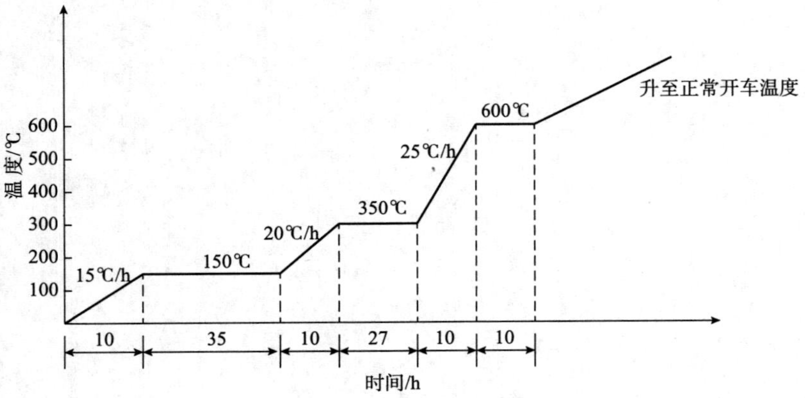

注：1. 该锅炉内衬烘炉曲线供参考；

2. 实际烘炉曲线应依据耐火材料供应商给定的烘炉曲线。

附 录 I
（资料性附录）
设备检修质量验收表

检修单位： 检修时间： 负责人： 编号：

序号	检修内容	检修结果	验证人	检验结论	备注
1	水夹套检查				
2	管箱与封头检查				
3	管束检查				
4	衬里检查				
5	气体分布器检查				
6	法兰密封面及紧固件检查				
7	传热套管内壁清洗情况（必要时）				
8	垫片更换				
9	管束及大管板水压试验（必要时）				
10	管束及大管板泄漏试验（必要时）				

检修单位负责人签字： 年 月 日	业主单位负责人签字： 年 月 日

9. 火管式废热锅炉维护检修规程

SHS 05006—2019

代替 SHS 05006—2004

目　次

前　言

本规程按照GB/T 1.1—2009《标准化工作导则　第1部分：标准的结构和编写》给出的规则起草。

本规程代替SHS 05006—2004《火管式废热锅炉维护检修规程》，与SHS 05006—2004相比，除了编辑性修改外，主要技术变化如下：

——根据最新相关标准，修改并增加了部分维护检修具体操作内容；

——更新了相关引用标准。

本规程由中国石油化工集团有限公司、中国石油化工股份有限公司提出。

本规程起草单位：天华化工机械及自动化研究设计院有限公司。

本规程主要起草人：杨丽君、安连想。

本规程所代替规程的历次版本分发布情况为：

——SHS 05006—2004。

火管式废热锅炉维护检修规程

1 范围

1.1 主要内容

本规程规定了烃类蒸汽转化装置（合成氨、制氢等装置）火管式废热锅炉的检修周期及内容、检修程序与质量标准、试验与验收、维护与故障处理。

1.2 适用范围

本规程适用于烃类蒸汽转化装置（合成氨、制氢等装置）火管式废热锅炉的维护与检修。

2 规范性引用文件

下列文件的条款通过本规程的引用而成为本规程的条款，凡是注日期的引用文件，其随后所有的修改单（不包括勘误的内容）或修订版均不适用于本规程；然而，鼓励根据本规程达成协议的各方研究是否使用这些文件的最新版本。凡是不注日期的引用文件，其最新版本适用于本规程。

中华人民共和国特种设备安全法

国务院第 373 号令《特种设备安全监察条例》

国务院第 549 号令《国务院关于修改〈特种设备安全监察条例〉的决定》

TSG 21　固定式压力容器安全技术监察规程

GB/T 150.1～4　压力容器

GB/T 151　热交换器

SH/T 3534　石油化工筑炉工程施工质量验收规范

DL 647　电站锅炉压力容器检验规程

3 检修周期与内容

3.1 设备简介

火管式废热锅炉是利用高温气体生产蒸汽的特殊换热器。高温气体在炉管内流动，沸水从汽包经下降管流入锅炉底部，与管壁受热后，产生的汽水混合物通过上升管返回汽包。其特点是结构简单（图 1），可靠性高，检维修方便。

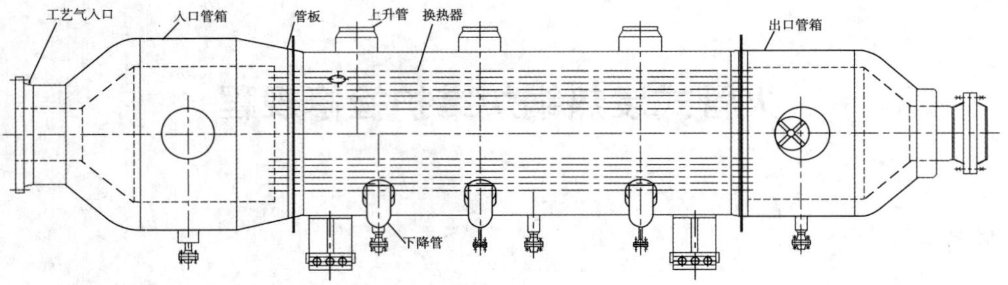

图 1　火管式废热锅炉设备简图

3.2　检修周期

检修周期一般为36～72个月，设备使用单位可根据压力容器安全等级和设备实际使用情况，依照TSG 21《固定式压力容器安全技术监察规程》（以下简称《固容规》）的要求自行确定检修周期。

3.3　检修内容

3.3.1　外壳宏观检查，确认保温层、防腐层完好，外壳热敏漆变色情况正常；
3.3.2　设备部件检查、检测与修复；
3.3.2.1　以目视检测和测厚为主，必要时进行其他无损检测；
3.3.2.2　检查设备内、外壁，接管法兰有无机械损伤、腐蚀及局部变形；
3.3.2.3　检查现场指示液位计完好情况，视情况更换部件；
3.3.2.4　检查、校验仪表变送器；
3.3.2.5　检查并记录滑动弹簧支座的水平和垂直位移量；
3.3.2.6　检查中心旁路调节阀的阀芯、阀杆和阀座，检查电气转换器和气动执行器；
3.3.2.7　检查汽包内的汽水隔离通道、分离器、除沫器和汽包内壁的腐蚀情况；
3.3.2.8　检查人孔密封面，检查螺栓、垫片等密封元件是否严密、齐全，法兰密封面是否光滑平整，更换密封垫片；
3.3.2.9　检查进、出口管箱内、外壁，确认无鼓包和裂纹；
3.3.2.10　检查传热列管的磨损、腐蚀和结垢情况，修复换热管、中心旁路管；
3.3.2.11　气体入口侧、热防护装置是否有开裂、脱落现象；
3.3.2.12　检查进口管板上的Incoloy 800H（或其他高镍铬合金）保护板及保护钢套，修复损坏、脱焊处；
3.3.2.13　汽水管线蠕胀测量与定期检验；
3.3.2.14　检查换热管、中心旁路管内壁腐蚀、积垢情况；
3.3.3　焊接接头无损检测；
3.3.4　滑动弹簧支座、中心旁路调节阀检查、修理；
3.3.5　考虑到汽水系统的紧密关联性，应同时检查、修理汽包及其内件；

3.3.6 安全附件调校；

3.3.7 耐火衬里检查、修复；

3.3.8 按《固容规》要求进行定期检验。

4 检修程序与质量要求

4.1 拆卸前的准备

4.1.1 检修前根据设备运行的情况，备齐图纸、技术资料，按HSSE危害识别、环境识别、风险评估的要求，编制检修方案，履行审批手续，并组织技术、安全交底；

4.1.2 备品备件及施工机具准备就绪，安全劳动保护措施到位；

4.1.3 工艺管线加盲板隔离，内部置换合格，符合进入容器的有关安全规定，办理相关作业票；

4.1.4 固废、危废处置渠道畅通可靠，符合环保要求；

4.1.5 若进行化学清洗和煮炉，应编制专项方案。

4.2 检修程序

4.2.1 打开人孔，拆除外保温；

4.2.2 设备外部宏观检查；

4.2.3 设备内部及部件检查；

4.2.4 设备检验；

4.2.5 缺陷部件修复；

4.2.6 耐火衬里修复；

4.2.7 化学清洗及煮炉。

4.3 质量标准

4.3.1 安全附件及保温应完好，热敏漆应完好、不褪色；

4.3.1.1 外壳热敏漆变色后，在内部衬里检修后重新涂刷新漆；

4.3.1.2 热敏漆须从专业厂家采购，变色温度为250℃或依照设计文件要求；

4.3.2 利用液压装置整定安全阀时，应对经整定最低起跳压力的安全阀做一次热态实际起跳复核；

4.3.3 弹簧支座的垂直安全垫板和水平滑动轴承应完好；

4.3.4 中心旁路调节阀的阀芯、阀杆和阀座无严重变形，调节时进退不卡涩，阀杆填料有足够的压紧量；

4.3.5 进、出口管箱内、外壁，应无鼓包和裂纹；

4.3.6 不建议采用预防性堵管；

4.3.7 堵管修理后，壳程应进行水压试验，水压试验按照设计文件和设备图纸的规定执行；

4.3.8　耐热衬里若有局部脱落、空洞或裂纹宽度大于3mm时，将引起壳体局部超温，应进行修复；

4.3.9　若衬里出现大面积裂纹、大片脱落或衬里厚度减薄到原厚度的1/3时，将引起壳体严重超温，应考虑更换全部衬里；

4.3.10　耐火混凝土的原材料储备、搅和、浇注、撤模及养护应严格按SH/T 3534《石油化工筑炉工程施工质量验收规范》执行；

4.3.11　化学清洗及煮炉应根据壳体内部以及汽水系统结垢情况，针对性编制化学清洗及煮炉方案，并严格按方案要求执行和验收；

4.3.12　检修期间若进行化学清洗和煮炉，开车前须对汽水系统尤其是汽包内壁进行钝化处理。

5　试验与验收

5.1　试验

设备受压元件进行重大修理、改造后，应按TSG 21及设备图纸的规定进行压力试验，试压水质不得低于运行标准。

5.2　验收

5.2.1　交工验收由设备主管部门组织施工单位、生产单位等共同进行；

5.2.2　设备经检修检验后，质量须达到本规程规定的要求；

5.2.3　检修完工后，施工单位应及时提交下列交工资料：

5.2.3.1　检修任务书；

5.2.3.2　检修、检测方案；

5.2.3.3　各项施工记录，包括检修记录、焊接接头无损检测记录、热处理记录、耐热衬里烘炉记录等；

5.2.4　设备运行72h，各项技术指标应达到完好设备标准，满足正常生产要求。

6　维护与故障处理

6.1　日常维护

6.1.1　严格控制工艺运行参数，严禁超温、超压、超负荷运行；

6.1.2　严格控制开、停车时的升降压速率，防止逆循环；

6.1.3　定期检查人孔、阀门、法兰等密封点有无泄漏情况；

6.1.4　定期检查弹簧滑动支座；

6.1.5　定期做好外壁温度监测，并做好记录；

6.1.6 严格执行水质管理制度，加强炉水监测和定期排污，确保水质合格率符合 GB/T 1576《工业锅炉水质》中的规定；

6.1.7 每年进行 1 次设备外部宏观检查。

6.2 常见故障与处理

火管式废热锅炉常见功能故障与处理方法见表 1。

表 1 火管式废热锅炉常见功能故障与处理方法

序号	故障现象	故障原因	处理方法
1	前、后管箱的变色漆发生变化	外壳出现超温	采用外壁喷淋或蒸汽降温，检修时对耐火衬里进行检查修复，并对超温部位的内、外壁同时实施无损检测和硬度测试，必要时辅以金相检查
2	工艺气出口温度超高或偏低	1. 工艺气生产负荷增加或降低； 2. 工艺气入口温度升高或降低； 3. 气侧堵塞、积灰，传热效率下降； 4. 水侧结垢，传热效率下降； 5. 换热管发生泄漏	1. 调整负荷； 2. 调整温度； 3. 清扫； 4. 清洗； 5. 对换热管进行堵管或换管处理
3	前、后管箱，人孔密封面，壳程检查孔发生泄漏	1. 密封垫安装不到位，或有缺陷； 2. 人孔或检查孔密封面有缺陷	1. 换垫； 2. 修复密封面
4	蒸汽带水	1. 蒸汽负荷波动较大； 2. 汽包的汽水分离器失效	1. 调整工艺负荷； 2. 检修
5	浇注料衬里被水浸泡	锅炉进水	必须对损坏情况进行评估，衬里的烘干采用低温烘炉法
6	1. 锅炉缺水； 2. 水位低于最低水位； 3. 出现低水位报警； 4. 蒸汽出口温度超高	1. 自动上水系统调节和指示系统失灵，不能预判正确； 2. 上水管沿程管线、阀门故障或损坏； 3. 工艺气体负荷突然猛增； 4. 蒸汽用量减少，产气量未变，则使汽包有限的容积内蒸汽增加水量减少，水位下降； 5. 供水泵出口压力下降，使汽包难以维持供水； 6. 排污量控制不当； 7. 操作人员疏忽大意	1. 消除给水自动调节系统故障，恢复正常； 2. 消除给水管线、阀门的故障，如继续严重缺水应立即停车处理； 3. 调整工艺气负荷； 4. 适当提高给水压力； 5. 适当调整排污量，消除排污阀门泄漏； 6. 稳定蒸汽系统压力

表 1 火管式废热锅炉常见功能故障与处理方法（续）

序号	故障现象	故障原因	处理方法
7	锅炉满水： 1. 水位高于正常水位； 2. 水位计充满水，无法看清水位； 3. 蒸汽出口温度下降； 4. 蒸汽含盐量大； 5. 严重时蒸汽管道发生水冲击	1. 水自动调节系统失灵，造成误操作； 2. 水位指示不正确，形成虚假水位，给水管线、阀门故障，给水压力高； 3. 工艺气负荷变化时未能及时调整给水流量大	1. 消除给水自动调节系统故障，恢复正常； 2. 检查校对水位指示仪表，冲洗水位计； 3. 消除给水管线、阀门故障，调整给水压力，如继续严重满水，则立即停车处理，及时调整给水流量
8	汽水共腾： 1. 蒸汽带水严重； 2. 蒸汽、给水含盐量大； 3. 蒸汽出口温度急剧下降； 4. 水位急剧波动； 5. 严重时，蒸汽管道发生水冲击	1. 除雾器故障，汽水分离失效； 2. 锅炉水位高，汽水分离空间小； 3. 蒸汽负荷波动大； 4. 给水质量不合格，含盐量大； 5. 未按规定排污	1. 无法维持运行时，停止处理； 2. 稳定蒸汽负荷； 3. 改善给水质量； 4. 按规定排污

附 录 A
（资料性附录）
设备检修质量验收表

检修单位： 检修时间： 负责人： 编号：

序号	检修内容	检修结果	验证人	检验结论	备注
1	外部宏观检查				
2	焊接接头、安全附件				
3	滑动弹簧支座、中心旁路调节阀				
4	汽包内件、人孔密封面				
5	进、出口管箱，管板，出口主蒸汽管线				
6	换热管、中心旁路管				
7	管束及管板泄漏试验（必要时）				
8	管束及管板水压试验（必要时）				
9	耐火衬里				
10	安全附件				
11	化学清洗及煮炉（根据需要）				

检修单位负责人签字： 年 月 日	业主单位负责人签字： 年 月 日

10. 凯洛格型氨合成塔维护检修规程

SHS 05007—2019

代替　SHS 05007—2004

目　录

前　言

本规程按照 GB/T 1.1—2009《标准化工作导则　第 1 部分：标准的结构和编写》给出的规则起草。

本规程代替 SHS 05007—2004《氨合成塔维护检修规程》，与 SHS 05007—2004 相比，除了编辑性修改外，主要技术变化如下：

——根据最新相关标准，修改并增加了部分维护、检修的具体内容；

——更新引用标准。

本规程由中国石油化工集团有限公司、中国石油化工股份有限公司提出。

本规程起草单位：中国石油化工股份有限公司巴陵分公司。

本规程主要修订人：何睿丰、周群群、汤侃。

本规程所代替规程的历次版本分发布情况为：

——SHS 05005—1992，SHS 05005—2004。

凯洛格型氨合成塔维护检修规程

1 范围

1.1 主题内容

本规程规定了合成氨装置凯洛格型氨合成塔的检修周期与内容、检修程序与质量标准、试验与验收、维护及故障处理。

1.2 适用范围

本规程适用于凯洛格型立式径向塔的维护和检修。由丹麦托普索公司改造设计的INSTUS-200型氨合成塔和日本I型厂的径向氨合成塔（以下简称立式塔）、卧式轴流塔（以下简称卧式塔）的检修可参照执行。

2 规范性引用文件

下列文件的条款通过本规程的引用而成为本规程的条款，凡是注日期的引用文件，其随后所有的修改单（不包括勘误的内容）或修订版均不适用于本规程；然而，鼓励根据本规程达成协议的各方研究是否使用这些文件的最新版本。凡是不注日期的引用文件，其最新版本适用于本规程。

TSG 21　固定式压力容器安全技术监察规程

TSG 08　特种设备使用管理规则

GB/T 150　压力容器

GB/T 151　热交换器

GB 50484　石油化工建设工程施工安全技术规范

NB/T 47013　承压设备无损检测

NB/T 47014　承压设备焊接工艺评定

NB/T 47015　压力容器焊接规程

HG 20592～20635　钢制法兰、垫片、紧固件

JIS G3116　压力容器用钢薄板、板及钢带

JIS G3119　锅炉及压力容器用锰钼钢和锰钼钢钢板

SH 3501—2011　石油化工有毒、可燃介质钢制管道工程施工及验收规范

SHS 01004　压力容器维护检修规程

3 检修周期与内容

3.1 设备简介

合成塔由承压外壳、内件、置于筐内的催化剂床层和出口换热器组成。氮气和氢气在高压、高温和铁催化剂的催化作用下，部分发生放热反应，获得一定浓度氨的反应气。

大部分的常温合成气从合成塔底部进入，然后经催化剂筐与高压外壳之间的环形空间再进入催化剂床层，高压外壳处于低温状态。另一部分常温合成气从合成塔顶部进入，经过出口气换热器的壳程，与离开催化剂床的高温反应气换热到反应温度，然后进入第一催化剂床层的上部空间。合成气通过第一催化剂床层、第二催化剂床层进行放热反应，反应后的气体通过出口中心管流入出口换热器管程，冷却后的反应气流出合成塔。合成塔主要结构见图 1。

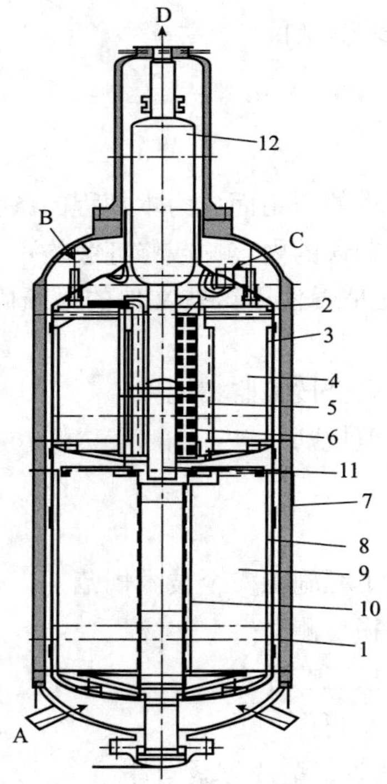

图 1　合成塔结构简图

A—外壳 / 冷却气入口（主气）；B—床间换热器气体入口（管程）；C—冷气入口；D—气体出口；
1—外环室；2—第一床层顶盖；3—第一床层气体分布板入口；4—第一床层催化剂；
5—第一床层环室出口；6—床间换热器；7—第二床层顶盖；8—第二床层气体分布板入口；
9—第二床层催化剂；10—第二床层出口管；11—中心管；12—尾料 / 出口气换热器

3.2 检修周期

氨合成塔的检修周期主要根据催化剂使用情况确定，停车不更换催化剂时的检查周期一般为 36 个月，停车更换催化剂的检修周期一般为 96~120 个月。检修时，同步安排压力容器检测、检验。

3.3 检修内容

3.3.1 不更换催化剂时的检查

3.3.1.1 外部检查

a）检查设备承压壳体的防腐层、管线的保温层是否完好；

b）检查承压壳体的焊缝有无裂纹、渗漏，对怀疑部位进行磁粉探伤；

c）检查承压壳体有无局部变形、过热迹象，信号孔 P1~P10、测温点 MTI-1~MTI-10 是否完好；

d）检查承压壳体各连接法兰、封头及螺栓是否完好；

e）检查基础和立式塔裙座是否下沉、倾斜、开裂，基础螺栓紧固状态及是否完好；

f）检查设备运行是否稳定，有无超温、超压现象；

g）检查塔体静电接地是否完好；

h）检查爬梯、平台、栏杆是否牢固；

i）设备外部名牌是否完好；

j）防爆板、温度计、压力表、蝶阀、考克阀、调节阀、安全阀是否灵敏、准确；

k）检查卧式塔壳体保温层是否完好，检查滑动支座及椭圆形螺栓孔应无锈蚀及杂物，保证塔体轴向膨胀无卡涩。

3.3.1.2 内部检查

a）立式塔：进塔检查金属挠性软管、催化剂床第一床层盖密封、内部换热器端部填料密封，同时检查热电偶套管密封、混合器是否松动，冷激环小孔是否堵塞，分配器的密封是否严密；

b）卧式塔：进塔检查入、出口挠性金属软管，金属软管热护板和定位板，连接器，封头内部内接管焊缝是否完好，检查塔内热电偶套管及进、出料管有无变形、渗氮及氢脆等缺陷；

c）检查催化剂筐进出、口接管密封，热电偶套管密封，催化剂筐壳体变形情况，处理防转装置销钉松动、脱落缺陷。

3.3.2 更换催化剂时的检修内容

3.3.2.1 不更换催化剂时的检查项目；

3.3.2.2 开人孔、卸出催化剂；

3.3.2.3 拆卸出口换热器外部承压钟罩，吊出钟罩和出口换热器；

3.3.2.4 检查塔内各床层的盖板和密封、支承圈、支承板、中心管、密封、分配器、内部换热器、床间换热器状况，确认催化剂筐氢腐蚀情况、立式塔筐底耐热混凝土完好情况；

3.3.2.5 高压筒体的检查、检验；

a）每3～5年对封头、筒体、接管等进行定点测厚，每个封头不少于12点；

b）检查内、外表面有无腐蚀、过热、氢蚀、渗漏、裂纹等；

c）内表面选点作在线金相实验检验；

d）首次检验时，检查对接焊缝对口错边量、棱角度、焊缝余高、咬边等是否超标，检查角焊缝焊肉高度等是否符合图样要求；

e）检查所有焊缝有无裂纹等缺陷，对有怀疑处进行磁粉或渗透探伤；

f）对封头板材拼接纵缝、封头环缝不少于20%进行超声波探伤，对存在错边量和棱角度超标处和其他有怀疑的部位应予抽查；

g）检修中焊接过的部位，在压力试验后作表面探伤；

h）检查各法兰的密封面有无腐蚀、裂纹、沟槽等影响强度或密封效果的缺陷，检查封头大盖八角垫（立式塔）、双锥垫（卧式塔），清洗并进行表面探伤，必要时更换；

i）拆卸清洗连接螺栓，进行磁粉探伤，重点检查螺纹根部及过渡部位有无环向裂纹；

j）测量立式塔测量筒体垂直度、卧式塔筒体弯曲度。

3.3.2.6 检查修理内部换热器和床间换热器：

a）检查出口中心管膨胀节过度伸长或变形、破裂等情况，对有怀疑部位、波纹管进行渗透探伤；

b）检查中心管与封头、法兰环之间的焊缝，封头与管板之间的焊缝缺陷，对有怀疑处进行渗透探伤；

c）检查修复换热器壳体保温层；

d）检查处理中心管法兰环的密封面缺陷；

e）检查处理换热管与管板的焊缝缺陷；

f）出口换热器试压、查漏。

3.3.2.7 立式塔催化剂筐的检查修复：

a）检查处理内、外集气筒变形、丝网焊缝脱落缺陷，对各连接焊缝宏观检查，对有怀疑处进行渗透探伤；

b）检查处理冷激管、副线管、中心管、热电偶套管可能存在的弯曲、变形，确认连接部位无松动、泄漏，支承部位正常、牢固；

c）检查处理冷激环管的压紧环的变形、松动，确认丝网无脱落；

d）检查处理各膨胀节的过度伸长或变形、破裂等缺陷，确认波纹管无裂纹，对有怀疑部位作渗透探伤检查；

e）检查催化剂筐一、二层支承梁及底板完好情况；

f）定点测厚筐本体，如有“增厚”、应通过其他检验，判断是否存在氢蚀；

g）宏观检查筐本体所有能检查到的部位，确认无裂纹、氢蚀、氮化等缺陷；

h）筐本体选点作表面在线金相实验检验，检查点数不少于2点，尽可能在内表面选点。

3.3.2.8 卧式塔催化剂筐的检查、处理：

a）检查催化剂筐内外筒体、端板、隔板、密封板、分布格栅板、支承格栅板弯曲变形情况，测量厚度，确认无减薄；

b）检查催化剂筐内外筒体圆周膨胀接缝间隙，确认滑动板和密封板无变形，焊缝无裂纹；

c）固定焊的焊缝有无裂纹，根据损坏程度酌情修复或更换部件；

d）检查所有催化剂筐焊缝，确认打磨光滑不应有咬边或错边现象，所有可以接近的焊接表面应采用液体渗透剂进行检查；

e）定点测厚筐本体，如有“增厚”，应通过其他检验，判断是否氢蚀；

f）对筐本体所有能检查到的部位进行宏观检查，确认无裂纹、氢蚀、氮化等缺陷；

g）对筐选点作内、外表面在线金相实验检验，检查点数不少于2点。

3.3.2.9 对设备进行外部检查，内、外部检验时，除按上述要求外，还必须符合TSG 21《固定式压力容器安全技术监察规程》的规定；

3.3.2.10 更换催化剂时，必须进行内部无损检验；

3.3.2.11 对承压螺栓进行磁粉探伤；

3.3.2.12 回装催化剂；

3.3.2.13 回装出口换热器外部承压钟罩和人孔。

4 检修程序与质量标准

4.1 检修前的准备

4.1.1 参加检修人员必须了解设备结构及有关技术资料，熟悉其技术要求和注意事项；

4.1.2 准备设备图纸和技术资料，完成检修方案的编制与审核；

4.1.3 参加检修人员必须掌握长管呼吸器、氧气呼吸器的使用方法及注意事项；

4.1.4 受压元件进行施焊修理的焊工，必须持有在有效期内的相应项目的焊工合格证；

4.1.5 施工使用的机具、吊装器械、专用工具（卧式塔拆装用轨道小车和筒体沿长工作平台及绞盘）检查合格，核对备品备件，量具，材料的型号、规格和数量，质量检验符合技术要求；

4.1.6 编制催化剂装卸方案，准备好装卸催化剂的真空抽吸装置；

4.1.7 入塔检修必须办理相关作业票，方可进入塔内；

4.1.8 若不卸催化剂，塔内必须保持氮气有一定压力、流量；

4.1.9 承压壳体上段、换热器组件等部件的吊装、运输方案应符合SH/T 3536—2011

《石油化工工程起重施工规范》的有关规定；

4.1.10 编制换热器管束及催化剂筐部件的化学清洗、表面钝化处理方案，在安装前视情况进行处理；

4.1.11 合成塔出、入口，旁路阀，冷激阀加装盲板，气体置换合格，检修条件符合GB/T 50484—2019《石油化工建设工程施工安全技术标准》的有关安全规定；

4.1.12 设备检修、开工前，必须制定专项的环境保护实施方案，方案中必须制定好污染物临时排放控制方案，内容包括：指明排放源、污染物名称，污染物数量、排放方式、处理措施、排放时间等相关内容，方案以书面形式报安全环保主管部门。

4.2 检修程序

4.2.1 立式塔拆卸程序

4.2.1.1 拆去顶部接管法兰的螺母、螺栓，把出口管线法兰及一段出口管吊开；

4.2.1.2 拆除出口管保温套及垫片、接管的八角垫、出口管与内部换热器保护钟罩（固定螺栓的拆卸参看图 2）；

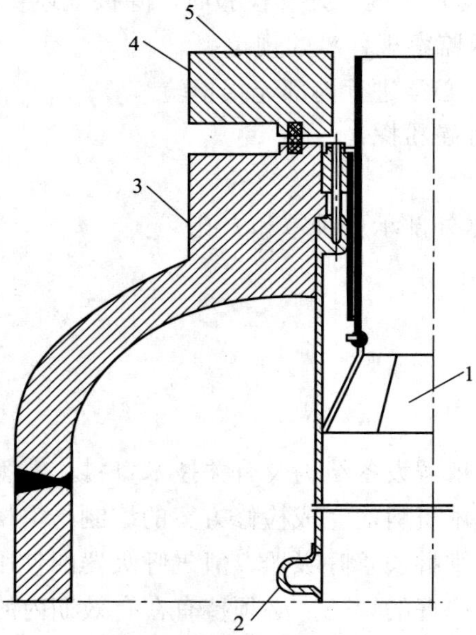

图 2 立式氨合成塔上部封头与接管分布罩

1—封头；2—八角垫；3—连接螺栓；4—分布罩；5—波纹管

4.2.1.3 拆除螺母、螺栓，必要时拆去活套法兰及气体锥形保护钟罩；

4.2.1.4 在承压壳体顶封头上安装专用吊具；

4.2.1.5 按附录 A1 的规定，拆卸主螺母、主螺栓；

4.2.1.6 起吊承压壳体上段并移置到地面安全处；

4.2.1.7　用专业机械方法（如高速切割砂轮机）切开换热器壳体支承环与催化剂筐支承密面处的原现场焊缝（切割时，催化剂筐与承压筒体间隙、八角垫及钟罩大螺栓采取保护措施），切割原料／出口气换热器密封焊同时焊接4组对中套筒，切割件编号打钢印，便于回装对中；

4.2.1.8　打开外部承压壳体和催化剂筐人孔盖，吊出人孔盖并放置到安全处；

4.2.1.9　拆开第一床层混合器与换热器接管处和中心管与第一床层盖板的填料压盖，拆除第一床层入口冷激环、挠性软管；

4.2.1.10　利用顶封头和内部换热器原有吊耳，起吊顶封头及内部换热器，将其移到地面妥善放置；

4.2.1.11　用布遮盖催化剂筐本体与下段承压壳体之间的环形间隙，布块应用绳扎上，防止杂物落入环形间隙内；

4.2.1.12　拆除混合器、第一床层盖板，抽卸第一床层催化剂，拆除第一床层氮气吹扫管；

4.2.1.13　打开第一床层底部人孔盖板，进入第二床层，拆开第一床中心管上升管与第二床层中心管套接密封处的填料压盖；

4.2.1.14　吊出第一层中心管，将其放到地面安全处并妥善保管；

4.2.1.15　安装吊耳，吊出床间换热器将其移到地面安全位（采用一个标准长度的垂直螺栓将4个中心管节固定在一起，每节重约300kg），所有法兰拆开后，应采用适当方法保护好密封面，防止损伤；

4.2.1.16　拆除催化剂筐第一催化剂床底部支承板人孔及支承开口平台，拆除第二中心管与床间换热器下部的填料压盖和第二床盖板与第二床中心管密封处的填料压盖，拆除第二床气流外分配板的填料压盖；

4.2.1.17　吊出第一床层中心管，将其移置地面安全位置存放，拆去第二床盖板，抽第二床层催化剂，拆除第二床层氮气吹扫管，抽出第二床层中心管，打开底部卸料人孔；

4.2.1.18　拆开催化剂筐筒体的4个检查孔，检查外部承压壳体是否有氢蚀、氮化或腐蚀现象，对筒壁做理化检验，酌情修复；

4.2.1.19　打磨（或用等离子切割）第二床层催化剂中心管底部与支承架的现场焊缝，抽吊出第二层中心管；

4.2.1.20　拆下的螺栓、螺母应分类编号存放于指定地方，螺柱应带上原螺母并与承压壳体安装位置统一编号。

4.2.2　卧式塔拆卸程序

4.2.2.1　进入塔内密封催化剂筐：

a）拆卸合成塔末端入口侧的人孔盖，戴面具进入微正压的氮封塔内；

b）将10mm厚的耐热有机玻璃板制成可透视密封的盖板，有机玻璃板下衬以25mm厚的泡沫橡胶垫，放置在敞开的人孔口处，保持塔内氮气正压力；

c）将临时温度计安装在3B床层末端的温度计套管中，方便塔内人员观看温度，塔内温度上升7℃时，人员必须撤离；

d）拆开塔内出口B管线上的法兰、床间冷却器（A-EC603）入口管线A2法兰，安装密封垫和盲板，密封催化剂筐；

e）拆开出口B管线上的1in管口BB上的盲板，安装氮吹扫软管接头和压力表，将氮吹扫软管通过人孔通道连接在软管接头上，对催化剂筐进行氮气吹扫。吹扫时，人员撤离，用胶带临时密封人孔盖板；

f）拆卸合成塔前端淬冷端部的人孔盖，戴面具进入微正压的氮封塔内；

g）将可透视密封有机玻璃盖板安装在敞开的人孔口处；

h）拆开塔内C管线上的法兰，安装密封垫和盲板，密封催化剂筐；

i）拆开C管线上的1in管口CC上的盲板，安装氮吹扫软管接头和压力表，将氮气吹扫软管通过人孔通道连接在软管接头上；

g）从管口AT、BT拉出温度计套管，在壳体和催化剂筐温度计套管口安装木塞；

k）拆开床间冷却器（A-EC602）入口管线法兰，安装密封垫和盲板并预留间隙，在盲板上装压力表，表面朝向人孔方向，打开氮吹扫软管上的阀门，用小气流吹扫催化剂筐数分钟后，紧固盲板上的螺栓；

l）人员撤离，用胶带临时密封人孔盖板，对合成塔各端口持续氮吹扫；

m）从管口CT拉出温度计套管，在温度计套管口上安装木塞；

n）戴面具从塔入口人孔进入，用木塞将催化剂筐上打开的温度计套管口塞住；

o）根据A-EA602入口处盲板上的压力表，检查催化剂筐的气密性，在催化剂筐保持规定的氮气压力后，中断对塔内的氮气吹扫，记录该压力值。

4.2.2.2 拆卸封头，从塔体内抽出催化剂筐：

a）拆除影响拆卸封头的外部管线；

b）安装轨道小车，将封头固定在轨道小车的马鞍座上，用液压紧固器拆卸螺母，按附录A2的规定，拆卸主螺母、主螺栓；

c）确认封头内所有的连接管已被拆开，记录这些管的定位尺寸，缓慢移动轨道小车将封头移离塔体，用吊车将封头吊到地面枕木上存放；

d）将催化剂筐的“安装筒体”装配在轨道小车上，在催化剂筐和“安装筒体”间垫入1.5mm厚的垫片；

e）用螺栓将轨道小车上的“安装筒体”固定在催化剂筐体上；

f）将催化剂筐体末端的止动销拔起，止动销位于合成塔内入口侧千斤顶固定夹的上方位置；

g）将2个专用液压千斤顶放于塔体内千斤顶固定夹和催化剂筐体支承梁之间，顶起催化剂筐，将“安装轮”装配在催化剂筐体末端的支承板上；

h）用硅脂均匀稀薄地涂在“安装轮”和轨道上；

i）固定卷扬机，绳索一端系在轨道小车上，用卷扬机缓慢将催化剂筐体拉出塔体，在催化剂筐体移出距离达到塔体“法兰延伸器”长度时，将“法兰延伸器”固定在塔体法兰上，继续拖拉催化剂筐，使催化剂筐落入塔体外的“法兰延伸器”上；

j）拉动催化剂筐体时，注意保持催化剂筐上的“安装轮”在滚道不发生偏移，筐体发生偏斜时，立即用吊车和吊索进行纠偏；

k）催化剂筐完全从塔体拉出后，用吊车将催化剂筐放在合适位置的木墩上；

l）按催化剂卸出方案卸出催化剂；

m）拆卸催化剂筐体外部接管和膨胀节，吊出中间换热器。

4.2.3　内部换热器和床间换热器检修程序

4.2.3.1　检查内部换热器和床间换热器的管板焊缝、保温层是否完好，对换热管进行试漏；

4.2.3.2　［立式塔］出口中心管的膨胀节出现波纹管破裂或过度伸长变形，应更换膨胀节新组件；

4.2.3.3　中心管与封头、法兰环之间的焊缝如有裂纹等缺陷，应先打磨，经渗透探伤确认已去除干净后，酌情进行补焊；

4.2.3.4　壳体保温层如有损坏，照原设计图样进行修复；

4.2.3.5　［立式塔］中心管法兰环的密封面如有缺陷，进行打磨、补焊，补焊后再打磨或光刀处理；

4.2.3.6　换热管与管排焊缝出现泄漏时，补焊处理；

4.2.3.7　换热管破裂或泄漏，单根换管或堵管处理；

4.2.3.8　清扫管间灰垢，用渗透法检查管子和管板的焊缝；

4.2.3.9　内部换热器进行气密试验：

［立式塔］用砂轮割开内部换热器中心管与内部换热器壳体密封台，制作试压壳体，试验介质为空气，试验压力为 0.02MPa；

［卧式塔］气密试验在管板上方进行，试验空气压力为 0.036MPa；

4.2.3.10　气密试验发现管子泄漏，可用管堵将漏管的两端堵死，堵头材质和管材相同，堵头锥度 3°～5°；

4.2.3.11　［立式塔］内部换热器外部有 25mm 厚的保温用毡，用不锈钢网捆紧，其含氯量为 0.0005%，外面角用 0.46mm 厚的不锈钢皮包住，保温由螺钉紧固在整环或垫子上，并且纵向和环向都要搭接；

4.2.3.12　［卧式塔］内部换热器外部护板内的陶纤保温毡必须饱满，无缺损；

4.2.3.13　回装时，内部换热器壳体的密封台和中心管的焊接见附录 F；

4.2.3.14　内部换热器水压试验时，水的氯离子含量不超过 25mg/L；

4.2.3.15　［立式塔］必须把膨胀节外侧对称 4 点焊上角钢，防止试压时变形；

4.2.3.16　［立式塔］更换膨胀节时，轴向允许偏差不大于 3mm，并且保证有 38mm 的向下预伸量；

4.2.3.17 ［卧式塔］分布板有冲刷 减薄、裂纹等缺陷时，应修理更换。

4.2.4 回装程序

4.2.4.1 对塔内催化剂筐筒壁及相关部件进行宏观、硬度、厚度、着色检查，合格后回装；

4.2.4.2 检查八角垫密封是否完好，如有缺陷进行修复；

4.2.4.3 安装第二床层中心管，安装第二中心管与盖板压环填料，焊接底座及六个固定支耳；

4.2.4.4 安装第一床层中心管及床间换热器，安装第二中心管、第一中心管压环填料，安装混合器和三根冷激软管，将第一中心管用盲板封死；

4.2.4.5 撤出所有检修工具及辅助架子，联合确认塔内检修隐蔽项目完工后，由催化剂装卸队伍回装催化剂；

4.2.4.6 催化剂回装后，封第一、二床层盖板；

4.2.4.7 回装塔内尾料／出口气换热器，密封焊接前，打磨施焊部位，去除毛刺、氧化层、碳化层及浅表裂纹，着色检查确认无缺陷后进行焊接，焊后着色检查，封上内、外人孔；

4.2.4.8 回装顶部钟罩，紧固封头螺栓，回装顶部出口连接管道；

4.2.4.9 回装与塔相连的其他设备管线和仪表。

4.3 质量标准

4.3.1 高压筒体质量标准

4.3.1.1 宏观检查高压筒体及内件，对筒壁材料进行理化检测，用 3～6 倍放大镜检查有无微裂纹、渗氮及氢脆等缺陷，用超声波对内件和高压内筒的焊缝进行无损探伤检查，接管等角焊缝处进行着色探伤检查；

4.3.1.2 如检查发现高压筒体泄漏，则采取必要的方法将内件局部割开，找到泄漏处；

4.3.1.3 对氨合成塔高压筒体内壁进行补焊前，必须注意下述两点：第一，有氢脆现象时，要进行 300～400℃的脱氢处理，第二，补焊部位如有氮化层，必须将焊接部位及其周围 100mm 范围内的氮化层打磨干净，方可补焊；

4.3.1.4 焊接前必须有焊接工艺评定报告并制定焊接作业指导书；

如承压壳体本体经内外部检验，发现有必须修理的缺陷时，应制定检修方案，检修方案应包括检修前的准备、检修方法质量标准、催化剂保护专题方案（如果未卸催化剂进行检修时）、安全措施等内容，方案经批准后才能实施；

4.3.1.5 ［卧式塔］筒体上锥形接管 B 内的浇筑料应完好无缺损；

4.3.1.6 ［卧式塔］筒体弯曲度，最大不超过 35mm。

4.3.2 合成塔封头大盖质量要求

4.3.2.1 大盖、承压壳体密封面的粗糙度为 $Ra1.6$～3.2，密封面如有影响密封的缺陷，必须进行修理，处理可以采取打磨、补焊后用专用机具现场光刀的办法进行；

4.3.2.2 ［卧式塔］封头大盖上锥形接管 C 内的浇筑料应完好无缺损；

4.3.2.3 八角垫（立式塔）、双锥垫（卧式塔）表面无裂纹、划伤、凹坑等缺陷，尺寸复核无偏差，密封面的粗糙度为 Ra1.6～3.2；密封垫如有影响密封的缺陷，可以采取光刀处理或更换新的密封垫；

4.3.2.4 ［卧式塔］双锥垫两侧粘结的旧石墨带，必须清除干净，检查无缺陷后用丙酮仔细清洗密封面，在双锥密封面上重新粘贴新的石墨带；

4.3.2.5 ［卧式塔］将双锥垫固定在大盖侧，调整双锥垫内侧与大盖间的径向间隙为 1.6mm，间隙在圆周方向要对称均匀分布；

4.3.2.6 螺栓和螺母拆卸时按顺时针方向依次编号，螺栓、螺母经 100% 磁粉探伤合格，螺栓螺纹不得有毛刺、裂纹，及可能引起应力集中的缺陷，如发现螺纹缺损、滑丝、螺纹部位裂纹，应予更换；

4.3.2.7 承压壳体连接螺栓紧固前，螺纹部位适量涂抹二硫化钼润滑油脂；

a）［立式塔］螺栓紧固程序，按附录 A1 进行；

b）［卧式塔］ 用液压紧固装置紧固螺栓，螺栓紧固程序按附录 A2 的进行，紧固螺栓顺序按附录 A2 的表 A1 进行，液压紧固油压值按附录 A2 的表 A2 进行。

4.3.2.8 ［卧式塔］螺栓每紧固完一组（4 个），要测量法兰周边间隙，张口最大值控制在 0.25mm 以内；

4.3.2.9 ［卧式塔］最终紧固完成后，法兰间距要小于等于 55mm，张口小于 0.25mm。

4.3.3 内件质量标准

4.3.3.1 ［立式塔］气体分配器

a）气体分配器应该无松动和堵塞，密封填料完好，固定焊接的焊缝无裂纹，如有损坏要进行修复或更换；

b）分配器的喷嘴和入口小孔不能够被催化剂堵塞，如果堵塞，必须处理。

4.3.3.2 金属挠性软管、膨胀节

金属挠性软管、膨胀节出现磨损或破裂时，应予以更换；更换前，要核对材质和尺寸，打磨坡口，焊接采用氩弧焊；连接管的裂纹，可进行打磨补焊处理。

a）［立式塔］对接时金属软管必须保证有 12.7mm 的向下预拉伸量；

b）［卧式塔］ 更换膨胀节管前，记录膨胀节法兰至壳壁距离，更换后该距离不变。

4.3.3.3 ［立式塔］密封填料

以下密封填料更换时，要核对柔性石墨填料的产品合格证和尺寸。接口两端采取 30°～45° 斜面合缝，密封填料圈之间的接缝要错开。

a）内部换热器下部中心管与第一床上升中心管的填料密封；

b）第一床盖与中心管填料密封；

c）第二床盖与第二床中心管的填料密封；

d）第一床中心上升管与第二床中心管的填料密封（图 3）；

e）热电偶与套管的填料密封；

f）第一、二床外分配器和催化剂筐壁的填料密封（图 4）。

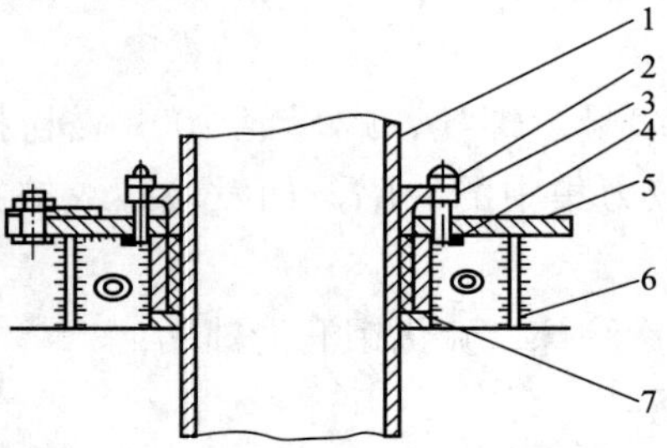

图 3　立式氨合成塔中心管填料

1 —中心管；2 —螺栓、螺母；3 —填料压盖；4 —填料；5 —催化剂床盖；6 —筋板；7 —填料函混合器螺栓；

注：填料函混合器螺栓不能出现松动、开焊。

混合器焊接参见附录 F。

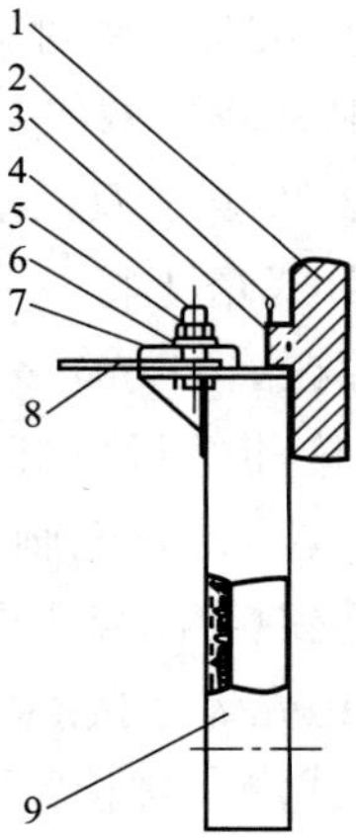

图 4　立式氨合成塔分配板

1 —催化剂筐壁；2 —填料压盖；3 —填料；4 —螺栓；5 —螺母；6 —垫圈；7 —压板；8 —催化剂床盖；9 —分配器

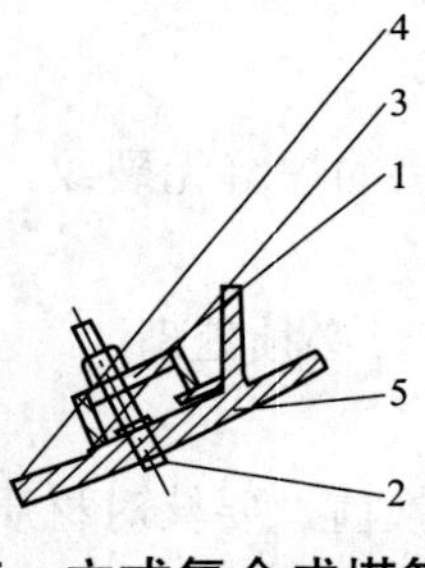

图 5　立式氨合成塔筐底

1—夹子；2—螺栓、螺母；3—石棉板；4—1NCONEL600；5—催化剂筐底

4.3.3.4　催化剂筐

a）催化剂床层底部支承加强板不能变形，固定夹子、螺栓不能出现脱落、破损，［立式塔］人孔盖板柔性石墨带要完好密封，加强板焊缝裂纹会导致气体短路现象（图 5），出现短路必须按附录 F 的焊接规范处理；

b）床层中心管上、下部壳体，法兰及密封，热电偶套管，换热器支承环，［立式塔］栅网丝和栅网杆应完好，无变形和破损，更换时应与原材质相同；

c）氨合成塔各床层［立式塔］外气流分配板丝网、［卧式塔］分布格珊板和支承格珊应完好无变形；

d）催化剂筐各床层氮气吹扫管应无变形、破损，固定卡完整无脱落；

e）［立式塔］检查第一、二床层中心管栅网不能出现损坏、变形，如损坏或变形应按原样修复；

f）［立式塔］内、外集气筒出现的变形、焊缝开裂、丝网脱落、损坏应打磨后焊接修复。较大面积损坏时，予以更换，丝网焊接采用氩弧焊，焊丝选用 AWSERNI Cr-3

(Inconel-182)，ϕ1.2～ϕ1.5mm；

g）催化剂筐筒壁产生氢蚀或氮化，出现壁厚增厚或减薄、壁开裂、变形等严重缺陷，应予以局部或全部更换；

h）各床层人孔、冷激管、中心回气管、热电偶套管等的开孔连接处不能出现松动、变形，[立式塔]丝网或硅酸铝纤维层脱落或损坏时，应予修复；

i）冷激环管室挡板变形，密封板损坏，应予更换，焊缝开裂可打磨后补焊，压紧环松动可调整压紧环的螺栓，[立式塔]丝网脱落应先松开压紧环的螺栓，修复、更换丝网后再拧紧压紧环的螺栓；

j）中心管、冷激管、副线管、热电偶管等产生氢蚀或氮化，出现裂纹、变形严重时应予更换，轻微的裂纹，应打磨并经渗透探伤确认裂纹已消除后，根据打磨深度、酌情决定补焊，支承部位损坏，照原设计图样修复；

k）各开孔连接处松动，[立式塔]丝网或硅酸铝纤维层脱落、损坏，照原设计图样修复；

l）对催化剂筐内壁出现的腐蚀，凹陷或微裂纹，首先应检查和测量缺陷深度范围，分析裂纹等缺陷产生原因，制定修复方案，方案经厂主管技术的领导批准后方可进行，缺陷经打磨圆滑过渡，不影响强度时可不必补焊，磨削部位应光滑并圆滑过渡，侧面斜度应小于1：4，磨削后应作表面探伤和测厚检查；

m）[立式塔]催化剂筐底部的椭圆形耐热层采用现场浇铸，封头上焊有爪钉，美型厂浇铸材料为“CASTOLAST”G。日本I型厂采用陶瓷纤维毡，含氯量为0.0005%，上部压盖为不锈钢皮；

n）[卧式塔]催化剂筐内、外筒体各部位圆周膨胀接缝间隙，轴向间隙应均匀一致，最大间隙按图纸要求控制，滑动板和密封板应无变形，焊缝无裂纹。

4.3.3.5　内件装配

a）设备零部件经检验合格后方可回装，程序塔内零部件回装与拆卸相反；

b）塔内用记号笔粘接带的Cl^-含量应小于0.001‰；

c）回装前，要确认催化剂筐内表面无油脂、灰尘、油漆、锈皮、焊渣等杂物；

d）按装填程序回装催化剂、催化剂床层间人孔盖、催化剂筐锥体部位人孔；

e）筒体内部管路的焊接部位、连接部位要做空气泄漏试验；

f）隐蔽部位的回装，要经专职技术人员见证、验收。

4.3.3.6　检修用材料、无损探伤质量标准

a）GB 222—2006《钢的成品化学成分允许偏差》

b）GB 228.1—2010《金属材料　拉伸试验　第1部分：室温试验方法》

c）GB 228.2—2010《金属材料　拉伸试验　第2部分：高温试验方法》

d）GB 232—2010《金属材料　弯曲试验方法》

e）GB 231—2010《金属材料　布氏硬度试验　第1部分：试验方法》

f）GB 229—2007《金属材料夏比摆锤冲击试验方法》

g）对接焊缝超声波探伤按 NB/T 47013.1～47013.13—2015（JB/T 4730）《承压设备无损检测》I 级合格；

h）渗透检验按 NB/T 47013.1～47013.13—2015（JB/T 4730）《承压设备无损检测》中渗透探伤标准执行；

i）磁粉探伤检验按 NB/T 47013.1～47013.13—2015（JB/T 4730）《承压设备无损检测》中磁粉探伤标准执行；

j）焊缝外观质量按 GB/T 150—2011《压力容器》要求执行；

k）涡流无损探伤按 NB/T 47013.1～47013.13—2015（JB/T 4730）《承压设备无损检测》中涡流探伤标准执行；

l）声发射无损检测按 NB/T 47013.1～47013.13—2015（JB/T 4730）《承压设备无损检测》中声发射检查标准执行。

5 试验与验收

5.1 试验的准备工作

5.1.1 拆除现场临时设施，清理干净现场；

5.1.2 设备检修完毕，进行检查预验收，经评定确认其安全状况等级不低于 3 级后，方可装填催化剂，装填完毕，封闭承压壳体人孔盖后，移交使用单位准备试验；

5.1.3 系统具备试车条件包括仪表设施投入运行。

5.2 试验内容

5.2.1 按操作规程“暖塔”；

5.2.2 系统做泄漏试验，检查各部位应无任何泄漏；

5.2.3 催化剂升温还原，逐渐增加负荷，系统正常后，各项工艺指标应符合操作规程、满足生产要求。

5.3 验收

5.3.1 设备试车后，有关部门应组织检修单位和使用单位进行验收；

5.3.2 检修单位提供的各种报告和检修资料齐全、准确，经检查符合技术要求，内容包括：

a）检验、检测记录以及有关的检验资料；

b）检修方案、实际检修情况记录以及有关技术文件和资料；

c）技术改造方案、图样、材料质量证明书、施工质量检验及有关技术文件和资料；

d）安全附件校验、修理、更换记录；

e）催化剂卸、装及升温还原方案，催化剂质量证明书及实际卸、装记录、升温还原记录；

5.3.3 氨合成塔检修内容全部完成，检修记录齐全，施工部门确认质量合格，并具备试验条件，利用开车过程按工作压力进行气密试验，无泄漏为合格；

5.3.4 氨合成塔和内部换热器、床间换热器检修后须经设备、生产、施工单位共同验收，并且同时具备下例报告：

a）原材料合格证；

b）新旧材料焊接性能报告；

c）检修记录；

d）水压试验报告。

5.3.5 设备运行 72h，各项技术参数达标，设备达到完好标准，施工单位应提交下列技术资料；

a）隐蔽工程记录；

b）封闭记录；

c）检修竣工资料；

d）理化检验报告；

e）气密试验报告；

f）设计变更及材料代用通知单；

g）材料零部件化学成分和机械性能报告及合格证；

5.3.6 经检查，检修后的设备达到设备完好标准，办理正式移交手续。

6 运行维护与故障处理

6.1 日常维护

6.1.1 使用单位应加强巡检，及时发现和消除设备管线的跑、冒、滴、漏，根据检查情况，定期对容器进行防腐、保温修复，容器主螺栓应定期加润滑脂，其他螺栓和紧固件也应定期进行防锈；

6.1.2 操作人员必须严格执行巡回检查制度，定时、定点、定线、定项对合成塔进行巡回检查，维护人员要定期检查安全阀、压力表、温度计、弹簧支座等是否齐全良好，人孔、法兰等密封点有无泄漏，定期监测氨合成塔外表面温度，并做好记录，发现异常现象、事故隐患及时组织处理、逐级上报，并将有关情况记入当班记录中；

6.1.3 操作人员必须严格按容器操作规程启动、停止容器的运行，不允许超温、超压、超负荷；

6.1.4 使用单位应定期对容器进行联合检查、设备检验和维护保养。

6.2 停产后保护工作

氨合成塔出、入口及旁路管线增加盲板，切断所有与外界相连通道，塔内充氮气（0.1～0.2MPa）进行保护。操作人员注意监控催化剂床层温度。

6.3 常见故障与处理

凯洛格型氨合成塔常见功能故障与处理方法见表 1。

表 1 凯洛格型氨合成塔常见功能故障与处理方法

序号	故障现象	故障原因	处理方法
1	超温、超压	1. 系统压力不稳定，压缩机出口压力波动； 2. 操作不当，仪表控制系统失灵，产生误操作； 3. 开车时合成塔开工点火器出口温度过高； 4. 安全阀不能及时卸压	1. 调整工艺参数，严格控制工艺参数，稳定压缩机转数； 2. 调整工艺参数，检查仪表控制系统； 3. 严格控制好合成塔开工点火器的升温曲线，做到不超温； 4. 检查并校验安全阀
2	1. 高压氨分离器排放； 2. 管中检查出催化剂	1. 中心管损坏； 2. 筛条断裂	1. 停车处理； 2. 卸出催化剂，修复或更换中心管
3	容器泄漏、检漏孔出现泄漏	1. 容器密封垫片损坏； 2. 承压壳体焊缝渗漏； 3. 容器附件损坏； 4. 容器发生振动，使紧固件松动； 5. 氢腐蚀筒体	1. 修理或更换密封元件； 2. 停车置换后重新补焊； 3. 修理或更换容器附件； 4. 消除振动或停车处理； 5. 检查分析、停车处理
4	容器壁温过热	容器内部换热器或催化剂管保温层破损，气体偏流	1. 修复绝热层； 2. 查明偏流的原因，酌情修复
5	异常振动、声响	1. 容器发生共振或气蚀； 2. 操作不正常； 3. 紧固件松动	1. 查明原因，消除共振和气蚀； 2. 调整操作，恢复正常； 3. 拧紧螺栓
6	合成塔带液氨	高压氨分离器液位控制过高带液氨，进塔气体氨含量增多，氨合成反应骤减，以致塔温度迅速下降，甚至造成“熄火”	精心操作，校验高压氨分离器 106-F 液位计
7	合成塔带水	操作不当	后两级氨冷器不投用，第一级氨冷器在暖塔时已投用，开注氨泵在压缩机低压缸入口注入少量的氨
8	在操作中两个热电偶出现很大温差	金属软管泄漏，冷激阀失灵，开关不动	校热电偶，修冷激阀，停车处理
9	循环量超出正常值	1. 合成塔进气及出气换热器管泄漏； 2. 尾料 / 出口气换热器出口密封环损坏	1. 停车处理； 2. 合成塔进气及出气换热器采用试压查漏； 3. 吊出尾料 / 出口气换热器出口管线，进行密封环处理

附　录　A
（资料性附录）

A.1　立式合成塔主螺柱拆卸紧固程序

A.1.1　准备工作

A.1.1.1　检查法兰密封面和八角垫的表面，确认无缺陷后，安装垫圈。
A.1.1.2　主螺柱、主螺母经磁粉探伤合格。
A.1.1.3　检查主螺柱外形尺寸，应符合图样要求；确认主螺柱、主螺母已清理干净。
A.1.1.4　主螺柱、主螺母的螺纹部分、接触面均匀涂上二硫化钼润滑剂。

A.1.2　拧紧程序

A.1.2.1　将专用拉紧凸耳按原制造厂（神户制钢所）的图样（图号 12303-S9A）所示，装在换热器下部法兰处。
A.1.2.2　将螺母均匀地旋上，直至螺母底面刚好与法兰面接触。
A.1.2.3　利用倒链、专用拉紧凸耳、专用固定扳手紧固主螺柱、主螺母六圈以上；每一圈应沿直径方向对称地紧固。
A.1.2.4　紧固过程中，用塞尺（或量块加塞尺）测量法兰间隙“*C*”（图 A.1），测量点应事先确定并作标记，每隔 90° 测量一点。法兰间隙为 9.5～11.5mm，最大测量值与最小测量值之差小于 0.3mm。
A.1.2.5　按如下步骤测量螺柱的伸长量：

a）A.1.2.2 条完成后，按图 A1 所设置百分表，记下读数；

b）拧紧螺母完成后，记下百分表的读数；

c）百分表两次测量值的差，即为紧固螺母所引起的螺柱伸长量，此值应为 0.2～0.35mm。

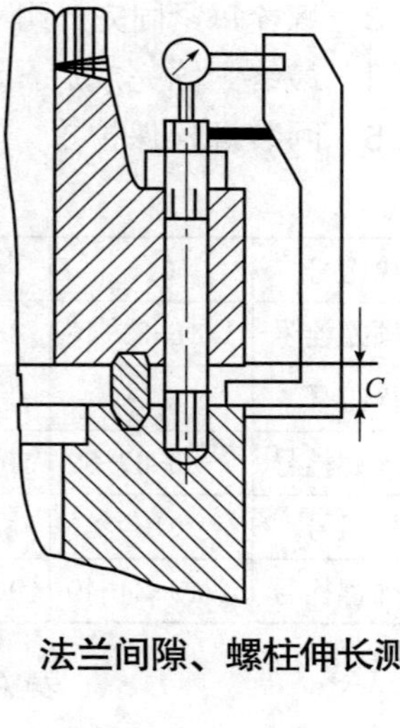

图 A.1　法兰间隙、螺柱伸长测量图

A.1.3　拆卸

A.1.3.1　拆卸主螺柱前，按 A1.2 相反程序松开主螺母。
A.1.3.2　对称地松开主螺母，每次松开 1/12 圈；直至主螺母与法兰面脱离接触后，依次旋下主螺母。

A.2 卧式合成塔主螺柱拆卸紧固程序

A.2.1 准备工作

A.2.1.1 液压螺栓紧固装置已经准备就绪。

A.2.1.2 检查法兰密封面和双锥垫的表面，确认无缺陷后，用丙酮仔细清洗密封面，在双锥密封面上粘贴（非不干胶型用凡士林均匀稀薄地涂在双锥密封面上）石墨带。

A.2.1.3 将双锥垫固定在大盖侧，调整双锥垫内侧与大盖间的径向间隙为 1.6mm，圆周方向要对称均匀分布。

A.2.1.4 主螺柱、主螺母经磁粉探伤合格。

A.2.1.5 检查主螺柱外形尺寸，应符合图样要求；确认主螺柱、主螺母已清理干净；将主螺栓按顺时针方向依次编号。

A.2.1.6 主螺柱、主螺母的螺纹部分、接触面均匀涂上二硫化钼润滑剂。

A.2.1.7 将大盖固定在安装小车上，回装大盖。

A.2.2 紧固程序

A.2.2.1 将螺母均匀旋上，直至螺母底面刚好与法兰面接触。

A.2.2.2 将液压螺栓紧固装置装在螺栓头上，每 4 个螺栓为一组，紧螺栓顺序按表 A.1 进行。液压紧固油压值按表 A.2 进行。

A.2.2.3 螺栓每紧固完一组（4个），要测量法兰周边张口，最大值控制在 0.25mm 以内。

A.2.2.4 最终紧固完成后，法兰间隙控制在小于等于 55mm，张口小于 0.25mm。

A.2.2.5 回装螺栓保护罩。

表 A.1 紧固螺栓顺序表

螺栓组号	(1)	(2)	(3)	(4)	(5)	(6)
被紧固螺栓号	1-16-31-46	8-23-38-53	5-20-35-50	12-27-42-57	3-18-33-48	14-29-44-59
螺栓组号	(7)	(8)	(9)	(10)	(11)	(12)
被紧固螺栓号	7-22-37-52	10-25-40-55	2-17-32-47	15-30-45-60	6-21-36-57	11-26-41-56
螺栓组号	(13)	(14)	(15)			
被紧固螺栓号	4-19-34-49	9-24-39-54	13-28-43-58			

表 A.2 液压螺栓紧固装置紧固油压值

步骤	1	2	3	4
油压值 /psig	2800	4200	5600	7000

A.2.3 拆卸

按安装相反程序进行。

附 录 B
（资料性附录）
凯洛格型氨合成塔的技术特性

参数名称	美型厂				日（I）型厂
	大庆化肥厂	湖北化肥厂	巴陵石化	九江石化	齐鲁二化
设计压力 /MPa	15.1	15.1	15.1	12.0	24.99
操作压力 /MPa	13.4	13.21	13.4	11.2	17.34
试验压力 /MPa	22.6	22.6	22.6	15.0	37.49
设计温度 /℃	204/315	204/315	204/315	-15/299	205/371
操作温度 /℃	141/332	145/284	145/332	249	136/323
焊接系数	1	1	1	1	壳 0.39；封头 1
腐蚀裕度 /mm	1.6	1.6	1.6	1.5	1.5
塔型结构	二床，床间换热器，径向塔	二床，床间换热器，径向塔	二床，床间换热器，径向塔	三床，床间换热器，轴向卧塔	三床，床间换热器，径向塔
塔高 /mm	总高 27381	总高 27381	总高 27381	28609.3	总高 25700
塔内径 × 厚度 /mm	ϕ3188×165	ϕ3188×165	ϕ3188×165	ϕ2700×93.5	ϕ3188×212
壁厚组成 /mm	层板 12×12+9 内筒 12	层板 12×12+9 内筒 12	层板 12×12+9 内筒 12	单层板	层板 12×12+9 内筒 12
层板材质	K-TEN62M	K-TEN62M	K-TEN62M	A302GR.B	NK-HTEN62
内筒材质	K-TEN62M	K-TEN62M	K-TEN62M		A517 70
筒体接管、法兰				A508CL3	
筒体螺栓 / 螺母				A540-B23-3/A194-4	
筒体人孔螺栓 / 螺母				A193-B7/A194-2H	
筒体法兰垫片				A182-F11+ 石墨带	
筒体人孔垫片				5Cr-1/2Mo	
内件（焊接）				A302Gr.B	
内件（可拆件）				304SS	
筒体支承（焊接）				A302Gr.B	
筒体支承（可拆件）				A516Gr70	

附 录 C
（资料性附录）
凯洛格型氨合成塔内部换热器设计参数

参数名称	美型厂			日（I）型厂
	大庆化肥厂	湖北化肥厂	巴陵石化	齐鲁二化
设计压力 /MPa	15.1	15.1	15.1	25.0
操作压力 /MPa	13.7	13.7	13.7	24.0
设计温度管程 /℃	538	538	538	538
设计温度壳程 /℃	441	441	441	445
操作温度管程 /℃	522	522	522	522
操作温度壳程 /℃	301	301	301	301
总换热面积 /m^2	520	520	520	392
壳体直径 × 壁厚 /mm	ϕ1117.6×60	ϕ1117.6×60	ϕ1117.6×60	ϕ1117.6×92
高度 /mm	9504	9504	9504	6065
外壳质量 /kg	19505	19505	19505	~20000
换热器芯子质量 /kg	8392	8392	8392	
管子规格 /mm	ϕ7×1.2×7010	ϕ7×1.2×7010	ϕ7×1.2×7010	ϕ7×1.2×7010
管子数量 / 根	1882	1882	1882	1932
管子材质	SA249 TP304	SA249 TP304	SA249 TP304	SUS304 TB-SC
管子排列形式和间距 /mm	Δ 排列 间距 17.5	Δ 排列 间距 17.5	Δ 排列 间距 17.5	Δ 排列 间距 17.5
上管板直径 × 厚度 /mm	ϕ876×73	ϕ876×73	ϕ876×41	ϕ822×60
上管板材质	SA182 F304	SA182 F304	SA182 F304	SUS304
下管板直径 × 厚度 /mm	ϕ876×98	ϕ876×98	ϕ876×41	ϕ822×60
下管板材质	SA182 F304	SA182 F304	SA182 F304	SUS304
挡板间距	495		495	460

附　录 D
（资料性附录）
凯洛格型氨合成塔床间换热器设计参数

参数名称	类型厂				日（I）型厂
	大庆化肥厂	湖北化肥厂	巴陵石化	九江石化	齐鲁二化
型号	I-I	I-I	I-I	特殊 —XU	I-I
总换热面积 /m²	156.7	156.7	156.7	第一 / 第二级 124.8/105.8	95.9
外壳直径 × 壁厚 /mm	ϕ940×5	ϕ940×5	ϕ940×5	ϕ2430×10	ϕ718×7
高度 /mm	5295	5675	5295	970	3618
管子规格 /mm	ϕ12.7×1.65×4370	ϕ12.7×1.65×4370	ϕ12.7×1.65	ϕ12.7×1.65×970	ϕ12.7×1.65×3540
管子数量 / 根	915	907	915	1714u/1452u	679
管子材质	A269 TP304	A269 TP304	A269 TP304	SA213TP321SS	A269 TP304
管子排列形式和间距 /mm	Δ 排列；间距 21	Δ 排列；间距 21	Δ 排列；间距 21	Δ 排列；间距 16.67；21.0	Δ 排列；间距 20
上管板直径 × 厚度 /mm	ϕ940×20	ϕ940×20	ϕ940×20	长 1700× 宽 1180×38/ 长 1700× 宽 1060×38	ϕ748×20
上管板材质	A240 TP304	A240 TP304	A240 TP304	SA240TP304SS	A240 TP304
下管板直径 × 厚度 /mm	ϕ900×20	ϕ900×20	ϕ900×20		ϕ718×20
下管板材质	A240 TP304	A240 TP304	A240 TP304		A240 TP304
挡板间距 /mm	398	433	398	304.3	437.5

附 录 E
（资料性附录）
凯洛格型氨合成塔催化剂筐设计参数

参数名称	美型厂				日（I）型厂
	大庆化肥厂	湖北化肥厂	巴陵石化	九江石化	齐鲁二化
最大设计外压 /MPa	0.33	0.33	0.33	0.353	1# 2# 3# (0.23) (0.38) (0.6)
最大设计温度 /℃	538	538	538	315	538
一床入口温度 /℃	356	362	390	380	370
一床出口温度 /℃	480	492	490	500	490
二床入口温度 /℃	378	374	436	400	415
二床出口温度 /℃	480	447	480	465	472
三床入口温度 /℃				400	404
三床出口温度 /℃				442	443
进塔气体氨含量 /%	2	1.92	1.0	1.7	2.89
出塔气体氨含量 /%	16.38	14.73	14.5	16.4	16.26
入塔气流量 /（Nm^2/h）	475 235	492 642	490 000	448887	476 684
催化剂筐内径 × 厚度 /mm	ϕ2948× (18, 24, 32)	ϕ2948× (18, 24, 32)	ϕ2948× (18, 24, 32)	ϕ2450× 20	ϕ2590× (20, 27, 35)
催化剂筐长度 /mm	13005			24000	14630
一床直径 × 总高度 / mm	ϕ2866/ ϕ1170×3600	ϕ2866/ ϕ1170×3500	ϕ2866/ ϕ1170×3700	ϕ2450× 4740	ϕ2590/ϕ4310
二床直径 × 总高度 / mm	ϕ2866/ ϕ650×8280	ϕ2806/ ϕ650×7600	ϕ2946/ ϕ650×8386	ϕ2450× 6940	ϕ2596×4700
三床直径 × 总高度 / mm				A/B ϕ2450× 4740	ϕ2596×6918
一床总容积 /m^3	20.53	19.7	20.92	13.4	9.8
二床总容积 /m^3	53.32	48.5	53.32	19.7	15.1
三床总容积 /m^3				A/B 床 13.4	26.4

凯洛格型氨合成塔催化剂筐设计参数（续）

参数名称	美型厂				日（I）型厂
	大庆化肥厂	湖北化肥厂	巴陵石化	九江石化	齐鲁二化
一床催化剂型号规格 /mm	A110-1H； 1.5～3.0	A110-1H； 1.5～3.0	A110-1H； 1.5～3.0	A110-1； A110-1H； 底 3.0～6.0； 顶 1.5～3.0	A110-1H 1.5～3.0
二床催化剂型号规格 /mm	A110-1H 1.5～3.0	A110-1 1.5～3.0	A110-1 1.5～3.0	A110-1； A110-1H； 底 3.0～6.0； 顶 1.5～3.0	A110-1 1.5～3.0
三 A/B 床催化剂型号规格 /mm				A110-1； A110-1H； 底 3.0～6.0； 顶 1.5～3.0	A110-1 1.5～3.0
装填密度 /（kg/m^3）	一床 2200 二床 2850	一床 2467 二床 2763	一床 2339 二床 2922	～2800	2800～2200

附 录 F
（资料性附录）
F1 凯洛格型立式氨合成塔内件焊接规范

焊接代号	母材	材料形式	焊接方法	焊接式样	焊接材料	直径 /mm	电流		电压 /V	氩气纯度 /%	预热
							种类	A			
W1	AISI304 AISI304	板与管	焊条电弧焊	角焊（腰高） 2~8mm	E347-16	ϕ3.25	交直流	80~120	20~25	–	最小 15℃ 最大 150℃
W2	AISI304 AISI321	板与管	焊条氩弧焊	角焊（腰高） 2~8mm	ER347	ϕ2.4	交直流	40~160	17~24	99.99	
W3	AISI321 AISI321	16mm 板 与 10~14mm	焊条氩弧焊		ER347	打底 ϕ1.0 盖面 ϕ2.4	交直流	25~70 80~120	17~25 20~25	99.99	
			焊条电弧焊		E347-16	ϕ3.25	交直流	80~120	20~25	–	
W4	AISI304 INCONEL-600	厚板与 2mm 板	焊条电氩焊	角焊（腰高） 2~5mm	ERNiCr-3	ϕ2.4	交直流	40~160	17~24	99.99	
W5	INCONEL-600	薄板与薄板	焊条氩弧焊	对接带背衬	ERNiCr-3	ϕ2.4	交直流	40~160	17~25	99.99	
W6	AISI304 AISI304	设计厚板	焊条氩弧焊	对焊	ER357	ϕ1.0	交直流	25~160	17~25	99.99	
			焊条氩弧焊第一层	对焊	ER357	ϕ2.4	交直流	40~160	17~25	99.99	
			焊条电弧焊	对焊	ER347-16	ϕ3.25	交直流	80~120	20~25	–	
W7	AISI321 AISI321	122C 釜底法兰与 105D 支承角焊	焊条氩弧焊	对焊	ER347	ϕ2.4	交直流	40~160	17~24	99.99	
			焊条电弧焊		E347-16	ϕ2.4	交直流	80~120	20~25	–	

F2 凯洛格型卧式氨合成塔内件焊接规范

焊接代号	焊接母材	焊接方法	坡口形式 母材厚度 /mm	焊接工艺					
				焊条牌号	焊条直径 /mm	电源	电流 /A	电压 /V	预热 / 层间 / 热处理温度 /℃
S-8S-A	SA240TP304	SAW	单 V 形；4.8～200	ER308	ϕ4	A.C	380～520	28～36	Min.10//Max.150
S-8GM-A	SA240TP304	GMAN（FCAW）	单边斜坡口，角焊缝 4.8～38.1	E308T-1	ϕ1.2	D.C/R.P	200～280	28～36	Min.10/Max.150
S-43/8GM-A	INCONEL600；SA240TP304	GMAN（FCAW）	单边斜坡口，角焊缝 4.8～40	ERNiCr-3	ϕ1.2	D.C/R.P	120～200	20～30	Min.10/Max.150
S43GM-A	INCONEL600	GMAN（FCAW）	角焊缝 4.8～40	ERNiCr-3	ϕ1.2	D.C/R.P	100～200	20～30	Min.10/Max.150
S-45T-A	INCOLOY800	GTAW	单边斜坡口，角焊缝 1.6～18	ERNiCr-3	ϕ2.4	D.C/S.P	100～180	10～18	Min.10/Max.150
S-45/8T-A	INCOLOY800；SA312TP304	GTAW	单 V 形；4.8～38	ERNiCr-3	ϕ2.4	D.C/S.P	100～180	10～18	Min.10/Max.150
S-8T-A	SA312TP.304	GTAW	单 V 形；4.8～38.1	ER308	ϕ2.4	D.C/S.P	100～180	10～18	Min.10/Max.150
S-8T-B	SA312TP.304；SA312TP.321	GTAW	单边斜坡口，角焊缝 4.8～38.1	ER308	ϕ2.4	D.C/S.P	100～180	10～18	Min.10/Max.150
S-8T-C	SA312TP.321；SA240TP.321	GTAW	单边斜坡口，角焊缝 1.6～19	ER347	ϕ2.4	D.C/S.P	100～180	10～18	Min.10/Max.150
S-3M/S-10	A302Gr.B	SMAN+ SAW	双 V 形；16～200	F8P0-EG-A4 E9016-G	ϕ4 ϕ5	A.C	130～180 180～240	20～28 20～28	150/350/625±14/7h
S-3S-21	A302Gr.B；A508CL.3	SAW	双 U-V 形；16～200	F8P0-EG-A4	ϕ4	A.C	450～620	27～35	150/350/625±14/7h
S-3M-38	A302Gr.B；A508CL.3	SMAW	双 V、斜坡口形；16～200	E9016-G	ϕ4、ϕ5、ϕ6	A.C	110～300	20～28	150/350/625±14/7h

F2 凯洛格型卧式氨合成塔内件焊接规范（续）

焊接代号	焊接母材	焊接方法	坡口形式 母材厚度 /mm	焊接工艺					
				焊条牌号	焊条直径 /mm	电源	电流 /A	电压 /V	预热 / 层间 / 热处理温度 /℃
S-3M-39	A302Gr. B	GTAW	单 V 形；角焊缝 10～20	E9016-G	ϕ4、ϕ5、ϕ6	A. C	110～300	20～28	150/350/625±14/7h
S-45/3T-05	INCOLOY800H；A508CL. 3	GTAW	堆焊、单 U 形 4. 8～40	ERNiCr-3	ϕ2. 4	D. C/S. P	80～180	10～18	10/150/625±14/7h
S-3T-11	A508Gr. 3；A312Gr. B	GTAW	V 形、单边斜坡口、角焊缝 10-20	ER80S-G	ϕ2. 4	D. C/S. P	80～180	10～18	150/350/625±14/7h
S-4/3T-06	A336Gr. F11A；A508CL. 3	GTAW	单 V 形；10～20	ER80S-G	ϕ2. 4	D. C/S. P	80～180	10～18	150/350/625±14/7h
S-45T-06	INCOLOY800H	GTAW	角焊缝；任意厚	ERNiCr-3	ϕ2. 4	D. C/S. P	100～200	10～18	10/150
S-45/8T-04	INCOLOY800H；SA321TP304	GTAW	双边斜坡口 4～38	ERNiCr-3	ϕ2. 4	D. C/S. P	100～180	10～18	10/150
S-3/1M-26	A302BGr. B；A516Gr. 70	DMAW	角焊缝 任意厚	E7016	ϕ4、ϕ5、ϕ6	A. C	140～310	20～28	150/350/625±14/7h
S-1M-351	A516Gr. 70	DMAW	角焊缝 任意厚	E7016	ϕ4、ϕ5、ϕ6	A. C	140～310	20～28	150/350/625±14/7h

附 录 G
（资料性附录）
凯洛格型氨合成塔主要部件化学成分

主要部件名称	材料	化学成分 /%								
		C	Si	Mn	P	S	Cr	Mo	Ni	V
筒件	K-TEN62M	<0.18	<0.55	<1.60	0.035	0.035				0.05
球封头	SA516-70	0.27~0.30	0.13~0.33	0.8~1.25	0.035	0.04				
球封头	SA302-B	0.20~0.25	0.15~0.30	1.15~1.5	0.035	0.035	0.3	0.45~0.60		0.03
锻造法兰及锻环	AOS5002M	0.19~0.25	0.20~0.35	1.10~1.50	0.04	0.04	0.2	0.06	0.40~0.70	0.13~0.18
换热器顶盖	SA182F1	0.28	0.15~0.35	0.60~0.90	0.45	0.045		0.44~0.65		
“C”接管	SA182F22	0.15	0.05	0.30~0.60	0.04	0.40	2.00~2.50	0.87~1.13		
“C”以外接管	SF45	0.18~0.26	0.15~0.45	0.30~0.60	0.04	0.035				
人孔盖	SF50	最大 0.30	0.15~0.40	0.50~0.80	0.035	0.40				
螺栓	SCM4	0.038~0.43	0.15~0.35	0.60~0.85	0.030	0.030	0.90~1.20	0.15~0.30		
螺母	S45C	0.42~0.48	0.15~0.35	0.60~0.90	0.030	0.035				
密封垫	S10C	0.08~0.13	0.15~0.35	0.30~0.60	0.030	0.35				
裙座	SA285C	0.28	0.15~0.35	0.90	0.035	0.045				Cu 0.2~0.25
换热器管板法兰	SA128-F304	0.08	1.00	2.00	0.04	0.03	18.0~20.0		8.00~11.0	

凯洛格型氨合成塔主要部件化学成分（续）

主要部件名称	材料	化学成分 /%								
		C	Si	Mn	P	S	Cr	Mo	Ni	V
换热器管子	SA249-TP304	0.08	1.00	2.00	0.04	0.03	18.0~20.0		8.00~11.0	
筒体封头折流板	SA240YP304	0.08	1.00	2.00	0.045	0.03	18.0~20.0		8.00~10.5	
膨胀节	SA240-TP321	0.08	1.00	2.00	0.045	0.03	17.0~19.0		9.00~12.0	Ti 0.40
第一床垫板 第一床中心管	INCONEL600	0.15 最大	0.50	1.00	0.015		14~17		72	Fe 6~10 Cu 0.5
分配板床盖支承圈	SA240TP304	0.08	1.00	2.00	0.045	0.03	18.0~20.0		8.00~10.5	
壳体封头、端盖封头壳体耐耐磨板 锥形轮毂圈	A302 GR.B	0.20~0.25	0.15~0.30	1.15~1.5	0.035	0.035	0.3	0.45~0.60	Cu 0.4	V 0.03 Nb 0.02
壳体法兰 端盖法兰 锻造接管 盲板法兰	A508 CL.3	0.21~0.25	0.15~0.40	1.2~1.5	0.025	0.025	0.25	0.45~0.60	0.40~1.00	V 0.05
封头大盖 双头螺栓 球型螺母	A540 GR.B23 CL.3	0.37~0.44	0.15~0.35	0.60~0.95	0.025	0.025	0.65~0.95	0.20~0.30	1.55~2.00	
球形垫圈 双头螺栓	A194 GR.2H	0.33~0.40	0.15~0.40	0.90~1.20-	0.04	0.05	0.45~0.65	0.25~0.45		

凯洛格型氨合成塔主要部件化学成分（续）

主要部件名称	材料	化学成分 /%								
		C	Si	Mn	P	S	Cr	Mo	Ni	V
基板鞍座板	A516 GR 70	0.27～0.30	0.15～0.40	0.85～1.20	0.035	0.035	0.30	0.12	Ni 0.40；Cu 0.40	V 0.03 Nb 0.02
双锥形	A182 GR F11	0.10～0.20	0.50～1.00	0.30～0.80	0.04	0.04	1.00～1.5	0.44～0.65		
双头螺栓	A193 GR B7	0.37	0.15～0.35	0.65～1.10	0.035	0.040	0.75～1.20	0.15～0.25		
大小头	INCOLOY 800	0.058	0.59	1.18	0.011	0.009	20.05		32.42	
接管颈板式接头	A336 GR F11A	0.10～0.20	0.50～1.00	0.30～0.80	0.025	0.025	1.00～1.50	0.45～0.65		
催化剂筐壳体主要法兰螺栓	TYPE 304SS	0.08	1.00	2.00	0.045	0.03	18.0～20.0		8.00～10.5	
隔板	Inconel 600	0.15 最大	0.50	1.00	0.015		14～17		72	Fe 6～10 Cu 0.5
催化剂筐分布板和网格栅板	TYPE 321SS	0.08	1.00	2.00	0.03	0.03	17.0～19.0		9.00～12.0	Ti 0.40
内部管	INCOLOY800H	0.06～0.10	1.0	1.5	0.03	0.015	19～23	Al30～35；Ti 0.15～0.6；Cu 0.75	Fe 39.5；Al+Ti 0.85-1.2	Ni+Co30-35

附　录　H
（资料性附录）
凯洛格型氨合成塔主要材料机械性能

钢号	σ_b/MPa	σ_s/MPa	δ/%	ψ/%	a_k	HB
K-TEN62M	室温，620 205℃，430	≥ 500	19	50		
SA516-GR70	室温，490～595 205℃，430	≥ 270	17（8in） 21（2in）			
A0S5002M	室温，560 205℃，500	≥ 357	20	35		
SA182-F11	485～580	≥ 270	20	≥ 30		143～207
SA182-F22	490	280	25	35		192
SF45	450～550	230	27			
SF50	500～600	250	25			
SFM4	＞ 1000 205℃，500	＞ 850	＞ 12	＞ 45	＞ 6	285～341
S45C	700	500	17	45	8	201～341
S10C	320	210	33			120
SA285C	390～460	210	27			
SS41	410～520	220～250	20			
SA302GrB	560～700	350	18		20	Max 225
INCONEL600	700 最大		30 最小			
A508 CL.3	550～689	≥ 345	28.1	35	30	191～198
A540 GR.B23 CL.3	1000	896	12	40		302～375
A182 GR F11	276	483	20	30		143～207
A193 GR B7	593	860	16	50		
INCOLOY 800H	≥ 550	≥ 240	≥ 25	54		
A336 GR F11A	515～690	≥ 310	18	40		225

附　录　I
（资料性附录）
质量控制检查表

委托单位：　　　　　设备名称：合成塔　　设备位号：105D　　承修单位：

序号	检查内容	标准及要求	检修情况	结论	项目委托单位人员签字	承修单位人员签字	装置负责人签字	设备室技术人员签字	检查时间
1	焊缝宏观检查	无腐蚀、裂纹、气孔、咬边等缺陷；PT 检查							
2	衬里宏观检查	无腐蚀、凹陷、鼓包等缺陷							
3	衬里壁厚测定	厚度在设计要求之内							
4	内件宏观检查	螺栓、螺帽有无腐蚀松动；塔盘支架牢靠							
5	人孔法兰	无裂纹、金属损失等缺陷；PT 检查							
6	液氨进口短节	焊缝 PT 无缺陷							
7	检漏信号孔	无堵塞							
8	封塔	内部无杂物							

重要情况记录：

说明：1. 本表同检修任务书一并交出由承修单位保管，负责质量控制过程的验收传递，同检修任务书、校验记录和竣工验收书收集存档。
2. 各工作过程的质量验收由相关人员填写并签字。
3. 被列为检修重点项目时由大修指挥部各技术组填写。

11. 氨合成气压缩机组维护检修规程

SHS 05016—2019

代替 SHS 05016—2004

目 次

前　言

本规程按照GB/T 1.1—2009《标准化工作导则　第1部分：标准的结构和编写》给出的规则起草。

本规程代替SHS 05016—2004《合成气压缩机组维护检修规程》，与SHS 05016—2004相比，除了编辑性修改外，主要技术变化如下：

——适用范围删除了日Ⅰ型（齐鲁二化）、日Ⅱ型（镇海）、渣油型（九江）合成氨装置合成气压缩机组，增加了南化公司合成氨装置的合成气压缩机组，规程内容相应增减；

——美荷型机组控制系统改造为ITCC控制，原检修与质量标准中调节保护系统检修章节，机组调速系统进行了更新；

——机组常见故障与处理方法进行了修编，变更为机组常见功能故障与处理方法；

——增加了机组检修质量过程控制确认表。

本规程由中国石油化工集团有限公司、中国石油化工股份有限公司提出。

本规程修订单位：中国石油化工股份有限公司湖北化肥分公司。

本规程主要起草人：周世俊。

本规程所代替规程的历次版本分发布情况为：

——SHS 05016—1992，SHS 05016—2004。

氨合成气压缩机组维护检修规程

1 范围

1.1 主题内容

本规程规定了合成氨装置氨合成气压缩机组的检修周期与内容、检修程序与质量标准、试车与验收、维护与故障处理。

1.2 适用范围

本规程适用于表1所列机型的氨合成气压缩机组。

表1 合成氨装置与压缩机机型

厂别＼机型	压缩机	汽轮机
美荷型（湖北、巴陵）	2B9 2BF9-8	GJMV-DC GJMV-DC改 GJMV
法型（安庆）	463B5/5 RC10-9B RB9B RB9-7B	T4MC8E2F 5EH-6BD
南化公司	2BL409/A	HG32/20

2 规范性引用文件

下列文件的条款通过本规程的引用而成为本规程的条款，凡是注日期的引用文件，其随后所有的修改单（不包括勘误的内容）或修订版均不适用于本规程；然而，鼓励根据本规程达成协议的各方研究是否使用这些文件的最新版本。凡是不注日期的引用文件，其最新版本适用于本规程。

API 617 石油、化学和气体工业用离心压缩机

API 614 石油、化工和气体工业用润滑、轴密封和控制油系统及辅助设备

API 612 石油、石化和天然气工业用特种用途汽轮机

ISO 1940 机械振动—刚性转子的平衡精度要求

ISO 2372 机器振动烈度的评定标准

SHS 01018 垂直剖分离心式压缩机维护检修规程

3 检修周期与内容

3.1 机组简介

美荷型氨合成气压缩机组由压缩机、驱动汽轮机及辅助设备设施组成。其中，压缩机由美国德莱塞·克拉克公司（DRESSER CLARK）制造，分低、高压两个缸；低压缸型号 2BC9 为一段 9 级，高压缸型号 2BF9-8 为两段 8 级（第二段 7 级、循环段 1 级）。两台驱动汽轮机由美国迪拉瓦（DELAVAL）公司制造，高压汽轮机型号 GJMV-DC 为 2 级背压式，中压汽轮机型号 GJMV 为 6 级冷凝式。轴系采用齿形联轴器连接，压缩机采用浮环密封。密封油与调速油（润滑油）共用一个油箱，分开设泵。

3.2 检修周期

检修周期主要根据机组运行状况、状态监测评价与故障诊断结论确定，原则上，机组累计运行 36~60 个月后需安排一次停车检修。

3.3 检修内容

3.3.1 检修项目

根据机组运行状况、状态监测评价与故障诊断结论，参照以下检修内容确定具体检修项目。

3.3.2 压缩机检修内容

3.3.2.1 拆联轴节护罩及中间体，复查对中；

3.3.2.2 解体检查径向轴承和止推轴承，调整轴承间隙与瓦背紧力，清扫、修理轴承箱；

3.3.2.3 检查、测量转子各部位径向圆跳动与端面圆跳动、轴颈的圆度、圆柱度和表面粗糙度并作相应处理，必要时转子做动平衡或更换转子；

3.3.2.4 检查止推盘，测量端面圆跳动；

3.3.2.5 检查、调整油封间隙或更换油封；

3.3.2.6 检查或更换轴端密封；

3.3.2.7 测量转子窜量，必要时进行调整；

3.3.2.8 清洗检查联轴节及其喷油嘴，对连接螺栓、螺帽、中间接筒、齿套和膜片进行渗透检查，对齿式联轴节检查啮合状况，对膜片式联轴节检查膜片情况；

3.3.2.9 调整机组各轴系对中；

3.3.2.10 检查、调校所有联锁、报警及有关仪表和安全等保护装置，调校各测振探头、相位探头与轴位移探头；

3.3.2.11 清洗检查主润滑油、密封油过滤网，更换过滤器芯子，清洗润滑油箱、集油槽、脱气槽、污油收集器、各油位计和油视镜、油冷却器等，解体检修主、辅润滑油泵、密封油泵及驱动电机、相关联轴器并对中；

3.3.2.12　检查、紧固各连接螺栓；

3.3.2.13　压缩机解体，清洗、检查、测量、调整内缸隔板组件、各级气封及平衡盘气封；

3.3.2.14　检查叶轮铆钉的松动情况和叶片的焊缝情况；

3.3.2.15　对转子及缸体内表面应力集中部位进行 PT 或 MT 检测；

3.3.2.16　检查、清理滑销系统；

3.3.2.17　检查、调整管道支架和吊架；

3.3.2.18　清扫、检查密封油、润滑油高位槽、参比气管线与贮压器胶囊；

3.3.2.19　转子静电接地电刷检查或更换；

3.3.2.20　检查处理干气或浮环密封系统缺陷；

3.3.2.21　段间冷却器检查、清洗、试压、消漏；

3.3.2.22　机组单向阀、过滤网、防喘振阀检查修复，安全阀检查、调试整定。

3.3.3　汽轮机检修内容

3.3.3.1　拆联轴节护罩及中间体，复查对中；

3.3.3.2　解体检查径向轴承和止推轴承，调整轴承间隙与瓦背紧力，清扫、修理轴承箱，测量转子窜量，必要时进行调整；

3.3.3.3　检查止推盘，测量端面圆跳动；

3.3.3.4　检查、调整油封间隙或更换油封；

3.3.3.5　清洗检查联轴节及其喷油嘴，对连接螺栓、螺帽、中间接筒、齿套和膜片进行渗透检查，对齿式联轴节检查啮合状况，对膜片式联轴节检查膜片情况；

3.3.3.6　检查、紧固各连接螺栓；

3.3.3.7　检查、调校所有联锁、报警及有关仪表和安全等保护装置，调校各测振探头、相位探头与轴位移探头；

3.3.3.8　调速器及其传动机构清洗、检查、修理或更换损坏件；

3.3.3.9　检查超速遮断装置的动作情况；

3.2.3.10　检查、清扫蒸汽入口过滤网；

3.3.3.11　汽轮机解体，气缸清扫、检查，隔板组件清锈除垢，隔板找正，通流部分间隔调整，隔板静叶片着色检查以及各级汽封清理、测量或更换；

3.3.3.12　转子清理除垢，各部测量检查，叶根、围带、铆钉等部位做无损检测，必要时做动平衡校验及叶片测频；

3.3.3.13　缸体应力集中部位及水平中分面螺栓做着色检查；气缸疏水孔检查，安全阀、缸体报警阀重新整定；

3.3.3.14　主汽阀、调节阀、跳闸油缸解体检修；

3.3.3.15　解体检查危急保安遮断装置；

3.3.3.16 解体检查调速器、危急保安器、错油门、伺服马达、蓄压器等；
3.3.3.17 调节系统做静态特性试验；
3.3.3.18 机组滑销系统，主要管道支、吊架弹簧清理，检查调整；
3.3.3.19 解体检修盘车器；
3.3.3.20 转子静电接地电刷检查或更换；
3.3.3.21 解体检修冷凝液泵、真空泵，检查联轴节状况；
3.3.3.22 冷凝器检查、清洗、查漏。

4 检修程序与质量标准

4.1 检修前准备

4.1.1 根据机组运行情况、故障情况及诊断结论编写检修方案，组织 JSA 分析，制定安全技术措施，进行现场交底；
4.1.2 备齐所需的各类配件及材料，审查合格证件或检验单；
4.1.3 备好检修所需的工器具和检验合格的量具；
4.1.4 起重设备、机具、索具检验合格，完成静、动负荷试验；
4.1.5 准备好专用放置设施；
4.1.6 准备好检修记录及有关技术资料；
4.1.7 做好安全、劳动保护各项准备工作。

4.2 检修注意事项

4.2.1 汽轮机气缸温度低于是 120℃方可拆除缸体保温。
4.2.2 汽轮机停机后连续油循环，直至缸体温度低于 80℃。
4.2.3 机组与系统用盲板隔离，氮气置换合格，切除电源，安全技术措施已落实。
4.2.4 办理工作票，做好交接手续。
4.2.5 拆卸：
4.2.5.1 拆卸时按程序进行，应使用专用工具（禁止采用生拉、硬拖、铲、打、割等野蛮方式施工）；
4.2.5.2 拆卸零部件时，记录好原始安装位置和标记，确保回装质量；
4.2.5.3 拆开的管道、孔口必须及时封好，防止异物进入。
4.2.6 吊装：
4.2.6.1 必须掌握被吊物的质量，严禁超载。各主要部件质量见附录 A ；
4.2.6.2 起吊部件必须绑牢，就位应保持水平；
4.2.6.3 拴挂绳索要保护被吊物不受损伤，放置必须稳固。
4.2.7 吹扫和清洗：
4.2.7.1 采用压缩空气或蒸汽吹扫零部件，吹扫后应及时清除水分，并涂合格工作油防锈。精密零件不得用蒸汽直接吹扫；

4.2.7.2　清洗零件时应用符合环保要求的清洗液。精密零件复装前用绸布揩净，并涂上合格的工作油。

4.2.8　零部件保管：

4.2.8.1　拆下的零部件，应采取适当防护措施，严防变形、损坏、锈蚀、错乱和丢失。

4.2.9　组装：

4.2.9.1　组装的零、部件必须清洗、风干并检查达到要求；

4.2.9.2　机器扣盖前缸体内必须无异物，管口堵塞物已全取出，缸体内件已组装完全并固定牢靠。一切检查无误并由技术负责人签字认可后方可扣盖。

4.2.10　油系统清洗：

机组检修封闭后，应按照油系统循环清洗方案进行循环清洗。如入口管道检修过，应在轴承及调节系统前加过滤网。循环系统要避免死角，油温不低于 40℃，回油口以 200 目过滤网检查肉眼可见污点不多于 3 个为合格。循环清洗结束后随机选择 1 个轴承检查。

4.3　检修程序与质量标准

4.3.1　压缩机拆卸程序

组装程序与拆卸程序（见图 1）相反。

回装时压缩机中分面、轴承箱外盖要求用丙酮清洗干净后均匀涂抹 704 硅橡胶密封。

4.3.2　径向轴承质量标准

4.3.2.1　检查瓦块和油封，钨金层应无裂缝、夹渣、气孔、掉块、烧损、碾压和沟槽，无严重磨损和偏磨等缺陷。

4.3.2.2　用渗透法检查钨金层应无脱壳现象。

4.3.2.3　检查轴颈与钨金接触情况。要求接触均匀，不得有高点及片接触，接触面积大于 80%。

4.3.2.4　检查瓦块与瓦壳接触面应光滑无磨损。防转销钉和瓦块的销孔无磨损、蹩劲、顶起现象。销钉在销孔中的径向间隙为 2mm。瓦块能自由摆动。同组瓦块厚度差不大于 0.015mm。

4.3.2.5　径向轴承间隙值见表 2。

a）轴承间隙的测量可采用压铅法、抬轴法、抬瓦法及测量计算法进行；

b）轴承间隙，挡油圈间隙值符合表 2 要求。

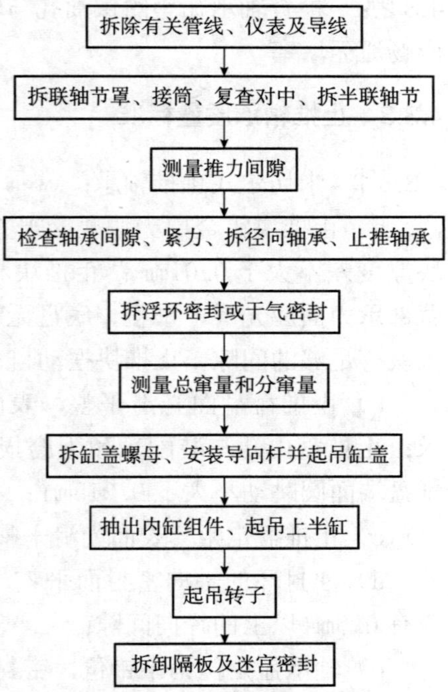

图 1　压缩机拆卸程序

表 2　压缩机径向轴承及挡油圈间隙值（直径间隙）

mm

<table>
<tr><th>机型</th><th>轴承间隙</th><th>挡油圈间隙</th></tr>
<tr><td>2B9</td><td>0.13～0.17</td><td>0.43～0.57</td></tr>
<tr><td>2BF9-8</td><td>0.13～0.17</td><td>0.43～0.57</td></tr>
<tr><td>463B5/5</td><td>0.18～0.23
辅助轴承：0.10～0.15</td><td>0.41～0.46</td></tr>
<tr><td>RC10-9B</td><td>缸盖侧：0.104～0.149
非缸盖侧：0.114～0.166</td><td>0.46～0.60
非止推端：0.43～0.57</td></tr>
<tr><td>RB9B</td><td rowspan="2">0.10～0.15</td><td>0.46～0.60
非止推端：0.37～0.57</td></tr>
<tr><td>RB9-7B</td><td>0.46～0.60
非止推端：0.43～0.57</td></tr>
<tr><td>2BL409/A</td><td>0.11～0.152</td><td>0.42～0.53</td></tr>
</table>

4.3.2.6　检查瓦壳。要求上下剖分面密合，定位销不旷动，瓦壳不错口。瓦壳在座孔内接合严密，两侧间隙不大于 0.05mm，瓦壳防转销钉牢固可靠。

4.3.2.7　整体更换新轴承时，要检查轴承壳体与轴承座座孔的接触表面应没有划痕和毛刺，接触均匀，其接触面积不小于80%，装配紧力为0～0.02mm或按照制造厂要求执行。

4.3.2.8　轴承盖定位销不错位，结合面密实无间隙。

4.3.2.9　检查轴承瓦座的供油孔与轴承体上的油孔应吻合并畅通。瓦块供油孔及喷油嘴应畅通无堵塞。

4.3.3　止推轴承质量标准

4.3.3.1　米切尔式止推轴承：

a）止推块钨金层无脱壳、严重磨损、烧伤、掉块、划痕、碾压等缺陷；同组止推块厚度差不大于 0.01mm；止推块和止推盘接触面积应大于 70%，且分布均匀；止推块背部承力面应光滑、平整、底盘无瓢偏，止推块中间的定位螺钉与底板固定牢固且与止推块有足够的间隙，止推块摆动自由；

b）止推盘盘面光滑平整，表面粗糙度 R_a 允许值不大于 0.4μm；键槽符合技术要求；止推盘内孔与装配轴颈无磨损及腐蚀缺陷，配合过盈为 0.01～0.03mm；组装后止推盘端面圆跳动不大于 0.015mm；

c）止推盘定距套表面光滑平整，无磨损，两端面平行度不大于 0.01mm；

d）油封环的轴向密封面平整，内孔无磨损，裂纹等缺陷；油封环外径与外盖凹槽应有 0.5mm 以上的径向间隙；

e）轴承盖定位销不错位，密封面贴合严密；

f）甩油环内外径配合适宜不松旷，防转销固定牢靠、与销孔不错位；

g）轴承间隙及密封环间隙应符合表 3 要求。

4.3.3.2 金斯伯雷式止推轴承：

a）止推块钨金层无脱壳、严重磨损、烧伤、掉块、划痕、碾压等缺陷；同组止推块厚度差不大于 0.01mm；止推块和止推盘接触面积应大于 70%，且分布均匀；止推块背部承力面应光滑、平整、底盘无瓢偏，止推块中间的定位螺钉与底板固定牢固且与止推块有足够的间隙，止推块摆动自由；

b）均压块承力面应光滑、平整、无磨损、不卡涩且能灵活转动、前后摆动；止动销长度适宜固定牢固，均压块半圆底板与外壳轴向无压痕；

c）定位板光滑、平整、不瓢偏，厚度差不大于 0.01mm，调整垫片厚度最薄不小于 3.00mm，最多片数为两片；

d）止推盘盘面光滑平整，表面粗糙度 R_a 允许值不大于 0.4μm；键槽符合技术要求；止推盘内孔与装配轴颈无磨损及腐蚀痕，配合过盈为 0.01～0.03mm；组装后止推盘端面圆跳动不大于 0.01mm；

e）油封环的轴向密封面平整，内孔无磨损，裂纹等缺陷；油封环外径与外盖凹槽应有 0.5mm 以上的径向间隙；

f）轴承盖定位销不错位，密封面贴合严密；

g）轴承间隙及密封环应符合表 3 要求。

表 3　压缩机止推轴承及密封环间隙值

mm

机型	轴承间隙	油封间隙
2B9 2BF9-8	0.38～0.56	0.13～0.23
463B5/5	0.23～0.46	0.20～0.26
RC10-9B	0.31～0.36	0.10～0.26
RB9B	0.31～0.36	0.10～0.26
RB9-7B	0.31～0.36	0.10～0.26
2BL409/A	0.25～0.35	0.1～0.26

4.3.3.3 轴位移指示测得的转子窜量必须与机械测量值相符，如有差异，要找出原因予以消除。

4.3.3.4 各油口干净畅通。

4.3.3.5 对于用油压装配的止推盘应按照制造厂提供的要求执行。

4.3.4 浮环密封质量标准

4.3.4.1 浮环质量标准：

a）浮环钨金层应无划痕、沟槽、嵌入金属颗粒、裂纹、脱层及磨损等缺陷。外密封环若有轻微的划痕可修刮使用，否则必须更换新配件；

b）浮环端面应平整、销孔对中、销子长度适宜；浮环在浮动盒内的轴向间隙为 0.25～0.40mm；法型厂浮环销钉端部间隙为 0.25～0.51mm；

c）浮环密封组件在气缸和轴承箱组成的安装空间内轴向间隙不大于 0.05mm；

d）浮环径向间隙应符合表 4 要求。

表 4　压缩机浮环密封径向间隙值（直径间隙）

mm

机型	内环间隙	中环间隙	外环间隙	内迷宫密封间隙
2B9	0.05～0.08		0.10～0.12	0.20～0.30
2BF9-8	0.05～0.08	0.14～0.16	0.10～0.12	0.20～0.30
463B5/5	0.09～0.12		0.19～0.22	0.25～0.31
RC10-9B	0.09～0.12		0.19～0.22	0.20～0.24
RB9B	0.06～0.09		0.13～0.15	0.31～0.35
RB9-7B	0.06～0.09		0.09～0.12	0.31～0.35

4.3.4.2　O 形环质量标准：

a）所有 O 形环应无压扁、扭曲、毛边、裂缝、缺肉等缺陷；

b）O 形环应弹性良好，直径与凹槽配合适宜，无过松和过紧现象；

c）所有使用过的 O 形环，检修时应更新；

d）O 形环材质应符合要求。

4.3.4.3　检查内迷宫密封，要求密封齿不卷曲、掉落、偏磨，间隙不超差。密封件和浮环外壳结合面平整、光滑，垫片厚度不大于 0.05mm。内迷宫密封径向间隙应符合表 4 要求。

4.3.5　压缩机转子质量标准

4.3.5.1　转子宏观检查：

a）叶轮无损坏、结垢、冲蚀缺陷，叶轮端面、口环不磨损；

b）转子轴封处无严重磨损痕迹；

c）与轴配合的固定件不松动；

d）叶片焊缝无脱焊、裂纹。

4.3.5.2　转子形位状态检查：

a）轴直线度不大于 0.02mm；

b）轴承处轴颈圆度及圆柱度不大于 0.02mm；

c）转子轴承处轴颈及浮环密封部位轴颈、平衡盘外圆面、止推轴承组装部位轴颈径向圆跳动值应不大于 0.02mm，各级叶轮口环密封面，各级轴封处密封面径向圆跳动应小于 0.05mm；

d）叶轮轮缘端面圆跳动不大于 0.10mm；

e）轴承处轴颈表面粗糙度 R_a 允许值不大于 0.4μm。

4.3.5.3　转子整体做无损检测，要求无裂纹及其他缺陷。

4.3.5.4　凡转子有明显的磨损、损坏或进行过更换轴、轴套、叶轮等项目的修复以及由于质量偏心而导致的振动超标，均应做动平衡校验。其低速动平衡精度应符合 ISO 1940

G0.4 级、高速动平衡应符合 ISO 2372 规定，其支承处振动速度≤1.12mm/s。

4.3.5.5 在转子静止状态，振测探头无法调整至零位指示时，应对转子测振探头部位进行电磁和机械偏差检查，并进行退磁处理。

4.3.6 隔板及汽封质量标准

4.3.6.1 隔板质量标准：

a）入口环和入口端盖弧面应结合严密、无压痕，入口导流器叶片无裂纹、伤痕、气孔等缺陷，导流器骑缝螺钉丝扣完好，拧紧螺钉后导流器水平剖分面应无间隙；

b）扩压器隔板的壁面应光滑无裂纹，回流器叶片完整无损伤，以上各部位应进行渗透检查；

c）每级隔板间的连接止口的径向、轴向配合严密、不松旷，且无冲蚀损坏；

d）隔板组外圆精加工密封面 O 形环密封槽外径应无冲蚀损坏；

e）隔板中分面应光滑平整，无气流冲刷沟痕，上下隔板组合后中分面处间隙不大于 0.10mm；

f）隔板组装总长度应符合表 5 要求；

表 5 压缩机隔板组装总长度一览表

机型	组装总长度 /mm
2B9	982.65
2BF9-8	982.65
463B5/5	$1373.20^{+0.25}_{-0.51}$
RC10-9B	组件端面与端盖间隙 0.49～1.17
RB9B	组件端面与端盖间隙 0.39～1.16
RB9-7B	组件端面与端盖间隙 0.39～1.06
2BL409/A	

g）隔板组装中所使用 O 形环及背环无压扁、缺肉、裂口及毛边等缺陷，且经试装松紧合适。

4.3.6.2 汽质量标准：

a）各级汽封装配后无松旷及过紧现象，汽封无卷边、折断、偏磨等情况；

b）蜂窝密封无偏磨，密封外止口和气缸的配合直径间隙不大于 0.10mm；

c）各级迷宫密封及平衡盘密封间隙应符合表 6 要求。

4.3.7 气缸及机座质量标准

4.3.7.1 焊缝及缸体锻件应无裂纹、冲蚀沟槽；

4.3.7.2 装 O 形环及背环的密封面，应无严重冲蚀，应注意安装方向；

4.3.7.3 缸盖及缸体缠绕垫密封面应光滑、平整、无冲刷沟痕；

4.3.7.4 缸盖螺栓应进行无损检测。

4.3.7.5 缸体各滑销应无变形、损伤和卡涩缺陷，滑销侧向总间隙为0.05～0.08mm。

表6 压缩机迷宫密封及平衡盘密封间隙（直径间隙） mm

机型	叶轮口环密封间隙	隔板密封间隙	平衡盘密封间隙
2B9	0.31～0.41	0.20～0.31	0.38～0.51
2BF9-8	0.31～0.41	0.20～0.31	0.38～0.51
463B5/5	0.31～0.56	0.31～0.56	0.31～0.56
RC10-9B	0.38～0.53	0.30～0.40	0.36～0.41
RB9B	0.36～0.42	0.30～0.36	0.36～0.41
RB9-7B	0.36～0.42 循环段：0.42～0.51	0.30～0.40	0.33～0.41
2BL409/A	0.35～0.45	0.25～0.35	0.20～0.30

4.3.8 联轴节质量标准

4.3.8.1 齿式联轴节：

a）测量联轴节中间接筒的轴向窜量，记下中间接筒和两个内齿套的装配标记；

b）清洗齿圈内油污，检查齿的啮合情况，磨损程度和磨损部位；

c）测量半联轴节端面到转子轴头端面的距离，作为回装半联轴节推进量复查依据；

d）半联轴节内锥面和转子轴头锥面的接触面应分布均匀，且要求接触面积不小于80%；

e）连接螺栓应进行渗透检查，螺母自锁性能良好。更换时螺栓、螺母应成对更换，且其质量相差不大于0.2g；

f）O形环和背环应无折损、毛边、压扁、扭曲等缺陷，每拆卸联轴节一次，O形环及背环均应更新；

g）联轴节装配推进量应符合表7要求；

h）联轴节内外齿圈轴向移动灵活无卡涩，内外齿之间有0.06～0.10mm的径向间隙，齿面啮合接触面积按高度不小于50%，按长度不小于70%，组装后的联轴节内、外齿圈及中间接筒的轴向窜量如表8所示；

表7 联轴节装配推进量 mm

机型	入口端推进量	出口端推进量
2B9	$4.27^{+0.25}_{0}$	$4.88^{+0.25}_{0}$
2BF9-8		$4.27^{+0.25}_{0}$
463B5/5		$5.54^{+0.25}_{0}$
RC10-9B RB9B RB9-7B	加热装	加热装
2BL409/A	4.5±0.5	

i）液压装卸联轴节时，内孔油压不应超过规定的扩张压（美荷型 175MPa、法型 200MPa）和推进压（美荷型 28MPa）；

j）联轴节应成套更换。新加工制造的联轴节组件应进行动平衡校验合格后，方可使用。

4.3.8.2 膜片联轴节：

a）测量联轴节中间接筒的轴向窜量，记下中间接筒和两个半联轴节的装配标记；

b）测量半联轴节端面到转子轴头端面的距离，作为回装半联轴节推进量复查依据；

c）半联轴节内锥面和转子轴头锥面的接触面应分布均匀，且要求接触面积不小于 80%；

d）连接螺栓应进行渗透检查，螺母自锁性能良好。更换时螺栓、螺母应成对更换，且其质量相差不大于 0.2g；

e）O 形环和背环应无折损、毛边、压扁、扭曲等缺陷，每拆卸联轴节一次，O 形环及背环均应更新；

f）联轴节装配推进量应符合表 7 要求；

g）液压装卸联轴节时，内孔油压不应超过规定的扩张压和推进压；

h）联轴节应成套更换。新加工制造的联轴节组件应进行动平衡校验合格后，方可使用；

i）检查联轴节膜片情况，要求无裂纹及缺损、扭曲等损坏现象；

j）膜片式联轴节中间套筒回装前，应复核轴头端面间距离及带膜片的中间套筒预拉伸量；

k）组装后的联轴节中间接筒轴向窜量如表 8 所示。

表 8 联轴节中间接筒轴向窜量值

mm

机型	入口端联轴节中间接筒轴向窜量	出口端联轴节中间接筒轴向窜量
2B9	4.00～5.00	6.00～7.00
2BF9-8		4.00～5.00
463B5/5		4.00～5.00
RC10-9B		4.00～5.00
RB9B	4.00～5.00	4.00～5.00
RB9-7B	4.00～5.00	4.00～5.00
2BL409/A		

4.3.8.3 膜板联轴节：

a）拆卸联轴节轮毂时，采用热装法时要避免对膜片板直接加热，回装时用油均匀加热至 120℃；采用液压法拆装时，按制造厂规定拆装油压进行；

b）对膜板进行着色检查，膜板不应有裂纹、过度变形等缺陷存在；

c）联轴节轮毂孔与轴颈的接触面积大于 80%，轮毂安装推进量符合制造厂规定要求；

d）联轴节连接螺栓应进行渗透检查，螺母防松自锁性能性能可靠。更换时螺栓螺母应成对更换，且其质量差不大于0.2g。

4.4 汽轮机检修程序与质量标准

4.4.1 汽轮机拆卸程序（图2）

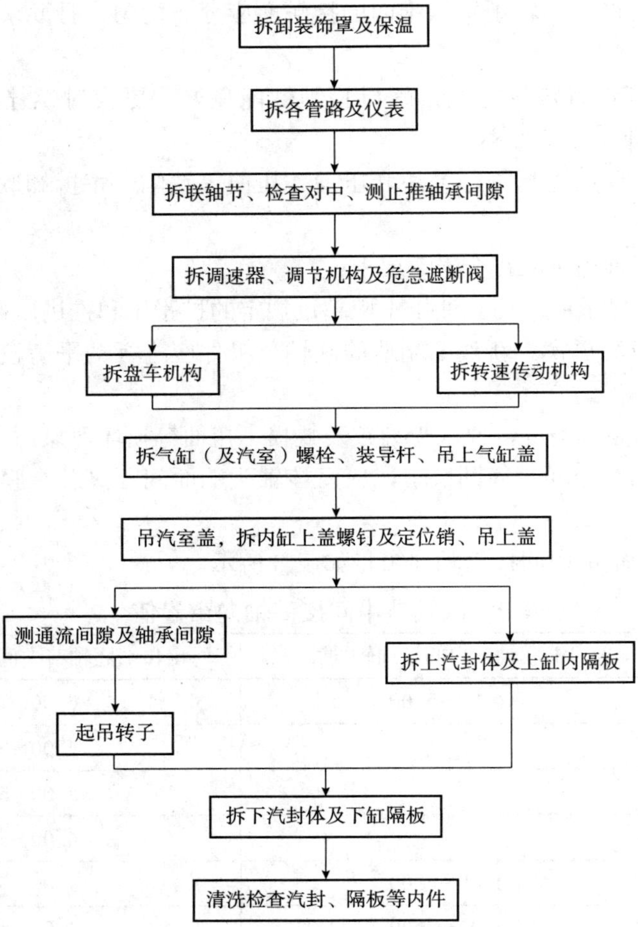

图2 汽轮机拆卸程序

组装程序与拆卸程序相反。

回装时汽轮机中分面要求用丙酮清洗干净后，用精炼制配好的干净亚麻仁油、铁锚604密封胶或MF-I型气缸密封脂均匀涂抹在中分面上。当气缸中分面自然扣合间隙超大时，可在亚麻仁油中添加石墨粉、铁粉等添加剂或采用MF-II、III增稠型气缸密封脂。

4.4.2 径向轴承质量标准

4.4.2.1 瓦块和油封的钨金层应无裂缝、夹渣、气孔、掉块、烧损、碾压和沟槽，无严重磨损和偏磨等缺陷；

4.4.2.2 渗透法检查钨金层应无脱壳现象；

4.4.2.3 轴颈与钨金接触均匀，不得有高点及片接触，接触面积大于80%；

4.4.2.4 瓦块与瓦壳接触面应光滑无磨损，防转销钉和瓦块的销孔无磨损、蹩劲、顶起现象；销钉在销孔中的径向间隙为2mm，瓦块能自由摆动，同组瓦块厚度差不大于0.015mm；

4.4.2.5 瓦壳上下剖分面密合，定位销无旷动，瓦壳无错口；瓦壳在座孔内接合严密，两侧间隙不大于0.05mm，瓦壳防转销钉牢固可靠；

4.4.2.6 整体更换新轴承时，轴承壳体与轴承座座孔的接触表面应无划痕和毛刺，接触均匀，其接触面积不小于80%，装配紧力为0～0.02mm，或按照制造厂要求执行；

4.4.2.7 轴承盖定位销不错位，结合面密实、无间隙；

4.4.2.8 轴承瓦座的供油孔与轴承体上的油孔应吻合、畅通，瓦块供油孔及喷油嘴应畅通无堵塞；

4.4.2.9 轴承间隙及挡油圈间隙应符合表9要求。

表9 汽轮机径向轴承及挡油圈间隙值

mm

机型	进汽端轴承间隙	排汽端轴承间隙	挡油圈间隙
GJMV-DC	0.25～0.30	0.15～0.20	0.19～0.27
GJMV-DC改	0.254～0.30	0.15～0.20	0.19～0.27
GJMV	0.15～0.20	0.15～0.20	0.08～0.15
T4MC8E2F	小轴承：0.16～0.22 大轴承：0.22～0.29	0.22～0.29	0.20～0.60
5EH-6BD	0.17～0.24	0.17～0.24	0.20～0.60
HG32/20	0.13～0.174	0.13～0.174	进汽端：0.08～0.18 排汽端：0.05～0.15

4.4.3 止推轴承质量标准

4.4.3.1 止推块钨金层无脱壳、严重磨损、烧伤、掉块、划痕、碾压等缺陷；同组止推块厚度差不大于0.01mm；止推块和止推盘接触面积应大于70%，且分布均匀；止推块背部承力面应光滑、平整、底盘无瓢偏，止推块中间的定位螺钉与底板固定牢固且与止推块有足够的间隙，止推块摆动自由；

4.4.3.2 均压块承力面应光滑、平整、无磨损、不卡涩且能灵活转动、前后摆动；止动销长度适宜固定牢固，均压块半圆底板与外壳轴向无压痕；

4.4.3.3 定位板光滑、平整、不瓢偏，厚度差不大于0.01mm，调整垫片厚度不小于

3.00mm，最多片数为两片；

4.4.3.4 止推盘盘面光滑平整，表面粗糙度 R_a 允许值不大于 0.4μm；键槽符合技术要求；止推盘内孔与装配轴颈无磨损及腐蚀，配合过盈为 0.01～0.03mm；组装后止推盘端面圆跳动不大于 0.02mm；

4.4.3.5 油封环的轴向密封面平整，内孔无磨损，裂纹等缺陷；油封环外径与外盖凹槽应有 0.5mm 以上的径向间隙；

4.4.3.6 轴承盖定位销不错位，密封面贴合严密；

4.4.3.7 轴位移指示测得的转子窜量必须与机械测量值相符，如有差异，要找出原因予以消除；

4.4.3.8 各油口干净畅通；

4.4.3.9 止推轴承及挡油圈间隙应符合表 10 要求。

4.4.4 汽轮机转子质量标准

4.4.4.1 转子宏观检查：

a）轴颈、止推盘应无锈蚀、无严重磨损、伤痕，轻微缺陷应打磨处理并记录；

b）转子精加工的各段轴颈、叶轮，尤其是直径突变部位，叶轮外形突变部位，叶轮外缘、叶根槽外表面，仔细清洗干净，检查应无裂纹、腐蚀、磨损、脱皮等缺陷；

c）叶片、围带、铆钉、拉筋等应无结垢、挠曲、损坏、碰伤或松动；

表 10 汽轮机止推轴承及挡油圈间隙值 mm

机型	止推轴承间隙	挡油圈间隙
GJMV-DC	0.20～0.30	0.05～0.10
GJMV-DC 改	0.20～0.30	0.05～0.10
GJMV	0.20～0.30	0.05～0.10
T4MC8E2F	0.50～0.55	0.16～0.22
5EH-6BD	0.46～0.56	上间隙：0.33～0.57 下间隙：0.13～0.37
HG32/20	0.25～0.35	0.2～0.3

d）平衡块固定牢固，捻冲可靠；

e）固定危急保安器小轴顶丝牢固，捻冲可靠，压紧环的轴向间隙应沿圆周一致，小轴上丝堵捻牢；

f）转子上的汽封片应无碰伤和损坏。

4.4.4.2 转子形位检查：

a）主轴直线度不大于 0.02mm；

b）轴承处轴颈的圆度及圆柱度不大于 0.02mm；

c）止推盘端面圆跳动不大于 0.015mm；

d）各段轴封处径向圆跳动不大于 0.05mm；

e）叶轮轮缘外端面圆跳动不大于 0.10mm；

f）危急保安器小轴径向圆跳动不大于 0.02mm；

g）联轴节处轴颈径向圆跳动不大于 0.01mm；

h）套装式止推盘与主轴配合应无间隙；

i）检查叶根间间隙，用 0.03mm 塞尺不得塞入；

j）同级叶片组的倾斜不大于 0.5mm；

k）止推盘表面粗糙度 R_a 的最大允许值为 0.4μm；

l）轴位移盘外缘端面圆跳动值不大于 0.03mm。

4.4.4.3　对长度大于或等于 100mm 的动叶片，应测定其成组或单根叶片的静频率及频率分散度，静频率分散度应不大于 8%。

4.4.4.4　转子整体进行无损检测，对以下部位应着重检查：

a）叶片、围带、铆钉头、拉筋、球状叶根表面；

b）止推盘处轴颈、联轴节处轴颈、轴承处轴颈。

4.4.4.5　根据运行情况及解体后发现的问题，确定转子是否需要做动平衡校验。低速动平衡精度为 ISO 1940 G0.4 级、高速动平衡应符合 ISO 2372 规定，支承处振动速度≤1.12mm/s。

4.4.4.6　转子在气缸内就位后，转子扬度应和气缸水平扬度基本一致。

4.4.4.7　同 4.1.5.5 条。

4.4.5　隔板与汽封质量标准

4.4.5.1　隔板：

a）下隔板水平接合面定位方销应无松动，接合面无冲刷沟槽，且上下隔板水平面接合严密；

b）固定于隔板上的静叶片应无损坏、冲蚀、裂纹、卷边等缺陷；

c）隔板和气缸洼窝中的轴向间隙过大时，应在上、下隔板排汽侧同时进行处理调整，若隔板流通部分间隙有明显超差，应对隔板的形位状态进行检查；

钢制隔板在气缸洼窝中的轴向窜量为 0.05～0.15mm；铸铁隔板为 0.15～0.25mm。隔板组的径向热膨胀间隙（包括下隔板方销顶部径向间隙），钢制隔板为 2～4mm，铸铁隔板为 1.5～2.0mm；

d）如发现隔板汽封有规律性的严重偏磨，应采用假轴检查洼窝中心，调整隔板，不允许用改变汽封间隙的方法来处理。在有内缸的汽轮机里，可以转子为基准找中心，调整内缸位置达到同心；

e）动静叶间隙参考图 3、表 11。

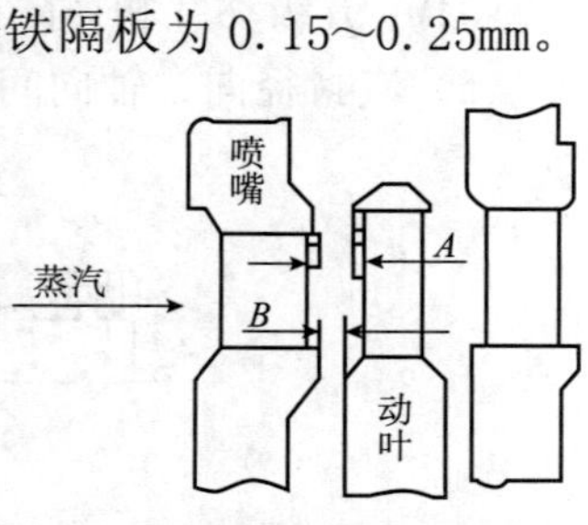

图 3　动静叶间隙示意图

4.4.5.2　汽封：

a）汽封套与气缸洼窝间的轴向定位环应不松动，上、下汽封套水平结合面应严密无错齿；

b）汽封片应无裂纹、卷曲、断裂等缺陷。弹簧应无变形、锈蚀且弹性良好。汽封块在汽封套中或隔板汽封槽中不应有过大的轴向旷动。各汽封块之间结合面应平整，整圆周应留有 0.4～0.8mm 膨胀间隙，汽封块安装后能用手压下和自由弹回；

c）汽封间隙调好后应将修刮过的齿顶刮尖；

d）迷宫式汽封轴向间隙测量调整，可以通过调整汽封套环厚度的办法来达到；

e）汽封套的定位螺钉或销钉应完整无损；汽封套的水平接合面密合无间隙，顶部与大盖接合处的径向应有 0.15mm 热膨胀间隙；汽封套在气缸槽内的轴向间隙不得大于 0.03～0.05mm；

表 11　汽轮机动静叶间隙表

mm

机型	*A*1	*B*1	*A*2	*B*2	*A*3	*B*3	*A*4	*B*4	*A*5	*B*5	*A*6	*B*6	*A*7	*B*7	*A*8	*B*8
GJMV-DC	0.89～1.14															
GJMV-DC 改	0.89～1.14															
GJMV	1.40～1.65															
T4MC8E2F	2.3～2.9	0.7～1.2	2.3～2.9	0.9～1.4	2.9～3.5	1.2～1.7	2.9～3.5	1.4～1.9		5.9～6.5		6.4～7.0		6.4～7.0		6.4～7.0
										3.4～4.0		3.9～4.5		3.9～4.8		3.9～4.5
5EH-6BD	1.8～2.5	1.8～2.5	0.9～1.2	1.8～2.5	0.9～1.2	1.8～2.5	1.4～1.7	1.8～2.5	1.9～2.2	2.7～3.7		3.5～5.0				
HG32/20	轴向 1～4级		轴向 5～6级		冲动级叶轮											
					径向	轴向										
	3.6～4.4	4.1～4.9	4.1～4.9	4.6～5.4	0.3～0.5	5.6～6.4										

GJMV-DC 一级动叶和后隔板凸台间隙为 2.91～3.18mm。

GJMV 五级动叶和后隔板凸台间隙为 2.91～3.18mm。

f）汽封径向、轴向间隙见图 4、表 12。

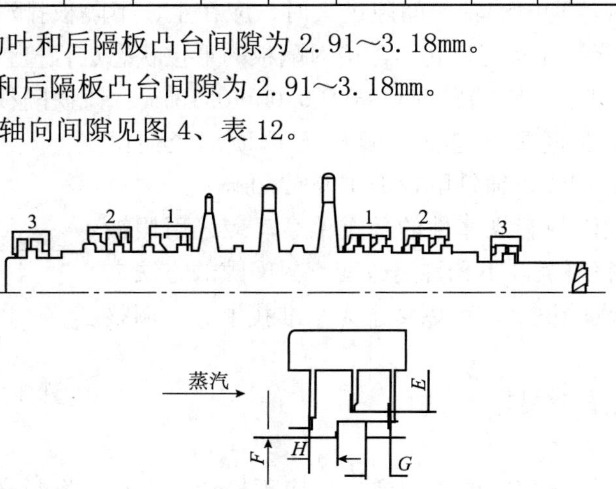

图 4　汽封间隙示意图

4.4.6 气缸及机座质量标准

4.4.6.1 气缸：

a）结合面应无冲刷沟槽、腐蚀、斑坑、翻边、碰伤等缺陷。销孔部位应无凸起；

b）缸体应无裂纹、拉筋折断等缺陷；

c）拧紧缸盖螺栓总数的 1/3，检查上下缸应无错口现象，用 0.05mm 塞尺检查应不得塞入；

d）扣盖前用压缩空气吹扫干净，不得留有异物；

e）高压汽轮机胀缩密封圈应无裂纹、损坏、冲蚀，状态良好；

f）气缸保温层应修补完好；

g）连接气缸与基础台板的挠性支座螺栓应紧固，基础框架地脚螺栓紧固，排出端定位杆固定牢固。

4.4.6.2 气缸中分面应力集中部位应进行无损检测。

4.4.6.3 喷嘴应紧固，无腐蚀松动。嘴喷内无异物，无裂纹或击伤痕迹。

4.4.6.4 检查滑销间隙：前轴承座与前舌板之间纵向滑销的顶部间隙不小于 0.5mm；两侧间隙之和控制在 0.05～0.08mm；上气缸前猫爪与前轴承座、后猫爪与后支座、前轴承座与台板的联系螺栓垫圈之间应有 0.10～0.15mm 的膨胀滑动间隙；下气缸前立销、后立销轴向间隙为 1.0～1.5mm。

表 12 汽轮机汽封间隙表

mm

机型			GJMV-DC	GJMV-DC 改	GJMV	T4MC8E2F	5EH-6BD	HG32/20
隔板汽封	径向	*E*	0.16～0.24	①	0.17～0.24	0.17～0.35	0.62～0.95	0.3～0.5
		F	0.13～0.28	②	0.13～0.28	0.17～0.35	0.62～0.95	0.3～0.5
	轴向	*G*	3.83～4.09	3.83～4.09	3.83～4.09	3.70～4.80		
		H						
前轴端汽封	1	*E*	0.19～0.23	0.33～0.483	0.17～0.24	0.17～0.35	0.62～0.95	0.4～0.5
		F		0.254～0.559	0.13～0.28	0.17～0.35		0.4～0.5
	2	*E*	0.17～0.24	0.33～0.483	0.17～0.24	0.17～0.35	0.97～1.30	
		F	0.13～0.28	0.254～0.559	0.13～0.28	0.17		
	3	*E*	0.17～0.24	0.33～0.483	0.10～0.18		0.97～1.30	
		F	0.13～0.28	0.254～0.559	0.08～0.21	0.35		
	轴向	*G*	2.25～2.51		2.25～2.51	3.10～3.90		1.2～1.8
		H	3.83～4.09		3.83～4.09	1.10～1.90		2.4～3.0
后轴端汽封	1	*E*	0.17～0.24	0.33～0.483	0.17～0.24		0.62～0.95	0.4～0.5
		F	0.13～0.28	0.254～0.559	0.13～0.28	0.17		0.4～0.5

表 12　常见功能故障与处理方法（续）

机型			GJMV-DC	GJMV-DC 改	GJMV	T4MC8E2F	5EH-6BD	HG32/20
	2	*E*	0.17～0.24	0.33～0.483	0.17～0.24		0.97～1.30	
		F	0.13～0.28	0.254～0.559	0.13～0.28	0.35		
	3	*E*	0.17～0.24	0.33～0.483	0.10～0.18		0.97～1.30	
		F	0.13～0.28	0.254～0.559	0.08～0.21			
	轴向	*G*	3.83～4.09		3.83～4.09	2.10～2.90		1.9～2.5
		H	2.25～2.51		2.25～2.51	4.10～4.90		3.0～3.6
平衡盘	径向	*E*						0.4～0.6
		F						0.4～0.6
	轴向	*G*						1.3～1.7
		H						2.5～2.9

注：① 一、二级间为 0.33～0.483mm，一级与内汽室间为 0.381～0.457mm。

② 一、二级间为 0.254～0.559mm，一级与内汽室间为 0.381～0.457mm。

4.4.6.5　气缸的疏水孔、取压孔应畅通无堵，孔内无结垢。

4.4.6.6　螺栓丝扣应完整，无毛刺、粘扣、乱扣及弯曲等缺陷、杆帽配合灵活，高温螺栓、螺母应进行无损检测。

4.4.6.7　罩形盖帽上紧后螺杆顶部应有 5mm 间隙。

4.4.6.8　缸体膨胀指示器应完好，指示准确。

4.4.6.9　对于要求热紧的气缸螺栓及汽室盖螺栓，必须按厂家提供的热紧要求进行。

4.4.7　联轴节质量标准

4.4.7.1　测量联轴节中间接筒的轴向窜量，记下中间接筒和两个内齿套的装配标记；

4.4.7.2　清洗齿圈内油污，检查齿的啮合情况，磨损程度和磨损部位；

4.4.7.3　测量半联轴节端面到转子轴头端面的距离，作为回装半联轴节推进量复查依据；

4.4.7.4　半联轴节内锥面和转子轴头锥面的接触面应分布均匀，且要求接触面积不小于 80%；

4.4.7.5　连接螺栓应进行渗透检查，螺母自锁性能良好。更换时螺栓螺母应成对更换，且其质量相差不大于 0.2g；

4.4.7.6　O 形环和背环应无折损、毛边、压扁、扭曲等缺陷，每拆卸联轴节一次，O 形环及背环均应更新；

4.4.7.7　液压装卸联轴节时，内孔油压不应超过规定的扩张压（美荷型 175MPa、法型 200MPa）和推进压（美荷型 28MPa）；

4.4.7.8　联轴节应成套更换。新加工制造的联轴节组件应进行动平衡校验合格后，方可使用；

4.4.7.9　汽轮机联轴节装配推进量应符合表13要求；

表13　汽轮机联轴节装配推进量

mm

机型	进汽端推进量	排汽端推进量
GJMV-DC	8.74±0.38	10.16±0.38
GJMV-DC改	8.74±0.38	10.16±0.38
GJMV		8.74±0.38
T4MC8E2F		
5EH-6BD		
HG32/20		4.5±0.5

4.4.7.10　中间接筒的轴向窜量：

GJMV-DC与GJMV之间的联轴节浮动窜量为3～4mm；其余型号汽轮机的中间接筒的轴向窜量与压缩机同。

4.4.8　T4MC8E2F、5EH-6BD盘车器质量标准

4.4.8.1　齿轮检查：

a）齿轮无毛刺、裂纹等缺陷；

b）齿轮啮合必须正确，接触面积沿齿高不小于45%，沿齿宽不小于60%。

4.4.8.2　轴颈应无毛刺、划痕等缺陷，轴承处轴颈表面粗糙度 R_a 的最大允许值为0.4μm。

4.4.8.3　滚动轴承滚珠与滚道应无斑点、坑疤，接触平滑无异音。

4.4.8.4　密封圈完好无损。

4.4.9　GJMV型汽轮机前轴承箱传动机构质量标准

4.4.9.1　轴、轴瓦、齿轮、油道质量标准：

a）短轴，第一、二级减速轮的轴瓦，止推瓦钨金应无磨损、沟槽、脱壳、裂纹等缺陷，固定轴瓦的顶丝要可靠；

b）各齿轮、蜗轮、蜗杆的表面无裂纹、毛刺、严重划痕等缺陷；

c）轴颈、止推盘应无拉毛、划伤等缺陷；

d）轴颈圆度及圆柱度不大于0.02mm；

e）轴瓦的径向间隙为该轴颈的1.5‰～2.0‰；

f）径向瓦、止推瓦与轴要求接触均匀，接触面积不少于80%；

g）各齿轮轴窜量为0.20～0.25mm；

h）齿轮和轴固定不松旷，背帽和顶丝拧牢捻死，齿轮轴不弯曲；

i）各油路干净畅通。

4.4.9.2　联轴节质量标准：

a）齿轮和轴及键的配合适宜无松动，齿的接触良好；

b）外齿的顶丝必须到位并捻牢；

c）联轴节外齿安装方向正确；

d）联轴节外套窜量不小于 3.0mm，滑动灵活。

4.4.9.3 齿轮、蜗轮、蜗杆及轴颈必要时进行无损检测。

4.5 调节保护系统质量标准

4.5.1 GJMV-DC、GJMV-DC 改和 GJMV 型汽轮机调节保护系统

4.5.1.1 伺服机构质量标准：

a）错油门滑阀及阀套工作表面应光滑无裂纹、拉毛、锈蚀等缺陷、滑阀凸缘和阀套刃角完整，错油门径向间隙、重叠度满足设备制造厂家技术要求；

b）油动缸及油动活塞工作表面应光滑，无毛刺、沟槽、划痕等缺陷，油动活塞和缸套的径向间隙满足设备制造厂家要求，油动机活塞和活塞杆装配良好不松动，活塞杆密封面应光滑、无划痕及磨痕，油封完好，反馈板工作面光滑无损伤；

c）GJMV 油动活塞在缸体内的总行程应不小于 40mm；GJMV-DC 和 GJMV-DC 改油动机活塞总行程不小于 160mm；

d）滚动轴承各部分组件完好，转动无卡涩异音；

e）弹簧无变形，裂纹及损伤、弹性良好；

f）各固定连接处牢靠紧固；

g）各油路、油口干净畅通。

4.5.1.2 调节阀及传动机构质量标准：

a）阀头、阀座、密封面无毛刺、沟槽及盐垢，阀座点焊部位无裂纹，扩散管内清洁无盐垢，阀头调节螺母点焊牢固，无裂纹，阀杆无缺陷；

b）提升拉杆与提板连接部位上下螺帽无松旷，顶丝捻牢。提升拉杆与提板连接部位上下定距垫片间隙为 0.08mm。GJMV-DC 提升拉杆与提板连接部位定距套径向间隙为 0.05～0.08mm；

提升拉杆和密封套径向间隙为：GJMV-DC（改）0.15～0.19mm，GJMV0.10～0.15mm；

提杆内密封下法兰固定螺栓无松旷，外部捻接牢靠。提板与汽室盖的平行度不大于 0.05mm；

c）叉形连接销无磨损、拉毛等缺陷，连接销与销孔配合间隙为 0.02～0.07mm；

d）弹簧无裂纹、歪曲等缺陷，弹性正常；

e）传动轴与轴瓦应有 0.03～0.07mm 间隙，轴承和外盖应有 0～0.05mm 间隙，前后挡油板径向间隙为 0.03～0.07mm；

f）汽室大盖：

汽室水平密封面应清洗干净，无冲蚀沟槽等缺陷。GJMV 汽轮机结合面之间的软钢垫片应平整、光滑、无冲蚀沟槽及划痕等缺陷；

g）螺栓、螺帽：

高压透平（GJMV-DC）的汽室螺栓无损检测合格，并抽查做金相检查；

h）GJMV-DC汽轮机第一调节阀预启开度不应小于4.50mm。

4.5.1.3 主汽阀及安全保护装置质量标准：

a）各轴承内、外滚珠、滚针完好无缺陷；

b）丝杠、丝母配合适宜，丝杠无毛刺、磨损，拧动灵活，丝杠键固定牢固，无挤压变形。驱动手轮无轴向窜动，旋转灵活；

c）弹簧无裂纹、扭曲及变形，挂钩刃口平整，接合严密，轴孔无松旷现象；

d）汽阀阀头及阀座密封面无冲刷沟痕，接触良好。预启阀在行程内灵活无卡涩，阀座点焊部位无裂纹等缺陷，预启阀开度符合要求。平衡活塞工作面平整、光滑、无偏磨及划痕等缺陷，并测量其径向间隙。阀杆和密封套工作面应完好。其间隙为直径的10～12‰，阀杆直线度不超过0.05mm，阀杆端部丝扣完好，连接件配合适宜；

e）滤网干净无堵塞，网眼完好，防转耳销无磨损及变形。外壳法兰密封面平整、光滑、无沟槽，软钢垫片平整，厚度均匀无凹坑；

f）油动机弹簧完好，无裂纹及扭曲，活塞环完好，无划痕、沟槽和偏磨。测定活塞环与活塞的配合间隙及活塞环的开口间隙；活塞的全行程应无卡涩；

g）危急遮断油门应解体清洗检查，遮断头无磨损、松动、定位顶死牢靠。危急遮断阀阀口严密，阀杆无偏磨、弯曲等缺陷。遮断阀杆及端部密封套的径向间隙为0.05～0.10mm。阀杆与油门盖的径向间隙为0.13～0.18mm。遮断头断面与飞锤顶端的距离在阀杆处于关闭位置时为2.92～3.05mm；

h）危急保安器弹簧应完好，无裂纹及变形缺陷。飞锤行程符合要求，组装后，从飞锤后部用手压之应能活动不卡涩。危急保安器防松螺钉应冲捻牢固。

4.5.1.4 调节系统静态调试质量标准：

a）GJMV-DC和GJMV-DC改汽阀总行程不小于40.54mm，GJMV汽轮机汽阀总行程不小于24.64mm，在全行程中无抖动、卡涩；

b）调节系统静态调试

电磁阀全部带电24VDC。

建立系统油压约0.8MPa。

逆时针旋转手动换向阀（1830）手柄到底，建立速关油压0.8MPa，顺时针旋转手柄到底，速关油压力迅速为零。

电液转换器通电4mA，建立二次油压0.15MPa，电液转换器通电20mA，二次油压升至0.45MPa，如上述数值差别大需调整，0.15MPa值可通过电液转换器上X0位置调整。0.45MPa值可通过X1位置调整（需反复调整至准确值）。

二次油压为0.15 MPa时，伺服机构活塞处于0位刻度，二次油压为0.45 MPa时，伺服机构活塞处于满行程刻度，如上述数值差别大需调整，初始值可通过错油门上的调整螺钉调整（顺时针旋转调整螺钉活塞杆向上移动，反之方向相反），注意不可调整过头。终值可通过活塞杆上的调整螺钉调整（顺时针旋转调整螺钉活塞杆向上移动，反之方向相反）。

电磁阀三选二功能，任选 2 个电磁阀失电，速关油及二次油压力应迅速为零。

手动紧急停机功能，将手动换向阀（2274）上的挡板向上扳起，再将手动换向阀（2274）向前推动到底，速关油及二次油压力应迅速为零。

4.5.2 T4MC8E2F、5EH-6BD 型汽轮机调节保护系统质量标准

4.5.2.1 PG-PL 调速器：

运行中如发现有转速波动或调节迟缓卡涩等现象时，必须将 PG-PL 调速器进行全面解体清洗检查，按说明书核对并调整各部件间隙。复装后应在调试台上进行调试，记录上下限和对应的风压值，合格后方能再次投用。

4.5.2.2 调节阀及传动机构：

a）阀头、阀座、密封面无毛刺、沟槽及盐垢，阀座点焊部位无裂纹，扩散管内清洁无盐垢，阀头调节螺母点焊牢固，无裂纹，阀杆无缺陷；

b）提升拉杆与提板连接部位上下螺帽无松旷，顶丝捻牢。提升拉杆与提板连接部位上下定距垫片间隙为 0.08mm。提杆内密封下法兰固定螺栓无松旷，外部捻接牢靠。提板与汽室盖的平行度不大于 0.05mm；

c）叉形连接销无磨损、拉毛等缺陷，连接销与销孔配合间隙为 0.02～0.07mm；

d）弹簧无裂纹、歪曲等缺陷，弹性正常；

e）汽室大盖；

汽室水平密封面应清洗干净，无冲蚀沟槽等缺陷。汽轮机结合面之间的软钢垫片应平整、光滑、无冲蚀沟槽及划痕等缺陷；

f）螺栓、螺帽；

透平的汽室螺栓无损检测合格，并抽查做金相检查。

4.5.2.3 主汽门及安全保护装置：

a）汽阀阀头及阀座密封面无冲刷沟痕，接触良好。预启阀在行程内灵活无卡涩，阀座点焊部位无裂纹等缺陷，预启阀开度符合要求。平衡活塞工作面平整、光滑、无偏磨及划痕等缺陷，并测量其径向间隙。阀杆和密封套工作面应完好。其间隙为直径的 10～12‰，阀杆直线度不超过 0.05mm，阀杆端部丝扣完好，连接件配合适宜；

b）滤网干净无堵塞，网眼完好，防转耳销无磨损及变形。外壳法兰密封面平整、光滑、无沟槽，软钢垫片平整，厚度均匀无凹坑；

c）油动机弹簧完好，无裂纹及扭曲，活塞环完好，无划痕、沟槽和偏磨。测定活塞环与活塞的配合间隙及活塞环的开口间隙；活塞的全行程应无卡涩；

d）危急遮断油门应解体清洗检查，遮断头无磨损、松动、定位顶死牢靠。危急遮断阀阀口严密，阀杆无偏磨、弯曲等缺陷。遮断阀杆及端部密封套的径向间隙为 0.05～0.10mm。阀杆与油门盖的径向间隙为 0.13～0.18mm。遮断头断面与飞锤顶端的距离在阀杆处于关闭位置时为 2.92～3.05mm；

e）超速脱扣装置挂钩和飞锤间的间隙应保持为 2～3mm。各部销子应灵活而不松旷，弹簧及撞击子无裂纹及变形，飞锤头活动不卡涩。

4.6 油系统检修质量标准

4.6.1 油箱：

a）油箱内部应无油垢、锈斑、焊渣和其他杂物，内壁无起皮、脱落现象，焊接挡板应固定牢靠，焊肉无裂缝；

b）油箱内加热盘管应完好，不漏汽，进汽阀应严密；

c）油箱外壁防腐完好，箱上人孔盖、放气孔盖应平整，接合严密，固定螺栓齐全。

4.6.2 油泵、油冷器、油过滤器、蓄压器、四通阀、调压阀、安全阀、压力表、压差表、温度表、液位计等，应按《石油化工设备维护检修规程—通用设备》进行检修或校验合格。

4.7 机组轴系对中质量标准

4.7.1 对中时，美荷型以背压汽轮机为基准，其他以汽轮机为基准。

4.7.2 使用的百分表精度可靠，指针摆动灵敏稳定、无卡涩。

4.7.3 支架及百分表固定牢靠。

4.7.4 盘车要均匀稳定，盘车方向始终一致。

4.7.5 调整垫片宜采用不锈钢片、垫片应光滑平整、无毛刺、垫片数最多不要超过 3 片。

4.7.6 冷态对中要求：

4.7.6.1 美荷型采取三表法，数据要求见图 5；

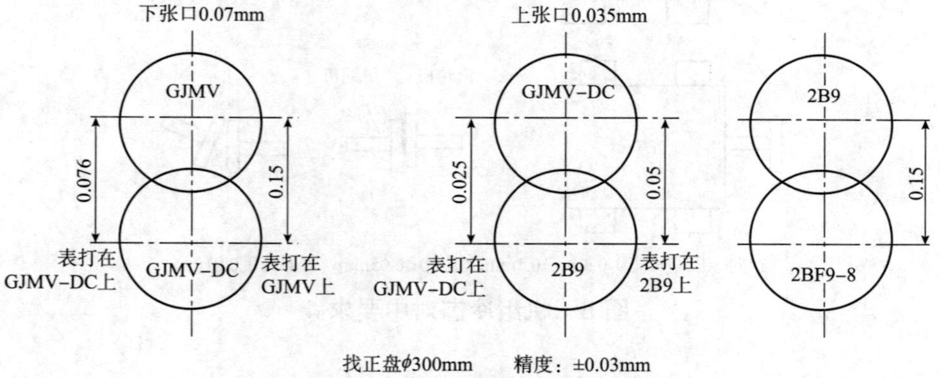

图 5 机组冷态对中要求 1

4.7.6.2 法型采取三表法，数据见图 6、图 7；

4.7.6.3 辛比隆型采取激光对中仪法，数据见图 8。

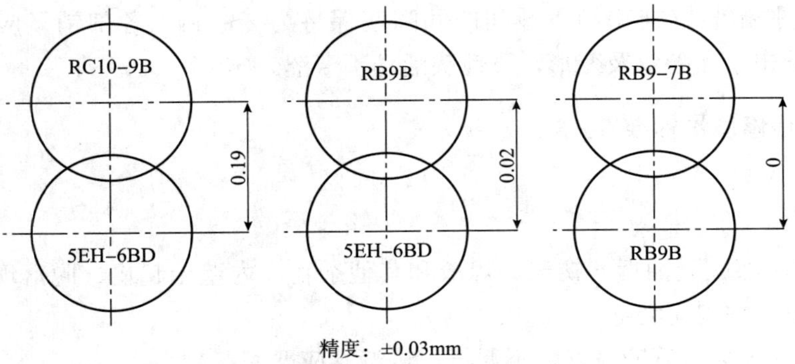

图 6　机组冷态对中要求 2

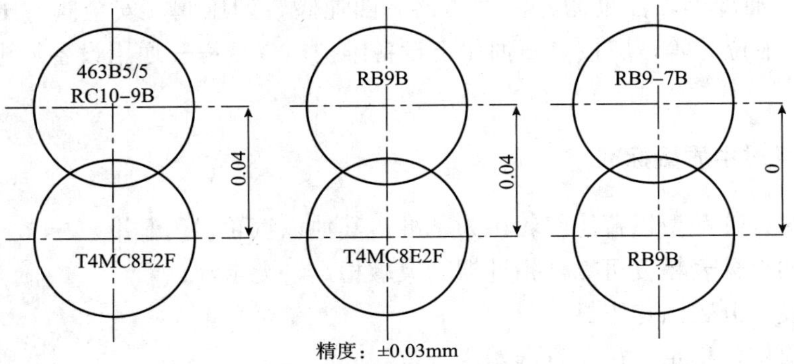

图 7　机组冷态对中要求 3

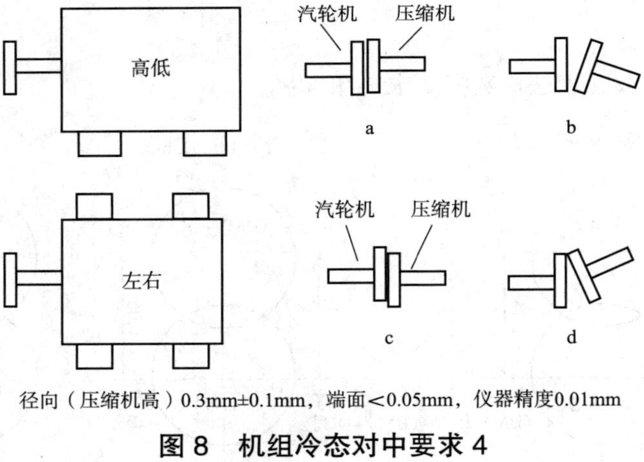

图 8　机组冷态对中要求 4

5　试车与验收

5.1　试车准备

5.1.1　由试车小组审查检修纪录，审定试运方案及检查试运现场；

5.1.2 机组按检修方案检修完毕，质量符合本规程要求，现场整洁，盘车无异常现象；

5.1.3 所有压力表、温度表、液面计、测速测振探头、温度、压力、液位报警、停车联锁调校完毕，动作灵敏可靠，符合要求；安全阀调试合格，汽轮机调速系统调试合格；

5.1.4 机组油系统盲板拆除，油箱油位在规定范围内，油质合格；油系统的主辅油泵及其他附属设备均达到备用状态；

5.1.5 冷却器通水、排水、排污达到备用状态；

5.1.6 仪表、电气具备试车条件；

5.1.7 蒸汽系统具备试车条件；

5.1.8 蒸汽冷凝系统真空试验合格；

5.1.9 油系统冲洗合格，油循环正常；

5.1.10 岗位与总控及有关单位联系畅通；

5.1.11 测试工具准备齐全。

5.2 汽轮机单体试车

5.2.1 严格执行汽轮机单体试车操作规程。

5.2.2 记录临界转速值及调速器最低工作转速值：

5.2.2.1 调速器投入工作后，仔细检查是否平稳上升和下降，调节系统和配汽机构不应有卡涩、摩擦、抖动现象；

5.2.2.2 调速器最低工作转速见表 14。

表 14 汽轮机调速器最低工作转速

机型	调速器最低工作转速 /（r/min）
GJMV	
T4MC8E2F	9594
5EH-6BD	8400
2BL409A	8092

5.2.3 保安系统检查：

5.2.3.1 汽轮机做超速跳车试验。超速试验进行 2 次，2 次误差不应超过额定转速的 1.5%，若超差则应重新调整、试验，各机组超速跳闸转速如表 15 所示；

表 15 汽轮机超速跳闸转速

机型	超速跳闸转速 /（r/min）
GJMV	11718～11935
T4MC8E2F 5EH-6BD	12791
2BL409A	11240

5.2.3.2 重做超速跳闸试验时，只有当汽轮机转速下降到跳闸转速的 90% 以下时，方可

重新挂闸，以免损坏设备。

5.2.4 记录停车后惰转时间。

5.2.5 汽轮机停机。

正常停车按升速曲线逆过程降速到1000r/min。停机后应将盘车器开起来，让转子继续低速盘转冷却。油泵应继续循环至少12h，轴承油温降到40℃以下再停泵。停机后应关闭主汽阀、排汽阀、密封蒸汽系统、汽封抽汽器、蒸汽导淋，打开汽轮机各疏水阀。

5.3 机组联动试车

5.3.1 完成试车前准备：

5.3.1.1 汽轮机单体试运合格后，连接汽轮机和压缩机，开启油泵，油系统运行正常；

5.3.1.2 压缩机各段间冷却器引水，排尽空气并投入运行；

5.3.1.3 压缩机出口阀关闭，防喘振阀全开；

5.3.1.4 打开压缩机缸体排液阀，排尽冷凝液后关小，待充气后关闭；

5.3.1.5 拆除管道上盲板，并确认压缩机出口单向阀动作灵活、可靠；

5.3.1.6 松开同步器手轮，风压给定在最低转速对应的风压。

5.3.2 压缩机的置换与充压合格。

5.3.3 压缩机的开车与升速，按操作规程执行。

5.3.3.1 机组每个升速阶段以及运行中，都要进行全面检查和调整，并做好记录；

5.3.3.2 压缩机升压过程中，各段的压力比和升压速度符合制造厂规定。

5.3.4 机组停车：

5.3.4.1 压缩机在降压减量的过程中，应避免压缩机发生喘振；

5.3.4.2 按照升速曲线的逆过程，将汽轮机降至1000r/min，然后打闸停机；

5.3.4.3 压缩机组停稳后，立即启动盘车器。

5.4 验收

5.4.1 检修内容符合检修方案，质量符合本规程要求；

5.4.2 检修试运转记录齐全、准确、整洁；

5.4.3 单机、联动试车正常，各主要操作指标达到铭牌要求，设备性能满足生产需要；

5.4.4 检修后设备达到完好标准；

5.4.5 正常运行72h后，经试车小组认可，即可办理验收手续，正式移交生产。

6 运行维护与故障处理

6.1 日常维护

6.1.1 严格按操作规程开停机组；

6.1.2 定期巡检，掌握机组运行各参数变化情况，并填好巡检记录；

6.1.3 运用状态监测与故障诊断系统，定期或在线监测分析机组运行情况；

6.1.4 建立“机、电、仪、操、管”人员对机组的特护管理制度；

6.1.5 按润滑油管理规定合理使用润滑油。做到每月定期分析、过滤、补充和更换。有条件的作铁谱分析；

6.1.6 机组及附属设备要经常清扫，各部件保持清洁，机体上不允许有油污、灰尘和杂物；

6.1.7 停车期间，机组盘车、油循环每周不得少于一次，缸体内及相关管道须充氮气进行保护。

6.2 故障与处理方法

机组常见功能故障与处理方法见表16。

表16 机组常见功能故障与处理方法

功能	功能故障	故障模式	故障后果	处理方法	检修周期／月
保证机组运行参数在工艺指标控制范围内	压缩机出口压力、温度超出工艺指标控制范围	级间气封间隙过大	气封长期磨损导致压缩机出口压力逐渐降低，直至不能满足工艺要求	检修更换气封，调整间隙	视情况而定
		入口管道、过滤器堵塞	压缩机出口压力逐渐降低，直至不能满足工艺要求	清理管道，过滤器清洗	视情况而定
		入口管道阀门开度过小或故障	压缩机出口压力低，不能满足工艺要求	检查处理阀门	视情况而定
		出口返回入口管道阀门开度过大	压缩机出口压力低，不能满足工艺要求	检查现场管线阀门状况	视情况而定
		出口管线阀门故障或误操作	压缩机出口压力直线上升，机组管线憋压、喘振	检查处理阀门	视情况而定
		段间冷却器冷却水上水温度高	压缩机出口温度升高，直至不能满足工艺要求	工艺调整	视情况而定
		段间冷却器冷却水流量低	冷却器流道堵塞或结垢，换热效果差，压缩机出口温度高	清洗换热器	24
	汽轮机排汽真空度超出工艺指标控制范围	管道泄漏	排汽真空度降低，汽轮机耗汽量增加，严重造成机组联锁跳车	查找漏点消除	视情况而定
		表面冷凝器内漏或结垢、堵管	排汽真空度降低，汽轮机耗汽量增加，严重造成机组联锁跳车	表面冷凝器清洗，查漏	24
		真空泵或抽汽器故障	排汽真空度降低，汽轮机耗汽量增加，严重造成机组联锁跳车	检查处理真空泵或抽汽器	视情况而定

表 16　机组常见功能故障与处理方法（续）

功能	功能故障	故障模式	故障后果	处理方法	检修周期／月
保证机组运行参数在工艺指标控制范围内	润滑油压力、温度超出工艺指标控制范围	油泵吸入口堵塞	机组润滑油压力低联锁停机	检查泵吸入口、清理入口过滤器	视情况而定
保证机组运行参数在工艺指标控制范围内	润滑油压力、温度超出工艺指标控制范围	油箱液位过低	润滑油泵出口压力低	加注润滑油	视情况而定
保证机组运行参数在工艺指标控制范围内	润滑油压力、温度超出工艺指标控制范围	油精过滤器堵塞	机组润滑油压力低联锁停机	更换精过滤器滤芯	视情况而定
保证机组运行参数在工艺指标控制范围内	润滑油压力、温度超出工艺指标控制范围	主油泵故障	机组润滑油压力低联锁停机	检修油泵	视情况而定
保证机组运行参数在工艺指标控制范围内	润滑油压力、温度超出工艺指标控制范围	一次调节阀、二次调节阀阀位不当或故障	辅助油泵压力低联锁启动，严重者机组润滑油压力低联锁停机	调整或检修一次调节阀、二次调节阀	视情况而定
保证机组运行参数在工艺指标控制范围内	润滑油压力、温度超出工艺指标控制范围	油冷却器堵塞或泄漏	辅助油泵压力低联锁启动，严重者机组润滑油压力低联锁停机	切换油冷却器并检修	视情况而定
保证机组运行参数在工艺指标控制范围内	润滑油压力、温度超出工艺指标控制范围	油冷器冷却水调节阀开度不足；油中混水或变质；轴承间隙小或轴瓦磨损；油冷器结垢	油温高，轴承承载能力下降，轴承磨损，机组振动大	加大冷却水量，检查油冷器，停机时除垢；增加油分析频率，确认为油变质后停机换油；停机时检查轴承	视情况而定
保证机组连续运转	机组振动大	对中找正偏差	机组振动，联轴器磨损，联锁停车	卸下联轴节，检查找正的情况	视情况而定
保证机组连续运转	机组振动大	转子不平衡	机组振动，转子损坏，联锁停车	检查转子，看看是否由脏物引起不平衡，必要时，重新平衡	视情况而定
保证机组连续运转	机组振动大	径向轴承磨损	机组振动，轴承损坏，联锁停车	检查轴承，必要时，要加以更换	视情况而定
保证机组连续运转	机组振动大	管线应力或振动	机组振动，联锁停车	适当地固定管线，以防机壳应力过大。管线要有足够的弹性，以满足热膨胀要求	视情况而定
保证机组连续运转	机组振动大	联轴器磨损、裂纹等缺陷	机组振动，联锁停车	检查联轴器	视情况而定

表 16　机组常见功能故障与处理方法（续）

功能	功能故障	故障模式	故障后果	处理方法	检修周期/月
保证机组连续运转	机组振动大	压缩机喘振	压缩机振动，损坏，联锁停车	调整压缩机运行工况	视情况而定
		转子和气封摩擦	机组振动，联锁停车	检查气封	视情况而定
		轴瓦盖或地脚螺栓松动	机组振动，联锁停车	紧固或更换轴瓦	视情况而定
	机组轴位移大	轴向推力过大	轴承温度过高，轴承磨损	检修推力轴承	视情况而定
		轴位移监测器安装位置移动导致轴位移过高	影响机组运行情况判断	检修轴位移监测器	视情况而定
		工艺操作不稳定导致轴位移过大	影响机组安全运行	调整操作	视情况而定
		推力轴承磨损	轴承温度高、轴位移增大、联锁停车	检修推力轴承	视情况而定
	轴端密封泄漏	密封油耗量增大，油位降低	油气比压失调，浮环磨损或 O 形环损坏	调整油气压差，更换浮环，补充油量，检查 O 形环，检查污油捕集器	视情况而定
		油密封间隙大	油密封环损坏、油烟泄漏	检查间隙，必要时调整	视情况而定
		轴封汽外漏	气封间隙大，轴封冷凝器冷却效果差	检查更换气封，冷凝器清洗	视情况而定

附　录　A
（资料性附录）
机组主要技术特性参数

表 A1　美荷型合成气压缩机

项目	低压缸	高压缸
制造厂	美国克拉克公司	美国克拉克公司
位号	103-JLP	103-JHP
型号	2B9	2BF9-8
叶轮个数	9	8
压缩气体	氮氢气	
进口相对分子质量	8.70	二段 8.68；循环段 10.94
入口温度 /℃	37.78	7.78；43.30/53.40
入口压力 /MPa（A）	2.483	6.194；13.415
出口温度 /℃	173.7	111.1；68.6
出口压力 /MPa（A）	6.332	13.415；14.953
入口流量 /（kg/h）	49893.3	46477.3；33065.4
转速 /（r/min）	10413	
驱动功率 /kW	6318	5051；4094
第一临界转速 /（r/min）	5600	5270
第二临界转速 /（r/min）	第一临界转速的 3.0 倍	
叶轮直径 /mm	495	495；457
叶轮最大速度 /（m/s）	269.0	269.0；248.3
叶轮处轴直径最大 /mm	135	135
平衡盘直径 /mm	242.9	266.7
止推轴承面积 /mm^2	17550	
最小叶轮宽度 /mm	19	15.5；25
压缩机组质量 /kg	8717	10805
径向轴承型式	五油楔可倾瓦	
止推轴承型式	米切尔式	
转子组件质量 /kg	296	281
隔板束和转子质量 /kg	2360	2360
进口封头质量 /kg	618	618

表 A2　法型合成气压缩机

项目	低压缸	低压缸	中压缸	高压缸	
制造厂	法国克勒索瓦勒	日本三菱重工	法国克勒索瓦勒		
位号	K1501LP	K1502LP	K1501MP	K1501HP	K1502HP
段号	一段/二段	一段/二段	三段	四段	循环段
型号	RC10-9B	463B5/5	RB9B	RB9-7B	
叶轮个数	9	10	9	7	
压缩气体	氮氢气				
进口相对分子质量	8.714/8.700	8.714/8.700	8.690	8.691	10.33
入口温度/℃	40/40	40/40	40	40	30
入口压力/MPa(A)	2.550/5.214	2.550/5.113	9.133	18.825	25.212
出口温度/℃	139/121	136.8/120.3	152	85	39
出口压力/MPa(A)	5.297/9.27	5.288/9.27	19.06	25.70	27.06
入口流量/(Nm^3/h)	121882/119267	121882/119267	119267	119267	513825
转速/(r/min)	11275				
轴功率/kW	4566/3735	4499/3764	5371	2330	1985
第一临界转速/(r/min)	4165	6000	5090	5076	
第二临界转速/(r/min)	14500	>16000	14655	17258	
叶轮直径/mm	520	465	420	350/380	
叶轮最大速度/(m/s)	306	274	247	206/223	
止推轴承面积/mm^2	18700		18700		
径向轴承	五油楔可倾瓦				
止推轴承	金斯伯雷				
转子组件质量/kg	510	465	276	224	
隔板和转子质量/kg	3500	4500	3500	4000	

表 A3　意大利新比隆合成气压缩机

型号	2BL409A
制造厂	辛比隆
型式	垂直剖分
设备段数	2
工作介质	氢、氮气
相对分子质量	8.52
进口绝热指数	1.407

表 A3　意大利新比隆合成气压缩机（续）

型号		2BL409A
压缩系数		10.34
设计流量 /（Nm^3/h）		494404
组分百分比 /%	H_2	74.983
	N_2	25
	NH_3	0.009
入口温度 /℃		30
出口温度 /℃		109
入口压力 / MPa（A）	合成气	7.38
	循环气	13.08
出口压力 / MPa（A）	合成气	13.08
	循环气	13.93
效率 /%		72
轴功率 /kW		4810
转速 /（r/min）		9780
第一临界速度 /（r/min）		5000
第二临界速度 /（r/min）		15000
润滑方式		压力油
叶轮尺寸 /mm		ϕ470/450
叶轮圆周速度 /(m/s)		249
轴封型式		干气密封
联轴器型式		干式弹性联轴器
流量调节型式		转速调节
径向轴承型式		可倾瓦
止推轴承型式		金式轴承
主要部件材质	机壳	ASTMA350LF2
	隔板	ASTMA278CL35 /Fe/A192F22
	主轴	40NiCrMo7
	迷宫	优质锰镁合金 25/SS
	叶轮	ASTMA182F22

表 A4　美荷型合成气压缩机驱动汽轮机

项目	背压汽轮机		凝汽式汽轮机
制造厂	美国迪拉瓦	锦西化机	美国迪拉瓦
位号	103JAT	103JAT	103JBT
型号	GJMV-DC	GJMV-DC 改	GJMV
级数	2	3	6
额定功率 /kW	14914	14987	5593
额定转速 /（r/min）	10850	10850	10850
汽耗率 /（kg/kWh）	19.40	18.51	5.44
主汽阀流量 /（kg/h）	289397	277440	30426
排汽流量 /（kg/h）	258960		
进汽压力 /MPa	10.001	10.4	3.759
进汽温度 /℃	440.6	460	321.1
排汽压力 /MPa	3.82	4.1	0.013
排汽温度 /℃	321.1	337.7	
第一临界转速 /（r/min）	6600	6400	5280
第二临界转速 /（r/min）	13000		
超速脱扣转速 /（r/min）	11718～11935		
调速	ITCC		
气缸型式	内外缸，水平剖分		水平剖分
转子结构	整锻式		
上缸盖质量 /kg	3039		2495
转子质量 /kg	405		321
径向轴承	五油楔可倾瓦		
止推轴承	金斯伯雷		

表 A5　法型合成气压缩机驱动汽轮机

项目	内容	
位号	KE1501	KT1501B
制造厂	（法）克勒索瓦勒	（日）三菱重工
型号	T4MC8E2F	5EH-6BD
型式	冲动、双缸、抽汽、冷凝	冲动、单缸、抽汽、冷凝
级数	高压缸 4 级，低压缸 2×4 级	6
调速器类型	Woodward PG-PL	

表 A5 法型合成气压缩机驱动汽轮机（续）

项目	内容			
盘车装置	电动			
操作条件	额定	最大	额定	最大
进汽压力 /MPa	9.71	9.91	9.71	10.69
进汽温度 /℃	490	495	490	510
抽汽压力 /MPa	3.68	4.22	3.68	4.22
抽汽温度 /℃	371	390	367	
排汽压力 /MPa（A）	0.026	0.033	0.026	0.049
排汽温度 /℃	65	72	66	80
进汽量 /（t/h）	178	209	178	200
抽汽量 /（t/h）	135	148.5	135	150
冷凝汽量 /（t/h）	42.5	60.0	42.5	50.0
功率 /kW	17987	19786	18000	19800
转速 /（r/min）	11230	11792	11230	11792
第一临界转速 /（r/min）	5400～5600		4400	
第二临界转速 /（r/min）	14473		19400	
工作转速范围 /（r/min）	9540～11972		9546～11792	
超速跳闸转速 /（r/min）	12791			
转子结构	整锻，枞树叶根			
上缸盖质量 /kg	8500			
转子质量 /kg	高压缸：1100，低压缸：700			
径向轴承	五油楔可倾瓦			
止推轴承	金斯伯雷			

表 A6 意大利新比隆合成气压缩机驱动汽轮机

型号	HG32/30
制造厂	辛比隆
型式	背压式
进气压力 /MPa（A）	8.82
进气温度 /℃	515
排气压力 /MPa（A）	4.02
排气温度 /℃	415
进口蒸汽流量 /(kg/h)	97000

表 A6　意大利新比隆合成气压缩机驱动汽轮机（续）

型号		HG32/30
透平输出功率 / kW		6215
汽耗量 /(kg/kWh)		19.76
转速 /（r/min）		9780
第一临界速度 /（r/min）		5000
第二临界速度 /（r/min）		15000
调速范围 /%		80～105
跳车速度 /（r/min）		11240
叶轮级数		6
轴封形式		迷宫
径向轴承形式		可倾瓦
轴颈尺寸 / mm		ϕ100
止推轴承形式		金式轴承
轴承尺寸 / mm		ϕ200
盘车装置		手动和电动
调速器		Woodward
类型及精度		505/NEMA-D 级
透平质量 / kg		9000
维修质量 / kg		4000
主要部件材质	气缸	Gs17CrMoV511
	蒸汽室	Gs17CrMoV511
	排气端	Gs17CrMoV511
	轴封	X22CrMo13
	喷嘴	X22CrMo13
	叶片	X22CrMo13
	隔板	Gs17CrMoV511

附 录 B
（资料性附录）
机组检修质量过程控制确认表

表 B.1 压缩机检修质量过程控制确认表

项目	主要控制内容				等级	施工单位	生产装置	设备管理部门	备注
	标准值	部位	拆卸记录	回装记录					
机组轴系对中					A	★	★	★	
联轴器端面到转子轴头端面的距离					B	★	★		
联轴器内外齿（膜片）、螺栓损伤检查					A	★	★	★	
推力瓦块厚度差					C	★			
止推轴承瓦块接触面积					C	★			
支撑轴承瓦块接触面积					C	★			
转子跳动					A	★	★	★	
转子总窜量					B	★	★		
半联轴器拆卸压力					C	★			
联轴器与轴颈接触面积					B	★	★		
半联轴器推进量					A	★	★	★	
联轴器中间接筒轴向窜量					B	★	★		
转子探伤					A	★	★	★	
转子动平衡					A	★	★	★	
支撑轴承间隙（直径）	驱动侧				A	★	★	★	
	非驱动侧				A	★	★	★	
止推间隙					A	★	★	★	
轴承过盈	驱动侧				B	★	★		
	非驱动侧				B	★	★		
浮环密封间隙（直径）	驱动侧				A	★	★	★	
	非驱动侧				A	★	★	★	
油封间隙（直径）	驱动侧				C	★			
	非驱动侧				C	★			

表 B.1　压缩机检修质量过程控制确认表（续）

项目	主要控制内容				等级	施工单位	生产装置	设备管理部门	备注
	标准值	部位	拆卸记录	回装记录					
级间汽封间隙（直径）	平衡盘密封				B	★	★		
	一级口圈密封				B	★	★		
	一级隔板密封				B	★	★		
	二级口圈密封				B	★	★		
	二级隔板密封				B	★	★		
	三级口圈密封				B	★	★		
	三级隔板密封				B	★	★		
	四级口圈密封				B	★	★		
	四级隔板密封				B	★	★		
	五级口圈密封				B	★	★		
	五级隔板密封				B	★	★		
	……				B	★	★		

表 B.2　驱动汽轮机检修质量过程控制确认表

项目	主要控制内容				等级	施工单位	生产装置	设备管理部门	备注
	标准值	部位	拆卸记录	回装记录					
机组轴系对中					A	★	★	★	
联轴器端面到转子轴头端面的距离					B	★	★		
联轴器内外齿（膜片）、螺栓损伤检查					A	★	★	★	
机壳中分面自由间隙					C	★			
推力瓦块厚度差					C	★			
止推轴承瓦块接触面积					C	★			
支撑轴承瓦块接触面积					C	★			
转子跳动					A	★	★	★	
转子总窜量					B	★	★		
半联轴器拆卸压力					C	★			
联轴器与轴颈接触面积					B	★	★		
半联轴器推进量					A	★	★	★	

表 B.2 驱动汽轮机检修质量过程控制确认表（续）

项目	主要控制内容				等级	施工单位	生产装置	设备管理部门	备注
	标准值	部位	拆卸记录	回装记录					
联轴器中间接筒轴向窜量					B	★	★		
转子探伤					A	★	★	★	
转子动平衡					A	★	★	★	
支撑轴承间隙（直径）	进汽侧				A	★	★	★	
	排汽侧				A	★	★	★	
止推间隙					A	★	★	★	
轴承过盈	进汽侧				B	★	★		
	排汽侧				B	★	★		
轴端汽封间隙（直径）	进汽侧				A	★	★	★	
	排汽侧				A	★	★	★	
油封间隙（直径）	进汽侧				C	★			
	排汽侧				C	★			
调节阀阀杆损伤检查（探伤）					B	★	★		
调节阀阀头、阀座检查					B	★	★		
喷嘴环检查					B	★	★		
动静叶轴向间隙					B	★	★		
级间汽封间隙（直径）	平衡盘密封				B	★	★		
	一级隔板密封				B	★	★		
	二级隔板密封				B	★	★		
	三级隔板密封				B	★	★		
	四级隔板密封				B	★	★		
	五级隔板密封				B	★	★		
	……				B	★	★		

控制级别说明： A 级：施工单位、生产装置、设备管理部门专业人员检查确认后签字。

B 级：施工单位和生产装置专业人员检查确认后签字。

C 级：施工单位专业人员检查确认后签字。

另：如果有监理，监理的职责由甲方授权。

12. 氨压缩机组维护检修规程

SHS 05017—2019

代替 SHS 05017—2004

目　次

前　言

本规程按照 GB/T 1.1—2009《标准化工作导则　第 1 部分：标准的结构和编写》给出的规则起草。

本规程代替 SHS 05017—2004《氨压缩机组维护检修规程》，与 SHS 05017—2004 相比，除了编辑性修改，主要技术变化如下：

——压缩机密封系统进行了干气密封改造；

——汽轮机调速系统由机械调速改为 ITCC 控制。

本规程起草单位：中国石油化工股份有限公司巴陵分公司。

本规程主要起草人：李湖帝。

本规程所代替规程的历次版本分发布情况为：

——SHS 05007—1992、SHS 05017—2004。

氨压缩机组维护检修规程

1 范围

1.1 主题内容

本规程规定了合成氨装置氨压缩机组的检修周期与内容、检修程序与质量标准、试车与验收、维护与故障处理。

1.2 适用范围

本规程适用于表1所列机型的汽轮机、压缩机及专用增速箱的检修与维护。

表1 氨压缩机机组的汽轮机和离心式压缩机机型

适用工厂	压缩机	汽轮机	增速箱
美荷型厂	4C57 7CK45	KJDF	HG-SPECIAE
日Ⅰ型厂	3MCL607 MCL525	K801-A	
法型厂	2M9-8	11030CD36	
日Ⅱ型厂	R457	AMC-05-S	

2 规范性引用文件

下列文件的条款通过本规程的引用而成为本规程的条款，凡是注日期的引用文件，其随后所有的修改单（不包括勘误的内容）或修订版均不适用于本规程；然而，鼓励根据本规程达成协议的各方研究是否使用这些文件的最新版本。凡是不注日期的引用文件，其最新版本适用于本规程。

SHS 03004 化工厂工业汽轮机维护检修规程

SHS 01019 离心式氨气压缩机维护检修规程

SHS 03002 水平剖分离心式压缩机维护检修规程

SHS 01051 干气密封维护检修规程

3 检修周期与内容

3.1 机组简介

氨压缩机组由高压缸、低压缸、凝汽式汽轮机和增速箱组成，机组特点如下：

高、低压缸：缸体均为铸造、水平剖分结构，径向轴承为五油楔可倾瓦，止推轴承为金斯伯雷型。

汽轮机为水平剖分式。转子为整锻式柔性转子，隔板全部采用钢带加强的围带式焊接隔板，汽封均为迷宫密封；径向轴承为五油楔可倾瓦，止推轴承主推瓦采用多块金斯伯雷型瓦，副瓦为衬巴氏合金的平面轴承。联轴器采用无键液压拆装齿式联轴器。

3.2 检修周期

根据机组运行状态和状态监测结果择机安排检修，检修周期一般为36～60个月。

3.3 检修内容

各单位根据运行状况、状态监测与故障诊断结论讨论确定检修项目，具体检修内容如下：

3.3.1 压缩机检修

3.3.1.1 复查并记录检修前各有关数据；

3.3.1.2 解体检查径向轴承和止推轴承，调整轴承间隙，测量瓦背紧力，清扫、修理轴承箱；

3.3.1.3 检查轴颈圆度、圆柱度、粗糙度，必要时对轴颈表面进行修整；

3.3.1.4 检查调整止推盘，测量端面圆跳动；

3.3.1.5 检查调整油封间隙，或更换油封；

3.3.1.6 检查、清理或更换机械密封或浮环密封、油膜密封、干气密封；

3.3.1.7 测量并调整转子的轴向窜动量；

3.3.1.8 清洗检查联轴节及其供油管、喷油嘴，宏观检查内、外齿及连接螺栓、螺母，并进行着色检查；

3.3.1.9 检查、调整机组轴系对中，校核联轴节隔套窜量；

3.3.1.10 拆除气缸大盖，清理、检查气缸；解体检查、清洗、测量、调整隔板组件；检查各级气封。内侧迷宫及平衡盘气封，必要时更换气封；

3.3.1.11 转子各部检查、测量并作无损检测，必要时做动平衡校验或更换转子；

3.3.1.12 中分面螺栓100%无损检测；

3.3.1.13 检查、清理滑销及导销系统，主要管道支架、吊架弹簧调整；

3.3.1.14 检查转子静电接地刷磨损情况；

3.3.1.15 各轴振动探头及轴位移探头调校；

3.3.1.16 检查、紧固各连接螺栓；

3.3.1.17 检查、调校所有联锁、报警及其他有关仪表和安全等保护装置；

3.3.1.18 主、辅润滑油泵、密封油泵及汽轮机、电机解体大修；

3.3.1.19 检查清扫润滑油箱、污油收集器（捕集器）、油气分离器、脱气槽、高位油槽、密封油高位油槽、油过滤器及油管线，油冷器、油气管线及蓄压器胶囊；
3.3.1.20 消除水、气、油系统的跑、冒、滴、漏缺陷；
3.3.1.21 检查油系统自力式调节阀是否存在卡涩、内漏等缺陷；
3.3.1.22 检查基础是否有裂纹、下沉、脱皮等缺陷；
3.3.1.23 检查清洗段间冷却器，检查出口单向阀是否卡涩；
3.3.1.24 检查各入口过滤网是否完好。

3.3.2 汽轮机检修

3.3.2.1 同 3.3.1.1～5、7、9、12、13、14、15；
3.3.2.2 检查调速器减速机构，测量各部分间隙；
3.3.2.3 解体检查气缸、隔板组件，调整通流部分间隙，清理、测量或更换各级汽封，静叶片做着色检查；
3.3.2.4 清理、测量、检查转子，转子整体做无损检测，对叶根、叶片、轴颈、围带、铆钉等特殊部位应特别注重检查，必要时转子做动平衡校验及叶片测频检查；
3.3.2.5 缸体应力集中部位做着色检查，高压段螺栓进行无损检测。气缸疏水孔清扫检查，安全阀，缸体报警阀调校；
3.3.2.6 主汽阀及调节汽阀各联接部位清理，检查主汽阀、调节阀、跳闸油缸解体检修；
3.3.2.7 解体检查危急遮断油门、危急保安器；
3.3.2.8 ITCC 电液转换器、调速器，油压放大器、蓄压器解体检修；
3.3.2.9 盘车器解体检修；
3.3.2.10 检查汽轮机缸体滑销系统，主要管道支架、吊架弹簧调整；
3.3.2.11 调节系统进行静态调试；
3.3.2.12 汽轮机做电子超速跳车试验；
3.3.2.13 检修冷凝液泵及驱动汽轮机；
3.3.2.14 检查、清洗凝汽器、抽气器及抽气器冷却器；
3.3.2.15 检查汽轮机入口中压蒸汽管线，做局部或全面探伤。

3.3.3 增速箱检修

3.3.3.1 检修联轴节，检查油喷嘴；
3.3.3.2 检查大、小齿轮磨损情况并测量啮合间隙；
3.3.3.3 检查径向轴承、推力轴承，测量间隙；
3.3.3.4 调整齿轮油喷嘴；
3.3.3.5 检查、紧固各连接螺栓；
3.3.3.6 调校测振探头；
3.3.3.7 大、小齿轮做无损检测；
3.3.3.8 检查轴承与轴承座的接触情况，测量瓦背紧力。

4　检修程序与质量标准

4.1　检修前准备及检修条件确认

4.1.1　根据检修项目，组织危害识别，环境识别和风险评估，按照 HSSE 管理体系要求，编写检修方案；
4.1.2　备齐备足检修时所需的各类配件及材料，并附相应的合格证件或检验单；
4.1.3　备好检修所需工器具及经检验合格的量具；
4.1.4　准备好专用放置设备；
4.1.5　准备好检修记录及有关技术资料；
4.1.6　汽轮机停机后连续油循环，汽轮机缸体温度降至 120℃以下方可拆保温，直至缸体温度低于 80℃，回油温度低于 40℃；
4.1.7　机组与系统用盲板隔离，氮气置换合格，设备内部介质排放要符合环保要求，切除电源，安全技术措施落实；
4.1.8　检修作业票证按流程办理，签字确认后方可作业；
4.1.9　表冷系统要与汽轮机同时具备检修条件；
4.1.10　设备管道残余润滑油要收集，按环保要求统一处理；
4.1.11　固废、危废处理通道要通畅。

4.2　拆装与要求

4.2.1　拆卸程序

4.2.1.1　压缩机拆卸程序见图 1，复装程序与此程序相反。

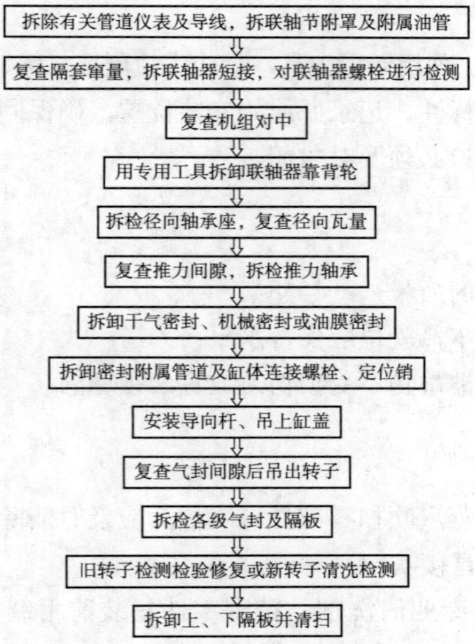

图 1　压缩机拆卸程序

4.2.1.2 汽轮机的主要拆卸程序见图 2，组装与拆卸顺序相反。

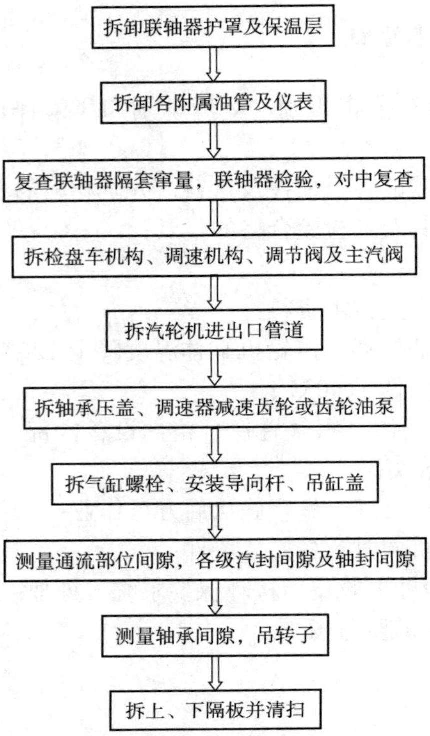

图 2 汽轮机的主要拆卸程序

4.2.2 拆卸要求

4.2.2.1 拆卸按程序进行、使用专用工具，禁止生拉硬拖、铲、打、割等野蛮方式施工；
4.2.2.2 拆卸零部件时，标注、记录好原始安装位置，确保回装到位；
4.2.2.3 拆开的管道、孔口必须及时封闭。

4.2.3 吊装要求

4.2.3.1 必须校核被吊物的质量，严禁超载；
4.2.3.2 起吊部件必须绑牢，就位应保持水平；
4.2.3.3 拴挂绳索要保护被吊物不受损伤，放置必须稳固。

4.2.4 吹扫和清洗

4.2.4.1 采用压缩空气或蒸汽吹扫零部件，吹扫后应及时清除水分，并涂合格工作油防锈；精密零件不得用蒸汽直接吹扫；
4.2.4.2 清洗零件时应用专业清洗剂。精密零件复装前用绸布揩净，并涂上合格的工作油。

4.2.5 零部件保管

拆下的零部件，应采取适当防护措施，管理责任落实到人，严防变形、损坏、锈蚀、错乱和丢失。

4.2.6 组装

4.2.6.1 组装的零、部件必须清洗、风干并检查达到要求；

4.2.6.2 压缩机中分面、轴承箱外盖回装时，要求用无水酒精清洗干净后均匀涂抹704硅橡胶密封。密封座安装区域涂胶要求结合面全部由704胶挤出，清理时要保证密封面与缸体齐平无缺陷；

4.2.6.3 汽轮机中分面回装时，要求用无水酒精清洗干净后，用精炼制配好的干净亚麻仁油、铁锚604密封胶或MF-I型气缸密封脂均匀涂抹在中分面上。当气缸中分面自然扣合间隙超大时，可在亚麻仁油中添加石墨粉、铁粉等添加剂或采用MF-Ⅱ、Ⅲ增稠型气缸密封脂；

4.2.6.4 机器扣盖前缸体内必须无异物，管口堵塞物已全取出，缸体内件已组装完全并固定牢靠；一切检查无误并由技术负责人签字认可后方可扣盖。

4.2.7 油系统清洗

机组检修封闭后，应按照油系统循环清洗方案进行分阶段循环清洗。如入口管道检修过，应在轴承及调节系统前加过滤网。循环系统要避免死角，油温不低于30℃，回油口的200目过滤网，肉眼检查可见污点不超过3个为合格。循环清洗结束后需抽拆轴承进行复查。

4.3 压缩机检修质量标准

4.3.1 径向轴承质量标准

4.3.1.1 瓦块和油封钨金层应无裂缝、夹渣、气孔、烧损，碾压和沟槽，无严重磨损和偏磨等缺陷；

4.3.1.2 着色检查钨金层应无脱壳现象；

4.3.1.3 检查轴径与瓦块接触情况，应在下瓦中部约60°～70°范围内沿轴向接触均匀，接触面积大于80%；

4.3.1.4 瓦块与瓦壳接触面应光滑无磨损、防转销钉和瓦块的销孔无磨损、蹩劲、顶起现象，瓦块能自由摆动，销钉在销孔中的径向间隙为2mm，同组瓦块厚度差不大于0.01mm；

4.3.1.5 水平剖分型瓦壳，中分面应密合无间隙、错口，定位销不松旷，瓦壳在座孔内接合严密，两侧间隙不大于0.05mm，瓦壳防转销钉牢固可靠，不高出瓦座平面，瓦壳就位后，中分面与轴承座中分面平齐；

4.3.1.6 筒形瓦壳，定位卡环在卡环槽内应滑动灵活，瓦壳在座孔内接合严密，两侧间隙不大于 0.05mm，瓦壳防转销钉牢固可靠；

4.3.1.7　整体更换新轴承时，要检查瓦壳与轴承座的接触表面，应无划痕和毛刺，接触均匀，接触面积不小于 80%；

4.3.1.8　轴承盖应不错位，结合密实无间隙，瓦背紧力为 0～0.03mm；定位销应无毛刺，不松动；

4.3.1.9　测量轴承间隙及油封间隙应符合表 2 要求；

4.3.1.10　检查瓦块供油孔及喷油嘴应畅通，瓦座供油孔与轴承体上油孔应吻合并畅通。

表 2　轴承间隙及油封间隙

机型	3MCL607	MCL525	R457
轴承间隙 /mm	0.13～0.16	0.13～0.16	0.14～0.22
减压套直径间隙 /mm			
油封直径间隙 /mm	0. 30～0.38	0.30～0.38	0.25～0.33
机型	4C57	7CK45	2M9-8
轴承间隙 /mm	0.15～0.27	0.10～0.18	进口：0.09～0.14 出口：0.09～0.14
减压套直径间隙 /mm	0.13～0.18	0.10～0.15	
油封直径间隙 /mm	0.36～0.43	0.36～0.43	0.25～0.35

4.3.2　止推轴承质量标准

4.3.2.1　止推块质量要求

a）钨金层应无脱壳、磨损、裂纹、烧伤、掉落、划痕、碾压等缺陷；

b）每个止推块和止推盘的接触面积应大于 70%，且分布均匀；

c）同组止推块厚度允差为 0.01mm；

d）背部承力面平整光滑。

4.3.2.2　水准块、基环质量要求

a）各接触处应光滑、无凹坑、无压痕；

b）定位销钉长度适宜，固定牢靠，无磨损；

c）支承销与相应的水准块销孔应无磨损、卡涩现象，装配后止推块与水准块应能自由摆动；

d）基环中分面应严密，自由状态下间隙不大于 0.03mm。

4.3.2.3　调整垫片质量要求

a）光滑、平整、不瓢曲，厚度差不大于 0.01mm；

b）两半对接触时测外径，至少小于瓦壳内径 1.0mm。

4.3.2.4　止推盘质量要求

a）表面应光滑无磨损、沟槽；表面粗糙度 R_a 最大允许值为 0.4μm；

b）测量端面圆跳动值不大于 0.015mm；

c）固定牢靠，不松动，止推盘与内侧轴颈及外侧隔套无间隙。

4.3.2.5 瓦壳质量要求

a）无变形、挠曲、错口，水平面接合严密无间隙；

b）外壳内表面无压痕；

c）油孔位置、进排油孔径正确，无堵塞，各油口干净畅通。

4.3.2.6 油封环完好，无磨损、脱落，在外壳槽中能自由转动，不卡涩；防转销固定牢固。

4.3.2.7 推轴承及油封间隙应符合表3要求。

表3 止推轴承及油封间隙

机型	3MCL607	MCL525	R457	4C57	7CK45	2M9-8
轴承间隙 /mm	0.33～0.40	0.25～0.35	0.30～0.35	0.28～0.38	0.23～0.33	0.33～0.56
油封直径间隙 /mm	0.30～0.38	0.30～0.38	0.30～0.38	0.05～0.10	0.05～0.10	0.25～0.35

4.3.2.8 轴位移探头测得的止推间隙必须和机械测量的数值相符，如有差异要找出原因予以消除。

4.3.2.9 检查瓦块供油孔及喷油嘴应畅通无堵塞，瓦座供油孔与轴承体上油孔吻合并畅通。

4.3.3 浮环密封质量标准

4.3.3.1 浮环质量要求

a）浮环钨金层应无划痕、沟槽、嵌入金属颗粒、裂纹、磨损和脱落等缺陷；

b）浮环端面应平整光滑，与箱体接触严密；

c）浮环防转销牢固，长度适宜，与销孔对准，防转销在销孔内有合适的活动间隙，使浮环能自由浮动。

4.3.3.2 浮环弹簧应无歪斜变形，自由高度一致，刚度相同。

4.3.3.3 O形环应无压扁、扭曲、毛边、缺肉、裂纹等缺陷，与凹槽配合适宜，无过松和过紧现象。使用过的O形环必须更换。

4.3.3.4 O形环更换后，应注意材质符合规定要求，回装时O形环要涂一薄层工业凡士林。

4.3.3.5 浮环间隙及油挡间隙应符合表4要求。

表4 浮环间隙及油挡直径间隙

机型	3MCL607	MCL525	R457
内环间隙 /mm	0.10～0.14	0.08～0.12	0.067～0.075
外环间隙 /mm	0.44～0.48	0.28～0.32	0.14～0.15
油挡间隙 /mm	1.00～1.40	0.80～1.20	0.15～0.25

4.3.4 干气密封检修质量标准，参照SHS 01051《干气密封维护检修规程》执行。

4.3.5 转子质量标准

4.3.5.1 转子宏观检查标准

a）叶轮轮盖与叶片的接合焊缝应无裂纹；

b）叶轮应无损坏，结垢、冲蚀、磨损；

c）浮环处轴颈、装配液压联轴节处的轴颈，径向轴承处轴颈及止推盘处轴颈应无沟槽、毛刺、锈斑等缺陷，其表面粗糙度 R_a 最大允许值为 0.4μm；

d）转子上的气封片应无扭曲变形、偏磨等缺陷。

4.3.5.2 转子形位状态检查标准

a）转子轴的直线度不大于 0.02mm；

b）轴承处轴颈圆度及圆柱度不大于 0.02mm；

c）浮环处轴颈径向圆跳动不大于 0.01mm；

d）轴承处轴颈、平衡盘外圆径向圆跳动不大于 0.02mm；

e）各级气封处轴颈、叶轮口环径向圆跳动不大于 0.05mm；

f）叶轮外圆径向圆跳动不大于 0.07mm；

g）叶轮轮缘端面圆跳动不大于 0.10mm；

h）止推盘端面圆跳动不大于 0.015mm。

4.3.5.3 转子整体着色或磁粉检测合格。

4.3.5.4 转子静止状态，测振探头无法调至零位指示时，应对转子测振探头部位作电磁和机械偏差检查，并进行退磁处理。

4.3.5.5 必要时转子做动平衡校验，其低速动平衡精度为 ISO 1940 0.4 级，高速动平衡应符合 ISO 2372 规定，其支承处振动速度小于 1.12mm/s。

4.3.6 隔板及气封检修质量标准

4.3.6.1 隔板质量要求

a）隔板应无变形、裂纹等缺陷。回流器叶片完好、所有流道光滑、无锈层及损坏；

b）隔板轴向固定止口应无冲刷沟槽；

c）隔板上固定螺钉牢固，塞焊点完好；

d）进口导流器叶片无裂纹、损伤；

e）隔板水平剖分面光滑平整，无冲刷沟槽、上下隔板组合后，中分面应密合，最大间隙不超过 0.05mm；

f）各级隔板在缸内配合严密，不松旷。

4.3.6.2 气封质量要求

a）气封块在隔板凹槽中配合松紧适宜。气封块剖分面与隔板剖分面平齐；

b）气封齿应无卷边、折断、缺口、变形等缺陷；且与转子上相应槽道对准，当轴被推至一端时仍不致相碰；

c）转于上的气封片应无松动、缺损。

4.3.6.3 测量气封间隙应符合表 5 要求。

表 5　气封半径间隙要求

机型	级间气封间隙 /mm	轮盖气封间隙 /mm	平衡盘气封间隙 /mm	内侧迷宫间隙 /mm
3MCL607	0.18～0.23	0.25～0.33	0.25～0.33	0.15～0.19
MCL525	0.18～0.23	0.28～0.35	0.20～0.26	0.15～0.19
R457	0.25～0.45	1～3：0.45～0.65 4～7：0.35～0.55	0.25～0.45	0.20～0.45
4C57	0.32～0.37	0.38～0.44	0.23～0.28	0.23～0.28
7CK45	0.25～0.30	0.32～0.37	0.17～0.22	0.19～0.24
2M9-8	0.30～0.55	0.51～0.80	0. 25～0.50	0.30～0.45

4.3.7　气缸与机座质量要求

4.3.7.1　气缸中分面应光滑无变形、冲刷、锈蚀等缺陷；
4.3.7.2　缸体内所有焊缝，应进行着色检查；
4.3.7.3　缸体中分面螺栓做无损检测；
4.3.7.4　缸体中分面螺栓拧紧总数的 1/3，用 0.05mm 塞尺在中分面的任何部位应不能塞入，或者塞入的深度不能超过中分面宽度的 1/3；
4.3.7.5　缸体下部疏水孔应畅通无堵塞；
4.3.7.6　缸体上各横销、立销应无变形、损伤、卡涩。滑销侧向总间隙为 0.04～0.06mm、横向滑销的顶部应有 0.5mm 的间隙；
4.3.7.7　4C57、7CK45 型气缸缸体与支座连接螺栓与垫片之间应留有 0.05mm 的膨胀间隙。

4.3.8　联轴节质量要求

4.3.8.1　隔膜式联轴节质量要求

a）拆卸联轴节轮毂时，要避免隔膜直接加热，回装时应用油加热至 120℃；

b）对隔膜进行着色检查，隔膜不应有裂纹等缺陷存在；

c）联轴节轮毂孔与轴颈的接触面积应大于 80%。键应无变形损伤，与键槽配合符合规范要求，轮毂的推进量为（4.1±0.9）mm。回装完后检查应有 0～0.5mm 的冷拉量；

d）联轴节连接螺栓应着色检查，螺母防松自锁性能可靠。如更换螺栓，要成对更换，其质量差不应超过 0.2g；

e）联轴节径向圆跳动应不大于 0.02mm。

4.3.8.2　双键齿式联轴节质量要求

a）齿面必须光滑无毛刺、点蚀、剥落、拉毛和裂纹等缺陷，齿面啮合的接触面积沿齿高大于 50%，沿齿宽大于 70%。内外齿套间应能自由滑动，不得有卡涩或过紧现象；

b）传动键应无扭曲，剪切变形，与键槽配合适宜；

c）联轴节螺栓应着色检查，如更换螺栓，要成对更换。其质量差不应超过 0.2g；

d）外齿圈的径向圆跳动应不大于0.02mm，端面圆跳动不大于0.03mm；

e）联轴节隔套装配完后，检查隔套的窜量应有3～5mm；

f）喷油管应干净畅通，位置正确。

4.3.8.3 液压联轴节质量要求

a）同4.3.8.2之a、c、d、e、f；

b）拆装联轴节轮毂（外齿圈）时，最大油压不应超过175MPa；

c）O形环和背环安装位置应正确，无损伤，与密封槽配合适宜，每拆一次均予更换；

d）联轴节轮毂（外齿圈）内孔与轴的接触面积应大于80%；

e）检查联轴器轮毂表面硬度，建议硬度范围在：310～370HB；

f）联轴节轮毂（外齿圈）的推进量应符合表6要求。

表6 联轴节轮毂推进量

机型	KJDF	4C57入口	4C57出口	7CK45
推进量/mm	7.26±0.38	7.26±0.38	8.74±0.38	7.26±0.38

4.3.8.4 7H-7S、7H-5压缩机膜片式联轴节质量要求

a）在未卸下联轴器中间接筒之前，记录中间接筒和两个半联轴节套筒装配标记。中间接筒拆下后，应测量半联轴节顶端面与轴头端面距离；

b）检查联轴器膜片情况，要求无裂纹及缺损、扭曲等损坏现象；

c）对联轴节螺栓进行检查着色，如更换螺栓，应成对更换。其质量差不应超过0.2g；

d）用专用液压工具将联轴节轮毂拆下。拆卸轮毂孔与轴界面最大压力188.5 MPa，极限压力195MPa；

e）检查联轴器轮毂孔与轴接触面不小于85%；

f）联轴节轮毂的推进量应符合表6要求；

g）联轴器中间套筒回装前，应复核轴头端面间距离，高压缸与汽轮机间应为457mm，高压缸与低压缸间应为381mm，带膜片的中间套筒安装状态预拉伸量为0.6mm。

4.3.8.5 联轴节应成套更换。新加工制造的联轴节组件应进行动平衡校验合格后，方可使用。

4.4 汽轮机检修质量标准

4.4.1 径向轴承质量标准

a）同4.3.1之1～5、7、8；

b）径向轴承及油封间隙见表7。

表 7 径向轴承及油封直径间隙

机型	K801-A	AMC-05-S	KJDF	11030CD36
径向轴承间隙 /mm	调速器侧：0.12～0.17 压缩机侧：0.173～0.23	0.15～0.26	0.18～0.23	0.09～0.12
油封间隙 / mm	0.10～0.35	内油挡：0.15～0.25 外油挡：0.50～0.60	0.38～0.53	内油挡：0.24～0.28 外油挡：0.54～0.68

4.4.2 止推轴承检修

a）同 4.3.2.1～2、3、4、5、6、8、9 各条内容；

b）止推轴承间隙及油封间隙见表 8。

表 8 止推轴承间隙及油封直径间隙

机型	K801-A	AMC-05-S	KJDF	11030CD36
止推间隙 /mm	0. 25～0.36	0.30～0.40	0.20～0.30	0.30～0.40
油封间隙 /mm	0.10～0.35	0.15～0.30	0.05～0.10	0.44～0.56

4.4.3 转子检修质量标准

4.4.3.1 转子宏观检查要求

a）轴颈、止推盘应无锈蚀、磨伤；

b）主轴精加工部位、叶轮、各变径部位、叶根槽表面应清洗干净，检查应无裂纹、腐蚀、磨损、脱皮等缺陷；

c）叶片、围带、铆钉、拉筋等应无结垢、挠曲、损坏、碰伤或松动；

d）平衡块应固定牢固，捻冲可靠；

e）固定危急保安器小轴的顶丝应牢固，紧固可靠，压紧环的轴向间隙沿圆周一致，危急保安器丝堵捻牢。

4.4.3.2 转子形位状态检查要求

a）轴承处轴颈的圆度及圆柱度不大于 0.02mm；径向全跳动 0.01mm；

b）止推盘端面圆跳动不大于 0.015mm；

c）各段轴封处径向圆跳动应不大于 0.05mm；

d）叶轮外缘端面圆跳动不大于 0.10mm；

e）危急保安器小轴径向圆跳动不大于 0.02mm；

f）联轴节处轴颈径向圆跳动不大于 0.01mm；

g）套装式止推盘，与轴肩结合面应无间隙；

h）叶根间隙用塞尺检查，用 0.03mm 塞尺不得塞入；

i）同一级叶片组轴向倾斜不应超过 0.5mm；

j）止推盘表面粗糙度 R_a 最大允许值为 0.4μm。

4.4.3.3 必要时对长度大于或等于 100mm 的动叶片，测定其成组或单根叶片的静频率和频率分散度；静频率的分散度不大于 8%。

4.4.3.4 转子应做着色或磁粉检测，着重检查以下各部位状况：

a）叶片、围带、铆钉头、拉筋、球状叶根表面；

b）止推盘根部轴颈、联轴节处轴颈、轴承处轴颈。

4.4.3.5 在转子静止状态，测振探头无法调整至零位指示时，应对转子测振探头部位进行电磁和机械偏差检查。

4.4.3.6 必要时转子做动平衡校验，其低速动平衡精度为 ISO 1940 G0.4 级，高速动平衡应符合 ISO 2372 规定，其支承处振动速度小于 1.12mm/s。

4.4.3.7 转子在气缸内就位后，转子扬度应和气缸水平扬度基本一致。

4.4.4 隔板及汽封检修质量标准

4.4.4.1 AMC-05-S、KJDF、11030CD36 型汽轮机隔板要求

a）隔板水平接合面应无冲刷沟槽，结合严密，水平接合面定位方销无松动，中分面间隙不大于 0.05mm；

b）静叶片应无损伤、冲蚀、裂纹、卷边；

c）隔板在气缸洼窝中的轴向热膨胀间隙为：钢制隔板 0.05～0.10mm，铸铁隔板 0.10～0.20mm。若间隙过大，应在上下隔板排汽侧同时进行调整；

d）隔板径向膨胀间隙为：钢制隔板 1.0～1.5mm，铸铁隔板 1.5～2.0mm；

e）AMC-05-S 型汽轮机上隔板垂直方向的活动量为 0.40～0.60mm，下隔板的下沉量不大于 0.20mm；

f）若某级隔板通流部分间隙有很明显的变化时，应检查隔板的状态并调整。

4.4.4.2 AMC-05-S、KJDF 型汽轮机汽封质量要求

a）汽封梳齿必须完整，无损伤，无结垢。接口面平直、间隙均匀。汽封块在汽封套槽内滑动灵活，无过大的轴向旷动；

b）同组的四个弧型汽封块就位后，径向和轴向不应错位，用手能自由压下和自由弹回；

c）汽封套两半组装后，水平面严密；

d）级间汽封有规律性的偏磨时，应采用假轴检查洼窝中心，调整隔板，不允许用改变汽封间隙的方法来进行处理。

4.4.4.3 K801-A、11030CD36 型汽轮机汽封质量要求

a）汽封片应无裂纹、折断、变形、毛刺、锈蚀等缺陷。汽封体和气缸均匀接触不松动；

b）更换汽封片时，应将汽封片连同填隙丝一同嵌入沟槽内并铆牢，确保汽封片不松动；

c）嵌装汽封片后，其接缝处间隙应为 0.25～0.5mm，相邻汽封片接头处错开

180°；填隙丝接缝处与汽封片接缝处错开位置不小于 30°。

4.4.4.4　AMC-05-S、KJDF 型汽轮机喷嘴间隙、隔板汽封间隙、轴封间隙应符合图 3、图 4 及表 9 要求。

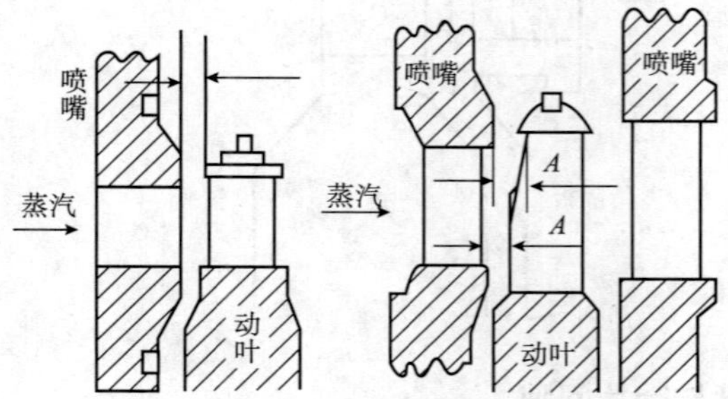

图 3　动静叶间隙

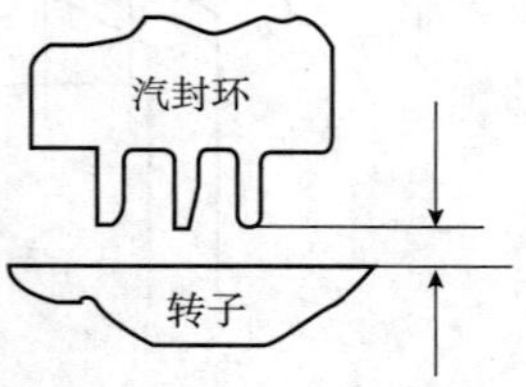

图 4　隔板汽封及轴封间隙

表 9　汽轮机喷嘴间隙、隔板汽封半径间隙、轴封半径间隙

机型	AMC-05-S	KJDF
喷嘴间隙 *A* 值 /mm	1 级：1.60～1.80 2 级：0.79～1.19 3 级：1.01～1.41	1～6 级：1.40～1.65 7～8 级：2.79～3.05
叶顶密封间隙 /mm	4～5 级：0.80～1.20	
隔板汽封间隙 *J* 值 /mm	2～5 级：0.15～0.35	2～8 级：0.17～0.24
前轴封间隙 *J* 值 /mm	0.15～0.35	0.17～0.24
后轴封间隙 *J* 值 /mm	0.15～0.35	0.17～0.24

4.4.4.5　CL-6 型汽轮机通流部分间隙及隔板汽封间隙，轴封间隙应符合图 5 及表 10 要求，迷宫轴封间隙为（0.25±0.15）mm 左右。

表 10　汽轮机通流部分间隙、隔板汽封间隙，轴封间隙表

级	通流间隙允许值 /mm		
	A	*B*	*C*
第一级	0.9～1.2	2.7～3.7	
第二级	0.9～1.2	2.7～3.7	0.55～1.05
第三级	0.9～1.2	2.7～3.7	0.55～1.05
第四级	1.4～1.7	3.2～4.2	0.55～1.05
第五级	2.7～3.7	2.7～3.7	
第六级		3.5～5.0	

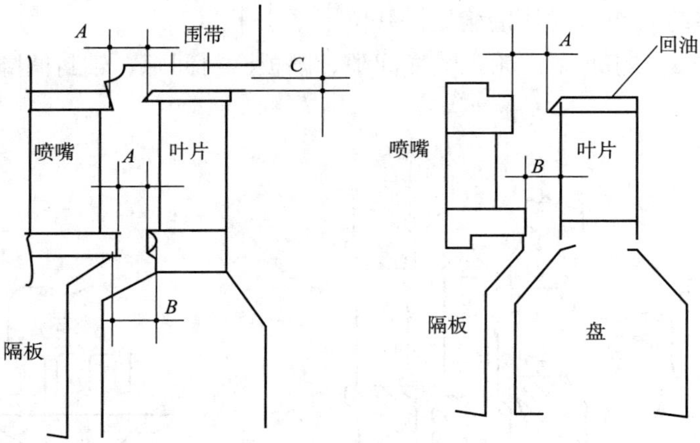

图 5　喷嘴与叶片间隙

4.4.4.6　1130CD36 型汽轮机通流部分间隙及隔板汽封间隙，轴封间隙应符合图 6、图 7、图 8 及表 11 要求。

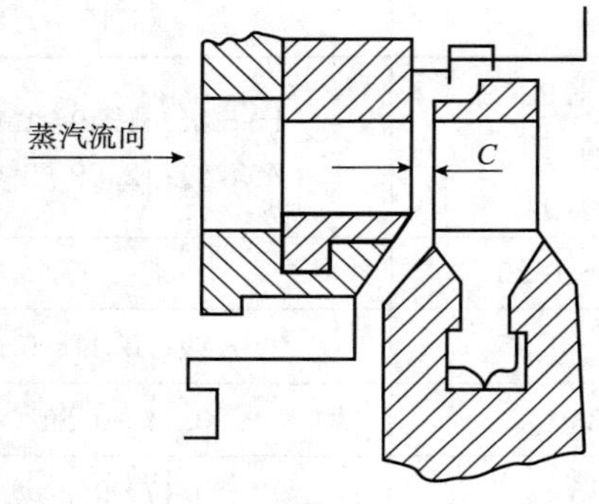

图 6　喷嘴间隙

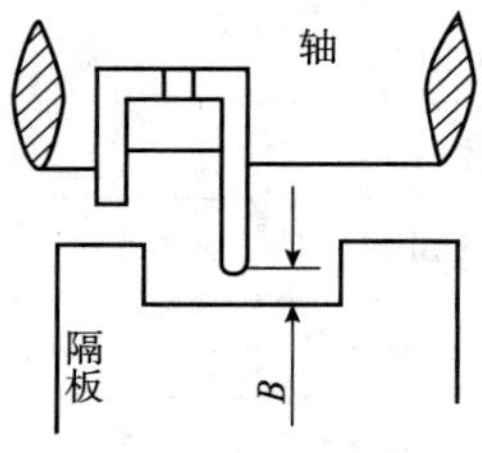

图 7　隔板汽封间隙

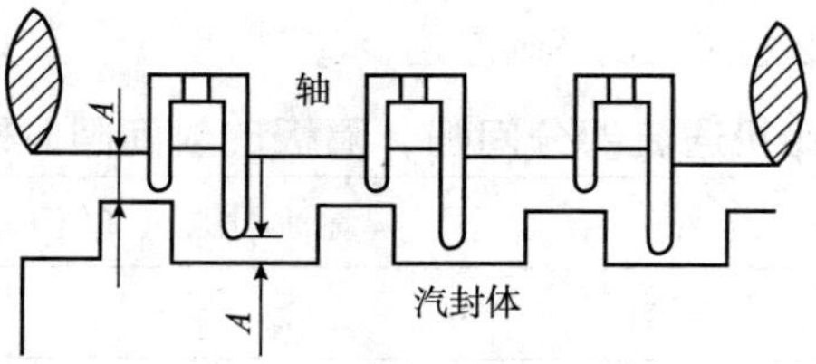

图 8　轴封间隙

表 11　汽轮机通流间隙及隔板汽封直径间隙、轴封直径间隙

机型	11030CD36
喷嘴间隙 C/mm	1～5 级：0.90～1.60　6～8 级：1.50～2.10
隔板汽封间隙 B/mm	1～2 级：0.50～0.60　3～5 级：0.40～0.60　7 级：0.35～0.65
前轴封间隙 A/mm	1 段：0.30～0.50　2 段：0.35～0.50　3 段：0.40～0.60　4 段：0.50～0.65
后轴封间隙 A/mm	1 段：0.30～0.50　2 段：0.35～0.50　3 段：0.40～0.55

4.4.4.7 测量 K801-A 型汽轮机通流间隙，动静叶密封间隙及轴封间隙

a）将转子推向压缩机侧，测量通流间隙及动静叶密封径向间隙应符合图 9、表 12 要求；

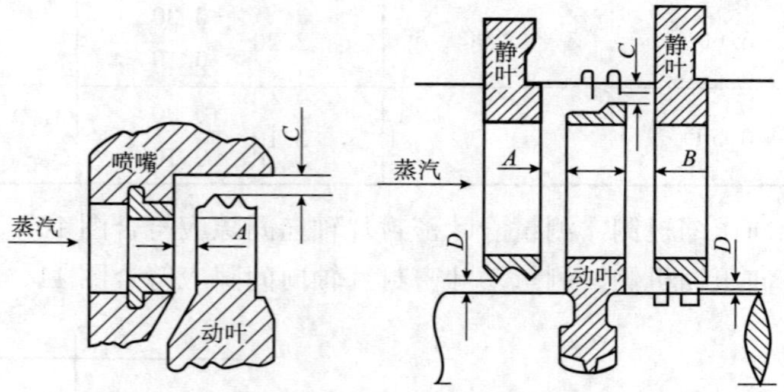

图 9 动静叶片间隙

表 12 汽轮机通流部分间隙及隔板汽封间隙、轴封间隙

位部	通流间隙 /mm		动静叶密封径向间隙 /mm	
	A	*B*	*C*	*D*
冲动级	最小 3.5		2.50	
反动 1 级	2.50	最小 3.50	$0.40^{+0.30}_{-0.10}$	$0.50^{+0.30}_{-0.10}$
反动 2 级	2.50	最小 3.50	$0.40^{+0.30}_{-0.10}$	$0.40^{+0.30}_{-0.10}$
反动 3 级	2.50	最小 3.50	$0.40^{+0.30}_{-0.10}$	$0.40^{+0.30}_{-0.10}$
反动 4 级	2.50	最小 3.50	$0.40^{+0.30}_{-0.10}$	$0.40^{+0.30}_{-0.10}$
反动 5 级	2.50	最小 3.50	$0.40^{+0.30}_{-0.10}$	$0.40^{+0.30}_{-0.10}$
反动 6 级	2.50	最小 3.50	$0.40^{+0.30}_{-0.10}$	$0.40^{+0.30}_{-0.10}$
反动 7 级	2.50	最小 3.50	$0.40^{+0.30}_{-0.10}$	$0.40^{+0.30}_{-0.10}$
反动 8 级	2.50		$0.50^{+0.30}_{-0.10}$	$0.40^{+0.30}_{-0.10}$
反动 9 级	2.90	4.30	$0.50^{+0.30}_{-0.10}$	$0.50^{+0.30}_{-0.10}$
反动 10 级	7.80	5.10	$2.00^{+0.30}_{-0.10}$	$0.50^{+0.30}_{-0.10}$

表 12　汽轮机通流部分间隙及隔板汽封间隙、轴封间隙（续）

位部	通流间隙 /mm		动静叶密封径向间隙 /mm	
	A	*B*	*C*	*D*
反动 11 级	5.60	12.90	2.20 $^{+0.30}_{-0.10}$	0.50 $^{+0.30}_{-0.10}$
反动 12 级	3.50		3.10 $^{+0.30}_{-0.10}$	0.60 $^{+0.30}_{-0.10}$

b）将转子推向压缩机侧，测量静叶密封片轴向间隙应符合图 10、表 13 要求；

c）将转子推向压缩机侧、测量动叶密封片轴向间隙应符合图 11、表 14 要求；

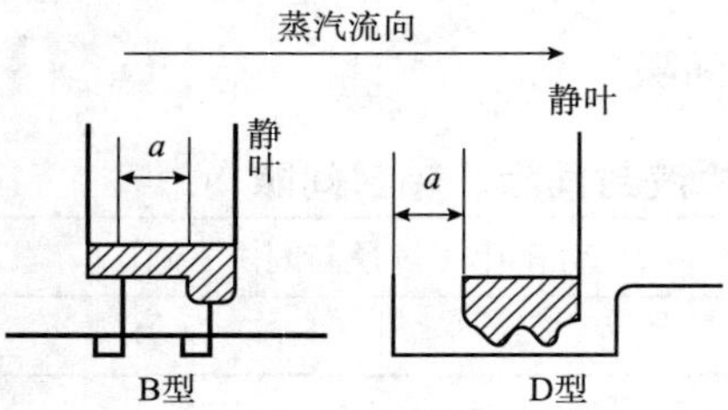

图 10　静叶片顶轴向间隙

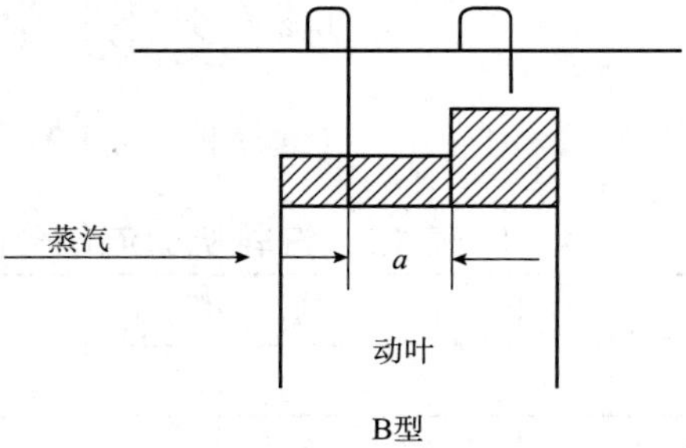

图 11　动叶顶轴向间隙

表 13　静叶密封片轴向间隙

部位	1 级	2 级	3 级	4 级	5 级	6 级	7 级	8 级	9 级	10 级	11 级	12 级
间隙 *a* 值 /mm	5.00	4.50	4.50	4.50	4.50	4.50	4.50	4.50	5.00	5.00	5.00	5.00
允许偏差 /mm	-0.50～+1.00											

注：1 级密封片为 D 型，2～12 级密封片为 B 型。

表 14　动叶密封片轴向间隙

部位	反动 1 级	反动 2 级	反动 3 级	反动 4 级	反动 5 级	反动 6 级	反动 7 级	反动 8 级	反动 9 级
间隙 *a* 值 /mm	3.50	3.50	3.50	3.50	3.50	3.50	3.50	3.50	4.50
允许偏差 /mm	-0.50～+1.00								

d）将转子推向压缩机侧，测量前后轴封间隙应符合图 12、表 15。

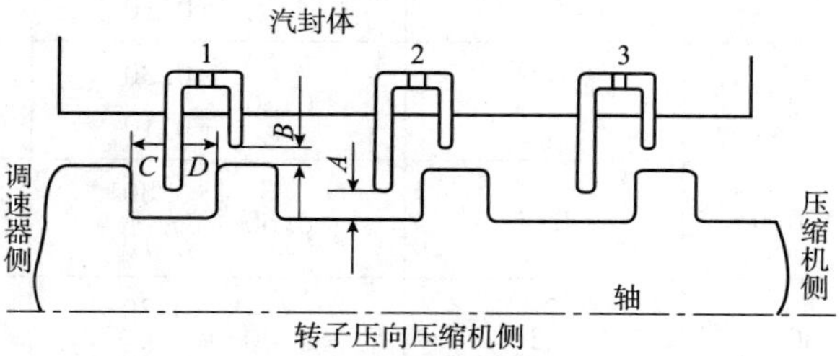

图 12　轴封间隙

表 15 前后轴封间隙

部位	轴封径向直径间隙 /mm		轴封轴向直径间隙 /mm	
	A	*B*	*C*	*D*
前轴封 1~6 级	0.40 $^{+0.30}_{-0.10}$	0.40 $^{+0.30}_{-0.10}$	最小 1.25	最小 1.25
后轴封 1~11 级	0.40 $^{+0.30}_{-0.10}$	0.40 $^{+0.30}_{-0.10}$	最小 1.25	最小 1.25

4.4.5 气缸与机座检修质量标准

4.4.5.1 气缸水平结合面应无漏汽冲刷的沟槽、腐蚀、斑坑、翻边、打伤等缺陷；

4.4.5.2 在修好缸体水平面的基础上，空缸组合，打入定位销并紧 1/3 螺栓、检查上下缸应无错口现象，用 0.05mm 塞尺检查，应不得塞入气缸或塞入深度不超过气缸密封面宽度的 1/3；

4.4.5.3 缸体应无裂纹，拉筋完好，疏水孔畅通；

4.4.5.4 喷嘴应无裂纹、卷曲、损伤、冲蚀和盐垢，必要时着色检查。固定喷嘴板的螺钉点焊应牢固，无裂纹；

4.4.5.5 检查过负荷阀阀头固定螺帽、顶丝，圆销应固定牢靠，阀头与阀座接触良好，拧紧阀座并冲牢；

4.4.5.6 清扫检查气缸螺栓、螺母，并作无损检查，必要时可进行金相分析和机械性能试验；

4.4.5.7 连接气缸和基础台板挠性支座的螺栓应紧固，排汽端定位杆固定牢固；

4.4.5.8 对于 K801-A 型汽轮机，喷嘴、导叶和静叶应无裂纹冲蚀、击伤、卷边、锈蚀、结垢等缺陷，必要时作无损检测，喷嘴、喷嘴环各焊缝良好无裂纹，导叶、静叶的叶根和隔离块安装牢靠，围带无裂纹，拉筋和静叶焊接处应牢固；

4.4.5.9 清扫、检查滑销、测量间隙并调整，各滑销间隙应符合图13~图16、表16要求；

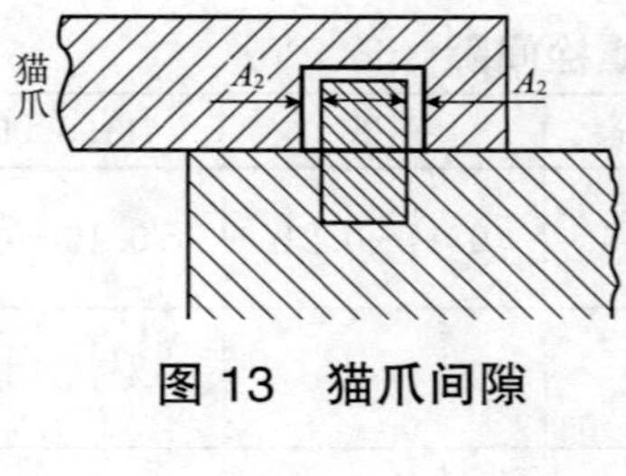

图 13 猫爪间隙

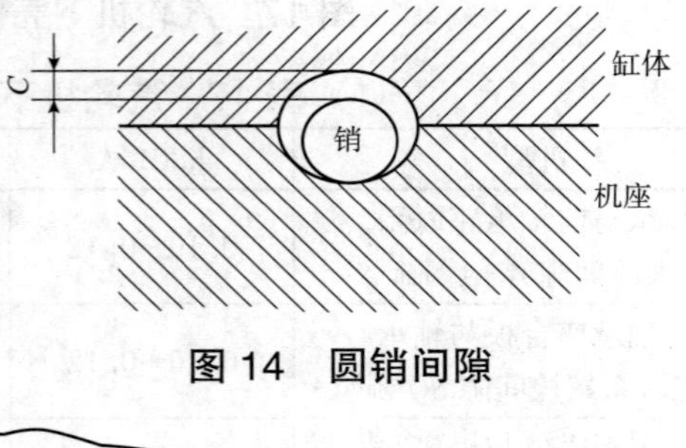

图 14 圆销间隙

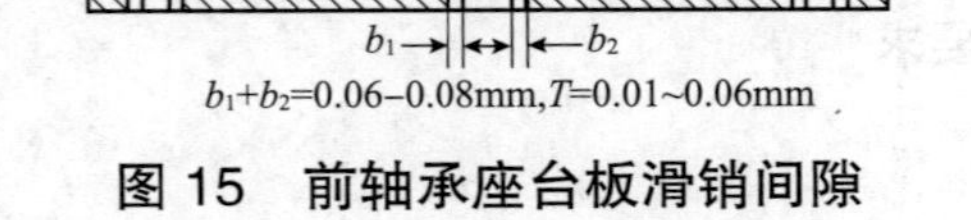

b_1+b_2=0.06–0.08mm, T=0.01~0.06mm

图 15 前轴承座台板滑销间隙

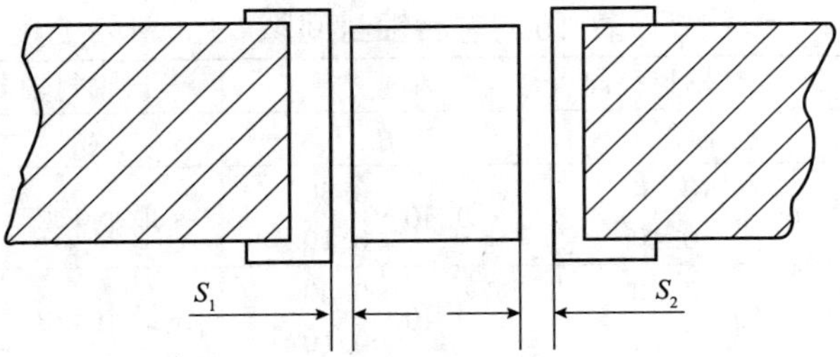

图 16　汽轮机缸体滑销间隙

表 16　汽轮机缸体各滑销间隙

机型	K801-A	AMC-05-S	KJDF	11030CD36
缸体滑销侧隙和（S_1+S_2）/mm	0.05～0.10	0.04～0.06	0.04～0.06	0.06～0.10
缸体猫爪与猫爪销侧隙和（A_1+A_2）/mm		0.04～0.06	0.04～0.08	0.05～0.08
前轴承座台板滑销侧隙和（b_1+b_2）/mm	0.06～0.08			0.04～0.06
圆柱横销间隙 C/mm		0.04～0.06		0～0.037

4.4.5.10　检查连接螺栓，丝扣应无损坏，测量螺栓与垫片之间的间隙应符合图 17 和表 17 要求。

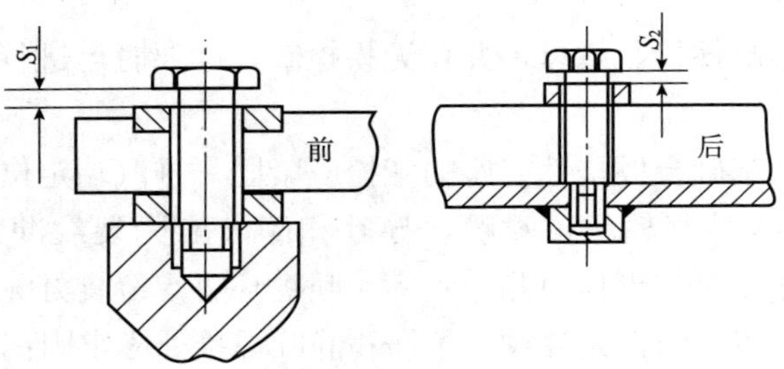

图 17　汽轮机下壳体支撑螺栓间隙示意图

表 17　汽轮机下壳体支撑螺栓间隙

机型	K801-A	AMC-05-S	KJDF	11030CD36
猫爪与前轴承座联系螺栓间隙 A_1+A_2/mm	0.10～0.12	0.07～0.14	0.11～0.21	0.10～0.15
前轴承座台板与轴承座联系螺栓间隙 S_1/mm	0.10～0.12			0.10～0.15
后缸下壳体与机座联系螺栓间隙 S_2/mm	0.10～0.12	0.07～0.14		0.10～0.15

4.4.6　联轴节检修质量要求

同 4.3.8。

4.4.7 盘车器检修质量要求

a）齿轮应无毛刺、裂纹、点蚀等缺陷，齿轮啮合正常，其接触面积沿齿高不小于45%，沿齿宽不小于60%；

b）轴颈不应有毛刺、划痕、碰伤等缺陷，安装轴承的轴颈表面粗糙度 R_a 最大允许值为0.4μm；

c）检查轴承滚道与滚珠应无斑点、坑疤，接触平滑无杂音；

d）检查油封应无老化、变形及损伤。

4.4.8 AMC-05-S、KJDF、11030CD36型汽轮机调速器传动机构检修质量要求

a）一、二级减速齿轮径向轴瓦、止推瓦钨金应无磨损、沟槽、脱壳、裂纹，固定轴瓦的顶丝要可靠；

b）各齿轮、蜗轮、蜗杆表面应无裂纹、毛刺、严重划痕等缺陷；

c）轴颈、止推盘应无拉毛、划伤等缺陷；

d）轴颈的圆度及圆柱度不大于0.02mm；

e）轴与径向瓦、止推瓦接触应均匀，接触面积不少于80%；

f）齿轮和轴固定不松旷，背帽和顶丝不松动，固定牢靠；

g）齿轮、轴颈着色检查合格；

h）联轴节应无磨损、松动，安装方向正确，顶丝到位捻牢，联轴节外套窜动应灵活，窜量不小于3mm；

i）喷油管及各油路、油管应干净畅通；

j）测量有关间隙应符合表18要求。

表18 调速器传动机构有关间隙要求

机型		AMC-05-S	KJDF	11030CD36
高速轴	径向间隙/mm		0.07～0.15	
	止推间隙/mm		0.25～0.30	
低速轴（蜗杆轴）	径向间隙/mm	0.06～0.08	0.07～0.15	齿轮端：0.04～0.07 非齿轮端：0.05～0.09
	止推间隙/mm	0.15～0.20	0.25～0.30	0.20～0.40
蜗轮轴	径向间隙/mm	0.06～0.08	0.07～0.15	下端：0.02～0.06 上端：0.03～0.08
	止推间隙/mm	0.15～0.20	0.25～0.30	0.25～0.40
一级齿轮啮合间隙/mm		0.24～0.30		
蜗轮蜗杆啮合间隙/mm		0.24～0.30		0.07～0.11
输入联轴节窜量/mm			3～5	

4.4.9 汽轮机调节系统检修质量要求

4.4.9.1 调节阀检修

a）阀头、阀座密封面应无沟槽、麻点、冲刷痕迹，接触印痕良好；

b）拉杆应光滑无变形、损伤、结垢、卡涩，拉杆直线度不超过 0.05mm；

c）弹簧应无裂纹、损伤、歪斜，弹性良好；

d）汽室接合面应仔细清理干净，无沟痕，确保接合面严密不漏；

e）提板与汽室盖的结合面的平行度不大于 0.05mm；

f）拉杆无损检测合格；

g）测量阀头的行程，应符合表 19 要求。

表 19 阀头的行程要求

机型	K801-A	AMC-05-S	KJDF	11030CD36
1# 阀 /mm	1±0.10	20±0.10	5.08	11.00
2# 阀 /mm	10.5±0.20	6.5±0.10	10.41	23.85
3# 阀 /mm	17.0±0.20	11±0.10	15.75	25.15
4# 阀 /mm		16±0.10	19.94	
5# 阀 /mm		21.0±0.10	28.44	

4.4.9.2 CM 调速器检修

a）错油门表面应无划痕、偏磨及毛刺等缺陷，动作灵活无卡涩；

b）油动机活塞及油缸工作表面应平整光滑，无沟槽划痕。活塞杆及衬套表面应光滑，无拉毛、偏磨等缺陷，活塞杆中心油孔应畅通，旋转接头顶丝牢固，接头转动灵活；

c）飞锤滚架、支承架和垫块组件的工作表面，飞锤架支点刃口应无损伤，滑动灵活，飞锤固定螺丝无松动；

d）滚动轴承珠子表面、保持架、内外滚道无损伤、歪斜缺陷；

e）弹簧应无裂纹、歪斜，必要时校测有关尺寸和刚度；

f）调速器进、排油室，油孔道内应无杂物；

g）同步器传动杆应无锈蚀、偏磨，操作自由；

h）手动转动调速器轴，灵活自如，无卡涩现象。

4.4.9.3 K801-A 型汽轮机液压调速器检修

a）调速器泵传动齿轮检修同 4.4.8b）、c）、d）、g）、i）。传动齿轮侧间隙为 0.14～0.31mm；

b）油泵叶轮应无异常，泵内无杂物，泵的推力轴承间隙为 0.15～0.25mm；

c）油泵轴承检查同 4.4.7c）、d）；

d）错油门滑阀及滑阀套工作表面应光滑无裂纹、拉毛、锈蚀等缺陷，滑阀在滑阀套中转动灵活无卡涩，滑阀凸缘和滑阀套窗口刃角应完整；

e）弹簧应无歪斜、裂纹、损伤，弹性良好；

f）滚动轴承的滚道、滚珠、保持架应无麻点、锈蚀、裂纹等缺陷，滚珠不松旷，转动无异音；

g）油动机活塞及缸体工作表面应光滑无拉毛，活塞与缸体接触良好无卡涩；

h）活塞杆与活塞装配良好不松动，球接头接合面转动灵活无咬毛痕迹，反馈圆锥面光滑无损伤；

i）测量错油门重叠度和油动机工作行程应符合要求；

j）所有部件的滑动部分工作面应无卡涩，工作灵活稳定，各固定连接处牢靠紧固；

k）各油路干净畅通。

4.4.9.4 AMC-05-S 型、11030CD36 型汽轮机 PG-PL 调速器及油动机检修

a）运行中如发现有转速波动较大或调节迟缓，卡涩等现象时，必须将 PG-PL 调速器进行全面解体清洗检查，按说明书核对并调整各部件之间的间隙，复装后应在调试台上进行调试，合格后方能再次使用；

b）油动机检修同 4.4.9.3 之 d）、g）、h）、i）、j）、k）。

4.4.9.5 电液调速器检修，运行中如发现有转速波动、调节迟缓、卡涩现象时，应将调速器进行全面解体检查，按说明书核对调整各部件间隙。安装后应在调试台上进行调试，合格后方能再次投用。

4.4.10 汽轮机保安系统检修

4.4.10.1 KJDF、AMC-05-S 型汽轮机主汽阀检修质量要求

a）检查轴承内外滚道、滚珠、滚针磨损情况；

b）丝杆、丝母应无毛刺、变形；配合适宜，灵活自如；丝杆键固定牢固，与键槽配合适宜，无挤压变形；

c）驱动手轮固定可靠，无轴向窜动，旋转灵活；

d）弹簧无裂纹、扭曲变形，挂钩刃口平整，接合严密、可靠；

e）所有传动轴与轴孔连接无松旷现象；

f）阀头、阀座密封面应无冲刷、沟痕、接触良好；

g）阀座固定牢固，预启阀在行程内灵活无卡涩，点焊部位无裂纹等缺陷；

h）校核预启阀的开度；

i）平衡活塞工作面应平整光滑，无划痕和偏磨现象，测量直径间隙应符合要求；

j）阀杆和密封套工作面应平整光滑，无偏磨现象，其直径间隙为：AMC-05-S 型 0.10～0.13mm，KJDF 型 0.07～0.11mm；

k）阀杆的直线度不大于 0.05mm，阀杆端部丝扣完好，与连接件配合适宜；

l）滤网和外壳之间的径向、轴向膨胀间隙不小于 1.0～1.5mm。滤网状态良好无损坏堵塞现象；

m）油动缸弹簧完好无裂纹、扭曲，活塞环完好无划痕、沟槽和损坏等缺陷，测定活塞环与活塞配合间隙及开口间隙应符合要求，不装弹簧，检查活塞在全行程内应无卡

涩现象。

4.4.10.2　K801-A 型和 11030CD36 型汽轮机主汽阀检修

a）大、小阀头和阀座密封面应无沟槽、锈蚀和斑点等缺陷，并接触良好；

b）阀杆应无拉毛、变形、裂纹及磨损等缺陷，其直线度不大于 0.05mm；

c）弹簧应无裂纹、变形、损伤、歪斜，弹性良好；

d）阀盘、活塞与油缸工作表面应光滑无拉毛、锈蚀；阀盘和活塞在行程内移动灵活不卡涩；

e）K801-A 型主阀行程为 36.5～37.5mm，副阀行程为 4.5～5.5mm；

f）油室、汽室内应清洁、无杂物，油孔、汽水孔应畅通，接头不泄漏。

4.4.10.3　KJDF、K801-A 型汽轮机危急保安器和危急遮断油门检修

a）危急保安器弹簧应无裂纹、歪斜，端面平整，螺栓应无咬伤、毛刺、端部磨损等缺陷；飞锤头部应无麻点、损伤。在槽内应能灵活滑动；固定螺钉牢固可靠；

b）危急遮断油门滑阀头与阀套口应光滑无沟痕，接合面严密不漏，滑阀不弯曲、偏磨，动作灵活不卡涩，弹簧应无裂纹、损伤、歪斜，弹性良好；

c）测量危急跳闸装置安装间隙应符合图 18、图 19 要求。

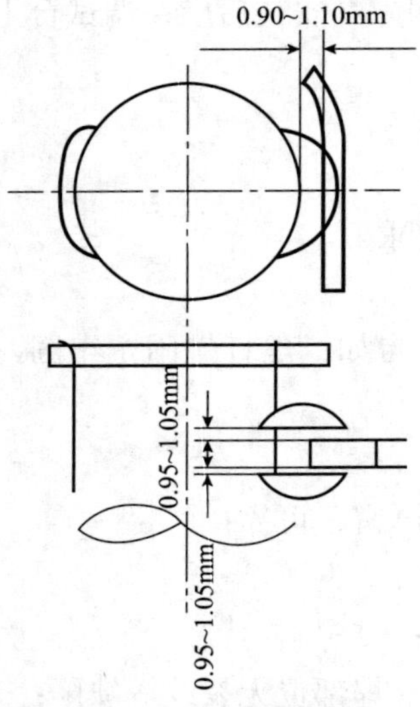

图 18　危急保安器间隙

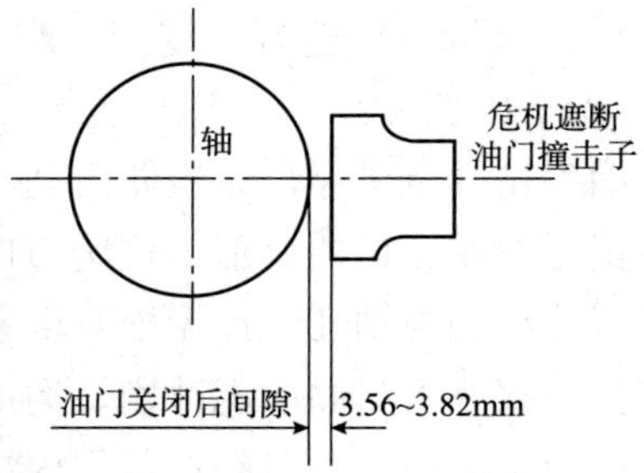

图 19　危急保安器间隙

4.4.10.4　11030CD36 型汽轮机危急保安器检修

a）安全油密封浮环内表面应光滑、无毛刺、磨痕等缺陷，浮环直径间隙为 0.03～0.04mm；

b）危急保安器飞锤泄油口应光滑无沟痕，接合面严密不漏，飞锤动作灵活不卡涩，与飞锤套配合间隙为：中部 0.08～0.09mm，两端 0.05～0.07mm，飞锤弹簧应无裂纹、损伤、歪斜、弹性良好；

c）危急保安器各部位顶丝应无松动，捻冲可靠。

4.5 增速箱的检修与质量标准

4.5.1 箱体检修质量要求

a）箱盖与箱体的结合面应平整光滑，安装箱盖完毕，用 0.05mm 塞尺检查中分面，插入深度不超过箱壁厚度的 1/3；

b）测量箱体的水平度，其横向水平度不大于 0.10mm/m，纵向水平度不大于 0.05mm/m；

c）箱盖与箱体不应有裂纹；

d）齿轮油喷嘴位置应正确、无堵塞。

4.5.2 齿轮检修质量要求

a）宏观检查转子，齿面不应有毛刺、裂纹、锈蚀、伤痕等缺陷；

b）检查齿啮合情况，接触面积沿齿宽方向大于 85%，沿齿高方向大于 55%；

c）测量啮合间隙，顶间隙为 0.2～0.3M（M 为法向模数），单侧间隙为 0.36～0.48mm；

d）测量两齿轮的相对窜量应为 0.51～0.99mm，两齿轴中心距偏差不大于 0.05mm；

e）轴承轴颈不应有毛刺、划痕、碰伤等缺陷，表面粗糙度 R_a 最大允许值为 0.4μm；

f）轴承轴颈的圆度和圆柱度不大于 0.02mm，

g）齿轮和轴颈做着色检查；

h）必要时，齿轮做动平衡校验。低速动平衡精度为 ISO 1940 G0.4 级。

4.5.3 轴承检修质量要求

a）椭圆瓦钨金表面不应有裂纹、偏磨夹渣、烧损、碾压和沟槽等缺陷；

b）上、下瓦背与瓦座的接触面积应为：上瓦大于 40%，下瓦大于 50%，瓦与轴颈的接触角为 60°～70°；

c）瓦中分面应平整光滑，将上下瓦合在一起中分面应无间隙；定位销不旷动，瓦壳不错位；

d）瓦背紧力应为 0.02～0.05mm；

e）径向轴承间隙为：大齿轮 0.36～0.41mm，小齿轮 0.33～0.38mm，大齿轮推力间隙为 0.35～0.60mm。

4.5.4 联轴节检修质量要求

同 4.3.8 各条内容。

4.6 机组轴系对中质量要求

4.6.1 对中使用的百分表精度应可靠，指针稳定，无卡涩，表架质量轻，刚性好，表架及百分表固定牢靠。

4.6.2 对中过程中盘车应均匀稳定，盘车方向保持一致。

4.6.3 调整垫片宜采用不锈钢片，垫片应光滑平整，无毛刺，垫片最多不超过 3 层。

4.6.4 找正完毕后所有顶丝处于放松状态。

4.6.5 机组冷态对中要求：冷态对中允许误差为径向 ±0.03mm、轴向 ±0.01mm。

4.6.5.1 美荷型机组对中要求见图 20。

4.6.5.2 日 I 型机组对中要求见图 21。

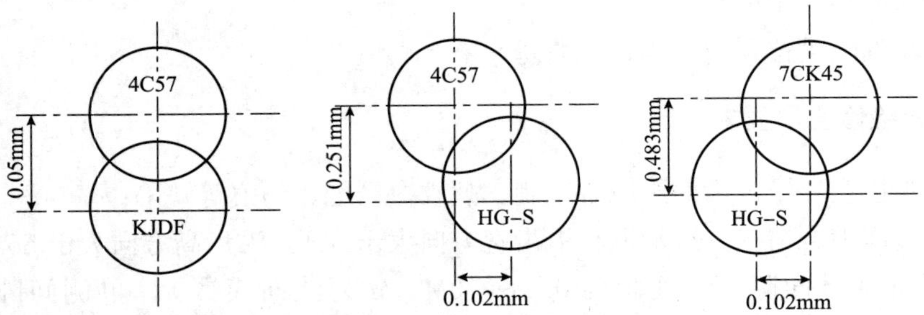

图 20 美荷型机组对中要求

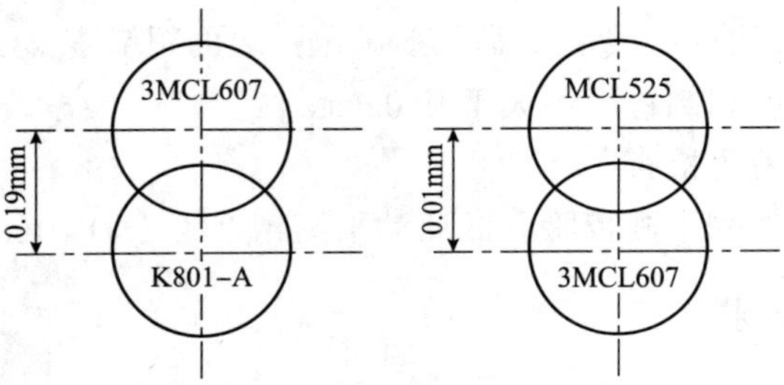

图 21 日 I 型机组对中要求

4.6.5.3 法型机组对中要求见图 22，日 II 型机组对中要求见图 23。

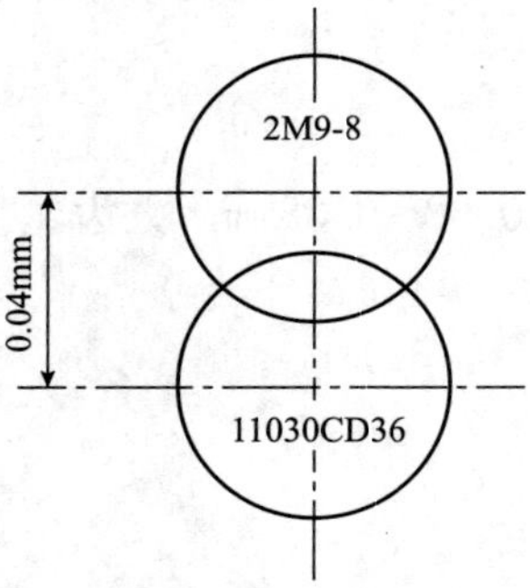

图 22 法型机组对中要求

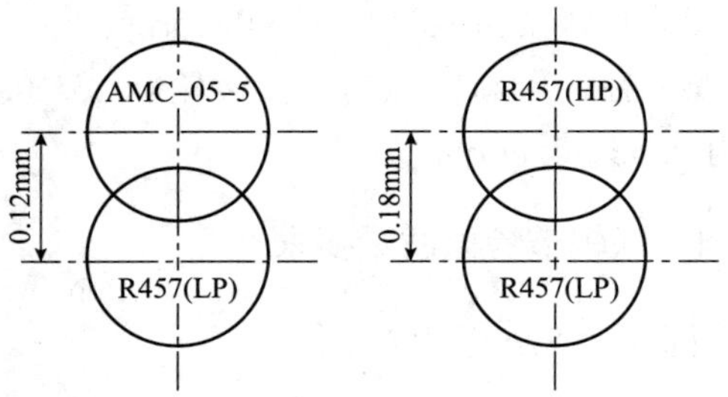

图 23 日 II 型机组对中要求

4.6.5.4 法型机组对中要求：外圆上下冷态时压缩机比汽轮机高 0.10～0.15mm，左右要求为 ±0.01mm，端面要求为 ±0.01mm。

4.7 油系统设备检修质量要求

4.7.1 油箱清洗检查

a）油箱内经清洗后应无油垢、焊渣、胶质等杂质，箱内防腐层无起层、脱落现象。焊接件不变形，固定牢靠；

b）箱内加热器完好无泄漏；

c）箱外壁防腐层完好，人孔盖平整、密封良好，固定螺栓无松动。油位视镜清洁透明。

4.7.2 油过滤器检修

a）过滤器清洗或更换滤芯；

b）筒体及各连接密封处、焊缝等部位完好无泄漏；

c）各密封垫圈应无老化或损坏；

d）防腐层完整，各连接螺栓紧固。

4.7.3 蓄压器检修

a）蓄压器胶囊经氮气试压应严密无泄漏；

b）筒体、密封处、接管及焊缝应无裂纹、变形、泄漏等缺陷；

c）筒体壁防腐，地脚螺栓紧固。

4.7.4 清洗检查润滑油高位槽，密封油高位槽，各连接管及密封处应无泄漏，地脚螺栓紧固。

4.7.5 清洗检查污油收集器（捕集器），内置浮球完好，无破损，排液阀严密、动作可靠。排油管调节阀无内漏，调节动作正确。

4.7.6 润滑油泵、冷凝水泵、表面冷凝器与抽气器等设备的检修参见通用设备维护检修规程。

4.7.7 安全阀、压力表及温度指示整定校验合格。

5 试车与验收

5.1 汽轮机单机试车准备

5.1.1 机组按检修方案检修完毕，检修记录齐全，质量符合本规程要求。检修场地及设备整洁。

5.1.2 所有压力表、温度计、液面计、测速测振探头、温度、压力、液位报警等仪器、仪表及有关联锁调校完毕。

5.1.3 油箱油质合格，油位正常，系统冲洗循环符合要求，蒸汽冷凝系统真空试验合格。

5.1.4 汽轮机调速系统静态调试合格。

5.1.5 水、电、汽、仪系统具备试车条件，各相关专业填写开车确认表。

5.2 汽轮机单体试车，严格执行汽轮机单体试车操作规程

5.2.1 记录临界转速值及调速器最低工作转速值。KJDF 型为 5500r/min，K301-A 型为 7225r/min，AMC-05-S 型为 8475r/min，11030CD36 型为 7400r/min。仔细检查调节系统和配汽机构应无卡涩、摩擦和抖动现象，转速应平稳上升和下降。

5.2.2 保安系统的检查和试验

a）用超速试验装置将转速升至脱扣转速：KJDF 型为 7604～7739r/min，K801-A 型为 9800r/min，AMC-05-S 型为 12090r/min，11030CD36 型为 11890r/min。此时主汽阀动作，汽轮机跳车，如不符合上述转速范围（或超过额定转速的 1.5%）应重新整定，再作脱扣试验，直至合格；

b）超速一般进行 2 次，2 次误差值不应超过额定转速的 1.5%，若超差则应重新调整、试验。重作超速脱扣试验时，汽轮机转速降至脱扣转速的 90% 以下时，方可重新挂闸，以免损坏设备。

5.2.3 打闸停车后，记录转子惰走时间；

5.2.4 汽轮机停车

正常停机后，油泵应连续循环至少 12h，回油温度降至 40℃以下停泵，停机后应关闭蒸汽切断阀、排汽阀、汽封抽气器。打开蒸汽导淋、疏水阀等，排净积水，以防止或减轻设备腐蚀。

5.3 机组联动试车

5.3.1 试车准备

a）汽轮机单试合格后，装好汽轮机和压缩机之间的联轴节；

b）压缩机各段间冷却器引水，排尽空气并投入运行；

c）压缩机出口单向阀完好，动作灵活；

d）管道盲板拆除，出口阀关闭，防喘振阀全开。

5.3.2 压缩机置换与充压合格。

5.3.3 压缩机的启动与升速，按操作规程执行：

a）机组每个升速阶段以及运行中，都要进行全面检查和调整并做好记录；

b）压缩机升压过程中，各段压力比和升压速度应按制造厂规定进行。

5.3.4 机组停车

a）压缩机在降压减量过程中，应避免发生喘振；

b）按机组升速曲线的逆过程，将汽轮机转速降至 500r/min，打闸停机。停稳后，立即启动盘车器盘车。

5.4 验收

5.4.1 按检修方案所列内容检修完毕，质量符合本规程要求。
5.4.2 单机、联动试车正常，主要操作指标达到铭牌要求，设备性能满足生产需要。
5.4.3 检修后设备达到完好标准。
5.4.4 满负荷正常运转 72h 后，办理验收手续，正式移交生产。

6 维护与故障处理

6.1 日常维护

6.1.1 机组应按关键设备要求进行“机、电、仪、操、管”五位一体特级维护。
6.1.2 操作人员和机、电、仪维修人员按规定的时间、路线认真做好巡回检查和维护工作，掌握机组运行情况，按时填写运行记录，记录做到准确、齐全、整洁。检查内容应不少于以下各项，对有运行隐患的部位要加强检查：

a）汽轮机和压缩机及其附属系统、真空系统的运行参数，各部位的压力、温度、流量、液位、转速等；

b）机组油系统各部压力、温度、油流、油位等；

c）机组各径向、止推轴承的振动、轴位移、声音、轴承温度；

d）机组各设备动、静密封点泄漏情况；

e）设备和管道振动、保温情况及正常疏、排点的排放情况；

f）机组仪表指示情况；联锁保安系统部件工作情况及动作情况，电气系统及各信号装置的运行情况；

g）机组设备的整洁情况；

h）机组设备的保温防冻、防腐措施情况。

6.1.3 严格按操作规程开停机组，禁止超温、超压和超负荷运行。
6.1.4 对机组进行状态监测和故障诊断，提倡配备在线状态监测系统，做好分析记录和故障诊断报告存档。
6.1.5 按润滑管理规定，合理使用润滑油，定期分析、过滤和补充，对于达到更换标准的润滑油要及时更换。
6.1.6 机组设备应保持零部件完整齐全，指示仪表灵敏可靠，及时清扫，保持清洁。

6.2 常见故障与处理

机组常见功能故障与处理方法见表 20。

表 20　机组常见功能故障与处理方法

序号	功能	功能故障	故障模式	故障后果	故障应对策略与检修内容	故障周期／月
1	保证压缩机工艺参数在指标范围内	压缩机出口温度高	段间冷却器效率低	循环水流道堵塞，水量不够，压缩机出口温度高	加大冷水量，必要时增加外接冷却，状况没有改善则停机清洗冷却器	36
			级间汽封泄漏量大	压缩机缸内气体回流量大，出口温度高、流量低	监控运行，状况持续恶化则停机检查级间汽封，更换损坏汽封	36
		一段入口压力高、温度高，一段出口温度高、流量低	压缩机内部结晶，堵塞流道	出口流量降低，进出口温度升高	监控运行，工艺参数不能不能满足工艺活机组需求停机，检查清理压缩机流道，检查入口冷却器是否泄漏	
2	保证机组连续运转	因振值大造成机组不能连续运行	转子不平衡、弯曲	机组振动大，造成转子、轴瓦损坏	停机更换转子，转子做动平衡，检查转子几何尺寸	36
			机组不对中	机组振动大，损伤联轴器	停机重新找正	36
			转子和汽封摩擦、管道有应力	机组振动大，联锁停车	停机检查汽封、调整管道	
			压缩机喘振、机壳积液	压缩机喘振，损坏轴瓦	避开喘振区、加强排液。在线调整	
			轴瓦损坏，油膜失稳	机组振动大，损坏轴瓦	停机更换轴瓦，检查供油压力、温度、轴瓦尺寸	60
			轴瓦盖或地脚螺栓松动	机组振动大	紧固螺栓，监控机组振值	
			入口氨冷器液位过高，气体带液	压缩机喘振，损坏轴瓦	检查入口氨冷器液位，机组监控运行，避免对机组造成损坏	
			仪表测量失真	机组指示失真、联锁误动作	在线校核仪表探头，检查线路是否松动，停机后检查转子测量区域是否存在剩磁、电跳	36
			转子损坏	机组振值变化，振动联锁	停机检查更换转子	
			缸体进入杂物	机组运行参数突变，联锁停车	停机开盖检查缸体内部，检查更换转子	

表 20　机组常见功能故障与处理方法（续）

序号	功能	功能故障	故障模式	故障后果	故障应对策略与检修内容	故障周期 / 月
2	保证机组连续运转	因轴位移异常造成机组不能连续运行	轴向推力异常	轴位移持续增大，联锁停车	监控运行是否稳定，疏通管道，检查平衡气封，必要时停机拆检平衡气系统	36
			推力盘异常	轴位移数据增大，联锁停车	确认故障真实存在建议停机，检查推力盘是否松动、磨损	
			推力轴瓦异常	轴瓦温度升高，机组联锁停车	确认故障真实存在建议停机，检查推力轴瓦是否磨损、卡涩	
			电腐蚀破坏油膜，影响油膜刚度，造成推力瓦磨损	轴瓦温度升高，机组联锁停车	在线检查电刷系统，测量磁通量，加强导电手段，机组监控运行，推力系统失衡则停机检修	
			轴位移探头失真	轴位移数据增大，联锁停车	校核仪表探头，必要时进行更换	
		因抽真空系统故障造成机组不能连续运行	真空系统泄漏	排汽温度高，能耗增加	表冷系统在线查漏、堵漏，机组监控运行	36
			抽气压力过低	排汽温度高，能耗增加	适当提高抽汽压力，监控机组参数	
			冷却水量不足	排汽温度高，能耗增加	增加冷却水量、增大冷却水温差，必要时增加外置冷却水辅助冷却	
			液位过高	表冷液位持续升高，联锁停车	开冷凝液辅泵、降低液位，检查冷凝器是否泄漏	36
			冷液器结垢或污物堵塞	排汽温度高，能耗增加	必要时停机检查冷凝器水侧，除垢	36
		因润滑系统故障造成机组不能连续运行	进口油温度高	油温升高，机组监控运行	切换检查油冷器，加大冷却水量，仍不能满足时考虑管束除垢，不影响机组运行	36
			油质不符合要求	油温升高，轴瓦运行受影响，严重时会造成轴瓦损伤甚至联锁	润滑油通过油滤机在线过滤后再分析，不能通过油滤机过滤达到要求的停机更换润滑油	36

表 20　机组常见功能故障及处理方法（续）

序号	功能	功能故障	故障模式	故障后果	故障应对策略与检修内容	故障周期／月
2	保证机组连续运转	因润滑系统故障造成继续不能连续运行	油泵故障	油泵不能满足工艺要求	在线切换油泵	24
			入口滤网或过滤器堵塞	油压降低报警	检查清洗油过滤器过滤网，更换滤芯	36
			出口管路、阀门故障	低油压联锁	调节出口管路和阀门，监控压力、流量是否能达到要求	
3	保证系统密闭生产	浮环密封泄漏	浮环磨损	污油收集罐流量增大	机组监控运行，泄漏量影响整个油系统压力或油量时，停机更换浮环	36
			油气压差失调	污油收集罐流量增大	在线调整油气压差	
			污油收集器故障	污油泄漏或液位异常	拆检污油收集器	36
		干气密封泄漏	一级密封气参数异常	干气密封报警	调整密封气压力和流量	
			干气密封摩擦副损坏	干气密封报警或联锁	对泄漏气参数监控运行，达到停机值则停机检修，更换干气密封	36
			密封气杂质多	前置过滤器压差高	压差超过允许值，切换清洗密封气过滤器	6
			干气密封没投隔离气，密封系统进油	干气密封损坏	停机检查油路及气路，更换干气密封	
		静密封泄漏	壳体贴合不严	壳体泄漏	停车处理	
			管线法兰连接泄漏	管道法兰泄漏	停车处理	

附 录 A
（资料性附录）
汽轮机主要性能及参数

型号	K801-A	AMC-5-S	KJDF(B厂)	11030CD36
制造厂	日本富士机电	日本石川播磨	美国迪拉瓦公司	法国索热厂
型式	反动蒸汽式	中压冷凝式	中压冷凝式	中压冷凝式
级数	13	5	8	7
正常转速 /（r/min）	8500	10350	6700	10295
最大连续转速 /（r/min）	8925	11200	7035	10810
一阶临界转速 /（r/min）	13995	5900	4020	6400
二阶临界转速 /（r/min）		15000	8160	17100
脱扣转速 /（r/min）	9800	12090	7604～7793	11890
功率 /kW	6770	6700	9650	3790
进口蒸汽温度 /℃	368	365	321	390
进口蒸汽压力 /MPa	4.04	3.8	3.83	3.7
排气温度 /℃	50	50	50	50
排气压力 /MPa	0.0166（绝）	0.015（绝）	0.015	0.016
主汽阀流量 /（kg/h）	27700	24640	47000	43170
径向轴承形式	五油楔可倾瓦	五油楔可倾瓦	五油楔可倾瓦	三油楔可倾瓦
止推轴承形式	金斯伯雷型	金斯伯雷型	金斯伯雷型	金斯伯雷型
调速器形式	液压调速器	PG-PL	“CM”型	PG-PL
联轴器形式	齿式联轴节	隔膜联轴节	齿式联轴节	齿式联轴节

附 录 B
（资料性附录）
日型厂压缩机主要性能及参数

使用厂	日Ⅰ型厂		日Ⅱ型厂	
压缩机型号	3MCL607	MCL525	R457	R457
制造厂	日立制作所	日立制作所	石川岛播磨	石川岛播磨
叶轮级数	7	7	7	7
压缩介质	氨气	氨气	氨气	氨气
转速 /（r/min）	8370	8370	10350	10350
第一临界转速 /（r/min）	4800	4900	4100	4700
第二临界转速 /（r/min）			16300	16300
轴功率 /kW	3238	2562	1150	3780
入口流量 /（kg/h）	一段 26311 二段 47632	57048	10403	36930
进口相对分子质量	17.032	17.032	17	17
入口温度 /℃	一段 17.8 二段 21	37.2	38	38
入口压力 /MPa	一段 0.20 二段 0.41	0.87	0.08	0.41
出口温度 /℃	一段 46 二段 105	113	130	190
出口压力 /MPa	一段 0.41 二段 0.94	1.85	0.41	1.72
叶轮外径 /mm	600	520	500	500
止推轴承型式	金斯伯雷型	金斯伯雷型	金斯伯雷型	
径向轴承型式	五油楔可倾瓦	五油楔可倾瓦	五油楔可倾瓦	五油楔可倾瓦
轴封型式	浮环密封	浮环密封	浮环密封	浮环密封
联轴节型式	齿式联轴节	齿式联轴节	刚性联轴节	刚性联轴节

附 录 C
(资料性附录)
美荷型、法型厂压缩机主要性能及参数

使用厂	美荷型厂		法型厂
压缩机型号	4C57	7CK45	2M9-8
制造厂	迪拉瓦公司	迪拉瓦公司	DRESSR(法)
叶轮级数	4	7	8
压缩介质	氨气	氨气	氨气
转速/(r/min)	6700	8900	10295
第一临界转速/(r/min)	4075	2075	4400
第二临界转速/(r/min)	8550	8725	13000
轴功率/kW	1763	7668	3790
入口流量/(kg/h)	30056	51440	一段 24221 二段 50793
进口相对分子质量	17	17	17
入口温度/℃	-32.2	107	一段 -7 二段 4
入口压力/MPa	0.10	一段 0.33 二段 0.70	一段 0.21 二段 0.38
出口温度/℃	66.1	133	166.5
出口压力/MPa	0.33	1.90	1.85
叶轮外径/mm	806.6	641.35(1.2级)其余635	457.2(1.2级)其余508
止推轴承型式	金斯伯雷型	金斯伯雷型	金斯伯雷型
径向轴承型式	筒型五油楔可倾瓦	筒型五油楔可倾瓦	五油楔可倾瓦
轴封型式	干气密封	干气密封	机械密封
联轴节型式	齿式联轴节	齿式联轴节	齿式联轴节

附 录 D
（资料性附录）
美荷型厂增速箱技术特性及参数

型号	HG-SPECIAE	
制造厂	迪拉瓦公司	
转速/（r/min）	大齿轮：6700	小齿轮：8900
齿数	大齿轮：97	小齿轮：73
模数/mm	大齿轮：3.60	小齿轮：3.60
齿面硬度/HB	大齿轮：252～302	小齿轮：341～388
齿轮直径/mm	大齿轮：401.1	小齿轮：301.9
轴径/mm	大齿轮：127	小齿轮：114.3
传递功率/kW	6789	
增速比	1.3286∶1	
径向轴承型式	椭圆瓦式	
联轴器型式	双键齿式联轴器	

附 录 E
（资料性附录）
透平转子装配间隙记录表

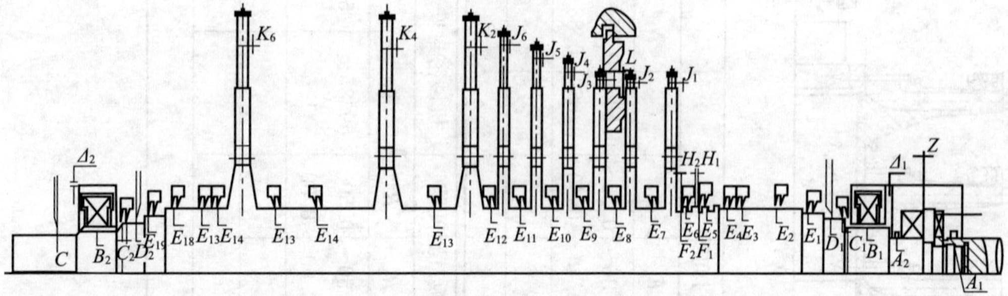

项目	油封间隙		轴承瓦量		轴承紧力		止推间隙	油封间隙				油封间隙	喷嘴间隙									定位间隙	
代号	A_1	A_2	B_1	B_2	Δ_3	Δ_2	Z	C_1	C_2	D_1	D_2	G	J_1	J_2	J_3	J_4	J_5	J_6	K_7	K_{sb}	K_{sa}	l_r	
标准	0.05～0.10	0.05～0.10	0.18～0.23	0.18～0.23	0.02	0.02	0.20～0.30	0.38～0.53	0.38～0.53	1.95～2.76	1.47～2.46	1.40～1.65	1.40～1.65	1.40～1.65	1.40～1.65	1.40～1.65	1.40～1.65	1.40～1.65	1.40～1.65	2.79～3.05	2.79～3.05	2.92～3.18	
检修前																							
检修后																							

项目	汽封轴向间隙																					汽封间隙	
代号	H_1	H_2	E_1	E_2	E_3	E_4	E_5	E_6	E_7	E_8	E_9	E_{10}	E_{11}	E_{12}	E_{13}	E_{14}	E_{15}	E_{16}	E_{17}	E_{18}	E_{19}	F_1	F_2
标准	2.26～2.52	2.26～2.52	0.33～0.48	0.33～0.48	0.33～0.48	0.33～0.48	0.33～0.48	0.33～0.48	0.33～0.48	0.33～0.48	0.33～0.48	0.33～0.48	0.33～0.48	0.33～0.48	0.33～0.48	0.33～0.48	0.33～0.48	0.33～0.48	0.33～0.48	0.33～0.48	0.33～0.48	0.25～0.56	0.25～0.56
检修前																							
检修后																							

注意：表中间隙为直径间隙。

附 录 F
（资料性附录）
低压缸转子装配记录表

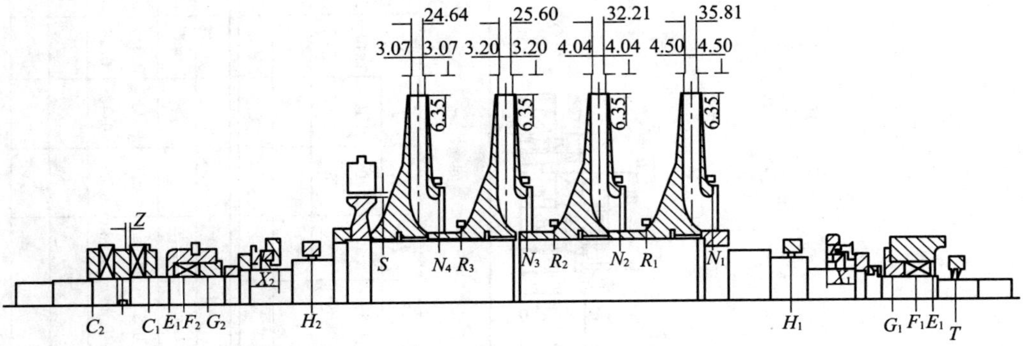

项目	轴承间隙			油封间隙					叶轮气封间隙			
代号	F_1	F_2	Z	C_1	C_2	E_1	E_2	T	N_1	N_2	N_3	N_4
标准	0.15～0.27	0.15～0.27	0.28～0.38	0.05～0.10	0.05～0.10	0.36～0.43	0.36～0.43	0.50～0.66	0.75～0.88	0.75～0.88	0.75～0.88	0.75～0.88
检修前												
检修后												

项目	减压套间隙		轴封间隙		轴与隔板气封间隙			机械密封安装长度		平衡盘间隙
代号	G_1	G_2	H_1	H_2	R_1	R_2	R_3	X_1	X_2	S
标准	0.13～0.18	0.13～0.18	0.46～0.56	0.46～0.56	0.50～0.60	0.50～0.60	0.50～0.60	69.85±1.6	69.85±1.6	0.46～0.56
检修前										
检修后										
注意：表中间隙为直径间隙。										

附 录 G
（资料性附录）
高压缸转子装配记录表

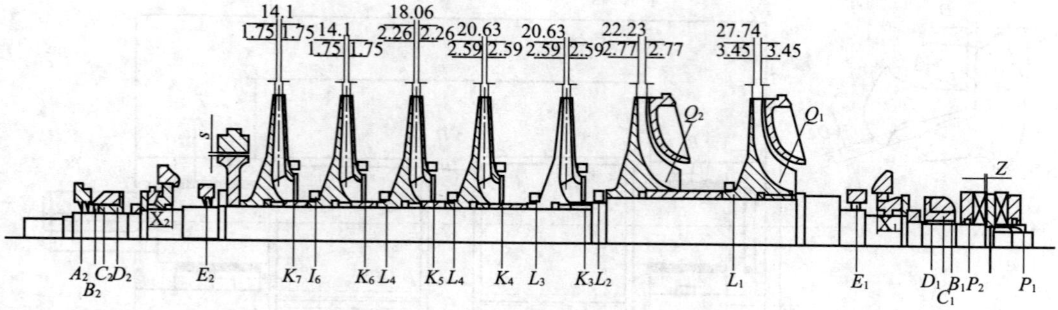

项目	轴承间隙			油封间隙					轴封间隙		叶轮气封间隙				
代号	C_1	C_2	Z	P_1	P_2	A_1	B_1	B_2	E_1	E_2	K_3	K_4	K_5	K_6	K_7
标准	0.10～0.18	0.10～0.18	0.23～0.33	0.05～0.10	0.05～0.10	0.45～0.61	0.36～0.43	0.36～0.43	0.38～0.48	0.38～0.48	0.63～0.74	0.63～0.74	0.63～0.74	0.63～0.74	0.63～0.74
检修前															
检修后															

项目	减压套间隙		开式叶轮间隙		轴与融板气封间隙						机械密封安装长度		平衡盘间隙
代号	D_1	D_2	Q_1	Q_2	L_1	L_2	L_3	L_4	L_5	L_6	X_1	X_2	S
标准	0.10～0.15	0.10～0.15	1.27	1.27	0.50～0.60	0.50～0.60	0.50～0.60	0.50～0.60	0.50～0.60	0.50～0.60	65.88±1.6	65.88±1.6	0.33～0.43
检修前													
检修后													

注意：表中间隙为直径间隙。

附　录　H
（资料性附录）
增速箱装配数据记录表

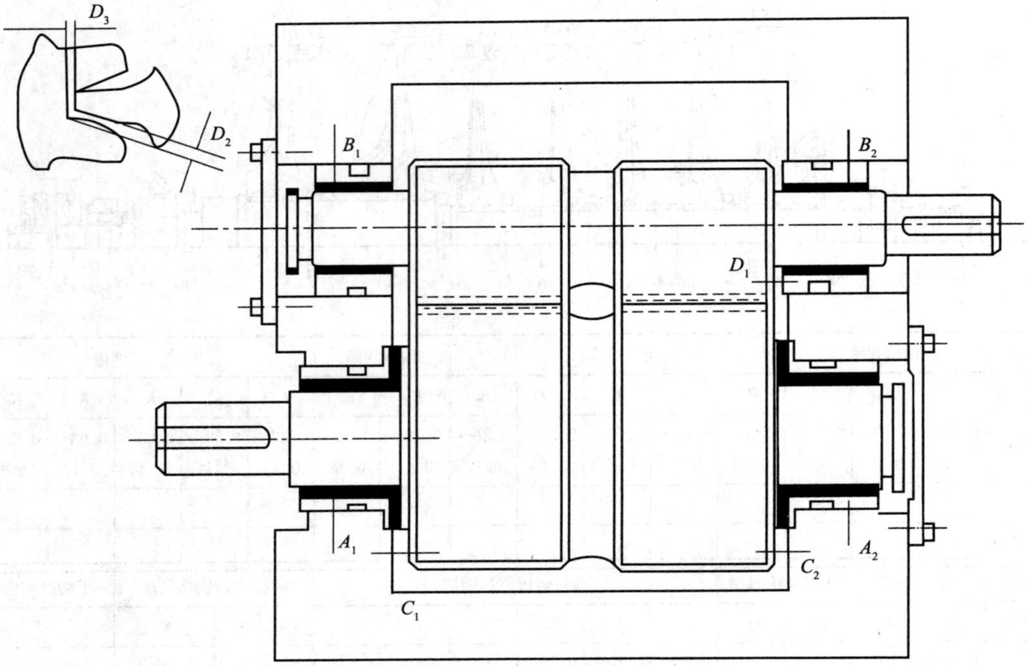

项目	大齿轮瓦量		小齿轮瓦量		大齿轮端隙	小齿轮轴向游隙	齿轮啮合侧隙	齿轮啮合顶隙
代号	A_1	A_2	B_1	B_1	C_1+C_2	D_1	D_2	D_3
设计值	0.26～0.41	0.26～0.41	0.33～0.38	0.33～0.38	0.35～0.60	0.51～0.99	0.43～0.48	0.2～0.3M
检修前								
检修后								
齿轮法向模数 M=3.6。								

附 录 I
（资料性附录）
105J 联轴器装配测量记录表

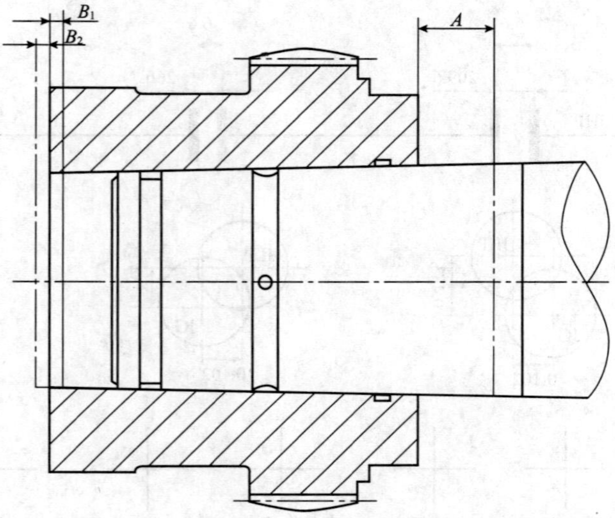

联轴器位置	推进量（A）		轴伸（B_1B_2）		内空最大胀开压力 /psi	
	标准	实测	检修前	检修后	拆卸油压	装配油压
透平端	7.26±0.38					
低压缸入口端	7.26±0.38					
低压缸出口端	8.74±0.38					
增速箱低侧	8.74±0.38					
增速箱高侧	8.74±0.38					
高压缸出口端	7.26±0.38					

附　录　J
（资料性附录）
机组找正对中记录表

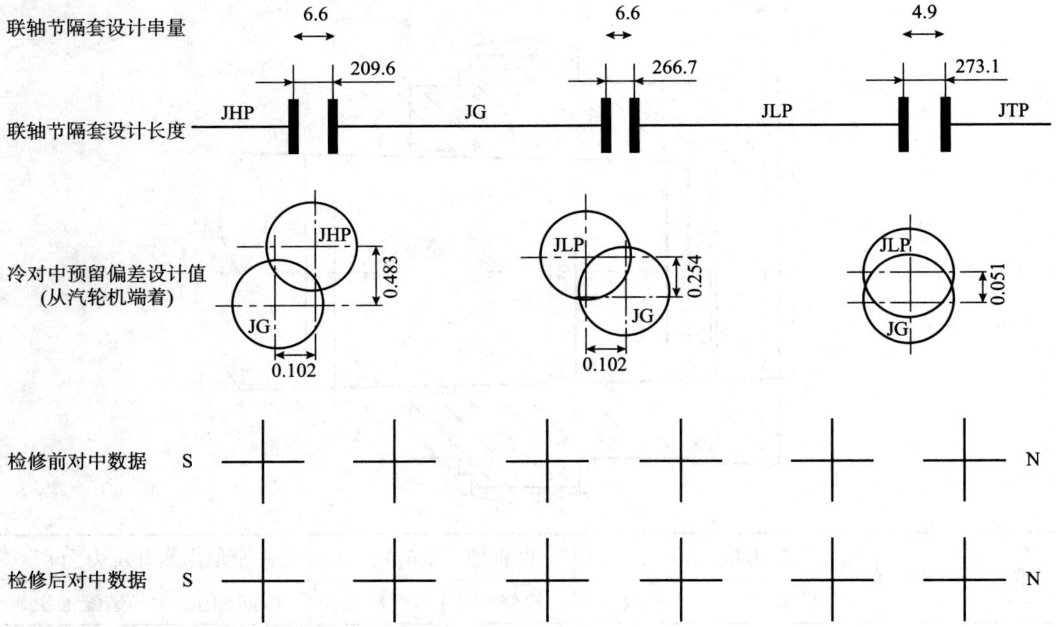

附 录 K

（资料性附录）

机组开车升速曲线图

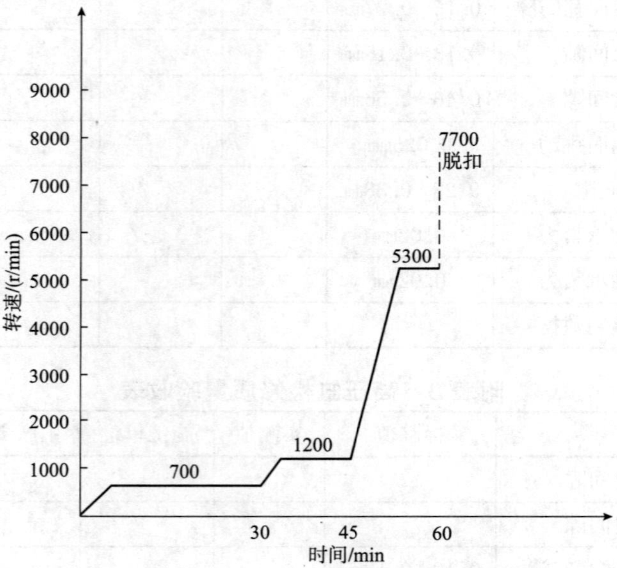

附表 1 透平检修质量验收表

序号	项目	标准值	实测值			
1	各气封间隙					
2	各油封间隙					
3	进气端径向瓦间隙	0.18～0.23㎜				
4	排气端径向瓦间隙	0.18～0.23㎜				
5	定位间隙	2.92～3.18㎜				
6	各级喷嘴间隙					
7	推力间隙	0.20～0.30㎜				
8	进气端轴承紧力	0.02㎜				
9	排气端轴承紧力	0.02㎜				
10	联轴器拆装数据					

附表2　低压缸检修质量验收表

序号		标准值	实测值	施工单位	生产装置	设备管理部门
1	各气封间隙					
2	各油封间隙					
3	驱动端径向瓦间隙	0.15～0.27mm				
4	非驱动端径向瓦间隙	0.15～0.27mm				
5	减压套间隙	0.13～0.18mm				
6	平衡盘间隙	0.46～0.56mm				
7	推力盘端面跳动	0.025mm				
8	推力间隙	0.28～0.38mm				
9	进气端轴承紧力	0.02mm				
10	排气端轴承紧力	0.02mm				
11	联轴器拆装数据					

附表3　高压缸检修质量验收表

序号		标准值	实测值	施工单位	生产装置	设备管理部门
1	各气封间隙					
2	各油封间隙					
3	驱动端径向瓦间隙	0.10～0.18mm				
4	非驱动端径向瓦间隙	0.10～0.18mm				
5	减压套间隙	0.10～0.15mm				
6	平衡盘间隙	0.33～0.43mm				
7	推力盘端面跳动	0.025mm				
8	推力间隙	0.23～0.33mm				
9	开式叶轮间隙	1.27mm				
10	进气端轴承紧力	0.02mm				
11	排气端轴承紧力	0.02mm				
12	联轴器拆装数据					

13. 甲醇合成反应器维护检修规程

SHS 05029—2019

代替 SHS 05029—2004

目　　次

前言

本规程按照GB/T 1.1—2009《标准化工作导则 第1部分：标准的结构和编写》给出的规则起草。

本规程代替SHS 05029—2004《甲醇装置合成反应器维护检修规程》，与SHS 05029—2004相比，除了编辑性修改外，主要技术变化如下：

——适用范围将原来14万t低压法甲醇装置合成反应器更改为戴维（DAVY）工艺的甲醇装置合成反应器；

——检修内容增加了更换催化剂及附件检修；

——将原来列管式反应器和径向流反应器的检修规程进行了整合，规范了检修程序与要求。

本规程由中国石油化工集团有限公司、中国石油化工股份有限公司提出。

本规程修订单位：中国石油化工集团有限公司川维化工有限公司。

本规程主要修订人：贺美刚、宝德杰。

本规程所代替规程的历次版本分发布情况为：

——SHS 05029—1992、SHS 05029—2004。

甲醇合成反应器维护检修规程

1 范围

1.1 主题内容

本规程规定了甲醇装置径向流列管反应器和轴向流列管反应器的检修周期与内容、检修程序与质量标准、试验与验收、维护与故障处理。

1.2 适用范围

本规程适用于采用鲁奇（LURGI）工艺和戴维（DAVY）工艺的甲醇装置合成反应器的维护与检修。其他类似的甲醇装置反应器可参照执行。

2 规范性引用文件

下列文件的条款通过本规程的引用而成为本规程的条款，凡是注日期的引用文件，其随后所有的修改单（不包括勘误的内容）或修订版均不适用于本规程；然而，鼓励根据本规程达成协议的各方研究是否使用这些文件的最新版本。凡是不注日期的引用文件，其最新版本适用于本规程。

特种设备安全监察条例

固定式压力容安全技术监察规程

SHS 01004 压力容器维护检修规程

SHS 01008 固定床反应器维护检修规程

3 检修周期及内容

3.1 设备简介

3.1.1 鲁奇（LURGI）工艺的甲醇装置合成反应器

该合成反应器为轴向流列管反应器，铜基催化剂装填于列管内。合成气由反应器顶部进入，轴向通过换热管内的催化剂床层，反应生成甲醇。反应器壳程内充满锅炉水，锅炉水自然循环换热产生蒸汽带走反应热。

3.1.2 戴维（DAVY）工艺的甲醇装置合成反应器

该合成反应器为径向流列管反应器。铜基催化剂装填于列管外的壳体内。合成气由反应器底部进入，径向先通过中心管及催化剂筛网筐，再通过催化剂床层，反应生成甲醇。反应器床层中垂直竖立的换热管内充满锅炉水，炉水自然循环换热产生蒸汽带走反应热。

3.2 检修周期

检修周期主要根据催化剂使用寿命及压力容器定期检验周期确定，一般为36～48个月。

3.3 检修内容

3.3.1 更换催化剂；
3.3.2 按TSG 21《固定式压力容安全技术监察规程》要求进行定期全面检验；
3.3.3 径向流反应器重点检查、修复中心管及催化剂筛网筐、列管等内件；
3.3.4 轴向流反应器重点检查、修复管板等内件；
3.3.5 检查修理蒸汽喷射器等部件；
3.3.6 检查修复设备裙座及基础；
3.3.7 检查修复设备绝热层；
3.3.8 检查修复热电偶等仪表附件。

4 检修程序与质量标准

4.1 检修前准备工作

4.1.1 检修资料准备

4.1.1.1 按照HSSE危害识别、环境识别和风险评估的要求，编审完成检修方案及施工HSSE方案；
4.1.1.2 备齐设备随机文件图纸及检修记录图表。

4.1.2 检修人员准备

4.1.2.1 确定现场检修组织结构及负责人，落实检修人员名单；
4.1.2.2 完成安全培训、施工技术安全交底，检修人员熟悉检修方案及设备文件图纸等资料。

4.1.3 检修物资准备

4.1.3.1 备齐质量合格的催化剂、瓷球等检修物资；
4.1.3.2 备齐机具、量具、劳动保护用品等；
4.1.3.3 对反应器附近地沟用钢板遮挡，搭设硬防护，以防止卸出催化剂四处散落；
4.1.3.4 采取无氧环境状态下卸催化剂时，应提前就近选好面积合适的空旷场地，以便于堆放废催化剂，在该场地四周修筑围堰拦截污水，并配好消防喷淋水等灭火、降温设施，避免发生火灾及环保事件。

4.1.4 检修前条件确认

4.1.4.1 工艺系统停车降温、降压，置换合格；

4.1.4.2 采取有氧环境状态下卸催化剂时，须先对反应器内的催化剂钝化合格后进行检修作业；此方式具有催化剂钝化时间长且不容易钝化彻底的缺点，同时还存在催化剂自燃的安全风险；

4.1.4.3 采取无氧环境状态下卸催化剂时，催化剂无需提前钝化，但须在卸载作业全过程一直保持反应器内氮气微正压保护，并在卸料孔法兰上安装卸料控制阀以控制卸载催化剂的速度，要求进入反应器内部作业人员应具备无氧环境作业资质并佩戴正压呼吸器；

4.1.4.4 水、电、气等公用工程条件已具备；

4.1.4.5 已办好检修作业票。

4.2 检修程序及质量标准

4.2.1 拆除反应器顶部人孔和底部卸料孔外部的绝热层及法兰盖。

4.2.2 卸出催化剂及瓷球；

4.2.2.1 轴向流反应器卸载催化剂；

a）取出卸料孔内催化剂挡板，以自流方式从卸料孔卸出催化剂和瓷球并转运；

b）打开底部人孔对空通风，分析合格后先后进入反应器上下腔体，用工厂空气吹扫清理腔体内壁及列管内残留的催化剂和瓷球。

4.2.2.2 径向流反应器卸载催化剂（推荐无氧环境状态下卸载催化剂）：

a）采用真空抽吸设备吸出顶部瓷球，露出催化剂筛网筐及中心管顶部盖板后将其拆出；

b）取出卸料孔内催化剂挡板，通过卸料孔卸出催化剂并及时转运处置；

c）在卸催化剂过程中，当露出一节中心管及催化剂筛网筐时，则应先将其拆出并现场标记，同时对列管间残留催化剂进行清除，清除后再继续卸载下一节催化剂、瓷球，拆出下一节中心管、催化剂筛网筐；

d）打开底部人孔对空通风，分析合格后进入反应器用工厂空气清理内壁及列管间催化剂和瓷球。

4.2.3 按 TSG 21《固定式压力容安全技术监察规程》规定进行全面检验，针对发现缺陷按 SHS 01004《压力容器维护检修规程》进行检修。

4.2.4 检查修复径向流反应器内件；

4.2.4.1 检查径向流反应器中心管；

a）清扫中心管的气体分布孔，确认无附着物、无堵塞；

b）检查中心管，处理变形、鼓包、裂纹等缺陷，视其情况整体更换；

c）确认相邻两节中心管连接可靠，连接螺栓应无磨损、扭曲、断裂等缺陷；

d）确认中心管支撑架应无变形、裂纹、松动。

4.2.4.2 检查径向流反应器催化剂筛网筐；

a）清理筛网，确认无烧结、堵塞；

b）目测确认筛网筐无变形，丝网无断丝开裂等缺陷，视其情况进行修复或更换。

4.2.4.3 检查径向流反应器列管；

a）目测列管无变形，焊缝无裂纹，必要时进行 PT 检测；

b）目测管束支撑架无断裂、变形，固定螺栓无松动。

4.2.5 检查轴向流反应器管板；

4.2.5.1 目测管板表面应无机械损伤、腐蚀及表面裂纹等缺陷，必要时进行 PT 检测；

4.2.5.2 目测管板与反应管的连接角焊缝无裂纹，必要时对焊缝进行 PT 检测。

4.2.6 检查蒸汽喷射器；

拆卸蒸汽喷射器法兰，检查喷嘴应无冲蚀、结垢和损伤等缺陷，视情况进行更换。

4.2.7 检查密封结构；

4.2.7.1 法兰密封面应无腐蚀、径向划痕及沟槽等缺陷；

4.2.7.2 螺栓应无裂纹、锈蚀等缺陷，视情况进行更换；

4.2.7.3 金属密封环垫表面无机械损伤，局部无凹坑、划痕和沟槽等缺陷。

4.2.8 热电偶套管及其支撑应无裂纹、弯曲，必要时对套管进行气密检查，酌情修复；检测、调校合格或更换热电偶。

4.2.9 检查裙座和基础；

4.2.9.1 裙座应无变形、裂纹、腐蚀等缺陷；

4.2.9.2 基础应无沉降、倾斜、开裂等缺陷，地脚螺栓无松动、腐蚀；

4.2.9.3 裙座防火层应无剥落、开裂等缺陷。

4.2.10 复装反应器底部卸料孔及人孔，采用三步法定力矩紧固螺栓。

4.2.11 按催化剂装填方案装填催化剂及瓷球；

4.2.11.1 径向流反应器需安装一节中心管及催化剂筛网筐后，装填相应高度的瓷球及催化剂，再装填下一节。催化剂筛网筐的装配圆度应≤6mm，用铅锤法检查调整中心管及催化剂筛网筐的对中情况和垂直度，单节垂直度≤3mm，整体垂直度≤25mm；

4.2.11.2 列管式反应器按催化剂装填方案连续装填催化剂及瓷球。

4.2.12 复装顶部人孔等附件，采用三步法定力矩紧固螺栓。

4.2.13 检查反应器外部绝热层，确认完好、无破损，否则进行修复或局部更换。

5 试验与验收

5.1 试验

5.1.1 检修完成后，进行气密试验，合格后交付工艺。

5.2 验收

5.2.1 试运行 72h，性能满足装置生产要求。

5.2.2 检修单位提交如下资料：

5.2.2.1 材料及零部件合格证，若材料代用，应有材料代用通知单；

5.2.2.2 催化剂装填记录；

5.2.2.3 质量验收及竣工验收记录；

5.2.2.4 检修记录及总结。

6 维护与故障处理

6.1 日常维护

6.1.1 严格控制各项工艺指标，严禁超温、超压、超负荷运行。

6.1.2 装置开停车过程中，温度和压力的升降速率应严格按工艺规程和操作法规定执行。

6.1.3 定期巡检设备、相连管道、阀门等，确认无缺陷。

6.1.4 按《固定式压力容安全技术监察规程》规定做好组织定期检查、检验。

6.2 常见故障与处理

常见功能故障与处理方法见表 1。

表 1 常见功能故障与处理方法

<table>
<tr><th>序号</th><th>功能</th><th>功能故障</th><th>故障原因</th><th>故障应对策略与检修内容</th><th>备注</th></tr>
<tr><td rowspan="6">1</td><td rowspan="6">反应器运行满足工艺要求</td><td rowspan="2">反应器内漏工艺介质泄漏至锅炉水侧</td><td>1. 反应管腐蚀引起内漏</td><td>堵管</td><td></td></tr>
<tr><td>2. 反应管与管板焊缝处有裂纹</td><td>打磨消除裂纹后补焊</td><td></td></tr>
<tr><td rowspan="2">传热效果差</td><td>1. 反应管结垢</td><td>清洗除垢</td><td></td></tr>
<tr><td>2. 水质差</td><td>净化水质</td><td></td></tr>
<tr><td rowspan="2">催化剂性能下降</td><td>1. 催化剂到达使用末期</td><td rowspan="2">更换催化剂</td><td></td></tr>
<tr><td>2. 催化剂被污染中毒</td><td></td></tr>
<tr><td rowspan="3">2</td><td rowspan="3">反应器密封正常</td><td rowspan="3">法兰密封面处泄漏</td><td>1. 密封垫损坏</td><td>更换密封垫</td><td></td></tr>
<tr><td>2. 螺栓松动</td><td>紧固螺栓</td><td></td></tr>
<tr><td>3. 密封面有径向划痕或沟槽等损伤</td><td>修复密封面</td><td></td></tr>
</table>

附 录 A

（资料性附录）

合成反应器主要技术特性参数

表 A1 鲁奇（LURGI）工艺的 10 万 t/a 甲醇合成反应器主要技术特性参数

容器名称	合成反应器	容器总重	76500kg
容器类别	反应类压力容器	主体材质	Mo-1/2Ni、20MnMoNi45
设计压力	壳：5.1MPa 管：7.5MPa	操作压力	壳：4.0MPa 管：6.7MPa
设计温度	壳：265℃ 管：276℃	操作温度	壳：250℃ 管：260℃
耐压试验压力	壳：7.65MPa 管：9.75MPa	介质	壳：锅炉水 管：合成气
内径	2800mm	壁厚	51mm
高	11578mm	催化剂装填量	18.9m^3

表 A2 戴维（DAVY）工艺的 77 万 t/a 甲醇合成反应器主要技术特性参数

容器名称	合成反应器	容器总重	470000 kg
容器类别	反应类压力容器	主体材质	SA-387M-GR 22 CL2
设计压力	壳：9.2MPa 管：4.0MPa	操作压力	壳：8.27MPa 管：3.73MPa
设计温度	壳：315℃ 管：260℃	操作温度	壳：295℃ 管：246.3℃
耐压试验压力	壳：14.187MPa 管：6.168MPa	介质	壳：合成气 管：BW
内径	4880mm	壁厚	145mm
高	20932mm	催化剂装填量	177.8m^3

附　录　B
（资料性附录）
合成反应器检修质量验收表

项目	主要控制内容			等级	施工单位	生产装置	主管管理部门	备注
	标准值	部位	现场记录					
反应器内部清洁				B	★	★		
筛网筐装配圆度	≤6mm			B	★	★		
单节中心管垂直度	≤3mm			B	★	★		
整体中心管垂直度	≤25mm			A	★	★	★	
催化剂装填高度	符合催化剂厂家要求			A	★	★	★	包括催化剂厂家共同验收
法兰密封面无缺陷				C	★			
法兰配对平行度	其偏差不应大于法兰外径的1.5%，且≤2mm			B	★	★		

控制级别说明： A级：施工单位、生产装置、设备管理部门专业人员检查确认后签字。
B级：施工单位和生产装置专业人员检查确认后签字。
C级：施工单位专业人员检查确认后签字。

14. 甲醇装置废热锅炉维护检修规程

SHS 05031—2019

代替 SHS 05031—2004

目　次

前　言

本规程按照GB/T 1.1—2009《标准化工作导则　第1部分：标准的结构和编写》给出的规则起草。

本规程代替SHS 05031—2004《甲醇装置废热锅炉维护检修规程》，与SHS 05031—2004相比，除了编辑性修改外，主要技术变化如下：

——增加规范性引用文件：中华人民共和国特种设备安全法、国务院令第549号《国务院关于修改〈特种设备安全监察条例〉的决定》；

——扩大了标准的适用范围，使之可用于至35万t以下规模的甲醇废热锅炉，并可为类似结构的废热锅炉的维护和检修提供参考。

本规程由中国石油化工集团有限公司、中国石油化工股份有限公司提出。

本规程起草单位：天华化工机械及自动化研究设计院有限公司。

本规程主要起草人：孟繁然、张立燕。

本规程所代替规程的历次版本分发布情况为：

——SHS 05031—1992、SHS 05031—2004。

甲醇装置废热锅炉维护检修规程

1 范围

1.1 主题内容

本规程规定了年产 35 万 t 甲醇装置转化气卧式挠性管板废热锅炉的检修周期及内容、检修程序与质量标准、试验与验收、维护与故障处理。

1.2 适用范围

本规程适用于 35 万 t 甲醇转化气卧式挠性管板废热锅炉的维护与检修。类似结构的废热锅炉的维护和检修可参照执行。

2 规范性引用文件

下列文件的条款通过本规程的引用而成为本规程的条款，凡是注日期的引用文件，其随后所有的修改单（不包括勘误的内容）或修订版均不适用于本规程；然而，鼓励根据本规程达成协议的各方研究是否使用这些文件的最新版本。凡是不注日期的引用文件，其最新版本适用于本规程。

中华人民共和国特种设备安全法

国务院令第 373 号 特种设备安全监察条例

国务院令第 549 号 国务院关于修改《特种设备安全监察条例》的决定

TSG 21 固定式压力容器安全技术监察规程

GB/T 150 压力容器

GB/T 151 热交换器

SH/T 3534 石油化工筑炉工程施工质量验收规范

3 检修周期及内容

3.1 设备简介

甲醇转化气卧式挠性管板废热锅炉（也叫余热锅炉、蒸汽发生器、废热回收器等）是化工甲醇生产装置中起废热回收、节能降耗作用的重要工艺设备，具有高温、中高压、温度梯度变化大的特点，主体结构为卧式火管式，即高温工艺气走管内，壳程产饱和蒸汽。管板为薄管板，带挠性过渡段。设备简图见图 1。

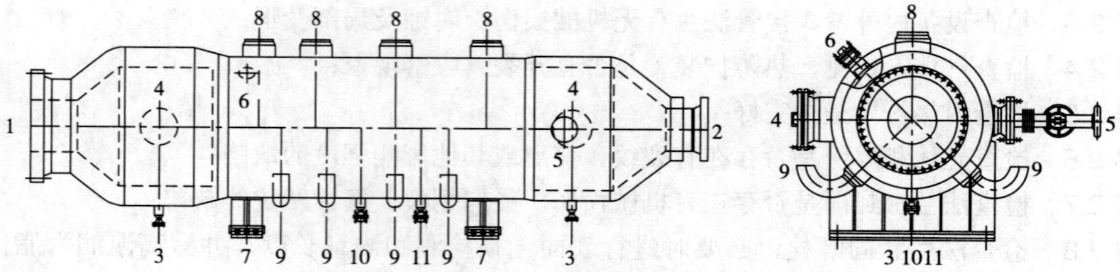

图1　卧式挠性管板废热锅炉设备简图

1—转化气入口；2—转化气出口；3—管程排污口；4—人孔；5—中心调节阀；
6—检查孔；7—支座；8—上升管；9—下降管；10—壳程排污口；11—蒸汽预热口

3.2　检修周期

设备使用单位可根据压力容器安全等级和设备实际使用情况，依照TSG 21《固定式固定式压力容器安全技术监察规程》（以下简称《固容规》）的要求自行确定检修周期。检修周期一般为36～72个月。

3.3　检修内容

3.3.1　耐热、保温材料及防腐层、高温银粉漆、设备基础检查修复；
3.3.2　换热管和内件检查修复；
3.3.3　中心管出口调节阀检查修复；
3.3.4　壳体焊缝无损检测和理化检验；
3.3.5　密封结构检查修复；
3.3.6　安全附件检查、修复、校验。

4　检修程序与质量标准

4.1　检修前的准备工作

4.1.1　备齐图纸、技术资料，按照HSSE危害识别、环境识别和风险评估的要求，编制检修方案，履行审批手续，组织技术交底、安全交底；
4.1.2　备齐检修材料、备件、机具和劳动保护用品；
4.1.3　工艺管线加盲板隔离，内部置换合格，符合进入容器的有关安全规定，办理相关作业票；
4.1.4　固废、危废处置渠道畅通可靠，符合环保要求。

4.2　检修程序

4.2.1　检查保温层、防腐层是否完好；
4.2.2　检查螺栓、垫片等密封元件是否严密、齐全；

4.2.3 检查设备内外壁、接管法兰有无机械损伤、腐蚀及局部变形；
4.2.4 检查气体入口侧、热防护装置是否有开裂、脱落现象；
4.2.5 检查耐热衬里是否完好；
4.2.6 检查壳体和焊缝是否存在有裂纹、变形或其他影响强度的缺陷；
4.2.7 检查法兰密封面是否存在有机械损伤、径向划痕、腐蚀凹坑等缺陷；
4.2.8 检查法兰紧固螺栓，必要时进行表面无损检测和测量长度，并涂高温润滑脂保护螺纹；
4.2.9 检查中心管、调校出口调节阀；
4.2.10 检查管板及换热管，必要时可按照《固容规》及设计文件的要求，采取对壳程进行水压试验的方式对换热管进行检查；
4.2.11 检查、修复耐热衬里及耐热保护套管；
4.2.12 校验安全阀等安全附件；
4.2.13 换热管堵管或更换；
4.2.14 化学清洗

根据壳体内部结垢情况和工艺要求，对壳程进行化学清洗。化学清洗应编制专门的技术方案。

4.3 质量标准

4.3.1 设备本体检修质量严格按《固容规》相关要求，耐火层衬里执行 SH/T 3534—2012《石油化工筑炉工程施工质量验收规范》；
4.3.2 管箱及承压壳体表面裂纹的打磨深度不超过原设计壁厚的 7% 且不超过 3mm 时，可不补焊，但缺陷消除后的表面不得有沟槽或棱角，并圆滑过渡，侧面斜度小于 1：4，同时应进行表面无损检测，确认缺陷消除为合格；
4.3.3 消除缺陷后的打磨深度超过上述规定时，如剩余厚度仍大于原设计所需要厚度（包括腐蚀余量），则可不补焊，同时应进行表面无损检测确认。若需要进行补焊，应表面无损检测确认裂纹消除后再进行，且补焊长度不小于 100mm，补焊完成后还应做表面无损检测复查；
4.3.4 法兰密封面不允许有机械损伤、径向划痕、腐蚀凹坑等缺陷；
4.3.5 所用密封垫应符合设计图纸要求；
4.3.6 换热管出现泄漏或损伤后不能补焊（胀）时，其数量少于总管数量的 10% 且不呈现密集分布时，可采取堵管的方法处理；
4.3.7 测量确定所堵换热管的最小内径，管堵材料硬度应低于或等于管材硬度，管堵锥度在 3°～5° 之间；
4.3.8 若因破裂而泄漏的换热管数量大于规定的可堵管数，则需和原设计制造单位或专业废热锅炉供货商协商确定处理办法，并考虑更换备台；
4.3.9 按 TSG 21、GB/T 151 及设备图纸要求进行换管和检验；

4.3.10 胀（焊）管：换热管胀（焊）后应对管板与换热管连接部位作100%的表面无损检测；

4.3.11 管板和换热管连接焊缝的检验、处理按TSG 21执行，发现裂纹应作表面无损检测及打磨消除，并按预定的焊接返修方案处理。出口管板若出现裂纹，裂纹处理参照本条执行；

4.3.12 耐热衬里若有局部脱落、空洞或裂纹宽度大于3mm时，容易引起壳体局部超温，应进行修复；

4.3.13 若衬里出现大面积裂纹、大片脱落或衬里厚度减薄到原厚度的1/3，会引起壳体严重超温，需要更换全部衬里；

4.3.14 衬里材料的要求，衬里的施工、验收、烘干等按照SH/T 3534《石油化工筑炉工程施工质量验收规范》要求进行；

4.3.15 耐热材料配比按照表1执行；

表1 耐热材料配比数据

名称	骨料/kg	电熔水泥/kg	添加剂/kg
隔热衬里 VSL-50	2.5	1.2	0.0012
耐热衬里 GC-94	5.667	1	0.0105
耐热衬里 C28C	3.938	1	0.002

4.3.16 安全阀应定期校验，检验合格的安全阀应加铅封；

4.3.17 压力表精度不低于1.5级，量程为最高工作压力的2倍左右，定期校验合格，有铅封，刻度盘上应有指示最高工作压力的红线；

4.3.18 现场水位计应清晰、可靠，水位调节系统定期校验。

5 试验与验收

5.1 试验

设备受压元件进行重大修理、改造后，应按TSG 21及设备图纸的规定进行压力试验，试压水质不得低于运行标准。

5.2 验收

5.2.1 确认检验、检修项目全部完成，现场清理干净。

5.2.2 严格按工艺操作规程进行升温升压，设备运行72h，各项技术指标应达到设计要求或完好标准，满足生产要求。

5.2.3 提供齐全、准确的检验、检修报告及技术资料：

5.2.3.1 检验、检修记录及报告；

5.2.3.2 检修方案（含焊接、化学清洗方案）、实际检修情况记录、总结；

5.2.3.3 技术改造方案、图样、材料材质证明书、施工质量检验报告等有关资料。

5.2.4 经检验、检修后，设备达到完好标准，办理正式移交手续，交付生产部门使用。

6 维护与故障处理

6.1 日常维护

6.1.1 操作人员必须严格执行工艺操作法，严禁超温、超压、超负荷运行。

6.1.2 严格执行岗位巡检制度，进行巡回检查：

6.1.2.1 检查排污系统是否畅通，有无泄漏现象；

6.1.2.2 检查人孔密封面有无泄漏；

6.1.2.3 检查前后管箱外壁，确认无超温现象；

6.1.2.4 对锅炉水按规定进行取样分析，确认各项控制指标正常；

6.1.2.5 检查容器管道有无异常振动和声响，确认设备热位移正常。

6.2 常见故障与处理方法

常见功能故障与处理方法详见表 2。

表 2 常见功能故障与处理方法

序号	故障现象	故障原因	处理方法
1	前后管箱的变色漆发生变化或检测外壳超温	耐火衬里损伤	采用外壁喷淋或蒸汽降温，停车时对耐火衬里进行检查修复，检修时需对超温部位的内外壁同时实施无损检测，必要时辅以金相检查
2	工艺气出口温度超高或偏低	1. 工艺气生产负荷增加或降低	调整负荷
		2. 工艺气入口温度升高或降低	调整温度
		3. 气侧堵塞、积灰、传热效率下降	清扫
		4. 水侧结垢、传热效率下降	清洗
3	前后管箱、人孔密封面、壳程检查孔发生泄漏	1. 密封垫安装不到位或有缺陷	换垫
		2. 人孔或检查孔密封面有缺陷	修复密封面
4	排污阀填料泄漏	填料未压紧	压紧或更换填料
5	蒸汽带水	1. 蒸汽负荷波动较大	调整工艺负荷
		2. 汽包的汽水分离器失效	检修

附 录 A
（资料性附录）
卧式转化气挠性薄管板废热锅炉技术特性表

项目	壳程	管程
设计压力 /MPa	4.56	2.42
工作压力 /MPa	4.15	2.20
设计温度 /℃	270	300
工作温度 /℃	250.4	865/300
物料名称	饱和水、饱和蒸汽	转化气
热负荷 /（GJ/h）	66.45	
产气量 /（t/h）	34.5	
传热面积 /m^2	263	
焊缝系数	1.00	

注： 该技术特性表为某特定设备的工艺参数，仅供参考。

附　录　B
（资料性附录）
设备检修质量验收表

检修单位：　　　　　　　检修时间：　　　　　　　负责人：　　　　　　　编号：

序号	检修内容	检修结果	验证人	检验结论	备注
1	外部目视检测				
2	焊接接头、安全附件				
3	滑动弹簧支座、中心旁路调节阀				
4	汽包内件、人孔密封面				
5	进出口管箱、管板、出口主蒸汽管线				
6	换热管、中心旁路管				
7	管束及管板泄漏试验（必要时）				
8	管束及管板水压试验（必要时）				
9	耐火衬里				
10	安全附件				
11	化学清洗及煮炉（根据需要）				
检修单位负责人签字： 年　月　日		业主单位负责人签字： 年　月　日			

15. 甲醇合成气压缩机组维护检修规程

SHS 05032—2019

代替 SHS 05032—2004

目　次

前　言

本规程按照GB/T 1.1—2009《标准化工作导则　第1部分：标准的结构和编写》给出的规则起草。

本规程代替SHS 05032—2004《甲醇装置合成气压缩机组维护检修规程》，与SHS 05032—2004相比，除了编辑性修改外，主要技术变化如下：

——适用范围增加了补抽凝汽式汽轮机；

——将原合成气压缩机的浮环密封更改为干气密封；

——检修内容增加了油系统、干气密封系统、凝汽系统等辅助设备检修；

——增加了新机组相关的技术要求和参数。

本规程由中国石油化工集团有限公司、中国石油化工股份有限公司提出。

本规程起草单位：中国石油化工集团有限公司川维化工有限公司。

本规程主要起草人：贺美刚、谢小强、宝德杰。

本规程所代替规程的历次版本分发布情况为：

——SHS 05032—1992、SHS 05032—2004。

甲醇合成气压缩机组维护检修规程

1 范围

1.1 主题内容

本规程规定了甲醇合成气压缩机组的检修周期及内容、检修程序与质量标准、试车与验收、维护与故障处理。

1.2 适用范围

本规程适用于甲醇装置5V-5/5V-6C型垂直剖分离心式合成气压缩机和7MXEL-6BD型补抽凝汽式汽轮机的维护与检修，其他类似的甲醇装置合成气压缩机机组可参照执行。

2 规范性引用文件

下列文件的条款通过本规程的引用而成为本规程的条款，凡是注日期的引用文件，其随后所有的修改单（不包括勘误的内容）或修订版均不适用于本规程；然而，鼓励根据本规程达成协议的各方研究是否使用这些文件的最新版本。凡是不注日期的引用文件，其最新版本适用于本规程。

SH/T 3536 石油化工工程起重施工规范
SHS 01018 垂直剖分离心压缩机维护检修规程
SHS 01025 小型工业汽轮机维护检修规程
SHS 01061 干气密封维护检修规程
SHS 01004 压力容器维护检修规程
SHS 01009 管式换热器维护检修规程
SHS 01016 螺杆泵维护检修规程

3 检修周期及内容

3.1 设备简介

甲醇合成气压缩机组由补抽凝汽式汽轮机、垂直剖分式离心压缩机和机组配套设备设施组成，机组采用ITCC系统控制。合成气压缩机分为两缸三段，分别为：低压段、高压段、循环段，其中低压段单独一个缸体，高压段和循环段共用一个缸体，压缩机最终排出压力为8.31MPa。汽轮机由3.6MPa过热蒸汽和1.8MPa饱和蒸汽共同驱动，中间部分抽出0.6MPa蒸汽后，剩余蒸汽在凝汽器中冷凝。

3.2 检修周期

根据机组运行状况、性能参数变化趋势、状态监测与故障诊断结论确定检修周期，原则上机组连续运行 36～48 个月需安排一次停车检修。

3.3 检修内容

3.3.1 压缩机检修

3.3.1.1 检查联轴器；
3.3.1.2 复查机组对中数据；
3.3.1.3 清洗检查径向轴承和推力轴承；
3.3.1.4 检查更换干气密封组件；
3.3.1.5 开缸体封头、抽出内缸，清洗检查转子、隔板等部件；
3.3.1.6 检查迷宫密封，更换磨损或损伤的密封；
3.3.1.7 回装内缸，检查调整机组对中；
3.3.1.8 检查清洗压缩机的平衡管。

3.3.2 汽轮机检修

3.3.2.1 检查径向轴承和止推轴承；
3.3.2.2 开盖，宏观检查转子，叶片无损检测；
3.3.2.3 测量级间密封间隙、更换超差的级间密封，抽查隔板；
3.3.2.4 回装转子、缸体；
3.3.2.5 检查调整滑销系统。

3.3.3 油系统检修

3.3.3.1 检查、清理油箱，检查油系统管路及高位油槽；
3.3.3.2 检修主 / 辅油泵、事故油泵及其附属电机、出口止逆阀；
3.3.3.3 检查储能器；
3.3.3.4 检查清洗油冷却器；
3.3.3.5 检查更换油过滤器滤芯；
3.3.3.6 检查清洗主 / 辅油泵、事故油泵入口过滤网。

3.3.4 凝汽系统检修

3.3.4.1 检查清洗抽汽器；
3.3.4.2 检查清洗凝汽器；
3.3.4.3 检修主 / 辅冷凝液泵；
3.3.4.4 检查汽轮机出口水封阀。

3.3.5 干气密封系统检修

3.3.5.1 检查、更换干气密封过滤器滤芯；
3.3.5.2 检查、清洗干气密封系统管道。

3.3.6 段间冷却器、分离器检修

检查清洗压缩机段间冷却器、分离器，冷却器试压检漏。

3.3.7 工艺管线检修

3.3.7.1 检查清洗压缩机各段入口滤网，清理管内垢物；
3.3.7.2 检查压缩机出口止回阀，防喘振控制阀；
3.3.7.3 检查机组相连的工艺、热力管道及其膨胀节，调整支吊架、消除缺陷；
3.3.7.4 调校安全阀。

3.3.8 盘车系统检修

检查盘车电机及传动机构。

3.3.9 附属电气仪表检修

3.3.9.1 检查电气仪表传感器、通信回路，调试联锁、报警系统；
3.3.9.2 检查调速系统，进行静态特性试验和调校；
3.3.9.3 检查调节阀本体，进行行程试验；
3.3.9.4 检查压缩机防喘振阀，调试防喘振系统；
3.3.9.5 检修冷凝液泵、油泵、盘车泵的驱动电机，更换润滑油（脂）。

4 检修程序与质量标准

4.1 检修前准备

4.1.1 资料准备

4.1.1.1 按照 HSSE 危害识别、环境识别和风险评估的要求，根据机组运行状况及状态监测结论编审完成检修方案及 HSSE 措施；
4.1.1.2 备齐设备随机文件图纸及检修记录图表。

4.1.2 检修人员准备

4.1.2.1 确定现场组织结构，落实检修负责人及检修人员名单；
4.1.2.2 检修人员完成安全培训、技术安全交底并熟悉检修方案、设备文件图纸等资料。

4.1.3 物资材料准备

4.1.3.1 检验、备好检修所需的备件及材料；

4.1.3.2 备齐检修所用工器具（含专用工具）及合格量具，检查起重机具和绳索，完成静、动负荷试验。

4.1.4 检修前条件确认

4.1.4.1 汽轮机缸体温度低于 80℃；

4.1.4.2 压缩机工艺系统置换合格，缸体压力泄压至0MPa，检修安全技术措施已落实；

4.1.4.3 油系统、凝汽系统、干气密封系统已停运，密封氮气与加盲板隔离；

4.1.4.4 检修所需的水、电、气已具备；

4.1.4.5 已按施工安全管理要求办理检修作业票。

4.2 主要检修要求

4.2.1 拆装作业要求

4.2.1.1 严格按检修方案进行拆装，严禁野蛮施工；

4.2.1.2 拆卸零部件时，标记原始安装位置，记录相关数据；

4.2.1.3 拆开的管道孔口须及时封堵，防止异物掉入；

4.2.1.4 复装前须确认设备内无异物，管道畅通，临时堵塞物已完全取出。

4.2.2 吊装作业要求

吊装作业按 SH/T 3536《石油化工工程起重施工规范》进行。

4.2.3 清洗要求

4.2.3.1 清洗应使用专用清洗油（剂）；

4.2.3.2 吹扫应使用洁净的压缩空气；

4.2.3.3 废液应按环保要求回收处理。

4.2.4 零部件保管要求

零部件分类有序摆放、标记清晰，防护措施责任落实到人。

4.3 机组检修程序

4.3.1 拆除相关仪表、管道等附件

4.3.1.1 拆除汽轮机缸体外部保温罩和保温层；

4.3.1.2 拆卸汽轮机附属主汽阀、调速系统及盘车机构；

4.3.1.3 拆卸机组振动、轴位移和测温探头，标记仪表接线并做好保护；

4.3.1.4 拆卸与机组检修相关的管线，标记管线号，管口保护密封。

4.3.2 拆卸联轴器

4.3.2.1 拆卸轴承箱盖及联轴器护罩；

4.3.2.2 拆卸联轴节，测量联轴器法兰端面间距，检查膜片是否完好；

4.3.2.3 采用单表法（图 1）复查机组对中数据，按图 2 绘制对中图，允许偏差 ±0.10mm；

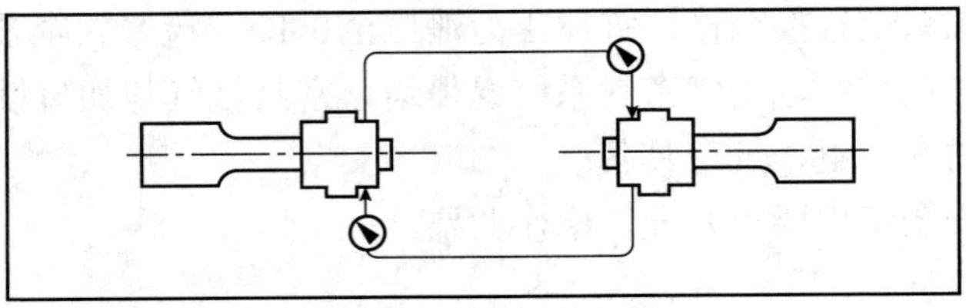

图 1 单表法示意图

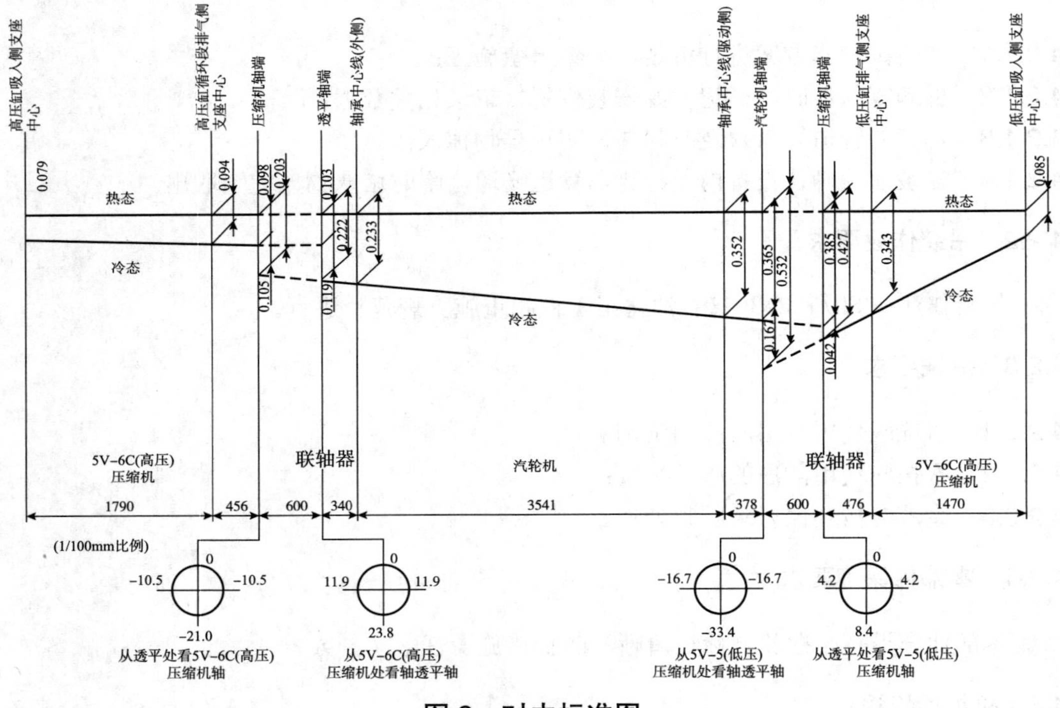

图 2 对中标准图

4.3.2.4 采用液压胀孔法拆卸联轴节轮毂，复测记录轮毂前次安装推进量。

4.3.3 压缩机缸体检修程序与质量标准

4.3.3.1 拆卸压缩机内缸；

4.3.3.1.1 拆卸缸体连接螺栓；

4.3.3.1.2 拆卸内缸定位抗剪环；

4.3.3.1.2 安装压缩机抽芯专用工装；

4.3.3.1.3 用行车配合专用工装顶出压缩机内缸 2~3 级，再用手拉葫芦水平拉出（见图 3）。

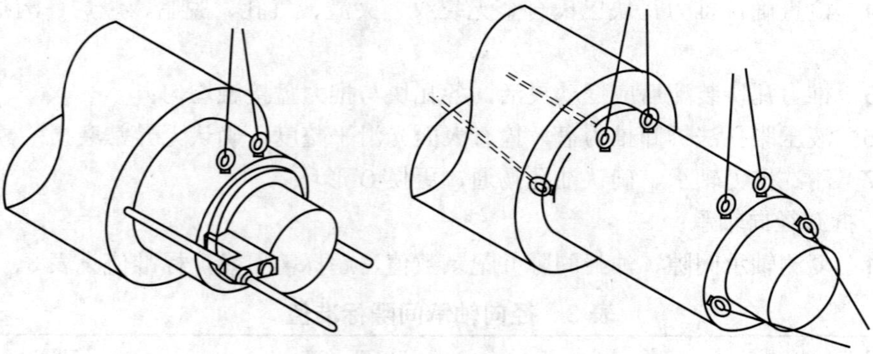

图 3 内缸抽芯示意图

4.3.3.2 拆卸内缸上半隔板组件；

4.3.3.2.1 取下缸体 O 形环和支撑环后，拆卸内芯中分面连接螺栓；

4.3.3.2.2 将上半隔板组件顶松后吊至专用工装固定；

4.3.3.2.3 测量转子各部迷宫密封的间隙，超过表 1 数据时更换密封。

表 1 压缩机迷宫密封间隙值（直径间隙）

mm

位置	LP	HP
1 级叶轮入口	0.8~1.0	0.7~0.9
2 级叶轮入口	0.8~1.0	0.7~0.9
3 级叶轮入口	0.8~1.0	0.7~0.9
4 级叶轮入口	0.8~1.0	0.7~0.9
5 级叶轮入口	0.7~0.9	0.6~0.8
循环级叶轮入口		0.8~1.0
1~2 级间	0.6~0.8	0.6~0.8
2~3 级间	0.6~0.8	0.6~0.8
3~4 级间	0.6~0.8	0.6~0.8
4~5 级间	0.6~0.8	0.6~0.8
平衡鼓	0.6~0.8	0.6~0.8

4.3.3.3 拆卸推力轴承；

4.3.3.3.1 复测记录推力间隙、超标需更换，标准值见表 2；

表 2 推力间隙标准值

mm

	5V-5	7MXEL-6BD	5V-6C
标准间隙	0.46～0.56	0.26～0.36	0.46～0.56

4.3.3.3.2 解体推力轴承；

4.3.3.3.3 测量推力瓦块厚度，厚度差≤0.01mm；

4.3.3.3.4 检查确认推力瓦块巴氏合金无裂纹、夹渣、气孔、脱胎、烧灼、沟痕、磨损等缺陷；

4.3.3.3.5 推力瓦块装配后应摆动灵活，各瓦块与推力盘接触均匀；

4.3.3.3.6 液压胀孔法拆卸推力盘，检查表面光滑平整度，确认无异常磨损；

4.3.3.3.7 清洗推力轴承、确认油孔畅通，更换O形环。

4.3.3.4 拆卸径向轴承；

4.3.3.4.1 复测轴承间隙、油封间隙并记录数值，超标需更换，标准值见表3、表4；

表 3 径向轴承间隙标准值

mm

	5V-5		7MXEL-6BD		5V-6C	
	进气侧轴承间隙	排气侧轴承间隙	进汽侧轴承间隙	排汽侧轴承间隙	进气侧轴承间隙	排气侧轴承间隙
标准间隙	0.17～0.24	0.17～0.24	0.32～0.41	0.34～0.44	0.17～0.24	0.17～0.24

表 4 径向轴承油封间隙

mm

	5V-5		7MXEL-6BD		5V-6C	
	进气侧轴承油封	排气侧轴承油封	进汽侧轴承油封	排汽侧轴承油封	进气侧轴承油封	排气侧轴承油封
标准间隙	1.15～1.21	1.15～1.21	上 0.51～0.62 下 0.28～0.39	上 0.52～0.64 下 0.29～0.41	1.15～1.21	1.15～1.21

4.3.3.4.2 解体径向轴承；

4.3.3.4.3 测量瓦块厚度，厚度差≤0.015mm；

4.3.3.4.4 检查瓦块巴氏合金，确认无裂纹、气孔、夹渣、脱胎、烧灼、沟痕、异常磨损等缺陷；

4.3.3.4.5 检查瓦块限位销，确认销孔无磨损、销子限位可靠、装配后瓦块摆动灵活。

4.3.3.5 使用专用工具取出干气密封组件，密封组件检修参见SHS 01061《干气密封维护检修规程》。

4.3.3.6 拆卸内缸下半隔板组件；

4.3.3.6.1 拆卸内缸前后端板；

4.3.3.6.2 吊出转子放置于专用支撑架；

4.3.3.6.3 清洗检查上下隔板组件通流部分，确认无结垢、冲蚀、裂纹、变形等缺陷，更换上下隔板间的O形密封条；

4.3.3.6.4 检查迷宫密封梳齿，确认无倒伏、扭曲、裂纹等缺陷，更换超标件。
4.3.3.7 检查压缩机转子；
4.3.3.7.1 清洗叶轮内外壁，检查轴、叶轮、平衡鼓等零件，必要时进行着色检查，确认无冲蚀、裂纹、磨损等缺陷；
4.3.3.7.2 检测轴承轴颈圆度，偏差应≤0.01mm；
4.3.3.7.3 检查转子迷宫密封梳齿，确认无扭曲变形、磨损等缺陷，必要时修复或更换；
4.3.3.7.4 根据机组振动频谱确定转子是否进行动平衡试验，必要时更换备用转子。
4.3.3.8 检查清洗压缩机平衡管，更换密封垫。

4.3.4 汽轮机检修程序与质量标准

4.3.4.1 检查气缸滑销系统；

测量气缸滑销间隙、轴承座滑销间隙，气缸猫爪螺栓紧固后上部应留 0.1mm 膨胀间隙，确认膨胀指针指示正确。
4.3.4.2 拆卸汽轮机上缸；
4.3.4.2.1 拆卸汽轮机缸体中分面螺栓，用顶丝将上缸均匀顶起约 3mm；
4.3.4.2.2 吊出汽轮机上缸；
4.3.4.2.3 检测通流部分间隙，超标需更换，标准值见表 5；

表 5 汽轮机通流部分间隙值

mm

	叶片与喷嘴	围带与阻汽片
第一级	0.9～1.2	0.75～1.25
第二级	1.4～1.7	0.75～1.25
第三级	1.4～1.7	0.75～1.25
第四级	1.4～1.7	0.75～1.25

4.3.4.2.4 测量转子跳动，标准值见表 6；

表 6 汽轮机转子跳动最大允许值

mm

项目	径向圆跳动					端面圆跳动		
测量位置	主轴颈	测振探头	端部轴封	级间汽封	联轴器轮毂	联轴器轮毂	上推盘	叶轮外缘
最大允许值	0.006	0.006	0.006	0.006	0.02	0.02	0.013	0.03

4.3.4.2.5 检查确认气缸螺栓无裂纹、弯曲等缺陷，必要时更换。
4.3.4.3 拆卸检查推力轴承，参见 4.3.3.3；
4.3.4.4 拆卸检查径向轴承，参见 4.3.3.4；
4.3.4.5 检查清洗汽轮机转子；
4.3.4.5.1 将转子吊出并固定在专用支撑架；

4.3.4.5.2　清洗并着色检查轴、叶片、围带、推力盘、测速齿轮，确认无裂纹损伤、冲蚀磨损、松动变形等缺陷；

4.3.4.5.3　根据转子振动频谱确定是否需要动平衡试验，必要时更换备用转子。

4.3.4.6　清洗检查气缸；

4.3.4.6.1　清洗并着色检查气缸静叶和喷嘴，确认无裂纹、损伤、变形、脱焊及松动等缺陷；

4.3.4.6.2　检查迷宫密封，确认无裂纹、缺口、变形和磨损等缺陷，酌情更换。

4.4　辅助设施检修与质量标准

4.4.1　工艺管道检修

4.4.1.1　清洗检查压缩机各段入口管道、滤网，滤网应无破损、变形等缺陷，更换密封件；

4.4.1.2　检查压缩机出口止回阀，确认阀板与阀座密封面无缺陷，阀板活动灵活，柱销无磨损、松动；

4.4.1.3　检查管道支吊架，确认固定支架承力限位可靠，支架弹簧弹性良好无变形、预压合格，滑动支架无卡涩、导向有效；

4.4.1.4　安全阀调校合格。

4.4.2　油系统检修

4.4.2.1　检查油管道洁净度，清理污垢等杂质；

4.4.2.2　清理油箱及高位油槽，确认内部洁净、无污垢等杂质；

4.4.2.3　更换油过滤器滤芯；

4.4.2.4　检查油泵入口过滤网，确认滤网无破损、变形等缺陷；

4.4.2.5　确认润滑油冷却器换向阀（三通旋塞阀）灵活，更换密封件；

4.4.2.6　分析化验润滑油，视情况更换润滑油；

4.4.2.7　油冷却器检修参见 SHS 01009《管式换热器维护检修规程》；

4.4.2.8　油泵检修参见 SHS 01016《螺杆泵维护检修规程》；

4.4.2.9　储能器检修

4.4.2.9.1　检查确认进气阀、放气塞完好，无堵塞；

4.4.2.9.2　定期更换气囊，确保气囊无老化、破损；

4.4.2.9.3　确认储能器弹簧弹性良好，更换 O 形环；

4.4.2.9.4　检查气囊充氮压力，压力控制范围：0.42～0.62MPa。

4.4.3　凝汽系统检修

4.4.3.1　检查清洗抽汽器喷嘴，确认无冲蚀、结垢和损伤，滤网无破损和堵塞；

4.4.3.2　检查清洗抽汽换热器，试压检漏合格；

4.4.3.3 检查清洗凝汽换热器，壳程充水静压检漏，水位不能超过顶部。

4.4.4 汽轮机调速系统检修

4.4.4.1 检查连接销和球轴承，确认无磨损等缺陷，连杆动作灵活、无松动卡涩，锁紧螺母和销子防松可靠；

4.4.4.2 检查油动机活塞与油缸滑动面，确认光滑无毛刺、拉伤、磨损等缺陷，密封良好无卡涩，更换易损件；

4.4.4.3 清洗错油门滑芯，确认滑动面光滑，无毛刺、拉伤和磨损等缺陷，控制油进出口和凸肩无损伤；

4.4.4.4 检查横梁及弹簧，确认无裂纹、变形；

4.4.4.5 检查调速阀的阀头与阀座，确认密封面完好，无冲蚀、沟槽和磨损；

4.4.4.6 着色检测阀杆、提升杆，确认表面无裂纹、无损伤。

4.4.5 汽阀检修

4.4.5.1 检查滤网，确认完整、无破损、堵塞和变形；

4.4.5.2 检查阀座密封面，确认无裂纹、损伤和冲蚀，必要时研磨；

4.4.5.3 检查弹簧，确认无裂纹、损伤和变形；

4.4.5.4 着色检查阀杆，确认表面光滑、无裂纹、无损伤。

4.4.6 段间冷却器、分离器检修

4.4.6.1 检修段间冷却器，参见 SHS 01009《管式换热器维护检修规程》；

4.4.6.2 检修段间分离器，参见 SHS 01004《压力容器维护检修规程》。

4.4.7 盘车系统检修

4.4.7.1 检查盘车传动机构，确认动作灵活、无磨损变形；

4.4.7.2 检修调试盘车电机。

4.4.8 附属电气仪表检修

4.4.8.1 检查电气仪表传感器及其回路、调校联锁及报警系统；

4.4.8.2 拆检防喘振阀、调节阀，检漏及行程试验合格；

4.4.8.3 检修调试油泵、冷凝液泵、盘车泵等电机。

4.5 机组回装与质量要求

4.5.1 回装前确认各零部件符合要求。

4.5.2 回装汽轮机；

4.5.2.1 进行合缸检查，确认中分面面贴合均匀；

4.5.2.2 回装径向轴承；

4.5.2.3 汽轮机转子吊入气缸；

4.5.2.4 回装推力轴承、检测推力间隙、径向间隙及油封间隙，确认符合表 2、表 3 及表 4 要求；

4.5.2.5 检测通流部分间隙，确认符合表 5 要求；

4.5.2.6 汽轮机中分面均匀涂抹专用密封胶后，回装上缸，确认定位销落下无错位；

4.5.2.7 回装主汽阀、调速系统及盘车机构。

4.5.3 压缩机回装；

4.5.3.1 检查清理压缩机缸体内壁杂物；

4.5.3.2 回装内缸下半隔板组件、转子及前后端板；

4.5.3.3 回装干气密封；

4.5.3.4 回装推理盘、推力轴承及径向轴承，检测转子迷宫密封间隙、确认符合表 1 要求，检测推力间隙、径向间隙及油封间隙，确认符合表 2、表 3 及表 4 要求；

4.5.3.5 回装联轴器轮毂，确认推进量为 7.13mm+0.25mm ；

4.5.3.6 回装内缸上半隔板组件，确认内缸中分面贴合均匀；

4.5.3.7 更换缸体 O 形环及支撑环后，参照图 4 回装压缩机内缸；

4.5.3.8 回装内缸定位抗剪环及缸体连接螺栓。

4.5.4 机组轴系对中，数据应符合图 3 标准，允许偏差 ±0.10mm。

4.5.5 检测联轴器端面间距，通过加减调整垫，控制其偏差在 0～+0.5mm 内。

4.5.6 回装联轴节及其护罩、轴承箱盖。

4.5.7 回装相关仪表、管道及保温等附件。

4.5.8 确认调速系统行程试验符合表 7 要求。

表 7 调速信号与各调节机构行程对应关系表

	E/H 电流 /mA	E/H 行程 /mm	油动机行程 /mm	调速阀开度 /%	调速阀行程 /mm
调速阀(GV)	31	5	0	0	冷态 0； 热态 -1.4
	145.3	56.8	314.2	100	冷态 44.2；热态 42.8
补汽阀(ACV)	39.4	5	0	0	冷态 27.8；热态 27.3
	139.4	22.8	129	100	冷态 83.1；热态 82.6
抽汽阀(ECV)	39.4	5	0	0	冷态 19.3 ；热态 18.5
	148.6	24.4	167	100	冷态 102.8；热态 102.0

5 试车与验收

5.1 试车前的准备

5.1.1 确认检修数据符合要求，检修记录完整、准确、真实；

5.1.2 确认仪表、报警和联锁系统、调节阀和安全阀等均已调校合格；

5.1.3 确认循环水、氮气、仪表空气、蒸汽等公用工程具备试车条件；

5.1.4 油系统循环合格，油泵运行正常，系统油质、油位、油压、油流、油温及过滤器压差等符合要求；

5.1.5 辅泵自启动、油压低联锁跳车、手打危急遮断器跳车等试验合格，动作准确可靠；

5.1.6 确认 ITCC 系统准备就绪，调速阀行程试验、手动按键跳车试验合格；

5.1.7 确认冷却器等附属设备具备试车条件；

5.1.8 确认现场试车记录表、相关流程图、运行监测器和工器具、安全防护用品等准备齐全；

5.1.9 完成试车条件签字确认。

5.2 汽轮机单机试车

5.2.1 试车应严格按操作规程及单机试车方案进行；

5.2.2 记录升速过程中的临界转速值；

5.2.3 转速提升至最大连续转速后进行电子超速保护试验，记录实际动作转速、汽轮机单机试车运行参数、停机时转子至静止的惰走时间。

5.3 联动试车

5.3.1 汽轮机单机试车合格后，复装汽轮机与压缩机间的联轴节；

5.3.2 联动试车须在压缩机系统气密性试验和氮气置换合格后进行，利用防喘振回路对压缩机进行氮气循环试车；

5.3.3 联动试车严格按操作规程和联动试车方案进行，记录机组试车运行相关参数。

5.4 验收

5.4.1 检修质量符合本规程标准要求，检修、试车记录齐全准确；

5.4.2 72h 试车合格后，交付工艺使用。

6 维护与故障处理

6.1 日常维护

6.1.1 实行“机、电、仪、操、管”五位一体特护管理，加强机组特护，重点关注轴承振动、轴承温度变化趋势；

6.1.2 保持机组清洁，消除跑、冒、滴、漏，确认设备附件齐全完整，仪表指示准确可靠；

6.1.3 按巡回检查制度定时巡检，发现问题及时处理；

6.1.4 按时填写运行记录，做到真实、齐全、准确、规范；

6.1.5 每月进行润滑油油质分析；

6.1.6 定期检查更换润滑油油滤芯及干气密封滤芯；

6.1.7 组织机组状态监测月度分析，出具分析报告；

6.1.8 至少半年内对内置温度、位移、振动探头的接头以及接线盒进行防油检查，对油系统压力开关及压力表进行预防性检查，确保仪表监测的可靠性；

6.1.9 定期检查油系统储能器氮气压力，确认压力值为系统油压的50%～80%；

6.1.10 定期切换油泵及冷凝水泵。

6.2 常见故障与处理

常见功能故障与处理方法见表8。

表8 常见功能故障与处理方法

序号	功能	功能故障	原因分析	故障应对策略与检修内容	备注
1	机组稳定连续运转	机组振动异常	汽轮机暖机不足造成汽轮机转子弯曲变形	检查盘车，重新按要求延长暖机时间	
			对中不良	对中找正	
			动平衡不良	转子动平衡或更换转子	
			压缩机叶轮结垢	清除叶轮结垢	
			转子发生摩擦	停机检查、调整迷宫密封间隙	
			叶片断裂，转子零件松动	停机检查处理或更换	
			机组膨胀受阻	检查滑销，消除卡涩，修正导向	
			压缩机喘振	开大防喘阀，加大吸入量	
			轴承磨损，间隙过大	更换轴承	
			轴承表面巴氏合金损坏	更换瓦块	
			轴承紧力不当	调整轴承紧力	
			轴承油温油压偏差大	调整油温油压	
			机组地脚螺栓松动	检查、紧固	
			工艺管道应力过大	调整管道，消除应力	
			机组过载使转矩增大	消除过载因素	
			工艺气带液	工艺气排除液体，检查级间分离器	
			蒸汽水冲击	立即打闸停机	
			仪表误显示	调校仪表	
		运行声音异常	汽轮机转子弯曲与汽封摩擦	低速热态盘车，消除转子热弯曲，必要时停机检修	
			透平叶片与喷嘴相擦	停机检查喷嘴	
			调速汽门内件损坏	拆卸检查调速汽门	
			压缩机喘振	增大吸入气量，开大防喘阀反喘振	
			压缩机进气过度节流	工艺调整消除	

表8 常见功能故障与处理方法（续）

序号	功能	功能故障	原因分析	故障应对策略与检修内容	备注
1	机组稳定连续运转	机组轴承温度高	仪表不准确	检查热电阻，调校仪表	
			轴承磨损	更换轴承瓦块	
			润滑油油温油压偏差大	调节润滑油进油压力及温度	
			油冷器出口温度过高	调节冷却水量切换到备用油冷器运行	
			轴承装配紧力过大	调整轴承装配紧力	
			润滑油质劣变	分析油样并作相应处理	
		机组动力不足	蒸汽压力和温度低	调节蒸汽压力和温度	
			汽轮机背压高	调节降低背压	
			调速传动连杆装配失误，传动比改变	重新调整修正	
			主汽阀、调速阀升程不足	检查修正升程	
			电子调速器内部故障	外送专业厂家调校检查消除故障	
			调速传动杆连接卡涩，动作不灵	检查消除卡涩	
			测速传感器线路故障	检查信号电路	
		凝汽系统真空度下降	凝汽器换热效果差	检查清洗凝汽器	
			抽汽换热器换热效果差	检查清洗抽汽换热器	
			抽汽器喷嘴结垢或损坏	清洗或更换喷嘴	
2	油系统稳定运行	油系统油压不足	油压调节阀整定不合适	重新调整	
			油泵入口过滤网堵塞	清洗入口过滤网	
			油泵故障	检修故障油泵	
			油过滤器、油冷却器压降过大	切换清洗油过滤器、油冷却器	
		油系统油压过高	仪表不准	校正仪表	
			油压调节阀整定不合适	重新整定	
			油温过低	调整油温	
		油压波动异常	储能器充气压力不合适	检查储能器气囊，检查调整充气压力	
			自力式调节阀故障	检查清洗自力式调校阀或外送专业厂家调校	

表 8 常见功能故障与处理方法（续）

序号	功能	功能故障	原因分析	故障应对策略与检修内容	备注
2	油系统稳定运行	润滑油进油油温过高	油冷器器换热效果差	调整冷却水量或清洗油冷却器	
			机组各轴承回油温度过高	检查轴承瓦块或降低机组运行负荷	
		油系统含水	汽轮机轴封漏汽过大，轴承座油封失效	调整修复汽封和油封	
			油冷却器泄漏	检修试压，消除泄漏	
3	干气密封系统稳定运行	干气密封常见故障参见 SHS 01061《干气密封维护检修规程》			
4	仪表系统稳定运行	仪表不准	气源阀开度不足导致仪表气压不足	检查供气阀的开度，保证气源压力	
			气源管堵塞导致仪表气压不足	检查消除堵塞	
			电路压降过大导致仪表电压低	检查提高电压	
			外部感应电流引起电压偏差	消除或隔离外电感应	
			外部电磁场引起电压偏差	消除或隔离外电磁场	
			接线失误	检查纠正接线	

附 录 A
（资料性附录）
甲醇合成气压缩机机组主要技术特性参数

表 A.1 甲醇合成气压缩机主要技术特性参数

项目	单位	额定值		
制造厂		日本三菱重工 2010 年		
型号		5V-5	5V-6C	循环段
叶轮级数	级	5	6	1
额定转速	r/min	7067		
最大连续转速	r/min	7420		
联锁转速	r/min	8162		
第一临界转速	r/min	4100	3250	
第二临界转速	r/min	14000	11400	
工艺介质		合成气		
吸入压力	MPa	2.28	4.36	8.10
排出压力	MPa	4.44	8.41	8.42
吸入温度	℃	47	45	45
排出温度	℃	128.5	126.9	49.6
吸入容量	m^3/h	16678	8715	20138
质量流量	kg/h	159681	159054	703976
平均相对分子质量		11.26	11.24	11.73
压缩因子 z	（吸入）	1.007	1.015	1.028
	（排出）	1.016	1.034	1.030
绝热指数 K	（吸入）	1.404	1.413	1.428
	（排出）	1.397	1.407	1.427
多变能量头	kJ/kg	178.9	177.9	9.0
多变效率	%	82.6	78.1	74.9
轴功率	kW	9676	10115	2376
驱动机功率	kW	22176（正常）		
		23813（额定）		
其中转子质量	kg	1175.5	1280.3	
轴颈公称直径	mm	ϕ120	ϕ120	

表 A.1　甲醇合成气压缩机主要技术特性参数（续）

项目	单位	额定值	
轴颈跨距	mm	1900	2190
转子总长	mm	2392.8	2682.8
最大叶轮直径	mm	ϕ721	ϕ730

表 A.2　甲醇合成气压缩机组汽轮机主要技术特性参数

项目	单位	数据
制造厂		三菱重工（2010 年）
型号		7MXEL-6BD
级数	级	6
正常转速	r/min	6911
额定转速	r/min	7067
正常功率	kW	22176
额定功率	kW	23813
正常耗汽量	t/h	97
额定耗汽量	t/h	102
调速范围	r/min	4947～7420
进汽压力	MPa（A）	3.6
进汽温度	℃	400
补汽压力	MPa（A）	1.81
抽汽压力	MPa（A）	0.55
冷凝压力	kPa（A）	14.7
第一临界转速	r/min	2650
最大连续运转速	r/min	16050
调速器型号	TS3000	
轴颈直径	mm	ϕ200/ϕ220
轴颈跨距	mm	1470
转子质量	kg	4776
气缸上盖质量	kg	15980

附　录　B
（资料性附录）
甲醇合成气压缩机组检修质量验收表

项目	主要控制内容			等级	施工单位	生产装置	设备管理部门	备注
	标准值	部位	现场记录					
拆检轴系对中数据	对中曲线图			B	★	★		
最终轴系对中数据	对中曲线图			A	★	★	★	
拆检联轴器端面间距	随机资料			C	★			
复装联轴器端面间距	随机资料			B	★	★		
联轴器膜片、螺栓损伤检查	无裂纹、变形			B	★	★		
联轴器轮毂上次安装推进量				C	★			
联轴器轮毂复装推进量				B	★	★		
压缩机								
径向瓦块厚度差	≤0.015mm			C	★			
径向轴承间隙	0.17～0.24mm			B	★	★		
推力瓦块厚度差	≤0.01mm			C	★			
推力轴承间隙	0.46～0.56mm			B	★	★		
油封间隙（直径）	1.15～1.21mm			C	★			
轴端迷宫密封间隙（直径）	随机资料			A	★	★	★	
级间迷宫密封间隙（直径）	随机资料			B	★	★		
汽轮机								
径向瓦块厚度差	≤0.015mm			C	★			
径向轴承间隙	随机资料			B	★	★		
推力瓦块厚度差	≤0.01mm			C	★			
推力轴承间隙	0.26～0.36mm			B	★	★		
油封间隙（直径）	随机资料			C	★			
转子跳动	随机资料			A	★	★	★	
轴端迷宫密封间隙（直径）	随机资料			A	★	★	★	
气缸通流部分间隙	随机资料			B	★	★		

控制级别说明： A级：施工单位、生产装置、设备管理部门专业人员检查确认后签字。
B级：施工单位和生产装置专业人员检查确认后签字。
C级：施工单位专业人员检查确认后签字。

16. 粉煤上行气化炉维护检修规程

SHS 05037—2019

目 次

前　言

本规程按照GB/T 1.1—2009《标准化工作导则　第1部分：标准的结构和编写》制定的标准起草。

本规程以TSG 21—2016《固定式压力容器安全技术监察规程》和TSG 08—2017《特种设备使用管理规则》等为依据，以GB/T 26610《承压设备系统基于风险的检验实施导则》为基础，针对粉煤上行气化炉的结构特点而制定。

本规程由中国石油化工集团公司、中国石油化工股份有限公司提出。

本规程主要起草单位：中国石油化工股份有限公司湖北化肥分公司、中国石油化工股份有限公司安庆分公司、中国石油化工股份有限公司巴陵分公司、机械工业上海蓝亚石化设备检测所有限公司。

本规程主要起草人：陈金林、宋文明、储昭松、陈秋平、陈晓林、陈滨、姜辉、高智德、张玉福。

本规程2019年首次发布。

粉煤上行气化炉维护检修规程

1 范围

1.1 主题内容

本规程规定了粉煤上行气化炉的检修周期与内容、检修程序与质量标准、试验与验收、维护与故障处理。

1.2 适用范围

本规程适用于粉煤上行气化炉的维护与检修。其他类型粉煤气化炉可参照执行。

2 规范性引用文件

下列文件的条款通过本规程的引用而成为本规程的条款，凡是注日期的引用文件，其随后所有的修改单（不包括勘误的内容）或修订版均不适用于本规程；然而，鼓励根据本规程达成协议的各方研究是否使用这些文件的最新版本。凡是不注日期的引用文件，其最新版本适用于本规程。

中华人民共和国安全生产法
中华人民共和国特种设备安全法
特种设备安全监察条例
TSG 21　固定式压力容器安全技术监察规程
TSG 08　特种设备使用管理规则
TSG G0001　锅炉安全技术监察规程
TSG Z6002　特种设备焊接操作人员考核细则
GB/T 26610　承压设备系统基于风险的检验实施导则
GB/T 150　压力容器
GB/T 16507　水管锅炉
GB 50316　工业金属管道设计规范
GB/T 30583　承压设备焊后热处理规程
JB/T 4732　钢制压力容器—分析设计标准
NB/T 47013　承压设备无损检测
NB/T 47014　承压设备焊接工艺评定
NB/T 47015　压力容器焊接规程

HG 20592～20635　钢制法兰、垫片、紧固件
SH/T 3115　石油化工管式炉轻质浇注料衬里工程技术条件
SH/T 3085　石油化工管式炉碳钢和铬钼钢炉管焊接技术条件
SH/T 3508　石油化工安装工程施工质量验收统一标准
SHS 01001　石油化工设备完好标准
SHS 01004　压力容器维护检修规程
中国石油化工股份有限公司干粉煤型煤气化装置运行管理办法

3　检修周期与内容

3.1　设备简介

粉煤上行气化炉是煤气化装置的核心设备，由承压壳体、内件及附属设备组成，结构简图见图1。

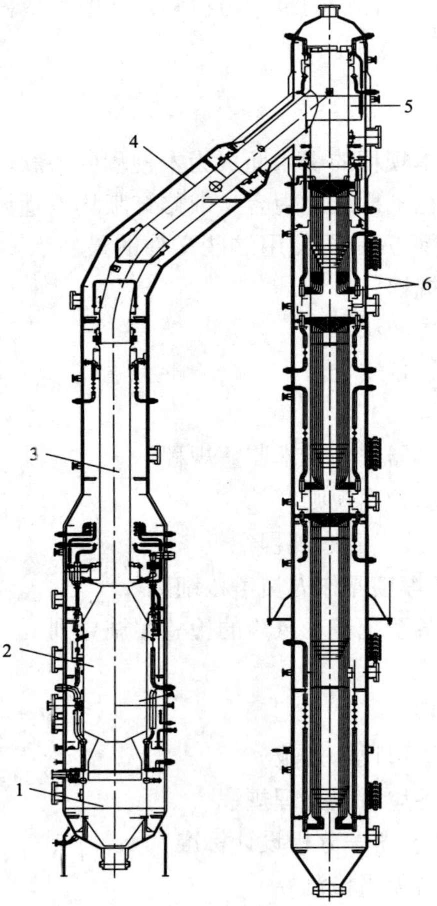

图1　粉煤上行气化炉结构简图

1—渣池；2—气化段；3—激冷段；4—输气管段；5—气体返向段；6—合成气冷却器

承压壳体由气化段壳体（V1301）、合成气冷却器壳体（V1302）、输气管段壳体（V1303）、渣池（V1401）组成。内件主要由气化段中压蒸发器（E1320）、激冷段中压蒸发器（E1301）、输气管段中压蒸发器（E1302）、合成气冷却段中压蒸发器（E1303A～D）、合成气冷却段中压过热器（E1306）等组成。附属设备主要有粉煤烧嘴、一体化开工烧嘴、敲击器、监视器、温度压力监测仪表和恒力吊等。

气化炉内件的主体结构为膜式水冷壁受热面，膜式水冷壁安装在壳体内，气化压力由承压壳体承受。在膜式水冷壁与承压壳体之间的是环形空间，用于布置汽、水管线及联箱、其他工艺管线、内件导向及支撑等部件。同时，环形空间也是检验检测、安装检修的空间。气化段膜式水冷壁内衬有一层耐火衬里，用“以渣抗渣”方式保护膜式水冷壁不受侵蚀。

3.2 检修周期

3.2.1 气化炉壳体按照 TSG 21《固定式压力容器安全技术监察规程》的规定进行年度检查和定期检验。

3.2.2 气化炉内件参照 TSG G0001《锅炉安全技术监察规程》的规定，结合气化炉运行状况，一般 12～24 个月进行 1 次全面检验。

3.2.3 根据气化炉壳体、内件及其他附属设备的运行情况和检验检测情况，制定合理的检修内容和检修周期，检修周期一般为 6～9 个月。检修期间，应安排必要的检验检测。

3.3 检修内容

3.3.1 壳体

3.3.1.1 年度检查、定期检验确定的检修项目；

3.3.1.2 壳体的检验和维修按照 TSG 21《固定式压力容器安全技术监察规程》的规定执行；

3.3.1.3 壳体接管易发生冷凝腐蚀的部位检查修复；

3.3.1.4 防腐衬里破损、开裂情况检查修复；

3.3.1.5 壳体复合衬里磨损、开裂情况检查修复；

3.3.1.6 法兰密封面、密封元件及紧固件检查修复。

3.3.2 内件

3.3.2.1 受热面管与内构件及其支撑、导向、固定支架检查修复；

3.3.2.2 汽水连接管道及联箱腐蚀、变形情况检查修复；

3.3.2.3 激冷段、输气管段、合成气冷却器膨胀节腐蚀、变形、开裂及填充物情况检查修复；

3.3.2.4 密封盘变形、开裂情况检查修复；

3.3.2.5 内人孔变形、腐蚀减薄情况检查修复；
3.3.2.6 耐火衬里层、销钉、堆焊层检查修复；
3.3.2.7 冷却水管水通道测试，必要时割管检查限流孔板堵塞情况；
3.3.2.8 渣池内筒外形检查修复；
3.3.2.9 渣池环形空间灰渣堆积及腐蚀情况检查修复；
3.3.2.10 渣池喷淋环喷嘴堵塞及磨损情况检查修复；
3.3.2.11 热裙冷却水管进出口区域表面腐蚀及开裂情况检查修复；
3.3.2.12 下渣口及渣屏部位挂渣情况检查清理，冷却水管及堆焊层壁厚检查修复；
3.3.2.13 炉膛挂渣、耐火衬里及销钉烧损情况检查修复；
3.3.2.14 激冷凸台表面堆焊层开裂、减薄情况检查修复；
3.3.2.15 高速氮气反吹管堵塞、烧损情况检查修复；
3.3.2.16 激冷气分布器格栅积灰堵塞、变形、开裂、烧损情况检查修复；
3.3.2.17 激冷气分布孔堵塞情况检查疏通；
3.3.2.18 输气管段耐火衬里、销钉磨损情况检查修复；
3.3.2.19 SGC 入口十字吊架部位积灰、堵塞、磨损情况检查修复；
3.3.2.20 SGC 入口吹灰器分布孔堵塞情况检查修复。

3.3.3 附属设备

3.3.3.1 恒力弹簧吊架及紧固件检查；
3.3.3.2 敲击器检查修复；
3.3.3.3 一体化开工烧嘴及膨胀节、填料函及插入装置检查修复；
3.3.3.4 煤烧嘴及膨胀节检查修复；
3.3.3.5 隔焰罩及陶瓷纤维检查修复；
3.3.3.6 火焰观察器及膨胀节检查修复；
3.3.3.7 液位、温度、压力等监测监控元件检测调校；
3.3.3.8 安全附件及仪表检查。

4 检修程序与质量标准

4.1 检修前准备

4.1.1 根据设备运行状况及故障诊断结果，备齐图纸和技术资料，编写施工方案。
4.1.2 施工／检验单位必须具备相应的检修／检验资质，且有丰富的同类型气化炉维护检修／检验经验。施工人员身体健康，体检合格，经过三级安全教育培训且合格。
4.1.3 准备好必要的检修工器具及试验检验器具、量具、配件、材料和劳动保护用品。
4.1.3.1 检修工器具入厂（入场）前必须经过安全检验。
4.1.3.2 水冷壁管、弯头等受压元件材料必须进行 100% 复查，复验硬度和化学成分。

4.1.4 内部介质吹扫置换合格，隔断与炉内相连的工艺管线并加盲板，依次打开人孔充分降温并保持炉内空气流畅，分析合格。

4.2 安全注意事项

4.2.1 完成JSA分析，办理受限空间、高处作业、动火、临时用电许可证等相关票证后方可进入炉内检查、检修。

4.2.2 进入气化炉前应切断破渣机电源，锁闭插板阀，办理受限空间作业许可证。

4.2.3 注意做好个人职业健康防护，气化炉内作业注意防尘、防噪、防火灾爆炸、防踩空摔伤、防坠物伤人、防触电、防毒、防窒息。

4.2.4 施工单位要注意防盗安全，勿随手乱放贵重仪器、物品。一旦发生盗窃应保护好现场同时立即报告使用单位和保卫部门。

4.2.5 每日检修作业结束前，应把各类施工器具及材料备件收入库房，并锁好门窗。

4.3 环保注意事项

4.3.1 气化炉内清理出的废水不得随意排放，应排入污水处理系统进行妥善处理。

4.3.2 气化炉内清理出的灰、渣应作为固废进行妥善集中处置，堆放、转运过程须有可靠的防风抑尘措施。

4.3.3 废润滑油、润滑脂、油桶、油漆桶、含油手套、含油抹布等检修废弃物应列为危废并妥善集中处置。

4.4 检修程序

4.4.1 壳体

4.4.1.1 壳体检查符合TSG 21《固定式压力容器安全技术监察规程》和SHS 01004《压力容器维护检修规程》规定；

4.4.1.2 检查外表面绝热、防腐层是否完好及腐蚀情况，有无跑温；

4.4.1.3 重点检查容器本体和接管部位焊缝泄漏、开裂、变形等情况；

4.4.1.4 检查焊缝成型情况，咬边、错边量、棱角度有无严重超标现象；

4.4.1.5 检查表面机械损伤，工卡具焊迹和电弧擦伤情况；

4.4.1.6 重点检查内表面隔热层的损坏情况，对于隔热层损坏的部位应确定母材劣化程度和腐蚀情况；

4.4.1.7 螺柱逐个清洗，检查损伤及裂纹情况，重点检查螺纹及过渡部位有无环向裂纹；

4.4.1.8 检查法兰密封面腐蚀、损伤及开裂情况；

4.4.1.9 重点检查三条现场组装焊缝和制造返修部位；

4.4.1.10 重点检查输气导管与返向室连接部位焊缝；

4.4.1.11 检查人孔短节堆焊层及人孔盖有无腐蚀减薄、裂纹等；

4.4.1.12 检查爬梯、格栅板及支撑腐蚀损伤情况；

4.4.1.13 检查中发现的缺陷应及时记录，并标注缺陷位置。

4.4.2 内件

4.4.2.1 渣池（V1401）

4.4.2.1.1 渣池内筒变形、减薄情况；

4.4.2.1.2 环形空间灰渣堆积及腐蚀减薄情况检查；

4.4.2.1.3 喷淋环喷嘴堵塞及磨损情况检查；

4.4.2.1.4 环形空间喷淋环入口管线壁厚减薄及焊缝表面裂纹检查；

4.4.2.1.5 检查、疏通液位计连通管。

4.4.2.2 气化段（E1320）

4.4.2.2.1 检查水冷壁挂渣情况，耐火衬里有无裂缝、脱落，耐火销钉烧损情况。耐火销钉剩余高度低于 7.0mm 时，必须进行植钉修复；对于耐火衬里损坏区域，检查水冷壁管的损坏情况；

4.4.2.2.2 检查内件受热面管，有无蠕胀、变形、腐蚀减薄、表面裂纹、泄漏痕迹，管间鳍片烧蚀情况；

4.4.2.2.3 检查下渣口及渣屏部位挂渣情况，冷却水管及堆焊层壁厚检查；

4.4.2.2.4 检查热裙冷却水管进出口区域表面腐蚀及开裂情况；

4.4.2.2.5 隔焰罩

a）检查隔焰罩迎火面有无烧蚀减薄、坑蚀、开裂情况；

b）检查隔焰罩有无飞溅物附着；

c）检查隔焰罩与烧嘴间陶瓷纤维填充物密实情况；

d）检查隔焰罩与烧嘴端部间隙。

4.4.2.2.6 环形空间

a）检查水冷壁管、联箱、连接管的变形及腐蚀减薄情况；

b）检查密封盘有无变形、开裂；

c）检查内件导向的间隙；

e）检查粉煤烧嘴、开工点火烧嘴、火焰监视器膨胀节有无变形、开裂、烧蚀、密封损坏情况；

f）检查烧尽作业充气环管及防冲挡板腐蚀减薄、堵塞、冲蚀情况；

g）检查内人孔接管法兰的密封情况；

h）检查内部灰、渣积聚情况。

4.4.2.3 激冷段（E1301）

4.4.2.3.1 检查激冷凸台表面堆焊层开裂、减薄情况；

4.4.2.3.2 检查高速氮气反吹管堵塞、烧损情况；

4.4.2.3.3 检查激冷气分布器格栅积灰堵塞、变形、开裂、烧损情况；

4.4.2.3.4 检查激冷气分布孔堵塞情况；

4.4.2.3.5 检查锻环表面冲蚀、烧蚀及壁厚减薄情况；

4.4.2.3.6 检查受热面管表面冲刷及壁厚减薄情况；

4.4.2.3.7 环形空间

a）检查激冷盒内积灰和堵塞情况；

b）检查高速氮气反吹管断裂、脱落，密封环板腐蚀减薄情况；

c）检查高速氮气入口管线焊缝开裂和壁厚减薄情况；

d）检查激冷气入口管线及膨胀节开裂情况；

e）检查水冷壁管、联箱、连接管的变形及腐蚀减薄情况；

f）检查激冷段膨胀节腐蚀、变形、开裂及填充物情况；

g）检查内件导向的间隙；

h）检查固定支座紧固螺栓。

4.4.2.4 输气管段（E1302）

4.4.2.4.1 检查输气管水冷壁耐火衬里有无裂缝、脱落及耐火销钉磨损情况；

4.4.2.4.2 检查水冷壁管及鳍片壁厚冲刷减薄情况；

4.4.2.4.3 检查膨胀节部位水冷壁管堆焊层冲刷及壁厚情况；

4.4.2.4.4 环形空间

a）检查水冷壁管、联箱、连接管的变形及腐蚀减薄情况；

b）检查输气管段膨胀节腐蚀、变形、开裂及填充物情况；

c）检查内件导向的间隙；

e）检查固定支撑及支撑板焊缝开裂情况；

4.4.2.5 返向室（E1303A）、合成气冷却器（E1306、E1303B～D）

4.4.2.5.1 检查“C”型区域水冷壁管、鳍片和水冷壁连接板壁厚腐蚀、冲刷减薄情况；

4.4.2.5.2 检查返向室水冷壁管及鳍片壁厚腐蚀、冲刷减薄情况；

4.4.2.5.3 检查 SGC 入口十字吊架部位积灰、堵塞、磨损情况；

4.4.2.5.4 检查 SGC 入口吹灰器分布孔堵塞情况；

4.4.2.5.5 检查内人孔变形、腐蚀减薄情况；

4.4.2.5.6 检查合成气冷却器入口连接管迎风面冲刷、腐蚀减薄情况；

4.4.2.5.7 检查合成气冷却器合成气通道水冷壁和盘管迎风面冲刷、腐蚀减薄情况；

4.4.2.5.8 检查合成气冷却器盘管加强筋板腐蚀减薄情况；

4.4.2.5.9 检查合成气冷却器盘管间隙大小及定距块错位情况；

4.4.2.5.10 环形空间

a）检查水冷壁管、联箱、连接管的变形及腐蚀减薄情况；

b）检查合成气冷却器膨胀节腐蚀、变形、开裂及填充物情况；

c）检查内件导向的间隙；

d）检查固定支撑及支撑板焊缝开裂情况；

e）检查密封盘有无变形、开裂；

f）检查烧尽作业充气环管及防冲挡板腐蚀减薄、堵塞、冲蚀情况；

g）检查内人孔接管法兰的密封情况；

h）检查内部飞灰积聚情况。

4.4.2.6 附属设备

4.4.2.6.1 一体化开工烧嘴

a）检查一体化开工烧嘴的填料函、球阀及膨胀节的密封情况；

b）检查一体化开工烧嘴的烧嘴头部有无烧蚀、表面飞溅物、蚀坑情况和烧嘴枪杆有无损伤；

c）检查一体化开工烧嘴插入装置的传动部件有无变形、损坏；

d）检查一体化开工烧嘴的悬臂梁及弹簧补偿装置有无变形；

e）检查一体化开工烧嘴插入装置的驱动电机及定位开关，按有关电仪设备检修规程执行；

f）检查一体化开工烧嘴的点火装置，按有关仪表设备的检修规程执行；

g）检查一体化开工烧嘴法兰密封面损伤情况；

h）检查一体化开工烧嘴连接软管破损、泄漏情况。

4.4.2.6.2 煤烧嘴

a）检查煤烧嘴的烧嘴头部有无烧蚀、裂纹、飞溅物附着；

b）检查煤烧嘴粉煤通道的磨损情况；

c）检查煤烧嘴与烧嘴隔焰罩之间的间隙；

d）检查煤烧嘴法兰密封面损伤情况。

4.4.2.6.3 敲击器

a）运行期间，检查、记录敲击器气缸手动操作的动作情况；

b）检查敲击装置填料箱密封情况；

c）检查敲击器机械装置积灰、磨损、变形、腐蚀、开裂情况，更换易损件；

d）检查敲击器密封吹扫氮气连接管及连接接头泄漏情况；

e）检查敲击器法兰密封面的损伤情况，检查套筒与法兰连接部位的开裂情况；

f）敲击器机械装置检修完毕应进行氮气气密试验，试验压力不低于6.0MPa；

g）回装时，检查气缸敲击杆与撞击杆间距；撞击杆与砧板应无间隙，保证撞击杆端部与砧板对中。

4.4.2.6.4 恒力弹簧吊架

a）检查吊架支撑、吊杆、吊耳、紧固件及连接件等部件的腐蚀、变形情况；

b）按设计要求对恒力弹簧吊架进行定期检验，两只及以上恒力弹簧受力出现异常时，应由专业单位进行调整；

c）观察、记录气化炉冷态和热态时弹簧吊架位移情况，并对位置现场标记。

4.4.2.6.5 安全附件及仪表

a）测试火焰观察器性能；

b）检查火焰观察器通道堵塞情况；

c）对温度、压力、液位等监测监控仪表进行校验和测试；

d）检查仪表引压管和保护套管的腐蚀、断裂、堵塞情况。

4.5 质量标准

4.5.1 壳体

4.5.1.1 气化炉壳体按 TGG 21《固定式压力容器安全技术监察规程》、SHS 01004《压力容器维护检修规程》执行。

4.5.2 内件

4.5.2.1 受热面管

4.5.2.1.1 受热面管壁厚度应无明显减薄，必要时应测量剩余壁厚；剩余壁厚应满足强度计算所确定的最小需要壁厚。一般情况下壁厚减薄量不应超过设计的腐蚀余量。

4.5.2.1.2 受热面管的胀粗量不应超过外径的 2.5%。

4.5.2.1.3 受热面管及鳍片应完整，焊缝应无裂纹、气孔、夹渣、漏焊，鳍片焊缝咬边深度不得大于 0.5mm。

4.5.2.1.4 检修时更换的受热面管焊缝应进行焊后热处理，硬度检测，无损检测和耐压试验。

4.5.2.1.5 采用焊接方式修复水冷管后，须对相应水冷壁管系进行流速检查，流速低于设计流速 20% 时，应清理相应的管口。应定期进行管系低点沉积物清理。

4.5.2.1.6 煤烧嘴周围和热负荷较高区域的检查

a）管壁的冲刷磨损和腐蚀程度；

b）耐火衬里应无泄漏痕迹和脱落；

c）耐火销钉剩余高度不应低于 7.0mm；

d）隔焰罩迎火面应无烧蚀减薄、坑蚀、开裂；

4.5.2.2 环形空间受压元件

4.5.2.2.1 受压元件表面不允许有裂纹、折叠、重皮、结疤及尖锐划痕等缺陷，焊缝不允许存在裂纹、未熔合、气孔、夹渣，咬边、根部凸出和内凹等缺陷。

a）对上述表面缺陷应完全清除，清除后的实际剩余壁厚不应小于设计要求；

b）联箱筒体表面凹陷深度不得超过 1.5mm，凹缺最大长度不应大于周长的 5%，且不大于 40mm。

4.5.2.2.2 受压元件有下列情况时，应予返修。

a）母材存在裂纹、夹层或无损探伤的其他超标缺陷；

b）焊缝存在裂纹、未熔合及较严重的气孔、夹渣，咬边、根部内凹等缺陷；

c）壁厚减薄超过腐蚀余量时。

4.5.2.2.3 汽水系统受压元件的强度按照 GB/T 16507.4《水管锅炉》第 4 部分：进行计

算和校核，其他受压元件的强度按照GB 50316《工业金属管道设计规范》进行计算和校核。

4.5.2.3 导向支撑两侧间隙之和一般应不大于2.0mm，并记录。

4.5.2.4 盘管定距块间隙应不大于1.0mm，否则应维修。

4.5.2.5 激冷段、输气管段、合成气冷却器膨胀节及连接板应无明显腐蚀减薄、变形、开裂，填充物密实无变色。

4.5.2.6 煤烧嘴、一体化开工烧嘴、火焰监视器、激冷气入口管膨胀节应无明显变形、开裂。

4.5.2.7 密封盘应无明显变形、开裂。

4.5.2.8 激冷气分布器格栅应无积灰堵塞、变形、开裂、烧损。激冷气分布孔应无堵塞。高速氮气反吹管应无堵塞。

4.5.2.9 固定支撑焊缝应无明显腐蚀、开裂。

4.5.3 附属设备

4.5.3.1 一体化开工烧嘴

4.5.3.1.1 烧嘴头部应无烧蚀、表面飞溅物、蚀坑，烧嘴枪杆无损伤。

4.5.3.1.2 烧嘴插入装置的传动部件应无变形、损坏，动作无卡涩。

4.5.3.1.3 烧嘴法兰密封面无损伤。

4.5.3.1.4 连接软管应无破损、泄漏，运行超过100次或2年时，应进行耐压试验或更换。

4.5.3.2 煤烧嘴

4.5.3.2.1 烧嘴头部应无烧蚀、裂纹、飞溅物附着，粉煤通道无磨损。

4.5.3.2.2 煤烧嘴与烧嘴隔焰罩周向间隙应均匀。

4.5.3.2.3 运行超8000h应维修更换。

4.5.3.2.4 法兰密封面应无损伤。

4.5.3.3 敲击器

4.5.3.3.1 机械装置应无积灰、磨损、变形、腐蚀、开裂。

4.5.3.3.2 机械装置密封吹扫氮气连接管及连接接头应无泄漏。

4.5.3.3.3 机械装置检修完毕应进行氮气气密试验，试验压力不低于6.0MPa。

4.5.3.3.4 回装时，气缸敲击杆与撞击杆间距应控制在100mm；撞击杆与砧板应无间隙，保证撞击杆端部与砧板对中。

4.5.3.4 恒力弹簧吊架

4.5.3.4.1 吊架支撑、吊杆、吊耳、紧固件及连接件等部件应无腐蚀、变形、开裂。

4.5.3.4.2 恒力弹簧吊架检验周期按照TSG 21《固定式压力容器安全技术监察规程》执行。

4.5.3.5 安全附件及仪表

4.5.3.5.1 火焰监视器应能可靠地检测火焰的存在，光谱响应：180～280nm。应用无水乙醇清洗火检探头镜头并吹干，用全光谱手电筒照射火检探头镜头，观察现场火检显示器或者 DCS 上应达到 70% 以上显示。

4.5.3.5.2 温度、压力、液位等监测监控仪表进行校验和测试，环形空间热偶元件累计运行时间达到 20000h 应予以更换。

4.5.3.5.3 仪表引压管和保护套管应无腐蚀、断裂、堵塞。

4.5.4 材料

4.5.4.1 受压元件金属材料、承载构件材料以及焊接材料应当符合有关国家标准和行业标准的要求，受压元件金属材料和焊接材料在使用条件下应当具有足够的强度、塑性和韧性以及良好的抗疲劳性能和抗腐蚀性能。

4.5.4.2 性能要求

4.5.4.2.1 受压元件和与受压元件焊接的承载构件钢材应当是镇静钢。

4.5.4.2.2 受压元件用钢材室温夏比冲击吸收能量（*KV*2）不低于 27J。

4.5.4.2.3 受压元件用钢板的室温断后伸长率（*A*）应当不小于 18%。

4.5.4.3 受压元件用钢板、钢管、锻件、紧固件以及拉撑件和焊接材料应当按照原设计选用。

4.5.4.4 受热面管子、管件应当按照相应标准规定进行通球试验。

4.5.5 焊接

4.5.5.1 焊接按 NB/T 47015《压力容器焊接规程》执行。

4.5.5.2 焊接工艺评定

4.5.5.2.1 焊接工艺评定应当符合 NB/T 47014《承压设备焊接工艺评定》的要求。

4.5.5.2.2 受压元件焊接前，施工单位应当对以下焊接接头进行焊接工艺评定：

a）受压元件之间的对接焊接接头；

b）受压元件之间或者受压元件与承载的非受压元件之间连接的要求全焊透的 T 形接头或者角接接头。

4.5.6 热处理

热处理按 GB/T 30583《承压设备焊后热处理规程》执行。

4.5.7 检验

4.5.7.1 受压元件的焊接接头质量检验，包括外观检验、化学成分分析、无损检测、力学性能检验、水压试验等。

4.5.7.2 受压元件焊接接头（包括非受压元件与受压元件焊接的接头）应当进行外观检验，至少应当满足以下要求：

4.5.7.2.1 焊缝外形尺寸应当符合设计图样和工艺文件的规定。

4.5.7.2.2 对接焊缝高度应当不低于母材表面，焊缝与母材平滑过渡，焊缝和热影响区表面无裂纹、夹渣、弧坑和气孔。

4.5.7.2.3 焊缝咬边深度不超过 0.5mm，管子焊缝两侧咬边总长度不超过管子周长的 20%，且不超过 40mm。

4.5.7.3 管子及管件对接接头焊缝和母材应当进行化学成分光谱分析验证。

4.5.7.4 无损检测按照 NB/T 47013《承压设备无损检测》执行。

4.5.7.5 内件水压试验

4.5.7.5.1 基本要求

a）受压元件应当在无损检测和热处理后进行水压试验；

b）水压试验场地应当有可靠的安全防护设施；

c）水压试验应当在环境温度高于或者等于5℃时进行，低于5℃时应当有防冻措施；

d）水压试验所用的水应当是除氧脱盐水，水温应当保持高于周围露点的温度以防表面结露，但也不宜温度过高以防止引起汽化和过大的温差应力；

e）受压元件的水压试验水温应当高于所用钢种的脆性转变温度。

4.5.7.5.2 水压试验压力和保压时间

a）整体水压试验保压时间不少于 20min；

b）试验压力按工作压力。

4.5.7.5.3 进行水压试验时，水压应当缓慢地升降。当水压上升到规定试验压力 50% 时，应当暂停升压，检查有无漏水或者异常现象；再升压到规定试验压力的 75%，应当暂停升压，检查有无漏水或者异常现象；然后再升压到规定试验压力，达到保压时间后，进行检查。检查期间压力应当保持不变。

4.5.7.5.4 水压试验合格要求

a）在受压元件金属壁和焊缝上没有水珠和水雾；

b）水压试验后，没有发现明显变形。

5 试验与验收

5.1 试验

5.1.1 气化炉系统内部清扫干净，进行联合检查，确认质量合格，并具备试验条件。

5.1.2 气化炉内部受压元件水压试压合格。封闭气化炉所有人孔前，炉内水汽系统应按设计要求进行试验压力下的泄漏检查。

5.1.3 进行气密试验，无泄漏为合格。

5.2 验收

5.2.1 气化炉检修完毕，检修记录齐全。

5.2.2 一体化开工烧嘴、煤烧嘴、敲击器、火焰观察器、恒力弹簧吊架等附件调试合格。

5.2.3 设备投用运行一周，各项指标达到技术要求并能满足生产需要。
5.2.4 设备防腐、绝热完整无损。
5.2.5 设备达到SHS 01001《石油化工设备完好标准》要求。
5.2.6 提交下列技术资料：
5.2.6.1 设计变更及材料代用通知单；
5.2.6.2 设备、材料、加工件的质量证明书、合格证及有关检验、试验报告；
5.2.6.3 施工、试验、验收各项记录：
5.2.6.3.1 隐蔽工程记录；
5.2.6.3.2 封闭记录；
5.2.6.3.3 内部检查记录；
5.2.6.3.4 钢结构、管架、恒力弹簧吊架检修记录；
5.2.6.3.5 受压元件检修记录：产品质量证明书、材料复验报告、焊缝的外观检查报告、无损检验报告、热处理报告、焊缝返修记录；
5.2.6.3.6 受压元件试压、吹扫记录；
5.2.6.3.7 烧嘴、隔焰罩、一体化开工烧嘴、敲击器检修安装记录；
5.2.6.3.8 耐火销钉检修记录及耐火衬里筑炉施工验收记录；
5.2.6.3.9 烘炉记录；
5.2.6.3.10 更换材料及零部件记录；
5.2.6.3.11 其他检修记录。

6 维护与故障处理

6.1 日常维护

6.1.1 气化炉操作时，不准超温、超压、超负荷。
6.1.2 定时检查人孔、阀门、法兰等密封点的泄漏。
6.1.3 定时检查安全阀、压力表、温度计、消防线等安全设施是否灵敏好用。
6.1.4 按润滑管理制度定时对润滑部位进行检查，需添加润滑脂时应添加，需更换润滑脂时，应及时更换。
6.1.5 定时检查恒力弹簧吊架的位移量，并进行记录。
6.1.6 定期对一体化开工烧嘴进行检查维护，定期对金属软管进行试压检查。
6.1.7 定时检查敲击器的运行情况，并及时进行调整。
6.1.8 定期进行热点检查，监测容器外表面温度，并做好记录。如发现容器外表面温度超过设计壁温，做好停车检查耐火衬里及超温处焊缝、母材的准备。
6.1.9 气化炉的运行维护中，要特别注意，防止以下意外事故、故障的发生：
6.1.9.1 水冷壁磨损、破裂泄漏；
6.1.9.2 烧嘴、隔焰罩过烧泄漏；

6.1.9.3 激冷凸台、输送段水冷壁管泄漏；

6.1.9.4 十字吊架吹灰器泄漏、堵塞；

6.1.9.5 水冷壁管间鳍片开裂，环形空间超温；

6.1.9.6 煤线不稳导致工艺波动、设备烧损；

6.1.9.7 耐火销钉、耐火衬里烧损、塌落；

6.1.9.8 突然停电、停汽、停风。

6.2 注意事项

6.2.1 由于操作介质的特殊性，设备处于运行中，原则上不允许带温带压紧固螺栓。对于确实需要带温带压紧固螺栓或带压堵漏，必须按照设计要求制定有效的操作程序和防范措施，经使用单位技术负责人批准，由经过专业培训的作业人员持证操作，在实施时使用单位安全部门应进行现场监督，落实相关防护措施。

6.2.2 发生事故时，要按照安全操作规程和事故预案的规定，在避免事态扩大的前提下，尽可能地保护设备，减少损失。

6.2.3 气化炉的开停工必须严格按照工艺操作规程执行。开停工前必须制定详细严谨的开停工方案，并经有关部门审核会签。停工时要进行烧尽作业，防止硫化物在炉膛内自燃。长期停工时，应对炉膛充入氮气以保持惰性环境，同时排空蒸干汽水系统内的水并充氮保护。

6.3 常见故障与处理

常见功能故障与处理方法见表 1。

表 1 常见功能故障与处理方法

序号	功能	功能故障	故障模式	故障后果	故障应对策略与检修内容	检修周期／月
1	内件受压受热功能正常	受压元件泄漏	耐火衬里烧损、磨损	管子烧损泄漏，管间密封板或鳍片烧损串气	定期检查耐火材料情况，补充耐火销钉及耐火材料，必要时销钉重植后筑炉、烘炉	24
			管壁腐蚀、磨损减薄	管子泄漏	定期检验受压元件，特别是输气管和十字吊架迎风面的检验。管壁减薄的管道表面堆焊修复	12
			管内水流量不足	管子热损伤泄漏	定期对水通道进行流量测试，重点检查下进水管子和存在高温腐蚀减薄迹象的管子，如有堵塞，疏通对应管子限流孔板	36

表1 常见功能故障与处理方法（续）

序号	功能	功能故障	故障模式	故障后果	故障应对策略与检修内容	检修周期/月
1	内件受压受热功能正常	受压元件泄漏	炉膛超温	管子烧损泄漏	监控气化炉温度，防止超温	视情况而定
			水质不合格	管子内表面结垢或腐蚀导致烧损泄漏	确保水质合格	
		受压元件变形	升降温、升降压速度过快	内件与壳体膨胀收缩不同步	按要求控制升降温、升降压速度	
			气化炉输气管或十字吊架积灰	前后段压差大	检查敲击器及反吹气，必要时停炉清理积灰，修复吹灰器	12
			导向支撑卡死	内件与壳体不能自由膨胀	检查导向支撑，不能有卡死、焊死现象	24
			膨胀节失效	内件与壳体不能自由膨胀	检查、更换膨胀节	视情况而定
			管壁过薄	内件强度不足，发生变形	修复或更换	视情况而定
			炉膛超温	内件变形	监控气化炉温度，防止超温	
		环形空间超温	一体化开工烧嘴填料函泄漏	高温气体串入环形空间	检查填料函，补焊消除泄漏	视情况而定
			烧嘴、火检膨胀节泄漏	高温气体串入环形空间	检查膨胀节本体和密封垫片，更换膨胀节或密封垫片	12
			水冷壁膨胀节泄漏	高温气体串入环形空间	修复或更换泄漏膨胀节	视情况而定
			环形空间密封盘泄漏	高温气体串入环形空间	修复密封盘，减薄严重处局部更换	视情况而定
			水冷壁管间鳍片减薄、开裂	高温气体串入环形空间	修复	视情况而定
			激冷盒损坏	高温气体串入环形空间	检查激冷气分配盒是否堵塞，清理疏通；检查激冷盒是否变形，修复	12
		耐火销钉、衬里损坏	炉膛挂渣不好	销钉、衬里寿命缩短	改善操作，严格控制入炉煤指标	
			炉膛超温	销钉、衬里烧损	监控气化炉温度，防止超温	

表 1　常见功能故障与处理方法（续）

序号	功能	功能故障	故障模式	故障后果	故障应对策略与检修内容	检修周期／月
1	内件受压受热功能正常	耐火销钉、衬里损坏	长时间单、双或三烧嘴运行	销钉、衬里寿命缩短	避免长时间单、双或三烧嘴运行，超过规定时间应停炉检修	视情况而定
			煤烧嘴负荷分配不均	销钉、衬里寿命缩短	操作调整使各烧嘴负荷均匀分配	
			升降温速度过快	金属材料与耐火材料膨胀收缩不协调导致开裂	按要求控制升降温速度	
			施工质量问题	销钉、衬里寿命缩短	严格控制施工质量	
		激冷气格栅烧损	激冷气量不足	冷却不足，发生烧损	检查循环气压缩机，提升气量	视情况而定
			激冷气分配盒堵塞	冷却不足，发生烧损	清理疏通激冷气分配盒	12
			激冷气格栅堵塞	冷却不足，发生烧损	清理疏通激冷气喷嘴及格栅	12
2	壳体受压受热功能正常	壳体泄漏	筒体、封头、接管焊缝泄漏	合成气泄漏导致停车、中毒，或者爆炸事故	壳体全面检验时对重点部位焊缝进行检查检查	36
			本体母材腐蚀穿洞或开裂泄漏	合成气泄漏导致停车、中毒，或者爆炸事故	对壳体内表面耐火材料及龟甲网进行检查修复	24
		壳体超压	工艺控制不当	壳体寿命缩短，合成气泄漏	严格按规程操作，禁止超压运行	
			泄放阀故障	壳体寿命缩短，合成气泄漏	定期检查泄放阀	12
			安全阀故障	壳体寿命缩短，合成气泄漏	定期检查、校验安全阀	12
		人孔泄漏	法兰密封垫片失效	合成气泄漏导致停车、中毒，或者爆炸事故	把紧法兰或打卡注胶，必要时停车后更换密封垫片	
			人孔盖安装不到位	合成气泄漏导致停车、中毒，或者爆炸事故	正确安装到位，开车前进行气密性试验	12
			密封面有损伤	合成气泄漏导致停车、中毒，或者爆炸事故	密封面修复	视情况而定
			密封面变形	合成气泄漏导致停车、中毒，或者爆炸事故	本体法兰或人孔盖法兰密封面重新找平加工	视情况而定

表 1　常见功能故障与处理方法（续）

序号	功能	功能故障	故障模式	故障后果	故障应对策略与检修内容	检修周期/月
3	附属设备功能正常	煤烧嘴、隔焰罩泄漏	冷却水流量不足	过热烧损泄漏	检查疏通冷却水管路	
			制造质量问题	寿命缩短	严格质量验收，使用合格产品	
			安装不到位	过氧烧损泄漏	严格按要求安装	
			过氧烧损	烧损泄漏	确保煤质、煤线稳定，杂物不进入煤线，各煤线仪表测量点、仪表控制阀完好	
			烧嘴频繁跳车	安装不到位	过氧烧损泄漏	
			煤质不稳定	安装不到位	过氧烧损泄漏	
			到达使用寿命	材料劣化泄漏	更换	视情况而定
		一体化开工烧嘴烧蚀	冷却水流量不足	头部过热烧损	检查、疏通冷却水管路	12
			头部喷嘴堵塞	局部过热烧损	检查疏通喷嘴	12
			过氧烧损	头部过氧烧损	按章操作，柴油、氧管线畅通	
		一体化开工烧嘴点不着火	点火故障	点不着火	检查点火设施及仪表控制系统	12
			火焰监视器故障	观察不到火焰信号	检查火检通道、镜头及仪表线路	12
			烧嘴烧蚀	不能正常点火	维修更换	视情况而定
		敲击器泄漏	密封气压力不足	压差不足，合成气泄漏	检查修复密封气管路	视情况而定
			法兰泄漏	合成气泄漏导致停车、中毒，或者爆炸事故	紧固法兰或打卡注胶，必要时停车后更换密封垫片	24
			活塞杆、撞击杆密封失效	填料失效，合成气泄漏	加大密封气量，监控运行。否则敲击器下线修复	24
		敲击器不动作	仪表气源压力不足	受热元件积灰	检查修复仪表气源管路及控制器	视情况而定
			气缸故障	受热元件积灰	检查修复气缸	24
			活塞杆、撞击杆卡死	受热元件积灰	停车后下线修复敲击器	24

表 1　常见功能故障与处理方法（续）

序号	功能	功能故障	故障模式	故障后果	故障应对策略与检修内容	检修周期/月
4	气化炉工况正常	堵渣	煤质不稳定	挂渣不均匀，堵渣停车	严格控制入炉煤指标	
			炉温过低	渣流动性差，堵渣停车	严格控制炉温	
			水冷壁管泄漏	水与渣混合形成大渣块，堵渣停车	修复或更换泄漏水冷壁管	
			煤烧嘴、隔焰罩泄漏	水与渣混合形成大渣块，堵渣停车	修复或更换泄漏煤烧嘴、隔焰罩	视检查情况
			喷淋环堵塞	渣不能充分激冷，形成大渣块，堵渣停车	检查喷淋环入口流量，疏通喷嘴	12
			激冷水流量不足	渣不能充分激冷，形成大渣块，堵渣停车	检查渣水泵及其进出口管线	12
			破渣机插板阀开度过大	大渣块不能被破碎，收集罐或放料罐堵渣	严格控制破渣机插板阀开度	
			收集罐或放料罐堵渣	不能正常排渣，堵渣停车	进行除桥疏通。堵渣到规定时间后及时停炉处理，防止事故扩大	视情况而定
		激冷凸台积灰	反吹气流量不足	飞灰不能带走，局部积灰温度高	检查反吹气仪表阀及旁路孔板	12
			高速氮气吹扫管堵塞	飞灰不能吹除，局部积灰温度高	疏通或更换高速氮气吹扫管	12
			激冷气格栅堵塞	飞灰不能带走，局部积灰温度高	清理激冷气分配盒，疏通激冷气喷嘴及格栅	12
		输送段积灰	激冷凸台水冷壁管泄漏	飞灰与水混合，积灰至炉前后段压差高	修复或更换泄漏水冷壁管	视情况而定
			激冷段水冷壁管泄漏	飞灰与水混合，积灰至炉前后段压差高	修复或更换泄漏水冷壁管，管壁减薄处预防性堆焊	视情况而定
			输送段水冷壁管泄漏	飞灰与水混合，积灰至炉前后段压差高	修复或更换泄漏水冷壁管，管壁减薄处预防性堆焊，耐火销钉、耐火泥修复	视情况而定
			敲击器故障	不能正常除灰，积灰至炉前后段压差高	检查修复敲击器	24

表 1　常见功能故障与处理方法（续）

序号	功能	功能故障	故障模式	故障后果	故障应对策略与检修内容	检修周期／月
4	气化炉工况正常	十字吊架积灰	吹灰器堵塞	不能正常除灰，积灰至炉前后段压差高	疏通吹灰器吹气孔	12
			吹灰器泄漏	飞灰与水混合，积灰至炉前后段压差高	检查修复吹灰器	视情况而定
			水冷壁泄漏	飞灰与水混合，积灰至炉前后段压差高	修复或更换泄漏水冷壁管	视情况而定
			激冷气量不足	飞灰黏度高，积灰至炉前后段压差高	检查循环气压缩机，提升气量	视情况而定
			敲击器故障	不能正常除灰，积灰至炉前后段压差高	检查修复敲击器	24
		SGC 出口合成气温度高	超温	温度高联锁停车	监控气化炉温度，防止超温	
			激冷气量不足	温度高联锁停车	检查循环气压缩机运行情况及激冷气进口管道，提高激冷气量	视情况而定
			换热效果不好	温度高联锁停车	检查循环水量，清理换热管结垢	视情况而定
			SGC 汽水管道泄漏	泄漏导致积灰堵塞，换热面积不足，温度高联锁停车	停车修复	视情况而定
			敲击器故障	不能正常除灰，换热效果差，温度高联锁停车	加快敲击频率，必要时检查修复敲击器	视情况而定
		仪表故障	引压管堵塞	数据失真，可导致停车	检查疏通	视情况而定
			引压管断裂	数据失真，可导致停车	更换	视情况而定
			保护套管破损	数据失真，可导致停车	更换	视情况而定
			仪表元件故障	数据失真，可导致停车	检查更换	视情况而定
			仪表线路故障	数据失真，可导致停车	定期测试	视情况而定

附　录　A
（资料性附录）
气化炉检修质量确认表

序号	检查位置	检查部位	检查内容	检查方法	质量要求	检查情况	检查人
1	A1	煤烧嘴	烧嘴端部	端面PT和测厚	端部厚度不小于2mm，PT无裂纹，水压试验无泄漏		
2		开工烧嘴	烧嘴头与烧嘴杆情况、填料函	烧嘴插入/抽出、打火	抽/插动作灵活，打火正常，烧嘴头/烧嘴枪杆无裂纹、堵塞，填料函无泄漏，通道无堵塞		
3		隔焰罩	隔焰罩盘管、与烧嘴环隙	测厚、PT/UT	无烧损、点蚀、变形、减薄、裂纹、局部积肉，周向间隙合格		
4		水冷壁	水冷壁管、挂渣、销钉、耐火泥、泄漏、火检通道、	测厚、PT/UT	无烧损、点蚀、变形、减薄、裂纹，挂渣正常，销钉长度不小于7mm，耐火泥无龟裂、缺失、脱落		
5		激冷盒	积渣、烧损	测厚、PT/UT	无积渣、烧损		
6		激冷段	水冷壁管情况、挂渣	测厚、PT/UT	无变形、腐蚀、减薄、裂纹，无挂渣		
7		高速激冷管	有无堵塞、烧损	细铁丝疏通、目测	无堵塞、烧损		
8		激冷凸台	表面盘管及堆焊层	测厚、PT/UT	无积渣、变形、裂纹、泄漏		
9		底锥	水冷壁管、渣层	测厚、PT/UT	无变形、减薄、裂纹、泄漏，渣层厚度正常		
10		渣口	水冷壁管、渣层	测厚、PT/UT	无变形、减薄、裂纹、泄漏，渣层厚度正常		
11		三角区域	水冷壁管、挂渣	测厚、PT/UT	无变形、减薄、裂纹、泄漏，无挂渣		
12		渣屏	水冷壁管、挂渣	测厚、PT/UT	无变形、减薄、裂纹、泄漏，无挂渣		
13		热裙	水冷壁管、挂渣	测厚、PT/UT	无变形、减薄、裂纹、泄漏，无挂渣		

气化炉检修质量确认表（续）

序号	检查位置	检查部位	检查内容	检查方法	质量要求	检查情况	检查人
14	A1	喷淋环	喷嘴、与热裙间隙	测厚、PT/UT	喷嘴无堵塞，与热裙间隙合格		
15		渣池	挡渣屏	测厚、PT/UT	无积渣，无减薄、变形、裂纹		
16		破渣机	积渣、刀片、插板	目测、测量	无积渣，刀片无磨损，插板动作灵活		
17		环形空间	湿渣、积水、联箱、分布管、密封盘	测厚、PT/UT	积渣、积水深度正常，分布管、密封盘板无变形、减薄、裂纹、泄漏		
18	A2	内人孔	密封、陶瓷棉、耐火泥	测厚、PT	无开裂、漏气痕迹		
19	A5	环形空间	膨胀节、膨胀节法兰	测厚、PT/UT	无变形、裂纹、穿孔、减薄，无漏气痕迹		
20		开工烧嘴填料函	密封性	气密检查、PT/UT	无变形、裂纹、穿孔、减薄，无漏气痕迹		
21		反吹环管	积灰、反吹孔	测厚、PT/UT	积灰厚度正常、无穿孔、减薄，无堵塞		
22		壳体	密封焊	测厚、PT/UT	无裂纹、点蚀、坑蚀		
23	A3	环形空间	积灰	目测	少量积灰		
24		激冷凸台背面	盘管、分布管	测厚、PT/UT	无变形、裂纹、穿孔、减薄，无漏灰、漏气痕迹		
25		激冷气分配盒	积渣、分配孔	测厚、PT/UT	无积渣，分配孔无堵塞		
26		高速激冷分配管	沉渣盒	拆检	无积渣，无漏气痕迹		
27		敲击器	砧板、对中	PT/对照安装要求测量	无裂纹，对中良好		
28	A4	环形空间	积灰	目测	无积灰		
29		敲击器	砧板、对中	PT/对照安装要求测量	无裂纹，对中良好		
30	A6	环形空间	积灰	目测	无积灰		
31		敲击器	砧板、对中	PT/对照安装要求测量	无裂纹，对中良好		
32		膨胀节	密封性、变形	测量及测厚/UT	无变形、裂纹、穿孔、减薄，无漏灰、漏气痕迹		

气化炉检修质量确认表（续）

序号	检查位置	检查部位	检查内容	检查方法	质量要求	检查情况	检查人
33	A7	环形空间	积灰	目测	无积灰		
34		敲击器	砧板、对中	PT/对照安装要求测量	无裂纹，对中良好		
35		膨胀节	密封性、变形	测量及测厚/UT	无变形、裂纹、穿孔、减薄，无漏灰、漏气痕迹		
36		导向块	位移、变形	测量	位移正常、无变形，无卡死		
37	A11	环形空间	积灰、联箱、分布管、密封盘	目测	少量积灰，分布管、密封盘无变形、减薄、裂纹、泄漏		
38		十字吊架	积灰、反吹孔、磨损	目测、测厚、PT/UT	无变形、裂纹、穿孔、减薄，无漏水、漏气痕迹		
39		膨胀节	密封性、变形	测厚、PT/UT	无变形、裂纹、穿孔、减薄，无漏灰、漏气痕迹		
40		敲击器	砧板、对中	PT/对照安装要求测量	无裂纹，对中良好		
41		加强板	高温硫腐蚀	测厚、PT	无变形、裂纹、穿孔、减薄		
42		转角处	密封板	测厚、PT	无裂纹、穿孔、减薄		
43		内人孔	密封垫、法兰、冷却水管	目测、测厚	密封垫无泄漏痕迹，法兰无减薄、变形，冷却水管无变形、裂纹、穿孔、减薄		
44		输气管段	积灰、泄漏、销钉、耐火泥、180°U形弯	目测、测厚、PT/UT	无积灰，水冷壁管无变形、裂纹、穿孔、减薄，销钉长度不小于7mm，耐火泥无龟裂、缺失、脱落		
45	A12	环形空间	积灰、联箱、分布管、密封盘	目测、测厚、PT/UT	无积灰，分布管、密封盘无变形、减薄、裂纹、泄漏		
46		敲击器	砧板、对中	PT/对照安装要求测量	无裂纹，对中良好		
47		管束	间隙、结垢	测厚、PT/UT	受热面管无变形、裂纹、穿孔、减薄，间隙符合要求，无结垢		
48		加强板	高温硫腐蚀	PT	无变形、裂纹、穿孔、减薄		
49		内人孔	密封垫、法兰、冷却水管	测厚、目测	密封垫无泄漏痕迹，法兰无减薄、变形，冷却水管无变形、裂纹、穿孔、减薄		

气化炉检修质量确认表（续）

序号	检查位置	检查部位	检查内容	检查方法	质量要求	检查情况	检查人
50	A13	环形空间	积灰	目测	无积灰		
51		敲击器	砧板、对中	PT/对照安装要求测量	无裂纹，对中良好		
52		管束	间隙、积灰	测厚、PT	受热面管无变形、裂纹、穿孔、减薄，间隙符合要求，无积灰		
53		加强板	高温硫腐蚀	PT	无变形、裂纹、穿孔、减薄		
54		内人孔	密封垫、法兰	测厚、目测	密封垫无泄漏痕迹，法兰无减薄、变形		
55	A14	环形空间	积灰	目测	无积灰		
56		敲击器	砧板、对中	PT/对照安装要求测量	无裂纹，对中良好		
57		管束	间隙、积灰	测量、目测	受热面管无变形、裂纹、穿孔、减薄，间隙符合要求，无积灰		
58		加强板	高温硫腐蚀	PT	无变形、裂纹、穿孔、减薄		
59		内人孔	密封垫、法兰	测厚、目测	密封垫无泄漏痕迹，法兰无减薄、变形		
60	A15	环形空间	积灰	目测	无积灰		
61		敲击器	砧板、对中	PT/对照安装要求测量	无裂纹，对中良好		
62		管束	间隙、积灰	测厚、PT/UT	受热面管无变形、裂纹、穿孔、减薄，间隙符合要求，无积灰		
63		加强板	高温硫腐蚀	测厚、PT	无变形、裂纹、穿孔、减薄		
64		SGC出口管道	管道厚度、积灰	测厚、PT/UT	管道无变形、裂纹、穿孔、减薄，少量积灰		
共检验收签字			检修人员	检修单位技术人员	属地单位技术人员	设备管理部门技术人员	

附 录 B
（资料性附录）
气化炉检验项目表

序号	部件名称	检验项目	检验部位（内容）
1	壳体	宏观	（1）内、外表面（含各管孔、座，主焊缝，预埋件焊缝，人孔加强圈焊缝） （2）各小管 （3）管座角焊缝 （4）膨胀、密封装置 （5）支座 （6）壳体内部保温层检查 （7）人孔、人孔盖 （8）堆焊层、复合层检查
		测厚	各筒节、封头
		磁粉检测	外表面纵、环焊缝；引入、引出管等管座角焊缝
		渗透检测	（1）锥体堆焊层部位内表面 100% （2）人孔堆焊层部位 100% （3）引进、引出管角焊缝 30%
		超声波检测	（1）纵缝 25%、环缝 10%（均含所有 T 字缝） （2）引进、引出水冷壁管和废热锅炉角焊缝 30% （3）磁粉检测发现裂纹时复查
		超声 TOFD	壳体裙座、壳体出口锥体、黄金焊缝、“裤衩”部位焊缝
		硬度检测	各筒节、封头
		金相检测	筒节、封头
2	气化炉气化段	宏观	（1）气化炉内表面的保温渣层、壳体内表面 （2）水冷壁管的腐蚀、变形、鼓胀等情况 （3）引进、引出管和分管焊缝情况 （4）热裙部位、烧嘴部位 （5）渣裙部位 （6）椭圆度检查 （7）密封、导向、支撑、加强板装置
		测厚	（1）水冷壁管、堆焊层、弯曲部位 （2）引进、引出管、分配管 （3）热裙、渣裙、钉头高度 （4）烧嘴
		渗透检测	（1）引进、引出管角焊缝、对接焊缝 （2）分配管的对接焊缝 （3）支撑、加强板、烧嘴

气化炉检验项目表（续）

序号	部件名称	检验项目	检验部位（内容）
2	气化炉气化段	超声检测	（1）引进、引出管角焊缝、对接焊缝 （2）分配管的对接焊缝
		硬度	水冷壁管、分配管和引进、引出管
		金相	水冷壁管
3	激冷段、输气管段、反向段	宏观	（1）水冷壁管的腐蚀、变形、鼓胀和磨损等 （2）引进、引出管和分配管焊缝 （3）水冷壁对接部位、堆焊层检查 （4）激冷器附近、敲击器和吹灰器附近水冷壁管 （5）敲击器对中情况、磨损、变形 （6）膨胀节、支撑、导向检查 （7）激冷平面、氮气激冷管 （8）壳体内表面
		测厚	（1）定点处 （2）直段、弯曲部位、直接受合成气冲刷部位 （3）磨损严重部位
		胀粗量测量	（1）定点处 （2）必要时
		变形量、鼓包量测量	（1）必要时 （2）宏观检查有疑问的部位
		硬度	热负荷较高或水循环流速较低区域
		割管	必要时
		金相	热负荷较高或水循环流速较低区域（必要时）
		MT、PT UT	（1）宏观检查有疑问的部位 （2）分配管、引入和引出管角焊缝以及对接焊缝 （3）激冷区域 （4）支撑、导向、加强板
4	合成器冷却器	宏观	（1）水冷壁管的腐蚀、变形、鼓胀和磨损等情况 （2）引进、引出管和分配管焊缝情况 （3）水冷壁对接部位和堆焊层 （4）敲击器和吹灰器附近水冷壁管 （5）敲击器对中情况 （6）密封装置、膨胀节检查 （7）支撑、导向、间隙 （8）热电偶 （9）壳体内表面
		测厚	按照用户手册设定的规定进行布点，并与零点测量的历史记录结果进行对照

气化炉检验项目表（续）

序号	部件名称	检验项目	检验部位（内容）
4	合成器冷却器	胀粗量测量	（1）定点处 （2）必要时
		变形量、鼓包量测量	必要时 宏观检查有疑问的部位
		硬度	热负荷较高或水循环流速较低区域
		割管	必要时
		金相	热负荷较高或水循环流速较低区域（必要时）
		MT、PT、UT	（1）宏观检查有疑问的部位 （2）分配管、引入和引出管角焊缝以及对接焊缝

附 录 C

（资料性附录）

气化炉各部件材质、化学成分和力学性能

功能段	位号	部件名称	材料牌号
气化段	V1301	壳体	SA387CR11CL2
	V1301	裙座	SA387CR11CL2+CURon-130RGM SA387CR11CL2+INCOLOY825
	V1401	渣池	2.4858
	V1401	热裙	2.4858
	V1401	挡渣屏	1.7335+SIC75P
	E1320	反应段模式壁	1.7335+SIC75P
激冷段	V1301	激冷区	2.4858
	E1301	水冷壁管	1.7335
输气管段	V1303	输气管段外壳	SA387CR11CL2+CURon-130RGM
	E1302	水冷壁管	1.7335+RCAA-22S
气体返向段	V1302	气体返回段外壳	SA387CR11CL2+CURon-130RGM
	V1303A	气体返回段	1.7335
合成气冷却段	V1302	合成气冷却器壳体	SA387CR11CL2+CURon-130RGM SA387CR11CL2+304L
	E1306	中压蒸汽过热器	1.4558
	E1303B	中压蒸发器	1.7335
	E1303C/D	中压蒸发器	1.7335

材料牌号	化学成分（质量分数）/%										力学性能 /MPa	
	C	Si	Mn	S	P	Cr	Ni	Mo	Al	Ti	R_{eL}	R_m
SA387CR11CL2（15CrMo）	0.12～0.18	0.17～0.37	0.40～0.70	≤0.03	≤0.03	0.80～1.1	—	0.40～0.55	—	—	295	450
INCOLOY825	≤0.05	≤0.5	≤1.0	≤0.03	≤0.03	19.5～23.5	38.0～46.0	—	≤0.2	0.6～1.2	≥240	≥580
2.4858	≤0.05	≤0.5	≤1.0	≤0.03	≤0.03	19.5～23.5	38.0～46.0	—	≤0.2	0.6～1.2	≥240	≥580
1.7335（13CrMo44）	0.12～0.18	0.17～0.37	0.40～0.70	≤0.03	≤0.03	0.80～1.1	—	0.40～0.55	—	—	295	450
304L（022Cr19Ni10）	≤0.30	≤1.0	≤2.0	≤0.03	≤0.035	18.0～20.0	8.0～12.0	—	—	—	≥205	≥520

附 录 D
（资料性附录）
内部构件维修导则

D.1 喷淋环更换

D.1.1 遵守设计文件的安全说明，打开气化炉 A1 内外人孔；
D.1.2 在渣池料斗内安装临时工作平台；
D.1.3 安装用于支撑连接管线 ϕ114.3×8.6 的临时支架；
D.1.4 切断喷淋环入口处连接管，见图 D.1；
D.1.5 切断喷淋环与渣池料斗的导向固定板，见图 D.2；

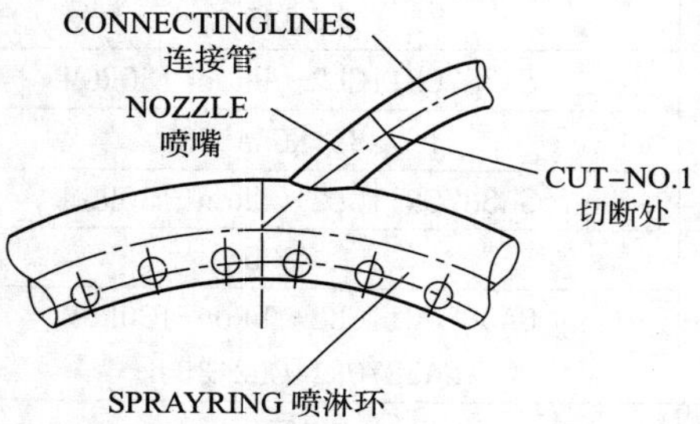

图 D.1 切断入口连接管示意图

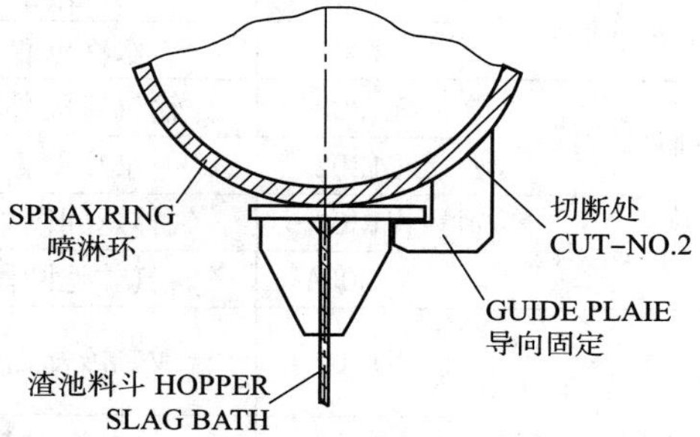

图 D.2 切断导向固定板示意图

D.1.6 将喷淋环切割成 4 等份；
D.1.7 通过 A1 人孔取出这 4 块零件；
D.1.8 通过 A1 人孔放入 4 块预制的新喷淋环零件，新喷淋环为能通过人孔放入被切断成 4 等份；
D.1.9 调整并焊接这 4 块零件的环形焊缝以形成一个完整的喷淋环。注意施工空间十分有限；
D.1.10 安装并焊接喷淋环与渣池料斗间的导向固定板；
D.1.11 焊接喷淋环与连接管之间的环形焊缝并检验，必要时调整接管长度；
D.1.12 取出连接管线的临时支架，拆卸渣池料斗上的临时工作平台；
D.1.13 关闭气化炉 A1 内外人孔。

D.2 热裙更换

D.2.1 遵守设计文件的安全说明，打开气化炉 A1 内外人孔；
D.2.2 在热裙下方的渣池料斗内安装临时工作平台；
D.2.3 在件号 1 位置处焊接安装热裙管临时支撑，见图 D.3（下同）；

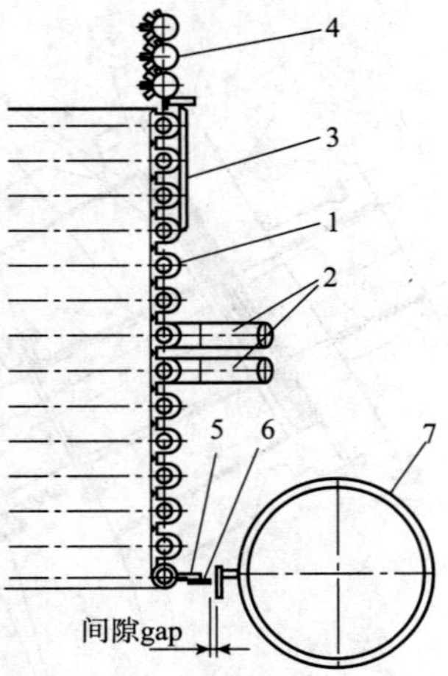

图 D.3 热裙结构简图

1—“Ω”管；2—进出口管；
3—密封板；4—渣屏；5—调整环；
6—调整环；7—喷淋环

D.2.4 在环形空间切断热裙入口和出口管线（件号2）；

D.2.5 在炉膛内将热裙切割成 4 等份；

D.2.6 在环形空间切断渣屏（件号 4）与热裙“Ω”管（件号 1）之间的密封板（件号 3）。小心放下 4 片热裙部件并放在临时工作平台上；

D.2.7 通过 A1 人孔移出 4 片热裙部件；

D.2.8 通过A1人孔放入预制的新热裙（4件90°部件）；

D.2.9 在炉膛内部组装并焊接 4 片新热裙；

D.2.10 提升新热裙至正确的位置；

D.2.11 在环形空间焊接渣屏（件号 4）与热裙“Ω”管（件号 1）之间的密封板（件号 3）；

D.2.12 安装热裙入口和出口管线（件号 2)。按要求做好焊缝的预热和焊后探伤及热处理；

D.2.13 调整并焊接热裙调整环（件号 5、6），调整环（件号 6）和喷淋环（件号 7）之间的间隙符合设计文件要求；

D.2.14 取出热裙的临时支撑，拆卸渣池料斗上的临时工作平台；

D.2.15 关闭气化炉 A1 内外人孔。

D.3 隔焰罩更换

D.3.1 拆卸包括外部设备在内的煤烧嘴；

D.3.2 拆卸煤烧嘴的偏心大盖盲法兰（件号1）和绝热纤维（件号2），见图D.4（下同）；

D.3.3 打开气化炉 A5 人孔、A1 内外人孔，在炉膛内烧嘴水平面上安装一个临时工作平台；

D.3.4 从环形空间拆卸膨胀节（件号 3）；

D.3.5 切割并拆卸套筒（件号 4）和盖板（件号 5）；

D.3.6 切割并拆卸隔焰罩冷却水入口和出口管线（件号 14）；

D.3.7 拆卸隔焰罩安装螺柱、法兰（件号 6、8）；

D.3.8 在环形空间安装滑动支撑装置；

D.3.9 拆除烧嘴隔焰罩和炉膛连接部位水冷壁区域的炉渣；

D.3.10 拆卸并拖出整个烧嘴隔焰罩（包括耐火浇注料、耐火纤维）；

D.3.11 放入并安装新烧嘴隔焰罩（包括耐火浇注料、耐火纤维）；

D.3.12 检查隔焰罩和炉膛连接部位水冷壁区域耐火材料，如有损坏按照耐火材料维修章节进行维修；

D.3.13 安装隔焰罩安装螺柱、法兰（件号 6、8）；

D.3.14 调整并焊接隔焰罩冷却水入口和出口管线（件号 14）。按要求焊前预热和焊后热处理，并进行射线检验；

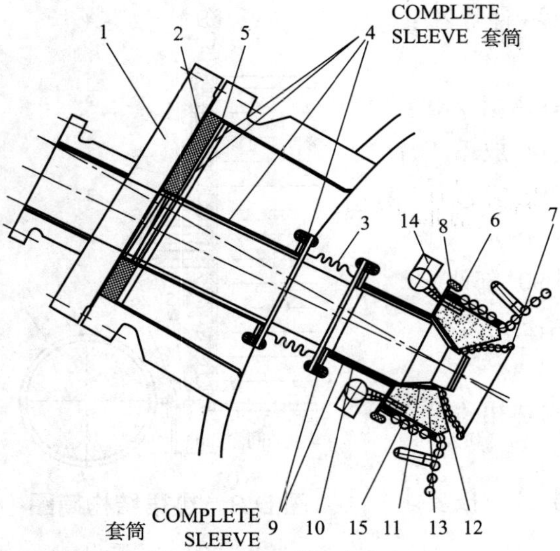

图 D.4　隔焰罩安装示意图

1—偏心大盖；2—绝热纤维；3—膨胀节；4—套筒；
5—盖板；6—螺柱；7—隔焰罩盘管 8—法兰；
9—套筒；10—密封填料；11—绝热纤维；12—耐火纤维；
13—耐火浇注料；14—进出口管；15—水冷壁管

D.3.15　使用烧嘴（或假烧嘴）和膨胀节样品（或模型）安装并调整两个套筒（件号 4、9）；

D.3.16　点焊套筒（件号 4）和盖板（件号 5）；

D.3.17　点焊套筒（件号 9）和隔焰罩安装法兰（件号 8）；

D.3.18　拆除烧嘴（或假烧嘴）；

D.3.19　焊接套筒（件号 4）和盖板（件号 5），焊接套筒（件号 9）和隔焰罩安装法兰（件号 8）；

D.3.20　焊接完成后拆除膨胀节样品（或模型），安装新膨胀节（件号 3）；

D.3.21　进行汽水系统水压试验，水压试验参照本规程 4.5.7.5 执行；

D3.22　安装偏心大盖盲法兰（件号 1）和绝热纤维（件号 2）；

D.3.23　按照粉煤烧嘴安装手册安装烧嘴，并检查记录装配尺寸；

D.3.24　拆卸所有安装的临时工作平台；

D.3.25　关闭气化炉 A5 人孔和 A1 内外人孔。

D.4　一体化开工烧嘴 / 火焰观察器膨胀节更换

D.4.1　打开气化炉 A5 人孔、A1 内外人孔；

D.4.2　在环形空间安装一个临时工作平台；

D.4.3　拆卸一体化开工烧嘴或火焰观察器；

D.4.4　拆卸一体化开工烧嘴或火焰观察器的膨胀节法兰，取出膨胀节；

D.4.5　清理膨胀节两侧通道内的灰、渣等杂物；

D.4.6　安装新的膨胀节；

D.4.7　按照一体化开工烧嘴或火焰观察器安装手册安装烧嘴或观察器，并检查记录装配尺寸；

D.4.8　拆卸所有临时工作平台；

D.4.9　关闭 A5 人孔和 A1 内外人孔。

D.5　激冷段和输气管段之间膨胀节更换

D.5.1　打开气化炉人孔 A6；

D.5.2 在激冷段和输气管段之间膨胀节环面下方安装平台和爬梯；

D.5.3 打开观察手孔检查陶瓷棉和整个膨胀节和焊缝连接情况，见图D.5（下同）；

D.5.4 将膨胀节下部波纹管垂直切割成8个等份，并从人孔A6中取出；

D.5.5 通过A6人孔运入8片新的波纹管；

D.5.6 调整、安装并焊接新波纹管到现有膨胀节上部密封板上；

D.5.7 安装固定膨胀节上部的临时支撑；

D.5.8 切除膨胀节顶部盖板；

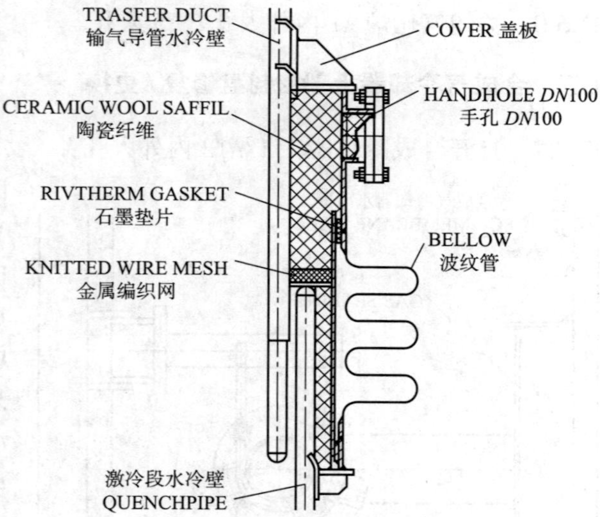

图 D.5 膨胀节结构简图

D.5.9 拆除金属编织网上方的陶瓷纤维。如有必要，更换金属编织网；

D.5.10 将新波纹管和膨胀节上部一起托起，更换石墨垫片；

D.5.11 将新波纹管和膨胀节上部一起恢复至原来位置；

D.5.12 调整、安装并焊接新波纹管到现有膨胀节下部密封板上；

D.5.13 在金属编织网上方填充新的陶瓷纤维；

D.5.14 安装并焊接膨胀节顶部盖板；

D.5.15 拆除固定膨胀节上部的临时支撑

D.5.16 所有焊缝需进行焊后热处理和无损检验；

D.5.17 拆除平台和爬梯等临时设施，关闭A6人孔。

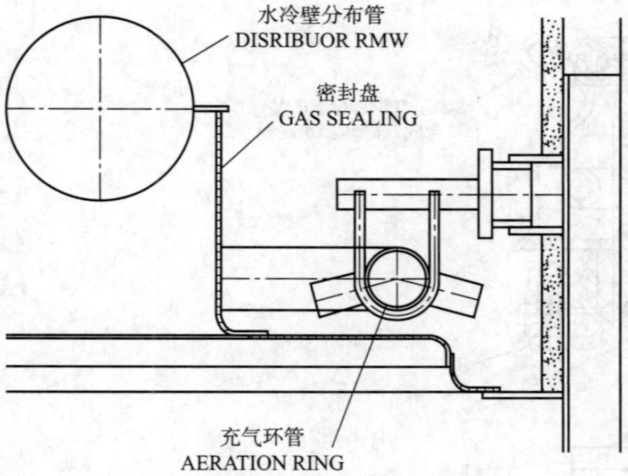

D.6 渣池上部密封盘结构简图

D.6 渣池上部密封盘修复/更换

D.6.1 打开气化炉A1内外人孔和A5人孔；

D.6.2 在密封盘下方约1800mm处环形空间内安装临时工作平台；

D.6.3 清洗密封盘，选定密封盘的损坏区域，小心切除损坏区域，见图D.6（下同）；

D.6.4 制作6mm厚的2.4858平板，调整并安装到损坏区域并通过角焊焊接到原有密封盘上；

D.6.5 拆除渣池环形空间的临时工作平台；

D.6.6 关闭气化炉 A1 内外人孔、A5 人孔。

D.7 合成气冷却器上部密封盘修复 / 更换

D.7.1 打开合成冷却器 A11/A12 内外人孔;

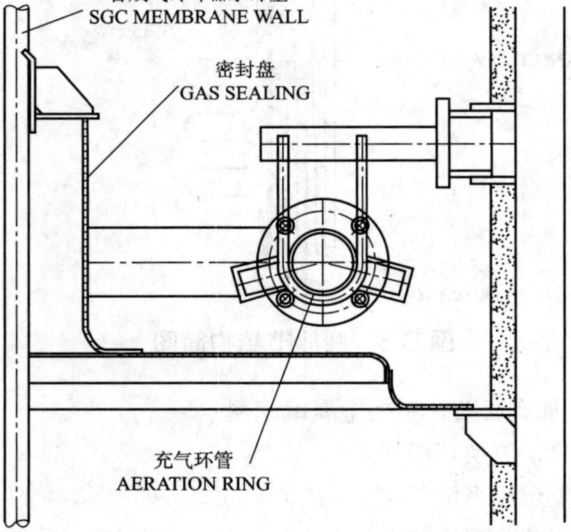

图 D.7 合成气冷却器上部密封盘结构简图

D.7.2 在合成气冷却器环形空间安装平台和爬梯;

D.7.3 在密封盘下大约 1800mm 处的合成气冷却器环形空间内安装临时平台;

D.7.4 清洗密封盘，选定密封盘的损坏区域，小心切除损坏区域，见图 D.7（下同）;

D.7.5 制作 6mm 厚的 2.4858 平板，调整并安装到损坏区域并通过角焊焊接到原有密封盘上;

D.7.6 拆除合成气冷却器环形空间的临时平台和爬梯;

D.7.7 关闭合成气冷却器 A11/A12 内外人孔。

D.8 合成气冷却器敲击点修复 / 更换

D.8.1 根据检修或更换敲击点的部位，打开合成气冷却器人孔;

D.8.2 拆卸敲击器，进行维护和检修;

D.8.3 在需要检修或更换敲击点的部位下方大约1500mm的位置安装临时工作平台和爬梯;

D.8.4 拆除紧固螺柱和点焊的螺母（件号 1），见图 D.8（下同）;

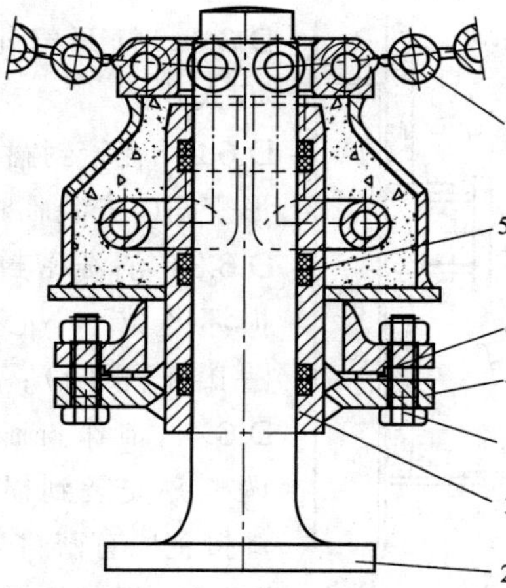

图 D.8 敲击点结构简图

D.8.5 依次取下敲击板（件号 2）、衬套和法兰（件号 3/4）、填料（件号 5）、密封垫片（件号 6）；

D.8.6 清洁并检查敲击点，更换损坏的部件如敲击板、衬套、耐火材料等；

D.8.7 安装新敲击点，紧固螺柱和螺母（件号 1）进行点焊；

D.8.8 安装敲击器；

D.8.9 拆卸临时工作平台和爬梯；

D.8.10 关闭合成气冷却器人孔。

D.9 合成气冷却器迎风面水冷壁管堆焊

D.9.1 打开合成冷却器 A11/A12 内外人孔；

D.9.2 安装十字吊架临时工作平台及爬梯；

D.9.3 检查十字吊架迎风面水冷壁管 90° 弯头表面堆焊层厚度，堆焊层厚度要求不小于 4.0mm；

D.9.4 堆焊层厚度在 4.0mm 以下的迎风面水冷壁管表面要进行打磨、PT 检查合格后氩弧 TIG 堆焊，堆焊焊丝为 ER NiCrMo-3；

D.9.5 堆焊层厚度低于 1mm 的堆焊处理，要进行焊前预热和焊后热处理；

D.9.6 焊后进行测厚检查，堆焊层厚度不小于 4.0mm 为合格；

D.9.7 焊后 PT 检查合格；

D.9.8 拆卸临时工作平台及爬梯；

D.9.9 关闭合成冷却器 A11/A12 内外人孔。

D.10 合成气冷却器受热面管局部修复 / 更换

D.10.1 根据检修或更换受热面管的部位，打开合成气冷却器人孔；

D.10.2 确定损坏受热面管所处位置，在损坏部位下方 1500mm 处搭设临时工作平台和爬梯；

D.10.3 用 2.0mm 砂轮片小心地在损坏受热面管部位切出 500mm×500mm 的“天窗”，见图 D-10。将其从合成气冷却器人孔取出；

D.10.4 按照图 D.9 和图 D.10 要求预制半圆管件（件号 1、2）和新“天窗”部件，管束切口部位按同等要求打磨出管接头；

D.10.5 用预制好的半圆管件（件号 1）将新“天窗”组装到管束中，并进行径向和轴向焊接；

D.10.6 焊缝 X 射线检测合格，并进行焊后热处理；

D.10.7 将另一种半圆管件（件号 2）组装、焊接到新“天窗”和管束中；

D.10.8 焊缝 X 射线检测合格，并进行焊后热处理；

D.10.9 进行汽水系统水压试验，水压试验参照本规程 4.5.7.5 执行；

D.10.10 拆除临时工作平台和爬梯；

D.10.11 关闭合成气冷却器人孔。

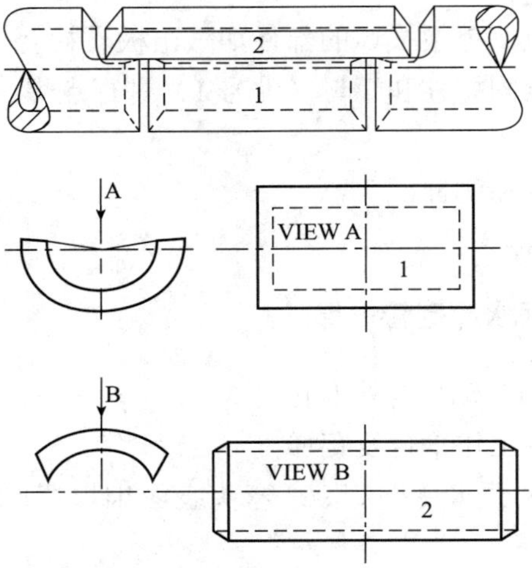

图 D.9 半圆管管件制造示意图

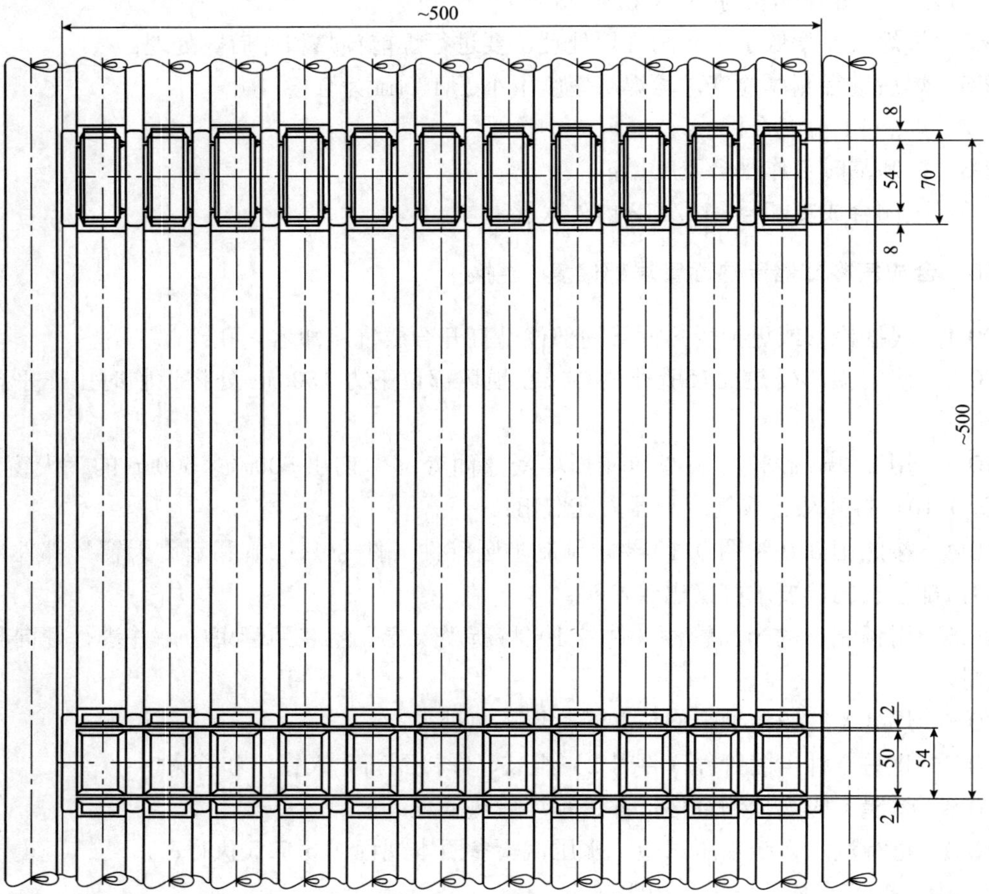

图 D.10 开“天窗”示意图

附　录　E
（资料性附录）
壳体隔热层维修导则

E.1　总则

E.1.1　本导则旨在提供对气化炉承压壳体锚固件、支承件和壳体衬里（致密型隔热浇注料）维修的材料要求和施工要求，提出修复标准。

E.1.2　本导则适用于粉煤上行气化炉承压壳体锚固件、支承件和壳体衬里（致密型隔热浇注料）的维修。

E.2　壳体锚固件、支承件检修

E.2.1　锚固件的布置应符合设计图样的要求，如遇焊缝，钉位应离开焊缝 50mm。在锥体、封头、过渡段等变截面部位，开孔及支座周围衬里易于开裂损坏的部位，锚固件排列应适当加密。

E.2.2　锚固钉焊牢后，应垂直于器壁，其偏差不大于 2mm，钉肩高度允许偏差不大于 2mm，钉距允许偏差不大于 5mm；

E.2.3　龟甲网接缝处翘起需整形修复。龟甲网鼓包变形范围小于 250mm×250mm 可不做整形处理。端板和龟甲网安装前，必须除锈、脱脂；

E.2.4　两张龟甲网的结合处必须将两个端头焊牢，结合处的网孔面积最小不小于基本网孔的 1/3，最大不大于 4/3。拼接网孔的长度或宽度不大于 4/3 基本网孔的长度或宽度。相邻龟甲网纵缝应错开 300mm 以上；

E.2.5　龟甲网修补的平整度，筒体部位用 1m 长的钢板尺沿轴向检查，间隙不大于 2mm；用弦长等于 $R/4$（R 为筒体衬里后的半径）且不小于 300mm 的样板沿环向检查，间隙不大于 4mm。封头用弦长等于 $R/4$ 的样板检查，间隙不大于 4mm。锥体过渡圆弧处，用弦长不小于 100mm 的样板检查，间隙不大于 6mm；

E.2.6　龟甲网与端板应逐一焊接，每个焊点的焊缝不得小于 20mm，且在每块端板上的焊缝总长度不小于 40mm；

E.2.7　龟甲网与插入管或固定件相交处，每个龟甲网端头都应与其点焊，不得允许有悬空的端头；

E.2.8　龟甲网焊后应将药皮除净，高出龟甲网的焊瘤应磨平；

E.2.9　龟甲网的纵环两方向接头，尽量在端板处拼接，并与端板焊牢；

E.2.10　龟甲网安装后，结扣的间隙及错边高度均不大于 0.5mm；

E.2.11　龟甲网检修合格后，尽快进行衬里施工。

E.3 壳体衬里（致密型隔热浇注料）检修

E.3.1 壳体及其他附件衬里

E.3.1.1 龟甲网衬里松动、脱落、翘起、缺损，应将缺损衬里处清除干净，重新补衬，否则依据损坏部位和面积确定修补或更换；

E.3.1.2 锚固件的修补或更换必须遵守焊前预热、焊后热处理等 TSG 21《固容规》中有关规定；

E.3.1.3 隔热层有掏空现象应重新补衬；

E.3.1.4 人孔颈处衬里挡板整形后，其挡板与法兰端面间距应按图纸要求。

E.3.2 衬里材料

E.3.2.1 衬里材料必须符合气化及合成气冷却单元关键设备压力容器外壳体内壁隔热衬里技术条件中浇注料的技术要求（主要化学组成 $Al_2O_3$38%、$SiO_2$49%、$Fe_2O_3$12% 的含量和物理性能），其性能指标应达到相关标准、规范要求或设计要求，还应有材料名称、生产日期、保质期和使用说明书；

E.3.2.2 衬里施工前，施工单位应对衬里材料进行验证性试验，一个批号抽检一次，其材料性能达到设计要求后方可施工；

E.3.2.3 试块的制备按照 YB/T 5202《致密耐火浇注料稠度测定和试样制备方法》进行。强度试验和线变化率试验应分别按 YB/T 5201《致密耐火浇注料常温抗折强度和耐压强度试验方法》和 YB/T 5203《致密耐火浇注料线变化率实验方法》进行；

E.3.2.4 衬里材料从出厂到施工使用的时间应小于 3 个月；

E.3.2.5 衬里材料应保持干燥，应在不受天气影响的室内保存，防止包装破损混入杂物。

E.3.3 衬里的施工要求

E.3.3.1 衬里材料施工时应严格按照设计要求或供料厂方的说明书进行，如有必要，供料厂方应派技术人员到施工现场进行指导和监督。施工应按照 SH/T 3115《石油化工管式炉轻质浇注料衬里工程技术条件》进行；

E.3.3.2 衬里料的拌和要求采用强制式搅拌机搅拌，少量施工时可以采用手工拌和但必须拌和均匀；

E.3.3.3 衬里料每次拌料量不宜太多，一次搅拌量应在 20～30min 内施工完，剩余的材料或超过时间开始发硬的材料绝对禁止加水再用；

E.3.3.4 衬里施工工作环境温度和衬里设备的钢表面温度应在 5～35℃之间；

E.3.3.5 混合浇注料用的水必须符合“饮用水”的标准，且温度保持在 5～25℃的范围内；

E.3.3.6 以一种合适的方法去除缺陷（比如凝块、其他沉积物和超标裂纹），应尽可能的维护原来喷射浇注表面，剔除处的表面应平齐或切出轮廓，最好采用一块光滑的平板剔除瑕疵部分；

E.3.3.7　制造厂砌筑的浇注料衬里与新砌筑的衬里处应采用迷宫接缝，即原浇注料衬里处应为楼梯状接缝，而不得为全平面；

E.3.3.8　衬里修复后设备内表面曲率应与原有曲率保持一致。

附 录 F
（资料性附录）
销钉维修导则

F.1 总则

F.1.1 本导则旨在提供对气化炉膜式壁、输气管膜式壁销钉损坏程度如何进行评估和判定，提出包括销钉检修在内的可能的检查、维修程序。

F.1.2 本导则适用于粉煤上行气化炉膜式壁、输气管膜式壁销钉维修。

F.2 维修判别标准

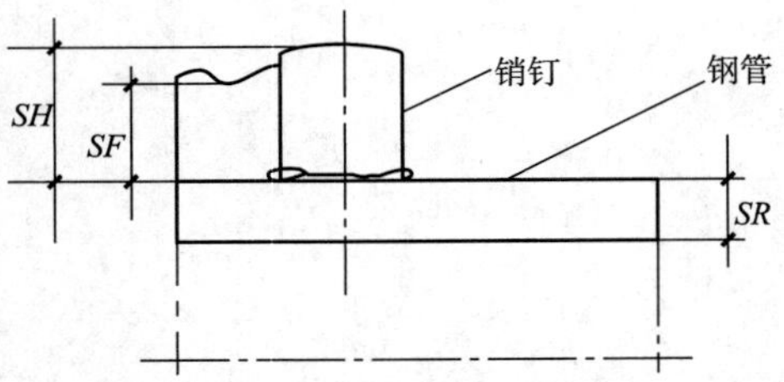

图 F.1 膜式壁耐火材料与销钉示意

SH：销钉高度；*SF*：衬里材料厚度；*SR*：管壁厚度

F.2.1 开始维修工作前，可以通过无损检测的方法测量销钉高度，确定需要维修的损坏部件和区域，见图 F.1。

F.2.2 一般情况下，气化炉膜式壁最小销钉高度 $SH_{\min}$ <7mm 时，应进行销钉的重新制作与安装（即植钉），以确保能对新耐火材料进行适当的固定。

F.2.3 一般情况下，输气管膜式壁最小销钉高度 $SH_{\min}$ <7mm 或者如果耐火衬里已被磨光并且销钉的形状看起来像一只“帆”时，应进行销钉的重新制作与安装（即植钉），以确保能对新耐火材料进行适当的固定，见图 F.2。

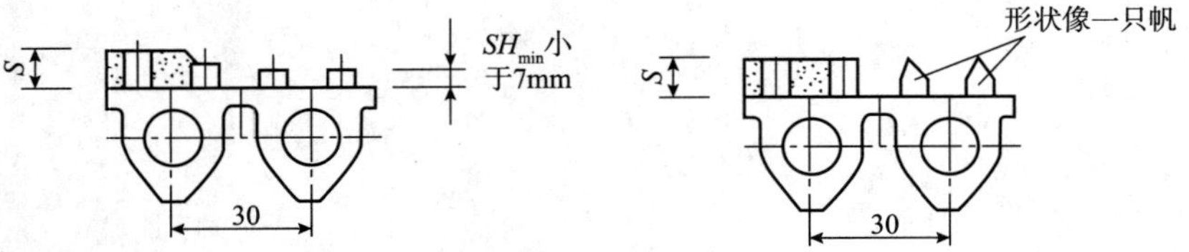

图 F.2 输气管膜式壁销钉维修判别

F.3 销钉维修

F.3.1 安全要求及措施

F.3.1.1 承包商从事销钉维修作业时，应严格遵守有关安全的国家法律、法规及使用单位 HSSE 规定。

F.3.1.2 承包商必须按 HSSE 要求进行安全教育，配备足够的专职安全管理人员，特殊作业人员如焊工、电工等应持证上岗。

F.3.1.3 施工临时用电设备、工器具等应符合使用单位相关规定，入场检查合格方可使用。

F.3.1.4 做好销钉维修的危害识别工作，落实安全风险预防和控制措施，办理相关作业许可后，方可进行销钉维修作业。

F.3.1.5 脚手架搭设必须安全可靠，检修平台上工作人员、堆放的物料，不得超过平台允许的安全载荷。

F.3.1.6 炉内应保持空气流通或安装通风装置。现场照明必须充足，各类电动设备、机具有漏电保护装置，由专人操作。进入炉内的各种电源线应编号并有序布置，确保不妨碍人员与工器具的进出。

F.3.1.7 作业人员做好个人安全防护，佩戴好防尘口罩、防护面罩或护目镜等个人安全防护装备。销钉维修必须在安全监护下进行，维修时使用可靠的通信设备，确保与外界联络通畅。

F.3.1.8 销钉维修时，尽可能避免交叉作业。确有必要时，应采取安全、可靠的隔离防护措施。

F.3.1.9 工器具应妥善放置在工作平台上，尤其是不允许钢钎等临时放置在脚手架架管内，防止坠物伤人。

F.3.1.10 高空输送散装物料时，必须用袋、箱子装运，也可设置下料筒道，防止物料散落伤人。

F.3.2 维修作业

F.3.2.1 维修方案必须得到使用单位的审查、批准。承包商提供的材料、备件应提供相关质量证明文件并经使用单位验收许可。

F.3.2.2 涉及气化炉膜式壁、输气管膜式壁的检查、维修与检验试验工作已经全部完成。

F.3.2.3 根据销钉检测数据结合维修判别标准，已经确定需要维修的损坏部件和区域。烧嘴及烧嘴罩得到妥善保护。

F.3.2.4 耐火衬里的拆除和销钉残根的处理

F.3.2.4.1 在整个维修范围内，气化炉挂渣、气化炉膜式壁、输气管膜式壁“旧的”衬里材料使用电动/气动钻凿工具拆除。沿着“锚固钉中心－锚固钉中心”的连接线仔细清理，边缘区域要清晰，见图 F. 3、图 F. 4。

F.3.2.4.2 “不同长度”的剩余销钉必须打磨处理为接近均匀一致的剩余高度，处理后的销钉剩余高度不小于 3mm。销钉端部要打磨光滑平整，无锈蚀、氧化皮、油脂等对销钉焊接有影响的缺陷，见图 F. 5。

F.3.2.4.3 采取喷砂或其他可靠办法清理气化炉膜式壁、输气管膜式壁维修区域，确保植钉区域表面干净、没有残余耐火材料、铁锈、油污或油脂污染等影响植钉质量的瑕疵，销钉焊接区域必须见金属光泽。

F.3.2.5 销钉的焊接

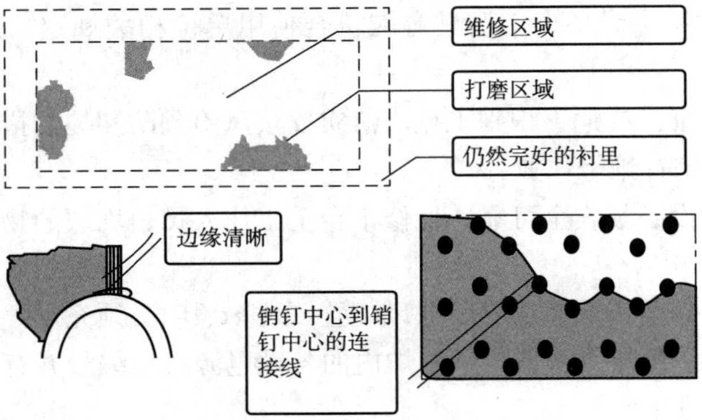

图 F.3　气化炉膜式壁耐火材料清理

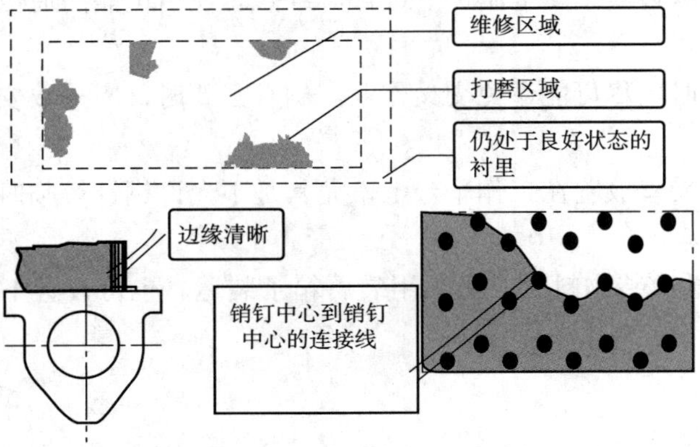

图 F.4　输气管膜式壁耐火材料清理

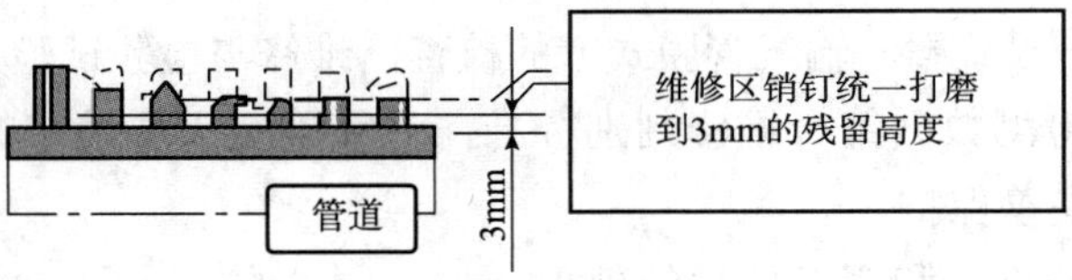

图 F.5　销钉残根的处理

F.3.2.5.1　在销钉焊接前，使用单位、承包商双方须对维修区准备情况进行确认。

F.3.2.5.1.1　维修区耐火材料拆及销钉的处理工作已经全部完成。

F.3.2.5.1.2　销钉的剩余高度不小于 3mm，销钉端部打磨光滑平整，销钉及焊接区域无锈蚀、氧化皮、油脂等对销钉焊接有影响的缺陷。

F.3.2.5.1.3　膜式壁管没有损伤或存在其他缺陷等。

F.3.2.5.2　销钉焊接必须有相应的焊接工艺评定（PQR）支持并编制了焊接工艺规程（WPS）。焊接由有丰富经验的持证焊工按焊接工艺规程（WPS）要求完成。

F.3.2.5.3　为确保销钉焊接质量符合要求，不损伤膜式壁管。任何焊工当班首次焊接或调整焊接电流等任何焊接工艺参数，都必须在另外准备的 13CrMo44　ϕ38×7.1 无缝管上试验焊接，确认焊接质量符合要求后才能开始正式销钉焊接作业。

F.3.2.5.4　采用电弧螺柱焊时，当剩余旧销钉高度超过 3mm 时，根据压力管道的许用硬度值无需进行热处理。如果采用钨极氩弧焊（GTAW）焊接，则剩余旧销钉的高度必须＞5mm。如果得到试验样品或焊接工艺评定（PQR）的证明，这个数值可以减小到＞ 3mm。

F.3.2.5.5　销钉焊接采用以下形式的销钉：

F.3.2.5.5.1　销钉 - 销钉焊接，销钉直径 10mm，销钉公称长度 14mm。

F.3.2.5.5.2　销钉 - 钢管焊接，销钉直径 10mm，销钉公称长度 16mm。

F.3.2.5.5.3　销钉材质：SS310 或等同的材质。

F.3.2.5.6　少量销钉的焊接，可以采用手工钨极氩弧焊技术，由持证焊工按焊接工艺规程（WPS）要求进行焊接。见图 F.6。

F.3.2.5.7　较大量（大量）的销钉焊接，一般采用电弧螺柱焊技术，由持证焊工按焊接工艺规程（WPS）要求，进行新销钉 - 销钉残根的焊接。

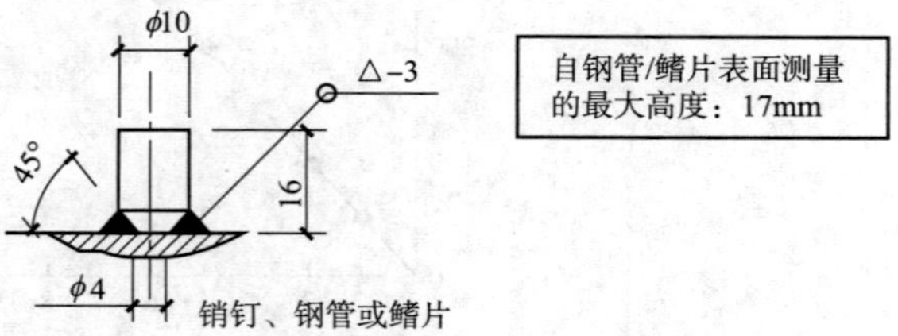

图 F.6　焊接节点

F.3.2.5.8　如果不存在销钉残根，必须将新的销钉焊接在加热钢管（13CrMo44）表面，要求：

F.3.2.5.8.1　从强度和制造原因考虑，膜式壁钢管最小壁厚（SR_{min}）和鳍片最小壁厚（S_{min}）均为 3.5mm。否则，需要进行维修或更换。见图 F.7。

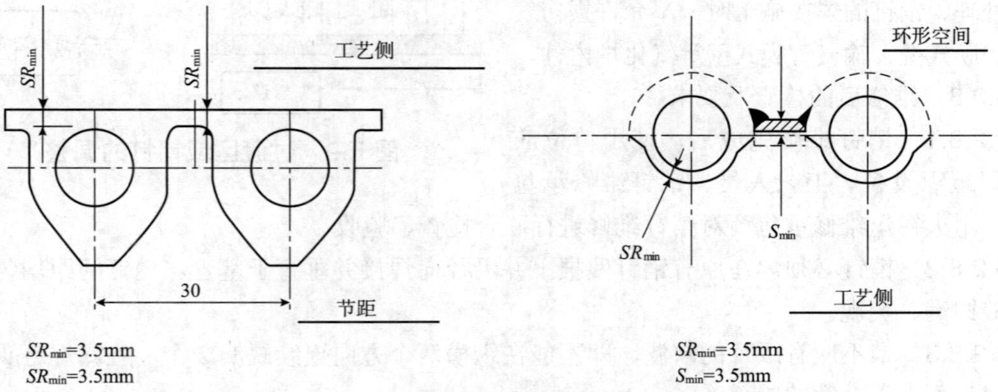

图 F.7　膜式壁钢管和鳍片最小壁厚

F.3.2.5.8.2　待焊钢管表面干净，没有残余耐火材料、铁锈、油污等影响销钉焊接质量的污物，并经表面渗透探伤（PT）合格。

F.3.2.5.8.3　此时在焊前必须进行预热，预热温度应接近大约 150℃左右。在焊后必须进行热处理，热处理曲线见图 F.8。

F.3.2.5.9　电弧螺柱焊必须采用陶瓷套圈保护焊接电弧，保证焊缝成形和质量。

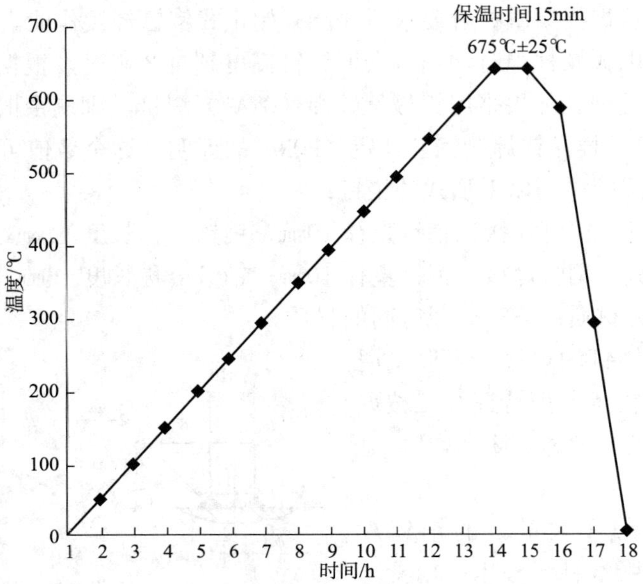

图 F.8 13CrMo44 材料焊后热处理曲线

F.3.2.6 为了避免新、旧销钉和耐火材料之间的“突然”过渡或“阶梯式”过渡，要对过渡区域的销钉进行调整，否则熔渣或飞灰流会形成沟槽，最终可能导致该处气化炉膜式壁挂渣不均或输气管膜式壁耐火材料磨损。见图 F. 9。

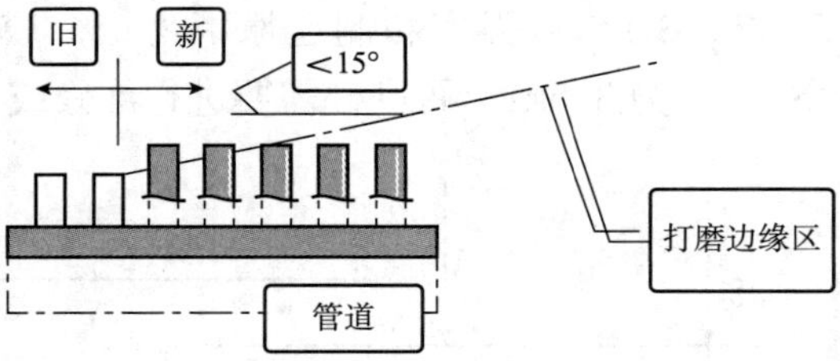

图 F.9 过渡区域销钉的调整

F.3.2.7 剩余耐火材料的拆除、剩余销钉的处理、销钉的焊接施工时，不允许损伤气化炉膜式壁、输气管膜式壁等气化炉内件。

F.3.2.8 维修后的检查及要求

F.3.2.8.1 销钉维修完成后，使用单位应立即组织设备 / 工艺人员、销钉维修承包商、耐火衬里维修承包商对销钉维修进行联合检查、验收。

F.3.2.8.2 销钉必须焊在原有销钉残根上并沿径向焊接并垂直于基管。销钉间距均匀、焊缝饱满、美观。

F.3.2.8.3 销不应有成片的缺漏，即不能在纵横两个方向连续缺漏 2 个，且漏焊钉头数量累计不大于总数的 1‰。

F.3.2.8.4 钉头与基管的焊接熔合面与钉头横截面之比（焊着率）应达到 90% 以上。焊着率检查时，用 250g 小锤，敲打销钉顶部应无脱落。如有脱落应清理干净焊接区域，按要求重新进行销钉的焊接。

F.3.2.8.5 气化炉水汽系统进行水压试验，气化炉膜式壁、输气管膜式壁无泄漏。

F.3.2.8.6 销钉维修完成并且联合检查、验收合格，耐火衬里维修承包商方可进行气化炉膜式壁、输气管膜式壁耐火衬里的维修。

附 录 G
（资料性附录）
筑炉导则

G.1 总则

G.1.1 本导则旨在提供对气化炉膜式水冷壁、输气管膜式水冷壁衬里耐火浇注料进行筑炉的材料要求和施工要求，提出养护标准。

G.1.2 本导则适用于粉煤上行气化炉膜式壁、输气管膜式水冷壁衬里耐火浇注料维修。

G.2 衬里材料

G.2.1 气化炉内件表面衬里型号为SIC75P；导管内件表面衬里型号为RC AA-22S；气化炉穿壁管框套衬里型号为RGB SIC-F85LC；气化炉顶锥外环衬里型号为RGB SIC-F85LC；

G.2.2 材料技术规格及要求按照《由BBE（西班牙）负责施工的反应器及废锅内件的耐火衬里》《在中国境内现场施工的反应器及废锅内件的耐火衬里》《壳牌煤气化工艺（SCGP）气化关键设备耐热衬里技术说明书—内件的耐热衬里》《气化关键设备内件耐火衬里》执行，其性能指标应达到相关标准、规范要求或设计要求，还应有材料名称、生产日期、保质期和使用说明书；

G.2.3 衬里施工前，施工单位应对衬里材料进行验证性试验，一个批号抽检一次，其材料性能达到设计要求后方可施工；

G.2.4 浇注料的制备按照YB/T 5202《致密耐火浇注料稠度测定和试样制备方法》进行。强度试验和线变化率试验应分别按YB/T 5201《致密耐火浇注料常温抗折强度和耐压强度试验方法》和YB/T 5203《致密耐火浇注料线变化率实验方法》进行；

G.2.5 衬里材料从出厂到施工的使用时间应小于3个月；

G.2.6 衬里材料应保持干燥，应在不受天气影响的室内保存，防止应包装破损混入杂物。

G.3 衬里的施工

G.3.1 衬里材料施工时应严格按照设计要求或供料厂方的说明书进行，如有必要，供料厂方应派技术人员到施工现场进行指导和监督。施工应按照SH/T 3115《石油化工管式炉轻质浇注料衬里工程技术条件》进行；

G.3.2 混合浇注料用的磷酸符合相关标准，温度保持在5～25℃的范围内；

G.3.3 施工用的工具和盛装耐火材料的器具应该是干净且处于待用状态；

G.3.4　衬里料的拌和要求采用强制式搅拌机搅拌，使用特种搅拌机搅拌，搅拌机及上料斗、称量容器等均应清洗干净；小量施工时可以采用手工拌和但必须拌和均匀；
G.3.5　衬里施工工作环境温度和衬里设备的表面温度应在5～35℃之间；
G.3.6　在施工中不得任意改变不定型耐火材料的配比，不应在搅拌好的不定型耐火材料内任意加水或其他物料；
G.3.7　衬里料每次拌料量不宜太多，一次搅拌量应在15min内施工完，剩余的材料或超过时间开始发硬的材料绝对禁止加磷酸再用；
G.3.8　耐火材料使用人工捣固施工，搅拌好的耐火材料应在15min内施工完，己初凝的耐火材料不得使用；
G.3.9　外观基本平整，无空洞、剥落或夹杂杂物，可允许有轻微的网状裂纹。个别裂缝在3mm以下可填充修补，大于3mm者可参照有关修理标准执行；
G.3.10　尺寸偏差：允许偏差 ±4mm。

G.4　耐火衬里的养护

G.4.1　耐火衬里的养护尤为重要，根据粘接剂的不同，在衬里的硬化过程有不同的热量放出；
G.4.2　在环境空气湿度很大的情况下，应保护SiC75P衬里避免受潮，施工后应尽量保证衬里的干燥；
G.4.3　内件耐火衬里在施工完毕48h后方可开始烘炉，从施工完毕到烘炉的时间间隔不应超过一个月。

附　录　H
（资料性附录）
烘炉导则

H.1　总则

H.1.1　本导则适用于粉煤上行气化炉的内件耐火衬里大面积修复后的烘炉，烘炉的目的在于蒸发衬里材料中的结晶水和游离水，并固化衬里材料中的粘结剂。气化炉衬里小面积局部修复后的烘炉可参照本导则执行。

H.1.2　衬里材料施工完成，经 48h 自然养护后才可开始烘炉工作，为避免衬里材料发生水和反应，在施工后应保持衬里干燥并在 28d 内进行烘炉。

H.1.3　反应段 SiC 衬里深度修补面积超过 $20m^2$（～1/4 总面积）时，应进行低温段水汽烘炉和高温段烟气烘炉。小面积的反应段 SiC 衬里修补，如不具备高温烟气烘炉条件，应尽可能提高水汽烘炉阶段的恒温温度并延长烘炉恒温时间 24h 以上。

H.2　内件耐火衬里的烘炉

H.2.1　气化炉整体烘炉曲线

气化炉内件表面的衬里材料烘炉要求严格，依照 SEG 耐火材料修补方案规定，气化炉整体烘炉曲线见图 H.1。

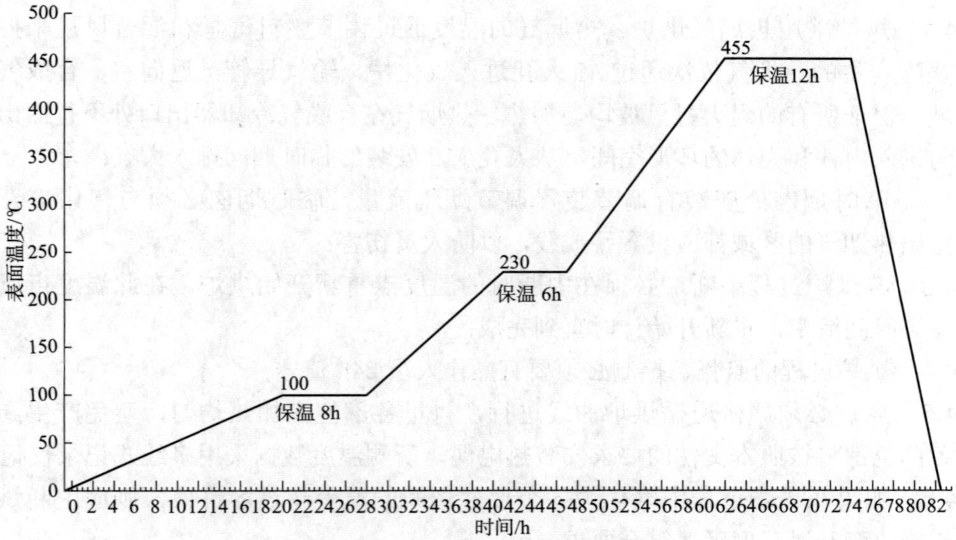

图 H.1　气化炉内件耐火材料的烘炉曲线

H.2.2 烘炉前应完成以下工作

H.2.2.1 耐火材料施工、自然养护完成并验收合格；
H.2.2.2 烘炉设备、测温热电偶等安装调试完成；
H.2.2.3 气化炉其他壳体接管进行临时封闭或隔断，各人孔保温插件安装就位，烘炉热烟气与环形空间的串通部位已隔断，热烟气出口管安装完毕；
H.2.2.4 煤烧嘴通水冷却或拆除；
H.2.2.5 用临时挡板挡住渣池锥底端，并在内侧及渣池内壁设置保温层进行保护，对合成冷却器出口采用同样的保温材料覆盖方式保护；
H.2.2.6 施工区域已被清扫干净并设置警戒线，燃料系统供气正常，具备开工条件。

H.2.3 烘炉期间应执行下列安全措施

H.2.3.1 烘炉期间，高速燃烧器、供气站、控制站和烟气导管等设备所在区域应设置警戒线，禁止与操作无关人员进入；
H.2.3.2 烘炉热烟气以安全方式排放，避免伤害操作人员或对气化炉部件造成损害；
H.2.3.3 应监测空气中 CO/CO_2 浓度；
H.2.3.4 烘炉进行时，气体管线和燃烧器区域不允许进行吊装和危及安全的焊接工作（包括气体管线上部的平台）；
H.2.3.5 应在燃烧器附近配备有两个以上的灭火器，并做好其他消防、气防应急准备；
H.2.3.6 烘炉操作、控制区域应保证安全通道畅通，烘炉有关人员必须保证 24h 通信畅通。

H.2.4 烘炉过程

H.2.4.1 烘炉采用热烟气烘炉。热烟气的温度通过调节燃料气量和混合风量来控制。烘炉烧嘴产生的热烟气依次通过 A1 人孔进入气化炉，输气导管，返向室，合成气冷却器区域，保证所有的耐火衬里被均匀加热，热烟气在合成气冷却器出口处下行而出，然后均匀进入内件和壳体的环形空间，从人孔 A12 安装的临时烟囱排入大气；
H.2.4.2 临时烟囱处应装有调节装置调节烟气流量，临时烟囱必须与气化炉壳体隔离，排出热烟气的区域都应设置警戒线，以防人员伤害；
H.2.4.3 若烘炉过程中断，必须在中断时的温度点重新开始烘炉，在此温度点已经完成的保温时间清零，重新开始计时直到完成；
H.2.4.4 烘炉过程的监督、控制必须要有操作人员 24h 值守；
H.2.4.5 烘炉必须严格遵循烘炉曲线进行，衬里各部位应加热均匀，避免产生局部过热。各部位都将按照本文件的要求安装热电偶，所测温度数据采用多线式记录仪记录；
H.2.4.6 如果在烘炉过程中气化炉各个部件之间的温差超过容许值，则应中断烘炉，采取措施改变升温速度确保符合要求；
H.2.4.7 烘炉完成后，降温速度应按照图 H-1 的烘炉曲线进行，不得采取水冷或风冷的方式。

H.2.5 温度控制

H.2.5.1 气化炉烘炉过程中，应保证燃烧器出口处热烟气最高允许温度 T_{max}=530℃，内件和压力容器间的金属温差≤100℃；

H.2.5.2 热烟气输入的热量应首先对人孔 A1 处的区域产生影响。热烟气以 5℃ /h 的升温速度升至 110℃；

H.2.5.3 热裙“热面”的温度测量平均值应作为指导温度。气化炉反应室底、膜式壁的“热面”温度应按照烘炉曲线，升温速度不得超过 5℃ /h。一旦在气化炉膛内的“热面”最后一个温度测量点，即气化炉底、膜壁显示的温度达到 110℃，则所有气化炉测量点显示的温度最低在 110℃至少保持 8h。其间耐火材料热面的温度最高不应超过 150℃；

H.2.5.4 在气化炉膛内上述保温时间结束时，应通过热烟气以≤10℃ /h 升温速度加热到 230℃。气化炉膛的“热面”温度增加应通过测量点控制，这些测温点对升温速度是最为敏感的。一旦在气化炉膜式壁“热面”的最后一个温度测量点显示温度达到 230℃，则所有这些测量点的温度应保持恒定最少 6h；

H.2.5.5 在气化炉膛的耐火材料的烘炉应继续以≤15℃ /h 的速度升温。衬有隔热衬里的气化炉部件，尤其是无冷却装置的部件温度应监控，确保其温度不超过容许值；

H.2.5.6 当在气化炉膜式壁“热面”达到 400℃的温度，且膜式壁“热面”所有的测量点读数一致时，400℃的温度必须保持恒定最少 8h；

H.2.5.7 在上述的保温时间结束后，可以开始冷却，降温速度不能超过 50℃ /h；

H.2.5.8 当有一个测量点指示温度为 50℃时，标志着气化炉反应室处的耐火材料的烘炉完成了，可关闭烘炉烧嘴；

H.2.5.9 拆除（切断）耐火材料和气化炉钢壳表面的热电偶，对测量位置的钢部件进行必要的打磨处理。

H.2.6 烘炉质量

H.2.6.1 烘炉结束后，应对烘炉质量进行全面检查，并做好检查记录。如有损坏应及时分析原因并加以修补；

H.2.6.2 外观检查应平整，无空洞、剥落，衬里表面裂纹宽度不应大于 3mm，连续长度不应大于 500mm，且不应有贯穿性网状裂纹。个别裂缝在 3mm 以下可填充修补，大于 3mm 者可参照国标的修理标准执行。

附　录　I
（资料性附录）
敲击器维修导则

I.1　总则

I.1.1　敲击器是粉煤上行气化炉重要的附属设备。由气缸、管状定位器、敲击器、管路及控制系统组成。分别布置在输气管段，气体返向室和合成气冷却器上。

I.1.2　从气缸传来的脉冲冲击，通过敲击器作用在气化炉和合成气冷却器的受热表面，使受热表面的积灰被振打松散后随合成气流带走，保证气化炉对应换热器的换热效果及合成气出口温度符合设计与安全运行要求。

I.1.3　本导则旨在提供粉煤上行气化炉敲击器的检查、维修程序。本导则适用于粉煤上行气化炉敲击器机械装置的维修。

I.2　检查及要求

I.2.1　对于敲击器、气缸的运行情况，每周必须在现场逐台检查一次，检查结果应逐台进行记录。发现问题及时通知工艺与设备主管处理。

I.2.2　检查敲击器的管状定位器、气缸和氮气、空气连接口是否有损坏；检查压缩空气、氮气是否泄漏，压力表和流量计是否完好；检查气缸冲击杆尾端与敲击器活塞杆尾端的是否在管状定位器的标尺内。

I.2.3　使用装在气缸上的手动触点或在控制柜中触发电磁阀的方法，检查气缸的动作情况。正常情况下，气缸会像传来脉冲一样的冲击敲击器，在气缸停止冲击时，气缸冲击杆在最优的位置即“0”刻度附近。

I.2.4　如果气缸不动作，可以检查气源、2 位 5 通控制阀、气缸是否存在故障。原则上，在运行的时候，不允许拆卸敲击器的管状定位器和气缸。

I.2.5　敲击器活塞杆的尾端必须在敲击器管状定位器的标尺内。如果活塞杆不在标尺的范围内，则这个敲击器必须立即停止使用。

I.2.6　敲击器密封吹扫氮气压力必须比系统压力高 0.6～0.7MPa，温度在 100～200℃之间。当氮气流量计无故障时，密封吹扫氮气流量＞15g/s，敲击器就要停止使用。

I.2.7　当敲击器存在合成气泄漏时，应立即停止使用。

I.2.8　根据气化炉运行情况，工艺可以对气缸的气源压力、敲击频率进行适当的调整，保证气化炉对应换热器的换热效果及合成气出口温度符合设计与安全运行要求。

I.3 敲击器维修

I.3.1 安全要求及措施

I.3.1.1 维修单位从事敲击器维修作业时，应严格遵守有关安全的国家法律、法规及中国石化 HSSE 规定。

I.3.1.2 维修单位必须按 HSSE 要求进行安全教育，遵守有关安全规章制度。配备足够的专职安全管理人员，特殊作业人员如焊工、电工等应持证上岗。

I.3.1.3 维修作业使用的脚手架、起重机械、电气焊用具、手持电动工具、扳手、管钳、锤子等各种工器具进行检查，凡不符合作业安全要求的工器具不得使用。

I.3.1.4 对维修作业使用的气体防护器材、消防器材、通信设备、照明设备等器材设备应经专人检查，保证完好可靠，并合理放置。维修所使用的电气工器具，应配有漏电保护装置。

I.3.1.5 通过开班前会等形式，做好危害识别工作，落实安全风险预防和控制措施。办理相关作业许可，做好个人安全防护，在安全监护下方可进行敲击器的维修作业。

I.3.1.6 避免交叉作业，确有必要时，应采取安全、可靠的隔离防护措施。在吊装设备、传递工器具时应采取绑扎、设置围栏和警告标志等安全措施，要防止坠物伤人。

I.3.2 维修作业

I.3.2.1 处理敲击器的故障，应在系统停车，气化炉无压力的情况下进行。所有敲击器下线进行维修，建议每两年至少一次或随大修。

I.3.2.2 运行时如要维修或更换气缸，必须在管状定位器敲击器活塞杆的标尺窗插入钢制限位销，才能拆卸气缸，防止敲击器活塞杆意外冲出，发生重大设备与人身伤害安全事故。气缸的维修必须遵循厂家的使用和维护说明书。

I.3.2.3 工作准备

I.3.2.3.1 维修方案必须得到使用单位的审查、批准。维修单位提供的材料、备件应提供相关质量证明文件并经使用单位验收许可。原则上用于气缸的密封件、过滤元件等应采用原装备件。

I.3.2.3.2 气化装置安全停车，气化炉吹扫置换完毕，气化炉相关人孔已经打开。

I.3.2.3.3 确认与敲击器维修有关的脚手架搭设、保温的拆除工作及敲击器氮气密封气源、敲击器气缸仪表空气气源切断工作已经完成。

I.3.2.2.4 办理敲击器维修作业许可证，现场安全措施已经落实，安全监护人员已经到位，具备安全作业的条件。

I.3.2.4 为保证敲击器的维修质量和维修后的敲击器的正确安装，维修单位必须先完成维修前的检查工作并记录检查情况，该检查记录作为交工资料的一部分，在维修工作完成后移交给使用单位。

I.3.2.4.1 逐台检查、记录气缸冲击杆尾端与敲击器活塞杆尾端的距离。

I.3.2.4.2 逐台检查、记录敲击填料箱密封情况。

I.3.2.4.3 逐台检查、记录检查敲击器积灰、磨损、变形、腐蚀、开裂情况。

I.3.2.4.4 逐台检查、记录敲击器密封吹扫氮气连接管及连接接头损坏情况。

I.3.2.4.5 逐台检查、记录敲击器法兰密封面的损伤情况以及套筒与法兰连接部位的开裂情况。

I.3.2.4.6 逐台检查、记录敲击器撞击杆与砧板间隙大小以及撞击杆端部与砧板对中情况。

I.3.2.5 敲击器拆除

I.3.2.5.1 完成敲击器位号及安装方位标记、现场检查并记录相关数据后，才能进行敲击器的拆除工作。

I.3.2.5.2 拆除敲击器气缸仪表管及敲击器氮气密封连接管，包扎好各管口，防止异物进入；将敲击器气缸及管状定位器整体拆除并运送至维修间妥善保管好。

I.3.2.5.3 利用起重葫芦等将敲击器整体拆除并运送至维修间，检查相应气化炉接管法兰及敲击器法兰是否有影响密封性能的损伤或裂纹等（如有，及时告知使用单位处理），并包扎保护好相应气化炉接管法兰及敲击器法兰密封面。

I.3.2.5.4 在敲击器气缸、敲击器拆除过程中不允许野蛮施工，损伤敲击器气缸、敲击器及气化炉设备法兰、内件等。

I.3.2.6 敲击填料箱密封、砧板等有损伤与缺陷，应及时维修。

I.3.2.7 敲击器维修

I.3.2.7.1 首先，彻底清理敲击器上的污垢。然后，按敲击器图纸及敲击器使用手册要求维修敲击器。维修时，应利用法兰扩张器等专用工装，不允许野蛮施工。

I.3.2.7.2 检查内部磨损和锈蚀情况，用测量工具对照图纸测量各部件尺寸，并作好记录，超差、损坏部件应修理或更换。

I.3.2.7.3 所有部件应妥善保管，不允许损伤或丢失。

I.3.2.7.4 敲击器密封氮气金属软管原则上必须全部更换。

I.3.2.7.5 图 I.1 中粗实线标示的易结垢、腐蚀部位接触面为重点检查部位。

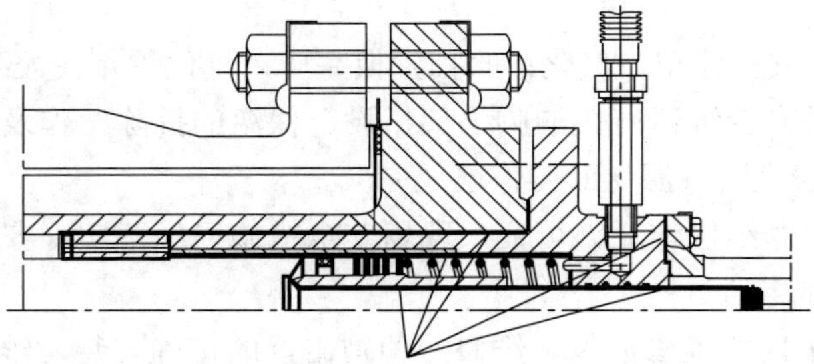

图 I.1 敲击器易结垢、腐蚀部位

I.3.2.7.6 没有磨损不须更换的部件用油清洗后备用。

I.3.2.7.7 其余部件视损坏情况，如果危害运行，得到使用单位认可后进行维修或更换。

I.3.2.8 维修清单见表 I.1。

表 I.1 维修清单

序号	描述	部件	故障类型	维修方法
1	活塞杆	3	—活塞杆开裂 —活塞杆被挤入活塞	—必须更换，加润滑油
2	活塞	4	—活塞开裂 —活塞被挤入活塞套	—更换，加润滑油 —如果可能，松开，不行则更换，加润滑油
3	密封件	5	—严重的磨损出现	—必须更换
4	活塞环	6	—活塞环损坏	—更换
5	压缩弹簧	7	—弹簧损坏	—更换
6	密封圈	8		—必须更换
7	导向环	9		—必须更换
8	过滤器件	10		—必须更换
		11		—必须更换
		21，22	—损坏 —污染	—更换
9	气缸	13	—不能手动触发 —损坏	—更换 —维修更换
10	导向	17，18，19	—被污染	—必须清理
11	撞击杆	20	—与过滤器粘结	—维修、更换
12	垫片	29		—必须更换
13	垫片	30		—必须更换
14	卡环	31		—必须更换，每次安装后要注意扣套环是否正确安装
15	附图中粗实线标示的接触面		—腐蚀	在重新组装前，腐蚀产物必须除去
16	紧固件		—损坏	螺栓、螺母、垫片损坏则更换
17	密封氮气金属软管			—必须更换
18	未列入清单元件			清单中未提到的元件危害安全运行时，维修或更换

I.4 敲击器试验、安装与调试

I.4.1 敲击器维修组装完毕，利用专用试验容器按气密测试图连接装配好，对维修后的敲击器进行整体气密试验。

I.4.1.1 试验介质为氮气；

I.4.1.2 试验压力 6.1MPa，保压时间不低于 3min；

I.4.1.3 合格标准：检查压力表压力维持在 61kg/cm^2，后盖插入水中的引出管无气泡，检查垫片或盖无泄漏。

I.4.2 敲击器气密试验合格后，将敲击器运至现场，对应位号逐台安装敲击器、敲击器气缸，连接气缸部分仪表空气管和密封氮气管线等。

I.4.2.1 应参考敲击器拆除时的现场测量的相关数据。保证维修后的正确安装。

I.4.2.2 敲击器撞击杆与砧板间隙大小以及敲击器撞击杆端部与砧板对中符合要求。敲击器撞击杆尽可能在砧板中间区域，不允许敲击器撞击杆端部直接与冷却面或内件其他部件接触。否则，可能会严重损伤冷却面或其他部件，造成非计划停车。

I.4.2.3 气缸冲击杆尾端与敲击器活塞杆尾端应在管状定位器的标尺内，最优的位置在“0”刻度附近，气缸冲击杆尾端与敲击器活塞杆尾端之间的间距在 100mm 左右。

I.4.3 联系有关工艺、设备人员进行最后调试，手动激发敲击器，确认敲击器动作灵活。

I.5 敲击器维修工作完成

I.5.1 气化炉解除隔离，确认各密封面、氮气密封金属软管接头气密检查无泄漏，敲击器维修工作完成。

17. 粉煤下行气化炉维护检修规程

SHS 05038—2019

目　次

前 言

本规程按照GB/T 1.1—2009《标准化工作导则 第1部分：标准的结构和编写》给出的规则起草。

本规程由中国石油化工集团有限公司、中国石油化工股份有限公司提出。

本规程起草单位：中国石化扬子石油化工有限公司、中安联合煤化有限责任公司。

本规程起草人：徐小林、孙晓伟。

本规程2019年首次发布。

粉煤下行气化炉维护检修规程

1 范围

1.1 主题内容

本规程规定了粉煤下行气化炉的检修周期及内容、检修程序与质量标准、试验与验收、维护与故障处理。

1.2 适用范围

本规程适用于粉煤下行气化炉及所属附件的维护和检修，采用水冷壁技术的水煤浆气化炉可部分参照执行。

2 规范性引用文件

下列文件的条款通过本规程的引用而成为本规程的条款，凡是注日期的引用文件，其随后所有的修改单（不包括勘误的内容）或修订版均不适用于本规程；然而，鼓励根据本规程达成协议的各方研究是否使用这些文件的最新版本。凡是不注日期的引用文件，其最新版本适用于本规程。

TSG 21 固定式压力容器安全技术监察规程

JB/T 4709 钢制压力容器焊接规程

NB/T 47013 承压设备无损检测

SHS 01004 压力容器维护检修规程

3 检修周期与内容

3.1 设备简介

粉煤下行气化炉采用加压气流床技术、水激冷流程。气化炉整体分为上下两个室，上段为反应室，粉煤在反应室中与氧、蒸汽发生气化反应，生成粗合成气；下段为激冷洗涤室，利用外界引入的激冷水对来自反应室的粗合成气激冷、洗涤，提供下游工序所需的粗合成气。

粉煤下行气化炉结构简图见图 1。

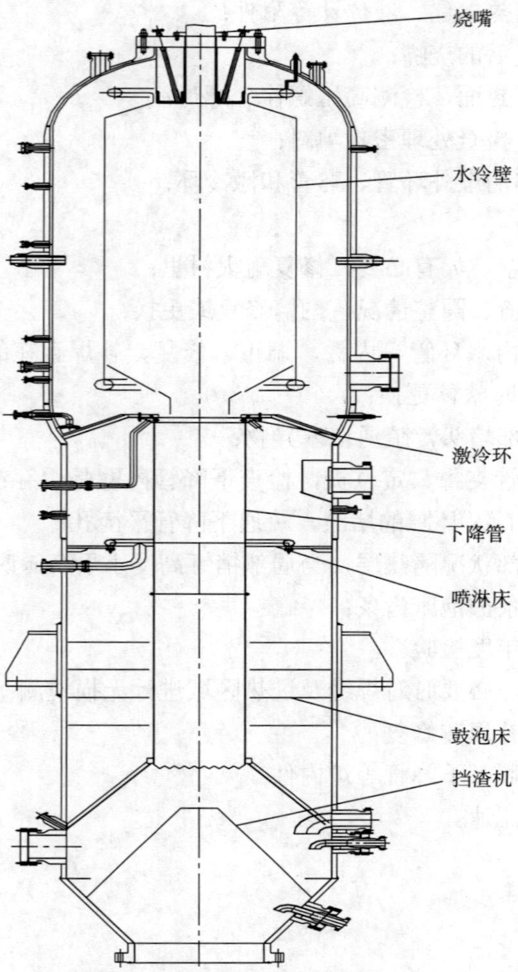

图1　粉煤下行气化炉结构简图

3.2　检修周期

根据气化炉整体运行情况及附属部件状态决定停车检修，检修周期一般不低于120天。检修时，按TSG 21《压力容器安全技术监察规程》、TSG R7001《在用压力容器定期检验规则》的要求同步进行定期检验和年度检查。

3.3　检修内容

3.3.1　处理日常检查中发现的设备缺陷、消除装置泄漏点，检修或更换部分管路、阀门或仪表，加固管道支撑等；

3.3.2　设备、管道的防腐、绝热层修补；

3.3.3　检查完善防静电接地；

3.3.4 检查或更换测温热电偶、液位计等附件；
3.3.5 检查或更换修复后的烧嘴；
3.3.6 检查大法兰的密封面，检测高压螺栓、螺母；
3.3.7 环形空间清灰，检查处理密封填料；
3.3.8 检查激冷水管路清理外环管、弯管和激冷环；
3.3.9 气化炉炉内清渣；
3.3.10 检查燃烧室内壁，如有必要，修复耐火衬里；
3.3.11 检查下渣口堵渣、圆整情况，酌情修复或更换；
3.3.12 检查激冷环、内水环管等内件，调正、修复、补焊存在的穿孔、腐蚀、龟裂、变形等缺陷，缺陷严重时整体更换；
3.3.13 拆卸激冷环外部堵头，疏通堵塞异物；
3.3.14 修复检查下降管支撑、定位板，检查下降管内壁是否存在变形或泄漏，必要时更换，清洗下降管内外筒及环隙的堵渣，疏通下降管平衡孔；
3.3.15 检查水冷壁内部状况隔热层，当局部销钉高度小于7mm时，进行植钉；
3.3.16 检查修复破泡条鼓泡床齿条；
3.3.17 进行压力容器年度检验；
3.3.18 宏观检查壳体，必要时对焊缝及过热区域进行无损检测；
3.3.19 壳体缺陷局部补焊和修复；
3.3.20 更换激冷环内环、下降管等炉内件；
3.3.21 测量水冷壁管流速。

4 检修程序与质量标准

4.1 检修前的准备工作

4.1.1 收集设备图纸、技术资料，编制检修施工方案；
4.1.2 备齐检修机具、量具和劳动保护用品；
4.1.3 落实备品、备件和检修材料，查验质量合格证；
4.1.4 炉内温度必须降至40℃以下，介质置换清扫干净，隔断与炉内相连的工艺管线并加盲板，充分吹扫并保持炉内空气流畅，分析化验合格，办齐受限空间、高处作业等相关票证；
4.1.5 进入气化炉前，切断破渣机电源，锁闭插板阀。

4.2 激冷水管线清理程序

4.2.1 打开激冷水外环管端盖，拆除炉内弯管和激冷环上的全部堵头；
4.2.2 用高压水枪对外环管、弯管进行冲洗；
4.2.3 通过螺孔，用高压水枪对激冷环内部进行冲洗；

4.2.4　封闭激冷环 4 个进水法兰前，用高压水枪对进口短管进行冲洗、确认；
4.2.5　清洗完毕后，依次进行恢复；
4.2.6　送激冷水进行激冷环及下降管的水分布试验，沿下降管壁四周的激冷水分布均匀，无局部缺水或水膜脱离壁面方为合格，同时确认激冷水系统已经清理干净。

4.3　烧嘴检修程序与质量标准

4.3.1　烧嘴检修程序

4.3.1.1　拆卸炉顶头盖法兰的紧固螺栓，吊出烧嘴，放置在专用支架上；
4.3.1.2　检查各法兰密封面，消除影响密封的缺陷，封好法兰口；
4.3.1.3　清除烧嘴头部同心圆的结焦、堵塞物，清除氧气通道的油污；
4.3.1.4　检查烧嘴头部冷却水盘管，必要时进行硬度检验，以 1.0 倍冷却水工作压力试漏；根据情况修复或更换烧嘴，修复后焊缝 100% 渗透检查，不得出现裂纹；
4.3.1.5　检查烧嘴头部同心圆各通道，确认无腐蚀、磨损、减薄、裂纹、缺口等烧损现象，必要时，PT 检测，并根据情况决定修复或更换。

4.3.2　烧嘴修复质量要求

4.3.2.1　内烧嘴头烧损大于 1mm、小于 6mm 可进行修复，烧损大于 6mm 或严重减薄，必须更换；
4.3.2.2　每个运行周期都要检查烧嘴头部，尤其是外烧嘴头；根据检验情况，酌情修复或更换；
4.3.2.3　烧嘴组件回装前，法兰密封面、密封槽面应脱脂清洗，螺栓、垫片安装齐全到位，上、下分体按标记方位组装。

4.4　锚固件、支撑件质量标准

4.4.1　锚固件的布置应符合设计图纸的要求，如遇焊缝，钉位应离开焊缝 50mm；锥体、封头、过渡段等变截面部位，开孔及支座周围衬里易开裂损坏的部位的锚固件排列应适当加密；
4.4.2　锚固件焊牢后，应垂直于器壁，其位置偏差不大于 2mm，钉肩高度允许偏差不超过 2mm，钉距允许偏差不大于 5mm；
4.4.3　检修时，必须检查密封件有无损伤，保证密封性能；气化炉连接环柔性密封件质量要求见气化炉设计图纸。

4.5　炉内件质量标准

4.5.1　壳体及其他附件

4.5.1.1　衬里出现局部松动、脱落、翘起、缺损应清除干净，重新补衬；损坏部位和面积扩大时，进行修补或更换；

4.5.1.2 锚固件的修补或更换需要进行焊前预热、焊后热处理；

4.5.1.3 隔热层出现掏空现象时，应重新补衬；

4.5.1.4 衬里修复后设备内表面曲率应与原有曲率保证一致；

4.5.1.5 衬里的施工按照 GB 50474《隔热耐磨混凝土衬里技术规范》进行；

4.5.1.6 制造厂砌筑的浇注料衬里与新砌筑的焊缝衬里处应采用迷宫接缝，确保原浇注料衬里处为楼梯状接缝，而不是全平面。

4.5.2 衬里（致密型隔热浇注料）材料

4.5.2.1 衬里材料必须符合气化单元关键设备压力容器外壳内壁隔热衬里技术条件中浇注料的技术要求（主要化学组成：Al_2O_3 38%、SiO_2 49%、Fe_2O_3 1.2%）；

4.5.2.2 材料名称、生产日期、保质期、使用说明书、材料性能指标应符合相关标准、规范或设计要求；

4.5.2.3 衬里施工前，施工单位应分批号对衬里材料进行验证性试验，确认材料性能达到设计要求后方可施工；

4.5.2.4 衬里材料的水泥，从出厂到施工的过渡时间应小于 3 个月；

4.5.2.5 衬里材料应保持干燥，放置不受天气影响的室内保存，防止包装破损混入杂物。

4.5.3 衬里施工

4.5.3.1 衬里材料施工时应严格按照设计要求或供料厂方说明书进行，如有必要，供料厂方应派技术人员到施工现场进行指导和监督。施工工序按照 GB 50211《工业炉砌筑工程施工及验收规范》进行；

4.5.3.2 衬里料的拌和要求采用强制式搅拌机搅拌，小量施工时也可以采用手工拌和但必须拌和均匀；

4.5.3.3 衬里料每次拌料量不宜太多，一次搅拌量应在 20～30min 内施工完，剩余的材料或超过施工时间已经发硬的材料，禁止加水再用；

4.5.3.4 衬里施工工作环境温度和衬里设备的金属表面温度应在 5～35℃之间；

4.5.3.5 混合浇注料用的水必须符合“饮用水”的标准，温度保持在 5～25℃范围。

4.5.4 衬里质量验收

4.5.4.1 外观基本平整，无空洞、剥落或夹杂杂物，个别裂缝在 3mm 以下可填充修补，大于 3mm 参照有关修理标准执行；

4.5.4.2 尺寸偏差控制在 ±4mm 范围内。

4.5.5 衬里烘干

气化炉运行前要按照衬里材料烘干曲线进行烘炉，确保其附着性。

4.6 内件受热面、集管和连接管线等受压元件质量标准

4.6.1 受压元件执行 SHS 01004《压力容器维护检修规程》要求；

4.6.2 焊后无损检测按照 NB/T 47013《承压设备无损检测》要求，RT Ⅱ级合格或 UT Ⅰ级合格；

4.6.3 焊后热处理程序按照 670℃ ±14℃ ×6h/1h 要求执行；

4.6.4 检修内件支撑及导向、固定点；

4.6.5 内件支撑及导向、固定点几何尺寸应符合气化炉图纸的技术要求；

4.6.6 返修后无损检测执行NB/T 47013《承压设备无损检测》标准，MT或PT Ⅰ级合格。

4.7 承压壳体质量标准

4.7.1 承压壳体检修要求：

4.7.1.1 承压壳体出现裂纹、鼓泡、变形、过热、蠕变等缺陷时，要进行修补；

4.7.1.2 承压壳体缺陷的修理按 TSG 21《固定式压力容器安全技术监察规程》、SHS 01004《压力容器维护检修规程》执行。

4.7.2 壳体内壁出现的裂纹，当深度小于 3mm，必须打磨消除；当裂纹深度大于 3mm，先打磨消除，再用渗透检查，确认无裂纹后方可补焊。

4.7.3 补焊前应进行消氢处理（300℃，2h）。

4.7.4 焊前预热 200℃，焊后去氢处理（300℃，2h），采用石棉布包裹保温。

4.7.5 如补焊深度超过 13mm 时，则应进行焊后热处理。

4.7.5.1 热处理温度为 690℃、610℃，恒温各 6h；升温速度为 50℃/h，降温速度为以 50℃ /h 降至 300℃，然后停机随炉冷却；

4.7.5.2 焊缝热处理后的硬度值应小于 HB220；

4.7.5.3 当焊缝及热影响区的硬度值大于 HB220 时，则应对焊缝重新热处理。

4.7.6 当壳体局部破坏需要进行挖补镶块时，则应按以下规定：

4.7.6.1 用机械方法把需要更换的壳体钢板划线并割下来；

4.7.6.2 按规定打磨好坡口，渗透检查合格；

4.7.6.3 确认镶块用新钢板与原壳体钢板材质相同或牌号相当，壁厚相同；

4.7.6.4 镶块用新钢板 100% 超声波探伤和 100% 磁粉探伤，符合一级板质量标准；

4.7.6.5 新钢板按图尺寸下料，机械加工坡口；

4.7.6.6 新钢板热压成形（加热到 920～950℃出炉压制，600～640℃回火）；

4.7.6.7 新钢板喷砂处理，坡口渗透探伤，确保无裂纹；

4.7.6.8 壳体钢板坡口处去氢处理（300℃，2h）；

4.7.6.9 焊前的焊接工艺评定合格，由具有该材料焊接证的合格焊工施焊；焊前对坡口两侧至少 100mm 处预热 200℃，层间温度控制在 350℃，焊后去氢处理（300℃，2h）；

4.7.6.10 焊缝质量检查：

a）100%X 射线探伤，符合 NB/T 47013《承压设备无损检测》标准，Ⅱ级合格；

b）100%超声波探伤复检，符合NB/T 47013《承压设备无损检测》标准，I级合格；

c）水压试验后对焊缝及热影响区进行100%磁粉或渗透表面探伤，不得有裂纹出现。

4.7.6.11 焊后热处理：

a）采用远红外线进行热处理；

b）热处理温度为690℃、610℃恒温各6h，升温速度：50℃/h；降温速度：以50℃/h降至300℃，然后停机随炉冷却；

c）焊缝硬度检查，焊缝及热影响区热处理后的硬度值小于HB220；

d）当焊缝及热影响区的硬度值大于HB220时，则应对焊缝重新热处理，确保焊缝硬度值小于HB220。

4.7.6.12 修补后的壳体应以1.25倍的设计压力进行水压试验，并以1.05倍的工作压力进行气密试验。

4.7.7 法兰密封面、密封件：

4.7.7.1 法兰密封面有划痕、沟槽、腐蚀、裂纹等影响密封效果的缺陷时，应进行修复，修复时可采用研磨、补焊磨平或专用机械切削加工的方法；

4.7.7.2 当法兰密封面的缺陷不易进行研磨或补焊磨平修复时，可根据缺陷深度确定车削减薄量，车削法兰前，先进行强度校核，按校核结果决定是车削加工，还是判废重新更换法兰；

4.7.7.3 修复后的法兰密封面应和中心轴线垂直，其垂直度应小于0.2%，表面粗糙度 $R_a \leqslant 6.3$；

4.7.7.4 法兰密封垫片均应予以更换。

4.8 粉煤下行气化炉检修质量标准和质量控制表（表1、表2）

表1 粉煤下行气化炉检修质量标准表

序号	部件	检查要点	检修检查结果	施工签名检查日期	设备签名检查日期
1	烧嘴	检查烧嘴整体状况：有无明显变形，烧嘴端部有无龟裂、烧损、冲刷痕迹；测量烧嘴头部间隙，测量尺寸与原尺寸偏差			
2	火检口	火检口是否畅通			
3	平衡孔	检查气化炉平衡孔完好性：有无堵塞、烧损			
4	燃烧室	检查燃烧室水冷壁挂渣情况：渣层是否均匀、有无渣钉外露；测量炉燃烧室各高度处挂渣内径，推算挂渣厚度			
5	燃烧室下渣口	检查燃烧室下渣口宏观形貌：渣口有无堵渣、是否圆整			
6	激冷环	检查激冷环宏观形貌：有无烧损变形；出水孔、槽缝有无堵塞			

表 1　粉煤下行气化炉检修质量标准表（续）

序号	部件	检查要点	检修检查结果	施工签名检查日期	设备签名检查日期
7	激冷环进水管	检查六根激冷水进水管法兰密封性、紧固螺栓是否松动、脱落			
8	下降管	检查下降管宏观形貌：有无烧损变形、椭圆度（如果烧损严重建议做金相试验）			
9	水冷壁管	从 A1 人孔进入环形空间检查水冷壁管，整体形貌是否良好、有无宏观变形及开裂			
10	鼓泡床	检查鼓泡床是否堵渣，有无齿条脱落、变形，紧固件是否松动、脱落			
11	挡渣器	检查挡渣器是否出现宏观变形、有无积渣			
12	筒体检查	1. 检查炉体腐蚀、变形、壁厚减薄、裂纹及各部件焊接情况，筒体有内衬的还应检查其腐蚀、鼓色和焊缝情况； 2. 检查炉内污垢情况； 3. 检查炉体的附件完好情况； 4. 检查以下尺寸：炉体同一断面的不圆度允差、炉体不直度允差； 5. 检查封头和筒体的实际厚度			
13	炉体缺陷修理及检测	按 TSG 21《固定式压力容器安全技术监察规程》、GB/T 150《压力容器》、TSG R7001《在用压力容器定期检验规则》、NB/T 47013《承压设备无损检测》、JB 4708《钢制压力容器焊接工艺评定》和 SHS 01004《压力容器维护检修规程》的相关条款执行			
14	安全附件检查	1. 安全阀检查鉴定标识； 2. 爆破片的校验主要是进行定期更换和正确安装； 3. 压力表检查校验标识； 4. 液位计的校验主要是检查其外观有无破损、裂纹及阀件固死现象，对自动指示液位计应按仪器、仪表校验有关规定检查其准确性和测量误差			
15	其他	检查炉基础裂纹、破损、倾斜和下沉情况，检查平台、爬梯、支吊架完好情况			
16	封炉检查	1. 炉内的杂物等全部清理干净； 2. 法兰密封面无影响密封的缺陷； 3. 人孔盖、垫片、螺栓等完好、齐备； 4. 确认螺栓紧固，涂防咬合剂。			

注：上述各项全面检查是维护的最低要求。

表 2 粉煤下行气化炉检修质量控制表

序号	质量控制点	质量标准	现场检修记录	确认人签字	
				施工签名 检查日期	设备签名 检查日期
1	炉内外宏观检查	检查炉外防腐、绝热完好情况；打开人孔后检查炉内壁腐蚀、结圬情况			
2	射线检测（RT）	焊接接头按 NB/T 47013 的要求进行检测评定			
3	超声波检测（UT）	焊接接头按 NB/T 47013 的要求进行 100% 检测的不低于Ⅰ级，局部检测的不低于Ⅱ级			
4	磁粉检测（MT）	受检表面按 NB/T 47013 的要求进行检测评定			
5	渗透检测（PT）	受检表面按 NB/T 47013 的要求进行不低于Ⅰ级			
6	清理打磨	焊缝中心两侧 $2TK \times 1.25$mm			
7	内部缺陷修补	采用碳弧气刨后用砂轮消除渗碳层，打磨成圆滑过渡，并经渗透或磁粉检测合格后方可进行焊接修补。气刨深度不应超过板厚的 2/3，当缺陷仍未消除时，应焊接修补后，从另一侧气刨。修补焊缝长度不得小于 50mm。同一部位修补不宜超过两次			
8	缺陷修补后的无损检测	各种缺陷消除和焊接修补后都要进行渗透或磁粉检测，当表面缺陷修补深度超过 3mm 时，应进行射线检测，内部缺陷修补后，应进行射线或超声波检测。方法见 NB/T 47013 的要求			
9	内外表面不允许有裂纹	检查出来的裂纹应打磨消除，如裂纹消除后压力容器的实际壁厚不小于设计厚度、磨除深度不大于名义厚度的 7% 且不超过 3mm，可不补焊，否则采取严格的焊补措施修复			
10	缺陷评定	执行 CVDA—1984《压力容器缺陷评定规范》			
11	耐压试验（必要时）	$PT=\eta P[\sigma]/[\sigma]t$ 具体操作严格执行容规及 GB/T 150 等相关标准			
12	基础沉降测量	符合设计图纸和相关标准的要求			
13	封炉前检查	1. 炉内的杂物等全部清理干净； 2. 法兰密封面无影响密封的缺陷； 3. 人孔盖、垫片、螺栓等完好、齐备； 4. 确认螺栓紧固，涂防咬合剂			

5 试验与验收

5.1 试验

5.1.1 检修后激冷环做水雾试验，观察其出水是否均匀、雾化效果良好；

5.1.2 烧嘴检修后现场做点火试验，确保烧嘴点火成功，信号完好；

5.1.3 壳体检修完进行压力和密封试验，其要求执行 TSG 21《固定式压力容器安全技术监察规程》有关规定。

5.2 验收

5.2.1 检修完后，施工单位应提交下列资料：

5.2.1.1 设计变更及材料代用通知单，材料零部件合格证；

5.2.1.2 检修报告和理化检验报告（特别是焊接记录和探伤检验报告）；

5.2.1.3 隐蔽工程记录、封闭记录、检修记录、中间检验记录、试验记录和衬里烘干记录。

5.2.2 投用前，由设备管理、施工、生产单位三方共同验收合格；

5.2.3 设备试运 72h 满足生产要求，达到各项技术指标，设备达到完好标准。

6 运行维护与常见故障处理

6.1 维护

6.1.1 严格按操作规程操作，及时调整工艺参数，保证设备正常运行；认真、准确、按时填写运行记录和报表；

6.1.2 严格执行巡回检查制度，定期检查现场仪表是否灵敏准确，设备运行有无异常，各密封点有无泄漏，发现问题后应及时处理，做好巡回检查记录；不能处理的缺陷应及时提出修理计划，并督促完成；

6.1.3 气化炉的升温、升压、降温、降压必须严格按照规定的工艺指标进行，防止温度、压力暴涨暴跌，并严禁超温、超压、超负荷运行；

6.1.4 定时检查气化炉内各点温度、炉外壁各点温度，如有异常应及时查明原因、监视运行；

6.1.5 操作时应特别注意烧嘴冷却水进出口温度，以免烧坏烧嘴；

6.1.6 清理设备、平台及地面卫生、保持设备及环境整齐、清洁。

6.2 定期检查

6.2.1 下列各项内容每月至少检查一次：

6.2.1.1 紧固件、阀门手轮等是否齐全，有无松动；阀门应开关灵活、阀杆润滑良好；

6.2.1.2 灭火蒸汽、氮气系统检查。

6.2.2 下列各项内容每季度至少检查一次：

6.2.2.1 管道绝热设施是否完好；

6.2.2.2 炉体平台、栏杆、爬梯、楼梯等钢结构的牢固程度和腐蚀情况；

6.2.2.3 设备基础有无下沉、倾斜、开裂；基础螺栓有无松动、锈蚀。

6.2.3 按 TSG 21《固定式压力容器安全技术检察规程》的要求每年至少进行一次外部检查。

6.3 常见故障与处理方法（表 3）

表 3 常见功能故障与处理方法

故障现象	故障原因	处理方法
气化炉炉内温度偏高	1. 氧 / 煤比偏高； 2. 热电偶失灵	1. 调整氧 / 煤比至正常； 2. 更换热电偶
气化炉炉壁温度偏高	1. 炉温过高或负荷过大； 2. 耐火衬里冲刷减薄严重或脱落； 3. 烧嘴偏烧	1. 调整炉内温度至正常； 2. 停车进行修补； 3. 检查、更换耐火砖； 4. 停车更换烧嘴
气化炉系统压差偏高	1. 气化炉底积渣过多，系统堵塞； 2. 激冷室合成气出口堵	1. 确认堵塞位置、清理积渣； 2. 工艺调整
烧嘴冷却水进、出流量差增大	烧嘴水夹套破	停车时检查、更换烧嘴
激冷水流量低	1. 激冷水泵打量不足或过滤器堵； 2. 激冷水管路堵； 3. 激冷水过滤器堵	1. 检查激冷水泵，清理过滤器； 2. 停车后疏通管路； 3. 倒换并清理过滤器
法兰泄漏	1. 螺栓紧固不均匀； 2. 法兰密封面损坏； 3. 密封垫片失效	1. 按规定紧固螺栓； 2. 带压堵漏或停车处理； 3. 更换密封垫片

18. 水煤浆气化炉维护检修规程

SHS 05039—2019

目　　次

前 言

本规程按照 GB/T 1.1—2009《标准化工作导则 第 1 部分：标准的结构和编写》给出的规则起草。

本规程由中国石油化工集团有限公司、中国石油化工股份有限公司提出。

本规程起草单位：中国石化集团南京化学工业有限公司、中国石油化工股份有限公司金陵石化分公司。

本规程主要起草人：徐健、钱银先。

本规程 2019 年首次发布。

水煤浆气化炉维护检修规程

1 范围

1.1 主题内容

本规程规定了水煤浆气化炉的检修周期及内容、检修程序与质量标准、试验与验收、维护与故障处理。

1.2 适用范围

本规程适用水煤浆气化炉及所属附件的维护和检修。

1.3 设备简介

气化炉是水煤浆装置的关键设备，主要由上部的燃烧室和下部的激冷室组成，外形呈圆筒状，烧嘴安装在燃烧室顶部，燃烧室为氧气和水煤浆的气化反应提供了空间（见图 1）。压力为 4.0～8.7 MPa(G) 的水煤浆与氧气并流在烧嘴出口处混合雾化燃烧，维持 1300～1400℃温度条件下的非催化部分氧化反应，获得以 CO、H_2 为主要成分的合成气（或称工艺气）。激冷室承担反应气和熔渣的激冷和分离，激冷室下部为收缩的渣口结构，即锥底，底部连接破渣机，副产品灰渣采用液态排渣。燃烧室壳体的主材为 SA387 Gr11 CL2，内衬耐火砖，耐火砖从内到外依次为迎火面砖、背衬砖、隔热砖和可压缩层（膨胀材料）；炉膛顶部为球形拱顶，中间为竖向直筒状，壳体表面遍布测温点；激冷室壳体采用 SA387 Gr11 CL2+316L 复合板卷制而成，内部主要由激冷环、下降管组成，检修人孔设置在下部。

气化炉结构简图见图 1。

2 规范性引用文件

下列文件的条款通过本规程的引用而成为本规程的条款，凡是注日期的引用文件，其随后所有的修改单（不包括勘误的内容）或修订版均不适用于本规程；然而，鼓励根据本规程达成协议的各方研究是否使用这些文件的最新版本。凡是不注日期的引用文件，其最新版本适用于本规程。

GB/T 150.1～150.4 压力容器

TSG 08 特种设备使用管理规则

TSG 21 固定式压力容器安全技术监察规程

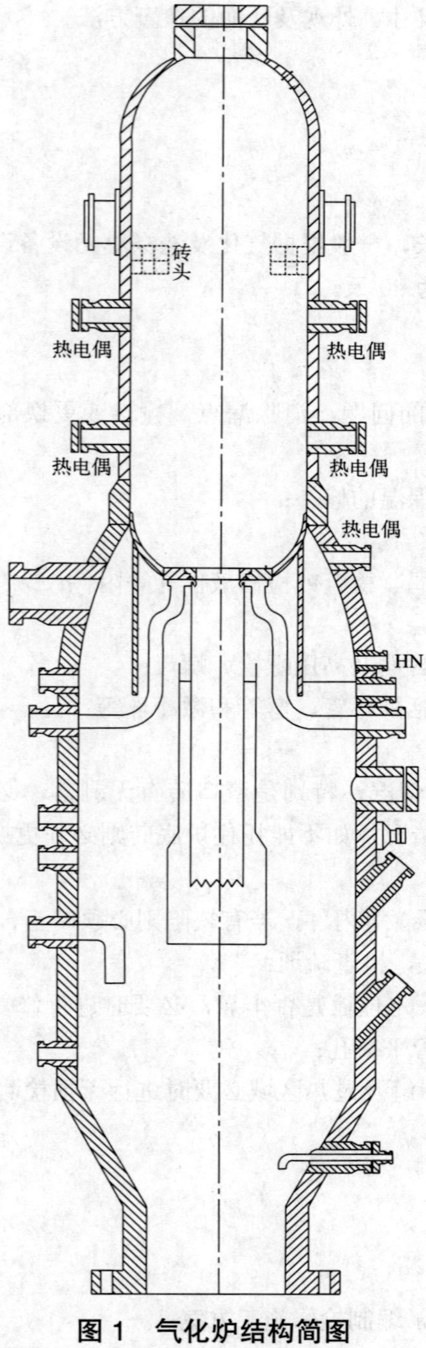

图 1　气化炉结构简图

NB/T 47013　承压设备无损检测

GB 50211　工业炉砌筑工程施工及验收规范

GB 50309　工业炉砌筑工程质量检验评定标准

HG/T 20543　化学工业炉砌筑技术条件

GB/T 10326 耐火制品尺寸、外观及断面的检查方法

3 检修周期与检修内容

3.1 检修周期

单台气化炉运行周期不长，一般根据气化及洗涤单元设备设施的运行状况，定期安排倒炉检修，建议检修周期为 90 天。

3.2 检修内容

3.2.1 处理日常检查中发现的问题，消除漏点，检修或更换部分管路、阀门或仪表，加固管道支撑等；
3.2.2 设备、管道的防腐、保温的修补；
3.2.3 检查完善防静电接地；
3.2.4 检查或更换测温热电偶、检查或检修液位计等附件；
3.2.5 检查或更换修复烧嘴；
3.2.6 检查修复大法兰的密封面及高压螺栓、螺母；
3.2.7 清理激冷水管路，包括外环管、弯管和激冷环等；
3.2.8 气化炉炉底清渣；
3.2.9 检查耐火砖表面烧损情况，特别是渣口砖有无剥落，必要时进行修补或更换，同步检查托砖盘内环的烧损情况，如不能托住炉底砖则必须更换；根据运行情况和炉砖检查尺寸确定是否更换面砖；
3.2.10 检查激冷环、内水环管等内件，若有缺陷则必须调正、修复、补焊甚至更换；
3.2.11 拆卸激冷环外部堵头，检查疏通；
3.2.12 检查下降管的支撑、定位板是否牢靠，必要时进行修复，清洗下降管内外筒以及环隙的堵渣，并疏通下降管平衡孔；
3.2.13 目视检查壳体，对焊缝及过热区域必要时进行无损检测。

4 检修程序与质量标准

4.1 检修前准备

4.1.1 备齐图纸、技术资料，编制检修施工方案；
4.1.2 备好检修机具、量具和劳动保护用品；
4.1.3 备好备品、备件和所需材料，并查验其合格证；
4.1.4 炉内温度必须降至 40℃以下，内部置换分析合格，并与系统隔绝；
4.1.5 设备检修前必须办理安全交出证明，抽插盲板、进塔入罐、现场动火、登高作业、临时用电等在作业前必须取得相应的作业许可证。

4.2 检修程序

4.2.1 激冷水管线清理

4.2.1.1 打开激冷水外环管端盖，拆除炉内弯管和激冷环上的全部堵头；
4.2.1.2 用高压水枪对外环管、弯管、激冷环内部进行冲洗；
4.2.1.3 进行激冷环及下降管的水分布试验，沿下降管壁四周的激冷水分布均匀，无局部缺水或水膜脱离壁面方为合格。

4.2.2 烧嘴检修

4.2.2.1 拆卸炉顶头盖法兰的紧固螺栓，吊出烧嘴，放置在专用支架上；
4.2.2.2 检查各法兰密封面，消除影响密封的缺陷，封好法兰口；
4.2.2.3 清除烧嘴头部同心圆的结焦、堵塞物，清除氧气通道的油污；
4.2.2.4 检查烧嘴头部冷却水盘管，用冷却水进行试漏。根据缺陷情况进行修复或更换，修复后焊缝应进行 100% 渗透检查，不得有裂纹出现；
4.2.2.5 检查烧嘴头部同心圆各通道情况，视情况决定修复或更换；

4.2.3 耐火衬里检修

4.2.3.1 全面检查耐火衬里，如耐火砖普遍减薄，当厚度减薄之总厚度的 2/3 时，应更换耐火衬里，重新砌筑；
4.2.3.2 根据炉内直径进行预砌时根据炉体内径和各层砖结构要求预砌尺寸，砌筑尺寸一旦确定后，砌筑时控制偏差为 ±3mm；
4.2.3.3 合拢砖加工后的尺寸，不得小于原砖宽度的 1/2；若小于 1/2，必须加工两块砖；合拢砖应在砌体上均匀分布；
4.2.3.4 各种砖的见火面不得加工，不得在砌体上砍凿砖。

4.2.4 激冷环及下降管检修

4.2.4.1 推开与气化炉下法兰相连的破渣机；
4.2.4.2 拆固定激冷环的螺栓，吊出气化炉；
4.2.4.3 更换激冷环内环；

a）拆托砖盘内环上部的炉砖，把托砖盘内环吊出；

b）割除破损的激冷环内环，打磨平整后，把新的激冷环内环安装至原来的位置。

4.2.4.4 更换下降管；

a）将下降管与激冷环在裙座处割开，拆除下降管与上升筒的连接螺栓，吊出激冷室；

b）新的激冷环裙座与下降管须对齐，下降管的中心线与激冷环应当垂直，允许偏差 ±0.5mm，然后把组件安装至激冷室。

4.2.4.5 安装新的激冷环及下降管。

4.3 质量标准

4.3.1 烧嘴修复标准

4.3.1.1 内烧嘴头烧损大于 1mm、小于 6mm 可进行修复，烧损大于 6mm 或严重减薄必须更换；

4.3.1.2 烧嘴头部每个运行周期结束，应根据检验情况进行修复或更换；尤其是外烧嘴头重点检查；

4.3.1.3 内烧嘴回装时，与外烧嘴同轴度不大于 ϕ0.35mm（可通过中心定位块的厚度来保证，但必须保证定位块与烧嘴紧密配合；

4.3.1.4 烧嘴组件回装前法兰密封面、密封槽面应脱脂清洗干净，螺栓、垫片安装齐全到位，上、下分体按标记方位组装。

4.3.2 耐火衬里质量标准

4.3.2.1 筒体砖必须在热电偶开孔耐火砖位置确认后方可进行砌筑，砌砖采用挤浆法，具体尺寸要求如下：

a）砌体砖缝宽度：工作层砖缝不大于 1.0mm、其合拢砖不大于 2mm；

b）隔热层和保温层砖缝不大于 1.5mm、其合拢砖不大于 2.5mm；

c）衬里筒体部三层砖结构，每两层之间的间隙，由内向外（炉中心为内）分别规定为 3mm、2mm、1mm；

d）衬里直径：±3mm；

e）每环砖的同心度：±1.5mm（以炉体中心线为基准）；

f）工作层轴向膨胀缝（40±5）mm；

g）筒体膨胀缝 3～6mm；

h）火泥饱和度为 100%，各层砖应错缝砌筑，原则上不得有连续通缝；难以避免的两环通缝，应分布均匀。

4.3.2.2 拱脚砖的标高以炉口法兰面为基准，严格控制以保证烧嘴室的尺寸；

4.3.2.3 拱顶砖需借助专用模具进行砌筑，模具应准确、牢固；

4.3.2.4 锥底砖错缝砌筑，炉底平直度误差不大于 5mm；

4.3.2.5 砌筑火泥材质应与耐火砖一致，现场配制时，严格按照使用说明书进行，配比、黏度和加水量等要求精确，浇注料配制要求相同，受潮结块的浇注料不得使用；

4.3.2.6 拌合用水为饮用水，水温 5～25℃，采用机械搅拌，振捣密实；

4.4.2.7 搅拌后的浇注料应在 30min 内用完，已初凝的浇注料不得使用；

4.3.2.8 砌筑完毕的内表面应平整，无明显错台；

4.3.2.9 新筑衬里至少自然干燥 3 天，再烘炉。烘炉前，炉内温度不低于 15℃；

4.3.2.10 新筑衬里和经过大修的衬里按照炉砖供应商提供的《烘炉升温曲线表》规定

进行，局部修补的衬里可按技术人员制定的烘炉曲线进行。

4.3.3 激冷环及下降管质量标准

4.3.3.1 新的激冷环裙座与下降管须对齐，下降管的中心线与激冷环应当垂直，允许偏差 ±0.5mm，然后把组件安装至激冷室；

4.3.3.2 激冷环内环焊接时一定要按图纸控制激冷环内环与裙座的间隙。

5 试验与验收

5.1 试验

5.1.1 设备检修完毕，施工质量符合本规程要求，检修记录齐全；

5.1.2 安全附件齐全完整，仪表电气等复原，联锁调校完成，具备试车条件；

5.1.3 进行气密性试验，无泄漏、无可见变形为合格。

5.2 验收

5.2.1 检修后设备达到完好标准；

5.2.2 检修完毕，施工单位应提交详细交工资料，包括检修任务书、施工方案、竣工验收单、检验报告、试验记录、烘炉记录等；

5.2.3 由设备管理部门、生产部门、施工单位三方验收合格；

5.2.4 设备运行 72h，各主要操作指标达到设计要求，设备性能满足生产需要，即可办理验收手续。

6 维护与常见故障处理

6.1 日常维护

6.1.1 严格执行操作规程，及时调整工艺参数，保证设备正常运行；认真、准确、按时填写运行记录和报表；

6.1.2 严格执行巡回检查制度，定期检查现场仪表指示，设备运行状况，密封点泄漏情况，发现问题及时汇报，协助处理，记录检查情况；不能处理的缺陷应讨论提出修理计划，并督促完成；

6.1.3 严格按照规定的工艺指标进行气化炉的升温、升压、降温、降压，防止温度、压力暴涨暴跌，严禁超温、超压、超负荷运行；

6.1.4 定时检查气化炉内各点温度、炉外壁各点温度数据，如有异常应及时查明原因，落实监视运行；

6.1.5 严格控制烧嘴冷却水的进出口温度；

6.1.6 清理设备、平台及地面，保持设备及环境整齐、清洁。

6.2 定期检查

6.2.1 月度检查内容

6.2.1.1 紧固件、阀门手轮等是否齐全，有无松动；阀门应开关灵活、阀杆润滑良好；
6.2.1.2 检查灭火蒸汽、氮气系统。

6.2.2 季度检查内容

6.2.2.1 检查管道保温；
6.2.2.2 检查炉体平台、栏杆、爬梯、楼梯等钢结构的牢固程度和腐蚀情况；
6.2.2.3 检查设备基础下沉、倾斜、开裂和基础螺栓松动、锈蚀情况。

6.3 常见故障与处理

气化炉常见故障与处理方法见表1。

表1 气化炉常见故障与处理方法

功能故障	故障原因	处理方法
气化炉炉内温度偏高	1. 氧／煤比偏高； 2. 热电偶失灵	1. 调整氧／煤比至正常； 2. 更换热电偶
气化炉炉壁温度偏高	1. 炉温过高或负荷过大； 2. 耐火砖局部脱落或砖缝过大； 3. 耐火砖冲刷减薄严重； 4. 烧嘴偏烧	1. 调整炉内温度至正常； 2. 停车进行修补； 3. 检查、更换耐火砖； 4. 停车更换烧嘴
气化炉系统压差偏高	1. 气化炉底积渣过多，系统堵塞； 2. 激冷室合成气出口堵	1. 确认堵塞位置、清理积渣； 2. 工艺调整
烧嘴冷却水进、出流量差增大	烧嘴水夹套破	停车时检查、更换烧嘴
激冷水流量低	1. 激冷水泵打量不足或过滤器堵； 2. 激冷水管路堵； 3. 激冷水过滤器堵	1. 检查激冷水泵，清理过滤器； 2. 停车后疏通管路； 3. 倒换并清理过滤器
法兰泄漏	1. 螺栓紧固不均匀； 2. 法兰密封面损坏； 3. 密封垫片失效	1. 按规定紧固螺栓； 2. 带压堵漏或停车处理； 3. 更换密封垫片

附 录 A
（资料性附录）
气化炉主要设备材质

部位	材质
燃烧室（包括炉顶法兰、测温孔短节）	SA387 Gr11 Cl2 SA182 F11-2
激冷室壳体	SA387 Gr11 CL2+316L
锥底	SA182 F11-2+316L
导气、升气筒	SUS304
激冷环	INCOLOY825

附　录　B
（资料性附录）
耐火材料的检验范围、检验内容及检验标准

B.1　检验范围

刚玉耐火砖、保温砖、氧化铝空心球、莫来石砖、耐磨耐热浇注料、高温隔热浇注料、保温浇注料。

B.2　检验内容

化学成分、物理性能、外观质量、外形尺寸。

B.3　气化炉国内外耐火材料的理化检验标准，见表 B.1～表 B.5。

表 B.1　高密度耐火砖性能参数表

参数 \ 型号			AK99	AK90	AK50
最高工作温度/℃			1800	1700	1500
塞氏测温熔锥锥号（S.K）			42	40	35
荷载耐火度/℃			＞1750	1750	1540
体积密度/（kg/m^3）			3250	3050	2350
显气孔率/%			17	18	15
耐热冲击/min			最大 25	最大 25	最大 25
物理性能	热传导率/（W/m·K）	100℃	5	2.6	1.3
		650℃	3.4	2.3	1.38
		1100℃	3.4	2.2	1.5
	常温耐压强度/MPa		75	85	50
化学成分	Al_2O_3/%		≥99	90	48
	SiO_2/%		≤0.3	9.5	47
	Fe_2O_3/%		≤0.15	＜0.5	＜1.2

表 B.2　保温砖性能参数表

参数 \ 型号	FI45-15	FI45-12	FI45-8
最高工作温度/℃	1450	1450	1425
塞氏测温熔锥锥号（S.K）	35	35	35
体积密度/（kg/m^3）	1450	1200	800

表 B.2　保温砖性能参数表（续）

参数＼型号			FI45-15	FI45-12	FI45-8
定线性变形 /（24h1400℃，%）			0.4	0.4	0.4
物理性能	热传导率 /（W/m·K）	220℃	0.6	0.42	0.3
		600℃	0.63	0.45	0.38
		1100℃	0.7	0.52	0.44
	常温耐压强度 /MPa		15	10	5
化学成分		Al_2O_3/%	47	47	47
		SiO_2/%	47	47	47
		Fe_2O_3/%	<1.5	<1.5	<1.2

表 B.3　三种浇注料的主要性能参数

参数＼型号			CURON180 TSP 耐磨耐热浇注料	GTLITE180 高温隔热浇注料	CURON140 保温浇注料
最高工作温度 /℃			1800	1800	1400
110℃干燥后密度 /（kg/m³）			2800	1450	2150
最大粒径 /mm			6	5	4
浇注 100kg 干料需水 /kg			8～10	17～22	12～15
物理性能	常温耐压强度 /MPa	100℃	60	16	60
		600℃	55	14	50
		815℃		14	40
		1000℃	50	14	40
		1300℃	40		
		1500℃		15	50
		1600℃	45		
	热传导率 /（W/m·K）	100℃	1.55	2.0	0.56
		600℃	1.38	1.32	0.61
		815℃		1.08	0.64
		1000℃	1.40	0.44	0.66
		1300℃	1.42		
		1500℃		0.83	0.70
		1600℃	1.45		

表 B.3 三种浇注料的主要性能参数（续）

参数		型号	CURON180 TSP 耐磨耐热浇注料	GTLITE180 高温隔热浇注料	CURON140 保温浇注料
物理性能	线变化率 /%	100℃			
		600℃	0~0.05	0~-0.1	0~-0.15
		815℃		0~-0.2	0~-0.2
		1000℃	0~0.08	0~-0.2	0~-0.2
		1300℃	0~-0.1		
		1500℃		0~0.4	0~-0.3
		1600℃	0~-0.75		
化学成分	Al_2O_3/%		95	94	44
	SiO_2/%		≤0.2	≤0.5	37
	Fe_2O_3/%		≤0.2		
	CaO/%		4	≤0.2	<3

表 B.4 氧化铝空心球的理化指标表

项目	指标	
AL_2O_3/%	≥ 98	
SiO_2/%	≥ 0.3	
Fe_2O_3/%	≥ 0.2	
体积密度 /（kg/m^3）	1000~1500	1500~1800
常温耐压强度 /MPa	≥ 6	≥ 8
0.1MPa 荷重软化开始温度 /℃	≥ 1700	
重烧线变化率（1600℃ ×3h）/%	-0.3~+0.3	
导热系数 /（W/m·K）	由供方提供数据	

表 B.5 莫来石轻质砖的理化指标表

项目	M—1.0
Al_2O_3/%	≥ 60
Fe_2O_3/%	≥ 1
体积密度 /（kg/m^3）	≥ 1000
显气孔率 /%	≥ 50 ~ 60
常温耐压强度 /MPa	≥ 3
耐火度 /℃	≥ 1700

B.4 德士古气化炉国内耐火材料的理化检验标准，见表 B.6~表 B.9。

表 B.6

项目	指标		
	刚玉砖 -91	刚玉砖 -92	刚玉砖 -93
化学成分 /%			
Al_2O_3	≥ 99.0	≥ 99.55	≥ 99.55
SiO_2	≤0.20	≤0.07	≤0.07
Fe_2O_3	≤0.15	≤0.09	≤0.09
R_2O	≤0.30	≤0.25	≤0.25
物理性能			
显气孔率 /%	≤19	≤20	≤16
体积密度 /（kg/m³）	≥ 3200	≥ 3250	≥ 3330
耐压强度 /MPa	＞ 70	≥ 80	≥ 310
抗折强度 /MPa（常温）		17.2	62
荷重软化点 /℃	1700	＞ 1700	＞ 1700
重烧线变化率 /%（1600℃ ×3h）	±0.2	±0.2	0～±0.1
抗热震 / 次（1000℃，空冷）	＞ 20	＞ 20	≥ 6（1000℃，水冷）
线膨胀系数 /（1/℃）（1300℃）	8.1×10^{-6}	8.1×10^{-6}	8.6×10^{-6}
导热系数 /[W/（m·K）]（800℃）	2.40	2.40	2.70

表 B.7

项目	指标		
	空心球砖	轻质黏土	空心球浇注料
化学成分 /%			
Al_2O_3	≥ 99.0	≥ 32.8	≥ 88
SiO_2	≤0.3	≤63.5	≤0.5
Fe_2O_3	≤0.2	≤2.0	≤0.2
物理性能			
显气孔率 /%	＞ 50	≥ 53	≥ 45
体积密度 /（kg/m³）	＜ 1800	≤1100	
耐压强度 /MPa	≥ 12	≥ 4.9	≥ 11
荷重软化点 /℃	＞ 1700		
重烧线变化率 /%（1600℃ ×3h）	±0.2	≤2（1300℃ ×3h）	±0.8（1500℃ ×3h）
抗热震性 / 次（1000℃，空冷）	10		
线膨胀系数 /（1/℃）（1300℃）	8.1×10^{-6}		
导热系数 /（W/m·K）（800℃）	0.95	＜ 0.55（350℃）	＜ 0.7

表 B.8

项目	指标	
	高铝纤维毡	硅酸铝纤维毡
化学成分 /%		
长期使用温度 /℃	1200	1000
Al_2O_3	> 58	≥ 48
SiO_2		
Fe_2O_3	≤0.3	≤1.2
R_2O	≤0.3	≤0.5
Al_2O_3+ SiO_3	≥ 98.5	≥ 96
物理性能		
导热系数 /[W/（m·K）]	0.13（平均温度 1200℃）	0.12（平均温度 600℃）
渣球温度 /%	≤10	≤10
体积密度 /（kg/m^3）	180~220	180~220
加热收缩 /%	≤4（1400℃ ×6h）	≤4（1150℃ ×6h）
纤维直径 /μm	2~4	2~4
纤维长度 /mm	~50	~50

表 B.9

项目	指标	
	高铝火泥	黏土火泥
化学成分 /%		
Al_2O_3	≥ 97	≥ 50
物理性能		
耐火度 /℃	≥ 2000	≥ 1500
粉末度（< 0.5mm）/%	100	100
粉末度（< 0.074mm）/%	≥ 60	≥ 40
粘结时间 /min	1~3	1~3

B.5 进口耐火材料按合同规定或生产厂家的厂标或装箱单所列指标进行检验。

B.6 用户对生产厂提供的材料理化性能，如有异议，应送国家级耐火材料检测部门复核。

B.7 保管和运输耐火材料时应防潮。

B.8 运至施工现场的耐火材料，应具有出厂合格证，应标明牌号、型号、性能，且符合技术条件和设计图纸的要求。

B.9 工作层耐火砖的外观检查，尺寸偏差见表 B.10。

表 B.10

mm

尺寸	＜80	80～120	＞120～200	＞200
允许偏差	±0.5	±0.8	±1.0	±1.2

注：对于同一块砖，相同尺寸误差不应超过 0.5mm。

B.10 工作层耐火砖的外观缺陷标准见表 B.11。

表 B.11

mm

<table>
<tr><th colspan="2" rowspan="2">名称</th><th colspan="2">标准</th></tr>
<tr><th>见火面</th><th>非见火面</th></tr>
<tr><td rowspan="5">缺棱角</td><td>深度</td><td>≤2</td><td>≤2</td></tr>
<tr><td>缺棱</td><td rowspan="2">≤20</td><td rowspan="2">≤40</td></tr>
<tr><td>长+宽</td></tr>
<tr><td>缺角</td><td rowspan="2">≤30</td><td rowspan="2">≤60</td></tr>
<tr><td>长+宽+高</td></tr>
<tr><td rowspan="4">熔洞</td><td>凹坑</td><td>不许有</td><td>直径≤3；深度≤2</td></tr>
<tr><td>表面划痕</td><td colspan="2">宽度≤1.5；深度≤2</td></tr>
<tr><td>扭曲度</td><td colspan="2">＜0.5</td></tr>
<tr><td>可见裂纹</td><td colspan="2">不许有</td></tr>
</table>

注：①缺角在同一块砖上，大于 1/2 最大尺寸的，不允许有 2 处以上；

②缺边、棱间的最小距离，小于 1/2 最大尺寸的不许有，大于 1/2 最大尺寸的为 80mm；

③保护层、保温层用砖外观指标是刚玉砖的两倍。

附　录　C
（资料性附录）
检修质量控制确认表

项目	主要控制内容			等级	施工单位	生产装置	设备管理部门	备注
	标准值	部位	现场记录					
燃烧室腐蚀裕度	≤6mm			A	★	★	★	
激冷室腐蚀裕度	≤3mm			A	★	★	★	
激冷环	无变形、龟裂			B	★	★		
下降管	无变形、龟裂			B	★	★		
激冷水管路	无堵塞			B	★	★		
迎火面砖目测	无裂缝、脱落			B	★	★		
迎火面砖减薄	≤2/3 总厚度			A	★	★	★	
迎火面砖直径偏差	±3.0mm			A	★	★	★	
耐火砖宽度砖缝	≤1.0mm			A	★	★	★	
每环砖同心度	±1.5mm			A	★	★	★	
每环砖水平度	±1.5mm			A	★	★	★	
耐火砖径向膨胀缝	40mm±5mm			A	★	★	★	
耐火砖筒体膨胀缝	3～6mm			A	★	★	★	
炉底砖平直度	≤5mm			A	★	★	★	
激冷环中心线与下降管中心线偏差	±2mm			A	★	★	★	
激冷环中心线与炉口法兰中心线偏差	±3mm			A	★	★	★	
烧嘴内外喷嘴同轴度	≤Φ0.35mm			A	★	★	★	

控制级别说明：A 级：施工单位、生产装置、设备管理部门专业人员检查确认后签字。
B 级：施工单位和生产装置专业人员检查确认后签字。
C 级：施工单位专业人员检查确认后签字。
另：如果有监理，监理的职责由甲方授权。

19. 软管隔膜煤浆泵维护检修规程

SHS 05040—2019

目　次

前 言

本规程按照 GB/T 1.1—2009《标准化工作导则 第 1 部分：标准的结构和编写》给出的规则起草。

本规程由中国石油化工集团有限公司、中国石油化工股份有限公司提出。

本规程起草单位：中国石油化工股份有限公司齐鲁分公司。

本规程主要起草人：陈珂敏。

本规程 2019 年首次发布。

软管隔膜煤浆泵维护检修规程

1 范围

1.1 主题内容

本规程规定了TGK系列双软管隔膜煤浆泵的检修周期与内容、检修程序与质量要求、试车与验收、日常维护与故障处理。

1.2 适用范围

本规程适用于水煤浆气化装置TGK系列双软管隔膜煤浆泵的维护和检修，单隔膜泵和软管隔膜泵可参照执行。

2 规范性引用文件

下列文件的条款通过本规程的引用而成为本规程的条款，凡是注日期的引用文件，其随后所有的修改单（不包括勘误的内容）或修订版均不适用于本规程；然而，鼓励根据本规程达成协议的各方研究是否使用这些文件的最新版本。凡是不注日期的引用文件，其最新版本适用于本规程。

API STD 674 容积式泵 往复式

JB/T 8697 隔膜泵

GB 50231 机械设备安装工程施工及验收通用规范

SHS 01028 变速机维护检修规程

SHS 01017 齿轮泵维护检修规程

3 检修周期与内容

3.1 设备简介

软管隔膜煤浆泵主要由泵体、底盘、行程齿轮减速器、驱动装置、吸入和输出压力管以及关键阀门等组成。泵由电机驱动，电机通过联轴器和齿轮减速器、曲轴箱相连，将旋转运动转变为活塞的往复运动，并驱动一定量的液压油，使内外软管－隔膜在特定的时刻被共同挤压。由于双软管的特殊结构，它们始终按相同的方向和形状收缩和鼓胀，达到输送介质的目的。

3.2 检修周期

根据隔膜煤浆泵的运行情况、状态监测与故障诊断结论合理确定检修周期，检修周期一般为3个月。建议结合气化炉的检修，同步安排煤浆泵检修。

3.3 检修内容

3.3.1 检查曲轴箱、减速箱油位；检查油质及油路阻塞情况，消除泄漏，清洗油泵过滤网；
3.3.2 清理曲轴箱、减速箱，检查曲轴箱、减速箱轴承润滑情况，添加或更换润滑油；
3.3.3 检查液压油箱油质、油位，添加或更换液压油；
3.3.4 拆检、清洗进出口阀体、阀球、阀座，对损坏的部件进行更换；
3.3.5 对入口管线进行高压水清洗，除去内部沉淀的煤浆和铁屑；
3.3.6 检查出口缓冲器内部软管和蓄能器氮气压力，必要时进行处理；
3.3.7 检查泵体内外软管，更换使用寿命超过12个月或者损坏的软管；
3.3.8 检查联轴器磨损情况，吹扫表面灰尘，更换损坏部件；
3.3.9 检查活塞环的密封情况，出现背部漏油时进行更换，检查活塞体的紧固螺栓是否松动，检查缸套镜面磨损情况，对出现异常部件进行处理；
3.3.10 检查并调校超压安全阀、软管泄漏监测装置，拆检清洗泄漏补偿阀，疏通泄漏补偿阀的平衡孔；
3.3.11 测量十字头与滑道间隙，超差进行调整或更换；
3.3.12 测量连杆小头轴承与十字头销间隙，超差进行更换；
3.3.13 测量连杆大头轴承、曲轴轴承和减速箱齿轮轴轴承间隙，超差进行更换；
3.3.14 检查曲轴主要几何精度、尺寸和磨损情况，检查连杆主要尺寸精度；
3.3.15 测量减速机一级齿轴轴向窜动量、两圆锥齿轮接触区的长度和两圆锥齿轮的侧间隙，超差进行更换；
3.3.16 软管缸体和联接螺栓进行着色探伤检查，内部出现裂纹的缸体或螺栓进行更换；
3.3.17 设备的传动受力部件如连杆、曲轴、活塞杆、拨叉等进行着色探伤，处理探伤不合格部件；
3.3.18 检查管路上各阀门和流量计，更换失效件；
3.3.19 调校煤浆泵联锁装置；
3.3.20 全面检查踏脚板、支架腐蚀，修补、加固或更换腐蚀严重部件；
3.3.21 检查、修补基础；
3.3.22 整机全面做防腐蚀。

4 检修程序与质量标准

4.1 检修前准备

4.1.1 根据设备运行技术状态和监测记录，分析故障原因，明确故障部位；

4.1.2　准备必要的图纸资料，编制检修计划和技术方案；

4.1.3　制定施工方案，明确技术要求，图、表齐全，符合设备安全、环保要求；

4.1.4　施工前组织施工人员进行技术交底，将方案内容、技术、质量等要求交代清楚；

4.1.5　准备检修工器具、清洗剂和润滑油（脂）等；

4.1.6　对检修过程进行危害识别及风险评估、环境因素识别和影响评价，各项准备工作应符合安全、环保、质量等方面的要求；

4.1.6.1　办理好各类进场检修施工手续；

4.1.6.2　检修前切断泵电源，并且悬挂安全警示牌；

4.1.6.3　检修前确认工艺处置是否满足检修要求；

4.1.6.4　备好相应物料收集桶，避免环境污染；

4.1.6.5　检修人员个人防护必须符合劳保着装规定要求，施工器具验收合格，并落实施工监护人；

4.1.6.6　设立现场设置施工作业管理牌，落实文明检修相关准备。

4.1.6.7　物资准备

a）工机具、量具清单见表 1；

表 1　检修工机具、量具清单

工机具、量具清单		
百分表	水平仪	游标卡尺
塞尺	百分表座	量块
吊耳	铅丝	三角刮刀
外径千分尺	千斤顶	内径千分尺
梅花扳手	深度尺	敲击扳手
锉刀	活扳手	力矩扳手
公制内六角扳手	套筒扳手	尼龙吊装带
手拉葫芦	英制内六角扳手	钢丝绳
橡胶板	红丹粉	激光对中仪
铜棒或铅棒	劳保用品	应急安全物资
液压泵		

b）耗材清单见表 2。

表 2　耗材清单

耗材清单		
专用密封胶	螺纹胶	普通砂纸
面粉	白布	除油脱脂剂
塑料布	金相砂纸	生料带
清洗剂	刷子	铁丝
海绵	除锈刷	细磨石

4.2 检修程序

4.2.1 附属部件拆卸

4.2.1.1 拆卸保护设施；
4.2.1.2 拆卸电机与减速机的联轴器罩壳，拆卸联轴器，半联轴器和联接螺栓不得有裂纹等缺陷。测量电机与减速机联轴器对中情况，记录数据；
4.2.1.3 联系仪表工拆除仪表管件，测振仪表探头；
4.2.1.4 联系油品员排放液压油和润滑油。

4.2.2 检查软管隔膜

4.2.2.1 拆卸出入口管线（图 1），并检查清扫；

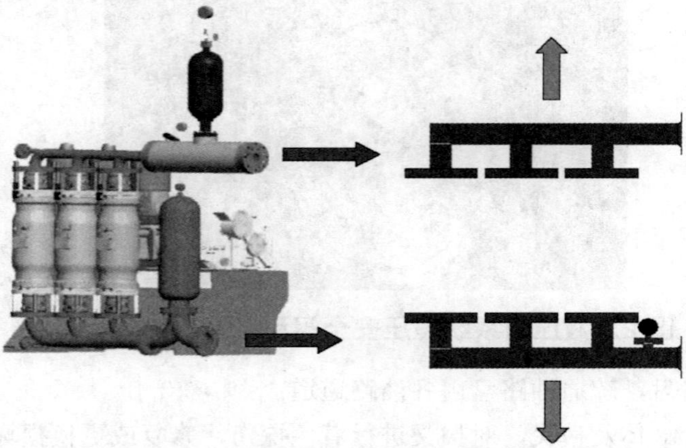

图 1 出入口管线拆卸示意图

4.2.2.2 拆卸入口阀门和出口阀门，检查阀球、阀座、阀导向的磨损情况，更换超差或密封不严的部件；
4.2.2.3 拆卸入口和出口固定软管法兰，检查法兰面和流道冲刷情况；
4.2.2.4 拆卸内外软管，检查软管的表面是否存在划伤和疲劳撕裂现象。

4.2.3 检查出口缓冲器

4.2.3.1 检查出口缓冲器蓄能器的压力，如果出现蓄能器压力降低现象，应检查充气装置是否存在泄漏故障；
4.2.3.2 检查出口缓冲器软管是否存在破裂现象，更换破裂的软管；
4.2.3.3 松开蓄能器与管线的联接螺栓，检查或更换蓄能器软管。

4.2.4 检查软管缸体

4.2.4.1 拆卸液压油回油管线，松开软管缸体与泵体的联接螺栓，将软管缸体吊装到地面；

4.2.4.2　检查软管缸体的内部防腐层是否脱落，修复脱落的防腐层；

4.2.4.3　拆卸软管缸体的内部液压油补偿装置，检查或更换损坏的弹簧；

4.2.4.4　对软管缸体和联接螺栓进行着色探伤，更换出现裂纹的缸体和联接螺栓。

4.2.5　检查液压油系统

4.2.5.1　拆卸液压油箱；

4.2.5.2　拆卸超压安全阀和泄漏补偿阀（图 2），清洗超压安全阀和泄漏补偿阀，疏通泄漏补偿阀的平衡孔；

图 2　液压油系统超压安全阀和泄漏补偿阀示意图

4.2.5.3　拆卸油路盘，疏通油路盘内各油路通道；

4.2.5.4　拆卸软管缸体及拨叉，对拨叉进行着色探伤，修复或更换损坏的拨叉。

4.2.6　检查泵体

4.2.6.1　断开活塞杆与十字头的联接螺栓；

4.2.6.2　拆卸软管缸体，将活塞体从泵体内取出，检查泵体缸套镜面的磨损情况，修复或更换损坏的缸套；

4.2.6.3　检查活塞环的磨损情况和活塞联接螺栓的松动情况，更换损坏的活塞环和松动螺母；

4.2.6.4　对活塞杆进行着色探伤，更换损坏的活塞杆；

4.2.6.5　对泵体的表面进行探伤，更换出现穿透性裂纹的泵体。

4.2.7　检查曲轴箱

4.2.7.1　拆卸曲轴箱两侧轴封端盖螺栓，拆卸曲轴箱上部端盖螺栓，将曲轴箱上部端盖吊装到底面；

4.2.7.2　检查曲轴两端轴承磨损情况，测量曲轴箱两端轴承间隙；

4.2.7.3　测量连杆大头轴承间隙；

4.2.7.4 测量连杆小头轴承间隙；
4.2.7.5 测量十字头滑道间隙；
4.2.7.6 将曲轴、连杆和十字头整体吊出曲轴箱体。

4.2.8 检查减速箱

4.2.8.1 拆卸减速箱上部端盖螺栓，将减速箱上盖吊到底面；
4.2.8.2 测量以及齿轮轴轴向窜动量；
4.2.8.3 测量两圆锥齿的轮齿侧间隙；
4.2.8.4 测量两圆锥齿轮接触区长度；
4.2.8.5 测量减速机各轴承间隙。

4.3 回装程序

4.3.1 回装软管隔膜

4.3.1.1 仔细折叠新的软管－隔膜并插入软管缸体中，确认软管－隔膜外表面上的箭头与介质流动方向一致；
4.3.1.2 安装新的 O 形环；
4.3.1.3 安装吸入端法兰；
4.3.1.4 盘车移动相应软管缸体活塞的位置，保证外软管接触控制盘；
4.3.1.5 按照介质的流向安装入口阀（图 3）内软管充水，向内外软管之间的空腔添加由水和防冻剂组成的传动液（图 4），充满传动液并排尽空气；

图 3 入口阀门结构图

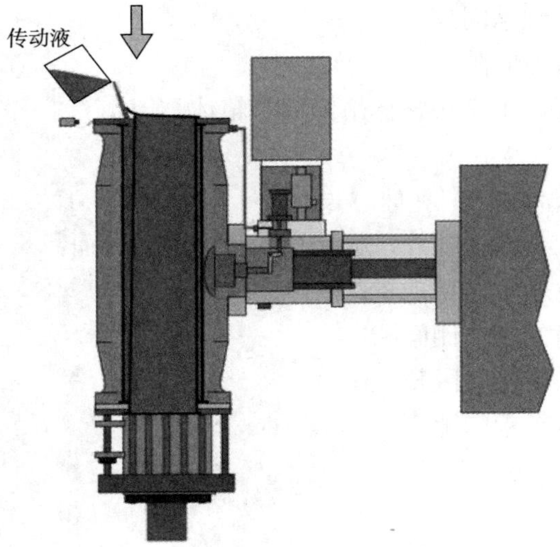

图 4　内外软管之间传动液添加示意图

4.3.1.6　安装输出端法兰；

4.3.1.7　将活塞移到前死点，拆卸排气补油阀和缸体顶部的排气阀，添加液压油（图5），当发现液压油从缸体顶部的排气阀处排出时，慢慢加油，液压油中的气体完全排出时，装上排气阀并安装液压油回油管线，安装并旋紧排气补油阀；

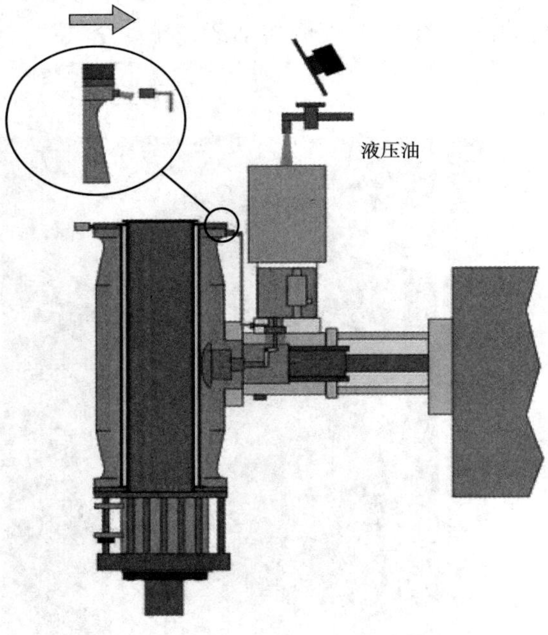

图 5　液压油添加示意图

4.3.1.8 安装出口阀；
4.3.1.9 安装入口管线和出口管线。

4.3.2 安装出口缓冲器

4.3.2.1 按照软管隔膜的安装程序安装出口缓冲器的软管；
4.3.2.2 将两个蓄能器中其中一个蓄能器拆卸，以便添加传动液（图6）；

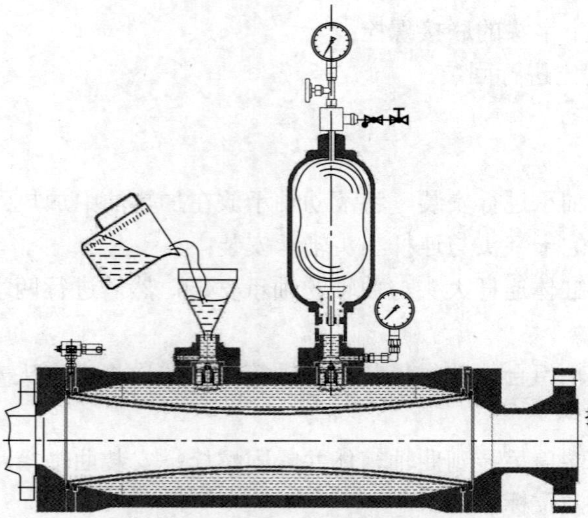

图6 出口缓冲器传动液添加

4.3.2.3 拆卸蓄能器底部传动液的排气螺栓；
4.3.2.4 按照随机文件规定添加传动液，安装拆卸的蓄能器；
4.3.2.5 向出口缓冲器的内软管中充水，压力约0.2MPa，通过传动液的排液孔排除多余的液体和气体，并拧紧排液孔螺栓；
4.3.2.6 向缓冲器蓄能器充氮气，氮气压力维持60%的工作压力；
4.3.2.7 将蓄能器吊装与管线连接固定。

4.3.3 回装软管缸体

4.3.3.1 将液压油补偿装置安装到软管缸体；
4.3.3.2 安装新的O形环，吊装软管缸体与泵体进行连接，紧固螺栓；
4.3.3.3 按照4.3.1 软管隔膜安装程序安装软管隔膜。

4.3.4 回装液压油系统

4.3.4.1 安装拨叉；
4.3.4.2 安装软管缸体；
4.3.4.3 安装油路盘以及顶杆，调整顶杆间隙；

4.3.4.4　安装超压安全阀及液压油回油管线；

4.3.4.5　安装液压油箱；按照 4.3.1.7 条款添加液压油；

4.3.4.6　安装泄漏补偿阀。

4.3.5　泵体

4.3.5.1　将泵体安装到曲轴箱体，拧紧螺栓；

4.3.5.2　将维修合格的活塞体安装在泵体内；

4.3.5.3　拧紧活塞杆与十字头的联接螺栓；

4.3.5.4　按照 4.3.4 规定进行回装。

4.3.6　曲轴箱

4.3.6.1　利用热装法将轴承进行安装，将滚动轴承放在加热油中加热到 120℃；

4.3.6.2　依次进行三缸的十字头与连杆小头轴承安装；

4.3.6.3　首先进行中间缸体连杆大头与曲轴的轴承安装，然后进行两端缸体的连杆大头与曲轴的轴承安装；

4.3.6.4　将组装合格曲轴组合体整体吊装到曲轴箱中，依次将十字头安装在对应的十字头滑道中；

4.3.6.5　将曲轴箱上部端盖吊装到曲轴箱体并紧固螺栓；安装曲轴箱两侧轴封端盖；

4.3.6.6　加注润滑油至油位标识处。

4.3.7　减速箱

4.3.7.1　减速箱体就位，校正箱体水平度，紧固箱体螺栓；

4.3.7.2　组装参见 SHS 01028《变速机维护检修规程》；

4.3.7.3　按润滑规定手册要求添加润滑油至油标 1/2～2/3，无异常、泄漏；

4.4　质量标准

4.4.1　联轴器的检修执行 SHS 01073《一般机泵用联轴器检修及质量标准》；

4.4.2　减速箱的检修执行 SHS 01028《变速机维护检修规程》质量标准；

4.4.3　润滑油泵的检修执行 SHS 01017《齿轮泵维护检修规程》质量标准；

4.4.4　滑块联轴器装配的允许偏差见表 3；

表 3　滑块联轴器装配的允许偏差

联轴器外形最大直径 /mm	两轴心径向位移 /mm	两轴线倾斜	端面间隙 /mm
≤190	0.05	0.03/1000	0.5～1.0
250～330	0.10	1.0/1000	1.0～2.0

4.4.5　软管缸体检修质量标准见表 4；

表 4　软管缸体检修质量标准

序号	检验项目	质量标准	检验方法
1	软管隔膜	表面平滑，无划伤或孔洞，厚度均匀，使用寿命小于 12 个月	千分尺、目测
2	阀座密封圈	表面平滑，无划伤或缺失，厚度均匀，每次检修进行更换	千分尺、目测
3	O 形环	表面平滑，无划伤或断裂，直径均匀，每次检修进行更换	千分尺、目测
4	阀球	表面无裂纹和缺失，磨损率大于原直径 5% 进行更换	千分尺、目测、探伤
5	阀座	表面无裂纹和缺失，内孔直径冲蚀扩大量大于新备件直径 5% 进行更换	游标卡尺、目测、探伤
6	阀体	表面无裂纹和冲蚀	目测、探伤
7	软管缸体	内表面防腐完好，表面无裂纹	目测、探伤
8	软管泵体联接螺栓	无裂纹和丝扣损坏	目测、探伤

4.4.6　液压油系统检修质量标准见表 5；

表 5　液压油系统检修质量标准

序号	检验项目	质量标准	检验方法
1	泵体	表面平滑无变形，无划伤或裂纹	目测、探伤
2	超压安全阀	起跳压力 100bar，弹簧无断裂	压力试验、目测
3	泄漏补偿阀	弹簧无断裂，平衡孔畅通，密封正常	目测
4	顶杆间隙	0.5～0.7（测量方法见图 7）	游标卡尺
5	拨叉	表面无裂纹	探伤

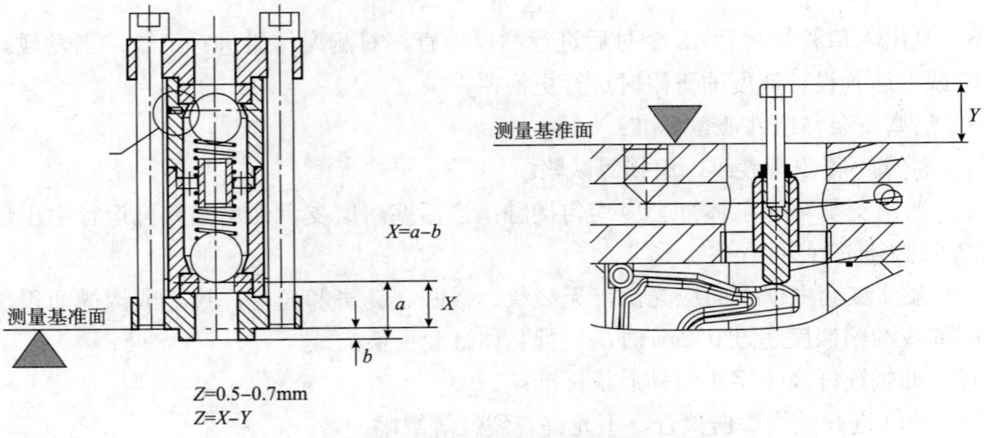

图 7　顶杆间隙测量示意图

4.4.7　曲轴箱检修质量标准见表6；

表6　曲轴箱检修质量标准

序号	检验项目	质量标准	检验方法
1	曲轴箱体	表面平滑无变形，无划伤或裂纹	目测、探伤
2	十字头	1. 十字头滑道无划痕，水平度十字头表面巴氏合金无脱落或脱壳； 2. 十字头滑道间隙0.16～0.35mm，各列十字头滑道轴线的水平度≤0.05mm/m； 3. 优先执行随机文件规定	游标卡尺、千分尺、水平仪、目测
3	连杆及十字头销	无磕碰、裂纹等缺陷	目测、探伤
4	曲轴	1. 曲轴安装的水平度误差≤0.1mm/m；曲轴轴线对十字头滑道轴线的垂直度≤0.1mm/m； 2. 在曲拐颈0°、90°、180°、270°四个位置测量曲拐颈的水平度，检查曲拐颈与主轴颈的平行度≤0.15mm/m； 3. 在曲拐颈0°、90°、180°、270°四个位置上，分别测量其曲臂间距离，其偏差值不得大于活塞行程的万分之一（见图8）； 4. 曲轴无裂纹； 5. 优先执行随机文件规定	游标卡尺、千分尺、水平仪、探伤

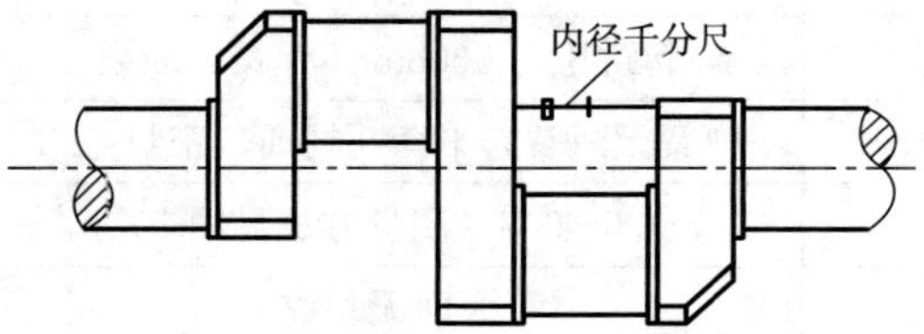

图8　曲拐臂间距测量示意

4.4.8　泵出入口管线运行12个月后进行测厚检查，对测厚结果进行记录，当发现减薄10%时或者达到设计厚度的下限时进行更换；

4.4.9　活塞及泵体组件质量标准；

a）活塞不得出现裂纹、磨损等缺陷；

b）活塞支承环和泵体缸套应均匀接触；当活塞耐磨支承面磨损并且运行中出现漏油现象时必须进行更换；

c）泵体缸套内壁表面应光洁，无裂纹、砂眼、锈斑和拉毛；拉毛或沟槽面积超过1/4圆周或沟槽深度超过0.2mm时，进行泵体缸套更换；

4.4.10　曲轴连杆及十字头组件质量标准；

a）曲轴进行无损探伤检查，不允许有裂纹等缺陷；

b）曲轴箱及其他部位轴承座孔如发现有超差，应机加工校正，不允许用垫片调整；

4.4.11　滚珠、滚柱及滚针表面，轴承内、外圈滚道表面若有无法消除的磨点及剥层缺陷，应更换轴承；

4.4.12　轴承配合表面不应有裂纹、气孔和剥层现象，也不允许有碰伤与划痕；

4.4.13　轴瓦与轴应均匀接触，用涂色法检验时接触点总面积不应小于总面积的 70%；

4.4.14　厚壁巴氏合金轴瓦衬里磨损量超过原厚度 30% 或有剥落，脱壳时应更换；

4.4.15　连杆及连杆螺栓经无损探伤检查不得有裂纹、砂眼等缺陷；联接螺栓拧紧时伸长量不应超过原有长度的千分之一，残余伸长量超过伸长量的千分之二时应予以更换；

4.4.16　连杆直线度偏差不应大于 1mm/m，连杆小头和大头孔中心线、平行度不应大于 0.06mm/m，连杆大小头孔圆柱度偏差不应超过原直径尺寸公差的 1/2；

4.4.17　十字头、十字头销、十字头连接器及联接螺栓用放大镜或无损探伤检查不得有裂纹等缺陷；

4.4.18　十字头与滑道应接触均匀，接触面积应大于总面积的 70%；

4.4.19　十字头巴氏合金有开裂或脱壳，应补焊或重浇，磨损量超过原合金厚度的 30% 时应予更换。

5　试车与验收

5.1　试车前准备

5.1.1　机、电、仪的检修工作全部完成，检修质量得到签字确认；

5.1.2　设备本体整洁、干净、无油污杂物、积水，现场照明良好，环境和安全符合技术要求；

5.1.3　设备管线和阀门标识清楚准确；

5.1.4　制定了试车方案并确定了试车人员和各自职责；

5.1.5　检查工艺管路畅通，各控制阀门开、关灵活有效；

5.1.6　检查各控制点仪表灵敏、有效；

5.1.7　各部位润滑油、液压油油位显示清晰、正常。

5.2　试车

5.2.1　手动盘车，观察连杆完成 3～5 个行程，应顺畅、无卡涩和异常声响；

5.2.2　打开泵出入口阀门，调整泵入口压力约 0.2MPa；

5.2.3　松开双层软管隔膜破裂报警器丝堵，打开三缸液压油排气阀；启动泵，保持 450r/min 低速运行，检查出口管路有无憋压；检查各密封点有无泄漏；核对泵转速流量与电磁流量计流量偏差小于 $3m^3/h$；检查三缸液压油排气阀的开度，充分排气；检查双层软管隔膜破裂报警器底部防冻液的排出情况，当没有防冻液排出时，安装丝堵，不要全部拧紧，试车正常后拧紧；

5.2.4　待三缸液压油排气完成后，关闭排气阀，缓慢提高泵电机转速至 600r/min，注意保持泵入口压力，并随时核对泵的出口流量；

5.2.5 检查泵的运行情况，调节出口阀门开度，将泵出口压力缓慢提高至正常工作压力的55%，检查泵及出口管线密封点有无泄漏，检查出口管线振动情况；

5.2.6 逐步提高电机转速，出口压力提高至正常工作压力，检查泵及出口管线密封点有无泄漏，检查出口管线振动情况；

5.2.7 泵在正常工作压力下运行30min以上未见异常，缓慢降低电机转速600r/min，进行跑合运行，对于进行曲轴箱大修的设备需要跑合24h，无异常后进行停机备用；

5.2.8 试车过程中，应按试车记录要求按时准点记录，发现异常情况应立即停车；

5.2.9 试车结束后，打开泵入口导淋排水。

5.3 验收

5.3.1 按检修方案所列内容检修完毕，质量符合本规程要求；

5.3.2 单机、联动试车正常，主要操作指标达到铭牌要求，设备性能满足生产需要。连续运转后，各项技术指标均达到设计要求或能满足生产需要；

5.3.3 检修后设备达到完好标准；

5.3.4 检修记录齐全、准确，设备人员负责督促检修单位在规定的工作日内将关键机组“检修记录”和“检修质量验收单”（电子版和书面版）等检修资料提报，检修资料内容必须准确、完整填写。设备部门审核无误后，在机组检修完成后，在规定工作日内将检修资料和试车记录等检修资料上传 EM 系统存档；

5.3.5 满负荷72h运转正常，办理验收手续，正式移交生产。

6 维护与故障处理

6.1 日常维护

6.1.1 定期检查设备缺陷和故障，发现缺陷立即通知车间设备负责人；

6.1.2 保持软管隔膜活塞泵的清洁；

6.1.3 检查电动机、减速箱、曲轴箱的轴承温度和振动；

6.1.4 检查电动机、减速箱和曲轴箱的声音是否正常；

6.1.5 泵的吸入和输出管线螺栓保持紧固；

6.1.6 查看隔膜破裂报警装置和阀体检测装置的指示是否出现异常；

6.1.7 检查油位的变化以及液压油的颜色变化；

6.1.8 采取正确的充氮压力和操作压力，防止出口缓冲器处出现撞击声；

6.1.9 初次加注润滑油大约工作200h更换，以后按照检测结果或者润滑油换油规定进行；

6.1.10 运转时液压油油位必须达到玻璃视镜中部。

6.2 常见故障与处理

TGK 系列软管隔膜煤浆泵常见功能故障与处理方法见表 7。

表 7 软管隔膜煤浆泵常见功能故障与处理方法

功能	功能故障	故障模式	故障后果	故障应对策略与检修内容	检修周期／月
1. 保证煤浆泵出口压力在工艺指标控制范围内	1.1 流量和压力不稳定	1.1.1 没有所输送的工作介质	流量和出口压力为零	检查吸入侧是否堵塞	视情况而定
		1.1.2 吸入管线或吸入管线上的闸阀部分或全部堵塞或关闭	流量低	检查全部闸阀	视情况而定
		1.1.3 泵传动液没有完全充填好	流量和出口压力波动	充满传动液	视情况而定
		1.1.4 从进口管吸入了空气	流量和出口压力波动	检查吸入阀中有无异物颗粒	视情况而定
		1.1.5 泵内软管中有空气	流量和出口压力波动	用水充满内软管（排出空气）	视情况而定
		1.1.6 吸入阀被堵	压力下降	拆下阀门并清洗	视情况而定
		1.1.7 阀球或阀座磨损	压力下降	更换阀球和／或阀座	视情况而定
		1.1.8 泵壳或工作管道泄漏	压力下降	密封损坏，必要时更换泵壳和／或工作管道	视情况而定
		1.1.9 单个泵头故障	流量不稳定	停泵检查	视情况而定
	1.2 液压油液位波动或变色	1.2.1 液压油变色（被乳化）	内软管或外软管损坏	停车处理	视情况而定
		1.2.3 液压油变色（内有气泡）	加液压油时排气不彻底，油中含有空气	打开复线阀低转速下排气	视情况而定
		1.2.4 液压油液位下降	软管－隔膜损坏或活塞密封缺陷	更换软管－隔膜或检查活塞密封	视情况而定
		1.2.5 液压油液位剧烈升高	a. 副线阀打开 b. 补排油系统故障 c. 初始加油活塞的位置在后死点或者加油太多	a. 检查副线阀的开关位置 b. 检查补排油系统 c. 排出过量的液压油	视情况而定

表 7　软管隔膜煤浆泵常见功能故障与处理方法（续）

功能	功能故障	故障模式	故障后果	故障应对策略与检修内容	检修周期／月
2. 保证机组连续运转	2.1 因机械故障造成煤浆泵不能连续运行	2.1.1 活塞松动	与活塞行程死点同步的锤击噪声	检查活塞	视情况而定
		2.1..2 活塞杆与十字头的连接松动	与活塞行程死点同步的锤击噪声	检查活塞杆与十字头的连接	视情况而定
		2.1.3 十字头或滑道松动	与活塞行程死点同步的锤击噪声	检查十字头或滑道	视情况而定
		2.1.4 连杆大头轴承损坏或连杆螺栓松动	与活塞行程死点同步的锤击噪声	检查连杆大头轴承或连杆螺栓	视情况而定
		2.1.5 连杆小头小瓦间隙大或十字头销松动	与活塞行程死点同步的锤击噪声	检查连杆小头轴瓦和十字头销	视情况而定
		2.1.6 曲轴轴承损坏	与活塞行程死点同步的锤击噪声	检查曲轴轴承	视情况而定
		2.1.7 十字头和滑道配合表面损坏或划伤	十字头滑道过热	检查十字头滑道间隙，必要时进行修复	视情况而定
		2.1.8 润滑系统故障，润滑油进入少或断油	十字头滑道过热	检查润滑油系统	视情况而定
		2.1.9 轴承磨损	轴承座过热	更换轴承	视情况而定
		2.1.10 轴承和轴承座间隙大或安装晃动	轴承座过热	调整安装间隙	视情况而定
		2.1.11 润滑油量少或断油	轴承座过热	检查润滑油少或断油的原因，并进行处理	视情况而定
		2.1.12 弹性橡胶块磨损	联轴器振动	更换弹性橡胶块	视情况而定
		2.1.13 联轴器不对中	联轴器振动	进行对中找正	视情况而定
	2.2 因润滑系统故障造成煤浆泵不能连续运行	2.2.1 油泵运行故障	启动备用泵／若不能及时处理，停机		视情况而定
		2.2.2 油泵电气设备（电机、启动按钮等）损坏	启动备用泵／若备用泵不能启动机组停机	联系电气专业处理	视情况而定
		2.2.3 油过滤器堵	润滑油压力下降	切换备用过滤器	视情况而定

表 7　软管隔膜煤浆泵常见功能故障与处理方法（续）

功能	功能故障	故障模式	故障后果	故障应对策略与检修内容	检修周期 / 月
2. 保证机组连续运转	2.2 因润滑系统故障造成煤浆泵不能连续运行	2.2.4 油系统漏油	启动备用泵 / 若不能及时处理，机组停机	进行消漏	视情况而定
		2.2.5 润滑油温度低	润滑油压力高	加热润滑油	视情况而定
		2.2.6 油箱油位低	润滑油压力低	补加润滑油	视情况而定
	2.3 电气故障造成机组不能连续运行	2.3.1 主电机变频器故障	机组停机	检查变频器	视情况而定
		2.3.2 主电机开关柜继电器故障	机组停机	更换开开关柜继电器	视情况而定
		2.3.3 主电机开关柜卡件故障	机组停机	更换开关柜卡件	视情况而定
		2.3.4 主电机开关柜综保故障	机组停机	更换开关柜综保	视情况而定
		2.3.5 主电机开关柜断路器故障	机组停机	更换开关柜断路器	视情况而定
		2.3.6 主电机振动大	转子不平衡，机组停机	检修电机，转子做动平衡	视情况而定
		2.3.7 电机不对中	振动大易造成停机	停机重新找正	视情况而定
		2.3.8 主电机地脚螺栓松动	振动大易造成停机	重新把紧地脚螺栓	视情况而定
		2.3.9 缺润滑脂造成轴承损坏	机组停机	电机检修更换轴承	视情况而定
		2.3.10 加油脂过多造成轴承温度高		电机检修更换轴承	视情况而定
		2.3.11 蜂鸣器故障	报警信号发出，蜂鸣器不响，没有提示操作人员，可能引起装置联锁停机	需停机组处理	视情况而定
	2.4 仪表故障造成机组不能连续运行	仪表控制室到变频器控制柜通信电缆故障	机组停机	更换通信电缆或紧固松动处	视情况而定

附　录　A
（资料性附录）
软管隔膜煤浆泵检修质量控制确认表（德国菲鲁瓦）

项目	主要控制内容			等级	施工单位	生产装置	设备管理部门	备注
	标准值	部位	现场记录					
拆卸时检测								
曲轴安装水平度误差	≤0.1mm/m			A	★	★	★	
曲轴两端轴承间隙	0.12～0.21mm			A	★	★	★	
连杆轴承间隙	0.01～0.02mm			A	★	★	★	
十字头滑道轴线的水平度	≤0.05mm/m			A	★	★	★	
十字头滑道间隙	0.16～0.35mm			A	★	★	★	
一级齿轴轴向窜动量	0.01～0.035mm			A	★	★		
圆锥齿轮齿侧间隙	0.03～0.05mm			A	★	★		
拔叉顶杆与泄漏补偿阀球间隙	0.05～0.07mm			B	★	★		
电机与减速机对中	径向圆跳动≤0.08mm 端面圆跳动≤0.05mm			B	★	★		
泄漏补偿阀平衡孔	畅通			B	★	★		
软管隔膜	表面完好，无划伤，运行寿命≤12 个月			B	★	★		
阀球	表面无裂纹和缺失，磨损率＜原直径 5%			B	★	★		
阀座	表面无裂纹和缺失，内孔直径冲蚀扩大量＜新备件的直径 5%			B	★	★		
出口缓冲器蓄能器压力	60% 工作压力			B	★	★		
回装时检测								
清洗、检查情况	油箱、各备件完好、清洁			B	★	★		
曲轴安装水平度误差	≤0.1mm/m			A	★	★	★	
曲轴两端轴承间隙	0.12～0.21mm			A	★	★	★	
连杆轴承间隙	0.01～0.02mm			A	★	★	★	

软管隔膜煤浆泵检修质量控制确认表（德国菲鲁瓦）（续）

项目	主要控制内容			等级	施工单位	生产装置	设备管理部门	备注
	标准值	部位	现场记录					
十字头滑道轴线的水平度	≤0.05mm/m			A	★	★	★	
十字头滑道间隙	0.16～0.35mm			A	★	★	★	
一级齿轴轴向窜动量	0.01～0.035mm			A	★	★		
圆锥齿轮齿侧间隙	0.03～0.05mm			A	★	★		
拔叉顶杆与泄漏补偿阀球间隙	0.05～0.07mm			B	★	★		
电机与减速机对中	径向圆跳动≤0.08mm 端面圆跳动≤0.05mm			B	★	★		
泄漏补偿阀平衡孔	畅通			B	★	★		
软管隔膜	表面完好，无划伤，运行寿命≤12 个月			B	★	★		
阀球	表面无裂纹和缺失，磨损率＜原直径 5%			B	★	★		
阀座	表面无裂纹和缺失，内孔直径冲蚀扩大量＜新备件的直径 5%			B	★	★		
出口缓冲器蓄能器压力	60% 工作压力			B	★	★		

表中数据是德国菲鲁瓦软管隔膜煤浆泵 TGK 300/250 检修质量控制要求，其他隔膜煤浆泵仅供参考。

注： A 级：施工单位、生产装置、设备管理部门专业人员检查确认后签字。

B 级：施工单位和生产装置专业人员检查确认后签字。

C 级：施工单位专业人员检查确认后签字。

另：如果有监理，监理的职责由甲方授权。

附　录　B

（资料性附录）

隔膜煤浆泵试车与验收数据记录表

装置：　　　　　　　　　　设备名称：　　　　　　　　　　位号：

试车参数记录：			记录时间											
记录名称	参数位号	标准	1:00	2:00	3:00	4:00	5:00	6:00	7:00	8:00	9:00	10:00	11:00	12:00
电机电流														
电机前轴承温度														
电机后轴承温度														
机体轴承温度														
电机前轴承振动														
电机后轴承振动														
出口流量														
出口压力														
入口压力														
泄漏情况														
运行异响														
油泵出口压力														
润滑油温度														
润滑油过滤器压差														
验收确认		施工单位：					管理单位：					使用单位：		
备注：1. 三方签字验收后交付生产使用。2. 大修后 15 个工作日内，将试车记录及验收表扫描录入设备管理系统。														

20. 飞灰过滤器维护检修规程

SHS 05041—2019

目　次

前　言

本规程按照 GB/T 1.1—2009《标准化工作导则　第 1 部分：标准的结构和编写》给出的规则起草。

本规程由中国石油化工集团有限公司、中国石油化工股份有限公司提出。

本规程起草单位：由中国石油化工股份有限公司安庆分公司。

本规程主要起草人：储昭松、任隽。

本规程 2019 年首次发布。

飞灰过滤器维护检修规程

1 范围

1.1 主题内容

本规程规定了粉煤上行气化装置飞灰过滤器的检修周期与内容、检修程序与质量标准、试验与验收、维护与故障处理。

1.2 适用范围

本规程适用于粉煤上行气化装置飞灰过滤器的维护与检修。

2 规范性引用文件

下列文件的条款通过本规程的引用而成为本规程的条款，凡是注日期的引用文件，其随后所有的修改单（不包括勘误的内容）或修订版均不适用于本规程；然而，鼓励根据本规程达成协议的各方研究是否使用这些文件的最新版本。凡是不注日期的引用文件，其最新版本适用于本规程。

中华人民共和国特种设备安全法

特种设备安全监察条例

TSG 08 特种设备使用管理规则

TSG 21 固定式压力容器安全技术监察规程

GB/T 150 压力容器

NB/T 47013 承压设备无损检测

JB/T 4732 钢制压力容器—分析设计标准

SHS 01001 石油化工设备完好标准

SHS 01004 压力容器维护检修规程

SHS 01033 设备及管道保温、保冷维护检修规程

SHS 01034 设备及管道涂层检修规程

JB/T 9092 阀门的检验与试验

GB/T 13927 工业阀门压力试验

3 检修周期与内容

3.1 设备简介

飞灰过滤器是粉煤上行气化装置的关键设备，主要由承压壳体（材质为SA387-Gr11CL2+304L、厚度为100mm+3mm），上、下气室主管板，滤芯组件，反吹管，文丘里管和粗合成气升气管系等部件组成。设备结构简图见图1。

飞灰过滤器的主要功能是通过滤芯的在线过滤，除去粗合成气中夹带的粉尘颗粒，得到后续装置生产所需的精合成气。

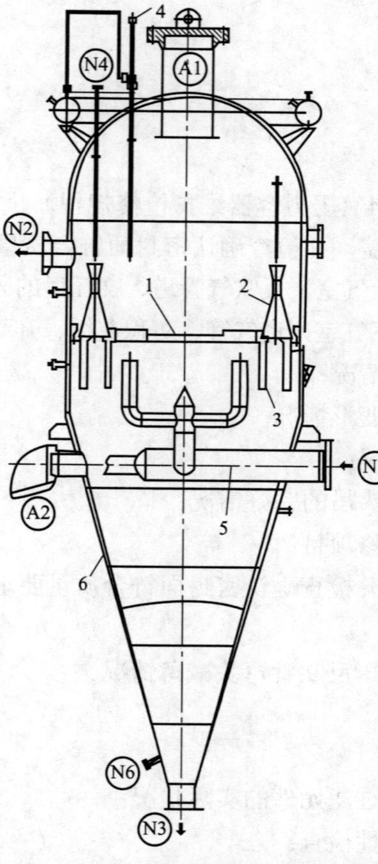

A1—上气室入孔
A2—下气室入孔
N1—粗合成气入口
N2—精合成气出口
N3—粗合成气、灰出口
N6—氮气反吹口
1—上、下气室间主管板
2—文丘里管
3—过滤器滤芯
4—反吹管
5—上粗合成气入口管
6—过滤器壳体

图1 粉煤上行气化装置飞灰过滤器结构简图

3.2 检修周期

3.2.1 受压元件

飞灰过滤器的承压壳体按照TSG 21—2016《固定式压力容器安全技术监察规程》规定进行年度检查和定期检验。根据装置运行状况，可依据RBI技术的风险评估结果确定检验周期，检验周期一般为 72～108 个月。

3.2.2 过滤元件

依据运行工况、工艺参数情况，确定保养和维修周期。一般根据上、下气室压差和过滤后粗合成气中粉尘颗粒含量确定是否安排检修。建议滤芯运行 12 个月后安排一次检修。

3.2.3 附属部件

依据过滤器反吹阀动作、内漏情况确定是否维修或更换，建议反吹阀使用 96～144 个月安排一次检修。

3.3 检修内容

3.3.1 受压元件

受压元件的维护检修遵照 SHS 01004《压力容器维护检修规程》执行。

3.3.1.1 拆、装过滤器上、下气室人孔盖，并检查确认密封面符合质量要求；

3.3.1.2 检查确认过滤器内洁净气侧（上气室）反吹气管道、文丘里的固定、对中状况；

3.3.1.3 检查确认过滤器内原料气侧（下气室）进气管、防积灰板、升气帽的完好状况；

3.3.1.4 检查过滤器内壁复合层的完好情况；

3.3.1.5 检查过滤器上、下气室主管板变形情况；

3.3.1.6 确认过滤器静密封点的完好情况；

3.3.1.7 检查确认过滤器内环形轨道锚头吊的完好情况；

3.3.1.8 年度检查、定期检验确定的检修项目；

3.3.1.9 拆装飞灰收集罐底部通气锥，并检查确认密封面符合质量要求；检查确认滤筒冲刷磨损情况；

3.3.1.10 检查确认过滤器外部 24 组高压反吹管弯头减薄情况。

3.3.2 过滤元件

3.3.2.1 至少解体两个过滤组束，检查过滤元件的实际状况；

3.3.2.2 过滤元件紧固件及密封件完整性检查；

3.3.2.3 更换有缺陷的过滤元件组件。

3.3.3 附属部件

3.3.3.1 检查反吹阀动作情况及时间（打开 / 关闭时间）；

3.3.3.2 检查反吹阀内漏情况；

3.3.3.3 检查反吹阀前后切断阀泄漏情况；

3.3.3.4 检查气缸系统动作及泄漏情况；

3.3.3.5 检查反吹阀前后法兰泄漏情况；
3.3.3.6 上气室清灰；
3.3.3.7 下气室搭、拆脚手架，清灰；
3.3.3.8 绝热层、防腐涂层的完好性检查；
3.3.3.9 粗合成气进出口焊缝连接处完好性检查。

4 检修程序与质量标准

4.1 检修前准备

4.1.1 掌握过滤器运行状况，分析过滤器运行数据，确定具体检修内容；
4.1.2 备齐检修所需的图纸和技术资料，编写、审批检修（焊接）方案；
4.1.3 产权、检修单位按规定进行检修作业双向交底，填写交底记录；
4.1.4 备齐检修所需工器具、吊具、量具、滤芯组件存放筒；
4.1.5 备齐检修所需备品、配件、材料和劳动保护用品，包括密封件、紧固件、压缩弹簧、陶瓷（金属）滤芯、保安滤芯等；
4.1.6 检查确认从事压力容器检修的单位、人员的资质；
4.1.7 飞灰过滤器检修人员经过健康体检，三级安全教育，过滤元件解体和安装人员完成专题培训；
4.1.8 飞灰过滤器内部和设备接管（指设备与第一道阀门之间的管道）内介质吹扫置换合格，飞灰过滤器与其他设备相通的工艺管线已经隔断或用盲板隔离；
4.1.9 办理各类作业票证，动火、防中毒、防窒息分析的取样要具有代表性，必要时，取样人员穿戴长管空气呼吸器进入飞灰过滤器内部死角取样；
4.1.10 飞灰过滤器内部检修、照明用电符合标准规范；
4.1.11 过滤元件解体与安装场地平整清洁，具有防风、防尘和防雨设施。

4.2 检修程序

4.2.1 受压元件检修

受压元件的检修遵照 SHS 01004《压力容器维护检修规程》进行，具体步骤如下：
4.2.1.1 上下气室人孔外部保温材料保护性拆卸；
4.2.1.2 拆卸上下气室人孔封盖，做好法兰拆卸标记，上气室人孔盖吊出后，垫片不拆卸，与螺栓孔固定后用以保护密封面。

4.2.2 过滤元件检修

4.2.2.1 检查过滤器洁净气侧（上气室）内部的清洁情况；
4.2.2.2 检查过滤器内过滤元件密封件及紧固件的完整性；

4.2.2.3 检查主管板有无变形；

4.2.2.4 依据运行数据确定解体两个过滤组束，检查过滤元件状况；

a）检查小管板、文丘里喷管、格栅等元件有无变形或倾倒现象；

b）检查反吹管口、文丘里管口对中情况是否符合安装要求；

c）检查压紧弹簧是否符合设计要求；

d）检查陶瓷（金属）滤芯表面情况和有无损伤迹象；

e）特别注意检查密封区的状况，上气室主管板是否有积灰迹象。

4.2.3 过滤组件拆卸

4.2.3.1 拆卸内部反吹管间固定用的拉筋，反吹管拆卸；

4.2.3.2 文丘里管紧固件拆卸，文丘里拆卸；

4.2.3.3 拆卸文丘里组，拆卸压力板、导向套等；

4.2.3.4 拆卸压紧弹簧及垫片；

4.2.3.5 拆卸滤芯并抽出。

4.2.4 过滤组件安装

4.2.4.1 在大管板中将小管板安装在法兰上，安装拉杆及格栅；

4.2.4.2 陶瓷（金属）过滤器元件的安装：

a）用干净、无脂针织手套将过滤器元件仔细地从原包装中拆出并去除成型泡沫件；

b）将陶瓷（金属）元件竖起，小心地取出识别号为5476000（绿色）的过滤器ISOTHERM密封放在元件的顶端，沿过滤器元件滑下；注意防止滤芯表面涂层的损坏；将元件倒过来，将过滤器元件轻轻穿入小管板中；

注意：过滤器元件一定不能受到任何撞击，否则会损坏元件；

c）将陶瓷（金属）元件放进格栅内，第二位装配工在小管板下面接住陶瓷（金属）元件轻轻插入格栅；

注意：滤芯一定要从管板中心向外安装；

d）：安装紧固件，当所有的陶瓷（金属）元件插入小管板中，将标识号为5222600（白色）的NOBEST密封件放在陶瓷（金属）元件头的中心；在密封上装上导向套和弹簧；

e）安装压力板，将双头螺栓旋入小管板的螺纹孔中紧固，在双头螺栓上装上隔片套，插入压力板、导向套；在双头螺栓上放入垫圈、六角螺母，使六角螺母均匀受力，然后紧固到位；检查压力板，密封以及过滤器元件是否对中；

安装压力板时，要特别注意，确保没有小零件如垫片螺母掉入过滤器元件中；

f）调整格栅，通过固定螺杆上的螺母调整格栅。调整后紧固。

4.2.5 管束安装运输

4.2.5.1 打开运输保护吊桶中的固定部件，通过葫芦将管束吊入运输保护吊桶中，关闭固定部件来固定管束；

4.2.5.2 将装有一个管束的运输保护吊桶运进过滤器容器，将运输保护吊桶移至主管板需要安装的位置，就位主管板配对法兰；

4.2.5.3 在主管板中安装管束：

a）将小管板放在法兰上；

b）打开运输保护吊桶中的固定部件；

c）将管束放入主管板的孔中；

d）将空的运输保护吊桶挂在内葫芦上运出容器；

e）在主管板法兰上固定好装有管束小管板；

4.2.5.4 安装文丘里喷管：

a）通过外葫芦将文丘里喷管运进过滤器，然后通过内葫芦运到主管板孔，再把文丘里喷管置于已装好的小管板上；

b）用 M16 螺栓固定和调整；

4.2.5.5 从过滤器内移走所有工具和其他部件；

4.2.5.6 拆除内葫芦并固定内部吊车梁；

4.2.5.7 重新安装反吹脉冲管及喷嘴；

4.2.5.8 认真检查过滤室，确保保持清洁，确认无杂物；

4.2.5.9 关闭人孔，重新装上用于内件安装而拆除的所有设备、管道。

4.2.6 附属部件

4.2.6.1 更换阀体、阀座、波纹管、阀芯、导向套、联轴器、活塞杆、传感器支架等零件；

4.2.6.2 在阀杆与阀芯锁紧螺母处进行防松脱点焊（不少于 3 点）处理，避免螺母松动现象；

4.2.6.3 检查或更换阀门四根长连杆螺栓；

4.2.6.4 间隔衬套、接管法兰、锁紧环、气缸前盖、气缸套、气缸后盖等零件吹砂、镀镍处理；

4.2.6.5 检查活塞推杆导向密封，更换气缸活塞密封；

4.2.6.6 气缸活塞锁紧螺母加点焊处理；

4.2.6.7 更换波纹管、更换受损零件；

4.2.6.8 阀体、接管法兰密封面修复；

4.2.6.9 更换所有标准件及密封件。

4.3 质量标准

4.3.1 受压元件

4.3.1.1 采用挖补方法对飞灰过滤器进行修理或改造，焊接按照 SHS 01004《压力容器维护检修规程》中 3.3.1.3~9 条款执行；焊缝表面质量应符合 3.3.1.11 的条款要求；

4.3.1.2 缺陷返修部位无损检验按照 NB/T 47013《承压设备无损检测》执行；

4.3.1.3 飞灰过滤器壳体的表面裂纹，应采用砂轮打磨消除，打磨后的壁厚不得小于设计壁厚；打磨深度不大于名义厚度的 7% 且不超过 3mm 时，可不补焊，但打磨部位与周边金属需平缓过渡，打磨后磁粉检测合格；

4.3.1.4 焊缝内部缺陷处理和表面处理无法消除的焊缝表面缺陷，参照《高温高压过滤器 / 飞灰收集罐技术条件》中 5.6.2 条执行；

a）形状一般为圆形或者方形圆角过渡，尽量减少应力集中；

b）焊缝打磨与母材齐平；

c）焊缝需经射线检测及磁粉检测合格；

4.3.1.5 接管法兰密封面不得有径向划痕，腐蚀斑点等影响密封性能的损伤，法兰不得强行联接；

4.3.1.6 主螺栓应逐个清洗干净，经磁粉或渗透检测合格，螺纹根部有裂纹的不再使用；

4.3.1.7 飞灰过滤器绝热和防腐层检修按 SHS 01033《设备及管道绝热维护检修规程》、SHS 01034《设备及管道涂层检修规程》进行；

4.3.1.8 安全附件质量要求如下：

a）安全附件应实行定期检修、校检制度；

b）新安全阀在安装之前，应进行调试，安全阀校验后应加铅封；

c）压力表安装前应进行校验，刻度盘上应划出指示最高工作压力的红线，注明下次效验日期，压力表校验后应加铅封；

d）γ 源料位计除执行压力容器安全附件规定外，还应符合国家关于放射源管理的法律、法规的规定。

4.3.2 过滤元件

4.3.2.1 陶瓷（金属）滤芯如果发现有裂纹、机械损伤、严重的表面色泽不一、表面涂层脱落、密封面损伤等缺陷，必须更换；

4.3.2.2 备件陶瓷（金属）滤芯用泡沫定心块隔离装箱，箱上装有振荡监测比对标签，一个红色，一个黄色；如果原始白色的标签指示变成红色时，不能安装，需要评估损坏的情况；

4.3.2.3 过滤元件表面无尘、无脂。为了防止污染，要求接触过滤器滤芯表面要佩戴无油脂、洁净的针织手套；

4.3.2.4 过滤元件的大、小管板密封面的检查修理和验收标准参照压力容器法兰执行。

4.3.3 附属部件

4.3.3.1 反吹阀气缸总成（包括各连接处静密封、内腔串气、活塞杆密封等）密封良好；

4.3.3.2　反吹阀动作时间（打开 / 关闭时间）符合要求；
4.3.3.3　反吹阀整阀阀体及间隔衬套无外漏；
4.3.3.4　反吹气盘管和支管管线、管件整体无泄漏或减薄；
4.3.3.5　合成气进出口管线与壳体焊缝无缺陷或减薄。

5　试验与验收

5.1　试验

5.1.1　压力试验

5.1.1.1　根据设计技术要求，由于设备内件的特殊性，设备在安装及未来的使用和定期检验过程中的压力试验应采用气压试验；
5.1.1.2　采用气压试验时，试验压力应为 5.6MPa，试验介质的温度不得低于 15℃，且不高于 50℃；
5.1.1.3　气压试验的介质应采用符合标准规定的空气或氮气。采用空气作为压力试验的介质时，在设备运行前应将空气中的氧气置换掉；采用氮气作为压力试验时，若气压试验后需要对设备进行内部检查或需要人员进入设备时，应采取有效措施，防止人员受到氮气窒息伤害；
5.1.1.4　气压试验前，应清除掉“主管板组件”中支承圈（件号 44-15）上表面 3mm 间隙内的灰渣，同时应保证“主管板组件”中上部板（件号 44-16）的四个 M24 通气孔畅通；
5.1.1.5　气压试验的应符合 JB/T 4732《钢制压力容器—分析设计标准》及 TSG 21《固定式压力容器安全技术监察规程》的规定。

5.1.2　气密性试验

5.1.2.1　由于操作介质的特殊性，原则上必须进行气密性试验；
5.1.2.2　气密性试验所用气体，应为干燥、洁净的空气、氮气，试验气体温度不得低于 15℃，且不高于 50℃；
5.1.2.3　气密性试验时，一般安全附件装配齐全；
5.1.2.4　保压不少于 30min，经检查无泄漏为合格。

5.2　验收

5.2.1　验收应由设备主管部门组织有关单位参加，检修检验的技术资料应按职责范围由主管压力容器的技术人员签字才能生效；
5.2.2　压力容器修理后，必须履行严格的验收手续，各项数据达到技术要求或能满足安全生产的要求；

5.2.3 压力容器达到完好标准；

5.2.4 提交下列资料：

5.2.4.1 各项施工记录：

a）隐蔽工程记录；

b）内件安装及清洁检查记录；

c）封闭记录；

d）检修记录（含焊缝质量检验报告）；

e）中间检验记录；

5.2.4.2 试验记录和安全附件校验、定压记录；

5.2.4.3 压力容器检验报告；

5.2.5 设备连续运行 72h，性能指标考核合格。

6 维护与故障处理

6.1 日常维护

6.1.1 操作人员应经安全教育和考核合格，持证上岗。操作时，严格执行工艺操作规程和岗位操作规程，严禁超温、超压和超负荷运行。

6.1.2 定期巡回检查，检查重点如下：

6.1.2.1 压力容器本体、接口（阀门、管路）部位、焊接接头等的裂纹、过热、变形、泄漏及损伤等；

6.1.2.2 绝热层破损、脱落、潮湿情况；

6.1.2.3 压力容器与相邻管道或构件的异常振动、响声，相互摩擦情况；

6.1.2.4 支承或支座的损坏，基础下沉、倾斜和开裂，紧固螺栓的完好情况；

6.1.2.5 运行的稳定情况，是否有超温、超压和超负荷运行的现象；

6.1.2.6 压力容器接地设施是否完好。

6.1.3 压力容器发生下列异常现象之一时，操作人员应立即采取紧急措施，并按规定向有关部门报告：

6.1.3.1 工作压力、介质温度或壁厚以及介质组成中的某种腐蚀成分超过许用值，采取措施仍不能得到有效控制；

6.1.3.2 主要受压元件发生裂纹、鼓包、变形、泄漏等危及安全的缺陷；

6.1.3.3 安全附件失效；

6.1.3.4 接管、紧固件损坏，难以保证安全运行；

6.1.3.5 发生火灾，直接威胁到压力容器安全运行；

6.1.3.6 料位失去控制，采取措施仍不能得到有效控制；

6.1.3.7 容器与管道发生严重振动，危及安全运行；

6.1.3.8 其他异常情况。

6.1.4 压力容器内部有压力，一般不得进行修理或紧固。对于特殊生产过程，开（停）车、升（降）温过程中，需要带压紧固螺栓时，应制定有效的安全操作规程和防护措施，并经单位技术负责人批准，安全部门监督实施。

6.2 常见故障与处理

飞灰过滤器常见功能故障与处理方法见表1。

表1 飞灰过滤器常见功能故障与处理方法

序号	功能	功能故障	故障模式	故障后果	故障应对策略与检修内容	检修周期
1	静设备法兰密封完好，无泄漏	法兰密封泄漏	法兰密封面损坏	密封面破损，合成气泄漏	修复密封面或更换法兰	视情况定
			垫圈承压不足、腐蚀	垫圈破损，合成气泄漏	紧固螺栓、更换垫片	视情况定
			螺栓刚度不足、松动或腐蚀	螺栓断裂，合成气泄漏	重新研究螺栓材质、紧固螺栓或更换螺栓	视情况定
			法兰面不平行、中心偏差	合成气泄漏	切开重新对中或更换法兰	视情况定
			高温、高压的结构选择不当	合成气泄漏	重新研究法兰、垫圈、螺栓等的结构和材质	
			升温、升压或降温、降压过快	合成气泄漏	严格按照操作规程执行	
2	静设备承压合格，检测无缺陷	裂纹	应力腐蚀	应力腐蚀开裂，合成气泄漏	消除裂纹，补焊修复	视情况定
			疲劳	疲劳开裂，合成气泄漏	消除裂纹，补焊修复	视情况定
			制造时遗留裂纹	合成气泄漏	定期检验，及时发现，消除裂纹，补焊修复	
3	静设备承压合格，检测无缺陷	腐蚀、冲刷、磨损	材质壁厚减薄	设备承压能力下降，存在破损和合成气泄漏的可能	内壁涂耐腐蚀涂料，加强检测，严重时更换补焊或加防冲板，加强检测	视情况定
4	静设备承压合格，检测无缺陷	氢致延迟开裂	延迟裂纹	合成气泄漏	加强检测、堆焊	视情况定

表 1　飞灰过滤器常见功能故障与处理方法（续）

序号	功能	功能故障	故障模式	故障后果	故障应对策略与检修内容	检修周期
5	安全阀运行正常	泄放口堵塞附件损坏	NNF 管线积垢导致的垢下腐蚀	材质劣化、腐蚀减薄，合成气泄漏	导通，校验安全阀更换	1 次 / 年
6	压力测点正常	引压管堵塞失灵	压力测点失真	设备存在超压的风险	导通，校验压力表更换	视情况定
7	过滤元件运行良好	内件密封件失效	湿洗单元固含量超标	设备管线及机组磨损加剧，装置停工	视情况检查更换过滤元件组件	1 次 / 年
		陶瓷（金属）滤芯断裂或破裂	湿洗单元固含量超标，设备管道磨损加剧	设备管线及机组磨损加剧，装置停工		
8	过滤元件运行良好	陶瓷（金属）滤芯寿命终止	滤芯破损，湿洗单元固含量超标，设备管道磨损加剧	设备管线及机组磨损加剧，装置停工	检查更换过滤元件组件	视情况定
	工艺操作平稳	工艺气或反吹气控制超标（如温度或水汽含量超标）			查找原有消除超标控制数据	视情况定

附　录 A
（资料性附录）
飞灰过滤器检修质量控制确认表

序号	检查项目	检查部位	主要控制内容				等级	施工单位	生产装置	设备管理部门	备注
			检查内容	检查方法	质量要求	检查情况					
1	上气室	A1 人孔	人孔盖、本体密封面	宏观检查、着色、测量	无划痕、机械损伤，平面度、平行度符合标准		B/C				
2			密封垫	宏观检查、测量、光谱	无损伤、材质、规格符合设计要求		B/C				
3			螺栓	宏观检查、着色或磁粉	无损伤、裂纹		C				
4		复合层	机械损伤、电弧擦伤、变形、鼓包、裂纹	宏观检查、着色	消除机械损伤、电弧擦伤，无变形、鼓包、裂纹		A/B				
5		反吹管与文丘里管对中情况	对中检查	四周测量	反吹管与文丘里管同心度公差不大于 2mm		A/B/C				
6		上、下气室间主管板	焊缝裂纹、变形、鼓包、机械损伤、电弧擦伤	宏观检查、着色	消除机械损伤、电弧擦伤，无变形、鼓包、裂纹		A/B/C				
7	下气室	A2 人孔	人孔盖、本体密封面	宏观检查、着色、测量	无划痕、机械损伤，平面度、平行度符合标准		B/C				
8			密封垫	宏观检查、测量、光谱	无损伤、材质、规格符合设计要求		B/C				
9			螺栓	宏观检查、着色或磁粉	无损伤、裂纹		B/C				
10		复合层	机械损伤、电弧擦伤、变形、鼓包、裂纹	宏观检查、着色	消除机械损伤、电弧擦伤，无变形、鼓包、裂纹		A/B/C				
11		滤芯组束	滤芯	宏观检查	表面涂层完好、无断裂		A/B				
12			格栅框架	宏观检查	无变形、架构牢固、在主管板上安装牢靠		A/B				

飞灰过滤器检修质量控制确认表（续）

序号	检查项目	检查部位	主要控制内容				等级	施工单位	生产装置	设备管理部门	备注
			检查内容	检查方法	质量要求	检查情况					
13	容器内	容器内	清洁度	宏观检查	无灰尘、杂物、清理清点工器具、吊具、余材等，并运出		A/B				
14	容器内	通气锥	人孔盖、本体密封面	宏观检查、着色、测量	无划痕、机械损伤，平面度、平行度符合标准		B/C				
			密封垫	宏观检查、测量、光谱	无损伤、材质、规格符合设计要求		B/C				
			螺栓	宏观检查、着色或磁粉	无损伤、裂纹		B/C				

21. 粗煤气循环压缩机维护检修规程

SHS 05042—2019

目　次

前 言

本规程按照GB/T 1.1—2009《标准化工作导则 第1部分：标准的结构和编写》给出的规则起草。

本规程由中国石油化工集团有限公司、中国石油化工股份有限公司提出。

本规程起草单位：中国石化股份有限公司巴陵分公司。

本规程主要起草人：李中宽。

本规程2019年首次发布。

粗煤气循环压缩机维护检修规程

1 范围

1.1 主题内容

本规程规定了粉煤上行气化装置粗煤气循环压缩机机（K-1301）的检修周期与内容、检修程序与质量标准、单机试车与验收、日常维护与故障处理。

1.2 适用范围

本规程适用于粉煤上行气化装置的粗煤气循环压缩机。

2 规范性引用文件

下列文件的条款通过本规程的引用而成为本规程的条款，凡是注日期的引用文件，其随后所有的修改单（不包括勘误的内容）或修订版均不适用于本规程；然而，鼓励根据本规程达成协议的各方研究是否使用这些文件的最新版本。凡是不注日期的引用文件，其最新版本适用于本规程。

SHS 03004 化工厂工业汽轮机维护检修规程

SHS 01025 通用设备—小型工业汽轮机维护检修规程

SHS 01051 通用设备—干气密封维护检修规程

3 检修周期与内容

3.1 机组简介

粗煤气循环气压缩机机组由 SV12-T 型离心压缩机和 NG25/20/0 型汽轮机组成，机组整体布置于同一钢制底座上，两者之间通过膜片联轴器联接。机组采用强制润滑，润滑油站供油，压缩机的轴端密封采用干气密封，压缩机结构示意图见图 1。

3.2 检修周期

压缩机平稳运行的周期主要受循环气中的粉尘含量、洗涤塔 C1601 的洗涤效果等因素影响。检修周期确定主要依据 S1501 运行状况与机组运行时的振动值和气化炉检修周期安排。正常运行时，压缩机合理的大修周期为24个月，汽轮机的大修周期为48个月。

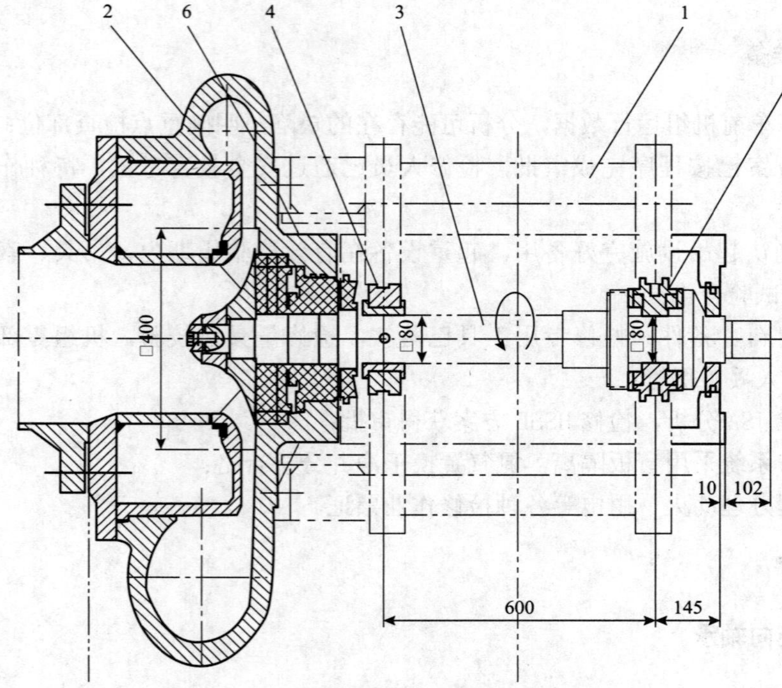

图 1　压缩机结构简图

1—轴承箱；2—壳体；3—轴；4—径向轴承；5—推力轴承；6—干气密封

3.3　检修内容

压缩机大修解体时，需重点检查壳体内部磨损状况、叶轮磨损情况、入口管道的腐蚀情况，清理机壳和叶轮积灰。检修内容如下：

3.3.1　检查轴承，复查各部位间隙；

3.3.2　检查轴承座，复查各部位紧力；

3.3.3　检查压缩机机壳、清理积灰；

3.3.4　检查转子，酌情更换；

3.3.5　检查压缩机进出口管线及阀门、管线测厚、焊缝检测；

3.3.6　油系统检查、清理；

3.3.7　检查联轴器与对中；

3.3.8　干气密封检修内容参照 SHS 01051《干气密封维护检修规程》执行；

3.3.9　汽轮机检修内容参照 SHS 01025《小型工业汽轮机维护检修规程》执行。

4 检修程序与质量标准

4.1 检修前准备

4.1.1 记录停车前机组运行数据，分析可能存在的缺陷，明确重点检查部位；

4.1.2 检修方案已按程序完成审批，检修人员已通过安全教育考试，特种作业人员证件审查合格；

4.1.3 检查确认起吊设施完好备用，起重设备在有效检验周期内，吊具、索具检验并经静、动负荷试验合格；

4.1.4 检修材料、备件和检修专用工具已落实，检修量具已校验，机组零部件、主要检修机具有专人妥善保管；

4.1.5 已完成JSA分析，检修HSSE方案获得审批；

4.1.6 机组与系统采用盲板隔离，氮气置换干净并分析合格；

4.1.7 按流程办理动火、用电等各种检修作业票证。

4.2 检修程序

4.2.1 拆卸径向轴承

4.2.1.1 拆卸轴承箱上盖与轴承压盖上的仪表和导线；

4.2.1.2 拆卸联轴器护罩的销子、螺钉，用木锤敲打护罩的上半部分，卸下上部护罩；

4.2.1.3 拆卸轴承箱盖螺栓，吊开轴承箱上盖；

4.2.1.4 拆卸固定轴承压盖螺钉，垂直取出轴承压盖；

4.2.1.5 拧出连接两半轴承的螺钉，取出上半轴承；

4.2.1.6 在转子两端用吊带起吊转子（不要把转子提得太高，以免碰坏迷宫密封）；同时用木锤敲击下半轴承，轴承能转动时，拆下下半轴承；

4.2.1.7 清洗轴承、将清洗油擦干净，检查轴承合金面有无划痕或鳞片，若有划痕，则用刮刀刮平。

4.2.2 检查径向轴承间隙

4.2.2.1 清洗轴承和轴颈；

4.2.2.2 安装下半轴承并在轴颈顶部轴向放置一根铅丝，铅丝长度超过轴承宽度，并用凡士林油黏住铅丝；

4.2.2.3 安装上顶半部轴承，保持铅丝不滑脱；

4.2.2.4 安装上轴承盖并拧紧紧固螺栓；

4.2.2.5 拆去轴承盖和上半轴承；

4.2.2.6 取下铅丝并用千分尺在铅丝被压扁的两三处进行测量，记录平均值；

4.2.2.7 当测量平均值大于标准值的最大间隙时，应更换轴承；当平均值小于标准的最小间隙值时，应采用多次刮瓦方式处理，直到达到标准间隙值。

4.2.3 回装径向轴承

轴承回装与拆卸顺序相反。

4.2.3.1 校对各部件标记号，根据定位销孔位置将部件安装于原位置；

4.2.3.2 清理滑动面，组装前、后涂上润滑油；

4.2.3.3 在双头螺栓的螺纹上涂上一层润滑油，除掉定位销孔中的脏物；

4.2.3.4 如需更换支撑轴承，按 4.2.4 内容进行。

4.2.4 检查轴承座

4.2.4.1 保证新轴承完好地放在座内，然后在轴承外表面的某一地方涂上铅油，缓慢旋转轴承，确认至少有 80%表面沾上铅油；

4.2.4.2 在轴承盖和座之间的结合面上放上一片测量好厚度的垫片；

4.2.4.3 在轴承和轴承盖之间上部放一根沿丝；

4.2.4.4 均匀地拧紧轴承盖的螺栓；

4.2.4.5 拆卸轴承盖，并取下垫片；

4.2.4.6 检查铅丝的厚度并相应调整。

4.2.5 检查推力轴承

4.2.5.1 检查转子轴向位移，拆卸止推轴承时，注意确认前后方向上的轴向位移是否保持在机组厂家装配图中所列的数据范围内；

4.2.5.2 将千分表固定在机壳上并使表触头接触转子端部；

4.2.5.3 向前后两个方向轻轻地移动转子，转子内件接触机壳部件时，千分表上读出的位移值应等于组装图给出两个间隙的相加值；

4.2.5.4 止推轴承和支撑轴承完全装好时，检查止推轴承端窜动量；

4.2.5.5 在压缩机入口机壳上放置千分表；

4.2.5.6 保持千分表触头与转子端部接触，把转子从一端移动过来，并在此位置上将千分表调定为零；

4.2.5.7 将转子移到另一端，读出千分表显示的止推轴承窜量。

注意：窜量是不应超过间隙表 1 上的最大值，若发现此值较高，最好重复此项操作，移动转子时要小心，避免弄错千分表的读数。窜量由止推轴承调整垫片的厚度来确定，该垫片在压缩机首次安装时已经进行调正，只有更换止推瓦块或其他部件时，需要重调。

4.2.6 压缩机检修

4.2.6.1 先拆卸轴承箱盖及径向轴承和推力轴承的两个压盖，后拆卸轴承；

4.2.6.2 拆卸联轴器隔套；
4.2.6.3 拆去与蜗壳相连的全部管线；
4.2.6.4 拆去端盖螺栓；
4.2.6.5 拆卸形环及轮盖密封；
4.2.6.6 拆去轴头螺母并利用拆装工具拆卸叶轮；
4.2.6.7 拆卸轴端迷宫密封及干气密封；
4.2.6.8 准备两个同样高度、具有“V”形槽口的硬木支架，“V”形槽口用毛毡或其他软材料垫上；
4.2.6.9 用两根吊带系在轴颈两处吊主轴，将主轴从蜗壳中抽出，起吊时要尽量保持水平，注意保护轴颈，并小心地放在支架上。

4.2.7 转子及机壳零件除垢与检验

4.2.7.1 清除牢固黏在叶轮和蜗壳上的脏物：

首先用适当的稀释剂、石油精、三氯乙烯等进行浸泡处理，然后使用能接触到叶轮通道和蜗壳等内件的不同规格金属刷来除掉脏物；
4.2.7.2 用刷子沾涂或喷洒除氧剂刷或喷洒除氧剂进行处理转子部件的锈蚀。锈蚀区域大时，应把部件浸在除氧剂池内；
4.2.7.3 清洗之后将部件涂上保护油。如果部件需放在室外，即使带有顶棚也要把部件盖上雨布，防止砂子、雨水等的危害；
4.2.7.4 检查迷宫密封是否损坏，酌情更换；
4.2.7.5 检验叶轮完整性，确认流道内是否存在锈蚀和磨损等缺陷；
4.2.7.6 检查止推盘和轴承配合的轴颈部分是否有划痕，并用非常细的磨石消去划痕。

4.2.8 检查迷宫密封

4.2.8.1 安装好下半轴承，重新将主轴装入下半轴承箱内；
4.2.8.2 对转子进行定心，使叶轮出口流道中心与扩压器入口流道中心重合；
4.2.8.3 用测隙规测量迷宫密封和转子之间的间隙，对每个迷宫密封取两个值（转子两侧各取一个）并相加，然后将其结果与直径间隙表的对应值进行比较；
4.2.8.4 当所取的值高于允许间隙时（正常运转的压缩机的间隙），则按照4.2.9的程序更换密封。

4.2.9 更换迷宫密封

迷宫密封间隙已调好，因此不需要再调整。
4.2.9.1 用小于半环横剖面的木棒轻击半环的一侧，使环转动，将环取出；
4.2.9.2 首次敲打后，半环仍不滑动时，可将松锈液喷进环座内。浸渍几小时后再复工；

4.2.9.3　拆出半环，用稀释剂和刮刀仔细清理环座，并用压缩空气吹净；

4.2.9.4　将新的半环装在该座内，注意安装位置；如果半环配合不好，请不要施加强力，要在有明显受力痕迹的地方刮掉金属，再进行后续工序；

4.2.9.5　如果半环因弯曲变形，可将其倒扣在平台上轻敲顶部，以增加弯曲半径。若减少弯曲半径，则需敲打一端；

4.2.9.6　新换上的迷宫密封半环的标记号要与换下部件号码相同。

4.2.10　压缩机回装

4.2.10.1　检查清理蜗壳内的遗留有工具、抹布或其他异物，确保干净清洁；

4.2.10.2　用压缩空气吹净要组装的零部件；

4.2.10.3　除掉转子上的保护油，在下半轴承的合金表面上浇注润滑油，然后将转子放在轴承上；

4.2.10.4　将主轴与下半轴承箱对中，检验主轴的轴向位移，记录位移值；

4.2.10.5　回装干气密封及轴端迷宫密封；

4.2.10.6　利用拆装工具装配叶轮并装好轴头防松螺母；

4.2.10.7　装配端盖，把紧法兰上的螺母；

4.2.10.8　组装联轴节护罩时，要确保排油管内无异物。膜片联轴器要按制造厂的安装说明预先组装好；

4.2.10.9　检查入口过滤器及管道的清洁与完好状况。

4.2.11　找正与联接

4.2.11.1　汽轮机与压缩机冷态找正按照图 2 执行；

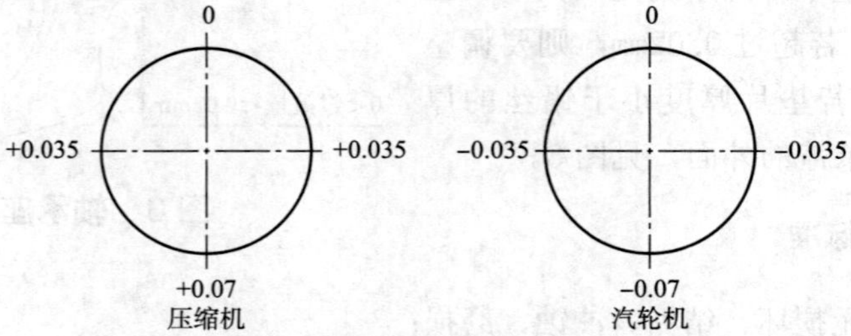

图 2　机组对中要求

4.2.11.2　连接管线：

a）机组的联轴器找正后，检查确认管线无缺陷，再连接工艺气入口管线，压缩机各进、排气口法兰所承受的力和力矩必须符合制造厂的规定；

b）机组开车，达到正常工况条件后，各部位温度都应稳定。为了使轴的热态对中偏差尽可能接近零，必要时应修正冷态找正值。

4.3 质量标准

4.3.1 轴承间隙标准（表 1）

表 1 轴承间隙标准

	径向间隙 / 直径		轴向间隙	
	设计值 /mm	实测值	设计值 /mm	实测值
前端	0.08～0.11		0.20～0.30	
后端	0.08～0.11			

4.3.2 迷宫密封间隙标准（表 2）

表 2 迷宫密封间隙标准

	密封间隙 / 直径	
	设计值 /mm	实测值
推力侧油封	0.35～0.55	
支撑侧油封	0.35～0.55	
轮盖密封	0.90～1.10	
轴端密封	0.20～0.40	

4.3.3 轴承座紧力质量标准

轴承座紧力大于 0 小于 0.02mm，超过标准应调整，调整垫片的厚度允许大于铅丝厚度 0～0.02mm，若超过 0.02mm，则要调整轴承盖的内部，若垫片厚度小于铅丝的厚度，则应调整轴承盖的外面，见图 3。

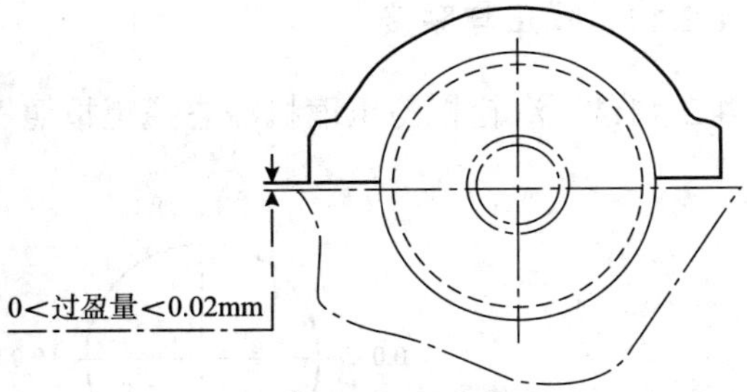

图 3 轴承座调整图

4.3.4 转子质量标准

4.3.4.1 叶轮应无损坏、结垢、冲蚀、磨损；

4.3.4.2 装配液压联轴节处的轴颈，径向轴承处轴颈及止推盘处轴颈应无沟槽、毛刺、锈斑等缺陷，其表面粗糙度 R_a 最大允许值为 0.4μm；

4.3.4.3 轴承处轴颈、平衡盘外圆径向圆跳动不大于 0.02mm；

4.3.4.4 各级气封处轴颈、叶轮口环径向圆跳动不大于 0.05mm；

4.3.4.5 叶轮外圆径向圆跳动不大于 0.05mm；

4.4.4.6 止推盘端面圆跳动不大于 0.015mm；

4.3.4.7 转子整体着色或磁粉检测合格；

4.3.4.8 在转子静止状态，测振探头无法调整至零位指示时，应对转子测振探头部位进行电磁和机械偏差检查；

4.3.4.9 必要时，转子需做动平衡校验，其低速动平衡精度为 ISO 1940 G0.4 级，高速动平衡应符合 ISO 2372 规定，其支承处振动速度小于 1.12mm/s。

5 试车与验收

5.1 试车前准备

5.1.1 检查检修记录，确认检修数据真实无误；

5.1.2 油泵等辅助设备单机试运合格；

5.1.3 冷却水系统运行正常；

5.1.4 润滑油全循环正常，油质合格，油温、油压达到正常值；

5.1.5 就地仪表灵活好用，指示准确；

5.1.6 防喘振控制试验、报警停机、辅助油泵自启动的自保联锁试验合格；

5.1.7 汽轮机单机试车后安装联轴器；

5.1.8 机组进行盘车无卡涩、摩擦及异常声响。

5.2 机组试车

5.2.1 按操作规程启动机组，当机组达到额定转速后，检查轴承温度、振动等指标是否正常；

5.2.2 做好试车记录；

5.2.3 若指标出现异常，要组织分析原因，确认无问题后，才能继续运行，否则应停车处理。

5.3 验收

5.3.1 机组经过连续运行 72h 后，各项技术指标达到设计要求或能满足装置生产需要；

5.3.2 设备达到完好标准；

5.3.3 检修记录齐全、准确规范。按规定办理验收手续。

6 维护与故障处理

运行时，要密切关注 C1601 与 S1501 运行情况，当发现 C1601 固含量增加，判断是 S-1501 故障时，为防止压缩机叶轮磨损加快，应及时停车检修。

6.1 日常维护

6.1.1 定时巡检，并做好记录；

6.1.2 定时检查润滑油温度和压力，油过滤器前后压差超过规定值时，及时切换、清扫过滤器芯子；

6.1.3 定期分析化验润滑油质量。检查润滑油箱液位，液位下降时应找到原因及时补充润滑油；

6.1.4 检查各动静密封部位状况，及时处理泄漏；

6.1.5 工艺设备和维保人员要定期联检，分析机组的运行情况，组织故障分析；

6.1.6 按照工厂规定定期监测机组运行情况，如发现不正常声响、温度或振动异常，应及时采取措施或停机检查，排除故障；

6.1.7 机组严禁在喘振工况下运行。

6.2 常见故障与处理

粗煤气循环气压缩机常见功能故障与处理方法见表3。

表3 粗煤气循环气压缩机常见功能故障与处理方法

功能	故障模式	故障后果	故障应对策略与检修内容	检修周期
保证径向轴承运行平稳	径向振值高	跳车停机	更换轴承	24个月
	瓦温高	损坏轴承	检查轴瓦，必要时更换	12个月
		损坏轴承	分析润滑油指标，超标更换	24个月
保证止推轴承运行平稳	轴位移报警	跳车停机	更换轴承	24个月
	主推瓦温高	损坏轴承	检查轴瓦，必要时更换	12个月
		损坏轴承	分析润滑油指标，超标更换	24个月
保证干气密封运行正常	干气密封损坏	一级放火炬气流量超标	更换干气密封	24个月
	干气密封损坏	二级放火炬气流量超标	更换干气密封	24个月
	干气密封损坏	工艺气外漏	更换干气密封	24个月
保证叶轮运行正常	叶轮磨损	打量下降	减负荷和停车更换	36个月
	叶轮流道堵塞	打量下降	疏通并清洗	12个月
保证入口过滤网正常运行	入口过滤网堵塞	打量下降	停机清理过滤网	12个月
保证联轴器运行正常	联轴器膜片损坏	跳车停机	停车更换	36个月

附 录 A
（资料性附录）
粗煤气循环压缩机的主要技术参数表

产品型号：SV12-T								
项目	单位	正常	A	B	C1	C2	C3	D
介质		循环气	循环气	循环气	氮气	循环气	循环气	循环气
质量流量	kg/h	168048	227844	175284	5000	25319	50400	110376
入口流量	m^3/h	134438	182275	140227	4000	20255	40320	88300
入口压力	MPa(G)	3.8	3.8	3.8	0.8	0.8	0.8	3.8
入口温度	℃	200	200	200	90	200	200	200
平均相对分子质量	μ	21.25	21.25	21.8	28	21.25	21.25	21.8
出口压力	MPa(G)	4.14	4.26	4.14	0.87	0.85	0.98	4.14
出口温度	℃	213.3	218	213.3	99.5	207.3	227.7	210
工作转速	r/min	9227	11158	10043	5700	6700	12865	8652
轴功率	kW	950	1720	980	178	115	607	690
最大连续转速	r/min	13508						
一阶临界转速	r/min	5600						
二阶临界转速	r/min	14816						

附 录 B
（资料性附录）
粗煤气循环汽轮机的主要技术参数表

被驱动机械	压缩机				
汽轮机号	T6908		型号：	NG25/20/0	
额定功率	1892	kW	正常功率：	950	kW
额定转速	12865	r/min	正常转速：	9227	r/min
最大连续转速	13508	r/min	跳闸转速：	14859	r/min
转速范围	6700～13508	r/min			
进汽压力（正常/最大）			4.2/4.4	MPa	
进汽温度（正常/最大）			410/430	℃	
排汽压力	1.37	MPa			

附 录 C

（资料性附录）

粗煤气循环压缩机检修质量验收表

mm

序号	标准值	实测值	验证人	检验结论	备注
推力侧油封间隙	0.35～0.55				
支撑侧油封间隙	0.35～0.55				
轮盖密封间隙	0.90～1.10				
轴端密封间隙	0.20～0.40				
非驱动端径向瓦间隙	0.08～0.11				
驱动端径向瓦间隙	0.08～0.11				
轴向推力间隙	0.20～0.30				
推力盘端面跳动	0.015				
进气端轴承紧力	0.02				
排气端轴承紧力	0.02				
检修单位负责人签字：		业主单位负责人签字：			
年 月 日		年 月 日			

22. C 型转子式翻车机组维护检修规程

SHS 05043—2019

目　次

前　言

本规程按照 GB/T 1.1—2009《标准化工作导则　第 1 部分：标准的结构和编写》给出的规则起草。

本规程由中国石油化工集团有限公司、中国石油化工股份有限公司提出。

本规程起草单位：中国石油化工股份有限公司巴陵分公司。

本规程主要起草人：李亚辉。

本规程 2019 年首次发布。

C型转子式翻车机组维护检修规程

1 范围

1.1 主题内容

本规程规定了C型转子式翻车机组的检修周期与内容、检修程序与质量标准、试车与验收、维护与故障处理。

1.2 适用范围

本规程适用于C型转子式翻车机组的维护与检修。

2 规范性引用文件

下列文件的条款通过本规程的引用而成为本规程的条款，凡是注日期的引用文件，其随后所有的修改单（不包括勘误的内容）或修订版均不适用于本规程；然而，鼓励根据本规程达成协议的各方研究是否使用这些文件的最新版本。凡是不注日期的引用文件，其最新版本适用于本规程。

GB/T 4604　滚动轴承　径向游隙

GB/T 307.1　滚动轴承　向心轴承　产品几何技术规范（GPS）和公差值

GB/T 307.2　滚动轴承　测量和检验的原则及方法

GB/T 1231　钢结构用高强度大角头螺栓、大六角头螺母、垫圈技术条件

GB/T 3632　钢结构用扭剪型高强度螺栓连接副

GB/T 10095　圆柱齿轮　精度制

JB/T 5000.10　重型机械通用技术条件　装配

JB/T 6996　重型机械液压系统　通用技术条件

3 检修周期与内容

3.1 机组简介

C型转子式翻车机组由转子式翻车机、重调机、迁车台、空调机、夹轮器五部分组成。其中，翻车机由回转框架、传动装置、夹车机构、靠车振动装置、托辊、导煤板组成；重调机由车体、行走车轮、导向轮、调车臂架、行走传动装置、拖缆组成；迁车台

由夹轮器、涨轮器、插销装置、行走装置、传动装置、拖缆组成；空调机由车体、行走轮、导向轮、固定式调车臂、传动装置、拖缆组成；翻车机、重调机、迁车台、夹轮器上设有独立的液压系统。机组在调试状态下，可单独运行，在集中和就地状态时，五部分相互联锁，以确保机组安全运行。

3.2 检修周期

原则上检修周期为设备累计运行24～36个月。各单位可根据机组运行状态择机安排检修。

3.3 检修内容

根据机组运行状况与故障诊断结论，参照规程中的检修内容进行检修。

3.3.1 翻车机检修

3.3.1.1 液压油箱、过滤网清洗，液压油检测分析；

3.3.1.2 靠车油缸、压车油缸、平衡油缸检查，消除油缸内漏；

3.3.1.3 液压油管检查，更换老化橡胶软管，更换各接头0型圈，消除各接头及阀渗油和漏油现象；

3.3.1.4 液压系统各单向阀、电液换向阀、电磁溢流阀、角式单向阀等全部解体清洗，更换全部密封件，更换损坏液压阀；

3.3.1.5 减速机齿轮、轴承密封检查；

3.3.1.6 制动器瓦片、弹簧、推动器、柱销检查；

3.3.1.7 端盘齿轮与传动小齿轮检查维修；

3.3.1.8 托辊装置检查维修；

3.3.1.9 重车线轨道检查维修；

3.3.1.10 各个限位开关、接近开关线路检查、性能检测，拖缆滑车检查；

3.3.1.11 压车梁橡胶板，靠车板磨耗板检查检修；

3.3.1.12 检查各结构件焊缝，联接螺栓紧固。

3.3.2 重调机检修

3.3.2.1 行走轮、导向轮与齿条检查；

3.3.2.2 减速机齿轮、密封检查；

3.3.2.3 摩擦离合器检查；

3.3.2.4 液压油箱、过滤网清洗，液压油检测；

3.3.2.5 摆动油缸、平衡油缸检查维修，消除内漏；

3.3.2.6 液压油管检查，更换老化橡胶软管，更换各接头0型圈，消除各接头及阀渗油和漏油现象；

3.3.2.7 液压系统各单向阀、电液换向阀、电磁溢流阀、角式单向阀等全部解体清洗，更换全部密封件，更换损坏液压阀；

3.3.2.8 前后勾头、缓冲垫检查；

3.3.2.9 滑车、拖缆与牵引钢丝绳检查；

3.3.2.10 检查各结构件及焊缝有无裂纹，联接螺栓紧固。

3.3.3 空调车机检修

3.3.3.1 行走轮、导向轮与齿条检查；

3.3.3.2 制动器瓦片、弹簧、推动器、柱销检查；

3.3.3.3 减速机齿轮、密封检查；

3.3.3.4 滑车、拖缆与牵引钢丝绳检查维修；

3.3.3.5 检查各结构件及焊缝有无裂纹，联接螺栓紧固。

3.3.4 迁车台检修

3.3.4.1 传动链条与车轮检；

3.3.4.2 行走轮与导向轮检查；

3.3.4.3 液压油箱、过滤网清洗，液压油检测；

3.3.4.4 液压油管、液压油缸检查，更换老化橡胶软管，更换各接头O形圈，消除各接头及阀渗油和漏油现象；

3.3.4.5 滑车、拖缆与牵引钢丝绳检查；

3.3.4.6 检查各结构件及焊缝有无裂纹，联接螺栓紧固。

3.3.5 夹轮器检修

3.3.5.1 液压油箱、过滤网清洗，液压油检测；

3.3.5.2 液压油管检查，更换老化橡胶软管，更换各接头O形圈，消除各接头及阀渗油和漏油现象；

3.3.5.3 液压系统各单向阀、电液换向阀、电磁溢流阀、角式单向阀等全部解体清洗，更换全部密封件，更换损坏液压阀；

3.3.5.4 更换液压系统全部老化胶管接头；

3.3.5.5 油缸检查检修；

3.3.5.6 夹轮板铰轴检查维修。

4 检修程序与质量标准

4.1 检修前准备

4.1.1 清理机组表面粉尘；

4.1.2 根据机组运行状态，分析故障原因，确定检修内容；
4.1.3 编写检修方案，将检修方案内容、技术、质量要求对施工人员进行技术交底；
4.1.4 检查检测与检修工具，确保完好合格；
4.1.5 准备合格的清洗剂和润滑脂；
4.1.6 落实安全防护措施与环保要求：
4.1.6.1 办理好各类进场检修票证施工手续，落实施工监护人；
4.1.6.2 检修前切断机台电源等能源，悬挂安全警示牌；
4.1.6.3 停车检修前需确认工艺处置是否满足检修要求；
4.1.6.4 备好相应物料收集桶，避免环境污染，按环保要求统一处理；
4.1.6.5 检修人员个人防护必须符合劳保着装规定要求，持证上岗；
4.1.6.6 现场设置施工作业管理牌，落实好文明检修相关准备要求；
4.1.6.7 机组零部件、主要检修用具要专人妥善保管，防止丢失或损害。

4.2 检修程序

4.2.1 翻车机拆卸程序

4.2.1.1 进车、出车端托辊拆卸

a）将翻车机正转约 70°，使翻车机转子重心在最底部位；

b）用两个 50T 液压千斤顶将翻车机转子进车端顶起 5～10mm；

c）拆除托辊固定螺栓，用手动葫芦将托辊沿旋转方向脱出，检查托辊磨损情况，检查托辊轴承、密封情况；

d）回装与拆除相反，进车检修回装完成后，用相同方法拆卸出车端托辊。

4.2.1.2 靠车磨耗板、压车胶垫、压车油缸拆卸

a）将翻车机正转约 90°，使翻车机靠车板与地面保持水平，搭好跳板和护栏，防止人员、工具坠落；

b）检查磨耗板、压车胶垫磨损老化情况，酌情更换检修；

c）检查压车油缸、靠车油缸，酌情更换检修。

4.2.2 重调机、空调机拆卸程序

4.2.2.1 行走轮、导向轮和减速机拆卸

a）在行走小车一端，用千斤顶顶动车体，把非输出齿轮一侧导向轮偏心调到最大，拆卸小车行走轮和非输出齿轮一侧的导向轮，检查轮股磨损情况，检查轴承、密封情况；

b）用千斤顶顶动车体另一端，把输出齿轮一侧导向轮偏心调到最大，拆卸小车行走轮、输出齿轮和输出齿轮一侧的导向轮，检查轮股磨损情况，检查轴承、密封情况；

c）拆除重调机电机、减速机连接螺栓，利用翻车机行车吊装重调机电机、减速机，检查齿轮、轴承、密封、离合器、制动器情况；

d）拆除空调机电机、减速机连接螺栓，用吊车吊装空调机电机、减速机，检查齿轮、轴承、密封、制动器情况；

e）拆卸重调机空调机电机、减速机时，应拆除一台，维修一台，避免同时拆除造成备件混乱；

f）吊装作业严格按 SYB 4112—80《起重工操作规程》中的有关规定进行；

g）对拆下的零部件应进行清洗、尺寸复查和毛刺处理，零部件应整齐地摆放在专用设施上。

4.2.3 液压系统拆卸程序

4.2.3.1 拆除翻车机液压系统中最远端最高处一个管线接头；

4.2.3.2 将翻车机压车梁抬起，将液压油流回到油箱里，用油泵将液压油抽到油桶里，再拆除其他油管、油缸；

4.2.3.3 将重调机大臂放下，拆除重调机液压系统中最远端最高处一个管线接头，用油泵将液压油抽到油桶里，再拆除其他油管、油缸；

4.2.3.4 液压系统拆卸前应作好标识，拆开的管道应布、塑料进行封堵。拆卸的零件要保管好，不得损坏螺纹和结合面。

4.3 质量标准

4.3.1 圆柱齿轮减速器质量要求

4.3.1.1 拆卸齿轮箱前应对齿轮箱外观进行检查，有无裂纹、变形，结合部位是否有漏油及渗油等缺陷；记录检修前设备原始状态，确定是否需要更换箱体及齿轮；

4.3.1.2 解体清洗，检查齿轮减速器，齿轮、轴有裂纹的应更换，齿轮齿厚磨损超过原齿厚 10% 时应更换，齿轮点蚀面积超过齿轮工作面积 30% 时应更换，齿轮严重塑性变形应更换；

4.3.1.3 相互啮合的齿轮啮合侧隙按 ZBJ 19004 的规定，应满足表 1 的规定；

表 1 齿轮啮合侧隙标准

中心距 /mm	最小侧隙 /μm	中心距 / mm	最小侧隙 /μm
≤80	120	＞315～400	230
＞80～125	105	＞400～500	250
＞125～180	160	＞500～630	280
＞180～250	185	＞630～800	320
＞250～315	210	＞800～1000	360

4.3.1.4 齿轮啮合接触斑点按 GB/T 10096 规定，沿齿高和齿长应满足表 2 的规定；

表 2　齿轮啮合接触斑点标准

接触斑点	精度等级					
	5	6	7	8	9	10
齿高方向不小于 /%	55	50	45	40	30	25
齿长方向不小于 /%	80	70	60	50	40	30

4.3.1.5　齿轮与轴的联接不得松动，如有松动应更换；

4.3.1.6　齿轮箱中的滚动轴承应符合滚动轴承标准；

4.3.1.7　更换符合标准的润滑油，并按规定的油位加油；

4.3.1.8　各结合面和轴孔应采取相应的密封措施，不得漏油；

4.3.1.9　组装后的减速机应手动灵活，轻快，无明显的轻重不一致的感觉；

4.3.1.10　组装后减速机的噪声应≤85dB，齿轮箱空运转温升≤45℃；

4.3.1.11　齿箱和盖接触良好，自由状态间隙应为 0.08～0.20mm 间，紧固后 0.05mm 塞尺塞入不得超过结合面的 1/3。

4.3.2　齿轮联轴器质量要求

4.3.2.1　齿轮联轴器外齿轴套与轴的配合不得松动；

4.3.2.2　齿轮联轴器外齿轴套、内齿圈、铰制孔螺栓等零件不得有裂纹；

4.3.2.3　齿轮联轴器的齿厚磨损超过原齿厚 20% 时应更换；

4.3.2.4　齿轮联轴器找正完毕后，应在外齿轴套及内齿圈的齿面涂满润滑脂；

4.3.2.5　密封装置，密封圈老化、弹簧折断的应予以更换。

4.3.3　制动轮联轴器质量要求

4.3.3.1　制动轮和半联轴器与相应轴的配合不得松动；

4.3.3.2　制动轮和半联轴器不得有裂纹且主要工作面不得补焊；

4.3.3.3　制动轮轮壳磨损超过 1.5～2mm 时应更换；

4.3.3.4　尼龙柱销磨损超过原直径 10% 时应更换；

4.3.3.5　制动轮联轴器的装配精度应达到表 3 的规定。

表 3　制动轮联轴器装配标准

制动轮外径 /mm	200	315	400	500
端面跳动 /mm	0.16	0.18	0.20	0.25
径向跳动 /mm	0.14	0.16	0.18	0.20

4.3.4　液压推杆制动器的验收标准（YWZ 型）

4.3.4.1　闸瓦磨损厚度超过表 4 的规定值应更换；

表 4 闸瓦磨损厚度标准

mm

制动器型号	H1		弹簧安装长度	闸瓦磨损后厚度		制动瓦退距
	安装尺寸	最小尺寸		最小厚度	中部厚度	
YWZ200/25	380	365	115	3	4	0.7
YWZ300/25	400	365	205	3	4	0.7
YWZ300/45	490	465	180	3	4	0.7
YWZ400/45	490	465	330	4	5	0.8
YWZ400/90	610	560	302	4	5	0.8
YWZ500/90	610	560	326	4	5	0.8

4.3.4.2 销轴磨损大于原直径 5% 时应更换；

4.3.4.3 销轴磨损椭圆度大于 0.5mm 时应予以更换或修补；

4.3.4.4 制动架不得有裂纹和变形；

4.3.4.5 各弹簧不得折断和失效；

4.3.4.6 制动器液压缸内应按表 5 规定添加液压油；

表 5 制动器液压油标准

周围介质温度	推荐选用油液
+45℃～+20℃	20 #
+45℃～+20℃	10 #
+45℃～+20℃	25 #
+45℃～+20℃	仪表油
≤-30℃	酒精及甘油混合体

4.3.4.7 制动器闸瓦退距要求符合标准且应均匀一致（表 4），闸瓦松开状态时与制动轮的平行度＜1/10，闸瓦能活动自如；

4.3.4.8 制动器液压推杆的安装尺寸 H1 要符合表 4 要求；

4.3.4.9 制动力矩（弹簧力）要按规定调整在刻线内，液压推杆活塞及各销轴处应活动自如，无卡涩、无漏油渗油情况。

4.3.5 液压系统质量要求

4.3.5.1 液压管道严重变形、裂纹、划痕深度超过 0.5mm 的应更换；

4.3.5.2 管子的弯曲半径一般应为管子外径的 3 倍，弯曲后短径与长径之比应不小于 0.75；

4.3.5.3 所有管道应可靠的固定，排列整齐美观，管夹间距应符合表 6 要求，且转弯处两端应予以固定，管子不得直接焊接在管夹上或支架上；

表 6　液压管夹间距标准

管子外径 / mm	≤10	＞10～25	＞25～50	＞50～80	＞80～120
管夹间距 / mm	≤1000	≤1500	≤2000	≤3000	≤4000

4.3.5.4　油箱的油如需回用，应通过滤油机抽出或向油箱注入，滤油机的滤网（或滤纸）等应是清洁的、合格的；

4.3.5.5　油箱应进行认真清理，用布、煤油、面团等将油污、锈垢等清理干净；

4.3.5.6　不同牌号的液压油，不同牌号相同厂家的液压油不得混用；

4.3.5.7　液压油应每季检查水分、杂质、酸碱性等清洁度指标，如超标应重新过滤，或更换新油；

4.3.5.8　设备上拆下的阀需继续使用的，应进行认真清洗，合格后才能使用；

4.3.5.9　新换的各种阀应有合格证并经过试验合格后才能使用；

4.3.5.10　各种阀的安装方向应与系统的运行方向一致；

4.3.5.11　油泵的旋转方向应与产品标识一致；

4.3.5.12　所有的密封件在检修时，一般都应更换新的合格密封件；

4.3.5.13　软管安装时应避免严重的急弯，在易于磨损的地方应采取适当的保护措施；

4.3.5.14　蓄能器应按规定压力充装规定的惰性气体；（压力一般为工作压力的 1/2，充装气体一般为氮气）；

4.3.5.15　蓄能器的压力每半年应用专用工具检查是否在规定范围内，未达到应及时补充；

4.3.5.16　联轴器的安装应符合相应规定，如无相应规定，一般可按径向和端面跳动 0.1mm 来要求；

4.3.5.17　向清理合格的油箱注入合格并经滤油机过滤的液压油，油位应在高低油位之间，且系统运行后不得低于最低油位；

4.2.5.18　液压系统的检修按 JB/T 6996 重型机械通用技术条件规定执行。

4.3.6　翻车机本体质量要求

4.3.6.1　翻车机所有构件和焊缝不得出现裂纹，构件不得出现严重变形和连接松动；

4.3.6.2　调整进出轨道，更换磨损胶垫、压轨胶条，轨道应满足表 7 要求；

表 7　轨道安装标准

检测项目	检测标准 /mm
轨道轨距 1435	$+6.5^{+2}$
两端轨道平面度	≤5
轨道直线度	≤3mm

4.3.6.3　端盘（圆盘）齿条与传动小齿轮的顶隙，当模数为 22 时，为 6.5^{+2}mm，当模数为 25 时，为 7.25^{+2}mm；端盘（圆盘）销齿与传动小齿轮的顶隙为 7mm±1mm。传动小齿

轮与齿条（或销齿）在齿宽中心线重合，其偏差不大于 8mm；

4.3.6.4 传动小齿轮齿厚磨损超过齿厚的 1/10，大修期间一般要予以更换；

4.3.6.5 销齿磨损超过原直径的 1/10，要予以更换；

4.3.6.6 各种弹簧折断和失效时，要予以更换；

4.3.6.7 托辊装置要满足表 8 的要求，检修前先进行测量，达不到要求的要在检修期间作相应调整；

表 8 托辊装置标准

检测项目	检测标准 /mm
同一底座上两组滚轮支承标高偏差	≤2
同一底座上两组滚轮中心线偏差	≤2
两组托辊底座中心线距离偏差	±5
两组托辊对角线偏差	≤5
两组托辊装置支承轴标高偏差	≤2
每组托辊对端面垂直度	1

4.3.6.8 托辊辊轮不得出现裂纹，磨损深度不得大于 2mm。

4.3.7 重车调车机质量要求

4.3.7.1 构件及焊缝不得出现裂纹，不得有严重变形及连接松动；

4.3.7.2 行走轮、导向轮不得出现裂纹及轮面剥落，磨损深度不得超过 2mm；

4.3.7.3 行走轮、导向轮检修清洗后应转动灵活，无卡涩、无异常响声；

4.3.7.4 调车机大修期间应对地面行走轨进行检测，应满足表 9 要求；

表 9 车机轨道标准

检测项目	检测标准 /mm
重调机行走轨直线度	≤3
重调机行走轨平行度	≤3
重调机行走轨标高偏差	≤3
重调机行走轨平面度	≤3
重车线与翻车机中心线差	≤3
重车线与重调机行走轨中心线差	≤3

4.3.7.5 立式减速机的液压抱闸在规定油压下应起落正常（起落杆应有明显的上下运动）制动灵敏。液压抱闸温升≤45°；

4.3.7.6 大臂起落臂应平稳，无异常冲击，各弹簧应无折断和疲劳失效；

4.3.7.7 弹性摩擦离合器扭紧力矩应符合重调电机 75kW 时 2330N·m、63kW 时 1950N·m、55kW 时 1800N·m、45kW 时 1320N·m 要求，有偏差时应按电机功率进行整定；

4.3.7.8 导向块全长直线度≤3mm，导向块与齿条顶平行度≤3mm，齿条齿顶直线度≤3mm，导向块的导向面与水平面的垂直度≤1mm；

4.3.7.9 齿轮齿条啮合的接触斑点占原齿长的25%、原齿高的20%（加工齿条），齿轮齿条啮合的接触斑点占原齿长的20%、原齿高的15%（铸造齿条），齿厚磨损＞原齿厚的10%（原齿厚约为33～34mm）时，应更换；

4.3.7.10 重调液压系统除应执行液压系统的通用要求外，还应参照表10规定。

表10 重调机液压性能

性能	单位	参数		
		4.7m臂长	3.5m臂长	配摆动油缸臂
起落臂工作压力	MPa	11	9	9～11
系统流量	L/min	45	36	36～45
抬臂时间	s	22	18	12
落臂时间	s	14	10	8
摘钩工作压力	MPa	2	2	2
摘钩时间	s	≤2	≤2	≤2
制动工作压力	MPa	4	4	4
制动时间	s	0.2	0.2	0.2
电动机功率	kW	15	7.5	7.5～15
电动机转速	r/min	1440	460	460
油箱容积	L	460	460	460
油液	YB-N46	YB-N46	YB-N46	冬季用YB-N32（北方）
储能器压力	MPa	5.5	4.5	4.5～5.5

4.3.8 空车调车机质量要求

4.3.8.1 构件及焊缝不得出现裂纹，不得有严重变形及连接松动；

4.3.8.2 行走轮、导向轮不得出现裂纹及轮面剥落，磨损深度不得超过2mm；

4.3.8.3 行走轮、导向轮检修清洗后应转变灵活、无卡涩、无异常响声；

4.3.8.4 空调车机大修期间应对地面行走轨进行检测，应满足表11要求。

表11 空调车轨道标准

检测项目	检测标准/mm
空调机行走轨直线度	≤3
空调机行走轨平行度	≤3
空调机行走轨平面度	≤3
空调机行走轨标高偏差	≤3
空调机行走轨与空车线中心线偏差	≤3

4.3.9 迁车台质量要求

4.3.9.1 构件及焊缝不得出现裂纹，不得有严重变形及连接松动；

4.3.9.2 车辆定位装置应动作灵活，当迁车台以 0.6m/s 以下速度进入时，不得越位和卡死；

4.3.9.3 双向定位器当钢轨与地面轨对准时，车辆应能顺利进出，且能阻止车辆自动退出；

4.3.9.4 地面安全止挡器当制动靴贴于钢轨上时，应能阻止溜放速度≤0.4m/s 的车辆进入迁车台坑；

4.3.9.5 涨轮器的迁车台，涨轮器应能灵活地挟持车轮；

4.3.9.6 行走轮检修清洗后应转动灵活，无异常响声，且不得跑偏；

4.3.9.7 迁车台行走轨、导向轨应在检修前应进行检测，一般应满足表 12 要求；

表 12 迁车台行走轨、导向轨安装要求

检测项目	检验标准 /mm
行走轨标高差	≤3
行走轨直线度	≤3
行走轨平行度	≤3
行走轨平面度	≤3
行走轨中心距差	≤3
导向轨直线度	≤2
导向轨标高差	≤5
导向轨平行度	≤3
导向轨平面度	≤3
导向轨尺寸差	≤3

4.3.9.8 车轮踏面不得有裂纹，且磨损深度不得大于 2mm；

4.3.9.9 车架两端的限位滚轮应转动灵活，磨损深度不得超过 3mm，孔的椭圆度≤0.5mm；

4.3.9.10 导向轮与导向轨间隙 2～6mm；

4.3.9.11 迁车台插销装置应插入退出灵活，钢轨对位准确；

4.3.9.12 销齿传动、销齿板顶面平面度≤2mm，销齿板直线度≤3mm，两排销齿板中心≤3mm，销齿和销齿轮顶隙 5±1mm；

4.3.9.13 传动销齿轮齿厚磨损不得超过原齿厚 10%，不得裂纹和断齿，直径磨损不得超过原直径的 10%。

4.3.10 夹轮器质量要求

4.3.10.1 构件焊缝不得出现裂纹；
4.3.10.2 夹轮器夹紧动作时间≤3s；
4.3.10.3 夹轮器夹紧时钳口距离≤130mm；
4.3.10.4 夹轮器松开时钳口距离≥160mm；
4.3.10.5 夹轮器应能灵活可靠地夹持车轮，夹紧和松开过程应平稳无卡阻。

5 试车与验收

5.1 试车准备

5.1.1 清理施工现场，做到工完、料净、场地清；
5.1.2 检查上位机工作正常，操作、监控页面无异常；
5.1.3 检查翻车机系统电源电压是否正常；
5.1.4 检查翻车机系统设备初始位置是否正常；
5.1.5 检查各仪表、光电信号、指示灯显示是否正常；
5.1.6 检查翻车机系统设备运行轨道和运行路面，确保没有任何障碍；
5.1.7 检查翻车机液压系统有无漏油、缺油现象，油温是否正常；
5.1.8 检查翻车机制动器良好，本体轨道与地面轨道对位无偏差，间隙在正常范围内；
5.1.9 检查翻车机系统各设备金属结构及各机构是否正常，检查在平台上是否有松动掉下的螺栓、螺母；
5.1.10 电动机接地线、电源线接线牢固无破损；重车调车机、空车调车机、牵车台吊挂电缆装置、滑车良好，电缆无破损；
5.1.11 第一次启动电机时应点动，确定旋转方向正常后，才能正式运转；
5.1.12 各种阀的压力应从小到大逐步调整到正常工作压力；
5.1.13 试验压力为工作压力的1.5倍，并保压3min不得泄漏，试验应从小到大分档进行，每档3MPa；
5.1.14 整个系统运行前，应先手动操作，待一切动作顺序符合要求时再进行空转试验，空转试验10～20min；
5.1.15 整个系统运行时不得有泄漏及异响，如有应停止运行，并进行处理；
5.1.16 现场照明良好、充足；工业电视监视系统正常。

5.2 试车程序

5.2.1 单体试车：各单元机构单机试车三至五次，在试车过程中仔细各部件的运转情况，观察试车过程中的运行参数，是否满足设计要求；
5.2.2 联动试车：连续运行2h后，检查各信号机限位开关灵活、准确，各部润滑良好；
5.2.3 负荷试车4h，各运行参数均满足设计要求；

5.2.4 复查检修及试车记录并存档。

5.3 紧急停车处理

翻车机试车过程中出现以下情况之一时，需要采取紧急停车处理。

5.3.1 液压油管线出现破裂；

5.3.2 各限位开关、光电开关、行程开关失灵；

5.3.3 本体压车装置动作异常；

5.3.4 大臂锁紧机构装置失灵；

5.3.5 各设备液压推力系统故障；

5.3.6 各电机、减速机在运行过程中出现超温及异常噪声，剧烈振动、摩擦撞击现象时，或电气设备出现冒烟、冒火或异常焦味时；

5.3.7 翻车机上轨道与行车轨道出现了错轨，轨道误差大于 10mm；

5.3.8 翻车机反转过程中突然停止或抖动或正翻过程中突然出现回翻；

5.3.9 各紧急按钮失灵。

5.4 验收

5.4.1 按照检修方案所列的检修内容，质量符合本规程要求；

5.4.2 检修、试车记录齐全、准确、整洁；

5.4.3 单机、联动试车正常，主要技术性能和操作指标达到要求；

5.4.4 检修后设备达到完好标准；

5.4.5 满负荷累计运行 72h 后，办理验收手续，正式移交生产。

6 运行维护与故障处理

6.1 日常维护

6.1.1 翻车机日常维护

6.1.1.1 定期检查托辊装置，保证螺栓联接情况与托辊装置中轴承的使用情况良好，各轴承处温升符合要求，小于 50℃；

6.1.1.2 检查电机、减速机、制动器地脚螺栓的连接情况；

6.1.1.3 检查夹车和靠车油缸的活塞密封情况，如果压车臂在静止时自动下落，靠车油缸在翻卸时松动则说明油缸内泄严重，应更换油缸密封件，定期检查左、右压车梁中螺栓联接情况，重点检查该橡胶板处所用螺栓，定期检查夹车机构中易损件损坏情况，发现异常时及时更换；

6.1.1.4 定期检查转子圆盘中螺栓连接情况，包括轨道压板。定期检查该齿条使用情况，卡板螺栓是否松动，齿条齿面若磨损严重应及时更换；

6.1.1.5 检查更换液压油，加油时液压油应用过滤精度为100目的油滤器过滤。液压系统无漏油情况，液压油温小于60℃。

6.1.2 重车调车机、空车调车机日常维护

6.1.2.1 经常观察压力表，确认重调机摆动油缸回路压力9～12MPa、平衡油缸回路压力5.5～10MPa，在压力表超过所规定值时应适当调整压力检查原因并及时排除故障，以免损坏设备；如设备有液压油泄漏的现象，应找出原因并及时消除泄漏；

6.1.2.2 检查固定螺栓是否有松动现象，如有松动应及时拧紧；

6.1.2.3 定期检查各牵车臂中各联接螺栓，防止松动，及前、后钩中缓冲垫片的使用情况，适时予以更换，刚性、弹性行走轮和导向轮的螺栓连接情况，定期给轴承加油；并检查轴承和油封的使用情况，经常检查导向轮与轨道的间隙，若超过规定应及时调整；

6.1.2.4 检查齿条在全长范围内的间隙，检验齿轮齿条间的侧隙，保证在0.5～1.0mm之间，若侧隙偏小调整导向轮或车体，以保证啮合间隙。

6.1.3 迁车台日常维护

6.1.3.1 定期检查导向轮是否滚动灵活，否则应及时检修，按规定加润滑油；

6.1.3.2 定期检查电机、减速机、制动器螺栓连接情况，电机尼龙柱销磨损应及时更换，轴承温升应小于40℃；

6.1.3.3 定期给涨轮器加油并检查油缸使用情况，并在检修时适时予以更换；

6.1.3.4 定期检查销齿与轨道的平行度，销齿与轮顶隙，超出范围后及时调整；

6.1.3.5 迁车台所有运转部位，要经常检查运转是否正常，润滑是否良好，注意检查轴承和各润滑部位主要润滑点，要经常检查及时加油；

6.1.3.6 检查地面单向止挡器所有运转部分，要经常检查转动是否正常，润滑是否良好，各润滑部位主要润滑点，要经常检查及时加油；

6.1.3.7 检查时注意车辆进入迁车台与定位装置的接触速度必须小于0.6m/s，迁车台应对轨准确，对轨偏差小于5mm；

6.1.3.8 检查迁车台时，无论迁向重车线还是空车线，都必须保证有减速信号，即距离到位对准较近时，不得向同一侧迁车，防止未经减速开关减速而高速回位对准时撞坏设备。

6.2 常见故障与处理

C型转子式翻车机常见功能故障与处理方法分别见表13～表18。

表13 卸车系统常见功能故障与处理方法

序号	故障现象	故障原因	故障处理方法	检修周期
1	电机停止转动，电压电流至零	1. 总电源开关跳闸； 2. 过流保护动作	1. 检查开关无异常，设备无损坏时，送电源； 2. 恢复过流保护继电器	一次/6个月

表 13 卸车系统常见功能故障与处理方法（续）

序号	故障现象	故障原因	故障处理方法	检修周期
2	电机电流过高，温度升高或冒烟电机嗡嗡响不转	1. 电机定子，转子相碰； 2. 线圈层间短路； 3. 通风不良； 4. 两相运行	1. 解体检修； 2. 停止运行，更换线圈； 3. 加强通风； 4. 检查电源消除异常	
3	减速机震动大，温度高，声音异常	1. 地脚螺栓松动； 2. 齿轮啮合不好； 3. 油位过高或过低	1. 紧固螺栓； 2. 检修齿轮； 3. 调整油位高度	一次 / 年
4	制动器失灵	1. 调整螺栓松动； 2. 闸瓦片磨损过大； 3. 电源故障； 4. 推动器故障	1. 紧固螺栓； 2. 更换闸瓦； 3. 恢复电源； 4. 检修推动器	一次 /6 个月
5	循环程序故障	可编程控制器故障	检修可编程控制器	
6	油泵排量异常	1. 油泵向相反； 2. 油箱液位低； 3. 泵转速过低； 4. 黏度过高（油温低）； 5. 进油管或吸油管道过滤器堵塞； 6. 进油管路积有空气； 7. 进油管漏气； 8. 轴式转子损坏； 9. 叶片在槽内卡住内泄	1. 检查铭牌，确认后改变； 2. 检查液位，不足则补充； 3. 检查电机是否按规定； 4. 检查油温，低则加热； 5. 清洗滤油器，清洗管路； 6. 自排油侧街头部放气旋转油泵以其吸油排气； 7. 密封圈类损伤或管路松动，更换密封圈和拧紧螺栓； 8. 更换新件； 9. 拆开油泵，取出转子，除掉灰尘，清除毛刺、检查配油盘	一次 /6 个月
7	发热	1. 油箱油量不足； 2. 油黏度过高； 3. 阀设定压力同设定值不一致； 4. 设有冷却装置的能力不足； 5. 阀或传动装置内泄过多	1. 观察液位计，不足则补； 2. 检查介质，换以符合设计规定的介质； 3. 达到设定压力； 4. 检查灰尘附着状态和功率； 5. 更换元件或密封圈	一次 /6 个月
8	泄漏	1. 接头松动； 2. 密封圈损伤或劣化； 3. 密封圈额定压力等级不当	1. 拧紧； 2. 更换； 3. 检查，若不适更换相应的密封圈	一次 /6 个月
9	阀不动作	1. 电磁阀线圈工作不正常（电磁力不足或线圈内有杂质）； 2. 控制阀工作不正常	1. 检查电器信号，控制压力，线圈是否过热，或更换电磁铁； 2. 检查阀内滑阀与阀芯配合是否合适，内漏产生背压阀内存有杂质、铁锈等，清洗、修正或更换	一次 / 年

表 13　卸车系统常见功能故障与处理方法（续）

序号	故障现象	故障原因	故障处理方法	检修周期
10	油缸速度达不到规定值	1. 流量不足； 2. 压力不足	1. 检查流量调节阀和油泵的排量是否正常，调至正常值或更换； 2. 检查压力调节阀和泵的压力是否正常，调至正常值或更换	一次 / 年

表 14　翻车机常见功能故障与处理方法

序号	故障现象	故障原因	故障处理方法	检修周期
1	翻车 165° 不返回	翻车机 0 位信号提前发出	检修主令控制器	一次 / 年
2	翻车机靠板不动作	1. 靠板原位信号丢失； 2. 油缸不动作或推力不够	1. 检修或调整限位开关； 2. 检修液压系统	30～45 天
3	翻车机不翻转	联锁条件不具备，如无靠车信号无夹紧信号，油温过高或过低，光电管不导通	根据情况，检修调整一项；检测元件或与其相应的装置	一次 / 6 个月
4	翻车机平台对位不准	1. 主令控制器动作不准确； 2. 制动器失灵； 3. 变频制动失灵	1. 调整主令控制器； 2. 调整制动器； 3. 检修变频制动器	一次 /6 个月
5	翻车机翻转到某个角度停止	1. 夹紧欠压； 2. 靠车信号丢失； 3. 粉末过大，光电管不导通	1. 检修液压系统； 2. 检修靠车限位； 3. 改善抑尘效果	一次 / 年
6	翻车机靠板倾斜移动	油缸速度不一致	调节节流阀，使四个靠板油缸速度一致	
7	翻车机靠板沿车辆运行方向摆动过大	靠板两端间隙过大	调整间隙	一次 / 年

表 15　重调车机常见功能故障与处理方法

序号	故障现象	故障原因	故障处理方法	检修周期
1	重车调车机不按程序动作	1. 光电编码器故障； 2. 信号干扰； 3. 接近开关故障	1. 检修光电编码器； 2. 移走干扰信号； 3. 检修接近开关	一次 /6 个月
2	重车调车机挂重车列后不行走	1. 制动器未打开或打开后其信号未发出； 2. 联锁条件不具备，比如无翻车机原位信号，无翻车机靠板，夹紧原位信号，油温过高或过低	1. 检修液压系统和限位开关； 2. 根据情况检修调整一次，检测元件或与其对应的位置	一次 /6 个月
3	重车调车机冲击过大	1. 变频交流调速失灵； 2. 橡胶缓冲器失灵	1. 检修交流变频系统； 2. 更换橡胶缓冲垫	一次 / 年

表 16　空车调车机常见功能故障与处理方法

序号	故障现象	故障原因	故障处理方法	检修周期
1	空车调车机不按程序动作	1. 光电编码器故障； 2. 信号干扰； 3. 接近开关故障	1. 检修光电编码器； 2. 移走干扰电源或加屏； 3. 检修接近开关	一次 /6 个月
2	空车调车机与空车撞击冲击过大	1. 变频交流调速失灵； 2. 启动速度高； 3. 接车距离短	1. 检修交流变频系统； 2. 低俗启动； 3. 降低接车速度	一次 / 年

表 17　迁车台常见功能故障与处理方法

序号	故障现象	故障原因	故障处理方法	检修周期
1	牵车台不按程序动作	1. 信号干扰； 2. 接近开关故障	1. 移走干扰电源或加屏； 2. 检修接近开关	一次 /6 个月
2	牵车台冲击过大	1. 变频交流调速失灵； 2. 橡胶缓冲器失灵	1. 检修交流变频系统； 2. 更换橡胶缓冲垫	一次 / 年
3	牵车台挂重车列后不行走	1. 制动器未打开或制动器打开后其信号未发出； 2. 联锁条件不具备，如无牵车台对轨信号，无翻车机原位信号，无翻车机靠板，夹紧原位信号，无重车摘挂钩信号，油温过高或过低	1. 检修液压系统和限位开关； 2. 根据情况检修调整一次，检测元件或与其对应的位置	一次 /6 个月

表 18　夹轮器常见功能故障与处理方法

序号	故障现象	故障原因	故障处理方法	检修周期
1	电机启动，建立不起油压	1. 电源没接好或电机反转； 2. 油泵内带气； 3. 系统有地方漏油	1. 检查电源线或调整电机转向； 2. 对系统进行排气； 3. 找出泄漏点，解决泄漏问题	一次 / 年

附　录　A
（资料性附录）
C型转子式翻车机主要特性及参数

翻车机	
翻车机型号	FZ15-100
翻卸型式	C型转子式
翻卸车辆最大重量	100t
翻车机最大回转速度	1.12m/s
翻车机最大翻转角度	175°
使用翻车机车辆规格	长11938～14440mm，宽3140～3243mm，高2790～3446mm
制动力矩	1000～2000Nm
击振力	≤18kN
翻车机驱动功率	2×37kW
液压站油泵电机	Y160L-4W(B35)，15kW
重调车机	
型号	DZC350
外形尺寸	12000×2600×3000mm
行走速度	0.4～1.2m/s
牵引吨位	4000t
牵引速度	0.6m/s
返回速度	1.2m/s
驱动方式	齿轮齿条
电机	YZP315S1-8W，P=63kW×4，变频范围：0～100Hz
减速机	行星齿轮减速机：LXT2.1.630，传动比：1∶18
空调车机	
型号	DKC120
外形尺寸	7040×2000×2800mm
行走速度	0.175/0.7m/s
额定牵引力	120kN
往返行走速度	0.7m/s
电机	YZP280M-8，P=55kW×2，n=750r/min

C 型转子式翻车机主要特性及参数（续）

迁车台	
型号	QTM-30
载重	正常工作：30t，事故工作：100t
运行速度	0.6~0.76m/s
行走长度	10m
驱动电机	Y2PEJ132M-4，P=7.5kW×2
驱动方式	摩擦传动
总功率	30kW
外形尺寸	14500mm（长）×3220mm（宽）×1110mm（高）
轮减速器	圆柱齿轮减速器：TA265S-71-B3-F
夹轮器	
型号	JLQ1-600
动作时间	≤3s
最大张开角度	160mm
夹轮板最大夹紧力	300kN
夹轮板最大夹紧力	600kN
夹轮板有效长度	3000mm
液压系统工作压力	10MPa
液压系统电机功率	4kW

附　录　B
（资料性附录）
液压系统检验记录

序号	相关标准	检验前	检验后	备注
1	拆卸前做好标识			
2	拆卸零件管口封堵螺纹结合面进行保护			
3	管子严重变形裂纹划伤 0.5 ㎜予以更换			
4	管子弯曲的短长径比不小于 0.75			
5	管子排列整齐相邻管间距＞10 ㎜			
6	管夹间距符合规定			
7	油箱清理干净			
8	旧阀应清理干净			
9	新阀应有合格证			
10	各种阀的安全安装方向应与系统运行方向一致			
11	泵的旋向与产品标识一致			
12	更换合格密封件			
13	弯管安全无严重急弯，磨损			
14	蓄能器注入规定压力的惰性气体			
15	油泵启动时油温＞0℃			
16	油泵运行液温＜40℃			
17	油箱应注入清洁合格的液压油			
18	油箱油位不低于最低油位			
19	联轴器安装的跳动符合规定			
20	油缸各连接点活动自如			
21	噪声≤85dB			
22	有可靠的自动或人工控制			
23	系统运行无泄漏无异常响声			
检验结果				

附　录　C

（资料性附录）

转子翻车机检修验收记录

序号	相关标准	检修前	检修后	备注
1	构件及焊缝不得出现裂纹			
2	构件不得有严重变形			
3	构件不得有连接面松动			
4	平台轨距 1435^{+6}_{-2}mm			
5	钢轨直线度≤3mm			
6	钢轨两端平面度≤5mm			
7	平台上拱度 0～12mm			
8	齿轮齿条顶隙（模数 25 时 7.25^{+2}mm，模数 22 时，6.5^{+2}mm）			
9	齿轮齿条中心偏差≤8mm			
10	托辊－同底座滚轮支承主轴标高偏差≤2mm			
11	托辊－同底座两组滚轮中心偏差≤2mm			
12	两组托辊底座中心距偏差 ±5mm			
13	两组托辊底座对角线偏差≤3mm			
14	两组托辊滚轮支承轴标高偏差≤2mm			
15	每组托辊装置端面垂直度≤1mm			
16	两圆盘（端盘）中心距 ±5mm			
17	两圆盘（端盘）对回转中心垂直度≤8mm			
18	托辊及轴、传轴轴不得有裂纹			
19	托辊及传动滚动轴承更换			
20	托辊滚轮磨损≤1mm			
21	齿轮齿条齿厚磨损≤10%			
22	销轴直径磨损≤10%			
23	各弹簧不得折断、失效			
24	各滑轮径向磨损不得大原厚度的 1/4；滑轮槽壁磨损不得超过厚度 1/3			
25	钢丝绳不能断股和严重变形，断丝数小于总数 1/10			

转子翻车机检修验收记录（续）

序号	相关标准	检修前	检修后	备注
26	各滚轮磨损不得超过 2mm			
27	限位挡挡与平台辊道板间隙 3～10mm，出车端≤2mm			
28	小车导板磨损≤2mm			
29	夹具导板磨损≤2mm			
30	钢丝绳卷筒绳槽磨损深度≤2mm			
31	曲线板与刹车制动机构滚轮接触作用良好			
检验结果	检验员　　　　乙方　　　　甲方　　　　年　月　日			

附 录 D
（资料性附录）
重调机检修验收记录

序号	相关标准	检修前	检修后	备注
1	构件及焊缝不得出现裂纹			
2	构件不得有严重变形连接松动			
3	行走轮、导向轮轮转动灵活、无异常响声			
4	行走轮、导向轮无裂纹及轮面剥落			
5	行走轮、导向轮轮面磨损不得超过 2mm			
6	导向轮轮面与导向轨总间隙 4～6mm			
7	重调机行走轨直线度≤3mm			
8	重调机行走轨平行度≤3mm			
9	重调机行走轨平面度≤3mm			
10	重调机行走轨标高偏差≤3mm			
11	重车线中心与翻车机中心线差≤3mm			
12	重车线中心与行走轨中心线偏差≤3mm			
13	液压抱闸温升≤45°			
14	液压抱闸标志杆上下运动正常、制动可靠			
15	起落臂平衡无异常冲击			
16	弹簧无折断和疲劳失效			
17	弹性摩擦离合器拧紧力矩 1800N·m			（因电机功而不同）
18	导向块全长直线度≤3mm			
19	导向块与齿顶平行度≤3mm			
20	齿条齿顶直线度≤3mm			
21	导向块导向面对水平面垂直度≤1mm			
22	齿轮齿条接触斑点			
23	起落臂工作压力			
24	抬臂时间			
25	落臂时间			
26	摘钩工作压力 2MPa			
27	摘钩时间≤2s			
28	制动工作压力≤4MPa			

重调机检修验收记录（续）

序号	相关标准	检修前	检修后	备注
29	制动时间≤0.2s			
30	油液，夏 YB-N-46，冬 YB-N-32（北方）			
31	电动机功率			
32	电动机转速			
33	储能器压力（表 10）			
34	卷筒绳槽磨损深度≤2mm			
35	钢丝绳不得断股，钢丝磨损小于原直径 1/3			
36	张紧装置能灵活调整			
37	各滚筒滚动灵活			
检验结果	检验员　　乙方　　甲方　　年　月　日			

附 录 E
（资料性附录）
空调机检修验收记录

序号	相关标准	检修前	检修后	备注
1	构件及焊缝不得出现裂纹			
2	构件不得有严重变形和连接松动			
3	行走轮、导向轮轮转动灵活、无异常响声			
4	行走轮、导向轮无裂纹及轮面剥落			
5	行走轮、导向轮轮面磨损不得超过 2mm			
6	导向轮轮面与导向轨总间隙 4～6mm			
7	空调机行走轨直线度≤3mm			
8	空调机行走轨平行度≤3mm			
9	空调机行走轨平面度≤3mm			
10	空调机行走轨标高偏差≤3mm			
11	空车线行走轨与空车线中心线偏差≤3mm			
12	制动器制动可靠			
13	各弹簧无折断和弹性失效			
14	立式减速机弹性摩擦离合器扭紧力矩 130kgf·m			
15	导向块全长直线度≤3mm			
16	导向块与齿顶平行度≤3mm			
17	齿条齿顶直线度≤3mm			
18	导向块导向面对水平面垂直度≤1mm			
19	齿轮齿条接触斑点			
20	卷筒绳槽磨损深度≤2mm			
21	钢丝绳不得断股，钢丝磨损小于原直径 1/3			
22	张紧装置能灵活调整			
23	各滚筒滚动灵活			
检验结果	检验员　　　　　乙方　　　　　甲方　　　　　年　月　日			

附 录 F
（资料性附录）
迁车台检修验收记录

序号	相关标准	检修前	检修后	备注
1	构件及焊缝不得出现裂纹			
2	构件不得有严重变形和连接松动			
3	平台旁弯≤6mm			
4	平台上拱度 4～12mm			
5	平台轨距 1435^{+6}_{-2}mm			
6	平台钢轨直线度≤3mm			
7	平台钢轨平面度≤5mm			
8	双向定位器能使车辆顺利进出			
9	车辆定位装置动作灵活，车辆不得越位和卡死			
10	地面安全止挡器能阻止车辆自动进入牵车台坑			
11	涨轮器能灵活地挟持车轮			
12	行走轮转动灵活、无异常响声且不跑偏			
13	行走轨标高偏差≤3mm			
14	行走轨直线度≤3mm			
15	行走轨平行度≤3mm			
16	行走轨平面度≤3mm			
17	行走轨中心距差≤3mm			
18	导向轨直线度≤2mm			
19	导向轨标高差≤5mm			
20	导向轨平行度≤3mm			
21	导向轨平面度≤5mm			
22	导向轨尺寸差≤3mm			
23	车辆踏面不得有裂纹，且磨损深度≤2mm			
24	车架两端限位滚轮应转动灵活，磨损深度≤3mm			
25	车架两端限位滚轮椭圆度 0.5mm			
26	车架两端限位滚轮与导向轨间隙 2～6mm			
27	插销装置插入退出灵活，对位准确			
28	推车器滚轮转动灵活，磨损深度≤2mm			

迁车台检修验收记录（续）

序号	相关标准	检修前	检修后	备注
29	钢线绳转筒绳槽磨损深度≤2mm			
30	滑轮绳槽径向磨损≤钢丝绳直径的 1/4			
31	滑轮绳槽壁磨损≤原厚度 1/3，且不得破损			
32	滑轮轴孔椭圆度≤0.5mm			
33	钢丝绳不得断股和严重变形，钢丝磨损≤钢丝直径 1/3			
34	销齿齿顶平面度≤2mm			
35	销齿板直线度≤3mm			
36	两排销齿中心距≤3mm			
37	销齿和销齿轮顶隙 5±1mm			
38	销齿轮齿原磨损原齿厚 1/10，且不得有裂纹			
39	销齿磨损≤原直径 1/10			
检验结果	检验员　　乙方　　甲方　　年　月　日			

23. 门式斗轮堆取料机维护检修规程

SHS 05044—2019

目　次

前　言

本规程参照 GB/T 1.1—2009《标准化工作导则　第1部分：标准的结构和编写》给出的规则起草。

本规程由中国石油化工集团有限公司、中国石油化工股份有限公司提出。

本规程起草单位：中国石油化工股份有限公司巴陵分公司。

本规程主要起草人：黄志勇。

本规程2019年首次发布。

门式斗轮堆取料机维护检修规程

1 范围

1.1 主题内容

本规程规定了门式斗轮堆取料机的检修周期与内容、检修程序与质量标准、试车与验收、维护与故障处理。

1.2 适用范围

本规程适用于MDQ300/1000·50型门式斗轮堆取料机的维护与检修。

2 规范性引用文件

下列文件的条款通过本规程的引用而成为本规程的条款，凡是注日期的引用文件，其随后所有的修改单（不包括勘误的内容）或修订版均不适用于本规程；然而，鼓励根据本规程达成协议的各方研究是否使用这些文件的最新版本。凡是不注日期的引用文件，其最新版本适用于本规程。

GB/T 3811—2008 起重机设计规范

GB/T 14695—2011 臂式斗轮堆取料机型式参数

JB/T 4149—2010 臂式斗轮堆取料机技术条件

JB/T 7329—2008 斗轮堆取料机技术 术语

3 检修周期与内容

3.1 机组简介

MDQ300/1000·50型门式斗轮堆取料机主要由刚性门腿、柔性门腿、固定梁、活动梁、活动梁升降机构、大车行走装置、滚轮机构、折返式尾车变换机构、皮带输送机构、喷淋水机构、扶梯走台、操作室等结构组成，机组采用电缆卷筒实现移动供电。堆料时，尾车变换机构转换到堆料位，系统皮带与门式斗轮堆取料机联动，通过堆取料机、移动胶带机，在煤棚范围内完成堆料作业。取料时，尾车变换机构转换到取料位，系统皮带取料运行，通过堆取料机上的滚轮机构、堆料胶带机、堆取料胶带机、移动胶带机完成取料作业。

3.2 检修周期

原则上，机组连续累计运行 24～36 个月后安排一次大修。各单位可根据机组运行状况并结合生产装置运行安排，确定检修周期。

3.3 检修内容

3.3.1 大车行走机构

a）行走驱动减速箱、制动器检查、换油；
b）行走轮检查，必要时解体更换轴承；
c）压轨器调整；
d）斗轮行走固定轨道直线、平行度、压板及固定情况检查。

3.3.2 滚轮机构

a）滚轮驱动减速箱齿轮检查、清洗、换油；
b）滚圈连接点，滚圈轨道磨损、变形、检查；
c）导辊组滚轮磨损、变形情况检查、轴承检查；
d）耦合器、梅花弹性块检查；
e）圆弧挡板、溜槽、落煤斗的磨损、变形检查；
f）行走小车减速箱齿轮检查、清洗、换油；
g）行走小车行走轮、导向轮、轴承检查；
h）电缆滑车检查。

3.3.3 活动梁提升机构

a）驱动减速箱齿轮检查、清洗、换油；
b）制动器刹车片、制动鼓磨损检查，必要时调整、更换；
c）钢丝绳磨损检查，清理灰尘，加油保养；
d）活动梁动滑轮组、定滑轮组、固定梁定滑轮组轴承检查，加油；
e）配重小车行走轮、滑轮组轴承检查，加油；
f）活动梁垂直导向轮轴承检查，加油；
g）卷扬机钢丝绳卡口检查，紧固；
h）平衡轮钢丝绳调整。

3.3.4 皮带输送机构

a）皮带托辊、支架检查，更换磨损部件；
b）皮带接头及整体皮带检查，必要时皮带重新做接头或更换整体皮带；
c）活动梁中部落煤管、尾车落煤管、挡煤皮、导料槽磨损检查、更换；

d）输送带电动滚筒、各改向滚筒胶面检查、检查轴承，必要时维修或更换；
e）输送带落煤点检查、调整；
f）输送带清扫器检查、调整，必要时更换；
g）移动小车制动器、齿轮、轴承解体检查，必要时调整、更换；
h）电缆滑车检查。

3.3.5 尾车变换机构

a）旋转驱动装置减速箱的检查、换油；
b）各轴承、铰点、销钉加脂润滑；
c）主令控制器检查，触点清灰、腐蚀产物清理或更换腐蚀部件；
d）尾车托辊、滚筒胶面检查，轴承解体检查，更换磨损件。

3.3.6 电缆卷动机构

a）变速箱齿轮检查；
b）动力电缆卷筒检查；
c）控制电缆卷筒检查；
d）电缆卷盘检查；
e）电缆导向器检查。

3.3.7 共用机构

a）机架、爬梯、踏板、平台检查；
b）集中润滑系统检查。

4 检修程序与质量标准

4.1 检修前准备

4.1.1 清理斗轮机活动梁、滚轮机构上的杂物、煤，拆除尾车皮带上两侧护栏；
4.1.2 清理检修位地面、保证 15m 检修场地，进出煤棚通道通畅、便于吊车进出；
4.1.3 在斗轮机刚性腿和柔性腿、活动梁平台上平整垫上两层枕木；
4.1.4 将活动梁下降到最低限位，将尾车变换到取料位置，将移动小车停止在活动梁中部，将滚轮机构停靠在柔性腿限位的地方；
4.1.5 解除活动梁下降限位、下降极限位、钢丝绳松绳保护开关；
4.1.6 将活动梁平稳放到活动梁平台的枕木上，然后松弛钢丝绳；
4.1.7 落实安全防护措施与环保要求：
4.1.7.1 办理好各类进场检修票证施工手续，落实施工监护人；
4.1.7.2 检修前切断机台电源，挂上安全警示牌；

4.1.7.3 停车检修前需确认工艺处置是否满足检修要求；
4.1.7.4 备好相应物料收集桶，避免环境污染，按环保要求统一处理；
4.1.7.5 检修人员个人防护必须符合劳保着装规定，持证上岗；
4.1.7.6 现场设置施工作业管理牌，落实好文明检修相关要求；
4.1.7.7 机组零部件、主要检修用具要专人妥善保管，防止丢失或损坏。

4.2 检修程序

4.2.1 主要部件拆装程序

主要部件拆装程序见图 1。

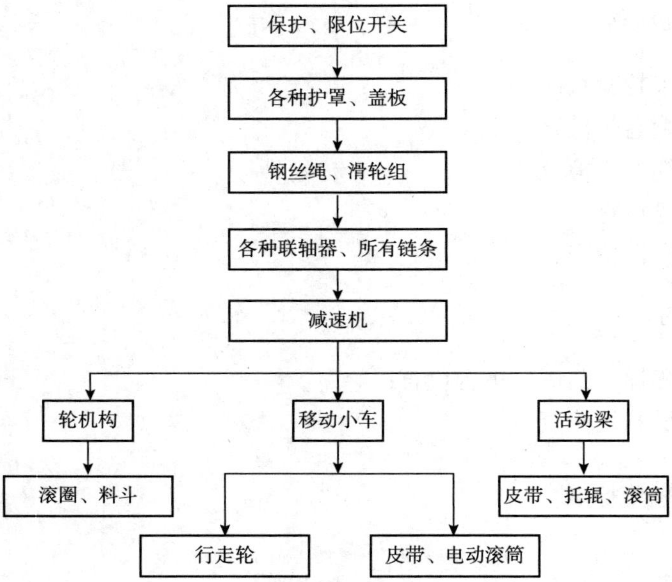

图 1 主要部件拆装程序

4.3 滚轮机构检修程序

4.3.1 拆除料斗：利用人工盘车的方式，转动滚轮机构驱动液力耦合器，把料斗放到活动梁底部，拆除料斗，妥善放置；
4.3.2 将滚圈体中最大的圆弧组成部分转到活动梁底部；
4.3.3 将滚圈体中最大组成部分用 2 个 5t 葫芦固定在活动梁上，在下方地面垫满枕木，另外两部分用 4 个 3t 葫芦固定在活动梁上；
4.3.4 拆除滚圈体三个组成部件间的连接螺栓、定位销及连接板；
4.3.5 用 20t 吊车分别将滚圈体上面的两个组成部件吊出，放置在检修位置；

4.3.6 撤走滚圈体下部枕木，用手拉葫芦缓慢将滚圈的下组成部件放到地面，移至检修位置；

4.3.7 分别拆卸 4 个导辊组两侧轴承座固定螺栓，将导辊组逐台吊到地面检修位置，对所有的导辊组轴承座开盖，检查轴承，做好损坏部件的更换；

4.3.8 拆卸圆弧挡板，用吊车将圆弧挡板吊到地面检修位置，组织更换；

4.3.9 拆卸滚轮机构落煤斗，用吊车将落煤斗吊到地面检修位置，对磨损的落煤斗、挡煤皮进行检修、更换或加固。

4.3.10 回装程序：

4.3.10.1 回装按拆卸的相反顺序进行；

4.3.10.2 重新安装后需调整滚轮体内轨道与支撑轮的间隙，手动试运转时，确认运行平稳无振动及异响。

4.4 平衡轮钢丝绳调整程序

4.4.1 将平衡轮钢丝绳移到平衡轮中间位置；

4.4.2 将钢丝绳少的一台卷扬机断电，脱开制动器刹车片；

4.4.3 通知斗轮机司机点动活动梁上升按钮，待平衡轮钢丝绳到轮毂边缘停止，重新将平衡轮钢丝绳移到平衡轮中间位置，反复上面操作，直到两边卷扬机上钢丝绳均为 5 圈为宜；

4.1.4 将断电卷扬机电机送电，将平衡轮钢丝绳移到平衡轮中间位置；

4.4.5 检查平衡轮钢丝绳位置，各滑轮组、卷扬机钢丝绳应归槽；

4.4.6 通知斗轮机司机点动活动梁上升按钮，慢慢带紧钢丝绳，使活动梁上升到下降级限位；

4.4.7 恢复活动梁下降限位、下降极限位、钢丝绳松绳保护开关；

4.4.8 检查活动梁下降限位、下降极限位、钢丝绳松绳保护开关是否工作正常。

4.5 堆料胶带、堆取料胶带更换程序

4.5.1 更换取料胶带时，将取料胶带的配重用葫芦吊起，更换堆取料胶带时，将堆取料胶带的拉紧螺栓松到最低位置；

4.5.2 将新皮带运到活动梁底部，用葫芦或支架皮带吊起，使皮带可以沿皮带中心轴转动；

4.5.3 在旧皮带电动滚筒承载段前 5m 割断，将新旧皮带接头用铁丝连接固定牢固，保证铁丝能够承载足够的拉力，避免铁丝牵引过程中断裂；

4.5.4 用卷扬机拖动旧皮带的另一端，用旧皮带带动新皮带进入皮带机，将皮带一端牵引到位；

4.5.5 根据皮带长度割断新皮带，将新皮带另一端用斗轮机上电动葫芦放到位；

4.5.6 拆卸两组皮带托辊支架，根据皮带长度将皮带两端用葫芦拉紧，调整皮带松紧

程度，留出皮带接头的量，利用夹具将皮带夹紧固定在托辊支架上，在拆除托辊支架的位置搭设硫化机平台，按皮带热硫化粘接技术要求粘接皮带。

4.6 质量标准

4.6.1 齿轮联轴器质量标准

4.6.1.1 齿轮啮合的接触面积：齿高方向应不小于40%，齿宽方向应不小于50%；
4.6.1.2 内、外齿轮啮合间隙应小于原齿厚的10%；
4.6.1.3 内、外齿轮应无裂纹、锈蚀及严重的刮痕；
4.6.1.4 内外齿轮装配后盘动检查，转动应平稳、灵活、无异常声响；
4.6.1.5 行走机构的齿轮联轴器的端面对中偏差应不大于0.5mm，升降机构的齿轮联轴器的端面对中偏差应不大于0.2mm、端面间隙为2.5～3mm；
4.6.1.6 联轴器法兰螺栓及连接螺栓应无严重锈蚀、磨损、变形及弯曲等缺陷。

4.6.2 链式联轴器质量标准

4.6.2.1 链轮应无变形、锈蚀及轮齿变尖等现象；
4.6.2.2 当滚子外径磨损至原直径的95%时，应予更换；
4.6.2.3 链轮端面与外圆对中偏差应小于0.10mm。

4.6.3 弹性套柱销联轴器质量标准

4.6.3.1 联轴器两对轮法兰应无裂纹、刮痕及锈蚀等缺陷；
4.6.3.2 联轴器径向对中偏差应小于0.05mm，轴向倾斜应小于0.2mm，端面间隙为2～2.5mm；
4.6.3.3 轴套及螺栓无明显磨损，橡胶无老化。

4.6.4 密封质量标准

4.6.4.1 橡胶油封应无老化、裂纹等缺陷，封外密封面应光滑平整；
4.6.4.2 油封外观整齐，无永久性的变形，弹性良好；
4.6.4.3 具有附加弹簧圈的密封圈，应检查确认弹簧完好；
4.6.4.4 单向密封圈安装时，其唇边应对着被密封介质的压力方向；
4.6.4.5 各种密封在设备静止和运转过程中均不得有漏液、漏料现象。

4.6.5 液力耦合器（限矩型）质量标准

4.6.5.1 限矩型卧式直线传动形式的液力偶合器，在安装时应严格注意检查校正电动机轴与工作机轴的同轴度，同轴度允许偏差见表1；
4.6.5.2 液力偶合器在安装、拆卸时不允许用工具敲打铸铝件表面，也不允许用加热法进行安装、拆卸；

4.6.5.3 液力耦合器的泵轮、涡轮及外壳不得有变形、损伤、裂纹，外壳有轻微裂纹允许焊补修复，但应消除应力；

4.6.5.4 液力耦合器检修后应做静压试验，充入0.3MPa气体，保持5min，压力不下降；

4.6.5.5 液力耦合器检修后应做静平衡试验，其垂心对旋转中心的偏移不得超过0.02mm；

4.6.5.6 易熔塞必须完整、其熔化温度应符合各型号液力耦合器的规定，不得用实心螺栓代替易熔螺栓；

4.6.5.7 液力耦合器运转时平稳、无异常响声，液力耦合器安装标准见表1。

表1 液力耦合器安装标准

转速 n_B/(r/min) \ 同轴度允差 \ 规格	200～450	500～650	750～1150
n_B <750	<0.5mm	<0.6mm	<0.8mm
750 < n_B <1200	<0.4mm	<0.5mm	<0.7mm
1200 < n_B <1500	<0.3mm	<0.4mm	<0.5mm

注：本安装标准适合YOX（S）型、YOXn（S）型、YOXnz（S）型、$YOX_{II}z$（S）型、YOX_{EZ}（S）型液力耦合器。

4.6.6 钢丝绳质量标准

4.6.6.1 当钢丝绳直径减小到公称直径的7%时必须更换；

4.6.6.2 钢丝绳的捻距内有10%的断丝时必须更换；

4.6.6.3 钢丝绳变形或存在腐蚀时必须更换；

4.6.6.4 已经扭结的新钢丝绳不能使用。

4.6.7 传动齿轮与齿轮减速机质量标准

4.6.7.1 齿轮面应无严重磨损、刮痕，第一级齿轮极限磨损量为原齿厚的5%，其他齿轮则为齿厚的10%；

4.6.7.2 啮合齿轮的啮合间隙不应大于中心距的0.5‰；

4.6.7.3 传动齿轮的接触面积：齿高方向应不小于40%，齿宽方向应不小于50%；

4.6.7.4 齿轮箱应无漏油、裂纹等缺陷。

4.6.8 开式齿轮传动装置质量标准

4.6.8.1 轴应光滑、无裂纹，键槽无变形，重要部分的尺寸公差应加以校核，其圆锥度，椭圆度的公差一般应小于0.03mm；

4.6.8.2 轴承座不得有裂纹，端盖密封严密，加油装置安全、清洁，轴承座各配合面不得有机械损伤；

4.6.8.3 滚动轴承应清洁，且无明显的斑点；

4.6.8.4 对于滑动轴承要接触均匀，接触角在 70°～80° 之间；

4.6.8.5 齿轮的齿面应光滑无裂纹，不得有剥皮和麻坑现象；

4.6.8.6 磨损是开式齿轮传动破坏的主要形式，允许齿厚的最大磨损量为原齿厚的30%；

4.6.8.7 开式齿轮传动中心距极限偏差可参考表 2：

表 2 开式齿轮传动中心距极限偏差表

中心距 /mm	极限偏差 /μm	中心距 /mm	极限偏差 /μm
≤50	±100	200～300	±200
50～80	±120	320～500	±250
80～120	±140	500～800	±250
120～200	±170	800～1250	±320

4.6.8.8 齿顶间隙应为模数 0.25 倍；

4.6.8.9 齿轮啮合最小侧隙极限应符表 3；

表 3 齿轮啮合最小侧隙表

中心距 /mm	侧隙极限值 /μm	中心距 /mm	侧隙极限值 /μm
≤50	170	＞200～320	420
＞50～80	210	＞320～500	530
＞80～120	260	＞500～800	620
＞120～200	340	＞800～1250	850

4.6.8.10 齿轮与轴的配合应符合图纸要求，不得有振动和串轴现象。有键联接时，键的配合要紧密，并视其大小在顶部留有 0.1～0.41mm 的间隙，当键的顶部间隙过大时，键底不允许加垫，应更换键；

4.6.8.11 轴与轴承座端盖的间隙在 0.1～0.25mm，四周应均匀一致，密封填料压紧密与轴吻合。

4.6.9 制动器质量标准

4.6.9.1 制动器的铆钉或螺丝头必须埋入带内、不得露出，埋入的深度不得少于制动带厚度的 1/2，制动带与闸瓦应贴合严密，制动带不得有断裂现象；

4.6.9.2 制动带不得浸入油内，已有油的制动带应用火焰烘烧消除；

4.6.9.3 电磁机械式的制动带与刹车轮的允许间隙根据表 4；

表 4 电磁机械式制动器刹车轮间隙

刹车轮直径 /mm	100～150	150～200	200～300
允许间隙 /mm	1～1.2	0.8～1.2	0.5～0.8

4.6.9.4　电动液压制动带与制动轮间的间隙要求见表 5；

表 5　电动液压制动带与制动轮间的间隙

制动轮直径 /mm	120～160	200～250	300～350	400～450
允许间隙 /mm	0.65～1.00	0.65～1.30	0.80～1.60	1.00～2.00

4.6.9.5　制动轮不得有裂纹，轮面上有大于 2mm 的深沟时应重新车光，表面进行淬火后再用；重车的制动轮壁比原壁厚少 30％时，不再使用；

4.6.9.6　制动瓦片磨损度不应超过原厚度的 1/2，否则更换；

4.6.9.7　制动轮和瓦片的接触不得小于全部面积的 75％；

4.6.9.8　制动器的各联接轴磨损不应超过原轴径的 5％，椭圆度不应超过 0.5mm；

4.6.9.9　制动器的弹簧长度允许误差 ±2mm，有裂纹、永久变形时应更换；

4.6.9.10　制动器闸瓦中心与制动轮中心偏差不大于 3mm；

4.6.9.11　轴孔的磨损超过名义直径的 5％就用绞刀绞孔；轴孔磨损过大时应补焊后进行扩孔；

4.6.9.12　装配好的制动器其端面跳动量不得超过表 6。

表 6　制动器跳动量

制动轮直径 /mm	≤200	＞200～300	＞300～800
径向跳动 /mm	0.1	0.12	0.18
轴向跳动量 /mm	0.16	0.2	0.25

注：以下各机构中的公用机件，请参照公用机件检修及质量标准。

4.6.10　行走机构质量标准

4.6.10.1　润滑管路应清洁、流畅，且无泄漏现象，润滑油嘴清洁畅通完好；

4.6.10.2　行走轮的主动轮和从动轮的磨损或变形应符合表 7 的要求；

表 7　行走轮的主、从动轮使用数据

mm

检查项目	允用极限
轮子直径的磨损量	原尺寸的 2%
轮子法兰①的磨损量	原尺寸的 40%
轮子法兰的变形	偏离垂直位置 20°
主动轮的直径差	原尺寸的 1%
从动轮的直径差	原尺寸的 2%
轮子圆度	1

注：①轮子法兰系指为防止轮子脱轨而在轮子两端设置的挡圈。

4.6.10.3　钢轨在全长范围内的磨损、轨距、坡度、高度差及接头误差应符合表 8 的要求。

表 8 钢轨使用要求

mm

检查项目	使用极限
轨顶磨损	原尺寸的 10%
轨距	±3
轨道坡度	1%
两轨道的高度差	轨距的 1%
接头误差	0.5

4.6.11 滚圈驱动机构质量标准

4.6.11.1 润滑管路清洁、流畅、无泄漏；橡胶软管无老化及永久性变形；排列整齐，无交缠扭转现象，不得和其他部件产生摩擦；手压油泵操纵灵活，供油分配器工作正常，各处供油均匀；

4.6.11.2 测量的基础上视具体情况采用机械或火焰（若采用此法需要用温火）方式对滚轮体进行校正，主要控制滚轮体的直径椭圆度及两侧平面度；

4.6.11.3 调整过程中要尽量控制内圆轨道及柱销的椭圆度，偏差控制在 3mm 以内，端面跳动要控制在 3mm 之内；

4.6.11.4 内圆轨道的个别局部点可用砂轮打磨光滑。

4.6.12 皮带运输机构质量标准

4.6.12.1 润滑管路应清洁、流畅，且无泄漏现象，润滑油嘴清洁畅通完好；

4.6.12.2 皮带应完整无缺损、无老化、无过度磨损，运行无跑偏现象；当皮带橡胶层磨穿或脱胶、分层时应更换；更换皮带时，黏接采用硫化阶梯搭接，严格按热硫化工艺现场黏接指导进行；皮带接头质量不良时，必须打开重新黏接；

4.6.12.3 皮带滚筒定位牢固、无串轴；托辊与调整辊转动灵活、无卡涩；主动胶制外皮滚筒，其橡胶厚度磨损量大于原厚度的 50% 时应更换。滚筒轴头应在负荷端定位，其轴线与皮带机纵向中心线垂直度为 2mm；

4.6.12.4 配重滚筒与托辊的壁厚磨损量不得超过其原厚度的 10%，表面应无严重锈蚀、异物和结垢现象，其轴线应与皮带机纵向中心线垂直且转动灵活；滚筒横向中心线对皮带机纵向中心线的和重合度不应超过 2mm；滚筒轴心线对皮带机的纵向中心线的垂直度不应超过 2mm；滚筒水平应控制在 0.5‰以内；当滚筒轴头磨损或有严重划痕时，应更换；

4.6.12.5 清扫器金属夹与皮带距离不小于 90mm；刮板式清扫器的橡胶板磨损至外露宽度小于 15mm 时，应更换；边缘护板宽度为输送带宽度的 2/3 或 3/4，长度为 2 至 4 倍输送带宽，前高后低。其橡胶板应与皮带接触紧密，无撒料现象。

4.6.13 升降机构质量标准

4.6.13.1 钢丝绳两端卡头应牢固；
4.6.13.2 活动梁降到最低位置时，应保证钢丝绳在滚筒上缠有 5 圈为宜；
4.6.13.3 所有滑轮组润滑良好、转动灵活；
4.6.13.4 卷扬机卷筒的焊接部分应无任何裂纹；
4.6.13.5 滑轮槽极限磨损量为钢丝绳直径的 25%；
4.6.13.6 钢丝绳卷绕时不得发生堆积现象；卷扬机卷筒的绳槽有明显磨损时，应更换。

5 试车与验收

5.1 试车准备

5.1.1 施工现场，要做到工完、料净、场地清；
5.1.2 速度、压力、时间、流量等计量表，电气、仪表报警连锁装置均检定、调试；
5.1.3 检修质量符合要求；
5.1.4 润滑油油质合格，油位正常，无泄漏；
5.1.5 各部连接螺栓紧固可靠；
5.1.6 安全设施完好。

5.2 试车程序

5.2.1 门式斗轮堆取料机缓慢升起活动梁，同时检查钢丝绳卡头紧固及滑轮组运行情况，反复升降三次，确认无异常现象后，恢复限位保护开关；
5.2.2 各机构单机试车 4h，试车时全面检查运行情况；
5.2.2.1 检查各皮带的运行情况，出现跑偏时进行调整；
5.2.2.2 检查滚圈运行时是否存在振动或异响；
5.2.2.3 检查电机及减速机的温度及振动情况，电机及减速机的温升应小于设备铭牌所规定的数值；
5.2.2.4 确认电机电流不超过电机的额定值，记录各机构单机运行时的运行电流。
5.2.3 联动试车 4h 后，检查限位开关灵活、准确度，确认润滑良好，记录运行时的总电流；
5.2.4 负荷试车 4h，并按 5.2.2 和 5.2.3 的检查内容进行检查、调整、记录；
5.2.5 复查检修及试车记录并存档。

5.3 验收

5.3.1 所有检修项目的检修质量符合本规程要求；
5.3.2 检修、试车记录齐全、准确、整洁；

5.3.3 单机、联动试车正常，主要技术性能和操作指标满足附录 A 的要求；
5.3.4 检修后设备达到完好标准；
5.3.5 满负荷正常运转 72h 后，办理验收手续，正式移交生产。

6 维护与故障处理

6.1 日常维护

6.1.1 检查减速箱是否漏油，确认油位正常、无异响及异常振动；
6.1.2 检查保护罩，确认完好；
6.1.3 检查轴承、托辊、滚筒，确认无异响、过热；
6.1.4 检查皮带张紧度，确认无划破、撕裂和跑偏，检查清扫器、挡煤皮、刮煤器及落煤管磨损情况；
6.1.5 检查机构运行，确认无异响、异常振动；
6.1.6 检查各导料槽落煤情况，确认不积煤、无泄漏；
6.1.7 检查楼梯、栏杆、底板，确认完好。

6.2 月度维护

6.2.1 检查齿轮箱、驱动装置固定螺栓紧固情况；
6.2.2 检查各刹车推力器油位，刹车片磨损情况；
6.2.3 各轴承、铰点、销加脂润滑；
6.2.4 减速箱气孔帽清洗；
6.2.5 检查皮带磨损情况，必要时更换；
6.2.6 检查各刮煤器磨损情况，必要时调整、更换；
6.2.7 检查落煤斗衬板、挡板磨损情况；
6.2.8 检查各落煤斗紧固磨损情况；
6.2.9 滚轮机构导辊组，加脂润滑；
6.2.10 集中润滑系统检查；
6.2.11 活动梁钢丝绳清理灰尘，加油保养；
6.2.12 检查各限位开关等电气元件是否正常；
6.2.13 检查调偏挡板磨损情况。

6.3 常见故障与处理

门式斗轮堆取料机常见功能故障与处理方法见表 9。

表 9　门式斗轮堆取料机常见功能故障与处理方法

序号	功能部位	功能故障	原因及可能后果	处理方法	检修周期
1	滑轮组	滑轮槽磨损不均匀	安装不正确，滑轮不转钢丝绳润滑不良，导致钢丝与滑轮磨损加剧	调整滑轮位置，检修滑轮。不均匀磨损超过 3 ㎜时更换	36 个月
		滑轮不转动	轴承损坏或润滑不良，心轴和钢丝绳磨损加剧，阻力增大	注意润滑情况，检修滑轮和心轴	36 个月
		滑轮心轴磨损	润滑不良，轴承损坏，导致磨损加剧	更换心轴、轴承	36 个月
		轮缘断裂，滑轮倾斜，松动	轮缘磨损过量或受外力 轴承损坏，轴上定位板松动	更换新轮，换轴承，调整紧固定位板，使轴固定	36 个月
2	钢丝绳	断丝扭结和磨损	钢丝绳松绳过多，使用时间过长，与其他部件相摩擦会导致断裂	更换钢丝绳 消除摩擦部位	视情况而定
3	压轨器	电力液压推动器不动作	线路故障	检查线路	12 个月
			推动缺油	加油至油面线	
			推动器电机损坏	修复电机	
		铁鞋落下后不起防爬作用	铁鞋与滚轮之间的间隙没有调至正常使用范围	调整	视情况而定
		推动器动作而行走不动作	限位开关未动作或已损坏	调整限位	12 个月
			铁鞋未提起 铁鞋与滚轮卡住	更换限位开关 门斗行走反向点动	视情况而定
4	齿轮	齿轮轮齿折断	负荷过大时跳动	更换齿轮	视情况而定
			啮合不好		
			齿轮疲劳		
		齿轮磨损	润滑不良	改善润滑状况 齿轮磨损过大，核算负荷磨损量达到 15%～20% 原齿厚时应更换	视情况而定
			负荷偏大		
			使用年限长，造成异响振动大		
		轮辐，轮缘或轮毂有裂纹	材料缺陷	更换齿轮	视情况而定
			负荷过大		
			装配不当		
		键损坏，齿轮在轴上跳动	键的材质不当 键装配不当 扭矩超过键的许用值造成设备不能使用	另配键或另加工键槽配键	视情况而定

表 9　门式斗轮堆取料机常见功能故障与处理方法（续）

序号	功能部位	功能故障	原因及可能后果	处理方法	检修周期
5	车轮	轮辐踏面有裂纹	材料缺陷，或外力损伤	更换车轮	视情况而定
		主动车轮踏面磨损不均匀	车轮转动不活 车轮严重偏斜 造成行走不稳	轻微时，校正车轮， 严重时，更换车轮	视情况而定
		轮缘磨损	轨距偏差大或车轮严重偏斜造成啃轨，易发生脱轨事故	校正轨距及车轮 轮缘磨损值超过原厚度的40% 时，更换新车轮	视情况而定
		轮毂处有裂纹	车轮质量问题	立即更换	视情况而定
6	联轴器	半联轴器内有裂纹	产品质量 装配质量 负荷过大 无法传递扭矩	更换新件	视情况而定
		联轴器内螺栓孔磨损	螺栓未拧紧、防松装置不可靠 装配质量不好，导致螺栓切断，动力无法传递	定期检查联接螺栓、可靠防松装置 已磨损的联轴器，可重新钻孔或扩孔	视情况而定
		齿形联轴器齿磨损或折断	齿轮啮合不好润滑不良、负荷过大，导致联轴器损坏或寿命缩短	保证安装质量 改善润滑状况 已损坏的重新更换	24 个月
		键槽磨损	装配不当或间隙过大	补焊磨损的键槽，并在与旧键槽相距 90° 处重新加工键槽	24 个月
7	减速机	发出周期性的颤动声响	齿轮加工精度不够 节圆中心与回转中心不同心，引起机构震动	更换不合格的齿轮，或更换齿轮副	视情况而定
		发出剧烈的金属锉擦声引起减速机振动	相连接的轴不同心度偏差大 相连的联轴器故障 啮合齿轮副顶间隙过小，造成相应机械损坏	调整不同心度 检修联轴器，调整齿轮顶间隙	视情况而定
		壳体，特别是轴承座处发热	轴承安装不良或损坏 减速器散热条件差 或润滑不良 造成齿轮、轴承过早损坏	更换轴承，修整齿轮，加强散热 更换润滑油	视情况而定

表 9　门式斗轮堆取料机常见功能故障与处理方法（续）

序号	功能部位	功能故障	原因及可能后果	处理方法	检修周期
7	减速机	润滑油沿中分面外漏	密封垫损坏 减速机壳体变形 中分面不平、不干净 联结螺栓松动	将中分面清洗，更换密封垫，并涂密封胶 检修壳体，中分面刮平并开回油槽紧固螺栓	视情况而定
		减速机整体振动	减速器固定螺栓松动 相连轴不同心 支架刚性差	紧固固定螺栓 调整相连轴的同心度 加强支架，增大其刚性	视情况而定
8	胶带机	胶带跑偏	胶带支撑托辊安装不正确	向左跑偏，将托辊支架左端前移，或右端后移	12 个月
			传动滚筒与改向滚筒轴线与机架中心线不垂直	调整滚筒两边支架，使滚筒轴线与机架中心线垂直	视情况而定
			滚筒表面有煤垢	刮去煤垢，改善清扫器作用	视情况而定
			胶带接头不正	用直角尺垂直割切胶带接头，重新粘接	24 个月
			给料不正	调整落料点	视情况而定
		胶带打滑	胶带非工作面有水或油污	清除滚筒表面及胶带上的水和油污	6 个月
			胶带在传动滚筒上包角过小	增大包角	
			胶带张力不够	增加张紧力	
			胶带卡死或物料太多	检查胶带，卸下部分物料	
			滚筒或托辊阻力过大	检查滚筒和托辊	
9	制动器	断电后不能及时制动，滑行距离较大	杠杆系统中的活动关节被卡住	检查有无卡住现象，并用润滑油润滑活动关节	12 个月
			制动轮表面有油污或其他异物	用煤油清洗制动轮及制瓦并清除异物	
			制动瓦磨损超标	更换	
			液压制动器运行不灵活	检查液压推动器有无卡阻现象	
			推杆行程调节不当	调节推杆行程	
		制动瓦松不开	制动瓦与制动轮胶粘	用煤油清洗制动轮及制动瓦	12 个月
			制动架铰接点卡住	检查有无卡住现象，并搞活	12 个月
			制动间隙过小	调节制动间隙	12 个月

表 9 门式斗轮堆取料机常见功能故障与处理方法（续）

序号	功能部位	功能故障	原因及可能后果	处理方法	检修周期
9	制动器	制动瓦发出焦味或磨损快	制动器失灵、未打开	检查制动器排除故障	12 个月
			液压推动器运行不灵活		
			制动间隙调节不当、间隙过小或不均匀	调整制动瓦或更换	12 个月
			制动轮表面粗糙，或制动瓦面有硬质杂物	车光制动轮外圆 清除制动瓦面上的杂物	12 个月
		制动瓦易于脱开	调整螺母没拧紧	按调整的位置拧紧调整螺母	12 个月
10	行走机构	啃轨	两门腿侧主动车轮直径偏差大使两侧行走速度不等，设备整体偏斜	车轮成对更换	视情况而定
			传动系统偏差过大	检查电机丢转情况，并使电机制动器合理匹配，检查传动机构调整行走，校正保护装置	视情况而定
			行走轮偏斜过大	调整行走轮	视情况而定
			金属结构变形	校正	视情况而定
			轨道安装误差超限	调整轨道，使跨度，直线度，标高等均符合要求	视情况而定
			轨道表面有异物	清除异物（如油垢）	视情况而定
11	轴	键槽损坏	负荷过大、装配不当	重铣键槽或换轴	视情况而定
		轴上有裂纹	材质缺陷，负荷过大，或金属疲劳	更换新轴	视情况而定
		轴弯曲	承受过大径向力 轴径磨损严重	校直（直线度小于 0.5mm/m） 换新轴	视情况而定
		键槽尺寸超差	键槽磨损加剧或断键	重铣键槽或换轴	视情况而定
12	电动机	电动机过热	负荷过大 工作制度超过额定值 电压过低 电动机故障	检查电负荷 减少工作时间 检查电源电压 排除故障	24 个月
		定子铁心局部过热	定、转子铁心摩擦 线圈局部接地或短路 轴承温度高 铁心矽钢片间发生局部短路	调整定、转子气隙 处理电机故障或更换电机 检修轴承 消除矽钢片上的毛刺或其他引起短路的因素，并涂绝缘漆	24 个月

表 9　门式斗轮堆取料机常见功能故障与处理方法（续）

序号	功能部位	功能故障	原因及可能后果	处理方法	检修周期
12	电动机	转子温度升高，定子有大电流冲击电机，在额定负荷时不能按额定转速工作	绕线端头中性点或并联绕组间接触不良	检查所有焊接接头，清除外部缺陷	24 个月
			绕组与滑环连接触不良	检查绕组与滑环的连接状况，消除缺陷	24 个月
			电刷器械接触不良	检查并调整电刷器械	24 个月
			电路中有接触不良处	检查连接导线与加速接触或控制转子电路的连接状况，对接触不良处进行修正，检查电阻状况，断裂的须更换	24 个月
		电动机工作时振动	电动机轴与减速机轴不同心	找正电机与减速机的同心度	24 个月
			定、转子铁心相摩擦	调定转子铁心间隙	24 个月
			地脚螺栓松动	紧固	24 个月
			轴承磨损或损坏	检查并修理或更换轴承	24 个月
			相连机械故障	排除机械故障	24 个月
			转子变形	检查并车圆转子	24 个月
		电机工作时力不足	内部绕组接线有错	核对电机内部接线	24 个月
			电源电压过低	检查电源电压	24 个月
			启动后单相运转	排除单相运转情况	24 个月
			电机出线△/Y 接法不对	核对△/Y 接法	24 个月
13	滚子轴承	工作时轴承响声大	缺少润滑油或安装不良	检查轴承中的润滑油量，使其适量及安装状况	视情况而定
			轴承中有污物	清洗轴承后注入新的润滑油	视情况而定
			装配不良，使轴承卡涩	检查轴承装配质量	视情况而定
			轴承部件损坏	更新轴承	视情况而定

注：表格中检修周期，是正常运行时的检修周期，实际的检修周期，视设备运行情况而定。

附 录 A
（资料性附录）
门式斗轮堆取料机技术特性参数表

设备名称	门式斗轮堆取料机
设备型号	MDQ300/1000·50 型
工作制度	重型工作制
额定堆料出力	1000t/h
额定取料出力	300t/h
储煤场堆高	8m（轨上 7.5m；轨下 0.5m）
轨距	50m
尾车轨距	5m
最大工作风压	$<250N/m^2$
最大非工作风压	$<800N/m^2$
最大轮压	<250kN
煤场长度	203 m
轨道型号	50kg/m
供电方式	电缆卷筒供电
供电电压	380V
供电频率	50Hz
装机总功率	300 kW
设备总质量：	335t
设备外形尺寸（长 × 宽 × 高）	47.75m×56.27m×19.254m
控制方式	单动、联动、半自动

附 录 B
（资料性附录）
滚轮机构技术特性参数表

斗轮型式	无格式
斗轮直径	6.8 m
斗数	10 个
斗容	0.10m^3
斗轮转速	6.28 r/min
驱动装置型式	电机－液力耦合器－减速机
电动机型号	Y225S-4
电动机功率	37kW
绝缘等级	F 级
防护等级	IP54
电压等级	380V 50Hz
运行速度	12m/min
轨距	2.2m
轴距	4.0m
驱动装置型式	机械传动
电动机功率	7.5kW×2
制动器型号	YWZ-200/25

附 录 C
（资料性附录）
升降机构技术特性参数表

升降机构型式	机械卷扬式
升降速度	4.28m/min
驱动装置型式	双绳卷筒型式
电动机型号	YZR280M-8
电动机功率	55kW
绝缘等级	F 级
防护等级	IP54
电压等级	380V 50Hz
制动器型号	YWZ-400/90
联轴器型号	带制动轮的齿轮联轴器
卷筒直径	650mm
钢丝绳型号	6×19-28-1850-Ⅱ-光

附 录 D
（资料性附录）
滚轮机构检修验收记录

序号	相关标准	检修前	检修后	备注
1	滚圈圆度			
2	滚圈轨道磨损不得超过 3mm			
3	圆弧挡板磨损不得超过 2mm			
4	行走轮、导向轮无裂纹及轮面剥落			
5	行走轮、导向轮轮面磨损不得超过 2mm			
6	导向轮轮面与导向轨总间隙 4～6mm			
7	行走轨直线度≤3mm			
8	制动器制动可靠			
9	各弹簧无折断和弹性失效			
10	耦合器、梅花弹性块			
11	圆弧挡板≤3mm			
检验结果	检验员 乙方	甲方		年 月 日

附　录　E

（资料性附录）

活动梁升降机构检修验收记录

序号	相关标准	检修前	检修后	备注
1	制动器制动可靠			
2	各弹簧无折断和弹性失效			
3	钢丝绳两端卡头应牢固			
4	活动梁降到最低位置时，应保证钢丝绳在滚筒上缠有 5 圈			
5	所有滑轮润滑良好、转动灵活			
6	卷扬机卷筒的焊接部分应无任何裂纹			
7	滑轮槽极限磨损量为钢丝绳直径的 25%			
8	钢丝绳卷绕时不得发生堆积现象			
9	卷扬机卷筒的绳槽磨损≤1mm			
检验结果	检验员　　　　　乙方　　　　　甲方　　　　　年　月　日			

附 录 F
（资料性附录）
活动梁皮带机结构检修验收记录

序号	相关标准	检修前	检修后	备注
1	无磨损损坏托辊			
2	皮带接头良好，无开裂			
3	皮带工作面磨损≤50％			
4	电动滚筒油位合格滚筒 2/5			
5	电动滚筒运行响声正常			
6	改向滚筒运行响声正常			
7	清扫器刮板无磨损			
8	移动小车齿轮啮合符合表 3 的要求			
9	落煤管畅通			
10	皮带机保护装置完好			
11	皮带运行完好无跑偏			
检验结果	检验员　　　　乙方　　　　甲方　　　　年　月　日			

24. 辊式磨煤机维护检修规程

SHS 05045—2019

目　次

前　　言

本规程按照 GB/T 1.1—2009《标准化工作导则　第1部分：标准的结构和编写》给出的规则起草。

本规程由中国石油化工集团有限公司、中国石油化工股份有限公司提出。

本规程主要起草单位：中国石油化工股份有限公司湖北化肥分公司、中国石油化工股份有限公司安庆分公司、中安联合煤化工有限责任公司。

本规程主要起草人：张奇、张国太、宋大龙。

本规程 2019 年首次发布。

辊式磨煤机维护检修规程

1 范围

1.1 主题内容

本规程规定了粉煤气化装置辊式磨煤机组的检修周期与内容、检修程序与质量标准、试车与验收、维护与故障处理。

1.2 适用范围

本规程适用于ZGM123（K/N/G）型和HP1203/DYN型辊式磨煤机的维护和检修。其他类型的辊式磨煤机可参照执行。

2 规范性引用文件

下列文件的条款通过本规程的引用而成为本规程的条款，凡是注日期的引用文件，其随后所有的修改单（不包括勘误的内容）或修订版均不适用于本规程；然而，鼓励根据本规程达成协议的各方研究是否使用这些文件的最新版本。凡是不注日期的引用文件，其最新版本适用于本规程。

DL 5000 火力发电厂设计技术规程

DL/T 466 电站磨煤机及制粉系统选型导则

DL/T 5145 火力发电厂制粉系统设计计算规定

DL/T 467 电站磨煤机及制粉系统性能试验

JC/T 844 水泥工业用立式磨煤机

3 检修周期与内容

3.1 设备简介

辊式磨煤机是一种磨盘工作转速为20～300r/min的中速磨煤机，它具有结构紧凑，金属耗量、占地面积、耗电量小，初期投资少等特点，适用于烟煤、贫煤等中等硬度物料的粉末化磨粉作业。磨盘旋转由电动机通过减速机驱动，原料煤经锁风喂料器由进料口降落在磨盘中央，热风从进风口进入磨机。原料煤在磨盘离心力作用下，向磨盘边缘滑移，经过磨盘上的环形槽时，受到磨辊的碾压而粉碎；粉碎后的物料在磨盘边缘被风环高速气流带起，大颗粒直接落到磨盘上重新研磨，气流中的粉煤经过旋风分离器时，粗粉在旋转叶片作用下从锥斗落入磨盘重新研磨，合格的细粉随气流一起出磨。

3.2 检修周期

根据机组运行状态择机进行维修，原则上，机组累计运行12～24个月需安排一次检修。

3.3 检修内容

3.3.1 磨煤机本体检修

a）开盖全面检查并检测磨煤机各部数据；
b）检查压架主推、辅推磨损情况；
c）检查拉杆、关节轴承、拉杆密封磨损情况；
d）检查压架、铰轴磨损情况；
e）检查磨辊磨损情况；
f）检查磨盘磨损情况；
g）检查动静环、耐磨衬板磨损情况；
h）检查传动盘密封、炭精环磨损情况；
i）检查弹簧加载装置的预紧力情况；
j）检查旋转分离器叶片磨损情况；
k）检查叶轮扇形体和空气节流环磨损情况；
l）检查进风口叶片磨损情况；
m）检查石子煤刮板磨损情况；
n）检查密封空气盘根磨损情况；
o）检查电机与减速机对中找正情况并根据规范要求进行调整。

3.3.2 减速机检修

减速机的维修参看SXJ180及KMP380型减速机使用和维护说明。

3.3.3 油系统检修

a）旋转分离器油站、高压油站及稀油站油箱清理及润滑油更换；
b）检查蓄能器及充气压力；
c）主油泵及稀释油泵油滤器滤芯更换；
d）主油泵及稀释油泵入口滤网拆检清理或更换；
e）油冷器抽芯检查及清洗；
f）检查稀释油泵对中情况；
g）检查换向阀及仪表等部件及化验油品。

4 检修程序与质量标准

4.1 检修前准备

4.1.1 人员准备

4.1.1.1 明确现场组织结构及负责人，确定检修人员数量；
4.1.1.2 组织作业人员安全培训，进行技术交底。

4.1.2 现场准备

4.1.2.1 切断主传动电动机、油站电源；
4.1.2.2 热风炉停车；
4.1.2.3 关闭分离器出粉管道上的阀门；
4.1.2.4 关闭磨煤机和给煤机防爆消防气体通入管道上的阀门；
4.1.2.5 给煤机停机，关闭连接阀门。

4.1.3 场地、工具与备件准备

4.1.3.1 清理专门的检修场地，设立警戒线；
4.1.3.2 清理备齐通用工具和制造厂提供的专用工具，落实吊车；
4.1.3.3 清理准备以下备件：

a）机壳导向块、导向板及调整垫；
b）组装好的磨辊 3 套；
c）组装好的磨环（包括衬板）1 套；
d）机壳防磨护板；
e）排渣箱刮板 2 套；
f）涉及拆卸的所有螺栓、螺钉、螺母、防松垫圈；
g）各处耐火纤维密封绳、密封垫圈、盘根；
h）减速机、磨辊、高压油泵站用油，分离器顶部装置用润滑油脂等。

配套设备所需备件见设备使用说明，其他非易损件，用户可根据情况配备，以备故障处理时更换。

4.1.4 检修注意事项

4.1.4.1 辊套、衬板不能接触火焰、电焊，其金属温度不能升降过快；
4.1.4.2 磨煤机内部只能自然冷却降温，不允许采取用水、冷风吹等任何加速磨煤机内部降温的措施如，辊套、衬板的温升要求见磨辊拆装说明；
4.1.4.3 所有螺栓、螺钉的螺纹处都必须抹涂二硫化钼，拧入时不能憋劲，否则必须修理；

4.1.4.4　进行焊接作业时应采取等电位保护措施，防止磨辊、减速机、油缸、关节轴承等关键部件因通过电流而损坏。

4.2　检修程序与质量标准

4.2.1　拆卸分离器

4.2.1.1　将分离器出粉管道用索具吊住，拆分离器出口方管；
4.2.1.2　将分离器上部带有伸缩节的进粉管移开；
4.2.1.3　拆开分离器与机壳间连接螺栓；
4.2.1.4　拆下通向分离器顶部的梯子；
4.2.1.5　拆开密封风管道的连接；
4.2.1.6　将分离器内通往磨辊的垂直密封风管道拆下来；
4.2.1.7　起吊分离器将其吊放在适当的位置。

4.2.2　拆卸压架及拉杆

4.2.2.1　标记压架、拉杆、铰轴的安装位置；
4.2.2.2　拆卸压架上部拉杆位置的盖板；
4.2.2.3　安装磨辊保持架，防止磨辊倾倒；
4.2.2.4　拆除测量标尺，拆出下拉杆。在拆出下拉杆过程中，应首先拆去下拉杆与油缸活塞杆间的连接套，使活塞杆与下拉杆之间脱离接触，然后再拆去上下拉杆间的连接套；

在拆卸下拉杆时，注意保护油缸，应避免在任何方向撞击油缸活塞杆。

4.2.2.5　拆去拉杆螺母、卡板，用吊具将上拉杆穿过机壳拉杆密封装置和压架球面调心轴孔拆出，拆除球面调心轴承；
4.2.2.6　用专用磨辊保持架将三台磨辊分别与壁板固定；
4.2.2.7　拆去铰轴座侧面的铰轴卡板；
4.2.2.8　将铰轴从连接铰轴座与辊架的铰轴孔中拆出；
4.2.2.9　用吊具将压架连同铰轴座吊起并放在适当地方。

4.2.3　拆卸 ZGM123（K/N/G）型磨机磨辊

4.2.3.1　磨辊的垂直密封风管道拆下来；
4.2.3.2　装上磨辊起吊工具；
4.2.3.3　稍稍吊住磨辊，拆下磨辊保持架；
4.2.3.4　吊出磨辊并放在适当位置，用同样的程序拆出其余磨辊。

4.2.4　拆卸 HP1203 型磨机磨辊

4.2.4.1　拆除弹簧加载装置连接的密封气管道；

4.2.4.2 用专用扳手逆时针旋出拉杆螺母，使磨辊缓慢落在磨碗上，拉杆螺栓拆除；

4.2.4.3 拆除磨辊封门螺栓，吊出磨辊封门，密封面向上，对密封面进行清理检查，用薄膜进行覆盖；

4.2.4.4 将磨辊翻转装置安装在磨煤机封门上方的吊耳处；

4.2.4.5 在磨辊套上安装专用吊耳，穿入翻转钢丝绳，钢丝绳一头固定反转支架，另一头安装在磨辊套上，缓慢垂直起吊，防止磨辊过临界产生摆动，吊出磨辊并放在适当位置。

4.2.5 拆卸磨环及喷嘴环

4.2.5.1 清理旋转喷嘴叶片与粗粉导流环之间的杂物；

4.2.5.2 卸下磨环上的锥形盖板，将其吊走；

4.2.5.3 做磨环相对传动盘的位置记号；

4.2.5.4 将吊环螺栓装到磨环的三个吊耳上，吊出磨环并放在适当位置；

4.2.5.5 磨环回装时，先固定喷嘴环，再调整磨环与喷嘴环间隙后固定磨环。

4.2.6 拆出与安装减速机

4.2.6.1 准备工作

a）清理减速机周围环境，清扫一次风室、磨盘内积煤；

b）卸载炭精环密封和传动盘密封；

c）断开主电机电源，现场挂牌；

d）安装盘车装置，未接联轴器前先检查盘车装置的转向，其转向不能和主电机转向相反；

e）打开机座上顶传动盘的四个孔盖。

4.2.6.2 启动稀油站，使油温在25℃以上；

4.2.6.3 启动盘车装置，使传动盘上的刮板装置避开机座上的顶起位置孔；

4.2.6.4 在减速机后部的放油口放尽减速机内部齿轮油；

4.2.6.5 稀油站各放油口放油；

4.2.6.6 拆卸减速机的进出油管，拆卸后，油管口加堵密封，防止落入灰尘；

4.2.6.7 拆卸电气接线，一次仪表；

4.2.6.8 拆卸电机和减速机联轴器的保护罩，取出尼龙销进而拆下联轴器；

4.2.6.9 拆卸各处螺栓、拆卸减速机地脚螺栓、顶丝座、拆卸传动盘和减速机的连接螺栓；

4.2.6.10 顶起传动盘；

a）准备工具：四个顶传动盘支架、四个30t千斤顶、四个超高压手动泵；

b）安装顶传动盘的四个支架；

c）把四个千斤顶放在支架上，上定位板、止动块固定千斤顶和支架。接手摆泵打压、把传动盘均匀、同步顶起至比减速机输出法兰顶面高30～50mm位置，将固定销穿入顶起装置，并装上保险销。

4.2.6.11　拖出减速机；

制造厂为用户提供了从电动机侧方向或从电动机对面方向拖出减速机的两种检修方案，用户可根据磨煤机机房实际布置需要选择不同的检修方式。需准备工具：四个千斤顶、手动葫芦、钩链、直径（20～40）×600 光滑圆钢若干条。

从电动机侧拖出减速机（此方案需移开电动机，不需要拆除电动机对面侧加载油缸和拉杆况：

a）拆卸电动机连接螺栓，吊出电动机，清理电动机台板；

b）把减速机顶起适当高度，下面垫圆钢，之后用手动葫芦（可生根在厂房的适当位置）把减速机拖出。把减速机调到拖车上，运至适当位置检修。

从电动机对面侧方向拖出减速机（此方案需拆除电动机对面侧加载油缸和拉杆况，需要移开电动机：

a）拆除电动机对面侧加载油缸和拉杆台板；

b）在减速机拖出位置铺设大块钢板以保持地面平整；

c）把减速机顶起适当高度，下面垫圆钢，之后用手动葫芦（可生根在厂房的适当位置）把减速机拖出。把减速机调到拖车上，运至适当位置检修。

拖出减速机后，在传动盘下面垫物体稳固传动盘，以保证安全。拖减速机时应放松齿轮箱台板上的拖出侧和侧面两边的定位螺栓，保留与拖出减速

机反方向上的定位螺栓，以便于按原位回装。减速机应从磨的后面拖出。

4.2.7　维修磨环

4.2.7.1　拆卸磨环衬板；

a）松开楔形螺栓，然后卸下螺母、套及蝶形弹簧；

b）卸下托盘下部的两个顶丝孔上的丝堵，为拆卸第一块磨环衬板做好准备；

c）将相应的顶丝旋入螺孔，将第一块磨环衬板顶起，如果顶不起衬瓦，应清理衬瓦缝隙中的积煤（最好用水浸泡衬瓦，使积煤疏松，以便于清理积煤），之后再顶；

d）用磨环衬板专用吊具将第一块磨环衬板吊走；

e）松开其余全部衬板，并依次吊走，清理并检查磨环。

4.2.7.2　磨环衬瓦的组装；

a）吊衬瓦就位，第一块安装时装在衬板磨环上小 60 圆柱销处，其余按顺序号安装，组装的 12 块衬瓦必须有顺序编号，编号顺序根据衬瓦的高度决定，其原则是使相邻的两块衬瓦的高度差最小，磨环内 12 块衬瓦安装要求如下：

最厚一块到最薄一块其厚度为 H_1、H_2、H_3、H_4、H_5、H_6、H_7、H_8、H_9、H_{10}、H_{11}、H_{12}（即厚度 $H_1 \geqslant H_2 \geqslant H_3 \geqslant H_4 \geqslant H_5 \geqslant H_6 \geqslant H_7 \geqslant H_8 \geqslant H_9 \geqslant H_{10} \geqslant H_{11} \geqslant H_{12}$）；

安装顺序号从 1、2、3、4、5、6、7、8、9、10、I1、12 顺时针编号，安装顺序号与厚度 H 的对应关系见表 1 。

表 1　安装顺序号与厚度 H 的对应表

编号	1	2	3	4	5	6	7	8	9	10	11	12	顺时针
厚度	H_1	H_2	H_3	H_4	H_5	H_6	H_7	H_8	H_9	H_{10}	H_{11}	H_{12}	

b）衬瓦安装完毕，检查衬瓦间隙，间隙过大可以塞垫片；

c）楔形螺栓、螺母、套及蝶形弹簧的装配应符合图纸要求；

d）在紧固过程中，要确认位置正确、避免出现翘起松动现象，防止发生断裂事故。

4.2.8　检修质量控制

辊式磨煤机检修质量数据符合附录 A《辊式磨煤机检修质量验收表》的要求。

5　试车与验收

辊式磨煤机启动前必须进行润滑油系统，高压油系统的调试。

5.1　调试前的准备

5.1.1　完成润滑油系统、高压油系统的电气、控制接线工作，检查电机旋转方向是否符合要求；

5.1.2　校核一次仪表；

5.1.3　检查润滑系统与高压油系统的各个阀体与滤油器位置是否正确。

5.2　润滑系统调试

5.2.1　减速机、润滑油站以及控制系统安装完毕后应进行试运转；

5.2.2　对于变加载式磨煤机，可以采用抬起磨辊或者是减少磨辊加载力的方式来进行调试；

5.2.3　对于非变加载式磨煤机，只能和磨煤机试运转同步进行；

5.2.4　润滑油站的试运转应安排在减速机试运转之前进行，启动减速机前，必须先启动润滑油站；

5.2.5　试运转过程中要加强如下检查：

5.2.5.1　检查运行参数是否满足设计规定，运行参数是指各处的油温、油压是否符合规定；

5.2.5.2　检查系统零部件运行是否正常，关注油泵、过滤器、冷却器、加热器、减速机无异常的噪声和温升。重点检查输入轴锥轴承的温升和滑动推力轴承油池的温升，确认无异常现象。

5.2.6　稀油站调试运行时注意事项：

5.2.6.1　第一次运行时，应注入被输送的润滑油，决不能让螺杆泵空转；

5.2.6.2　检查螺杆泵的电机转向是否与螺杆泵规定的转向一致；

5.2.6.3 校验安全阀的开启设定压力；

5.2.6.4 在启动前应将入口和出口阀门打开，启动后检查压力、温度、流量、功率或电机电流是否正常；

5.2.6.5 检查螺杆泵的噪声和温度是否在规定范围内；

5.2.6.6 调定供油管上压力开关的设定值；

5.2.6.7 油站启动时，若油温在要求范围内，打开加热器上部的排气阀，待排气阀出气后在流出油时，关闭排气阀；加热器必须在充满油时才能通电加热，以防加热管烧毁。

5.3 高压油系统调试

5.3.1 高压油系统所有设备安装完毕；

5.3.2 确认放油阀关闭，用过滤精度≤10μm 的过滤机过滤加油，油位至油箱盖板法兰面 100mm。并用过滤机滤油，使油液清洁度达到 NAS1638 标准九级。

5.3.3 给蓄能器充氮气，充气压力为 9MPa；

5.3.4 关小各压力表开关；

5.3.5 单向节流阀的开度调至在中间；

5.3.6 松开所有溢流阀的调整螺钉，使之卸载；

5.3.7 确认手动换向阀手柄在中位；

5.3.8 启动油泵组 I 和 II，并确认油泵组的旋转方向为顺时针；

5.3.9 调节各压力表开关使压力表指针稳定；

5.3.10 系统油液直接回油箱，运行 2h；

5.3.11 通过切换手动换向阀手柄，使手动换向阀在左位油液进入加载油缸有杆腔，空载运行 4h 停止；

5.3.12 将每个加载油缸的进、回油管路的软管恢复正常；

5.3.13 调节电磁溢流阀，压力为 5MPa、10MPa、15.5MPa，调节溢流阀，压力为 5MPa、10MPa、16MPa，系统分别运行 0.5h；

5.3.14 确认截止阀关闭；

5.3.15 通过切换手动换向阀手柄，使手动换向阀在右位油液进入加载油缸无杆腔，调节溢流阀，压力为 8MPa，系统运行 0.5h。

5.4 其他

5.4.1 调整拉杆磨损测量装置；

5.4.2 将分离器折向门角度暂时调整到 45°；

5.4.3 调整密封风管蝶阀，初始设定为刻度为 6 的位置；

5.4.4 一次风与密封风机调试时，检查磨煤机密封情况，检查各调节门开闭灵活、开度到位情况。

6 维护与故障处理

6.1 维护

辊式磨煤机正常运行后的检查见表 2。

表 2 辊式磨煤机正常运行时检查项目

序号	项目	要求
1	磨煤机振动	磨煤机振动（含水平、垂直方向）应小于 6.3mm/s
2	磨煤机噪声	小于 85dB，不应有杂音（测量点距磨煤机 1m）
3	磨损测量标尺	测量研磨的煤层厚度，煤层厚度应适中
4	排渣情况	定期排渣、不容许渣漫过排渣箱口，注意渣中有无零件掉下
5	拉杆	检查密封环是否灵活无漏粉现象
6	密封风机	检查噪声、振动、滤网。密封空气及密封污氮与一次风的风压应 2KPa
7	高压油站	检查液压系统漏油情况、油压等
8	润滑油站	定时检查记录油温、油压、滤网压差，检查冷却器的冷却情况
9	减速机	定时检查噪声、油压、油温
10	主电机	定时检查轴端轴承温度
11	磨辊	磨辊油温 120℃，油温在最低刻度线以下，油中不得有金属粉末、煤粉等
12	旋转分离器	定时检查记录油温、油质，有无异常噪声
13	出口弯管	定期测量记录出口弯管壁厚

6.2 常见故障与处理

辊式磨煤机常见功能故障与处理方法见表 3。

表 3 辊式磨煤机常见功能故障与处理方法

序号	故障现象	可能的原因	处理方法
1	磨煤机运转不正常	碾磨件间有异物； 磨盘内无煤或煤量少； 导向板磨损或间隙过大； 导向板损坏； 蓄能器中氮气火烧或气囊损坏	停机、消除异物，检查磨内部件是否脱落； 落煤管堵塞； 更换导向板或调整间隙； 更换导向板； 停磨和高压站，充气或检查蓄能器
2	磨煤机一次风和密封空气及密封污氮间压差减小	密封风机入口过滤器或密封空气、密封污氮管道堵塞； 止逆阀门板位置不正确； 密封空气及密封污氮管道漏气或损坏； 密封件失效； 密封风机故障	停磨煤机，清洗过滤器； 将门板调至正确位置； 修理或更换 密封污氮管； 修理或更换密封件； 消除风机故障

表 3　辊式磨煤机常见功能故障与处理方法（续）

序号	故障现象	可能的原因	处理方法
3	辊套断裂	磨煤机运行出现过剧烈振动； 停磨煤机后机壳检查门打开过早，冷风激冷造成	停机消除振动来源，避免磨辊受较大温差的影响； 更换辊套
4	运行期间分离器温度太低后太高；分离器温度提高很快	一次风温度控制装置故障； 一次风控制失灵； 磨煤机内着火； 分离器温度大于 125℃	将一次风温度转换为人工控制并消除故障； 将一次风温度转换为人孔控制并消除故障； 磨煤机紧急停机，打开防爆消防气体阀门通入防爆消防气体直至温度降低
5	磨辊油位低	密封件失灵	停机修理或更换密封件，注油达到规定油位
6	磨辊油温高	油位低； 轴承损坏； 磨辊密封风管道故障或磨穿	见第 5 项； 停机，更换磨辊轴承； 修理或更换
7	刮板脱落	紧固螺栓脱落或折断	重新紧固或更换螺栓
8	石子煤排量过多	紧急停磨或磨煤机刚启动； 煤质较差； 运行后期磨辊、衬瓦、喷嘴磨损严重； 风煤比失调，一次风量偏少	启动磨煤机和紧急停磨引起的石子； 煤增多属于正常情况； 对于由于喷嘴喉口磨损引起的石子； 煤增多，应及时更换喷嘴； 重新调整一次风量
9	一次风从机座密封处泄漏	密封风量不够； 密封磨损	检查密封风机； 更换密封
10	减速机推力瓦油池油温超过正常值	供油流量不够； 油冷器冷却效果不好； 油冷器油带水； 机座密封处一次热风泄漏	检查油泵流量、阀门节流，分油管、堵塞情况； 检查冷却水阀门和冷却水量； 检查油冷器铜管堵塞和结垢情况； 处理漏风
11	减速机推力瓦损坏	磨煤机频繁启停或剧烈振动； 供油量少或断油时报警系统未报警； 油冷器油中带水，润滑油不合格和长期使用变质	避免磨煤机频繁启动和消除振动； 定期检查报警装置； 换油； 更换轴瓦
12	减速机噪声超过正常值	减速机内有杂物； 轴承和齿轮磨损或损坏； 联轴器找正不正确； 联轴器传动销损坏	取出异物； 更换轴承和齿轮； 检查找正情况； 更换传动销

表 3 辊式磨煤机常见功能故障与处理方法（续）

序号	故障现象	可能的原因	处理方法
13	稀油站油泵故障	见稀油站中油泵和使用说明	按稀油站油泵使用要求处理
14	稀油站滤网损坏	压差报警失误使滤网压差超过压差值； 油温低时未按说明要求启动稀油站	校对压差控制器； 按说明书要求启动稀油站
15	润滑油压力高	节流孔及润滑油点的分油小孔堵塞	检查节流孔和各润滑点
16	润滑油压力低	油泵工作不正常； 油管阀门节流和减速机内部油管脱落	检查油泵； 检查阀门和减速机内部情况
17	断油	油泵、油泵电机出故障	立即停磨，检查油泵和电机
18	油冷器外漏、内漏	油冷器密封不严； 油冷器铜管和胀口出泄漏或铜管破裂	紧固密封法兰螺栓或更换密封件； 拆卸冷却器，修复失效件
19	齿轮油变质	油冷器泄漏 油超过寿命周期	处理泄漏点 定期化验、换油

6.3 质量要求

辊式磨煤机维护检修质量要求见表 4。

表 4 辊式磨煤机维护检修质量要求

序号	部件	维护要求	质量要求
1	旋转分离器转子	确认检查转动过程中有无异常噪声	部件安装到位，紧固均匀
2	旋转分离器静止百叶窗	检查静止转动过程中异常噪声、叶片磨损情况，清理黏挂在叶片上的异物 检查周期：3000～4000h 一次	叶片剩余原厚度为 1/3、或因不均匀磨损而穿透时，更换叶片
3	旋转分离器回粉锥和支撑板	检查回粉锥和支撑板的磨损情况 检查时间：磨煤机解体检修期间	支撑板磨损后应贴板加固
4	旋转分离器静止百叶窗和回粉锥的间隙	检查两部件之间密封绳磨损情况 检查时间：磨煤机解体检修期间	磨损严重或接触不严时更换密封绳
5	导向装置	检查导向块与导向板间隙， 检查导向块磨损情况 检查周期：2000h 一次	当间隙大于 8mm 时，加垫调到要求值 导向块表面磨损情况严重，无法调整间隙或调整后影响运行时，更换新导向板
6	铰轴装置	检查铰轴座、铰轴磨损或塑性变形情况 检查时间：磨煤机解体检修期间	磨损严重、变形时更换备件
7	机壳防磨护板	检查机壳防磨护板的磨损情况 检查周期：2000h 一次	上下防磨护板磨损超过原厚度的 1/2 时予以更换
8	滚架防磨护板	检查机壳防磨护板、防磨护板紧固螺栓的磨损情况 检查周期：2000h 一次	防磨护板磨损超过原厚度的 1/2 时予以更换

表 4　辊式磨煤机维护检修质量要求（续）

序号	部件	维护要求	质量要求
9	磨辊油位	检查油封、各丝堵处漏油情况，打开磨辊支架的罩盖，测量油位，确认油位必须在要求的最低油位之上，最高油位之下 检查测量时间：1000～2000h 一次（可随化验取油同步进行）	补油或放油
10	辊套衬板	测量记录辊套、衬板的磨损量 检查周期：1000h 一次	辊套中心线处的磨损量达到 35%～45% 厚度时，可翻身使用翻身后使用到剩余厚度 10mm 时，衬板随辊套更换
11	磨辊油封	磨辊解体时进行油封检查	油封使用寿命 8000～20000h，或视检修时发现骨架变形、唇口划伤时，更换新油封
12	橡胶 O 型圈	检查磨辊解体时进行	依据使用情况和检修周期决定是否更换，一般使用寿命 8000～20000h
13	油封轴套	解体磨辊时检查轴套外表面	轴套表面不能出现磨损，如有果磨损予以更换
14	磨辊轴承	磨辊解体时重点检查：轴承游隙、有无点蚀、塑性变形、裂纹等缺陷	出现点蚀、塑性变形、裂纹时，更换轴承
15	旋转喷嘴和粗粉导流环处间隙	检查旋转喷嘴与喷嘴外环的间隙处磨损情况，清理间隙中异物 检查周期：3000h 一次	
16	旋转喷嘴	检查喉口磨损情况 检查周期：3000h 一次	喉口磨损严重，石子煤排量增多时，更换喷嘴
17	粗粉导流环处	检查粗粉导流环磨损情况 检查周期：3000h 一次	磨损严重时，进行更换
18	刮板装置	检查刮板磨损情况，紧固刮板螺栓。如果刮板间隙大于 15mm 把刮板调整到正常间隙 检查周期：1000h 一次	当刮板调整余量过小时，予以更换
19	一次风室	检查是否积煤，防止积煤自燃和启动时损坏刮板	启磨前或长期不运行的磨煤机一次风室内部都不应积煤
20	机座密封装置	检查齿形密封环的磨损情况 检查周期：3000h 一次	密封环磨损造成一次风严重外漏时，进行更换
21	密封风管关节球轴承	检查球轴承和套筒的磨损情况 检查周期：2000h 一次	磨损严重，影响磨辊密封时，更换轴承和套筒

表 4 辊式磨煤机维护检修质量要求（续）

序号	部件	维护要求	质量要求
22	拉杆加载装置（弹簧加载装置）	检查密封环、关节轴承处有无损坏及磨损检查弹簧加载装置密封圈有无损坏，弹簧预紧力是否正常	如果有损坏或磨损严重，必须更换
23	各处密封	首次运行 100h，正常运行间隔 1000h，检查各处密封	及时处理密封处泄漏
24	螺栓、螺母、垫片	首次运行 100h 以内，正常运行间隔 1000h，检查各部位螺栓是否松动，尤其是减速机、基础螺栓等	拆卸后的螺栓、螺母必须检查表面质量，方可确定是否再用尼龙嵌件六角锁母使用次数不能超过 3 次尼龙部位出现老化、松动、裂纹、掉渣时，更换新锁母板边止动垫只使用一次
25	齿轮油、磨辊油、液压油	定期检查，化验油的品质	新加入的油必须有合格证，其技术指标必须符合规定要求加油时应用过滤精度 6μm 的过滤机过滤
26	加载油缸装置	首次启动运行 100h 后，应检查加载油缸装置蓄能器的压力和泄漏情况运行中每隔 500h 检查一次	发现问题，及时处理
27	高压油站和润滑油站	首次启动运行 100h，应检查和清洗过滤器，油位、油温和密封性能运行时，每隔 500h 检查一次	发现问题，及时处理
28	保护装置	投入运行前检查所有电气开关、联锁装置的功能运行中每 2000h 检查一次	发现问题，及时处理

附 录 A

（资料性附录）

磨煤机检修质量验收表

检查项目	质量标准	拆卸记录	回装记录	等级	施工单位	生产装置	设备管理部门	备注
分离器	1. 分离器扳手活动自如			B	★	★		
	2. 折向门门板磨损超过 2/3，或不均匀磨损而穿透时，更换折向门。支撑板磨损后应贴板加固。门板磨损严重或关闭不严时，更换新门			B	★	★		
	3. 分离器与机壳法兰表面光滑无杂物 ，密封胶涂抹均匀			C	★			
磨辊检修	1. 磨辊密封固定与转动密封环之间的半径间隙大于 1.5～2mm 时，必须修复			B	★	★		
	2. 导向块与导向板间隙不超过 8mm，过大加垫调至要求值			B	★	★		
	3. 导向块表面磨损严重，无法调整间隙时，更换新导向板			B	★	★		
	4. 辊套中心线处的磨损量达到辊套厚度的 35%～45% 范围，可翻身使用。翻身以后使用到剩余厚度 10mm 时，衬板随同辊套更换			A	★	★	★	
	5. 辊架防磨护板磨损超过原厚度的 1/2 时予以更换			A	★	★	★	
	6. 磨辊轴承外观出现磨损、点蚀、塑性变形、裂纹等缺陷，更换轴承			B	★	★		
	7. 磨辊油封出现骨架变形 、唇口磨损、唇口划伤时更换新油封			C	★			
	8. 油封唇口必须始终对着需密封垫一侧，（即第一个油封的唇口向内，第二个油封的唇口向外）不允许用敲打方法安装油封，防止油封骨架受损			C	★			
	9. 轴套表面磨损情况，如果磨损予以更换			C	★			
磨环检修	确认旋转喷嘴和静环处的间隙 5mm±1.5mm，间隙过大时检查喉口磨损情况及静环磨损情况，旋转喷嘴喉口磨损严重，更换新喷嘴，静环磨损严重时，进行更换			A	★	★	★	

磨煤机检修质量验收表（续）

检查项目	质量标准	拆卸记录	回装记录	等级	施工单位	生产装置	设备管理部门	备注
稀油站检修	1. 清理网片上的油污，如有破损，则更换网片			B	★	★		
	2. 消减过滤器前后油的压差在 0.1MPa 以内			B	★	★		
	3. 各蝶阀开关灵活，严密好用。管路内无油污杂物			B	★	★		
	4. 节流孔内无磨损，调节供油压力在允许范围内			B	★	★		
高压油站检修	1. 液压缸螺母旋合自如，试压 5min，无内漏			B	★	★		
	2. 油箱清理干净，检查门密封良好无泄漏			B	★	★		
	3. 高压油站各控制阀、止回阀等阀组灵活好用，无漏油现象。各阀门无异物堵塞、卡死现象			B	★	★		
	4. 先导溢流阀与电磁溢流阀定值调整到规定范围内			B	★	★		
	5. 油冷器水侧无异物堵塞、油侧无油污，打压试验无泄漏			B	★	★		
	6. 蓄能器皮囊密封良好，无漏气现象			B	★	★		
减速机检修	1. 减速机台板平面度允差小于 0.15/1000			B	★	★		
	2. 减速机底部边缘上的标记与台板上的标记吻合，其中心线的最大允差为 ±0.4mm、未紧螺丝前用塞尺检查其接触面，存在的最大间隙不能大于 0.1mm			A	★	★	★	
	3. 减速机输出法兰面水平度允差小于 0.2mm/m，齿轮箱与台板间不允许加垫片			A	★	★	★	
	4. 确认减速机转向正确，只能按图纸所示方向旋转			B	★	★		
炭精密封环回装	炭精环滑动槽不能有任何油渍和其他杂物，组装后炭精密封环在槽内活动自如			B	★	★		
传动盘检修	1. 传动盘与齿轮箱输出法兰接合面密合良好，密封间隙圆周均匀为 1mm			A	★	★	★	
	2. 刮板下部和机座顶面的间隙为 8～10mm；刮板内侧与机座密封壳体、刮板外侧与一次风室内壁之间的间隙大于 10mm			A	★	★	★	

磨煤机检修质量验收表（续）

检查项目	质量标准	拆卸记录	回装记录	等级	施工单位	生产装置	设备管理部门	备注
磨环与喷嘴环检修	1. 喷嘴环与静环间隙 5mm，允许误差为 ±1.5mm			A	★	★		
	2. 安装时不得撞击、焊接、加热，以防脆裂			C	★			
压架与铰轴检修	1. 压机与机壳导向装置的间隙前后两侧面为 4.5±0.5mm，机壳承载侧导向板与压架定位面间隙为零，机壳非承载侧导向板与压架定位面的间隙为 3～5mm			B	★	★		
	2. 压架拉杆孔和拉杆中心的偏差不超过 ±5mm。			A	★	★	★	
	3. 导向板磨损后间隙增大到 8mm 以上时需要增加垫片调整			B	★	★		
拉杆检修	拉杆顶部与压架顶起盖板底部间隙为 5mm，调节拉杆过程中只可以旋转连接套			B	★	★		

控制级别说明： A 级：施工单位、生产装置、设备管理部门专业人员检查确认后签字。

B 级：施工单位和生产装置专业人员检查确认后签字。

C 级：施工单位专业人员检查确认后签字。

另：如果有监理，监理的职责由甲方授权。

25. 棒式磨煤机维护检修规程

SHS 05046—2019

目　次

前　言

本规程按照 GB/T 1.1—2009《标准化工作导则　第 1 部分：标准的结构和编写》给出的规则起草。

本规程由中国石油化工集团有限公司、中国石油化工股份有限公司提出。

本规程起草单位：中天合创能源有限责任公司化工分公司。

本规程主要起草人：尹春阳、纪顺东、姜刚、丛林。

本规程 2019 年首次发布。

棒式磨煤机维护检修规程

1 范围

1.1 主题内容

本规程规定了水煤浆气化装置湿式溢流型棒式磨煤机的检修周期与内容、检修程序与质量标准、单机试车与验收、日常维护与故障处理。

1.2 适用范围

本规程适用于水煤浆气化装置湿式溢流型棒式磨煤机维护与检修，其他类似棒磨机可参照执行。

2 规范性引用文件

下列文件的条款通过本规程的引用而成为本规程的条款，凡是注日期的引用文件，其随后所有的修改单（不包括勘误的内容）或修订版均不适用于本规程；然而，鼓励根据本规程达成协议的各方研究是否使用这些文件的最新版本。凡是不注日期的引用文件，其最新版本适用于本规程。

GB/T 25708　球磨机和棒磨机
GB/T 5680　奥氏体锰钢铸件
GB/T 1174　铸造轴承合金
GB/T 11352　一般工程用铸造碳钢件
JB/T 5000　重型机械通用技术条件
GB/T 10095　渐开线圆柱齿轮精度
SHS 01028　变速机维护检修规程
SHS 01001　石油化工设备完好标准
SHS 01002　石油化工设备润滑管理制度

3 检修周期与内容

3.1 设备简介

棒式磨煤机主要由给料、主轴承、筒体、大小齿轮装置、离合器、减速机、主电机、出料装置（滚筒筛）、慢速驱动（盘车）装置、油润滑系统、电控等部分组成，见图 1。

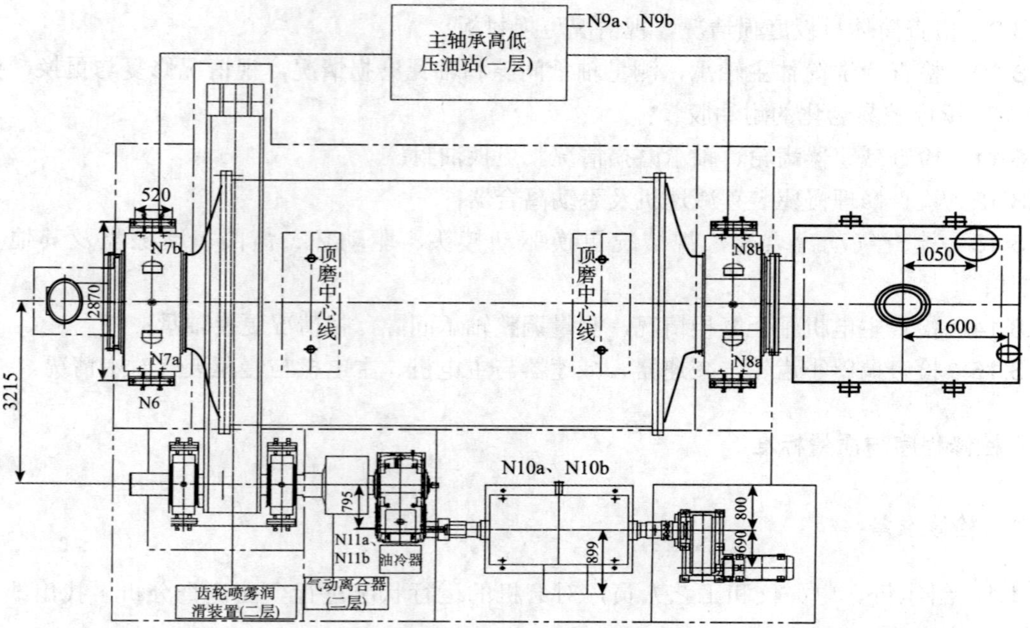

图 1　磨煤机结构示意图

原料煤、研磨水和添加剂通过入口溜管，由进料衬套进入筒体，筒体旋转后，制成合格粒度的煤浆，经出料衬套进入滚筒筛，分离出粗颗粒，排入磨煤机出料槽。

3.2　检修周期

各单位可根据机组运行状况择机进行项目检修，原则上，机组累计运行 48～50 个月需要安排一次大修。

3.3　检修内容

3.3.1　消除局部漏油、漏煤浆现象，对油泵、滤油器、润滑管路、油箱进行检查清理，必要时更换润滑油；

3.3.2　检查清洗大小齿轮有无裂纹等缺陷，检测大小齿轮啮合情况，检查小齿轮轴承及轴封，更换润滑油脂，检查大齿轮的连接螺栓紧固情况，校正大齿轮防护罩，清理大齿轮罩和集油池内油污；

3.3.3　检查疏通喷雾润滑装置，视情况更换喷嘴、分配器、气动泵等部件；

3.3.4　检查进出料衬套磨损情况，必要时进行更换，保证衬套与筒体中心轴的同心度；

3.3.5　检查滚筒筛破损情况，视情况修复和更换；

3.3.6　检查疏通冷却水系统，处理管道堵塞或渗漏；

3.3.7　检查入口溜管，视情况修复更换；

3.3.8　检查磨棒磨损情况，清理断棒、乱棒及直径小于 30mm 的钢棒，补充新棒，调整钢棒配级比例；
3.3.9　检查筒体衬板磨损情况，视情况更换衬板；
3.3.10　检查清洗筒体主轴承，测量轴承间隙和轴瓦磨损情况，视情况修复与更换，更换主轴承内腔易老化的耐油胶管；
3.3.11　检查减速器齿轮、轴承磨损情况，更换油封；
3.3.12　检查修理慢驱装置减速机及手动离合器；
3.3.13　检查气动离合器，视情况更换驱动接头、驱动环、齿圈、摩擦盘及其他易损件；
3.3.14　检查主电机轴瓦磨损情况，测量调整轴承间隙，视情况更换轴承；
3.3.15　检查调整小齿轮与减速器、减速器与主电机、主电机与慢驱装置对中情况。

4　检修程序与质量标准

4.1　检修准备

4.1.1　组织机、电、仪和工艺人员，对磨机的运行状况进行全面调查分析，找出缺陷及存在的问题；
4.1.2　根据磨机运行情况、故障情况及诊断结论，确定检修内容，检修前编写施工方案，准备好相应的图纸，对检修人员进行技术及安全交底；
4.1.3　备齐检修所需工器具及经检验合格的量具，起重设备、机具、索具检验并经静、动负荷试验合格；
4.1.4　对起吊行车进行载荷试验；
4.1.5　残余煤浆、废油按环保要求排空处理，严禁随意排放。

4.2　拆卸程序磨煤机拆卸程序（组装程序与拆卸程序相反）

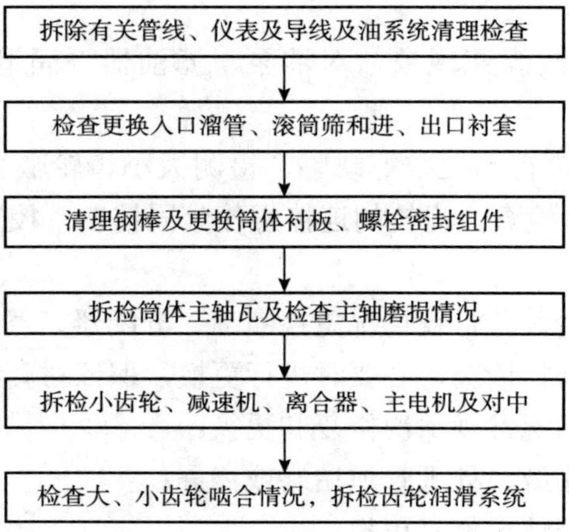

4.2.1 检修进料端及出料滚筒筛

4.2.1.1 用水将进料端及滚筒筛上残余煤浆冲洗干净；

4.2.1.2 将进料端拆下。

4.2.2 检修筒体

4.2.2.1 拆卸滚筒筛上盖及滚筒筛；

4.2.2.2 将筒体内部全部钢棒清出；

4.2.2.3 进入筒体内部，检查筒体内部衬板损坏情况，测量衬板厚度并记录，视情况更换衬板，检查筒体衬板连接螺栓紧固情况；更换损坏变形的密封垫及螺栓；

4.2.2.4 检查进料衬套及出料衬套，视情况更换更换衬套；

4.2.2.5 检查或更换中空轴。

4.2.3 检修大齿轮

4.2.3.1 拆开齿轮喷射油装置在齿轮位置的喷嘴，断开与大齿轮盖板相连接软管；

4.2.3.2 大齿轮的两块上盖，拆前用天车先吊起，防止螺栓松开滑下；

4.2.3.3 将大齿轮表面残余齿轮油清洗干净，露出全部齿轮齿面。

4.2.4 检查大、小齿轮啮合

4.2.4.1 通过调节小齿轮轴承座位置来调节大、小齿轮间隙及啮合情况；

4.2.4.2 压铅法测量齿间隙，红丹漆检查啮合情况，要求检测 4 个点（见表 1）。

表 1 齿轮检测质量标准

大齿轮转动度数（同方向）	端面跳动 /mm		径向跳动 /mm		备注
	标准	实测	标准	实测	
90°	≤0.35		≤0.25		
180°	≤0.35		≤0.25		
270°	≤0.35		≤0.25		
360°	≤0.35		≤0.25		
大、小齿轮啮合间隙	顶间隙		侧间隙		
	标准	实测	标准	实测	
	模数 ×0.25		1.7～2.45		4 点平均

4.2.5 检修小齿轮

4.2.5.1 拆开小齿轮轴承座及气动离合器螺栓，用起重设备将其上盖吊下放于合适位置；

4.2.5.2 拆下小齿轮轴承上盖及轴承座，清洗轴承并检查轴承磨损情况；

4.2.5.3 采取油浴加热或电加热方法更换轴承。

4.2.6 检修减速机

4.2.6.1 清理箱体外部残余煤浆及油污；

4.2.6.2 排空减速箱内润滑油，拆卸减速机输入轴联轴器，离合器解体后拆卸轮毂；拆上盖螺栓、松开机壳轴承侧端盖，松动 3～4 圈端盖下面的紧固螺栓，固定外轴承；

4.2.6.3 垂直吊出减速机上盖；

4.2.6.4 依次吊出高速轴、中间轴及低速轴，检查齿面、轴及轴承磨损情况；

4.2.6.5 洗刷所有的轴承，然后将其擦干，在不旋转轴承状态下，检查轴承磨损情况，轴承更换采取热油或者轴承加热器加热；

4.2.6.6 按相反顺序回装齿轮箱，测量齿轮啮合间隙。

4.2.7 检修气动离合器拆检离合器的驱动环、摩擦片、齿圈、复位弹簧，更换易损件。

4.2.8 检修润滑油站

4.2.8.1 清理润滑装置外部残余煤浆和油污，卸出油箱的润滑油；

4.2.8.2 打开润滑油站油箱人孔，清理油箱；

4.2.8.3 清洗润滑油管道，拆检润滑油泵，更换滤芯。

4.2.9 检修主电机

4.2.9.1 检查主电机轴瓦；

4.2.9.2 检查主电机转子与定子；

4.2.9.3 检查清理电机冷却水系统。

4.2.10 检修慢驱装置

4.2.10.1 检查手动离合器；

4.2.10.2 更换刹车片；

4.2.10.3 检查减速机轴承、齿轮情况。

4.3 质量标准

4.3.1 两主轴承底座的相对标高允差度为 0.5mm，并保证进料端高于出料端；

4.3.2 两主轴承座底板纵向中心线不重合度≤0.5，横向中心线不平行度≤0.5/1000，两底板中心线间距偏差＜1.5mm；

4.3.3 主轴承座底板不平行度≤0.1/1000；

4.3.4 轴承座与轴承底座的接触面沿其四周应均匀接触局部间隙不得大于 0.1mm，累积总长度不超过四周总长的 1/4；

4.3.5 主轴瓦背与轴承座的球形面接触角在 120°，接触点在 $50\times50mm^2$ 面积内不应小于 4 点，球形面边缘四周应均匀间隙在 0.2～1.0mm，其深度在 30～50mm，球形面不对称度不大于 1.5mm；

4.3.6 主轴瓦和中空轴接触角在 120°，接触点每平方厘米不少于 1 点，两端楔形间隙在 0.4～1.0mm；

4.3.7 轴瓦和轴瓦压板之间应有 3～4mm 间隙；

4.3.8 轴瓦密封架应根据应随轴瓦磨损情况调整，以保证密封圈与中空轴的良好接触；

4.3.9 进料端轴颈各轴瓦在轴间尺寸相差 28mm，允许轴颈在轴瓦上轴向窜动；

4.3.10 中空轴的端面跳动允差 1mm；

4.3.11 大齿轮的法兰端面与筒体端面应贴合紧密，如有间隙不应大于 0.15mm；

4.3.12 对合大齿轮在对接法兰处的间隙不应大于 0.1mm；

4.3.13 大齿轮装在筒体上时，大齿轮端面圆跳动不大于 0.35mm/m，大齿轮径向圆跳动不大于 0.25mm/m；

4.3.14 传动轴与筒体中心线的不平行度≤0.15mm/m；

4.3.15 装配后大小齿轮的齿侧间隙为 1.7~2.45mm；

4.3.16 大小齿轮啮合的接触斑点，沿齿高不应小于 40%，沿齿长方向接触斑点不应小于 50%，并趋于齿侧面的中部均匀分布；

4.3.17 大小齿轮装配的顶间隙为模数 ×0.25mm；

4.3.18 各连接的传动轴同轴度误差不得大于 0.2mm，水平不大于 1/1000mm，弹性联轴器之间留 5mm 间隙，两端面四周间隙差不得大于 0.2mm；

4.3.19 进料管与筒体同轴度误差不大于 0.5mm；

4.3.20 磨机内衬板必须按图纸方向安装，衬板之间间隙不大于 8mm，大于 8mm，需用圆钢或钢板填缝焊接（J507 焊条），焊缝低于钢衬板表面；

4.3.21 齿轮罩上安装的喷油嘴应与齿顶圆保持约 200mm 距离；

4.3.22 润滑系统检修后，其运行参数应达到铭牌规定，润滑系统投用前应进行水压试漏。润滑系统耐压试验压力为：冷却水管试验压力不小于 0.8MPa，时间不小于 30min；高压管路试验压力不低于 30MPa，时间不小于 10min。

5 试车与验收

5.1 验收前准备工作

5.1.1 检修完毕后，现场检修工器具清理干净；

5.1.2 检修技术资料齐全、准确，检修按要求全部完成；

5.1.3 周围环境整洁、无油污灰尘，垃圾和水，必要的标志和铭牌齐全，照明良好；

5.1.4 需用的专用工器具，防护器材、安全设施摆放整齐，位置适当；

5.1.5 仪表安装到位，仪表调试完成；

5.1.6 供煤、供添加剂系统运转正常。

5.2 试车

5.2.1 工艺确定具备试车条件后，按照操作规程启动磨机；

5.2.2 启动慢驱装置 15min 后，再启动主电机进行空负荷试车（加水），时间不小于 15min，无异常后进行带负荷试车。

5.3 验收

5.3.1 润滑系统运转正常，油泵出口压力正常，齿轮喷射装置运转良好，喷射方向准确，油量均匀；

5.3.2 主电机、减速机和离合器运转正常，轴承温度及振动无异常，减速机温升不超过 40℃；

5.3.3 大、小齿轮及筒体运转正常，无异常振动及响声；

5.3.4 满负荷正常运行 72h，各主要运行指标达到额定值。

6 维护与故障处理

6.1 日常维护

6.1.1 定时巡检各部件是否有异常响声，发现异常及时消缺；

6.1.2 定时检查主轴承和各油站的冷却水供应是否正常；

6.1.3 定时巡检，检查润滑系统跑、冒、滴、漏，及时消漏；

6.1.4 定时巡检高低压油站油压及油泵振动和温度；

6.1.5 定时巡检主电机轴承温度，发现异常及时停车并检查处理；

6.1.6 定时巡检气动离合器气源管线、储气罐气压，发现泄漏及时停车，检查处理；

6.1.7 定时检查大小齿轮温度及有无异常响声；

6.1.8 定时检查大小齿轮润滑喷射系统运行情况，并及时补油。定期检查大齿轮罩内清洁状况，择机清理大齿轮集油槽废油；

6.1.9 定时检查进出料端及筒体有无漏浆现象，并择时处理；

6.1.10 定时检查大小齿轮轴承温度及振动，并定期给轴承箱加油；

6.1.11 定期检查大小齿轮的啮合情况和大齿轮对口螺栓是否松动，及时消缺；

6.1.12 定期查看煤浆粒度，若粒度不均，协同工艺择时加入适量钢棒；

6.1.13 定期检查润滑油（脂）质量，及时更换新油；

6.1.14 定期测量磨机进料溜管壁厚，做好记录，择机更换；

6.1.15 磨机长期停车，做好定期盘车工作；

6.1.16 不给料时，磨机禁止长时间带棒运转，一般不超过 10min，严禁无料、无水带棒运行；

6.1.17 本磨机绝对不允许频繁启动，间隔时间不少于 30min；

6.1.18 运行初期 1～3 个月，运行间隔 15 天必须紧固筒体螺栓。

6.2 常见故障与处理

棒式磨煤机常见功能故障与处理办法见表 2。

表 2 棒式磨煤机常见功能故障与处理方法

序号	故障现象	故障原因	处理方法
1	磨机内撞击声大	进料量太少； 衬板脱落； 钢棒太多； 乱棒	加大进料量； 急停，固定衬板； 调整钢棒量； 紧急停车，调整

表 2 棒式磨煤机常见功能故障与处理方法（续）

序号	故障现象	故障原因	处理方法
2	噪声过大	大小齿轮啮合不好； 啮合面润滑油量不够； 大齿轮螺栓松动； 大齿轮碰撞防护罩	调整齿轮啮合间隙； 检查干油喷射系统； 紧急停车，紧固螺栓； 紧急停车，修理防护罩
3	电机电流不稳	进料量不稳； 轴承配合不好； 电气故障	稳定进料量； 调整轴承间隙； 电气处理
4	中空轴温过高	润滑油少； 油内有脏物； 负载过大； 冷却水中断	检查润滑系统，使之正常供油； 更换过滤器或润滑油； 降低负荷至额定范围； 检查水路系统，使之正常供水
5	润滑油泵振动大、润滑油压低	缺油； 滤网堵	检查油泵及管路使油路畅通、清洗或更换过滤网
6	主轴瓦振动	齿顶间隙不一致； 大齿轮偏心； 球面接触不良	调整齿轮； 调整； 研磨球面
7	进出料端、筒体漏煤浆	安装未装紧； 橡胶填料或密封垫损坏； 运转中螺栓松动	拆开清理，重新安装； 更换； 紧固螺栓
8	煤浆达不到要求，粒度不均	钢棒配比不合理或有断棒； 提升条磨损严重； 滚动筛堵塞或损坏	重新配比或更换新棒； 更换； 清理修复或更换滚动筛
9	储气罐压力持续偏低或空压机持续工作	气路及气囊泄漏； 气囊的排不掉	检查气路及气囊，及时消漏； 空压机活塞环更换
10	磨机加速失败，即大于 10s	空气管路或旋转密封阀有漏气； 空气压力不足，电磁阀没做充气动作； 单向节流阀压力设定过大 电磁阀故障	立即维修或更换 检查空压机，提高空气压力； 重新调整至适当值 电仪维修

附 录 A
（资料性附录）
棒式磨煤机检修质量验收表

检修单位：　　　　　　　检修时间：　　　　　　　负责人：　　　　　　　编号：

<table>
<tr><th>序号</th><th>标准值</th><th>实测值</th><th>验证人</th><th>检验结论</th><th>备注</th></tr>
<tr><td>1</td><td></td><td></td><td></td><td></td><td></td></tr>
<tr><td>2</td><td></td><td></td><td></td><td></td><td></td></tr>
<tr><td>3</td><td></td><td></td><td></td><td></td><td></td></tr>
<tr><td>4</td><td></td><td></td><td></td><td></td><td></td></tr>
<tr><td>5</td><td></td><td></td><td></td><td></td><td></td></tr>
<tr><td>6</td><td></td><td></td><td></td><td></td><td></td></tr>
<tr><td>……</td><td></td><td></td><td></td><td></td><td></td></tr>
<tr><td colspan="3">检修单位负责人签字：

年　月　日</td><td colspan="3">属地单位负责人签字：

年　月　日</td></tr>
</table>